高等院校信息与电子工程系列教材

Fundamentals of Digital Communications

数字通信基础

陈惠芳　谢　磊　仇佩亮　编著

ZHEJIANG UNIVERSITY PRESS
浙江大学出版社
·杭州·

图书在版编目(CIP)数据

数字通信基础 / 陈惠芳,谢磊,仇佩亮编著. — 杭州:浙江大学出版社,2023.8
ISBN 978-7-308-20997-7

Ⅰ.①数… Ⅱ.①陈… ②谢… ③仇… Ⅲ.①数字通信—高等学校—教材 Ⅳ.①TN914.3

中国版本图书馆CIP数据核字(2020)第252784号

数字通信基础
SHUZI TONGXIN JICHU
陈惠芳　谢　磊　仇佩亮　编著

责任编辑　王元新
文字编辑　沈巧华
责任校对　汪荣丽
封面设计　程　晨
出版发行　浙江大学出版社
(杭州市天目山路148号　邮政编码310007)
(网址:http://www.zjupress.com)
排　　版　杭州林智广告有限公司
印　　刷　杭州罗氏印刷有限公司
开　　本　787mm × 1092mm　1/16
印　　张　27.25
字　　数　629千
版 印 次　2023年8月第1版　2023年8月第1次印刷
书　　号　ISBN 978-7-308-20997-7
定　　价　79.00元

前　言

数字通信理论与技术是一门正在迅速发展的科学技术，在这一领域中几乎每年都有重要的新理论与新技术诞生。正是这些理论与技术促进了通信信息产业的繁荣和发展。因此，我们不指望学生通过一门或几门通信课程的学习就一劳永逸地掌握通信技术，我们希望学生通过学习《数字通信基础》，能够打下深厚、扎实的基础，具备自学数字通信新技术、新理论的能力，适应以后对数字通信技术研究、设计、开发与应用的需要。

为主动应对新一轮科技改革与产业变革，教育部于2017年开始推进“新工科”建设，形成一系列指导性文件，推动工科教育进入全新发展阶段。因此，高等院校通信理论与技术类课程的教学内容、教学方式和教材必须不断改进更新，以适应通信领域日新月异的发展。党的二十大报告指出，要坚持为党育人、为国育才。这些是本书编著期间摆在我们面前的要求。

本书是在作者多年教学经验和研究实践的基础上编写而成的。我们力图以较高的理论观点和统一的处理方法介绍数字通信传输技术，在论述中力求概念准确，思路清晰，深入浅出，理论联系实际。在内容安排上，既介绍数字通信中的基本概念和基础知识，也适当介绍近年来的通信新理论与新技术。

本书共10章，基本覆盖了数字传输的物理层关键技术，内容丰富，涉及许多数字传输的新技术和新概念。第1章绪论，介绍通信原理与技术的研究对象，给出了数字通信系统的组成框图与性能评价指标。第2章是确定性信号、随机变量与随机过程，介绍了分析设计通信系统所需要的数学工具，包括信号的Fourier变换与Fourier级数、概率与随机变量、平稳随机过程。第3章是通信信道，介绍了通信信道的定义与数学模型、常用信道及其特征、信号通过信道后产生各种失真及信号中噪声的特点，为后续各章分析通信系统性能打下基础。第4章是模拟调制系统，介绍了线性调制与非线性调制技术，并分析模拟调制系统的抗噪声性能。第5章是模拟信号的数字化，为了实现用数字通信系统传输模拟信号，首要任务是将模拟信号表示为数字信号。本章介绍了模拟信号的抽样、量化、脉冲编码调制（PCM）和增量调制（ΔM）技术等模拟信号数字化的方法。第6章是数字基带传输，这是一种最简单的数字传输系统。本章介绍了各种数字基带信号及其功率谱、常见的数字信号码型，重点阐述了数字基带信号在加性白高斯噪声（AWGN）信道中的最佳传输，以及数字基带信号在带限信道上可靠传输的各项技术，包括无码间干扰信号设计、部分响应技术和均衡技术等。在第7章数字通带传输中，我们介绍了各种二进制和多进制数字调制技术，相干、非相干和差分相干解调技术，以及连续相位调制技术和正交频分复用（OFDM）调制技术。第8章是数字通信中的同步技术，介绍了数字通信系统正常工作时，必须建立的载波同步和位同步的工作原理与性能。第9章是信道编码——线性分组码，介绍了分组码和循环码的编码与译码方法。第10章是信道编码——卷积码，介绍了卷积码的编码、译码和性能，同时也介绍了编码调制技术。

本书可作为高等院校通信、电子类专业高年级学生、硕士研究生的教科书，也可作为从事数字通信系统研究、设计、开发与应用人员的参考书。根据作者的经验，本书的第1~8章适宜作为本科生“通信原理”一学期48学时课程的学习内容；本书全部内容可以作为本科生“通信原理”一学期64学时课程的学习内容。

本书为新形态教材。经过多年来课程的不断改革和优化，整合的教学资源更符合“新工科”背景下学生的学习特点，“智慧树”平台上开设的“玩转数字通信”适合各高校开展SPOC教学。另外，课程部分教学视频、教学课件等教学资源，以二维码形式分布在教材的各个章节，读者可以方便地随时扫码观看。

几十年来，随着数字通信原理和技术的发展，国内外出版了大量的关于数字通信的著作，不乏优秀著作和经典教材。作者在编写本书过程中得益于对这些教材的参考，这些著作大部分在本书每章后的参考文献中列出，对这些著者深表谢意。另外，衷心感谢浙江大学“通信原理”教学团队的各位老师，尤其感谢王玮教授提供的视频资源支持。

限于作者的水平，书中错漏之处在所难免，敬请读者批评指正。

陈惠芳，谢磊，仇佩亮
2023年3月于浙江大学

目 录

第5章 模拟信号的数字化

第6章 数字基带传输

第7章 数字通带传输

第8章 数字通信中的同步技术

第1章 绪 论

人类社会的发展和人类文明的进步离不开信息交互、通信技术，反过来社会进步、生产发展、科技创新则有力地推动通信技术发展。近70年来，社会对信息交互需求的急剧增加，微电子、计算机、射频、光纤等技术的进步，以及信息论、控制论等系统工程理论的创立和发展，使通信技术日新月异。手机、电话、电视、传真、因特网、移动互联网和物联网等已成为人们生活中获取信息、交流信息必不可少的工具。“通信”已成为日常生活中使用频率最高的词汇之一。

通信是信息学科的一个重要领域，“通信原理”或“通信基础”是信息与通信工程类专业的基础课程，它涉及专业许多基本概念和基础理论知识，是学生今后从事通信系统研究、设计、开发与制造必须掌握的基础。

§1.1 通信技术发展历史

通信是一门古老的学科，自从出现了人类社会以后，人类活动就需要彼此进行信息交流，通信就是信息交流的工具。但在本节中我们所回顾的通信历史是以电的方式进行通信的技术发展历史。

1–1通信技术发展史

1.1.1 电报与电话

对于以电的方式进行通信具有明显影响的早期发明之一是1799年意大利科学家伏打(Volta)发明了电池。这个发明使得利用电能进行通信成为可能。

1837年美国人莫尔斯(Morse)发明了电报。第一条电报线路连接华盛顿和巴尔的摩，在1844年5月开始运营。莫尔斯电报编码是一种变长度编码，这种编码用短的符号序列表示常用字母，长的符号序列表示不常用字母。40年以后，到1875年波特(Baudot)发展了电报编码。他采用固定长度为5的二进制数字序列进行编码，也就是用长度为5的“传号”或“空号”对字母编码，这是一种二进制数字通信。电报历史上的一个重要里程碑是1858年建成横跨欧美大陆的越洋电缆。这条电缆仅工作四个星期就损坏了，在1868年7月铺设了第二条越洋电缆，并开始工作。

电话发明于19世纪70年代，美国聋哑学校教师贝尔(Bell)在1876年申请了电话发明专利，在1877年建立了贝尔电话公司。早期的电话相当简单，仅能提供数百公里范围内的服务。在20世纪前20年中，发明了碳精话筒和感应线圈，使得电话的通话质量和服务范围有了很大改进。1906年德福莱斯特(De Forest)发明了电子三极管，它可以用来放大电话线上传来的微弱信号，使得电话能长距离传输。到1915年，电话已可以横越北美大陆传输。第二次世界大战和20世纪30年代的经济大萧条，推迟了越洋电话服务的建立，直到1953年第一条越洋电话电缆才铺设完成，使得欧美之间可以通电话。

电话发展中另一个重要贡献是自动交换机的发明。1897年斯脱劳格(Strowger)发明了第一台机电式步进制交换机,这种形式的交换机沿用了几十年。只有晶体管发明后才有可能建立数字程控交换机。1947年贝尔(Bell)实验室的巴拉顿(Brattain)、巴丁(Bardeen)和肖克莱(Shockley)发明了晶体管。经过几年研究后,Bell实验室于1960年在伊利诺伊建立了世界上第一台数字程控交换机。在过去的60多年中,电话通信有多项重大发展,其中包括光纤代替电线、数字程控交换机普遍代替古老的机电交换机。

1.1.2 无线通信

无线通信的基础是电磁场与电磁波理论。电磁理论的发展应归功于奥斯特(Oersted)、法拉第(Faraday)、高斯(Gauss)、麦克斯韦(Maxwell)和赫兹(Hertz)等人的工作。

1820年奥斯特发现电流能产生磁场。1831年8月29日法拉第实验证明导体做切割磁力线运动时会感应出电流,因此证明了变化的磁场会产生电场。在这些关于电磁理论的早期研究基础上,麦克斯韦在1864年建立了电磁统一理论,并预言电磁波存在。1883年麦克斯韦理论被德国科学家赫兹用实验证实。

1894年洛奇(Oliver Lodge)在英国牛津用他发明的粉末鉴波器实现了相隔150码(1码=0.9144m)的无线传输。但无线电报的发明应归功于马可尼(Marconi),他在1895年实现了2km的无线电信号传输。两年后他申请了无线电报专利,并建立无线电报与信号公司。

1900年马可尼发明无线电话,申请“调谐电话”专利,他于1901年12月12日在加拿大纽芬兰的信号(Signal)小山上收到从1700英里(1英里=1.609km)外的英国康沃尔(Cornwall)发来的无线电信号。马可尼在1909年获得诺贝尔物理学奖。

电子管的发明对于无线电通信有巨大影响。1904年佛莱明(Fleming)发明了电子二极管,其后1906年德福莱斯特发明了电子三极管。电子管的发明使得射频信号可以放大,从而使得在20世纪初实现无线电广播。1920年调幅(AM)广播在匹兹堡KDKA电台播出,之后AM无线广播迅速遍及全球。第一台超外差AM接收机是由阿姆斯特朗(Armstrong)在第一次世界大战中发明的,他的另一项发明是调频(FM)技术,是在1933年发明的。但是与AM相比,调频的推广较缓慢,到第二次世界大战结束后FM广播才开始商用。

第一台电视机是由美国科学家兹沃里金(Zworykin)在1929年发明的。1930年英国广播公司(British Broadcasting Corporation,BBC)在伦敦开播商业电视广播。5年后美国联邦通信委员会(Federal Communications Commission,FCC)被授权电视广播。

1.1.3 近70年通信的发展

近70年通信技术突飞猛进。继1947年肖克莱等发明晶体管后,1958年基尔比(Kilby)和诺依斯(Noyce)发明了集成电路,1958年汤斯(Townes)和肖洛(Schawlow)发明了激光。这些电子学方面的进步使得发展出重量轻、体积小、功耗低的高速电子电路成为可能。这些器件可用于卫星通信、宽带微波通信和光纤通信中。

1955年Bell实验室的皮尔斯(Pierce)提出将卫星应用到通信中。早在1945年英国科普作家克拉克(Clark)就在一篇文章中提出过这个思想,他提出利用地球轨道卫星作为中继站,实现两个地面站之间的通信。1957年苏联发射第一颗人造卫星,这颗卫星在天上发射无线遥测信号21天。1958年美国探测者Ⅰ号卫星上天,发送了5个月的遥测信号。关于通信卫星技术的主要实验是在1962年美国发射的Telstar Ⅰ卫星上做的。Telstar Ⅰ卫星由Bell实验室研制,他们从皮尔斯的早期工作中获得许多教益。

光纤通信的主要突破来自1966年英国华裔学者高锟与霍克汗姆(Hockham)的工作。他们提出光在光纤中的损耗主要是由光纤中的杂质引起的,而由瑞利散射所引起的固有损耗是很低的。他们预言光纤损耗可以降到20dB/km以下,这个预言值比当时的实际水平1000dB/km降低了很多。几年后美国的康宁公司研制出损耗为20dB/km的光纤,从而使利用光纤进行通信成为可能。目前光纤损耗可以做到低于0.1dB/km。高锟因此获得2009年度诺贝尔物理学奖。

1971年美国Bell实验室的法朗基尔(Frenkiel)和恩克尔(Engel)提出了蜂窝网移动通信的概念;1978年Bell实验室研制出高级移动电话系统(AMPS),建成了世界上首个蜂窝移动通信网,使移动通信发展到一个新的水平。从此,移动通信如火如荼地发展起来。在短短40多年中,全球从第一代蜂窝移动通信网发展到第五代移动通信网,世界各国正在积极研究第六代移动通信网。

1.1.4 通信系统理论

必须强调的是在通信技术发展过程中通信理论的指导作用。虽然莫尔斯发明了电报,但我们还是把奈奎斯特(Nyquist)在1924年发表的文章作为现代数字通信的开端。奈奎斯特的研究表明,带宽为W的信道最多可以支持每秒$2W$个符号的无码间干扰传输。基于奈奎斯特的工作,哈特莱(Hartley)在1928年研究了在功率受限的带限信道上可靠地传输多电平信号所能达到的最大数据率问题。这个问题最后是由香农(Shannon)解决的。

通信理论中一个重大进展是由维纳(Wiener)在1928年做出的。他研究了加性噪声$n(t)$中信号波形$s(t)$的估计问题,即基于$r(t) = s(t) + n(t)$来估计信号$s(t)$。这项工作促成了维纳最优滤波理论的建立。1943年,诺斯(North)提出了匹配滤波器理论,并用于加性噪声中已知信号的最佳检测,类似的理论由冯·富莱克(Van Vleck)和密特尔顿(Middlton)在1946年分别独立提出。

1947年苏联学者卡捷尔尼可夫(Kotelnikov)在其博士论文中发展了信号的几何表示理论,并建立了信号的潜在抗干扰理论。这些方法以及后来富有成果的发展,都记录在1965年伍城克拉夫特(Wozencraft)和雅可比(Jacorbs)的著作中。

同时必须指出的是20世纪40年代赖斯(Rice)关于随机噪声的数学研究,他的工作为通信理论的发展提供了有力的支持。

在通信理论的发展中最重要的理论工作是由香农做出的。他在1948发表的里程碑式的著作——《通信的数学理论》为数字通信理论研究奠定了基础,同时建立了信息论。香农利用概率方法为信源和信道建立了模型,指出了信息可靠传输的基本问题,得出一系列重要结果。他证明,在信道带宽、功率以及噪声功率给定的情况下,信道具有固定

的容量 C，如果信源发出的信息码率 R 小于信道容量，即 $R < C$，则理论上可以通过适当编码达到接近无差错传输；如果 $R > C$，则不管接收端和发射端对信号如何处理，都不能达到可靠通信。这个结论在当时的通信界引起了轰动。因为当时普遍认为在信道上增加传信码率，必定会增加误码率，要达到无差错传输，只能使传信码率为零，即不传输信息。香农理论表明这是不对的，每个信道都存在一个传信码率的门限，只要传信码率在这个门限以下，都可以进行可靠通信，在这个门限以上则不行。

香农理论是存在性理论，它只指出存在一个界限，没有解释如何去逼近这个界限，因此，之后就有许多学者研究各种信道编码和信源编码方法，目的是逼近香农理论的极限。格雷（Golay）和汉明（Hamming）分别在1949年和1950年提出了分组纠错编码方法，埃利斯（Elias）在1955年提出卷积码，普朗格（Prange）在1957年提出循环码。之后许多研究者就开始寻求好码和有效的译码算法。

1967年维特比（Viterbi）提出对于卷积码的最大似然译码算法，即维特比算法，在通信界产生了很大影响，因为维特比算法不仅适用于卷积码译码，在通信中还具有许多其他应用。

1982年德国学者安博格（Ungerboeck）提出编码调制技术，把纠错编码与调制技术相结合可以获得编码增益。1993年法国学者佩鲁（Perrou）和格拉维约（Glavieux）提出Turbo码，这种码的性能与香农极限仅差0.7dB。近年来许多学者研究低密度校验码（LDPC），它与香农极限仅差0.03dB。LDPC码早在20世纪60年代由美国学者加拉格尔（Gallager）提出，90年代又被重新发现。2007年，土耳其学者阿里坎（Arikan）提出了信道极化概念，并在此基础上原创性地提出了极化码（polar code），该码被证明是人类已知的第一种能够严格达到香农极限的信道编码方法。

通信中的许多新技术，如多载波调制技术、扩谱技术、多天线MIMO技术、多用户接入技术、合作通信技术，以及近年来迅速发展的认知通信与智能通信技术，它们的提出和发展均是在香农信息论的指导下进行的。

§1.2 不确定性与信息量

通信的目的在于把信息从空间某处传到另一处，实现信息的传输。那么什么叫信息呢？信息如何衡量呢？本节对此作一些说明。

1-2 不确定性与信息量

1.2.1 消息、信号与信息

我们先解释几个在通信中常见的术语和概念。

1.信源和信宿

信源是产生消息的源泉，或者说是消息的产生者，比如演讲者、演播室、各种传感器等。而信宿是消息的接收者、消息的归宿。信宿可以是人，也可以是机器等。

2.消息

消息是信源的输出，也是通信传输的对象，比如语音、视频图像、文本以及各种物理参量等。

3. 信号

信号是承载消息的电流、电压波形,在光通信中信号是承载消息的光强度等。消息荷载在信号上、被传输、被处理。由于信号在传输中会受到干扰,产生失真,所以从收到的信号中恢复消息会发生差错。

4. 信息

信息是一个抽象的量,它不像消息、信号那样是一个物理实体,但是它是消息的灵魂和本质。一条消息的意义就在于它含有信息。冗长的文章若空洞无物,就表明这篇文章缺少信息量。

对于信息的定义,学术界有许多争议,要给出一个统一的、各方均满意的定义是很困难的。从通信角度来看,最为成功的,也是最为合适的是香农在他的著作《通信的数学理论》中给出的基于概率模型的信息度量,他把信息定义为"不确定性的减小"。

图1.2.1给出了一个常见的通信系统(或者说信息处理系统)。

图1.2.1 通信系统

信源产生消息,消息具有某种不确定性,所以用随机变量X表示信源的输出,用$H(X)$表示信源输出的平均不确定性。由于消息通过通信系统时受到干扰,产生失真,所以接收端收到的也是一个随机量Y,收到的Y和发送的消息X在一定程度上是相关的,若把接收端收到Y后对X还存在的平均不确定性记为$H(X|Y)$,则按香农理论,收到Y对于X所提供的信息量为

$$I(X;Y)=H(X)-H(X|Y) \tag{1.2.1}$$

在信息论中,随机变量X的平均不确定性$H(X)$也称为X的熵,称$H(X|Y)$为Y给定条件下X的条件熵,称$I(X;Y)$为X和Y之间的互信息。下面我们介绍熵和互信息的定义与物理意义。

1.2.2 熵和互信息

1. 熵

由于信源输出的消息是不确定的,所以用随机变量X来描述消息。设X是一个离散随机变量,它可以取M个可能值$\{x_1,x_2,\cdots,x_M\}$,并且X取x_i的概率为$p(x_i)$,于是在香农信息论中把X的平均不确定性$H(X)$定义为

$$H(X)=-\sum_{i=1}^{M}p(x_i)\log_a p(x_i) \tag{1.2.2}$$

其中,当对数的底a等于2时,$H(X)$的单位为比特(bit);当a等于e时,$H(X)$的单位称为奈特(nat)(有时为了简单起见,常常省略对数底a,而根据单位或上下文判定a是什么)。平均不确定性也称为X的熵,这个名称借用了热力学中的概念。在热力学中熵表示气体分子运行的无规则性。

下面的例子表明，用式(1.2.2)来定义随机变量的平均不确定性是合理的。

例1.2.1 设X、Y、Z是3个二元随机变量，它们的概率分布分别为

$$\begin{Bmatrix} X \\ p(x) \end{Bmatrix} = \begin{Bmatrix} x_1 & x_2 \\ 0.01 & 0.99 \end{Bmatrix}$$

$$\begin{Bmatrix} Y \\ p(y) \end{Bmatrix} = \begin{Bmatrix} y_1 & y_2 \\ 0.4 & 0.6 \end{Bmatrix}$$

$$\begin{Bmatrix} Z \\ p(z) \end{Bmatrix} = \begin{Bmatrix} z_1 & z_2 \\ 0.5 & 0.5 \end{Bmatrix}$$

可以看出，随机变量X的不确定性是比较小的，因为即使不说明随机变量X取什么值，也基本上可以猜到极有可能信源输出的是x_2，所以随机变量X的不确定性小；而随机变量Z以等概率取z_1和z_2，这种情况下观测者对信源输出是什么最没有把握，故不确定性大。按照式(1.2.2)来计算平均不确定性可以算得：

$$H(X) = -0.01\log_2 0.01 - 0.99\log_2 0.99 \approx 0.08\text{bit}$$

$$H(Y) = -0.4\log_2 0.4 - 0.6\log_2 0.6 \approx 0.97\text{bit}$$

$$H(Z) = -0.5\log_2 0.5 - 0.5\log_2 0.5 = 1\text{bit}$$

结果与我们的经验相吻合。

例1.2.2 设随机变量X等可能地取4个值，而Y等可能地取2个值，即

$$\begin{Bmatrix} X \\ p(x) \end{Bmatrix} = \begin{Bmatrix} x_1 & x_2 & x_3 & x_4 \\ 0.25 & 0.25 & 0.25 & 0.25 \end{Bmatrix}$$

$$\begin{Bmatrix} Y \\ p(y) \end{Bmatrix} = \begin{Bmatrix} y_1 & y_2 \\ 0.5 & 0.5 \end{Bmatrix}$$

由于X可以等可能地取4个值而Y只能取2个值，显然X的不确定性比Y的大。事实上

$$H(X) = 4 \times \left(\frac{-1}{4}\log_2\frac{1}{4}\right) = 2\text{bit}$$

$$H(Y) = 1\text{bit}$$

所以式(1.2.2)定义的平均不确定性是合理的。

2.互信息

通信信道的输入X和输出Y是一对相关的随机变量，X和Y的关系是通过条件概率$p(y_j|x_i)$表征的，$p(y_j|x_i)$表示当发送$X = x_i$时，收到$Y = y_j$的概率。于是由条件概率公式，在收到$Y = y_j$的条件下，$X = x_i$的概率为

$$\begin{aligned} p(x_i|y_j) &= P(X = x_i|Y = y_j) \\ &= \frac{p(x_i, y_j)}{p(y_j)} \\ &= \frac{p(x_i)\,p(y_j|x_i)}{p(y_j)} \end{aligned}$$

所以在收到$Y = y_j$的条件下，X的平均不确定性为

$$H(X|Y = y_j) = -\sum_i p(x_i|y_j)\log_a p(x_i|y_j) \tag{1.2.3}$$

由于接收方也可能收到其他的Y值，所以条件不确定性$H(X|Y=y_j)$应对Y取平均值。于是在Y给定条件下X的平均不确定性（或称条件熵）为

$$H(X|Y)=\sum_j p(y_j)H(X|Y=y_j)=-\sum_j\sum_i p(x_i,y_j)\log_a p(x_i|y_j) \tag{1.2.4}$$

因此，1.2.1节中的互信息式(1.2.1)为

$$\begin{aligned}I(X;Y)&=H(X)-H(X|Y)\\&=\sum_j\sum_i p(x_i,y_j)\log_a\frac{p(x_i|y_j)}{p(x_i)}\\&=\sum_j\sum_i p(x_i,y_j)\log_a\frac{p(x_i,y_j)}{p(x_i)p(y_j)}\end{aligned} \tag{1.2.5}$$

例1.2.3 信源以相等概率，输出二进制数字“0”和“1”，在信道传输过程中“0”错成“1”和“1”错成“0”的概率都等于1/10，两个符号不错的概率都为9/10，问从信道收到一位二进制数字对发送数字提供多少信息？

解 设信源输出为X，$p(X=0)=p(X=1)=0.5$，所以

$$H(X)=-0.5\log_2 0.5-0.5\log_2 0.5=1\text{bit}$$

在给定$X=0$条件下，Y的条件分布为

$$p(Y=0|X=0)=0.9,\quad p(Y=1|X=0)=0.1$$

同样在$X=1$条件下，Y的条件分布为

$$p(Y=0|X=1)=0.1,\quad p(Y=1|X=1)=0.9$$

所以Y的分布为

$$p(Y=0)=p(X=0)p(Y=0|X=0)+p(X=1)p(Y=0|X=1)=0.5$$

$$p(Y=1)=p(X=0)p(Y=1|X=0)+p(X=1)p(Y=1|X=1)=0.5$$

于是

$$p(X=0|Y=0)=\frac{p(X=0)p(Y=0|X=0)}{p(Y=0)}=0.9$$

$$p(X=1|Y=0)=\frac{p(X=1)p(Y=0|X=1)}{p(Y=0)}=0.1$$

同样 $$p(X=0|Y=1)=0.1$$

$$p(X=1|Y=1)=0.9$$

所以 $$H(X|Y=0)=H(X|Y=1)=-0.9\log_2 0.9-0.1\log_2 0.1=0.469\text{bit}$$

因此 $$H(X|Y)=0.469\text{bit}$$

互信息为 $$I(X;Y)=H(X)-H(X|Y)=0.531\text{bit}$$

如果收到Y后，X的不确定性完全消除，则由Y对X所获得的信息就是

$$I(X;Y)=H(X)$$

所以，信源的熵也可称为信源所输出的信息量。

3. 熵的意义

下面我们简单地解释一下由式(1.2.2)定义的熵的物理意义。设一个信源随机输出的消息符号为X，X可取K个值$\{a_1,a_2,\cdots,a_K\}$，相应的概率为

$$P(X=a_i)=p_i,\quad i=1,2,\cdots,K$$

如果信源连续输出相互独立的L个消息符号，构成长度为L的符号串，显然可能的长度为L的不同符号串总数不大于K^L。当L充分大时，由大数定律，长度为L的符号串中符号a_i的个数约为Lp_i，具有这样构成成分的序列，我们称之为典型列。任何一个特定的典型列出现的概率为

$$\prod_{i=1}^{K} p_i^{Lp_i} = 2^{-L\sum_{i=1}^{K} p_i \log_2 p_i} = 2^{-LH(U)} \tag{1.2.6}$$

另外从组合公式可知，长度为L，组成成分为$\{Lp_i, i=1,2,\cdots,K\}$的不同典型列数目为

$$M = \frac{L!}{\prod_{i=1}^{K}(Lp_i)!} \tag{1.2.7}$$

利用斯特林公式

$$n! \approx \left(\frac{n}{\mathrm{e}}\right)^n \sqrt{2\pi n} \tag{1.2.8}$$

得到

$$\frac{\log_2 M}{L} = -\sum_{i=1}^{K} p_i \log_2 p_i - \frac{1}{2L}\left[(K-1)\log_2(2\pi L) + \sum_{i=1}^{K}\log_2 p_i\right] \tag{1.2.9}$$

所以

$$\lim_{L\to\infty}\frac{\log_2 M}{L} = H(X) \tag{1.2.10}$$

也就是说，对于充分大的L，有

$$M \approx 2^{LH(X)} \tag{1.2.11}$$

由此我们看到，虽然所有可能的长度为L的信源输出符号序列有K^L个，但其中大约只有$2^{LH(X)}$个为典型序列，这些典型序列是等概率的，等于$2^{-LH(X)}$。当L充分大时，出现典型序列的概率几乎等于1，而输出非典型序列的可能几乎趋于零。所以从理论上说，我们在处理符号序列或传输符号序列时可以忽略非典型序列，因为当序列长度L充分大时，这样的忽略引起的误差趋于零。

如果一个随机变量以等概率取M个可能值，则我们可以用$\log_2 M$个二进制符号（比特）来描述它的取值。于是现在忽略非典型列，我们可以用$LH(X)$比特来描述长度为L的信源输出符号串，因此平均每个信源输出符号用$H(X)$比特描述。从上面的说明可见，信源熵$H(X)$表示描述一个信源输出符号所需要的平均最小比特数。$H(X)$也可以作为信源复杂度的一个度量。

§1.3 数字通信系统

1.3.1 基本概念

通信系统多种多样，按其传输信号的方式来划分，则可分为模拟通信系统和数字通信系统两大类。模拟通信系统所传输的消息是在时间上和幅度上都是连续取值的模拟量，而数字通信系统传输的消息是数字。在数字通信系统

1-3 数字通信系统

1-4 什么是数字通信

中即使要传输模拟消息，也是先把它变换成数字以后再传输。当然读者也应注意，在数字通信系统中传输的信号也是连续的时间函数，但它荷载的消息是数字形式的。

数字通信系统与模拟通信系统相比有许多优点：

(1) 在良好设计的数字通信链路上，中继转发不会产生误差积累；

(2) 在数字通信系统中可以通过纠错编码技术极大地提高抗干扰性能；

(3) 数字通信系统中容易采用保密措施，大大提高通信安全性；

(4) 在数字通信系统中，可以通过各种方式把语音、图像和文字都变换成数字，在同一信道中传输多种媒体信息，并便于存贮和处理；

(5) 数字信号可以通过信源压缩编码，减小冗余度，提高信道利用率；

(6) 数字通信系统可采用大规模数字集成电路实现，使设备重量轻，体积小，功耗小。

(7) 数字通信系统更加适合于信息论的理论框架，有利于在信息论理论指导下发展新技术、新体制。

1.3.2 数字通信系统的组成

1-5 数字通信系统的组成

图 1.3.1 所示是典型数字通信系统的组成方框图，它也表示了数字通信过程中信号的处理流程。每一个具体的数字通信系统不一定包含图 1.3.1 中的所有模块，但其中没有阴影标识的模块基本上是必需的，有阴影标识的是可选项。

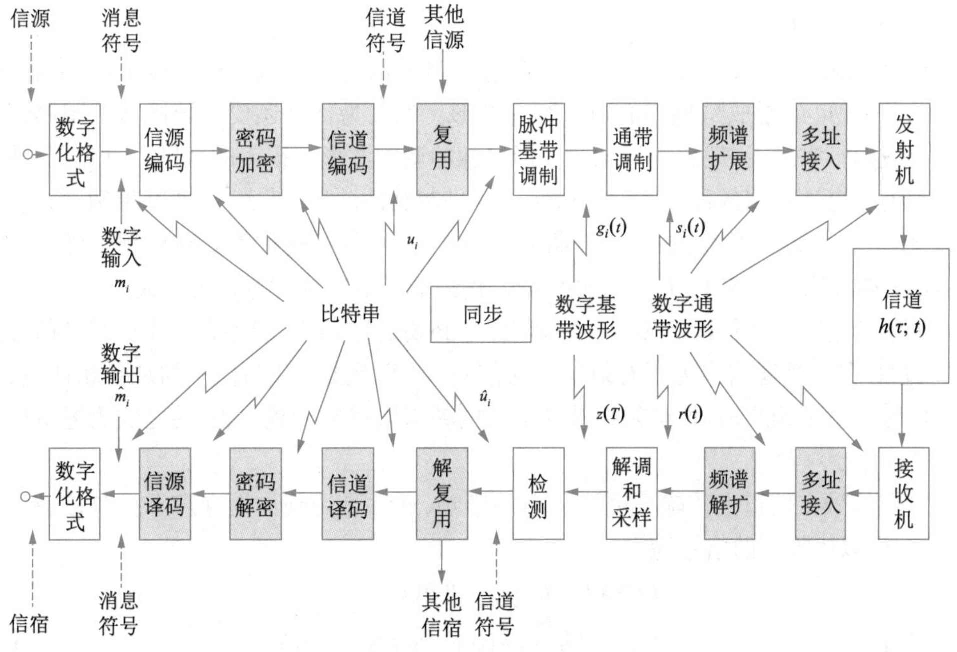

图 1.3.1 典型数字通信系统的组成方框图

图 1.3.1 的上半部分包括数字化格式、信源编码、密码加密、信道编码、复用、脉冲基带调制、通带调制、频谱扩展以及多址接入等模块。这些模块是发送方从信源到发射机这一段的信号处理流程。图 1.3.1 的下半部分包括从接收机到信宿这一段的信号处理，

接收方的信号处理基本上是发送方信号处理的逆变换。

对于无线通信来说,发射机包括频率上变换器、功率放大和天线,而接收机包括接收天线、低噪声放大器和频率下变换器。在"通信原理"课程中,一般不讲授接收机和发射机的电路原理和设计方法。

在图1.3.1中,信源输出经过数字化格式模块后转换成二进制数字(比特),把这些比特分组,构成数字符号或消息符号m_i,比如每k个比特构成一组,就得到具有$M = 2^k$个符号的符号集合$\{m_i, i = 1,2,\cdots,M\}$,当$M = 2$时就称为二进制符号集,当$M > 2$时就称为多进制符号集。如果通信系统还包括信道编码,则信道编码器输出的是由信道符号u_i组成的序列。无论是消息符号m_i还是信道符号u_i,都是由1个比特或多个比特组成的,所以符号序列是一个比特串。

在图1.3.1中,核心模块是数字化格式模块,调制模块,解调、检测模块和同步模块。在数字化格式模块中,把模拟消息数字化,用符号表示消息。在数字化格式模块与调制器之间的消息都是以比特串形式表示的,也就是用符号表示的。在调制器中把消息符号或信道符号转换成与信道相适应的波形。脉冲基带调制是非常关键的一个模块,任何通信系统都要把数字符号变换成基带信号波形。所谓基带信号,是指其频谱从直流伸展到某个有限值的信号。脉冲基带调制模块通常有一个滤波器,它限制发送信号的带宽。当用二进制符号去调制基带脉冲时,得到的二进制波形被称为脉冲编码调制(PCM)波形。当脉冲基带调制用于M进制符号集时,得到M进制脉冲调制波形,比如多电平脉冲幅度调制波形等。经脉冲调制模块转换之后,消息符号就变成了基带波形$g_i(t), i=1,2,\cdots,M$。

在脉冲基带调制以前的各模块中,消息符号或信道符号也用两个电平值"0"和"1"来表示,因此可以看成是理想的矩形脉冲波形。那么为什么还要用脉冲基带调制模块来转换波形?实际上,理想矩形脉冲波形与脉冲调制波形有很大的区别。首先,脉冲基带调制模块允许采用各种形式的二进制或多进制脉冲波形;其次,脉冲基带调制中的滤波器,使得脉冲波形展宽,脉冲持续期大于一个符号间隔,这称为脉冲成型。脉冲成型使得信号带宽限于规定的频谱范围之内,而理想矩形脉冲的带宽是无限大的。

为了利用射频进行通信传输,通带调制是必要的,因为许多媒介不支持基带信号传输。例如,在无线通信中为了有效地辐射信号,要求天线尺寸与信号的波长相适应,而基带信号不适于天线辐射,必须把基带信号的频谱搬移到射频上去,使之成为通带信号$s_i(t), i = 1,2,\cdots,M$。

通带信号在信道上传输会受到信道的影响,通常是受到加性噪声干扰和信道失真的影响,所以接收到的信号为

$$\begin{aligned} r(t) &= s_i(t)h(\tau;t) + n(t) \\ &= \int_{-\infty}^{\infty} h(\tau;t)s(t-\tau)\,\mathrm{d}\tau + n(t) \end{aligned} \tag{1.3.1}$$

其中$h(\tau;t)$是时变信道脉冲响应,它表示在$t-\tau$时刻将一个理想冲激脉冲输入线性信道,在t时刻测量到的系统响应值。解调器把收到的$r(t)$恢复成最佳的成型基带脉冲$z(t)$,然后对$z(t)$进行检测判决。在接收机解调器中也有一些滤波器,其作用一方面是滤除不需要的高频项,让基带信号通过;另一方面是达到最佳的脉冲成型,即实现匹配

滤波。如果信道的脉冲响应很差,使收到的信号失真很大,则还需要用均衡器补偿或校正信道失真。均衡器也是一种滤波器。

解调器输出的成型脉冲波形$z(t)$经采样后转换成时间离散的样本值$z(iT)$。在检测器中对样本值$z(iT)$进行判决,获得信道符号的估计值$\hat{u}_i$或消息符号的估计值$\hat{m}_i$。有时也把解调器与检测结合在一起统称为解调器,这时解调器包括解调和检测两部分功能。

信源编码模块一般执行信源压缩编码功能,以降低信源消息数据中的冗余度,而信道编码通过有意识地给消息数据添加冗余度,使得输出信道符号之间具有确定的关系,使接收方能利用这种关系发现或纠正符号传输错误。加密模块的作用是增强通信传输的安全性,防止非授权用户获得所传的消息,或者防止他人将错误的消息注入系统,破坏通信。多址接入模块用来组合具有不同特性的信号或者将来自不同用户的信号组合在一起,共享通信资源。频谱扩展模块用以提高抗干扰能力,增强通信系统的安全性,也是一种常用的多址技术。

同步模块是数字通信中必需的关键单元,它控制了整个系统的定时信号,使数字通信系统有序地工作。整个通信系统的任何模块都是在同步时钟控制下工作的。

由图1.3.1所示的方框图可知,一个数字通信系统主要包括如下信号处理功能:

(1) 模拟信号的数字格式化和信源编、译码;

(2) 基带信号方式;

(3) 通带信号方式;

(4) 均衡;

(5) 信道编、译码;

(6) 复用与多址;

(7) 扩展频谱与解扩;

(8) 密码的加密与解密;

(9) 同步。

在本书中,我们不介绍信源压缩编码与密码学方面的知识。

1.3.3 数字通信系统的主要性能指标

1-6数字通信系统的性能指标

衡量一个通信系统的主要指标是性能与效率。对于数字通信系统来说,主要的性能指标有两个,即传输速率和错误概率。

1. 传输速率

传输速率有两种定义:符号速率和比特速率。符号速率也称码元速率,它指每秒传送的符号数目,用R_B表示。符号速率的单位是“波特”(Baud),如果一个通信系统每秒传送100个符号,则称该系统的符号速率为100波特。比特速率也称信息速率,它指每秒传送的比特数目,用R_b表示。信息速率的单位是比特/秒(bit/s),若一个通信系统每秒传R_B个符号,而符号是M进制的,则每个符号要用$\log_2 M$比特表示它,则这个系统的信息速率为

$$R_b = R_B \log_2 M \,(\text{bit/s}) \tag{1.3.2}$$

反过来

$$R_B = R_b / \log_2 M \,(\text{Baud}) \tag{1.3.3}$$

2.错误概率

错误概率有以下三种常用定义。

(1)误码率(P_e)或误符号率:指在所传送的符号总数中错误符号所占的比例,即

$$P_e = 错误符号数目/总传输符号数目$$

(2)误比特率(P_b):指在所传输的总比特数中,错误比特所占的比例,即

$$P_b = 错误比特数目/总传输比特数目$$

显然,如果一个符号由k比特组成,若其中有1比特出错,则这个符号必然错了;反过来,符号错误则不一定每个比特都错,所以$P_e \geqslant P_b$。另外,如果一个符号错了,则组成它的k比特中至少有1比特错,所以

$$P_e = 1 - (1 - P_b)^k \leqslant kP_b \tag{1.3.4}$$

(3)误码字率或者误帧率(P_f):指所传输的码字总数中错误码字所占的比例,即

$$P_f = 错误码字数(误帧数)/总码字数(总帧数)$$

如果一个码字由n个符号组成,则

$$P_f = 1 - (1 - P_e)^n \tag{1.3.5}$$

与传输速率和错误概率相关的还有频带利用率和能量利用率。如果没有频带和能量的限制,则提高传输速率和降低错误概率并不困难,所以频带和能量是制约性能提高的因素。有效利用频谱资源和能量资源是数字通信系统的重要指标。

3.频带利用率

频带利用率指每赫兹频带所能达到的信息速率,用“比特/(秒·赫)”[bit/(s·Hz)]作为单位。频带利用率与调制方式和编码方式有关。

4.能量利用率

能量利用率指为了达到一定的误比特率,传输每比特所需的信号能量。在通信中用误码率与E_b/N_0的关系曲线来衡量,其中E_b是每比特能量,N_0为噪声功率谱密度。

§1.4 本书结构

本书分10章。第2章介绍通信系统分析中常用的傅里叶(Fourier)变换与Fourier级数、概率论与随机变量、随机过程的知识,具有复习性质,但其中关于通带信号和通带过程的复包络(低通等效)表示的论述是新的知识。第3章介绍通信信道,对于恒参信道、随参信道特别是无线移动信道作了介绍,也介绍了通信链路中的噪声。第4章介绍模拟调制系统,对于线性调制和非线性调制作了介绍,并分析了它们的抗噪声性能。第5章介绍模拟信号数字化技术,包括模拟信号抽样、量化和脉冲编码调制(PCM)技术。第6章数字基带传输,介绍了基带信号在加性白高斯噪声信道中的最佳传输,以及基带信号在带限信道上可靠传输的各项技术,包括无码间干扰信号设计、部分响应技术和均衡技术。第7章数字通带传输,介绍了二进制和多进制数字调制技术,相干、非相干和差分相干解调技术,以及连续相位调制技术和正交频分复用(OFDM)调制技术。第8章介绍数字通信中的同步技术,主要包括载波同步和位同步。第9章信道编码——线性分组码,

主要介绍了分组码和循环码。第10章介绍卷积码的编码、译码和性能,也介绍了编码调制技术。

本书内容比较丰富,是基础知识。作者认为本书适用于“通信原理”一学期课程(4学分)。本书观点统一、结构严密,也可以作为相关专业的研究生和工程技术人员的参考书。

§1.5 小 结

本章是绪论,包括以下几方面内容:

(1) 介绍了通信发展的历史,包括有线通信技术、无线通信技术以及通信理论的发展简史;强调了香农的信息论对于通信发展的指导作用。

(2) 介绍了信息、消息和信号的概念。通信的目的在于传输信息,信息蕴含在消息之中,而消息则荷载在信号上传输。

(3) 定义了熵$H(X)$和互信息$I(X;Y)$。按照香农理论,从某事件中所获得的信息量是关于该事件的不确定性的减小;不确定性是由熵来度量的。

(4) 简单地介绍了典型列和非典型列的概念。从直观上看,当一个信源输出序列的长度L充分大时,该输出序列属于典型列的可能性几乎为1,属于非典型列的可能性几乎为零,而且这些典型列基本上是等可能出现的。典型列数目近似为$M \approx 2^{LH(X)}$,所以熵越大,典型列数目越多,平均每个输出符号的不确定性$\frac{\log_2 M}{L} = H(X)$也就越大。

(5) 介绍了数字通信的优点以及数字通信系统的组成方框图。图1.3.1关于典型数字通信系统的组成方框图取自Sklar和Murphy的书[1],该图完整地描述了数字通信系统的工作过程。

(6) 介绍了数字通信系统性能指标,即传输速率和错误概率,以及对频谱资源和能量资源的利用效率。

Proakis和Salehi, Ziemer和Tranter, Haykin的书[2-4]提供了通信发展历史的简明叙述。关于信息论领域的优秀著作,首推Cover和Thomas的专著[5],也可参阅文献[6]~[8]。

参考文献

[1] Sklar B, Murphy J. Digital Communications: Fundamentals and Applications. 3nd ed. Upper Saddle River: Prentice Hall, 2020.

[2] Proakis J G, Salehi M. 数字通信(英文版). 5版. 北京:电子工业出版社,2019.

[3] Ziemer R E, Tranter W H. Principles of Communications: Systems, Modulation and Noise.7th ed. New York: John Wiley & Sons, 2015.

[4] Haykin S. Communication Systems. 4th ed. New York: John Wiley & Sons, 2015.

[5] Cover T M, Thomas J A. Elements of Information Theory. New York: Wiley-Interscience, 2006.

[6] 朱雪龙. 应用信息论基础. 北京:清华大学出版社,2001.

[7] 王育民,李晖,梁传甲. 信息论与编码. 北京:高等教育出版社,2005.
[8] 仇佩亮,张朝阳,谢磊,余官定. 信息论与编码. 北京:高等教育出版社,2011.

习 题

1-1 某个信源输出取A、B、C和D等4个值,设每个符号独立取值,相应概率分别为1/2,1/4,1/8,1/8。求每个输出符号的平均信息量。

1-2 信源如习题1-1所述,现对其输出符号编码,用0、10、110、111分别表示A、B、C、D等4个符号,每个二进符号用宽度为5ms的矩形脉冲传输。求编码器每输出1个二进符号所具有的平均信息量,以及每秒编码器输出的平均信息量。

1-3 信源以相等概率输出二进制数字"0"和"1",在信道传输过程中"0"错成"1"的概率为1/2,而"1"不会错成"0",问从信道收到一位二进制数字对发送数字提供多少信息?

1-4 A村有一半人说真话,3/10人说假话,2/10人拒绝回答;B村有3/10人说真话,一半人说假话,2/10人拒绝回答。现随机地从A村和B村抽取人,抽到A村人的概率为0.5,抽到B村人的概率也为0.5,问通过测试某人说话的状态,平均能获得多少关于该人属于哪个村的信息?

1-5 设一个信源输出四进制等概率符号,其码元宽度为125ms,求其码元速率和信息速率。

第2章　确定性信号、随机变量与随机过程

通信系统把信息从一地传到另一地，信息是以信号方式传输的。在通信中信号是一个电流或电压的时间波形。在传输过程中它可能受到通信系统各种缺陷的影响，使信号受到干扰，发生失真。研究通信系统的目的在于如何克服这些缺陷，使信息可靠地传输。关于信号和系统的各种模型和各种描述方法是研究通信系统的重要工具。

信号可以有多种类型。确定性信号是某种确定的时间波形，如正弦波、各种形状的成型脉冲波形等，要传输的信息是荷载在这些信号上在信道上传输的。不确定性信号是某种随机函数。通信中的各种噪声和干扰都是不确定的，一般用随机函数描述；另外，信息本身也是不确定的，也要用随机函数描述。考虑到描述信号的理论已经在之前的“信号与系统”和“概率论与随机过程”课程中详细介绍过，所以本章具有复习性质，只简单地介绍相关知识并作一些补充。

2-1 通信信号的表示

§2.1　确知信号的频域描述

确知信号在时域上是一个满足一定条件的时间函数。例如，在定义域 D 上能量有限的信号 $x(t)$ 就是该定义域上的平方可积函数，记为 $x(t)\in\mathcal{L}_2(D)$；若 $x(t)$ 在定义域 D 上幅度有限，则信号是有界的，即 $|x(t)|<M, t\in D$；若该信号是定义域上具有有限个间断点的连续函数，则它是绝对可积的，$x(t)\in\mathcal{L}_1(D)$。对于信号，除了时间域描述外，还有等价的频率域描述，即它的傅里叶(Fourier)级数和Fourier变换描述。

2-2 确定性信号

2.1.1　Fourier级数和Fourier变换

在频率域中对信号与线性系统的分析是基于信号的频率域表示的，也就是基于信号的Fourier级数与Fourier变换。Fourier级数应用于周期函数，而Fourier变换可以应用于周期函数和非周期函数两种情况。

定理2.1.1（Fourier级数）　$x(t)$ 是周期为 T_0 的函数，如果

(1) $x(t)$ 绝对可积，即

$$\int_0^{T_0}|x(t)|\,\mathrm{d}t<\infty$$

(2) $x(t)$ 在一个周期中至多有有限次振荡；

(3) $x(t)$ 在每周期中间断点个数有限；

则 $x(t)$ 可表示为

$$x_{\pm}(t)=\sum_{n=-\infty}^{\infty}x_n \mathrm{e}^{\mathrm{j}2\pi\frac{n}{T_0}t} \tag{2.1.1a}$$

$$x_n=\frac{1}{T_0}\int_{\alpha}^{\alpha+T_0}x(t)\mathrm{e}^{-\mathrm{j}2\pi\frac{n}{T_0}t}\mathrm{d}t \tag{2.1.1b}$$

$$x_{\pm}(t)=\begin{cases}x(t), & x(t)\text{在}t\text{处间断}\\ \dfrac{x(t^+)+x(t^-)}{2}, & x(t)\text{在}t\text{处连续}\end{cases} \tag{2.1.1c}$$

对于实周期函数$x(t)$，有

$$x_{-n}=x_n^* \tag{2.1.2a}$$

则

$$x_{\pm}(t)=\sum_{n=-\infty}^{\infty}x_n \mathrm{e}^{\mathrm{j}2\pi\frac{n}{T_0}t}=x_0+2\sum_{n=1}^{\infty}\left|x_n\right|\cos\left(2\pi\frac{n}{T_0}t+\angle x_n\right) \tag{2.1.2b}$$

其中

$$x_n=\frac{1}{T_0}\int_{\alpha}^{\alpha+T_0}x(t)\mathrm{e}^{-\mathrm{j}2\pi\frac{n}{T_0}t}\mathrm{d}t\triangleq\frac{1}{2}a_n-\frac{\mathrm{j}}{2}b_n \tag{2.1.2c}$$

则

$$\left|x_n\right|=\frac{1}{2}\sqrt{a_n^2+b_n^2}$$

$$\angle x_n=-\arctan\frac{b_n}{a_n}$$

例2.1.1　令$x(t)$是图2.1.1所示的周期信号，该信号的解析表示为

$$x(t)=\sum_{n=-\infty}^{\infty}\prod\left(\frac{t-nT_0}{\tau}\right) \tag{2.1.3a}$$

其中

$$\prod(t)=\begin{cases}1, & |t|<1/2\\ 1/2, & |t|=1/2\\ 0, & |t|>1/2\end{cases} \tag{2.1.3b}$$

试确定该信号的Fourier级数。

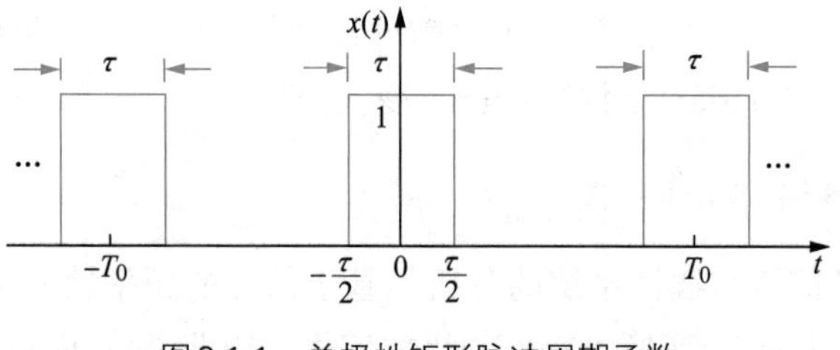

图2.1.1　单极性矩形脉冲周期函数

解　信号的周期是T_0，且有

$$\begin{aligned}x_n&=\frac{1}{T_0}\int_{-T_0/2}^{T_0/2}x(t)\mathrm{e}^{-\mathrm{j}n\frac{2\pi t}{T_0}}\mathrm{d}t=\frac{1}{T_0}\int_{-\tau/2}^{\tau/2}\mathrm{e}^{-\mathrm{j}n\frac{2\pi t}{T_0}}\mathrm{d}t\\&=\frac{1}{T_0}\cdot\frac{T_0}{-\mathrm{j}2\pi n}\left(\mathrm{e}^{-\mathrm{j}n\frac{2\pi\tau}{T_0}}-\mathrm{e}^{\mathrm{j}n\frac{2\pi\tau}{T_0}}\right)=\frac{1}{n\pi}\sin\frac{n\pi\tau}{T_0}\\&=\frac{\tau}{T_0}\mathrm{sinc}\left(\frac{n\tau}{T_0}\right)\end{aligned} \tag{2.1.4}$$

其中
$$\operatorname{sinc}(t)=\frac{\sin(\pi t)}{\pi t} \tag{2.1.5}$$

所以
$$x(t)=\sum_{n=-\infty}^{\infty}\frac{\tau}{T_0}\operatorname{sinc}\left(\frac{n\tau}{T_0}\right)e^{jn\frac{2\pi t}{T_0}} \tag{2.1.6}$$

例2.1.2 令$x(t)$是图2.1.2所示的周期信号，该信号的解析表示为
$$x(t)=\sum_{n=-\infty}^{\infty}(-1)^n\prod(t-n) \tag{2.1.7}$$
试确定该信号的Fourier级数。

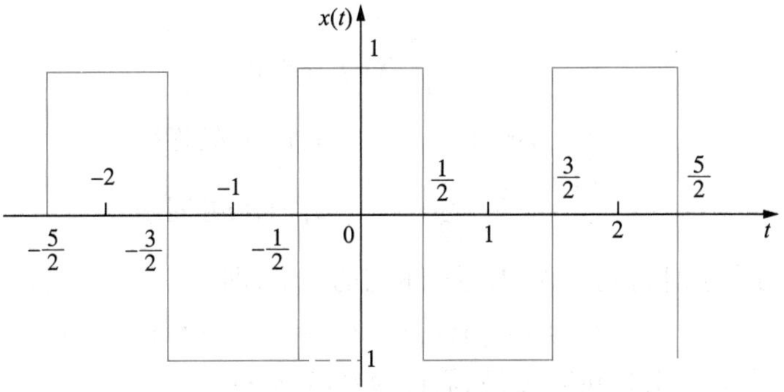

图2.1.2 双极性矩形脉冲周期函数

解 信号的周期$T_0=2$，则
$$\begin{aligned}
x_n &= \frac{1}{2}\int_{-1/2}^{3/2}x(t)e^{-jn\pi t}dt\\
&= \frac{1}{2}\int_{-1/2}^{1/2}e^{-jn\pi t}dt-\frac{1}{2}\int_{1/2}^{3/2}e^{-jn\pi t}dt\\
&= \frac{1}{-j2\pi n}\left(e^{-jn\frac{\pi}{2}}-e^{jn\frac{\pi}{2}}\right)-\frac{1}{-j2\pi n}\left(e^{-jn\frac{3\pi}{2}}-e^{-jn\frac{\pi}{2}}\right)\\
&= \frac{1}{n\pi}\sin\frac{n\pi}{2}-\frac{1}{n\pi}e^{-jn\pi}\sin\frac{n\pi}{2}\\
&= \frac{1}{n\pi}[1-\cos(n\pi)]\sin\frac{n\pi}{2}\\
&= \begin{cases}\dfrac{2}{n\pi}, & n=4k+1\\ -\dfrac{2}{n\pi}, & n=4k+3\\ 0, & n\text{为偶数}\end{cases}
\end{aligned}$$

所以
$$\begin{aligned}
x(t) &= \frac{2}{\pi}(e^{j\pi t}+e^{-j\pi t})-\frac{2}{3\pi}(e^{j3\pi t}+e^{-j3\pi t})+\frac{2}{5\pi}(e^{j5\pi t}+e^{-j5\pi t})-\cdots\\
&= \frac{4}{\pi}\cos(\pi t)-\frac{4}{3\pi}\cos(3\pi t)+\frac{4}{5\pi}\cos(5\pi t)-\cdots\\
&= \frac{4}{\pi}\sum_{k=0}^{\infty}\frac{(-1)^k}{2k+1}\cos(2k+1)\pi t
\end{aligned} \tag{2.1.8}$$

Fourier变换是Fourier级数的推广。

定理2.1.2（Fourier变换） 若函数$x(t)$满足如下条件：

(1) $x(t)$绝对可积，即

$$\int_{-\infty}^{\infty}|x(t)|\mathrm{d}t<\infty \tag{2.1.9}$$

(2) $x(t)$在任何有限实区间上至多有有限次振荡；

(3) $x(t)$在任何有限实区间上至多有有限个间断点；

则$x(t)$有如下的变换关系：

$$X(f)=\int_{-\infty}^{\infty}x(t)\mathrm{e}^{-\mathrm{j}2\pi ft}\mathrm{d}t \tag{2.1.10}$$

$$x_{\pm}(t)=\int_{-\infty}^{\infty}X(f)\mathrm{e}^{\mathrm{j}2\pi ft}\mathrm{d}f \tag{2.1.11a}$$

$$x_{\pm}(t)=\begin{cases}x(t), & x(t)\text{在}t\text{处连续}\\ \dfrac{x(t^{+})+x(t^{-})}{2}, & x(t)\text{在}t\text{处间断}\end{cases} \tag{2.1.11b}$$

通常用小写表示时间域函数，大写表示它的频谱，即

$$X(f)=F[x(t)],\quad x(t)=F^{-1}[x(t)]$$

其中$x(t)$和$X(f)$是一对Fourier变换，简记为$x(t)\Leftrightarrow X(f)$。

若$x(t)$是实函数，则$X(f)$具有厄米特(Hermitian)对称性质，即

$$X(-f)=X^{*}(f)$$

所以

$$\mathrm{Re}[X(-f)]=\mathrm{Re}[X(f)]$$

$$\mathrm{Im}[X(-f)]=-\mathrm{Im}[X(f)]$$

其中$\mathrm{Re}(\cdot)$和$\mathrm{Im}(\cdot)$分别表示复数的实部与虚部。$X(f)$和$X(-f)$的模与幅角有如下关系：

$$|X(-f)|=|X(f)|$$

$$\angle X(-f)=-\angle X(f)$$

例2.1.3 确定$\Pi(t)$的Fourier变换。

解 有

$$\begin{aligned}F[\Pi(t)]&=\int_{-\infty}^{\infty}\Pi(t)\mathrm{e}^{-\mathrm{j}2\pi ft}\mathrm{d}t=\int_{-1/2}^{1/2}\mathrm{e}^{-\mathrm{j}2\pi ft}\mathrm{d}t\\ &=\frac{-1}{\mathrm{j}2\pi f}(\mathrm{e}^{-\mathrm{j}\pi f}-\mathrm{e}^{\mathrm{j}\pi f})=\frac{\sin\pi f}{\pi f}\\ &=\mathrm{sinc}(f)\end{aligned} \tag{2.1.12}$$

$\Pi(t)$和它的Fourier变换如图2.1.3所示。

例2.1.4 求函数$x(t)$的Fourier变换，其中$x(t)$的解析表示为

$$x(t)=\begin{cases}A\left(1-\dfrac{t}{T}\right), & 0\leqslant t\leqslant T\\ A\left(1+\dfrac{t}{T}\right), & -T\leqslant t<0\\ 0, & |t|>T\end{cases} \tag{2.1.13}$$

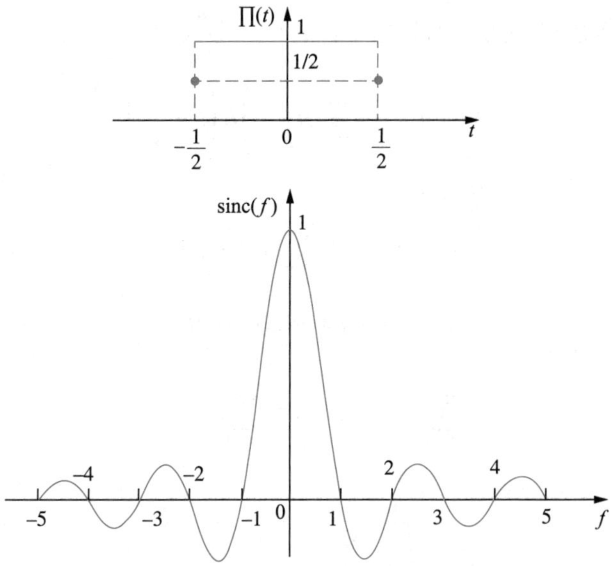

图2.1.3 Π(t)和它的Fourier变换

解 因为$x(t)=\frac{A}{T}\Pi(t/T)\cdot\Pi(t/T)$,所以

$$F[x(t)]=\frac{A}{T}\left[F\left(\Pi(t/T)\right)\right]^2$$

由于

$$F[\Pi(t/T)]=T\mathrm{sinc}(Tf)$$

所以

$$F[x(t)]=AT[\mathrm{sinc}(Tf)]^2 \tag{2.1.14}$$

例2.1.5 试证明

$$\delta(t)=\int_{-\infty}^{\infty}\mathrm{e}^{\mathrm{j}2\pi ft}\mathrm{d}f \tag{2.1.15}$$

证明 因为对于任何$x(t)$,有

$$\begin{aligned}x(t)&=\int_{-\infty}^{\infty}X(f)\mathrm{e}^{\mathrm{j}2\pi ft}\mathrm{d}f\\&=\int_{-\infty}^{\infty}\left[\int_{-\infty}^{\infty}x(\tau)\mathrm{e}^{-\mathrm{j}2\pi f\tau}\mathrm{d}\tau\right]\mathrm{e}^{\mathrm{j}2\pi ft}\mathrm{d}f\\&=\int_{-\infty}^{\infty}\left[\int_{-\infty}^{\infty}\mathrm{e}^{\mathrm{j}2\pi f(t-\tau)}\mathrm{d}f\right]x(\tau)\mathrm{d}\tau\end{aligned}$$

由$\delta(t)$的性质,对于任何$x(t)$,有

$$x(t)=\int_{-\infty}^{\infty}\delta(t-\tau)x(\tau)\mathrm{d}\tau$$

所以

$$\int_{-\infty}^{\infty}\mathrm{e}^{\mathrm{j}2\pi f(t-\tau)}\mathrm{d}f=\delta(t-\tau)$$

因而

$$\delta(t)=\int_{-\infty}^{\infty}\mathrm{e}^{\mathrm{j}2\pi ft}\mathrm{d}f$$

例2.1.6 [泊松(Poisson)公式] 若$x(t)=\sum_{k=-\infty}^{\infty}g(t)h(t-nT_0)$,则

$$X(f)=\frac{1}{T_0}\sum_{l=-\infty}^{\infty}H\left(\frac{l}{T_0}\right)G\left(f-\frac{l}{T_0}\right) \tag{2.1.16}$$

其中,$g(t)\Leftrightarrow G(f)$,$h(t)\Leftrightarrow H(f)$。

证明

$$x(t)=g(t)\sum_{n=-\infty}^{\infty}h(t-nT_0) \tag{2.1.17}$$

因为$\sum_{n=-\infty}^{\infty}h(t-nT_0)$是周期为$T_0$的周期函数,所以

$$\sum_{k=-\infty}^{\infty}h(t-nT_0)=\sum_{l=-\infty}^{\infty}c_l e^{j2\pi\frac{l}{T_0}t} \tag{2.1.18a}$$

其中

$$\begin{aligned}c_l&=\frac{1}{T_0}\int_{-\frac{T_0}{2}}^{\frac{T_0}{2}}\sum_{n=-\infty}^{\infty}h(t-nT_0)e^{-j2\pi\frac{l}{T_0}t}\mathrm{d}t\\&=\frac{1}{T_0}\int_{-\infty}^{\infty}h(t)e^{-j\frac{2\pi lt}{T_0}}\mathrm{d}t\\&=\frac{1}{T_0}H\left(\frac{l}{T_0}\right)\end{aligned} \tag{2.1.18b}$$

所以

$$x(t)=g(t)\sum_{l=-\infty}^{\infty}c_l e^{j\frac{2\pi lt}{T_0}}\Leftrightarrow X(f)=\frac{1}{T_0}\sum_{l=-\infty}^{\infty}H\left(\frac{l}{T_0}\right)G\left(f-\frac{l}{T_0}\right)$$

在例2.1.6中,若$g(t)=1$,$h(t)=\delta(t)$,则由于

$$g(t)\Leftrightarrow\delta(f),h(t)\Leftrightarrow 1$$

所以利用泊松公式,得到

$$x(t)=\sum_{k=-\infty}^{\infty}\delta(t-kT_0)\Leftrightarrow X(f)=\frac{1}{T_0}\sum_{l=-\infty}^{\infty}\delta\left(f-\frac{l}{T_0}\right) \tag{2.1.19}$$

注意,以上定义的Fourier级数和Fourier变换是对绝对可积函数定义的,对于常见的平方可积函数$x(t)\in\mathcal{L}_2$则有如下关于Fourier级数的定理。

定理2.1.3 令$x(t)$是$[-T/2,T/2]$上平方可积复值函数,$x(t)\in\mathcal{L}_2[-T/2,T/2]$,则对每个整数$k$,存在有限复数$c_k=\frac{1}{T}\int_{-T/2}^{T/2}x(t)e^{-j2\pi kt/T}\mathrm{d}t$,使得

$$\lim_{K\to\infty}\int_{-T/2}^{T/2}\left|x(t)-\sum_{k=-K}^{K}c_k e^{j2\pi kt/T}\right|^2\mathrm{d}t=0 \tag{2.1.20}$$

而且

$$\int_{-T/2}^{T/2}|x(t)|^2\mathrm{d}t=T\sum_{k=-\infty}^{\infty}|c_k|^2 \tag{2.1.21}$$

因此这时Fourier级数展开是在平方积分意义下收敛的,也就是按式(2.1.20)收敛。

对于平方可积函数$x(t)\in\mathcal{L}_2$的Fourier变换,也具有如下定理。

定理2.1.4 对于平方可积复值函数$x(t)\in\mathcal{L}_2$，存在一个平方可积复值函数$X(f)\in\mathcal{L}_2$，使得

$$\lim_{A\to\infty}\int_{-\infty}^{\infty}\left|X(f)-X_A(f)\right|^2\mathrm{d}f=0 \tag{2.1.22}$$

其中$X_A(f)$是函数$x(t)$在区间$[-A,A]$上截断的Fourier变换，即

$$X_A(f)=\int_{-A}^{A}x(t)\mathrm{e}^{-\mathrm{j}2\pi ft}\mathrm{d}t \tag{2.1.23}$$

此外，帕塞瓦尔等式(Parseval equality)也成立，即

$$\int_{-\infty}^{\infty}\left|x(t)\right|^2\mathrm{d}t=\int_{-\infty}^{\infty}\left|X(f)\right|^2\mathrm{d}f \tag{2.1.24}$$

对于平方可积复值函数的Fourier逆变换，下面的定理成立。

定理2.1.5 对于任何平方可积复值函数$x(t)\in\mathcal{L}_2$，令$X(f)$是定理2.1.4所定义的Fourier变换，则对任何$B>0$存在连续平方可积函数$x_B(t)$:

$$x_B(t)=\int_{-B}^{B}X(f)\mathrm{e}^{\mathrm{j}2\pi ft}\mathrm{d}f \tag{2.1.25}$$

使得

$$\lim_{B\to\infty}\int_{-\infty}^{\infty}\left|x(t)-x_B(t)\right|^2\mathrm{d}t=0 \tag{2.1.26}$$

因此，对于平方可积函数的Fourier变换和逆变换是在平方积分收敛意义下成立的。由于在有限区间上定义的平方可积函数必然是绝对可积的，所以在有限区间上的平方可积函数也满足定理2.1.2的要求。

2.1.2 周期信号的Fourier变换

设$x(t)$是周期为T_0的周期信号，$\{x_n\}$表示相应的Fourier系数，则

$$x(t)=\sum_{n=-\infty}^{\infty}x_n\mathrm{e}^{\mathrm{j}2\pi\frac{n}{T_0}t}\Leftrightarrow X(f)=\sum_{n=-\infty}^{\infty}x_n\delta\left(f-\frac{n}{T_0}\right) \tag{2.1.27}$$

设$x_{T_0}(t)$是$x(t)$的一个周期截断函数，即

$$x_{T_0}(t)=\begin{cases}x(t), & -T_0/2\leqslant t\leqslant T_0/2\\ 0, & \text{其他}\end{cases} \tag{2.1.28}$$

则

$$x(t)=\sum_{n=-\infty}^{\infty}x_{T_0}(t-nT_0) \tag{2.1.29}$$

因为$x_{T_0}(t-nT_0)=x_{T_0}(t)\cdot\delta(t-nT_0)$，利用式(2.1.19)，得

$$x(t)=x_{T_0}(t)\cdot\sum_{n=-\infty}^{\infty}\delta(t-nT_0)\Leftrightarrow X(f)=\frac{1}{T_0}\sum_{n=-\infty}^{\infty}X_{T_0}\left(\frac{n}{T_0}\right)\cdot\delta\left(f-\frac{n}{T_0}\right) \tag{2.1.30}$$

所以

$$x_n=\frac{1}{T_0}X_{T_0}\left(\frac{n}{T_0}\right) \tag{2.1.31}$$

例2.1.7 利用式(2.1.31)确定图2.1.1所示周期信号的Fourier级数系数。

解 图2.1.1所示周期信号的截断函数为

$$x_{T_0}(t)=\prod(t/\tau)$$

它的Fourier变换为

$$X_{T_0}(f)=\tau\operatorname{sinc}(\tau f)$$

所以

$$x_n=\frac{\tau}{T_0}\operatorname{sinc}\left(\frac{n\tau}{T_0}\right)$$

2.1.3 能量型信号和功率型信号

1.能量型信号

能量型信号$x(t)$的能量有限，即满足$\int_{-\infty}^{\infty}|x(t)|^2\mathrm{d}t<\infty$。

设$x(t)\Leftrightarrow X(f)$，由帕塞瓦尔等式

$$E=\int_{-\infty}^{\infty}|x(t)|^2\mathrm{d}t=\int_{-\infty}^{\infty}|X(f)|^2\mathrm{d}f \tag{2.1.32}$$

可知，信号$x(t)$的能量谱$G(f)$表示在频率f附近单位频率上的能量，因此$G(f)$可以定义为

$$G(f)=|X(f)|^2 \tag{2.1.33}$$

能量型信号的相关函数为

$$\begin{aligned}R_x(\tau)&=\int_{-\infty}^{\infty}x(t)x^*(t-\tau)\mathrm{d}t\\&=x(\tau)x^*(-\tau)\end{aligned} \tag{2.1.34}$$

显然信号能量为

$$E=R_x(0)$$

因为

$$\begin{aligned}\int_{-\infty}^{\infty}R_x(\tau)\mathrm{e}^{-\mathrm{j}2\pi f\tau}\mathrm{d}\tau&=X(f)X^*(f)\\&=|X(f)|^2\\&\triangleq G(f)\end{aligned} \tag{2.1.35}$$

所以

$$R_x(\tau)\Leftrightarrow G(f) \tag{2.1.36}$$

也就是说能量型函数的相关函数与能量谱密度构成一对Fourier变换对。

2.功率型信号

功率型信号$x(t)$的功率是有限的，即$x(t)$满足

$$0\leqslant\lim_{t\to\infty}\frac{1}{T}\int_{-T/2}^{T/2}|x(t)|^2\mathrm{d}t<\infty \tag{2.1.37}$$

周期信号是一种功率型信号，对于周期为T_0的信号$x(t)$，有

$$x(t)=\sum_{n=-\infty}^{\infty}x_n\mathrm{e}^{\mathrm{j}2\pi\frac{n}{T_0}t},\quad x_n=\frac{1}{T_0}X_{T_0}\left(\frac{n}{T_0}\right)$$

功率型信号的相关函数定义为

$$R_x(\tau)=\lim_{T\to\infty}\frac{1}{T}\int_{-T/2}^{T/2}x(t)x^*(t-\tau)\mathrm{d}t \tag{2.1.38}$$

信号$x(t)$的总功率为

$$P = R_x(0) \tag{2.1.39}$$

下面我们导出功率信号的功率谱密度定义及其表示。令$x_T(t)$是功率信号$x(t)$的截断函数,即

$$x_T(t) = \begin{cases} x(t), & -T/2 \leqslant t \leqslant T/2 \\ 0, & \text{其他} \end{cases} \tag{2.1.40}$$

由于$x_T(t)$是能量型信号,若

$$x_T(t) \Leftrightarrow X_T(f)$$

则
$$\int_{-\infty}^{\infty} \left| x_T(t) \right|^2 \mathrm{d}t = \int_{-\infty}^{\infty} \left| X_T(f) \right|^2 \mathrm{d}f$$

所以
$$\frac{1}{T}\int_{-T/2}^{T/2} \left| x_T(t) \right|^2 \mathrm{d}t = \frac{1}{T}\int_{-\infty}^{\infty} \left| X_T(f) \right|^2 \mathrm{d}f$$

总功率为
$$\lim_{T \to \infty} \frac{1}{T}\int_{-T/2}^{T/2} \left| x(t) \right|^2 \mathrm{d}t = \lim_{T \to \infty} \frac{1}{T}\int_{-\infty}^{\infty} \left| X_T(f) \right|^2 \mathrm{d}f = P \tag{2.1.41}$$

所以可以定义功率信号的功率谱密度为

$$P(f) = \lim_{T \to \infty} \frac{1}{T} \left| X_T(f) \right|^2 \tag{2.1.42}$$

显然
$$\begin{aligned} \int_{-\infty}^{\infty} P(f)\,\mathrm{d}f &= \lim_{T \to \infty} \frac{1}{T}\int_{-\infty}^{\infty} \left| X_T(f) \right|^2 \mathrm{d}f \\ &= \lim_{T \to \infty} \frac{1}{T}\int_{-T/2}^{T/2} \left| x(t) \right|^2 \mathrm{d}t \\ &= P \end{aligned} \tag{2.1.43}$$

因此,$P(f)$表示在频率f附近单位频率上的功率大小。

由于
$$\begin{aligned} \frac{1}{T}\left| X_T(f) \right|^2 &= \frac{1}{T}\int_{-T/2}^{T/2} x_T(t)\,\mathrm{e}^{-\mathrm{j}2\pi f t}\,\mathrm{d}t \int_{-T/2}^{T/2} x_T^*(t')\,\mathrm{e}^{\mathrm{j}2\pi f t'}\,\mathrm{d}t' \\ &= \frac{1}{T}\int_{-T/2}^{T/2}\int_{-T/2}^{T/2} x_T(t)\,x_T^*(t')\,\mathrm{e}^{-\mathrm{j}2\pi f(t-t')}\,\mathrm{d}t\mathrm{d}t' \end{aligned}$$

令
$$\xi = t - t'$$

得
$$\frac{1}{T}\left| X_T(f) \right|^2 = \frac{1}{T}\int_{-T/2}^{T/2}\int_{t-T/2}^{t+T/2} x_T(t)\,x_T^*(t-\xi)\,\mathrm{e}^{-\mathrm{j}2\pi f \xi}\,\mathrm{d}t\mathrm{d}\xi$$

所以
$$P(f) = \lim_{T \to \infty} \frac{1}{T}\left| X_T(f) \right|^2 = \int_{-\infty}^{\infty} R_x(\xi)\,\mathrm{e}^{-\mathrm{j}2\pi f \xi}\,\mathrm{d}\xi \tag{2.1.44a}$$

即
$$R_x(\tau) \Leftrightarrow P(f) \tag{2.1.44b}$$

也就是说,功率型函数的相关函数与功率谱密度构成一对Fourier变换对。

3.功率信号通过线性滤波器

功率信号$x(t)$通过脉冲响应为$h(t)$的滤波器的输出为

$$y(t) = \int_{-\infty}^{\infty} x(\tau)\,h(t-\tau)\,\mathrm{d}\tau \tag{2.1.45}$$

输出信号$y(t)$的相关函数为

$$\begin{aligned}R_y(\tau)&=\lim_{T\to\infty}\frac{1}{T}\int_{-T/2}^{T/2}y(t)y^*(t-\tau)\mathrm{d}t\\&=\lim_{T\to\infty}\frac{1}{T}\int_{-T/2}^{T/2}\left[\int_{-\infty}^{\infty}h(u)x(t-u)\mathrm{d}u\right]\left[\int_{-\infty}^{\infty}h(v)x(t-\tau-v)\mathrm{d}v\right]^*\mathrm{d}t\\&=\int_{-\infty}^{\infty}\int_{-\infty}^{\infty}h(u)h^*(v)\cdot\lim_{T\to\infty}\frac{1}{T}\int_{-T/2-u}^{T/2+u}[x(w)x^*(u+w-\tau-v)\mathrm{d}w]\mathrm{d}u\mathrm{d}v\\&=\int_{-\infty}^{\infty}\int_{-\infty}^{\infty}R_x(\tau+v-u)h(u)h^*(v)\mathrm{d}u\mathrm{d}v\\&=\int_{-\infty}^{\infty}\left[R_x(\tau+v)h(\tau+v)\right]h^*(v)\mathrm{d}v\\&=R_x(\tau)h(\tau)h^*(-\tau)\end{aligned}\tag{2.1.46}$$

所以
$$P_y(f)=P_x(f)\left|H(f)\right|^2\tag{2.1.47}$$

当$x(t)$是周期为T_0的周期信号时，

$$x(t)=\sum_{n=-\infty}^{\infty}x_n\mathrm{e}^{\mathrm{j}2\pi\frac{n}{T_0}t}$$

$$\begin{aligned}R_x(\tau)&=\lim_{T\to\infty}\frac{1}{T}\int_{-T/2}^{T/2}x(t)x^*(t-\tau)\mathrm{d}t\\&=\lim_{k\to\infty}\frac{1}{kT_0}\int_{-kT_0/2}^{kT_0/2}x(t)x^*(t-\tau)\mathrm{d}t\\&=\lim_{k\to\infty}\frac{k}{kT_0}\int_{-T_0/2}^{T_0/2}x(t)x^*(t-\tau)\mathrm{d}t\\&=\frac{1}{T_0}\int_{-T_0/2}^{T_0/2}x(t)x^*(t-\tau)\mathrm{d}t\\&=\frac{1}{T_0}\int_{-T_0/2}^{T_0/2}\sum_{n=-\infty}^{\infty}\sum_{m=-\infty}^{\infty}x_nx_m^*\mathrm{e}^{\mathrm{j}2\pi\frac{m}{T_0}\tau}\mathrm{e}^{\mathrm{j}2\pi\frac{n-m}{T_0}t}\mathrm{d}t\end{aligned}$$

因为
$$\frac{1}{T_0}\int_{-T_0/2}^{T_0/2}\mathrm{e}^{\mathrm{j}2\pi\frac{n-m}{T_0}t}\mathrm{d}t=\delta_{m,n}=\begin{cases}1,\ m=n\\0,\ m\neq n\end{cases}$$

所以
$$R_x(\tau)=\sum_{n=-\infty}^{\infty}\left|x_n\right|^2\mathrm{e}^{\mathrm{j}2\pi\frac{n}{T_0}\tau}\tag{2.1.48}$$

从而
$$P_x(f)=\sum_{n=-\infty}^{\infty}\left|x_n\right|^2\cdot\delta\left(f-\frac{n}{T_0}\right)\tag{2.1.49}$$

总功率为
$$P=\sum_{n=-\infty}^{\infty}\left|x_n\right|^2\tag{2.1.50}$$

若周期信号$x(t)$通过传递函数为$H(f)$的滤波器，则其输出功率谱为

$$\begin{aligned}P_y(f)&=\left|H(f)\right|^2\cdot\sum_{n=-\infty}^{\infty}\left|x_n\right|^2\cdot\delta\left(f-\frac{n}{T_0}\right)\\&=\sum_{n=-\infty}^{\infty}\left|x_n\right|^2\cdot\left|H\left(\frac{n}{T_0}\right)\right|^2\cdot\delta\left(f-\frac{n}{T_0}\right)\end{aligned}\tag{2.1.51}$$

2.1.4 窄带信号（带通信号）和窄带系统（带通系统）

2-3窄带信号的低通等效表示

在通信系统中，特别在无线通信中，传输的信号是窄带的，也就是说信号的带宽与中心频率相比很小。通信信号的数字分析和处理往往在基带进行，因此需要一种把射频通带信号变换成等价低通信号的方法，其中射频信号的复包络表示是一种有效的方法。

定义2.1.1（窄带信号） 信号$x(t)$称为是带通的或窄带的，指它的Fourier变换$X(f)$在某个高频f_0附近一个小邻域内不为零，而在其他地方为零，即

$$X(f)=0, \left|f-f_0\right| \geqslant W, \text{其中 } W<f_0 \tag{2.1.52}$$

同样，带通系统（窄带系统）是指它的传递函数$H(f)$是窄带的，即存在f_0使

$$H(f)=0, \left|f-f_0\right|>W, \text{其中 } W<f_0 \tag{2.1.53}$$

如果带通系统是理想的，则其传递函数$H(f)$满足

$$H(f)=\begin{cases}1, & \left|f-f_0\right| \leqslant W \\ 0, & \left|f-f_0\right|>W\end{cases} \tag{2.1.54}$$

其中，$W<f_0$。

1. 单频信号的复包络

$$x(t)=A\cos(2\pi f_0 t+\theta) \Leftrightarrow X(f)=\frac{A}{2}\left[\mathrm{e}^{\mathrm{j}\theta}\delta(f-f_0)+\mathrm{e}^{-\mathrm{j}\theta}\delta(f+f_0)\right] \tag{2.1.55}$$

引入复数表示：

$$\begin{aligned} z(t) &= A\mathrm{e}^{\mathrm{j}(2\pi f_0 t+\theta)} \\ &= A\cos(2\pi f_0 t+\theta)+\mathrm{j}A\sin(2\pi f_0 t+\theta) \\ &= x(t)+\mathrm{j}x_{\mathrm{q}}(t) \end{aligned} \tag{2.1.56}$$

其中，$x_{\mathrm{q}}(t)=A\sin(2\pi f_0 t+\theta)$是相移90°后的$x(t)$，$z(t)$表示矢量$X=A\mathrm{e}^{\mathrm{j}\theta}$以角频率$2\pi f_0$反时针旋转，即$z(t)=X\mathrm{e}^{\mathrm{j}2\pi f_0 t}$。在频率域上旋转矢量$X=z(t)\mathrm{e}^{-\mathrm{j}2\pi f_0 t}$相当于把$Z(f)$在频轴上向左移$f_0$，得到复数$X$。复数$X=A\mathrm{e}^{\mathrm{j}\theta}$包含了单频信号的幅度和相位信息，如图2.1.4所示，它也称为单频信号的复包络。

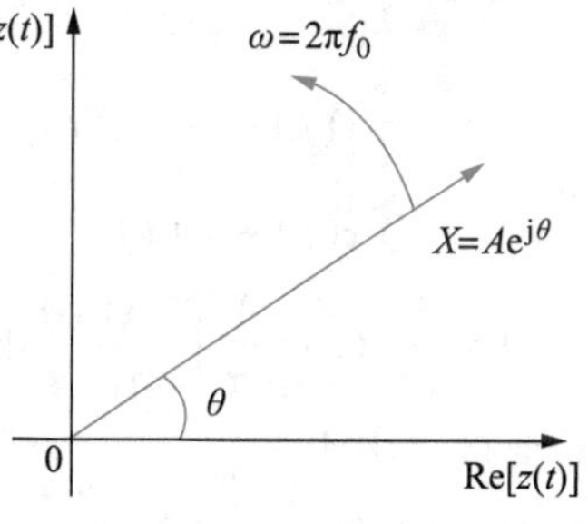

图2.1.4 单频信号的旋转矢量表示

具体地说，单频信号的复包络可以通过如下计算得到：

在频域上删除$X(f)$的负频分量，再乘以2得到$Z(f)$，即

$$Z(f)=2u_{-1}(f)X(f) \tag{2.1.57a}$$

其中
$$u_{-1}(f)=\begin{cases}1, & f>0\\ 1/2, & f=0\\ 0, & f<0\end{cases} \tag{2.1.57b}$$

然后把$Z(f)$在频轴上向左移f_0，得到复包络的频谱$Z(f+f_0)=Ae^{j\theta}\delta(f)$，相应的时域波形是一个复矢量，它就是单频信号的等效低通表示。

2. 窄带信号的复包络

设$x(t)$是窄带信号，$x(t)\Leftrightarrow X(f)$，下面推导它的复包络$x_l(t)$的时域和频域表示。

首先，我们证明
$$\mathcal{F}\left[\frac{1}{2}\delta(t)+\frac{\mathrm{j}}{2\pi t}\right]=u_{-1}(f) \tag{2.1.58}$$
其中$u_{-1}(t)$是单位阶跃函数，即
$$u_{-1}(t)=\int_{-\infty}^{t}\delta(\tau)\,\mathrm{d}\tau=\begin{cases}1, & t>0\\ 1/2, & t=0\\ 0, & t<0\end{cases} \tag{2.1.59}$$

因为
$$\mathcal{F}\left[\int_{-\infty}^{t}f(\tau)\,\mathrm{d}\tau\right]=\frac{F(f)}{\mathrm{j}2\pi f}+\frac{1}{2}F(0)\delta(f)$$
再利用阶跃函数定义式(2.1.59)，得到
$$\mathcal{F}\left[u_{-1}(t)\right]=\frac{1}{2}\delta(f)+\frac{1}{\mathrm{j}2\pi f}$$

利用Fourier变换的对偶性，即
$$f(t)\Leftrightarrow F(f)\Rightarrow F(-t)\Leftrightarrow f(f)$$
又因$\delta(t)$是偶函数，就可以获得式(2.1.58)。

如同单频函数一样，为了求窄带信号$x(t)$的复包络，首先在频域上删除$X(f)$的负频分量，再乘以2得到$Z(f)$，即
$$Z(f)=2u_{-1}(f)X(f) \tag{2.1.60}$$

利用式(2.1.58)，$Z(f)$在时域上可表示为
$$\begin{aligned}z(t)&=\left[\delta(t)+\frac{j}{\pi t}\right]x(t)\\ &=x(t)+\mathrm{j}\frac{1}{\pi t}x(t)\\ &\triangleq x(t)+\mathrm{j}\hat{x}(t)\end{aligned} \tag{2.1.61}$$

其中
$$\hat{x}(t)=\frac{1}{\pi t}x(t)=\frac{1}{\pi}\int_{-\infty}^{\infty}\frac{x(\tau)}{t-\tau}\mathrm{d}\tau \tag{2.1.62}$$
称为$x(t)$的希尔伯特(Hilbert)变换。由于

$$\mathcal{F}\left(\frac{1}{\pi t}\right)=\int_{-\infty}^{\infty}\frac{\mathrm{e}^{-\mathrm{j}2\pi tf}}{\pi t}\mathrm{d}t=-\mathrm{j}\int_{0}^{\infty}\frac{2\sin 2\pi ft}{\pi t}\mathrm{d}t$$
$$=-\mathrm{j}\operatorname{sgn}(f)$$
$$=\begin{cases}-\mathrm{j}, & f>0\\ 0, & f=0\\ \mathrm{j}, & f<0\end{cases}$$
$$=\begin{cases}\mathrm{e}^{-\mathrm{j}\frac{\pi}{2}}, & f>0\\ 0, & f=0\\ \mathrm{e}^{\mathrm{j}\frac{\pi}{2}}, & f<0\end{cases} \tag{2.1.63}$$

所以$x(t)$的希尔伯特变换相当于把信号的正频分量移相$-\frac{\pi}{2}$，负频分量移相$\frac{\pi}{2}$。希尔伯特滤波器也称为正交滤波器。$\hat{x}(t)$的Fourier变换为

$$\hat{X}(f)=-\mathrm{j}\operatorname{sgn}(f)X(f)$$

为了获得带通信号$x(t)$的复包络（等效低通表示），还要在频率轴上把$Z(f)$向左移f_0，得到复包络的频域表示$X_1(f)$：

$$X_1(f)=Z(f+f_0)=2u_{-1}(f+f_0)X(f+f_0) \tag{2.1.64}$$

于是$x(t)$的复包络（等效低通表示）$x_1(f)$为

$$x_1(t)=z(t)\cdot \mathrm{e}^{-\mathrm{j}2\pi f_0 t} \tag{2.1.65}$$

因此
$$|X_1(f)|=0,\quad |f|>W,\quad W<f_0 \tag{2.1.66}$$

形成复包络的频域表示，如图2.1.5所示。

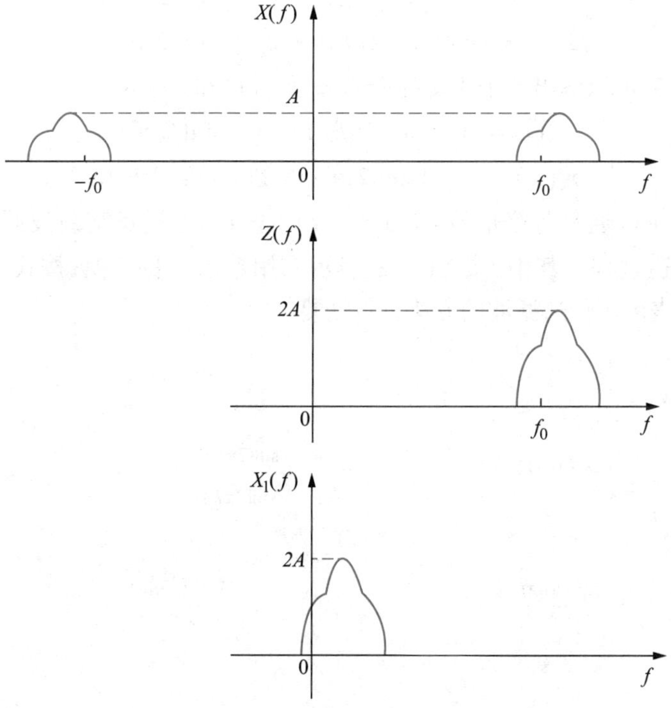

图2.1.5 窄带信号$x(t)$及其复包络$x_1(t)$的频谱

例2.1.8 余弦信号$x(t)=A\cos(2\pi f_0 t+\theta)$的希尔伯特变换为

$$\begin{aligned}\hat{x}(t)&=\frac{1}{\pi}\int_{-\infty}^{\infty}\frac{A\cos(2\pi f_0\tau+\theta)}{t-\tau}\mathrm{d}\tau\\&=A\sin(2\pi f_0 t+\theta)\end{aligned}$$

所以
$$z(t)=x(t)+\mathrm{j}\,\hat{x}(t)=A\mathrm{e}^{\mathrm{j}(2\pi f_0 t+\theta)}$$

$x(t)$的复包络为
$$x_1(t)=z(t)\mathrm{e}^{-\mathrm{j}2\pi f_0 t}=A\mathrm{e}^{\mathrm{j}\theta}$$

3. 希尔伯特变换的性质

由式(2.1.62)所定义的希尔伯特变换具有如下性质：

(1) $x(t)=x(-t)\Rightarrow\hat{x}(t)=-\hat{x}(-t)$，即偶函数的希尔伯特变换为奇函数；

(2) $x(t)=-x(-t)\Rightarrow\hat{x}(t)=\hat{x}(-t)$，即奇函数的希尔伯特变换为偶函数；

(3) $\hat{\hat{x}}(t)=-x(t)$；

(4) $\int_{-\infty}^{\infty}x^2(t)\mathrm{d}t=\int_{-\infty}^{\infty}|\hat{x}(t)|^2\mathrm{d}t$；

(5) $\int_{-\infty}^{\infty}x(t)\hat{x}(t)\mathrm{d}t=\int_{-\infty}^{\infty}\hat{X}(f)X^*(f)\mathrm{d}f=0$。

一般复包络$x_1(t)$是复信号，所以具有实部与虚部两个分量：

$$x_1(t)=x_c(t)+\mathrm{j}x_s(t) \tag{2.1.67}$$

因而
$$\begin{aligned}z(t)&=x(t)+\mathrm{j}\,\hat{x}(t)=x_1(t)\mathrm{e}^{\mathrm{j}2\pi f_0}\\&=\left[x_c(t)\cos(2\pi f_0 t)-x_s(t)\sin(2\pi f_0 t)\right]+\\&\quad\mathrm{j}\left[x_c(t)\sin(2\pi f_0 t)+x_s(t)\cos(2\pi f_0 t\right]\end{aligned} \tag{2.1.68}$$

所以
$$x(t)=x_c(t)\cos(2\pi f_0 t)-x_s(t)\sin(2\pi f_0 t) \tag{2.1.69a}$$

$$\hat{x}(x)=x_c(t)\sin(2\pi f_0 t)+x_s(t)\cos(2\pi f_0 t) \tag{2.1.69b}$$

从式(2.1.69)可以解出两个正交的低通分量$x_c(t)$和$x_s(t)$：

$$x_c(t)=x(t)\cos(2\pi f_0 t)+\hat{x}(t)\sin(2\pi f_0 t) \tag{2.1.70a}$$

$$x_s(x)=-x(t)\sin(2\pi f_0 t)+\hat{x}(t)\cos(2\pi f_0 t) \tag{2.1.70b}$$

图2.1.6表示低通复包络信号$x_1(t)=x_c(t)+\mathrm{j}x_s(t)$通过正交载波调制产生带通信号的过程及其逆过程。其中，图2.1.6(a)表示采用希尔伯特变换，按式(2.1.70)进行恢复；图2.1.6(b)表示用低通滤波的方法进行恢复。

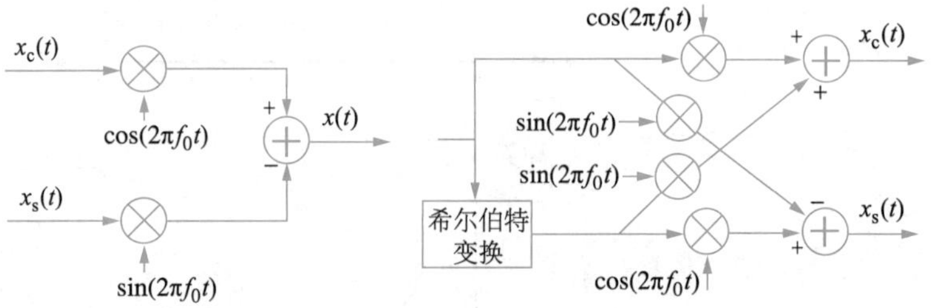

(a)

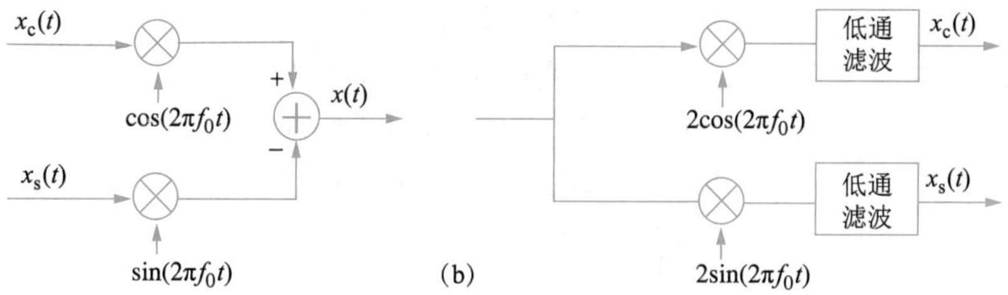

图2.1.6 低通复包络信号$x_l(t)$通过正交载波调制产生带通信号的过程及其逆过程

$x(t)$的包络和相位分别为

$$V(t)=\sqrt{x_c^2(t)+x_s^2(t)} \tag{2.1.71a}$$

$$\Theta(t)=\arctan\frac{x_s(t)}{x_c(t)} \tag{2.1.71b}$$

则

$$x_l(t)=V(t)\mathrm{e}^{\mathrm{j}\Theta(t)} \tag{2.1.72}$$

$$\begin{aligned} z(t) &= x(t)+\mathrm{j}\hat{x}(t) \\ &= x_l(t)\mathrm{e}^{\mathrm{j}2\pi f_0 t} \\ &= V(t)\cdot \mathrm{e}^{\mathrm{j}\Theta(t)}\cdot \mathrm{e}^{\mathrm{j}2\pi f_0 \tau} \\ &= V(t)\cos\{[2\pi f_0 t+\Theta(t)]\}+\mathrm{j}V(t)\sin[2\pi f_0 t+\Theta(t)] \end{aligned} \tag{2.1.73}$$

$$x(t)=V(t)\cos[2\pi f_0 t+\Theta(t)] \tag{2.1.74a}$$

$$\hat{x}(t)=V(t)\sin[2\pi f_0 t+\Theta(t)] \tag{2.1.74b}$$

$V(t)$和$\Theta(t)$是慢变化时间函数。如图2.1.7所示，复信号$z(t)$是慢变化矢量$V(t)\mathrm{e}^{\mathrm{j}\Theta(t)}$以角频率$2\pi f_0$逆时针快速旋转，高频信号$x(t)$是$z(t)$的实部。

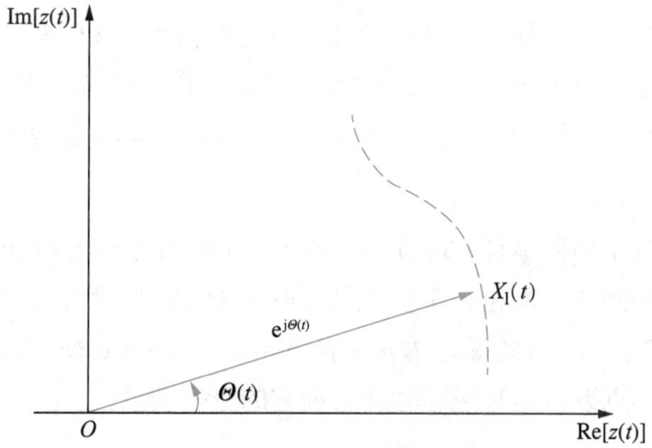

图2.1.7 窄带信号的旋转矢量表示

4. 窄带信号通过窄带系统

设$x(t)$为窄带信号，$h(t)$是窄带系统的脉冲响应，则输出$y(t)$的频域表示为

$$Y(f)=X(f)H(f) \tag{2.1.75}$$

其中$h(t)\Leftrightarrow H(f)$。显然，输出信号$y(t)$是窄带的，所以它的低通等效复包络$y_l(t)$的频域表示$Y_l(f)$为

$$\begin{aligned} Y_1(f) &= 2u_{-1}(f+f_0)Y(f+f_0) \\ &= 2u_{-1}(f+f_o)X(f+f_0)H(f+f_0) \end{aligned} \tag{2.1.76}$$

$$X_1(f) = 2u_{-1}(f+f_0)X(f+f_0) \tag{2.1.77}$$

$$H_1(f) = 2u_{-1}(f+f_0)H(f+f_0) \tag{2.1.78}$$

因为

$$\left[u_{-1}(f)\right]^2 = u_{-1}(f)$$

所以

$$X_1(f)H_1(f) = 4u_{-1}(f+f_0)X(f+f_0)H(f+f_0) \tag{2.1.79}$$

从而

$$Y_1(f) = \frac{1}{2}X_1(f)H_1(f) \tag{2.1.80}$$

在时域,即

$$y_1(t) = \frac{1}{2}x_1(t)h_1(t) \tag{2.1.81}$$

$$y(t) = \mathrm{Re}\left[y_1(t)\mathrm{e}^{\mathrm{j}2\pi f_0 t}\right] \tag{2.1.82}$$

§2.2 随机变量

2.2.1 随机变量与分布函数

2-4随机变量

随机变量是用来描述随机事件的,它是定义在随机实验结果的样本空间Ω上的一个函数,记为$x(\omega)$, $\omega \in \Omega$。我们一般用大写字母表示随机变量,小写字母表示随机变量的取值。例如,掷一颗骰子的随机实验,有6种结果,因此实验结果的样本空间为$\Omega = \{\omega_1, \omega_2, \omega_3, \omega_4, \omega_5, \omega_6\}$。于是,如果赋予6个结果的一个函数$x(\omega_i) = i$, $\omega_i \in \Omega$,则随机变量X取值分别为$x(\omega_1) = 1$, $x(\omega_2) = 2, \cdots, x(\omega_6) = 6$。随机变量$X$的取值空间是$X = \{1,2,3,4,5,6\}$。

在随机实验中,出现的随机事件表示随机变量取值落入X的某个子集合,它也对应了实验结果样本空间中的一个特定子集合。例如,在掷一颗骰子的随机实验中出现偶数点的事件A可以表示成$A = \{x(\omega_2) = 2, x(\omega_4) = 4, x(\omega_6) = 6\}$,这事件也对应样本点子集合$\Omega_A = \{\omega_2, \omega_4, \omega_6\}$。

在概率论中,每个随机事件A对应一个不大于1的非负实数$P(A)$,称为概率。它表示该事件A出现的可能性,也相当于实验结果落入Ω_A的可能性。由单个样本点构成的事件称为基本事件,对应的概率记为$p_k \triangleq P(X = x_k) = P(\omega \in \Omega{:}X(\omega) = x_k)$。对于离散随机变量,若其样本点数目是有限、离散的,则它的概率满足:

$$p_k \geqslant 0, \text{且} \sum_{k=1}^{K} p_k = 1,\ k = 1,2,\cdots,K \tag{2.2.1}$$

随机变量X的累积分布函数$F_X(x)$定义为

$$F_X(x) = P(X \leqslant x) = \sum_{x_i \leqslant x} p_X(x_i) \tag{2.2.2}$$

累积分布函数$F_X(x)$具有如下性质:

(1) $0 \leqslant F_X(x) \leqslant 1$;

(2) $F_X(x)$为x的不减函数;

(3) $\lim\limits_{x\to-\infty}F_X(x)=0,\lim\limits_{x\to\infty}F_X(x)=1$;

(4) $F_X(x)$右连续，即$\lim\limits_{\varepsilon\to 0}F_X(x+\varepsilon)=F_X(x)$;

(5) $P(a<X\leqslant b)=F_X(b)-F_X(a)$;

(6) $P(X=a)=F_X(a)-F_X(a^-)$。

对于离散随机变量，$F_X(x)$是一个阶梯函数，如果$F_X(x)$是连续的，则随机变量X称为连续随机变量。这时，式(2.2.2)所示的累积分布函数用积分表示。

随机变量X的概率密度函数定义为$F_X(x)$的导数，即

$$f_X(x)=\frac{\mathrm{d}F_X(x)}{\mathrm{d}x} \tag{2.2.3}$$

概率密度函数具有如下性质：

(1) $f_X(x)\geqslant 0$;

(2) $\int_{-\infty}^{\infty}f_X(x)\mathrm{d}x=1$;

(3) $\int_{a^+}^{b^+}f_X(x)\mathrm{d}x=P(a<X\leqslant b)$;

(4) 一般有$P(X\in A)=\int_A f_X(x)\mathrm{d}x$;

(5) $F_X(x)=\int_{-\infty}^{x^+}f_X(x)\mathrm{d}x$。

可以用δ函数表示离散随机变量的概率密度函数。例如，对于取K个离散值的随机变量X，它的概率分布密度函数为

$$f(x)=\sum_{k=1}^{K}p_k\delta(x-x_k) \tag{2.2.4}$$

2.2.2 两个随机变量的联合分布与条件分布

令X和Y是定义在同一样本空间Ω上的两个随机变量，$X=x$和$Y=y$的联合概率为

$$p_{XY}(x,y)\triangleq P\big(\omega\in\Omega\colon X(\omega)=x,Y(\omega)=y\big)$$

对于任意(x,y)，定义联合累积分布函数$F_{XY}(x,y)$为

$$F_{XY}(x,y)=P\big(\omega\in\Omega\colon X(\omega)\leqslant x,Y(\omega)\leqslant y\big) \tag{2.2.5a}$$

或简写为

$$F_{XY}(x,y)=P\big(X\leqslant x,Y\leqslant y\big) \tag{2.2.5b}$$

随机变量X和Y的联合概率密度定义为

$$f_{XY}(x,y)=\frac{\partial^2}{\partial x\partial y}F_{XY}(x,y) \tag{2.2.6}$$

联合概率密度函数与边际分布有如下性质：

(1) $F_X(x)=F_{XY}(x,\infty)$;

(2) $F_Y(y)=F_{XY}(\infty,y)$;

(3) $f_X(x)=\int_{-\infty}^{\infty}f_{XY}(x,y)\mathrm{d}y$;

(4) $f_Y(y)=\int_{-\infty}^{\infty}f_{XY}(x,y)\mathrm{d}x$;

(5) $\int_{-\infty}^{\infty}\int_{-\infty}^{\infty} f_{XY}(x,y)\mathrm{d}x\mathrm{d}y = 1$;

(6) $P\big((X,Y)\in A\big) = \iint\limits_{(x,y)\in A} f_{XY}(x,y)\mathrm{d}x\mathrm{d}y$;

(7) $F_{XY}(x,y) = \int_{-\infty}^{x}\int_{-\infty}^{y} f_{XY}(u,v)\mathrm{d}u\mathrm{d}v$。

在给定$X = x$条件下，随机变量Y的条件概率密度定义为

$$f_{Y|X}(y|x) = \begin{cases} \dfrac{f_{XY}(x,y)}{f_X(x)}, & f_X(x)\neq 0 \\ 0, & \text{其他} \end{cases} \tag{2.2.7a}$$

同样，在给定$Y = y$条件下，随机变量X的条件概率密度定义为

$$f_{X|Y}(x|y) = \begin{cases} \dfrac{f_{XY}(x,y)}{f_Y(y)}, & f_Y(y)\neq 0, \\ 0, & \text{其他} \end{cases} \tag{2.2.7b}$$

如果对任何$x\in X, y\in Y$，条件概率满足

$$p_{X|Y}(x|y) = p_X(x), p_{Y|X}(y|x) = p_Y(y) \tag{2.2.8}$$

则称随机变量X和Y是统计独立的，这时

$$p_{XY}(x,y) = p_X(x)p_Y(y) \tag{2.2.9}$$

2.2.3 随机变量的函数

1. 单个随机变量的函数

设X是一个随机变量，$g(x)$是实变量x的函数，则表示式

$$Y = g(X) \tag{2.2.10}$$

是一个新的随机变量，它的积累分布函数为

$$\begin{aligned} F_Y(y) &= P\big(\omega\in\Omega: g(X(\omega))\leqslant y\big) \\ &= P\big(g(X)\leqslant y\big) \end{aligned} \tag{2.2.11}$$

于是随机变量Y的概率分布密度为

$$f_Y(y) = \frac{\mathrm{d}F_Y(y)}{\mathrm{d}y} \tag{2.2.12}$$

对于给定的函数$g(x)$以及X的密度函数$f_X(x)$，可以按如下方式确定$f_Y(y)$。

首先解方程$y = g(x)$。若方程无实根，则表明$g(X) = y$的概率为零，此时$f_Y(y) = 0$；若方程$y = g(x)$有实根，设它们为$x_1, x_2, \cdots, x_n$，即

$$y = g(x_1) = g(x_2) = g(x_3) = \cdots = g(x_n)$$

于是

$$f_Y(y) = \sum_{k=1}^{n}\frac{f_X(x_k)}{|g'(x_k)|} \tag{2.2.13}$$

其中$g'(x)$为$g(x)$的导数。

例2.2.1 求$Y = aX + b$的概率密度，其中a, b为常数，X的概率密度函数为$f_X(x)$。

解 由于$g'(x) = a$，$y = ax + b$的根为$x = (y - b)/a$，所以

$$f_Y(y)=\frac{1}{|a|}f_X\left(\frac{y-b}{a}\right) \tag{2.2.14}$$

例2.2.2 求$Y=aX^2$的概率密度，其中$a>0$，X的概率密度函数为$f_X(x)$。

解 由于$g'(x)=2ax$，当$y<0$时，$y=ax^2$无实数解，因此$f_Y(y)=0$；

当$y\geqslant 0$时，$y=ax^2$的根为

$$x_1=-\sqrt{y/a},x_2=\sqrt{y/a}$$

因此
$$f_Y(y)=\frac{1}{2a\sqrt{y/a}}\left[f_X(\sqrt{y/a})+f_X(-\sqrt{y/a})\right] \tag{2.2.15}$$

2.二元随机变量的变换

设X和Y是两个随机变量，具有联合概率密度$f_{XY}(x,y)$，给定两个函数$g(x,y)$和$h(x,y)$，我们定义两个新的随机变量：

$$Z=g(X,Y) \tag{2.2.16a}$$

$$W=h(X,Y) \tag{2.2.16b}$$

那么随机变量Z和W的联合累积分布为

$$F_{ZW}(z,w)=P\big(g(X,Y)\leqslant z,h(X,Y)\leqslant w\big) \tag{2.2.17a}$$

$$f_{ZW}(z,w)=\frac{\partial^2}{\partial z\partial w}F_{ZW}(z,w) \tag{2.2.17b}$$

和一维情况一样，可以用如下方法求得Z和W的联合概率密度函数$f_{ZW}(z,w)$：

首先求解方程组

$$\begin{cases}g(x,y)=z & (2.2.18a)\\ h(x,y)=w & (2.2.18b)\end{cases}$$

如果对于(z,w)，方程组(2.2.18)无解，则$f_{ZW}(z,w)=0$；如果方程组(2.2.18)有解，设(x_1,y_1),(x_2,y_2),…,(x_n,y_n)为它的解，则Z和W的联合概率密度函数为

$$f_{ZW}(z,w)=\sum_{k=1}^{n}\frac{f_{XY}(x_k,y_k)}{\left|J(x_k,y_k)\right|} \tag{2.2.19a}$$

其中
$$J(x_k,y_k)=\begin{vmatrix}\dfrac{\partial g}{\partial x} & \dfrac{\partial g}{\partial y}\\ \dfrac{\partial h}{\partial x} & \dfrac{\partial h}{\partial y}\end{vmatrix}_{x=x_k,y=y_k} \tag{2.2.19b}$$

例2.2.3 对随机变量X,Y作线性变换：

$$\begin{matrix}Z=aX+bY\\ W=cX+dY\end{matrix} \tag{2.2.20a}$$

其中$ad-bc\neq 0$，X,Y的联合概率密度函数为$f_{XY}(x,y)$，求Z和W的联合概率密度函数。

解 因为$ad-bc\neq 0$，所以方程组

$$\begin{cases}z=ax+by\\ w=cx+dy\end{cases}$$

有唯一解，设这组解为

$$\begin{cases} x = Az + Bw \\ y = Cz + Dw \end{cases}$$

因为$J(x,y) = ad - bc$，所以

$$f_{ZW}(z,w) = \frac{1}{|ad - bc|} f_{XY}(Az + Bw, Cz + Dw) \tag{2.2.20b}$$

2.2.4 随机变量的数字特征

1. 数学期望（均值）

随机变量X的数学期望(均值)定义为

$$E(X) = \bar{X} = \int_{-\infty}^{\infty} x f_X(x)\,\mathrm{d}x \tag{2.2.21}$$

数学期望有如下性质(其中c和c_k为常数)：

(1) $E(cX) = cE(X)$;

(2) $E(c) = c$;

(3) $E(X + c) = E(X) + c$;

(4) $E\left(\sum_{k=1}^{K} c_k X_k\right) = \sum_{k=1}^{K} c_k E(X_k)$;

(5) $E[g(X)] = \int_{-\infty}^{\infty} g(x) f_X(x)\,\mathrm{d}x$;

(6) 当两个随机变量X,Y独立时，$E(XY) = E(X)E(Y)$。

2. 方差

随机变量X的方差用来衡量该随机变量偏离其平均值(均值)的程度，它的定义为

$$\begin{aligned} \mathrm{Var}(X) &= E\left\{[X - E(X)]^2\right\} \\ &= \int_{-\infty}^{\infty} [x - E(X)]^2 f_X(x)\,\mathrm{d}x \\ &= E(X^2) - [E(X)]^2 \end{aligned} \tag{2.2.22}$$

随机变量X的方差也记为σ_X^2。方差具有如下性质：

(1) $\mathrm{Var}(cX) = c^2 \mathrm{Var}(X)$;

(2) $\mathrm{Var}(c) = 0$;

(3) $\mathrm{Var}(X + c) = \mathrm{Var}(X)$;

(4) 若X,Y是两个独立随机变量，则$\mathrm{Var}(X + Y) = \mathrm{Var}(X) + \mathrm{Var}(Y)$;

(5) 多个随机变量线性组合的方差为

$$\mathrm{Var}\left(\sum_{k=1}^{K} c_k X_k\right) = \sum_{k=1}^{K} c_k^2 \mathrm{Var}(X_k) + \sum_i \sum_{j \neq i} c_i c_j \mathrm{Cov}(X_i, X_j)$$

其中，$\mathrm{Cov}(X_i, Y_j)$为随机变量X_i和Y_j的互协方差。

两个随机变量X和Y的互协方差$\mathrm{Cov}(X,Y)$定义为

$$\begin{aligned}\mathrm{Cov}(X,Y) &= E\{[X-E(X)][Y-E(Y)]\}\\ &= \int_{-\infty}^{\infty}\int_{-\infty}^{\infty}(x-\bar{X})(y-\bar{Y})f_{XY}(x,y)\mathrm{d}x\mathrm{d}y\end{aligned} \tag{2.2.23}$$

两个随机变量X和Y的相关系数定义为

$$\rho_{XY} = \frac{\mathrm{Cov}(X,Y)}{\sigma_X\sigma_Y} \tag{2.2.24}$$

利用柯西-许瓦兹(Cauchy-Schwarz)不等式,可以证明$|\rho_{XY}|\leqslant 1$。当$\rho_{XY}=\pm 1$时,表明X和Y线性相关,即X、Y具有线性关系:$Y=aX+b$。当$\rho_{XY}=0$时,表示X、Y线性无关。

3.特征函数

随机变量X的特征函数$\varphi_X(u)$定义为

$$\varphi_X(u) = E(\mathrm{e}^{\mathrm{j}uX}) = \int_{-\infty}^{\infty}\mathrm{e}^{\mathrm{j}ux}f_X(x)\mathrm{d}x \tag{2.2.25}$$

对特征函数$\varphi_X(u)$求n阶导数,可以得到

$$\frac{\mathrm{d}^n}{\mathrm{d}u^n}\varphi_X(u) = \mathrm{j}^n\int_{-\infty}^{\infty}x^n\mathrm{e}^{\mathrm{j}ux}f_X(x)\mathrm{d}x$$

因为随机变量X的n阶矩定义为

$$m_X^n = \int_{-\infty}^{\infty}x^n f_X(x)\mathrm{d}x$$

所以

$$m_X^n = \frac{1}{\mathrm{j}^n}\frac{\mathrm{d}^n}{\mathrm{d}u^n}\varphi_X(u)\bigg|_{u=0} \tag{2.2.26}$$

如果Y是K个独立随机变量之和:

$$Y = \sum_{k=1}^{K}X_k \tag{2.2.27a}$$

则Y的特征函数为

$$\varphi_Y(u) = \prod_{k=1}^{K}\varphi_{X_k}(u) \tag{2.2.27b}$$

2.2.5 几个常用的随机变量

下面介绍几个通信中常用的随机变量。

1.伯努利(Bernoulli)随机变量

伯努利随机变量X是一个离散随机变量,它表示长度为N的独立二进制“0”“1”序列中出现“1”的数目。伯努利随机变量X的概率分布为

$$P(X=k) = \begin{cases} C_n^k p^k(1-p)^{N-k}, & 0\leqslant k\leqslant N\\ 0, & \text{其他}\end{cases} \tag{2.2.28}$$

$$E(X) = Np \tag{2.2.29}$$

$$\mathrm{Var}(X) = Np(1-p) \tag{2.2.30}$$

其中,p为出现“1”的概率。

2. 在[a, b]上均匀分布的随机变量

在[a,b]上均匀分布的随机变量是一个连续随机变量，它的概率分布密度为

$$p_X(t)=\begin{cases}\dfrac{1}{b-a}, & a\leqslant t\leqslant b\\ 0, & \text{其他}\end{cases} \tag{2.2.31}$$

则

$$E(X)=\frac{1}{2}(b+a) \tag{2.2.32}$$

$$\mathrm{Var}(X)=\frac{1}{12}(b-a)^2 \tag{2.2.33}$$

在实际情况下，当对某个连续量仅知道它的取值范围，其他一无所知时，往往假定它是均匀分布的随机变量。例如，在传输中正弦波的相位是一个随机量，可以用[0,2π]上的均匀分布随机变量作为其模型。

3. 高斯（Gaussian）随机变量（正态变量）

高斯随机变量X的概率密度函数为

$$p_X(x)=\frac{1}{\sqrt{2\pi}\,\sigma}\exp\left[-\frac{(x-a)^2}{2\sigma^2}\right],-\infty<x<\infty \tag{2.2.34}$$

则

$$E(X)=a \tag{2.2.35}$$

$$\mathrm{Var}(X)=\sigma^2 \tag{2.2.36}$$

$$\varphi_X(u)=\mathrm{e}^{\mathrm{j}ua-\frac{u^2\sigma^2}{2}} \tag{2.2.37}$$

高斯随机变量的密度函数由它的均值和方差唯一确定，所以有时高斯分布简化表示为：$X\sim\mathcal{N}(a,\sigma^2)$。

当$a=0,\sigma^2=1$时，高斯分布称为标准正态分布，这时

$$p_X(x)=\frac{1}{\sqrt{2\pi}}\mathrm{e}^{-\frac{x^2}{2}},-\infty<x<\infty \tag{2.2.38}$$

在通信中，高斯随机变量是最为重要、最常用的一种随机信号模型，主要原因是自然界的热噪声具有正态分布特性。高斯分布$X\sim\mathcal{N}(a,\sigma^2)$的概率密度曲线如图2.2.1所示。

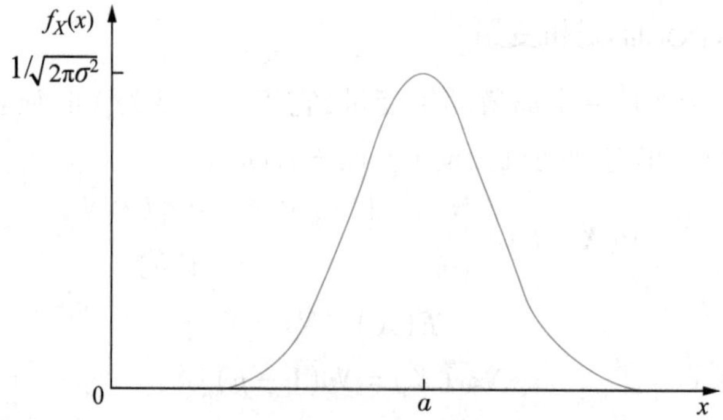

图2.2.1　高斯分布$X\sim\mathcal{N}(a,\sigma^2)$的概率密度曲线

关于正态分布,有如下几个重要的积分公式:

(1) 概率积分:
$$\Phi(x)=\frac{1}{\sqrt{2\pi}}\int_{-\infty}^{x}\mathrm{e}^{-\frac{t^2}{2}}\mathrm{d}t \tag{2.2.39}$$

(2) 误差函数:
$$\mathrm{erf}(x)=\frac{2}{\sqrt{\pi}}\int_{0}^{x}\mathrm{e}^{-t^2}\mathrm{d}t \tag{2.2.40}$$
$$\mathrm{erf}(\infty)=1$$

(3) 余误差函数:
$$\mathrm{erfc}(x)=1-\mathrm{erf}(x)=\frac{2}{\sqrt{\pi}}\int_{x}^{\infty}\mathrm{e}^{-t^2}\mathrm{d}t \tag{2.2.41}$$

误差函数与概率积分之间的关系为
$$\mathrm{erf}(x)=2\Phi(\sqrt{2}x)-1$$
与概率积分紧密相关的是$Q(x)$函数,它的定义为
$$Q(x)=1-\Phi(x)=\frac{1}{\sqrt{2\pi}}\int_{x}^{\infty}\mathrm{e}^{-\frac{t^2}{2}}\mathrm{d}t \tag{2.2.42}$$
$Q(x)$函数具有如下性质:
$$Q(-x)=1-Q(x),Q(0)=1/2,Q(\infty)=0$$
另外,$Q(x)$函数还有如下的界限:
$$Q(x)\leqslant\frac{1}{2}\mathrm{e}^{-x^2/2},\quad \forall x\geqslant 0 \tag{2.2.43a}$$
$$Q(x)<\frac{1}{\sqrt{2\pi}\,x}\mathrm{e}^{-x^2/2},\quad \forall x\geqslant 0 \tag{2.2.43b}$$
$$Q(x)>\frac{1}{\sqrt{2\pi}\,x}\left(1-\frac{1}{x^2}\right)\mathrm{e}^{-x^2/2},\quad \forall x\geqslant 0 \tag{2.2.43c}$$

在通信中有时还用到复高斯随机变量$Z=X+\mathrm{j}Y$,其中X,Y是实高斯随机变量。当X,Y是零均值、方差为$\sigma^2/2$的独立同分布高斯变量时,Z称为方差为σ^2的零均值、圆对称复高斯(ZMCSCG)随机变量,记为$Z\sim\mathcal{CN}(0,\sigma^2)$。

4. 瑞利(Rayleigh)分布

瑞利分布随机变量X的概率分布密度为
$$p_X(x)=\begin{cases}\dfrac{x}{\sigma^2}\exp\left(-\dfrac{x^2}{2\sigma^2}\right), & x\geqslant 0\\ 0, & x<0\end{cases} \tag{2.2.44}$$

则
$$E(X)=\sqrt{\frac{\pi}{2}}\sigma \tag{2.2.45}$$
$$\mathrm{Var}(X)=\frac{4-\pi}{2}\sigma^2 \tag{2.2.46}$$
$$E(X^2)=2\sigma^2 \tag{2.2.47}$$

在许多衰落信道中,幅度衰减是采用瑞利变量模型的。下面的例子说明一个ZMCSCG随机变量$Z\sim\mathcal{CN}(0,\sigma^2)$的幅度分布是瑞利分布。

例 2.2.4 设$Z=X+\mathrm{j}Y$,其中X和Y都是零均值、方差为σ^2的独立正态变量$\mathcal{N}(0,\sigma^2)$,即$Z\sim\mathcal{CN}(0,2\sigma^2)$。$Z$的幅度$V$与幅角$\Phi$为:

$$V=\sqrt{X^2+Y^2} \tag{2.2.48a}$$

$$\Phi=\arctan\frac{Y}{X} \tag{2.2.48b}$$

求幅度V与幅角Φ的概率分布密度。

解 Z的概率分布，也就是X和Y的联合分布为

$$p_{XY}(x,y)=\frac{1}{2\pi\sigma^2}\exp\left(-\frac{x^2+y^2}{2\sigma^2}\right)$$

对于给定(v,φ)，解方程组

$$\begin{cases}v=\sqrt{x^2+y^2}\\ \varphi=\arctan(y/x)\end{cases}$$

得到

$$x=v\cos\varphi,y=v\sin\varphi$$

又由于

$$J=\left|\begin{matrix}\frac{\partial v}{\partial x} & \frac{\partial v}{\partial y}\\ \frac{\partial \varphi}{\partial x} & \frac{\partial \varphi}{\partial y}\end{matrix}\right|_{x=v\cos\varphi,y=v\sin\varphi}=\frac{1}{v}$$

因此幅度V与幅角Φ的联合分布为

$$\begin{aligned}f_{V\Phi}(v,\varphi)&=f_{XY}(v\cos\varphi,v\sin\varphi)/|J|\\&=\frac{v}{2\pi\sigma^2}\exp\left(-\frac{v^2}{2\sigma^2}\right),\quad v\geqslant 0,\quad 0<\varphi\leqslant 2\pi\end{aligned} \tag{2.2.49}$$

所以幅度V分布为

$$f_V(v)=\int_0^{2\pi}f_{V\Phi}(v,\varphi)\,\mathrm{d}\varphi=\begin{cases}\frac{v}{\sigma^2}\exp\left(-\frac{v^2}{2\sigma^2}\right), & v\geqslant 0\\ 0, & v<0\end{cases} \tag{2.2.50}$$

幅角Φ的分布为

$$f_\Phi(\varphi)=\int_0^{\infty}f_{V\Phi}(v,\varphi)\,\mathrm{d}v=\frac{1}{2\pi},\varphi\in[0,2\pi] \tag{2.2.51}$$

5. χ^2分布随机变量

在通信中，经常出现多个高斯变量的平方和，这类随机变量称为χ^2分布随机变量。

1)指数分布随机变量

令$Y=X^2$，其中$X\sim\mathcal{N}(0,\sigma^2)$，则$Y$称为指数分布随机变量。由式(2.2.15)，置$a=1$，得到

$$\begin{aligned}f_Y(y)&=\begin{cases}\frac{1}{2\sqrt{y}}\left[f_X(\sqrt{y})+f_X(-\sqrt{y})\right], & y\geqslant 0\\ 0, & y<0\end{cases}\\&=\begin{cases}\frac{1}{\sqrt{2\pi y}\,\sigma}\exp\left(-\frac{y}{2\sigma^2}\right), & y\geqslant 0\\ 0, & y<0\end{cases}\end{aligned} \tag{2.2.52}$$

指数分布随机变量Y的特征函数为

$$\begin{aligned}\varphi_Y(u) &= \int_0^\infty f_Y(y)\mathrm{e}^{\mathrm{j}uy}\mathrm{d}y \\ &= \frac{1}{\left(1-\mathrm{j}2u\sigma^2\right)^{1/2}}\end{aligned} \tag{2.2.53}$$

2)中心χ^2分布随机变量

若$Y=\sum_{k=1}^{K}X_k^2$,其中$\{X_k\}$是K个独立同分布高斯随机变量,$X_k\sim\mathcal{N}(0,\sigma^2)$,则$Y$称为自由度为$K$的中心$\chi^2$分布随机变量。$Y$的特征函数为

$$\begin{aligned}\varphi_Y(u) &= E\left[\exp(\mathrm{j}uY)\right] \\ &= E_{X_1,X_2,\cdots,X_K}\left[\exp\left(\mathrm{j}u\sum_{k=1}^{K}X_k^2\right)\right] \\ &= \prod_{k=1}^{K}E\left[\exp(\mathrm{j}uX_k^2)\right] \\ &= \frac{1}{\left(1-\mathrm{j}2u\sigma^2\right)^{K/2}}\end{aligned} \tag{2.2.54}$$

求特征函数式(2.2.54)的逆变换,就得到自由度为K的中心χ^2分布:

$$f_Y(y)=\frac{1}{\sigma^K 2^{K/2}\Gamma(K/2)}y^{K/2-1}\mathrm{e}^{-y/2\sigma^2},y\geqslant 0 \tag{2.2.55}$$

其中,$\Gamma(\cdot)$为伽马函数。中心χ^2分布的均值、均方值和方差分别为

$$E(Y)=K\sigma^2 \tag{2.2.56a}$$

$$E(Y^2)=2K\sigma^4+K^2\sigma^4 \tag{2.2.56b}$$

$$\mathrm{Var}(Y)=2K\sigma^4 \tag{2.2.56c}$$

当$\sigma^2=1$时,几种自由度K的中心χ^2分布密度如图2.2.2所示。

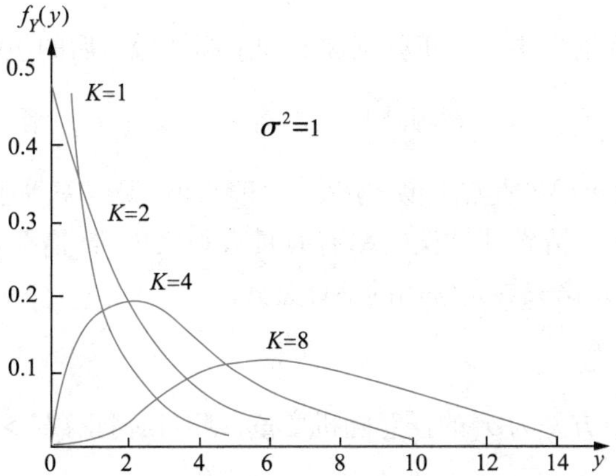

图2.2.2 几种自由度K的中心χ^2分布密度

3)非中心χ^2分布随机变量

如果$\{X_k\}$是K个方差相同、均值不相同的独立高斯随机变量,$X_k\sim\mathcal{N}(m_k,\sigma^2)$,则

$Y=\sum_{k=1}^{K}X_k^2$称为自由度为K的非中心χ^2随机变量。同样,可以求出非中心χ^2随机变量的特征函数为

$$\varphi_Y(u)=\frac{1}{\left(1-\mathrm{j}2u\sigma^2\right)^{K/2}}\exp\left(\frac{\mathrm{j}u\sum_{k=1}^{K}m_k^2}{1-\mathrm{j}2u\sigma^2}\right) \tag{2.2.57}$$

相应的概率密度为特征函数式(2.2.57)的逆变换:

$$f_Y(y)=\frac{1}{2\sigma^2}\left(\frac{y}{s^2}\right)^{(K-2)/4}\exp\left(-\frac{s^2+y}{2\sigma^2}\right)\cdot \mathrm{I}_{K/2-1}\left(\sqrt{y}\frac{s}{\sigma^2}\right),y\geqslant 0 \tag{2.2.58}$$

式中,$s^2=\sum_{k=1}^{K}m_k^2$,$\mathrm{I}_\alpha(x)$是第一类α阶修正贝塞尔(Bessel)函数。非中心χ^2分布的均值、均方值和方差分别为

$$E(Y)=K\sigma^2+s^2 \tag{2.2.59a}$$

$$E\left(Y^2\right)=2K\sigma^4+4\sigma^2s^2+\left(K\sigma^2+s^2\right)^2 \tag{2.2.59b}$$

$$\mathrm{Var}(Y)=2K\sigma^4+4\sigma^2s^2 \tag{2.2.59c}$$

6. 赖斯(Rice)分布随机变量

考虑$K=2$的非中心χ^2分布,$Y=X_1^2+X_2^2$,其中$X_k\sim\mathcal{N}(m,\sigma^2)$, $k=1,2$。由式(2.2.58),得到Y的密度函数为

$$f_Y(y)=\frac{1}{2\sigma^2}\exp\left(-\frac{s^2+y}{2\sigma^2}\right)\cdot \mathrm{I}_0\left(\sqrt{y}\frac{s}{\sigma^2}\right),y\geqslant 0 \tag{2.2.60}$$

式中,$s^2=2m^2$。

赖斯随机变量定义为$R=\sqrt{Y}=\sqrt{X_1^2+X_2^2}$,所以它的分布密度为

$$f_R(r)=\frac{r}{\sigma^2}\exp\left(-\frac{s^2+r^2}{2\sigma^2}\right)\cdot \mathrm{I}_0\left(\frac{sr}{\sigma^2}\right),r\geqslant 0 \tag{2.2.61}$$

我们将会看到,在通信中一个正弦载波叠加上高斯噪声后的包络符合赖斯分布。

2.2.6 切比雪夫(Chebyshev)不等式与契尔诺夫(Chernoff)界

在数字通信中很重要的是估计误码率。一般来说,误码率等于某个判决统计变量超出预定门限的概率。精确计算误码率有时具有很大困难,需要用某种界限来估计。切比雪夫不等式和契尔诺夫界是常用的估计公式。

1. 切比雪夫不等式

设X是均值为m_x、方差为σ_x^2的任意随机变量,则对任何正数$\delta>0$,有

$$P\left(\left|X-m_x\right|\geqslant\delta\right)\leqslant\frac{\sigma_x^2}{\delta^2} \tag{2.2.62}$$

证明 因为随机变量X的方差定义为

$$\sigma_x^2=\int_{-\infty}^{\infty}(x-m_x)^2f_X(x)\mathrm{d}x\geqslant\int_{|x-m_x|\geqslant\delta}(x-m_x)^2f_X(x)\mathrm{d}x$$

$$\geqslant \delta^2 \int_{|x-m_x|\geqslant\delta} f_X(x)\,\mathrm{d}x$$

$$= \delta^2 P\left(\left|X - m_x\right| \geqslant \delta\right)$$

所以,式(2.2.62)成立。

可以用另一种方式来叙述切比雪夫不等式。设零均值随机变量$Y = X - m_x$,定义函数$g(Y)$为

$$g(Y)=\begin{cases}1, & |Y|\geqslant\delta\\ 0, & |Y|<\delta\end{cases} \tag{2.2.63}$$

因为$g(Y)$等于0或1的概率分别是$P(|Y|\geqslant\delta)$和$P(|Y|<\delta)$,所以$g(Y)$的均值为

$$E\left[g(Y)\right] = P\left(|Y|\geqslant\delta\right) \tag{2.2.64}$$

显然

$$g(Y)\leqslant\frac{Y^2}{\delta^2} \tag{2.2.65}$$

所以

$$E\left[g(Y)\right]\leqslant E\left(\frac{Y^2}{\delta^2}\right)=\frac{E\left(Y^2\right)}{\delta^2}=\frac{\sigma^2}{\delta^2} \tag{2.2.66}$$

由切比雪夫不等式估计出的尾部概率$E\left[g(Y)\right]=P\left(|Y|\geqslant\delta\right)$是较为宽松的,也就是说不够精确,而契尔诺夫界提高了估计的精度。

2.契尔诺夫界

对于任意随机变量Y,定义函数$g(Y)$为

$$g(Y)=\begin{cases}1, & Y\geqslant\delta\\ 0, & Y<\delta\end{cases} \tag{2.2.67}$$

于是对任何正数$\lambda>0$,有

$$g(Y)\leqslant \mathrm{e}^{\lambda(Y-\delta)} \tag{2.2.68}$$

而$g(Y)$的平均值为

$$E\left[g(Y)\right]=P(Y\geqslant\delta) \tag{2.2.69}$$

所以

$$P(Y\geqslant\delta)\leqslant E\left[\mathrm{e}^{\lambda(Y-\delta)}\right] \tag{2.2.70}$$

式(2.2.70)称为契尔诺夫界。

可以通过选正数$\lambda>0$使式(2.2.70)右边最小化,从而得到最紧的上界,为此令

$$\frac{\mathrm{d}}{\mathrm{d}\lambda}E\left[\mathrm{e}^{\lambda(Y-\delta)}\right]=0 \tag{2.2.71}$$

通过交换求微分和求平均的次序,可以求得最佳λ^*值满足方程:

$$E\left(Y\mathrm{e}^{\lambda^* Y}\right)-\delta E\left(\mathrm{e}^{\lambda^* Y}\right)=0 \tag{2.2.72}$$

于是

$$P(Y\geqslant\delta)\leqslant \mathrm{e}^{-\lambda^*\delta}E\left(\mathrm{e}^{\lambda^* Y}\right) \tag{2.2.73}$$

其中,最佳λ^*由方程(2.2.72)解出,但必须满足$\lambda^*>0$。

§2.3 平稳随机过程

2-5平稳随机过程

通信系统中的信号是一个时间函数。在2.1节中所述的信号和它的频

域描述是确定的，但是在通信中许多信号是不确定的。例如，电子器件中的热噪声就是不确定的，它是由大量电子的无规则热运动产生的；通信信号在传播中碰到的衰落也是不确定的，它是由大量散射体和反射体对信号无规则散射和反射所产生的多径传输造成的。此外，信息本身也是不确定的，例如语音、图像等都是一种不确定的时间函数。这些信号应该用不确定的信号加以描述。随机过程是随机变量的自然推广，是描述不确定信号的最贴切模型。

2.3.1 随机过程的定义与描述

对于随机过程或随机信号的定义有两种观点。一种观点把随机过程看成一簇与随机试验的结果相关的函数$x(t,\omega),\omega\in\Omega$，其中$\Omega$是随机试验结果所构成的样本空间。对于每一个随机试验结果$\omega\in\Omega$，$x(t,\omega)$是随机过程的一个实现。另一种观点把随机过程看成依赖参量ξ的随机变量$X(\xi)$。对于每个$\xi_i\in D$（其中D是参量的取值范围），$X(\xi_i)$是一个随机变量。我们采用第二种观点的定义。当ξ是时间参量时，随机过程$X(\xi)$表示一个随机信号；当ξ是空间参量时，随机过程$X(\xi)$表示一个随机场。对于我们来说参量一般代表时间t，所以随机过程$(X(t),t\in T)$表示定义在T上的随机信号。如果T是实数域，则随机过程$(X(t),t\in T)$是时间连续的随机过程；如果T是整数域，则$(X(t),t\in T)$是时间离散随机过程，此时随机过程实际上是一个随机序列$(X_i,i\in\mathbf{Z})$。

下面介绍几种描述随机过程的方法。

1. 用分布函数描述

对任一时刻$t_1\in T$，$X(t_1)$是随机变量，因此具有累积分布函数和相应的密度函数：

$$F_1(x_1;t_1)=P(X(t_1)\leqslant x_1) \tag{2.3.1}$$

$$f_1(x_1;t_1)=\frac{\partial F_1(x_1;t_1)}{\partial x_1} \tag{2.3.2}$$

一般地，对任意正整数n及任意给定的n个时刻$t_1,t_2,\cdots,t_n$，n个随机变量$X(t_1),X(t_2),\cdots,X(t_n)$的联合分布函数为

$$F_n(x_1,x_2,\cdots,x_n;t_1,t_2,\cdots,t_n)=P(X(t_1)\leqslant x_1,X(t_2)\leqslant x_2,\cdots,X(t_n)\leqslant x_n) \tag{2.3.3}$$

相应的n维分布密度为

$$f_n(x_1,x_2,\cdots,x_n;t_1,t_2,\cdots,t_n)=\frac{\partial^n F_n(x_1,\cdots,x_n;t_1,\cdots,t_n)}{\partial x_1\partial x_2\cdots\partial x_n} \tag{2.3.4}$$

所以，精确描述一个随机过程需要无限多个累积分布函数和分布密度，这是困难的。我们常用随机过程的数字特征来描述。

2. 用随机过程的数字特征描述

随机过程$X(t)$的均值和二阶统计量是最常用的数字特征，由于随机过程是带有时间参数的随机变量，故均值和二阶统计量也带有时间参量，它们是一个确定的时间函数。

(1)均值函数：

$$E[X(t)]=\int_{-\infty}^{\infty}xf_1(x,t)\,\mathrm{d}t=m_X(t) \tag{2.3.5}$$

(2)方差函数：

$$\begin{aligned}\mathrm{Var}[X(t)]&=E\left\{[X(t)-E(X(t))]^2\right\}\\&=E(X^2(t))-[E(X(t))]^2\\&=\int_{-\infty}^{\infty}x^2f_1(x,t)\,\mathrm{d}x-[m_X(t)]^2\end{aligned} \tag{2.3.6}$$

方差函数有时也记为$\sigma_X^2(t)$。

(3)协方差函数：在任意两个时刻t_1和t_2，$X(t_1)$和$X(t_2)$的协方差函数定义为

$$\begin{aligned}\mathrm{Cov}(t_1,t_2)&=E\left\{[X(t_1)-m_X(t_1)][X(t_2)-m_X(t_2)]\right\}\\&=\int_{-\infty}^{\infty}\int_{-\infty}^{\infty}[x_1-m_X(t_1)][x_2-X_X(t_2)]f_2(x_1,x_2;t_1,t_2)\,\mathrm{d}x_1\mathrm{d}x_2\end{aligned} \tag{2.3.7}$$

(4)自相关函数：在任意两个时刻t_1和t_2，$X(t_1)$和$X(t_2)$的自相关函数定义为

$$R_X(t_1,t_2)=E[X(t_1)X(t_2)] \tag{2.3.8a}$$

当$X(t)$是复值随机过程时，则自相关函数定义为

$$R_X(t_1,t_2)=E[X(t_1)X^*(t_2)] \tag{2.3.8b}$$

(5)两个随机过程$X(t)$和$Y(t)$的互相关函数为

$$R_{XY}(t_1,t_2)=E[X(t_1)Y(t_2)] \tag{2.3.9}$$

图2.3.1中画出了随机过程$X(t)$的几个样本函数和均值函数的曲线。

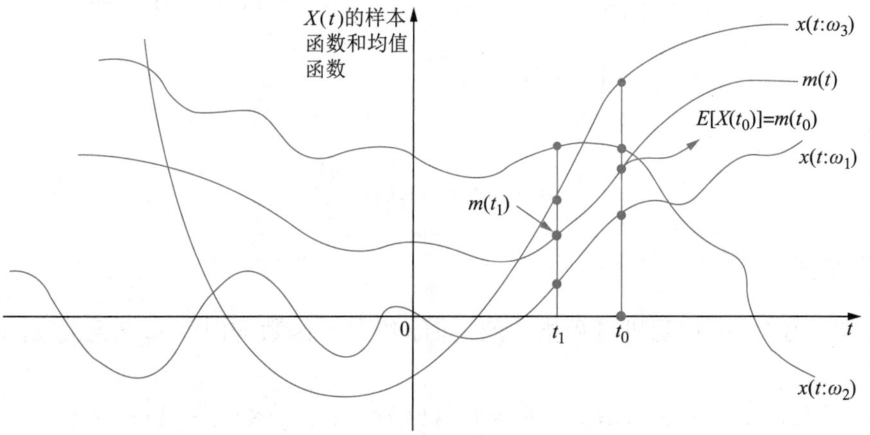

图2.3.1 随机过程$X(t)$的样本函数和均值函数曲线

例2.3.1 一个随机过程$X(t)=A\cos(2\pi f_0t+\Theta)$，其中$\Theta$是$[0,2\pi]$上均匀分布的随机变量。图2.3.2表示该随机过程的几个样本函数。求$X(t)$的均值、方差和自相关函数。

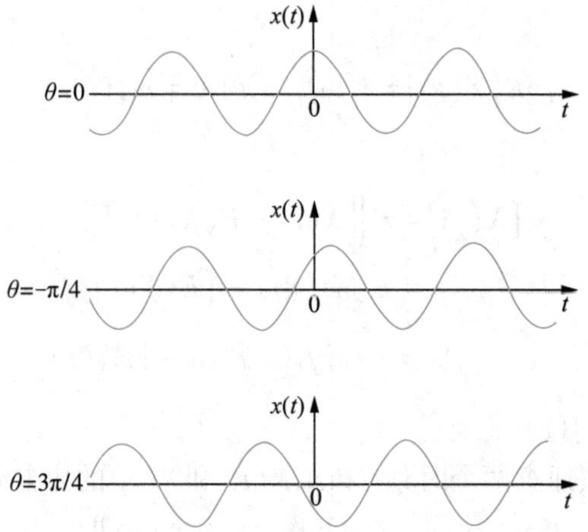

图2.3.2　随机过程$X(t)=A\cos(2\pi f_0 t+\Theta)$的几个样本函数

解　$X(t)$的均值为

$$m_X(t)=E[X(t)]=\frac{1}{2\pi}\int_0^{2\pi}A\cos(2\pi f_0 t+\theta)\,\mathrm{d}\theta=0$$

$X(t)$的方差为

$$\sigma_X^2(t)=E[X^2(t)]=\frac{1}{2\pi}\int_0^{2\pi}A^2\cos^2(2\pi f_0 t+\theta)\,\mathrm{d}\theta=\frac{A^2}{2}$$

$X(t)$的自相关函数为

$$\begin{aligned}R_X(t_1,t_2)&=E[X(t_1)X(t_2)]\\&=A^2E\left\{\frac{1}{2}\cos[2\pi f_0(t_2-t_1)]+\frac{1}{2}\cos[2\pi f_0(t_1+t_2)+2\theta]\right\}\\&=\frac{A^2}{2}\cos[2\pi f_0(t_2-t_1)]\end{aligned}$$

显然

$$\sigma_X^2(t)=R_X(t,t)=\frac{A^2}{2}$$

2.3.2　平稳随机过程

定义2.3.1　平稳随机过程指它的任何n维分布函数与时间起点无关，即对任何n，有

$$\begin{aligned}F_n(x_1,x_2,\cdots,x_n;t_1,t_2,\cdots,t_n)&=P(X(t_1)\leqslant x_1,X(t_2)\leqslant x_2,\cdots,X(t_n)\leqslant x_n)\\&=P(X(t_1+\tau)\leqslant x_1,X(t_2+\tau)\leqslant x_2,\cdots,X(t_n+\tau)\leqslant x_n)\\&=F_n(x_1,x_2,\cdots,x_n;t_1+\tau,t_2+\tau,\cdots,t_n+\tau)\end{aligned}\tag{2.3.10a}$$

从而对任何τ，有

$$F_n(x_1,x_2,\cdots,x_n;t_1,t_2,\cdots,t_n)=F_n(x_1,x_2,\cdots,x_n;t_1-\tau,t_2-\tau,\cdots,t_n-\tau)\tag{2.3.10b}$$

对于一维分布，取$\tau=t_1$，于是一维累积分布和分布密度与时间无关，可记为$F_1(x_1)$和$f_1(x_1)$。

平稳随机过程$X(t)$，其均值和方差分别为

$$E\left[X(t)\right]=m_X \tag{2.3.11a}$$

$$\begin{aligned}\mathrm{Var}\left[X(t)\right]&=E\left[\left(X(t)-m_X\right)^2\right]\\&=E\left[X^2(t)\right]-m_X^2\\&=\sigma_X^2\end{aligned} \tag{2.3.11b}$$

所以,平稳随机过程的均值和方差是常数。

平稳随机过程$X(t)$的自相关函数为

$$\begin{aligned}R_X(t_1,t_2)&=E\left[X(t_1)X(t_2)\right]=E\left[X(0)X(t_2-t_1)\right]\\&=R_X(0,t_2-t_1)\\&=R_X(\tau)\end{aligned} \tag{2.3.11c}$$

其中$\tau=t_2-t_1$。所以,平稳随机过程的自相关函数仅和时间差有关,而且$R_X(\tau)=R_X(-\tau)$。复平稳随机过程$X(t)$的自相关函数定义为

$$\begin{aligned}R_X(t_1,t_2)&=E\left[X(t_1)X^*(t_2)\right]=E\left[X(0)X^*(t_2-t_1)\right]\\&=R_X(\tau)\end{aligned} \tag{2.3.11d}$$

它的自相关函数具有以下性质:

$$R_X(-\tau)=R_X^*(\tau) \tag{2.3.11e}$$

定义2.3.2 如果一个随机过程的均值、方差为常数,自相关函数只和时间差有关,则称这个随机过程为广义平稳的,原来定义的平稳过程相应地称为严平稳过程。

一个严平稳随机过程必然是广义平稳的,反之则不然。例2.3.1中的随机过程是严平稳的,从而也是广义平稳的。在2.3.6节我们将看到,对于高斯过程,广义平稳等价于严平稳。由于通信中大量随机过程是高斯过程,所以下面我们不特意区分严平稳过程和广义平稳过程。

2.3.3 各态历经过程(ergodic process)

对于一个平稳过程$X(t)$和一个函数$g(x)$,存在两种平均:集合平均和时间平均。

(1)集合平均:

$$E\left[g(X)\right]=\int_{-\infty}^{\infty}g(x)f_X(x)\,\mathrm{d}x \tag{2.3.12a}$$

(2)时间平均:设$x(t)$为平稳过程$X(t)$的一个样本函数,则$g\left[x(t)\right]$的时间平均为

$$\langle g(x)\rangle=\lim_{t\to\infty}\frac{1}{T}\int_{-T/2}^{T/2}g\left[x(t)\right]\mathrm{d}t \tag{2.3.12b}$$

定义2.3.3 如果一个平稳过程$X(t)$被称为具有各态历经性,则对任何函数$g(x)$,它的时间平均等于集合平均,即

$$E\left[g(X)\right]=\langle g(x)\rangle \tag{2.3.13}$$

所以,具有各态历经性的平稳过程,其均值和方差可用样本函数的时间平均代替,即

$$m_x=E(X)=\lim_{T\to\infty}\frac{1}{T}\int_{-T/2}^{T/2}x(t)\,\mathrm{d}t \tag{2.3.14a}$$

$$\sigma_X^2 = E\left[X(t) - m_X\right]^2 = \lim_{T\to\infty}\frac{1}{T}\int_{-T/2}^{T/2}\left[x(t) - m_X\right]^2 \mathrm{d}t \tag{2.3.14b}$$

其中$x(t)$是平稳过程$X(t)$的一个样本函数。

例2.3.2 证明例2.3.1中的随机过程$X(t)$是各态历经的。

证明 对于任何$\theta\in[0,2\pi]$,该随机过程的实现为

$$x(t) = A\cos(2\pi f_0 t + \theta)$$

对任何函数$g(t)$,$g\left[x(t,\theta)\right]$的时间平均为

$$\begin{aligned}\left\langle g\left[x(t,\theta)\right]\right\rangle &= \lim_{T\to\infty}\frac{1}{T}\int_{-T/2}^{T/2} g\left[A\cos(2\pi f_0 t + \theta)\right]\mathrm{d}t \\ &= \lim_{N\to\infty}\frac{1}{2NT_0}\int_{-NT_0}^{NT_0} g\left[A\cos(2\pi f_0 t + \theta)\right]\mathrm{d}t \\ &= \frac{1}{T_0}\int_0^{T_0} g\left[A\cos(2\pi f_0 t + \theta)\right]\mathrm{d}t \\ &= \frac{1}{2\pi}\int_0^{2\pi} g(A\cos u)\,\mathrm{d}u\end{aligned}$$

其中$T_0 = 1/f_0$。同时,有

$$\begin{aligned}E\left\{g\left[X(t)\right]\right\} &= \int_0^{2\pi}\frac{1}{2\pi} g\left[A\cos(2\pi f_0 t + \theta)\right]\mathrm{d}\theta \\ &= \frac{1}{2\pi}\int_0^{2\pi} g(A\cos u)\,\mathrm{d}u \\ &= \left\langle g\left[X(t,\theta)\right]\right\rangle\end{aligned}$$

所以,该随机过程具有各态历经性。

2.3.4 相关函数与功率谱

1.相关函数

平稳随机过程$X(t)$的自相关函数定义为

$$\begin{aligned}R_X(t,t+\tau) &= E\left[X(t)X(t+\tau)\right] \\ &= R_X(\tau)\end{aligned} \tag{2.3.15}$$

自相关函数$R_X(\tau)$具有如下性质:

(1) $R_X(0) = E\left[X^2(t)\right] = \sigma_X^2 \geqslant 0$; (2.3.16)

(2) $R(\tau) = R(-\tau)$; (2.3.17)

(3) $|R(\tau)| \leqslant R(0)$; (2.3.18)

证明 因为对任何实数λ,有

$$E\left\{\left[\lambda X(t) - X(t+\tau)\right]^2\right\} = \lambda^2 R_X(0) - 2\lambda R_X(\tau) + R_X(0) \geqslant 0$$

所以 $$R_X^2(\tau) \leqslant R_X^2(0)$$

即 $$|R(\tau)| \leqslant R(0)$$

(4) $E^2\left[X(t)\right]$称为直流功率。

由于 $$R_X(\infty) = \lim_{\tau\to\infty} E\left[X(t)X(t+\tau)\right]$$

可以认为当$\tau\to\infty$时,$X(t)$和$X(t+\tau)$独立,所以

$$R_X(\infty)=E[X(t)]\cdot\lim_{\tau\to\infty}E[X(t+\tau)]$$
$$=E^2[X(t)]$$

由于随机信号的平均值就是直流分量，所以直流功率等于$R_X(\infty)$。

因为
$$\mathrm{Var}[X(t)]=E[X^2(t)]-E^2[X(t)]$$
$$=R_X(0)-E^2[X(t)]$$
$$=\sigma_X^2$$

所以σ_X^2也称为交流功率。一般地，平稳过程的相关函数$R(\tau)$有如图2.3.3所示的形状。

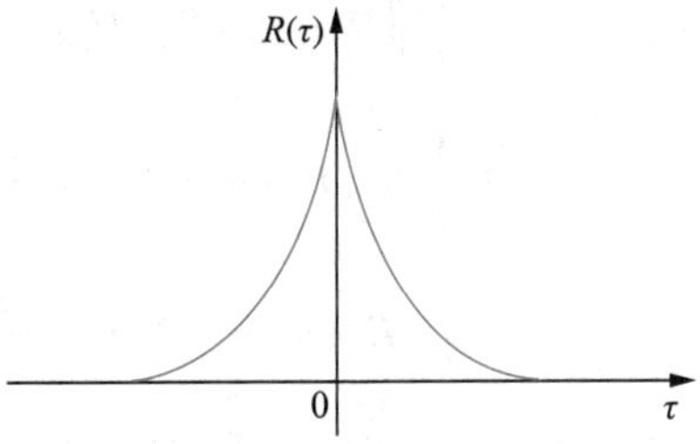

图2.3.3 平稳过程的相关函数$R(\tau)$

2. 功率谱

设$x(t)$为平稳随机过程$X(t)$一个样本函数，$x_T(t)$为它的截断函数：

$$x_T(t)=\begin{cases}x(t), & |t|\leqslant T/2\\ 0, & |t|>T/2\end{cases} \tag{2.3.19a}$$

$x_T(t)$的Fourier变换为

$$F_T(f)=\int_{-\infty}^{\infty}x_T(t)\,\mathrm{e}^{-\mathrm{j}2\pi ft}\mathrm{d}t$$
$$=\int_{-T/2}^{T/2}x(t)\,\mathrm{e}^{-\mathrm{j}2\pi ft}\,\mathrm{d}t \tag{2.3.19b}$$

因为
$$\frac{1}{T}\int_{-\infty}^{\infty}\left|F_T(f)\right|^2\mathrm{d}f=\frac{1}{T}\int_{-\infty}^{\infty}\left|x_T(t)\right|^2\mathrm{d}t=\frac{1}{T}\int_{-T/2}^{T/2}\left|x(t)\right|^2\mathrm{d}t \tag{2.3.20}$$

式(2.3.20)对于任何样本函数都成立，所以等式两边分别求平均得

$$\frac{1}{T}\int_{-\infty}^{\infty}E\left[\left|F_T(f)\right|^2\right]\mathrm{d}f=\frac{1}{T}\int_{-T/2}^{T/2}E[X(t)X(t)]\mathrm{d}t$$
$$=\frac{1}{T}\int_{-T/2}^{T/2}R_X(0)\,\mathrm{d}t$$
$$=R_X(0)$$
$$=P_X \tag{2.3.21}$$

其中P_X是截断过程的功率，可以把$\frac{1}{T}E\left[\left|F_T(f)\right|^2\right]$视为截断过程的功率谱密度。

定义2.3.4 平稳随机过程$X(t)$的功率谱定义为

$$P_X(f)=\lim_{t\to\infty}\frac{1}{T}E\left[\left|F_T(f)\right|^2\right] \tag{2.3.22}$$

定理2.3.1 平稳随机过程的自相关函数与它的功率谱构成一对Fourier变换对，即

$$R_X(\tau)\Leftrightarrow P_X(f) \tag{2.3.23}$$

证明 因为

$$\frac{E\left[\left|F_T(f)\right|^2\right]}{T}=E\left(\frac{1}{T}\int_{-T/2}^{T/2}x_T(t_1)\mathrm{e}^{-\mathrm{j}2\pi f t_1}\mathrm{d}t_1\cdot\int_{-T/2}^{T/2}x_T^*(t_2)\mathrm{e}^{\mathrm{j}2\pi f t_2}\mathrm{d}t_2\right)$$

$$=\frac{1}{T}\int_{-T/2}^{T/2}\int_{-T/2}^{T/2}R_X(t_1-t_2)\mathrm{e}^{-\mathrm{j}2\pi f(t_1-t_2)}\mathrm{d}t_1\mathrm{d}t_2 \tag{2.3.24}$$

令$u=t_1-t_2,v=t_1+t_2$，则

$$\frac{E\left[\left|F_T(f)\right|^2\right]}{T}=\frac{1}{T}\iint_{\Omega}R_X(u)\mathrm{e}^{-\mathrm{j}2\pi fu}J(u,v)\mathrm{d}u\mathrm{d}v$$

$$=\frac{1}{T}\iint_{\Omega}\frac{1}{2}R_X(u)\mathrm{e}^{-\mathrm{j}2\pi fu}\mathrm{d}u\mathrm{d}v$$

$$=\int_{-T}^{T}R_X(u)\mathrm{e}^{-\mathrm{j}2\pi fu}\left(1-\frac{|u|}{T}\right)\mathrm{d}u \tag{2.3.25}$$

式(2.3.25)中积分区域Ω如图2.3.4所示，被积式中的$J(u,v)$是雅可比(Jacobian)行列式，即

$$J(u,v)=\begin{vmatrix}\dfrac{\partial t_1}{\partial u} & \dfrac{\partial t_2}{\partial u}\\ \dfrac{\partial t_1}{\partial v} & \dfrac{\partial t_2}{\partial v}\end{vmatrix}=\frac{1}{2} \tag{2.3.26}$$

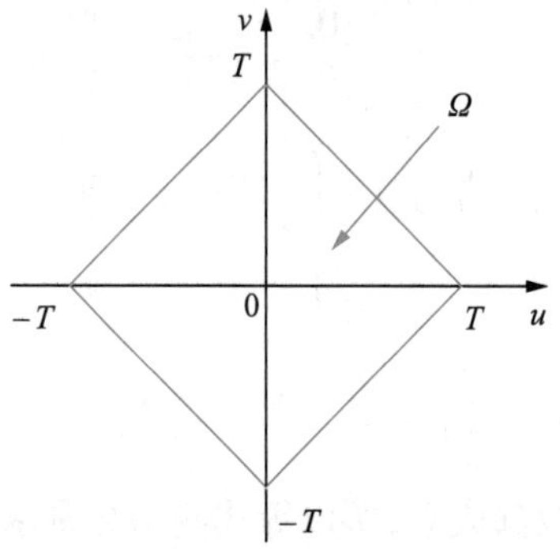

图2.3.4 积分区域Ω

下面求$P_X(f)=\lim\limits_{T\to\infty}\dfrac{E\left[\left|F_T(f)\right|^2\right]}{T}$的逆Fourier变换。

$$F^{-1}\left[P_X(f)\right]=\int_{-\infty}^{\infty}\mathrm{e}^{\mathrm{j}2\pi f\tau}P_X(f)\mathrm{d}f$$

$$=\lim_{T\to\infty}\int_{-T}^{T}R_X(u)\left(1-\frac{|u|}{T}\right)\cdot\int_{-\infty}^{\infty}\mathrm{e}^{\mathrm{j}2\pi f(\tau-u)}\mathrm{d}f\mathrm{d}u$$

$$=\lim_{T\to\infty}\int_{-T}^{T}R_X(u)\left(1-\frac{|u|}{T}\right)\cdot\delta(\tau-u)\mathrm{d}u \tag{2.3.27}$$

因为 $\displaystyle\int_{-T}^{T}R_X(u)\left(1-|u|/T\right)\cdot\delta(\tau-u)\mathrm{d}u=\begin{cases}R_X(\tau)\left(1-|\tau|/T\right), & \tau\in[-T,T]\\ 0, & \tau\notin[-T,T]\end{cases}$

若对于任何τ,$|\tau|R_X(\tau)$有界,则令式(2.3.27)中的$T\to\infty$,得到

$$F^{-1}\left[P_X(f)\right]=R_X(\tau)$$

即

$$R_X(\tau)\Leftrightarrow P_X(f)$$

当功率谱为常数时,即$P_X(f)=A$,则随机过程$X(t)$称为白色的,相应的相关函数$R_X(\tau)=A\delta(\tau)$。由于真正的白噪声功率为无穷大,实际上不存在,所以一般认为只要在系统带宽上噪声功率谱为常数,则该噪声就是白色的。

例2.3.3 $X(t)=\sin(2\pi f_0 t+\theta)$,其中$\theta$为$[0,2\pi]$上均匀分布的随机变量,求它的自相关函数和功率谱。

解

$$E\left[X(t)\right]=E\left[\sin(2\pi f_0 t+\theta)\right]=0$$

$$\begin{aligned}R(t_1,t_2)&=E\left[\sin(2\pi f_0 t_1+\theta)\sin(2\pi f_0 t_2+\theta)\right]\\&=\frac{1}{2}\cos(2\pi f_0\tau)\ (\text{其中}\tau=t_2-t_1)\end{aligned}$$

$$\begin{aligned}P_X(f)&=\int_{-\infty}^{\infty}R(\tau)\mathrm{e}^{-\mathrm{j}2\pi f\tau}\mathrm{d}\tau\\&=\frac{1}{4}\left[\delta(f-f_0)+\delta(f+f_0)\right]\end{aligned}$$

2.3.5 平稳随机过程通过线性系统

设$x(t)$是平稳随机过程$X(t)$的一个样本函数,它通过一个脉冲响应为$h(t)$的线性滤波器(见图2.3.5),其输出为

$$y(t)=\int_{-\infty}^{\infty}h(\tau)x(t-\tau)\mathrm{d}\tau \tag{2.3.28}$$

$y(t)$可看成输出过程

$$Y(t)=\int_{-\infty}^{\infty}h(\tau)X(t-\tau)\mathrm{d}\tau \tag{2.3.29}$$

的一个样本函数。

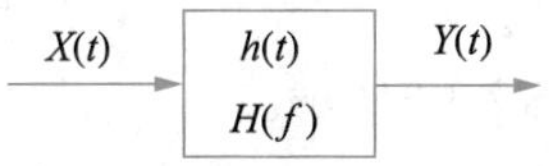

图2.3.5 随机过程通过线性系统

1. 输出过程$Y(t)$的均值

$$\begin{aligned}E\left[Y(t)\right]&=E\left[\int_{-\infty}^{\infty}h(\tau)X(t-\tau)\mathrm{d}\tau\right]\\&=\int_{-\infty}^{\infty}h(\tau)E\left[X(t-\tau)\right]\mathrm{d}\tau\\&=E\left[X(t-\tau)\right]\int_{-\infty}^{\infty}h(\tau)\mathrm{d}\tau\\&=E\left[X(t)\right]H(0)\\&=\text{常数}\end{aligned} \tag{2.3.30}$$

2. $Y(t)$的自相关函数$R_Y(t,t+\tau)$

$$\begin{aligned}R_Y(t,t+\tau) &= E[Y(t)Y(t+\tau)] \\ &= E\left[\int_{-\infty}^{\infty} h(\alpha)X(t-\alpha)\mathrm{d}\alpha \cdot \int_{-\infty}^{\infty} h(\beta)X(t+\tau-\beta)\mathrm{d}\beta\right] \\ &= \int_{-\infty}^{\infty}\int_{-\infty}^{\infty} h(\alpha)h(\beta)R_X(\tau+\alpha-\beta)\mathrm{d}\alpha\mathrm{d}\beta \\ &= R_X(\tau)h(\tau)h(-\tau) \end{aligned} \tag{2.3.31}$$

因此,输出过程$Y(t)$的均值为常数,它的自相关函数仅和时间差有关。所以,若输入过程$X(t)$是平稳的,则线性滤波器的输出过程也是平稳的。

3. $Y(t)$的功率谱$P_Y(f)$

$$\begin{aligned}P_Y(f) &= \int_{-\infty}^{\infty} R_Y(\tau)\mathrm{e}^{-\mathrm{j}2\pi f\tau}\mathrm{d}\tau \\ &= P_X(f)H(f)H^*(f) \\ &= P_X(f)\left|H(f)\right|^2 \end{aligned} \tag{2.3.32}$$

4. 线性系统的等效噪声带宽

设输入过程是功率谱密度为$P_X(f)=N_0/2$的白噪声,则通过滤波器$H(f)$,输出噪声的功率谱密度为

$$P_Y(f) = \frac{N_0}{2}\left|H(f)\right|^2$$

滤波器的等效噪声带宽定义为

$$B_{\mathrm{neq}} = \frac{\int_{-\infty}^{\infty}\left|H(f)\right|^2\mathrm{d}f}{2H_{\max}^2} \tag{2.3.33}$$

输出总功率为

$$P_Y = \frac{N_0}{2}\int_{-\infty}^{\infty}\left|H(f)\right|^2\mathrm{d}f = N_0B_{\mathrm{neq}}H_{\max}^2 \tag{2.3.34}$$

滤波器的等效噪声带宽如图2.3.6所示。

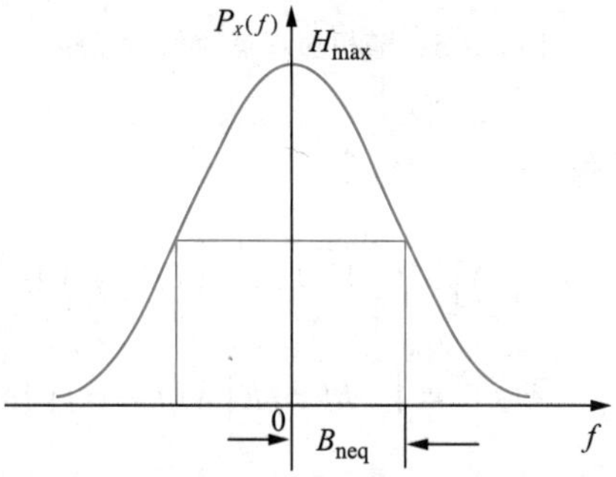

图2.3.6 滤波器的等效噪声带宽

5.输入与输出随机过程的互相关函数

随机过程$X(t)$和$Y(t)$之间的互相关函数为

$$R_{XY}(t_1,t_2)=E\left[X(t_1)Y(t_2)\right] \tag{2.3.35}$$

显然
$$R_{XY}(t_1,t_2)=R_{YX}(t_2,t_1)$$

如果$R_{XY}(t_1,t_2)$仅和$\tau=t_1-t_2$有关,则称$X(t)$和$Y(t)$为联合广义平稳的。

对于线性系统的输入$X(t)$与输出$Y(t)$,由于$Y(t)=X(t)h(t)$,则

$$\begin{aligned}R_{XY}(t_1,t_2)&=E\left[X(t_1)Y(t_2)\right]\\&=E\left[X(t_1)\int_{-\infty}^{\infty}X(s)h(t_2-s)\mathrm{d}s\right]\\&=\int_{-\infty}^{\infty}R_X(t_1-s)h(t_2-s)\mathrm{d}s\end{aligned}$$

作变量代换$u=s-t_2$,得

$$\begin{aligned}R_{XY}(t_1,t_2)&=\int_{-\infty}^{\infty}R_X(t_1-t_2-u)h(-u)\mathrm{d}u\\&=\int_{-\infty}^{\infty}R_X(\tau-u)h(-u)\mathrm{d}u\\&=R_X(\tau)h(-\tau)\end{aligned} \tag{2.3.36}$$

其中$\tau=t_1-t_2$。

2.3.6 高斯过程

如果随机过程$X(t)$的任何n维分布均为高斯分布,则该过程称为高斯过程,即对任何$t_1,t_2,\cdots,t_n\in T$,分布密度

$$f_n(x_1,x_2,\cdots,x_n;t_1,t_2,\cdots,t_n)=\frac{1}{(2\pi)^{n/2}|\boldsymbol{B}|^{1/2}}\exp\left[-\frac{1}{2}(\boldsymbol{x}-\boldsymbol{m})\boldsymbol{B}^{-1}(\boldsymbol{x}-\boldsymbol{m})^{\mathrm{T}}\right] \tag{2.3.37a}$$

其中,$\boldsymbol{B}$为方差矩阵,$|\boldsymbol{B}|$为矩阵$\boldsymbol{B}$的行列式:

$$\boldsymbol{B}=\left(b_{ij}\right)_{n\times n},\quad b_{ij}=E\left[(x(t_i)-m_i)(x(t_j)-m_j)\right] \tag{2.3.37b}$$

$$\boldsymbol{x}=(x_1,x_2,\cdots,x_n),\boldsymbol{m}=(m_1,m_2,\cdots,m_n),m_i=E\left[x(t_i)\right]$$

由于高斯过程的分布密度仅和各随机变量均值、方差和二阶矩有关,所以,如果高斯过程是广义平稳的,则它必定是严平稳的。对于白高斯噪声,各时刻的随机变量都不相关,即$b_{ij}=0,(i\neq j)$,这时

$$\boldsymbol{B}=\begin{pmatrix}\sigma_1^2 & & & \boldsymbol{0}\\ & \sigma_2^2 & & \\ & & \ddots & \\ \boldsymbol{0} & & & \sigma_n^2\end{pmatrix},\boldsymbol{B}^{-1}=\begin{pmatrix}\frac{1}{\sigma_1^2} & & & \boldsymbol{0}\\ & \frac{1}{\sigma_2^2} & & \\ & & \ddots & \\ \boldsymbol{0} & & & \frac{1}{\sigma_n^2}\end{pmatrix} \tag{2.3.38}$$

因此

$$f_n(x_1,x_2,\cdots,x_n;t_1,t_2,\cdots,t_n)=\frac{1}{(2\pi)^{n/2}\prod_{j=1}^{n}\sigma_j}\exp\left[-\sum_{j=1}^{n}\frac{(x_j-a_j)^2}{2\sigma_j^2}\right]$$

$$=\prod_{j=1}^{n}\frac{1}{\sqrt{2\pi}\,\sigma_j}\exp\left[-\frac{(x_j-a_j)^2}{2\sigma_j^2}\right]$$

$$=f_1(x_1;t_1)f_1(x_2;t_2)\cdots f_1(x_n;t_n) \tag{2.3.39a}$$

其中

$$f_1(x_j;t_j)=\frac{1}{\sqrt{2\pi}\,\sigma_j}\exp\left[-\frac{(x_j-a_j)^2}{2\sigma_j^2}\right] \tag{2.3.39b}$$

所以，对于白高斯噪声过程，它的n维联合分布是n个一维高斯密度函数的乘积。由于高斯随机变量的线性组合仍为高斯变量，所以高斯过程通过线性系统的输出也是高斯过程。

2.3.7 带限过程及其采样

平稳随机过程$X(t)$被称为带限过程，指它的功率谱$P_X(f)=0,|f|\geqslant W$，如图2.3.7所示。

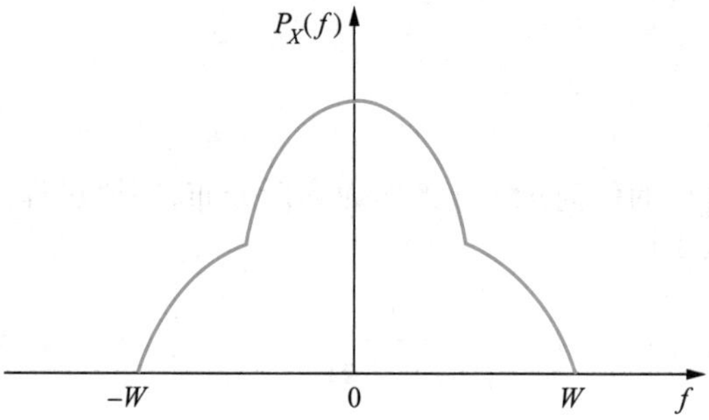

图2.3.7 带限过程的功率谱

定理2.3.2 令$X(t)$是平稳带限过程，即$P_X(f)=0,|f|>W$，则下式成立：

$$E\left|X(t)-\sum_{k=-\infty}^{\infty}X(kT_s)\operatorname{sinc}\left[2W(t-kT_s)\right]\right|^2=0 \tag{2.3.40}$$

其中

$$T_s=\frac{1}{2W},\operatorname{sinc}(x)=\frac{\sin(\pi x)}{\pi x}$$

证明 因为

$$E\left|X(t)-\sum_{k=-\infty}^{\infty}X(kT_s)\operatorname{sinc}\left[2W(t-kT_s)\right]\right|^2$$

$$=R_X(0)-2\sum_{k=-\infty}^{\infty}R_X(t-kT_s)\operatorname{sinc}\left[2W(t-kT_s)\right]+$$

$$\sum_{k=-\infty}^{\infty}\sum_{l=-\infty}^{\infty}R_X\left[(k-l)T_s\right]\operatorname{sinc}\left[2W(t-kT_s)\right]\operatorname{sinc}\left[2W(t-lT_s)\right] \tag{2.3.41}$$

令$m=l-k$，则式(2.3.41)最后一项为

$$\begin{aligned}&\sum_{k=-\infty}^{\infty}\sum_{l=-\infty}^{\infty}R_X\left[(k-l)T_s\right]\operatorname{sinc}\left[2W(t-kT_s)\right]\operatorname{sinc}\left[2W(t-lT_s)\right]\\&=\sum_{k=-\infty}^{\infty}\sum_{m=-\infty}^{\infty}R_X(-mT_s)\operatorname{sinc}\left[2\pi W(t-kT_s)\right]\operatorname{sinc}\left[2\pi W(t-kT_s-mT_s)\right]\\&=\sum_{k=-\infty}^{\infty}\operatorname{sinc}\left[2W(t-kT_s)\right]\sum_{m=-\infty}^{\infty}R_X(mT_s)\operatorname{sinc}\left[2W(t-kT_s-mT_s)\right]\end{aligned}\tag{2.3.42}$$

由于过程是带限的，也就是相关函数$R_X(\tau)$带限于W。由采样定理，得

$$R_X(t)=\sum_{k=-\infty}^{\infty}R_X(kT_s)\operatorname{sinc}\left[2W(t-kT_s)\right]$$

所以

$$\sum_{m=-\infty}^{\infty}R_X(mT_s)\operatorname{sinc}\left[2W(t-kT_s-mT_s)\right]=R_X(t-kT_s)$$

$$\begin{aligned}&E\left\{\left|X(t)-\sum_{k=-\infty}^{\infty}X(kT_s)\operatorname{sinc}\left[2W(t-kT_s)\right]\right|^2\right\}\\&=R_X(0)-\sum_{k=-\infty}^{\infty}R_X(t-kT_s)\operatorname{sinc}\left[2W(t-kT_s)\right]\end{aligned}\tag{2.3.43}$$

对于任意带限W的信号$x(t)$，由于

$$x(0)=\sum_{k=-\infty}^{\infty}x(t_0+kT_s)\operatorname{sinc}\left[2W(t_0+kT_s)\right]\tag{2.3.44}$$

所以

$$R_X(0)=\sum_{k=-\infty}^{\infty}R_X(t-kT_s)\operatorname{sinc}\left[2W(t-kT_s)\right]$$

故

$$E\left\{\left|X(t)-\sum_{k=-\infty}^{\infty}X(kT_s)\operatorname{sinc}\left[2W(t-kT_s)\right]\right|^2\right\}=0$$

这个结果与确定性信号中的采样定理类似。对于确定信号来说，若信号$s(t)$的带宽为W，则它由间隔$T_s=1/(2W)$的采样值$s(kT_s),k=0,\pm1,\pm2,\cdots$唯一确定：

$$s(t)=\sum_{k=-\infty}^{\infty}s(kT_s)\operatorname{sinc}\left[2W(t-kT_s)\right]$$

这就是所谓的带限信号的采样定理。式(2.3.40)也可以写成如下形式：

$$X(t)=\sum_{k=-\infty}^{\infty}X(kT_s)\operatorname{sinc}\left[2W(t-kT_s)\right]\tag{2.3.45}$$

只是式(2.3.45)是在均方意义下成立，而不是逐点成立的。因此，一个带限平稳随机过程$X(t)$可以由它每间隔T_s的样本来表示。可以证明，这些样本$\{X(kT_s)\}$之间不相关的充要条件是$X(t)$的功率谱$P_X(f)$是理想矩形，即

$$P_X(f)=\begin{cases}A, & |f|<W\\0, & \text{其他}\end{cases}\tag{2.3.46}$$

2.3.8 平稳带通（窄带）过程

定义 2.3.5 随机过程$X(t)$称为是带通的（或窄带的），是指它的功率谱$P_X(f)=0,|f-f_0|\geqslant W$，其中$W<f_0$。

图2.3.8表示一个带通过程的功率谱。在确定性信号中我们获得了窄带信号的等效低通表示，也就是复包络表示。这里我们要寻找窄带随机过程的等效低通表示，也就是它的复包络表示。

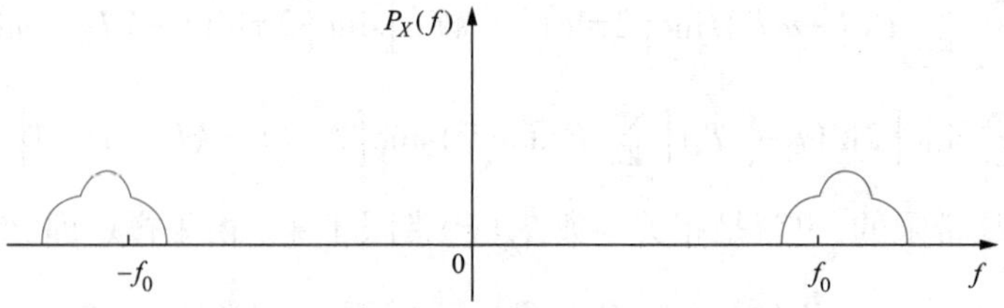

图2.3.8 带通过程的功率谱

因为$X(t)$是带通过程，所以它的自关函数$R_X(\tau)$是一个确定性的带通函数，即$R_X(\tau)$的Fourier变换在f_0的一个邻域内不等于零。

令$X(t)$通过脉冲响应为$h(t)=\dfrac{1}{\pi t}$的希尔伯特滤波器，输出过程为$\hat{X}(t)$，则

$$\begin{aligned} R_{X\hat{X}}(\tau) &= R_X(\tau)h(-\tau) \\ &= -\hat{R}_X(\tau) \end{aligned} \tag{2.3.47}$$

$$\begin{aligned} R_{\hat{X}}(\tau) &= R_X(\tau)h(\tau)h(-\tau) \\ &= -\hat{R}_X(\tau)h(\tau) \\ &= -\hat{\hat{R}}_X(\tau) \\ &= R_X(\tau) \end{aligned} \tag{2.3.48}$$

式(2.3.47)的最后一步是由于$R_X(\tau)=-\hat{\hat{R}}_X(\tau)$。

我们定义两个新的过程$X_c(t)$和$X_s(t)$：

$$X_c(t)=X(t)\cos(2\pi f_0 t)+\hat{X}(t)\sin(2\pi f_0 t) \tag{2.3.49a}$$

$$X_s(t)=\hat{X}(t)\cos(2\pi f_0 t)-X(t)\sin(2\pi f_0 t) \tag{2.3.49b}$$

$X_c(t)$和$X_s(t)$分别称为随机过程$X(t)$的低通同相分量和低通正交分量。下面证明，当$X(t)$是零均值平稳随机过程时，$X_c(t)$和$X_s(t)$具有同样性质。

定理2.3.3 若$X(t)$是零均值平稳窄带随机过程，则$X_c(t)$和$X_s(t)$也是零均值平稳过程。

证明 $\hat{X}(t)$是输入过程$X(t)$的希尔伯特变换，因此它是零均值平稳随机过程。由式(2.3.49)可知，$X_c(t)$和$X_s(t)$的均值显然是零。

下面我们证明$R_{X_c}(t+\tau,t)$，$R_{X_s}(t+\tau,t)$和$R_{X_cX_s}(t+\tau,t)$仅和τ有关。

$$\begin{aligned} R_{X_c}(t+\tau,t) &= E\left[X_c(t+\tau)X_c(t)\right] \\ &= E\Big\{\left[X(t+\tau)\cos(2\pi f_0(t+\tau))+\hat{X}(t+\tau)\sin(2\pi f_0(t+\tau))\right]\times \\ &\quad \left[X(t)\cos(2\pi f_0 t)+\hat{X}(t)\sin(2\pi f_0 t)\right]\Big\} \\ &= R_X(\tau)\cos(2\pi f_0 t)\cos\left[2\pi f_0(t+\tau)\right]-\hat{R}_X(\tau)\sin(2\pi f_0 t)\cos\left[2\pi f_0(t+\tau)\right]+ \\ &\quad \hat{R}_X(\tau)\cos(2\pi f_0 t)\sin\left[2\pi f_0(t+\tau)\right]+R_X(\tau)\sin(2\pi f_0 t)\sin\left[2\pi f_0(t+\tau)\right] \\ &= R_X(\tau)\cos(2\pi f_0\tau)+\hat{R}_X(\tau)\sin(2\pi f_0\tau) \end{aligned} \tag{2.3.50a}$$

推导中利用了$\hat{R}_X(\tau)$是τ的奇函数的概念，于是$R_{X_c}(t+\tau,t)$仅和τ有关。类似地，有

$$R_{X_s}(\tau)=R_{X_c}(\tau)=R_X(\tau)\cos(2\pi f_0\tau)+\hat{R}_X(\tau)\sin(2\pi f_0\tau) \tag{2.3.50b}$$

$$R_{X_cX_s}(\tau)=R_X(\tau)\sin(2\pi f_0\tau)-\hat{R}_X(\tau)\cos(2\pi f_0\tau) \tag{2.3.50c}$$

于是$X_c(t)$和$X_s(t)$的自相关函数和互相关函数都只与时间差有关，与时间参考起点无关，所以$X_c(t)$和$X_s(t)$是平稳随机过程。

定理2.3.4　$X_c(t)$和$X_s(t)$是低通过程，即$X_c(t)$和$X_s(t)$的功率谱在$|f|>W$时为零。

证明　因为$R_X(t)$,$R_{X_c}(t)$和$R_{X_s}(t)$是确定信号，$R_X(t)$是带通函数，把

$$R_{X_c}(t)=R_{X_s}(t)=R_X(\tau)\cos(2\pi f_0 t)+\hat{R}_X(\tau)\sin(2\pi f_0 t)$$

与式(2.1.70)相比，$R_{X_c}(t)$和$R_{X_s}(t)$正好对应了带通信号的等效低通同相分量，所以$R_{X_c}(t)$和$R_{X_s}(t)$是低通的，即$P_{X_c}(f)$和$P_{X_s}(f)$在$|f|>W$时等于零。

下面考虑$X_c(t)$和$X_s(t)$的功率谱：

$$\begin{aligned}
P_{X_c}(f)=P_{X_s}(f)&=F\left[R_X(\tau)\cos(2\pi f_0\tau)+\hat{R}_X(\tau)\sin(2\pi f_0\tau)\right]\\
&=\frac{P_X(f-f_0)+P_X(f+f_0)}{2}+\left[-\mathrm{j}\,\mathrm{sgn}(f)P_X(f)\right]\frac{\delta(f-f_0)-\delta(f+f_0)}{2\mathrm{j}}\\
&=\frac{P_X(f-f_0)+P_X(f+f_0)}{2}+\frac{1}{2}\mathrm{sgn}(f+f_0)P_X(f+f_0)-\frac{1}{2}\mathrm{sgn}(f-f_0)P_X(f-f_0)\\
&=\frac{P_X(f-f_0)}{2}\left[1-\mathrm{sgn}(f-f_0)\right]+\frac{P_X(f+f_0)}{2}\left[1+\mathrm{sgn}(f+f_0)\right]\\
&=\begin{cases}P_X(f-f_0), & f<-f_0\\ P_X(f-f_0)+\frac{1}{2}P_X(f+f_0), & f=-f_0\\ P_X(f-f_0)+P_X(f+f_0), & |f|<f_0\\ P_X(f+f_0)+\frac{1}{2}P_X(f-f_0), & f=f_0\\ P_X(f+f_0), & f>f_0\end{cases}
\end{aligned} \tag{2.3.51a}$$

由于$P_X(f)$的窄带性，所以

$$P_{X_c}(f)=P_{X_s}(f)=\begin{cases}P_X(f-f_0)+P_X(f+f_0), & |f|<f_0\\ 0, & \text{其他}\end{cases} \tag{2.3.51b}$$

$P_{X_c}(f)$和$P_{X_s}(f)$的曲线如图2.3.9所示。

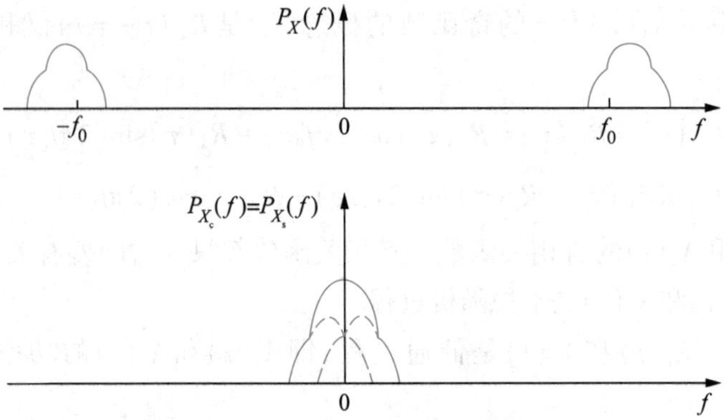

图2.3.9　窄带过程的同相分量和正交分量的功率谱

同样,可以求出同相分量和正交分量的交叉功率谱,也就是同相分量和正交分量交叉相关函数的Fourier变换:

$$P_{X_cX_s}(f)=\begin{cases}\mathrm{j}\left[P_X(f+f_0)-P_X(f-f_0)\right], & |f|<f_0\\ 0, & 其他\end{cases} \tag{2.3.52}$$

其曲线如图2.3.10所示。

由式(2.3.51)可以得到$X_c(t)$和$X_s(t)$的功率为

$$\sigma_{X_c}^2=\sigma_{X_s}^2=\int_{-\infty}^{\infty}P_{X_c}(f)\mathrm{d}f=\sigma_X^2=\int_{-\infty}^{\infty}P_X(f)\mathrm{d}f \tag{2.3.53}$$

事实上,$R_{X_c}(0)=R_{X_s}(0)=R_X(0)$,所以

$$\sigma_{X_c}^2=\sigma_{X_s}^2=\sigma_X^2 \tag{2.3.54}$$

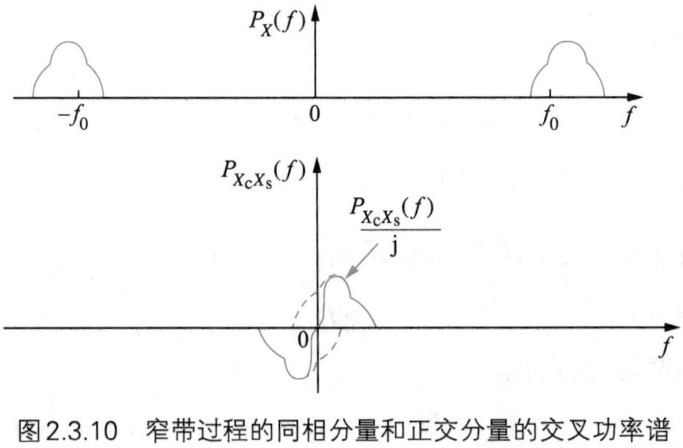

图2.3.10　窄带过程的同相分量和正交分量的交叉功率谱

同时,由于

$$R_{X_cX_s}(\tau)=R_X(\tau)\sin(2\pi f_0\tau)-\hat{R}_X(\tau)\cos(2\pi f_0\tau)$$

而且$R_X(\tau)$为偶函数,$\hat{R}_X(\tau)$是奇函数,所以$R_{X_cX_s}(\tau)$是奇函数,从而得

$$R_{X_cX_s}(0)=E\left[X_c(t)X_s(t)\right]=0 \tag{2.3.55}$$

也就是说在同一时刻,窄带过程的同相分量与正交分量相互正交。但这不能保证在任何两个不同的时刻t_1和t_2,这两个分量都不相关。即对$t_1\neq t_2$,一般有

$$R_{X_cX_s}(t_1,t_2)=E\left[X_c(t_1)X_s(t_2)\right]\neq 0$$

由式(2.3.49)可解出

$$X(t)=X_c(t)\cos(2\pi f_0t)-X_s(t)\sin(2\pi f_0t) \tag{2.3.56a}$$

$$\hat{X}(t)=X_c(t)\sin(2\pi f_0t)+X_s(t)\cos(2\pi f_0t) \tag{2.3.56b}$$

$X(t)$可写成

$$X(t)=V(t)\cos\left[2\pi f_0t+\Theta(t)\right] \tag{2.3.57}$$

其中

$$V(t)=\sqrt{X_c^2(t)+X_s^2(t)} \tag{2.3.58a}$$

$$\Theta(t)=\arctan\frac{X_s(t)}{X_c(t)} \tag{2.3.58b}$$

窄带过程$X(t)$的复包络定义为

$$X_1(t)=X_c(t)+\mathrm{j}X_s(t)=V(t)\mathrm{e}^{\mathrm{j}\Theta(t)} \tag{2.3.59}$$

因此

$$X(t)=\mathrm{Re}\left[X_l(t)\mathrm{e}^{\mathrm{j}2\pi f_0t}\right] \tag{2.3.60}$$

当$X(t)$是平稳窄带高斯过程时,$X_c(t)$和$X_s(t)$是两个独立、平稳的高斯过程。在任何时刻t,随机变量$X_c(t)$和$X_s(t)$的联合分布为

$$f_{X_cX_s}(x_c,x_s)=\frac{1}{2\pi\sigma^2}\exp\left(-\frac{x_c^2+x_s^2}{2\sigma^2}\right) \tag{2.3.61}$$

相应的包络和相位分别为

$$V(t)=\sqrt{X_c^2(t)+X_s^2(t)} \tag{2.3.62a}$$

$$\Theta(t)=\arctan\frac{X_c(t)}{X_s(t)} \tag{2.3.62b}$$

而

$$X_c(t)=V(t)\cos\Theta(t)$$

$$X_s(t)=V(t)\sin\Theta(t)$$

由式(2.2.49)得到包络$V(t)$和相位$\Theta(t)$的联合分布为

$$f_{V\Theta}(v,\theta)=\frac{v}{2\pi\sigma^2}\exp\left(-\frac{v^2}{2\sigma^2}\right),\ v\geqslant 0,\ -\pi\leqslant\theta\leqslant\pi \tag{2.3.63}$$

所以包络的分布为

$$\begin{aligned} f_V(v)&=\int_{-\pi}^{\pi}f_{V\Theta}(v,\theta)\mathrm{d}\theta \\ &=\frac{v}{\sigma^2}\exp\left(-\frac{v^2}{2\sigma^2}\right),\qquad v\geqslant 0 \end{aligned} \tag{2.3.64a}$$

而相位分布为

$$\begin{aligned} f_\Theta(\theta)&=\int_0^{\infty}f_{V\Theta}(v,\theta)\mathrm{d}v \\ &=\frac{1}{2\pi},\quad -\pi\leqslant\theta\leqslant\pi \end{aligned} \tag{2.3.64b}$$

所以在任何时刻窄带平稳高斯过程的包络$V(t)$满足瑞利分布,相位$\Theta(t)$满足均匀分布。

图2.3.11给出了当$\sigma^2=1$时的瑞利概率分布密度函数。

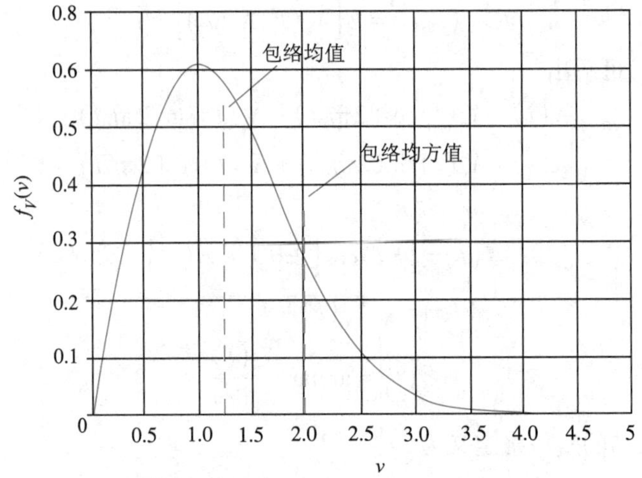

图2.3.11　瑞利概率分布密度函数($\sigma^2=1$)

2.3.9　正弦波加窄带高斯噪声信号

在通信中接收到的信号$r(t)$一般是正弦波$s(t)$叠加一个窄带噪声$N(t)$,即

$$r(t)=s(t)+N(t) \tag{2.3.65}$$

设$s(t)=A\cos(2\pi f_0 t+\Theta)$为正弦波,其中$A$和$f_0$为确知常数,$\Theta$为$[-\pi,\pi]$上均匀分布的随机变量。$N(t)$为频谱在$f_0$附近的窄带高斯过程,则由式(2.3.56a),$N(t)$可分解成同相分量和正交分量两部分:

$$N(t)=N_c(t)\cos(2\pi f_0 t)-N_s(t)\sin(2\pi f_0 t) \tag{2.3.66}$$

因而

$$\begin{aligned}r(t)&=\left[A\cos\Theta+N_c(t)\right]\cos(2\pi f_0 t)-\left[A\sin\Theta+N_s(t)\right]\sin(2\pi f_0 t)\\&=Z_c(t)\cos(2\pi f_0 t)-Z_s(t)\sin(2\pi f_0 t)\end{aligned} \tag{2.3.67}$$

其中

$$Z_c(t)\triangleq A\cos\Theta+N_c(t) \tag{2.3.68a}$$

$$Z_s(t)\triangleq A\sin\Theta+N_s(t) \tag{2.3.68b}$$

令

$$V(t)=\sqrt{Z_c^2(t)+Z_s^2(t)} \tag{2.3.69a}$$

$$\Phi(t)=\arctan\frac{Z_s(t)}{Z_c(t)} \tag{2.3.69b}$$

于是接收信号$r(t)$的等效低通信号(复包络)为

$$R_l(t)=Z_c(t)+\mathrm{j}Z_s(t)=V(t)\mathrm{e}^{\mathrm{j}\Phi} \tag{2.3.70}$$

$Z_c(t)$和$Z_s(t)$是两个独立的高斯过程,它们在Θ给定时的条件均值和条件方差分别为

$$E\left[Z_c(t)\mid\Theta=\theta\right]=A\cos\theta \tag{2.3.71a}$$

$$E\left[Z_s(t)\mid\Theta=\theta\right]=A\sin\theta \tag{2.3.71b}$$

$$\mathrm{Var}\left[Z_c(t)\mid\Theta=\theta\right]=\mathrm{Var}\left[Z_s(t)\mid\Theta=\theta\right]=\sigma^2 \tag{2.3.71c}$$

其中σ^2为$N(t)$的方差。在Θ给定时,$Z_c(t)$和$Z_s(t)$的联合分布为

$$f_{Z_cZ_s}(z_c,z_s|\Theta=\theta)=\frac{1}{2\pi\sigma^2}\exp\left[-\frac{(z_c-A\cos\theta)^2+(z_s-A\sin\theta)^2}{2\sigma^2}\right] \tag{2.3.72}$$

在任何时刻，正弦波加窄带高斯噪声信号$r(t)$可以写成

$$r(t)=V(t)\cos\left[2\pi f_0t+\Phi(t)\right] \tag{2.3.73}$$

$$Z_c(t)=V(t)\cos\Phi(t) \tag{2.3.74a}$$

$$Z_s(t)=V(t)\sin\Phi(t) \tag{2.3.74b}$$

在$\Theta=\theta$条件下，$V(t)$，$\Phi(t)$的联合分布密度为

$$\begin{aligned}f_{V\Phi}(v,\varphi|\Theta=\theta)&=f_{Z_cZ_s}(z_c,z_s|\Theta=\theta)\begin{vmatrix}\dfrac{\partial v}{\partial z_c} & \dfrac{\partial v}{\partial z_s}\\ \dfrac{\partial\varphi}{\partial z_c} & \dfrac{\partial\varphi}{\partial z_s}\end{vmatrix}^{-1}\\ &=\frac{v}{2\pi\sigma^2}\exp\left\{-\frac{1}{2\sigma^2}\left[v^2+A^2-2Av\cos(\theta-\varphi)\right]\right\}\end{aligned} \tag{2.3.75}$$

其中，$v\geqslant 0,\varphi\in[-\pi,\pi]$。所以

$$\begin{aligned}f_V(v|\Theta=\theta)&=\int_{-\pi}^{\pi}f_{V\Phi}(v,\varphi|\Theta=\theta)\,\mathrm{d}\varphi\\ &=\frac{v}{2\pi\sigma^2}\exp\left[-\frac{1}{2\sigma^2}(v^2+A^2)\right]\cdot\int_{-\pi}^{\pi}\exp\left[\frac{Av\cos(\theta-\varphi)}{\sigma^2}\right]\mathrm{d}\varphi\\ &=\frac{v}{\sigma^2}\exp\left(-\frac{v^2+A^2}{2\sigma^2}\right)\mathrm{I}_0\left(\frac{Av}{\sigma^2}\right),\ v\geqslant 0\end{aligned} \tag{2.3.76}$$

其中$\mathrm{I}_0(x)$是零阶修正贝塞尔函数。$V(t)$的概率分布密度为

$$\begin{aligned}f_V(v)&=\int_{-\pi}^{\pi}f_v(v|\Theta=\theta)f_\Theta(\theta)\,\mathrm{d}\theta\\ &=\frac{v}{\sigma^2}\exp\left(-\frac{v^2+A^2}{2\sigma^2}\right)\mathrm{I}_0\left(\frac{Av}{\sigma^2}\right),\ v>0\end{aligned} \tag{2.3.77}$$

上述分布密度称为赖斯分布密度。

可以证明，$r(t)$的相位$\Phi(t)$的条件概率分布密度为

$$f_\Phi(\varphi|\Theta=\theta)=\int_0^\infty f_{V\Phi}(v,\varphi|\Theta=\theta)\,\mathrm{d}v=\frac{\exp(-\frac{A^2}{2\sigma^2})}{2\pi}+\frac{A\cos(\theta-\varphi)}{2(2\pi)^{1/2}\sigma}\exp\left[-\frac{A^2}{2\sigma^2}\sin^2(\theta-\varphi)\right]\left\{1+\mathrm{erf}\left[\frac{A\cos(\theta-\varphi)}{\sqrt{2}\,\sigma}\right]\right\} \tag{2.3.78a}$$

所以，相位$\Phi(t)$的概率分布密度为

$$f_\Phi(\varphi)=\int_{-\pi}^{\pi}f_\Phi(\varphi|\Theta=\theta)P_\Theta(\theta)\,\mathrm{d}\theta \tag{2.3.78b}$$

图2.3.12和图2.3.13表示不同信噪比下幅度V的赖斯分布密度，以及在条件$\theta=\pi/4$下相位Φ的条件分布密度，其中信噪比参数$K_{\mathrm{dB}}=10\lg[A^2/(2\sigma^2)]$，$\sigma^2=1$。

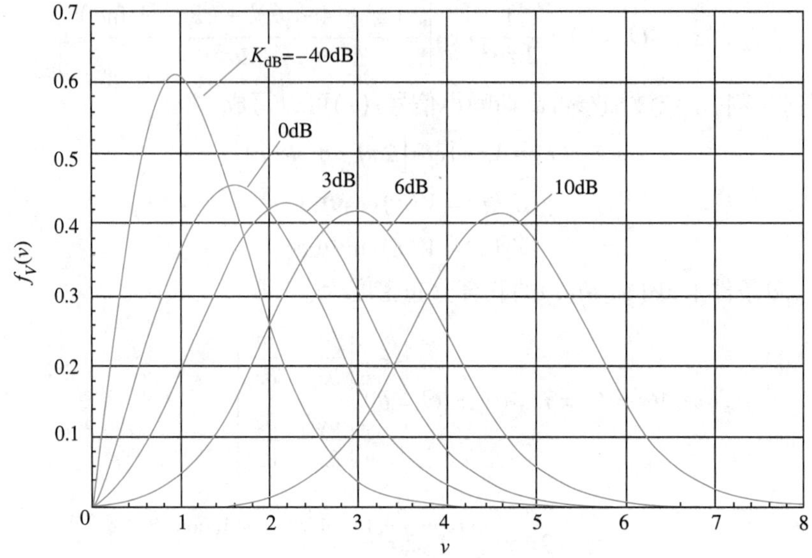

图 2.3.12　赖斯分布密度函数

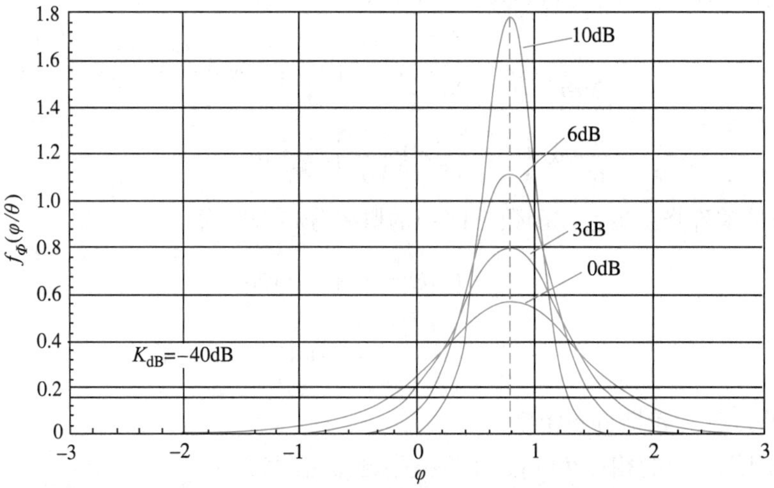

图 2.3.13　在条件$\theta=\pi/4$下相位Φ的条件分布密度

2.3.10　循环平稳过程（cyclostationary process）

前面介绍的随机过程均是平稳随机过程。在通信工程中，许多信号和干扰过程都可以采用平稳随机过程模型来进行分析。但是也有许多信号和干扰过程并不具有平稳随机过程的性质，它们是非平稳的，其中一大类非平稳信号过程可以用所谓的循环平稳过程作为其模型。这种信号过程往往是由一个平稳随机过程受到某种人为的周期性操作或运算后所得到的。例如，对平稳随机过程进行采样、调制、扫描、复用等操作，均会使原来平稳随机过程的统计性质产生周期性的变化。除了通信电子工程领域外，在物理、生物、社会经济领域也常常碰到循环平稳随机过程。

一个时间连续的二阶矩随机过程$\{X(t),t\in(-\infty,\infty)\}$被称为周期为$T$的广义循环平

稳过程，它的均值过程和自相关函数均是t的周期函数且周期为T，即

$$m_X(t) \triangleq E[X(t)] = m_X(t+T) \tag{2.3.79a}$$

$$R_X(t+\tau,t) \triangleq E[X(t+\tau)X^*(t)] = E[X(t+T+\tau)X^*(t+T)] = R_X(t+T+\tau,t+T) \tag{2.3.79b}$$

例2.3.4 考虑图2.3.14(a)所示的采样保持电路，输入过程是平稳随机过程$Y(t)$，经采样保持电路后输出为$X(t)$，其波形如图2.3.14(b)所示，且有

$$X(t) = \sum_{k=-\infty}^{\infty} Y(kT)h(t-kT) \tag{2.3.80}$$

其中

$$h(t) = \begin{cases} 1, & 0 \leqslant t \leqslant T \\ 0, & \text{其他} \end{cases} \tag{2.3.81}$$

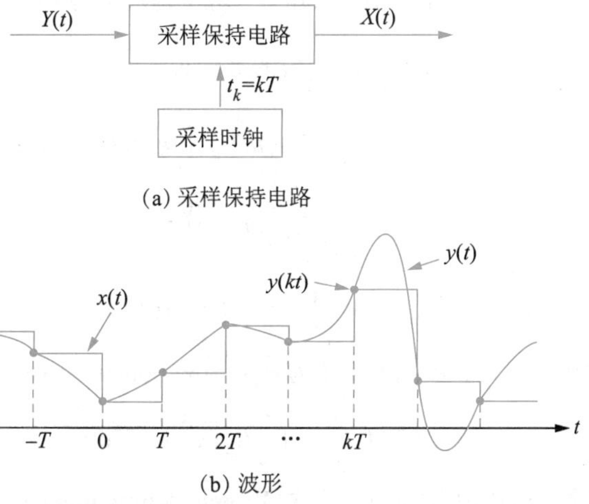

图2.3.14 采样保持电路及其波形

于是

$$\begin{aligned} m_X(t) &= E[X(t)] = \sum_{k=-\infty}^{\infty} E[Y(kT)]h(t-kT) \\ &= m_Y \sum_{k=-\infty}^{\infty} h(t-kT) \\ &= m_Y \end{aligned} \tag{2.3.82a}$$

$$\begin{aligned} R_X(t+\tau,t) &= \sum_{k=-\infty}^{\infty}\sum_{j=-\infty}^{\infty} E[Y(kT)Y(jT)]h(t+\tau-kT)h(t-jT) \\ &= \sum_{m=-\infty}^{\infty} R_Y(mT) \sum_{j=-\infty}^{\infty} h(t+\tau-mT-jT)h(t-jT) \end{aligned} \tag{2.3.82b}$$

其中$m=k-j$。显然，$\sum_{j=-\infty}^{\infty} h(t+\tau-mT-jT)h(t-jT)$是$t$的周期函数且周期为$T$，所以$R_X(t+\tau,t)$也是$t$的周期函数且周期为$T$，故$X(t)$是循环平稳过程。记

$$q(t,\tau) = \sum_{j=-\infty}^{\infty} h(t+\tau-jT)h(t-jT),\ |\tau| \leqslant T \tag{2.3.83}$$

当$|\tau|>T$时，$q(t,\tau)=0$。图2.3.15为周期函数$q(t,\tau)$的波形。

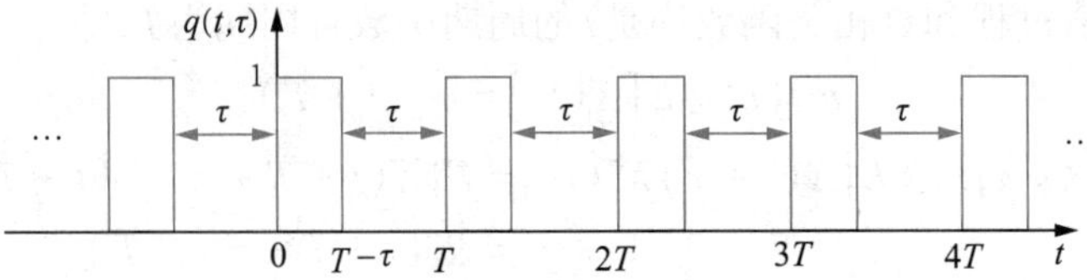

图2.3.15 周期函数$q(t,\tau)$的波形

利用式(2.3.83)，$R_X(t+\tau,t)$可表示为

$$R_X(t+\tau,t)=\sum_{m=-\infty}^{\infty}R_Y(mT)q(t,\tau-mT) \tag{2.3.84}$$

由于平稳随机过程具有处理上的优越性，因此希望把循环平稳随机过程转化成平稳过程，使得可以利用诸如功率谱之类的概念。为此，可以简单地把自相关函数式(2.3.84)在t的一个周期T上求平均，消除自相关函数对于时间t的依赖关系，即

$$\begin{aligned}\overline{R_X(\tau)}&=\frac{1}{T}\int_0^T R_X(t+\tau,t)\,\mathrm{d}t\\&=\frac{1}{T}\sum_{m=-\infty}^{\infty}R_Y(mT)\int_0^T q(t,\tau-mT)\,\mathrm{d}t\\&=\frac{1}{T}\sum_{m=-\infty}^{\infty}R_Y(mT)r(\tau-mT)\end{aligned} \tag{2.3.85}$$

其中

$$r(\tau)=\int_{-\infty}^{\infty}h(t+\tau)h(t)\,\mathrm{d}t \tag{2.3.86}$$

循环平稳过程$X(t)$的功率谱定义为$\overline{R_X(\tau)}$的Fourier变换，即

$$P_X(f)=\int_{-\infty}^{\infty}\overline{R_X(\tau)}\,\mathrm{e}^{-\mathrm{j}2\pi f\tau}\,\mathrm{d}\tau \tag{2.3.87}$$

这样定义的合理性，可以利用维纳-辛钦(Wiener-Khinchine)定理加以证明。但是，我们通过相位随机化来对循环过程平稳化进行物理解释。假定对于例2.3.4的采样附加一个随机相位，也就是假定采样的初始时刻在$(0,T)$上均匀分布，$t_k=kT+\delta$，其中δ在$(0,T)$上均匀分布，则

$$X(t)=\sum_{k=-\infty}^{\infty}Y(kT+\delta)h(t-kT-\delta) \tag{2.3.88}$$

于是

$$\begin{aligned}E[X(t)]&=\sum_{k=-\infty}^{\infty}E[Y(kT+\delta)]\int_{-\infty}^{\infty}h(t-kT-\sigma)p_\delta(\sigma)\,\mathrm{d}\sigma\\&=m_Y\sum_{k=-\infty}^{\infty}\frac{1}{T}\int_0^T h(t-kT-\sigma)\,\mathrm{d}\sigma=m_Y\end{aligned} \tag{2.3.89a}$$

$$\begin{aligned}R_X(t+\tau,t)=&\sum_{m=-\infty}^{\infty}\sum_{j=-\infty}^{\infty}E[Y(mT+jT+\delta)Y(jT+\delta)]\times\\&\int_{-\infty}^{\infty}h(t+\tau-mT-jT-\sigma)h(t-jT-\sigma)p_\delta(\sigma)\,\mathrm{d}\sigma\\=&\sum_{m=-\infty}^{\infty}R_Y(mT)\frac{1}{T}\sum_{j=-\infty}^{\infty}\int_0^T h(t+\tau-mT-jT-\sigma)h(t-jT-\sigma)\,\mathrm{d}\sigma\\=&\frac{1}{T}\sum_{m=-\infty}^{\infty}R_Y(mT)r(\tau-mT)\end{aligned} \tag{2.3.89b}$$

其中，$r(\tau)=\int_{-\infty}^{\infty}h(t+\tau)h(t)\mathrm{d}t$。

式(2.3.89b)与式(2.3.85)相同，所以附加一个随机化采样的起点(即随机化相位)就可以把循环平稳随机过程转化成平稳随机过程。

例2.3.4中输出过程$X(t)$的功率谱为式(2.3.89b)的Fourier变换，即

$$P_X(f)=\int_{-\infty}^{\infty}R_X(t+\tau,t)\mathrm{e}^{-\mathrm{j}2\pi f\tau}\mathrm{d}\tau=\int_{-\infty}^{\infty}\overline{R_X(\tau)}\mathrm{e}^{-\mathrm{j}2\pi f\tau}\mathrm{d}\tau$$
$$=\frac{1}{T}R(f)\sum_{m=-\infty}^{\infty}R_Y(mT)\mathrm{e}^{-\mathrm{j}2\pi fmT}$$

其中$R(f)$是$r(\tau)$的Fourier变换，且有

$$R(f)=\left|H(f)\right|^2=T^2\left[\mathrm{sinc}(Tf)\right]^2$$

由泊松公式[见习题2-4(3)]

$$\sum_{m=-\infty}^{\infty}R_Y(mT)\mathrm{e}^{-\mathrm{j}2\pi fmT}=\frac{1}{T}\sum_{l=-\infty}^{\infty}P_Y\left(f-\frac{l}{T}\right)$$

其中$P_Y(f)$为平稳过程$Y(t)$的功率谱，于是

$$P_X(f)=\left[\mathrm{sinc}(Tf)\right]^2\sum_{l=-\infty}^{\infty}P_Y\left(f-\frac{l}{T}\right)$$

§2.4 小 结

本章介绍了通信信号的描述理论，其中包括如下概念：

(1) 信号分为确定性信号和随机信号。前者采用确定的时域波形或频域频谱加以描述，后者采用概率和随机过程加以描述。

(2) 信号也可分为能量有限型信号和功率有限型信号，当然也存在既非能量有限又非功率有限的信号。但在通信中我们主要研究能量或功率有限的信号。

(3) 周期信号可以用Fourier级数表示，而非周期信号可以用Fourier变换描述。

(4) 帕塞瓦尔等式表示能量在时域上的总和与在频域上总和相等。

(5) 窄带信号是一个通带信号，它的带宽远小于信号的中心频率。窄带信号可以用它的复包络等效表示。窄带信号的复包络是窄带信号的低通等效表示，它包含了窄带信号的幅度和相位信息。

(6) 窄带系统的通频带宽度远小于系统中心频率，窄带系统的脉冲响应是一个窄带信号，可以用等效复包络表示。窄带信号通过窄带系统的输出也是一个窄带信号。输出窄带信号的复包络等于输入复包络与脉冲响应复包络的卷积，就像信号通过线性系统一样。

(7) 信号的希尔伯特变换把信号的正频分量移相$-\pi/2$，把信号的负频分量移相$\pi/2$。

(8) 信号的正交调制和解调实现了复包络信号与窄带信号的互相转换。

(9) 随机变量可以用它的分布函数和分布密度函数描述，离散随机变量的密度函数包含δ函数。对于多个随机变量，可以用联合分布、条件分布、统计独立和全概率公式加以描述。

(10) 一个随机变量或多个随机变量的函数(或变换)构成新的随机变量,相应地可得到新随机变量的分布密度和联合分布密度。

(11) 随机变量的数字特征包括均值、方差、特征函数等,本章还介绍了这些数字特征的性质。

(12) 介绍几个重要的随机变量以及它们的性质,其中高斯分布随机变量尤为重要。与高斯分布相关的几个积分在数字通信误码率分析中具有广泛应用。χ^2分布随机变量是多个高斯变量的平方和,瑞利分布和赖斯分布与χ^2分布有密切关系。

(13) 切比雪夫不等式与契尔诺夫界主要用来估计统计量超出预定界限的概率。

(14) 平稳随机过程是一类统计特性与时间起点选取无关的随机过程。平稳随机过程,它的均值过程、均方值过程都与时间无关,它的自相关函数仅与时间差有关。如果一个随机过程的均值过程、均方值过程都与时间无关,它的自相关函数仅与时间差有关,则该随机过程称为广义平稳过程。

(15) 如果一个平稳随机过程的时间平均等于它的集合平均,则该平稳随机过程被认为是各态历经的,也称为具有各态历经性。

(16) 平稳随机过程的自相关函数与功率谱构成一对Fourier变换对,它们的性质和计算对于工程应用具有重要意义。

(17) 平稳随机过程通过线性系统的输出过程仍是平稳的,输出过程的功率谱是输入过程功率谱与传递函数模平方之积。

(18) 功率谱为常数的随机噪声称为白噪声,它的自相关函数为δ函数。

(19) 平稳带限过程与带限信号一样可以用周期采样的样本表示。

(20) 均值为周期函数、自相关函数也是周期函数的随机过程,称为循环平稳随机过程。通信中经常碰到循环平稳随机过程。循环平稳随机过程的功率谱等于自相关函数在一个周期中的平均值的Fourier变换。

(21) 高斯过程的任意阶分布密度都是高斯分布。对于高斯过程,广义平稳与严格平稳等价。

(22) 与窄带信号一样,窄带平稳随机过程的功率谱仅在中心频率的一个小邻域内不为零。窄带平稳随机过程可用等效低通复包络表示,其中低通同相分量与低通正交分量是相互正交的平稳随机过程,并且各自的功率都等于窄带过程的功率。

(23) 窄带高斯噪声的包络服从瑞利分布,其相位服从均匀分布,正弦波叠加上窄带高斯噪声的包络服从赖斯分布。

关于信号分析、随机变量和随机过程,许多优秀的教材和著作可以参考和进一步阅读Oppenheim、Willsky和Hamid的著作[1]对离散系统和连续系统进行了全面的时域和频域分析;Papoulis对Fourier级数和Fourier变换进行了深入的分析[2];Franks把信号理论建立在线性算子理论基础上,并对循环平稳过程作了启发性的论述[3];近年来,Cariolaro提出的统一信号理论为所有类别信号建立基本信号运算[4],如卷积、Fourier变换、线性系统采样和插值等;Schwarts对窄带信号的复包络(窄带信号的等效低通表示)作了深入的讨论[5]。在概率论和随机过程方面的优秀著作更多,适合于通信工程师的有帕普里斯和佩莱[6],Davenport[7],Proakis和Salehi[8],Leon-Garcia[9]等的著作。另外,国内也有许多这方面的优秀教材,如郑君里[10, 11],陆大琻和张颢[12],陈明[13]等人编写的教材,可以参阅。

参考文献

[1] Oppenheim A V, Willsky A S, Hamid S. Signals and Systems. 2nd ed. Upper Saddle River: Prentice Hall, 1996.

[2] Papoulis A. The Fourier Integral and Its Applications. New York: McGraw-Hill Book Company, 1962.

[3] Franks L E. Signal Theory. Upper Saddle River: Prentice Hill, 1969.

[4] Cariolaro G. Unified Signal Theory. London: Springer, 2011.

[5] Schwarts M. Communications Systems and Techniques. Hoboken: Wiley-IEEE Press, 1995.

[6] 帕普里斯,佩莱. 概率、随机变量与随机过程. 4版. 保铮,冯大政,水鹏朗译. 西安:西安交通大学出版社,2020.

[7] Davenport W B. An Introduction to the Theory of Random Signals and Noise. Hoboken: John Wiley & Sons, 1995.

[8] Proakis J G, Salehi M. Communication Systems and Engineering. 2nd ed. Upper Saddle River: Prentice Hall, 2002.

[9] Leon-Garcia A. Probability, Statistic and Random Processes for Electrical Engineering. 3rd ed. Upper Saddle River: Prentice Hall, 2008.

[10] 郑君里. 信号与系统(上册). 3版. 北京:高等教育出版社,2011.

[11] 郑君里. 信号与系统(下册). 3版. 北京:高等教育出版社,2011.

[12] 陆大琻,张颢. 随机过程及其应用. 2版. 北京:清华大学出版社,2012.

[13] 陈明. 通信与信息工程中的随机过程. 北京:科学出版社,2009.

习 题

2-1 对于实数$x(t)$,证明下列等式成立:

$$x_e(t)=\frac{a_0}{2}+\sum_{n=1}^{\infty}a_n\cos(2\pi\frac{n}{T_0}t)$$

$$x_o(t)=\sum_{n=1}^{\infty}a_n\sin(2\pi\frac{n}{T_0}t)$$

其中$x_e(t)$和$x_o(t)$分别表示信号的偶函数部分和奇函数部分,其定义分别为

$$x_e(t)=\frac{x(t)+x(-t)}{2}$$

$$x_o(t)=\frac{x(t)-x(-t)}{2}$$

2-2 假设x_n和y_n分别表示$x(t)$和$y(t)$的Fourier级数的系数。假定$x(t)$的周期是T_0,在下列各种情况下,用x_n表示y_n:

(1) $y(t)=x(t-t_0)$;

(2) $y(t)=x(t)e^{j2\pi f_0 t}$;

(3) $y(t)=x(at),\ a\neq 0$;

(4) $y(t)=\frac{d}{dt}x(t)$。

2-3 一个带宽为50Hz的低通信号$x(t)$以奈奎斯特速率抽样,抽样值如下:

$$x(nT_s)=\begin{cases}-1, & -4\leqslant n<0\\ 1, & 0<n\leqslant 4\\ 0, & \text{其他}\end{cases}$$

(1) 确定$x(0.005)$;

(2) 此信号是功率型信号还是能量型信号? 确定其功率或能量值。

2-4 验证下面的公式:

(1) $\sum_{k=-\infty}^{\infty}h(kT)=\frac{1}{T}\sum_{l=-\infty}^{\infty}H\left(\frac{l}{T}\right)$;

(2) $\sum_{k=-\infty}^{\infty}h(t-kT)=\frac{1}{T}\sum_{l=-\infty}^{\infty}H\left(\frac{l}{T}\right)e^{j2\pi lt/T}$;

(3) $\sum_{k=-\infty}^{\infty}h(kT)e^{-j2\pi kTf}=\frac{1}{T}\sum_{l=-\infty}^{\infty}H\left(f-\frac{l}{T}\right)$。

2-5 试证明:偶信号的希尔伯特变换是奇信号,而奇信号的希尔伯特变换是偶信号。

2-6 证明:信号的能量值等于其希尔伯特变换的能量值。

2-7 证明:信号$x(t)$及其希尔伯特变换是正交的,即下列关系式成立:

$$\int_{-\infty}^{\infty}x(t)\hat{x}(t)\,dt=0$$

2-8 证明:如果$X(f)|_{f=0}=0$成立,则$\hat{\hat{x}}(t)=-x(t)$。

2-9 假设$x(t)$表示一个低通信号,试确定$x(t)\cos(2\pi f_0 t)$的希尔伯特变换,其中f_0远大于$x(t)$的带宽。

2-10 分别求下列信号的希尔伯特变换、解析信号和复包络:

(1) $s(t)=\sin(2\pi f_0 t)$;

(2) $s(t)=\cos(2\pi f_0 t)$;

(3) $s(t)=Ae^{-at}\cos[2\pi f_0 t+\varphi(t)]$;

(4) $s(t)=(1+A\cos 2\pi ft)\cos(2\pi f_0 t)$, 其中$f\ll f_0$;

(5) $s(t)=A\cos(2\pi f_0 t+bt^2/2)$。

2-11 带通信号$x(t)=\mathrm{sinc}(t)\cos(2\pi f_0 t)$通过具有脉冲响应$h(t)=\mathrm{sinc}^2(t)\sin(2\pi f_0 t)$的带通滤波器。利用输入信号和脉冲响应的低通等效表示式,找出输出信号的低通等效表示式,并由此确定输出信号$y(t)$。

2-12 抛掷不均匀硬币A,正面向上的概率为1/4,反面向上的概率为3/4;硬币B是正常的硬币。每个硬币抛4次。随机变量X表示硬币A正面向上的次数,Y表示硬币B正面向上的次数。问:

(1) $X=Y=2$的概率有多大?

(2) $X = Y$的概率有多大?

(3) $X > Y$的概率有多大?

(4) $X + Y \leqslant 5$的概率有多大?

2-13 随机过程X的概率分布为

$$F_X(x)=\begin{cases}0, & x<0\\ \dfrac{1}{2}x, & 0\leqslant x<1\\ K, & x\geqslant 1\end{cases}$$

(1) 求K的值;

(2) 该随机变量是离散的、连续的还是混合的?

(3) $1/2 < X \leqslant 1$的概率是多少?

(4) $1/2 < X < 1$的概率是多少?

(5) $X > 2$的概率是多少?

2-14 X是服从$\mathcal{N}(0,\sigma^2)$分布的正态随机变量,该随机变量通过一系统,该系统的输入输出表达式为$y = g(x)$。求解下列情况下输出随机变量Y的概率分布函数。

(1) 平方律器件:$g(x) = ax^2$;

(2) 限幅器:$g(x)=\begin{cases}-b, & x\leqslant -b\\ b, & x\geqslant b\\ x, & |x|<b\end{cases}$。

2-15 随机变量Φ均匀分布在区间$[-\pi/2,\pi/2]$,求$X = \tan\Phi$的概率密度函数,并求X的均值与方差。

2-16 令$X_1,X_2,\cdots,X_n$表示独立同分布随机变量,且分布密度都为$f_X(x)$。

(1) 如果$Y = \min\{X_1,X_2,\cdots,X_n\}$,求$Y$的分布密度;

(2) 如果$Z = \max\{X_1,X_2,\cdots,X_n\}$,求$Z$的分布密度。

2-17 令Θ在$[0,\pi]$上均匀分布,定义随机变量$X = \cos\Theta$及$Y = \sin\Theta$,证明:X,Y是不相关的,但不是相互独立的。

2-18 X,Y为零均值联合高斯随机变量,方差均为σ^2,相关系数为ρ。随机变量Z,W定义为

$$\begin{cases}Z = X\cos\theta + Y\sin\theta\\ W = -X\sin\theta + Y\cos\theta\end{cases}$$

其中θ为常量。

(1) 证明Z与W是联合高斯随机变量,并求联合概率分布密度;

(2) 当θ取何值时随机变量Z和W互相独立?

2-19 设随机过程$\xi(t)$可表示成

$$\xi(t) = 2\cos(2\pi t + \theta)$$

式中θ是一个随机变量,且$P(\theta = 0) = P(\theta = \pi/2) = 1/2$。试求$E[\xi(1)]$和$R_\xi(0,1)$。

2-20 设$z(t) = x_1\cos(2\pi f_0 t) - x_2\sin(2\pi f_0 t)$是一个随机过程,若$x_1,x_2$是彼此独立、均值为0、方差为$\sigma^2$的正态随机变量,试求:

(1) $E[z(t)]$, $E[z^2(t)]$;

(2) $z(t)$的一维分布密度$f(z)$;

(3) $B(t_1,t_2)$和$R(t_1,t_2)$。

2-21 已知$X(t)$与$Y(t)$是统计独立的平稳随机过程,且它们的自相关函数分别为$R_X(\tau)$和$R_Y(\tau)$,求$Z(t)=X(t)Y(t)$的自相关函数。

2-22 若随机过程$z(t)=m(t)\cos(2\pi f_0+\theta)$,其中$m(t)$是宽平稳随机过程,且自相关函数$R_m(\tau)$为

$$R_m(\tau)=\begin{cases}1+\tau, & -1<\tau<0\\ 1-\tau, & 0\leqslant\tau<1\\ 0, & \text{其他}\end{cases}$$

θ是服从均匀分布的随机变量,它与$m(t)$统计独立。

(1) 证明$z(t)$是宽平稳的;

(2) 给出自相关函数$R_z(\tau)$的波形;

(3) 求功率谱密度$P_z(f)$和功率P。

2-23 已知噪声$n(t)$的自相关函数$R_n(\tau)=\dfrac{a}{2}\mathrm{e}^{-a|\tau|}$,$a$为正常数;

(1) 求功率谱密度$P_n(f)$和总功率P;

(2) 绘出$R_n(\tau)$及$P_n(f)$的图形。

2-24 $\xi(t)$是一个平稳随机过程,它的自相关函数为周期为2s的周期函数,在(−1,1)内该自相关函数为$R(\tau)=1-|\tau|$,求$\xi(t)$的功率谱密度$P_\xi(f)$,并用图形表示。

2-25 将一个均值为零、功率谱密度为$N_0/2$的高斯白噪声加到一个中心频率为f_c、带宽为B的理想滤波器上,如题2-25图所示。

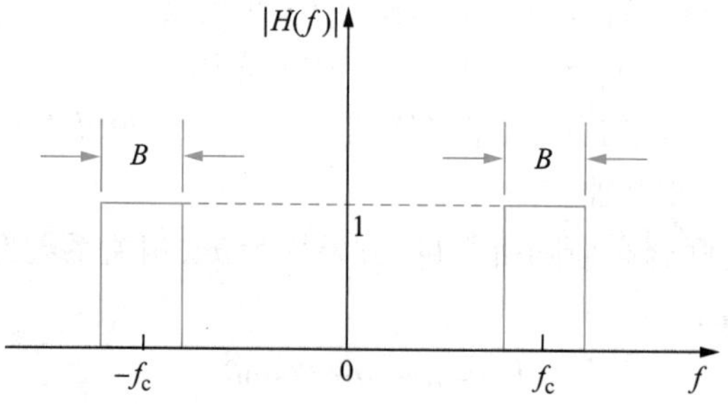

题2-25

(1) 求滤波器输出噪声的自相关函数;

(2) 写出输出噪声的一维概率密度函数。

2-26 设RC低通滤波器如题2-26图所示,求当输入均值为0、功率谱密度为$N_0/2$的白噪声时,输出过程的功率谱密度和自相关函数。

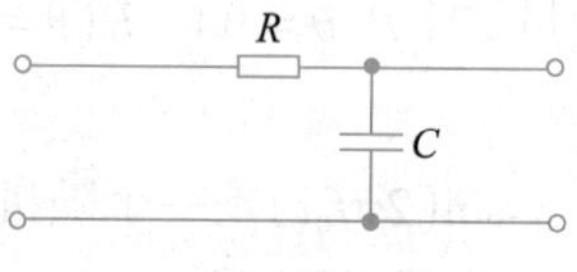

题2-26

2-27 将一个均值为零、功率谱密度为$N_0/2$的高斯白噪声加到如题2-27图所示的低通滤波器的输入端。试求：

（1）输出噪声的自相关函数；

（2）输出噪声的方差。

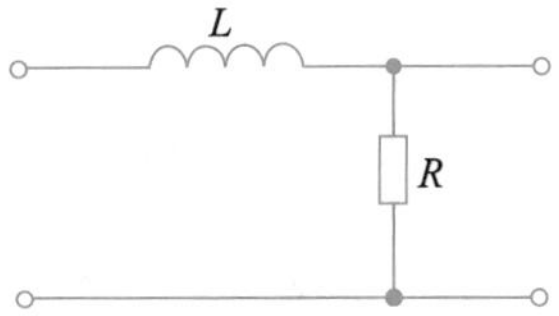

题2-27

2-28 设有一个随机二进制矩形脉冲波形，它的每个脉冲的持续时间为T_b，脉冲幅度取+1和−1的概率相等。现假设任一间隔T_b内波形取值与任何别的间隔内取值统计无关，且过程具有宽平稳性，试证：

（1）自相关函数

$$R_\xi(\tau)=\begin{cases}1-\dfrac{|\tau|}{T_b}, & |\tau|\leqslant T_b\\ 0, & |\tau|>T_b\end{cases}$$

（2）功率谱密度$P_\xi(\omega)=T_b\left[\text{sinc}(fT_b)\right]^2$。

2-29 题2-29图为单输入、两个输出的线性滤波器，若输入过程$\eta(t)$是平稳的，求输出$\xi_1(t)$与$\xi_2(t)$的互功率谱密度的表示式。

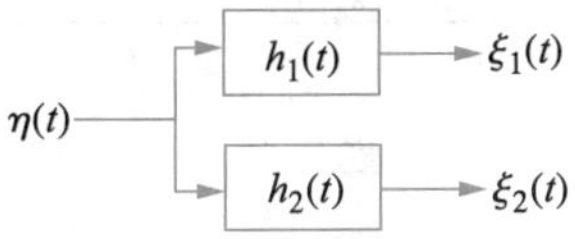

题2-29

2-30 若$\xi(t)$是平稳随机过程，自相关函数为$R_\xi(\tau)$，试求它通过题2-30图所示系统后的自相关函数及功率谱密度。

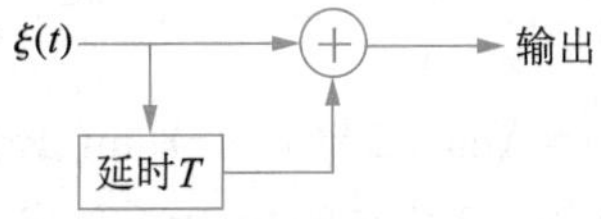

题2-30

2-31 请补充完成式(2.3.44)的证明。

2-32 一噪声的功率谱如题2-32图所示，证明其自相关函数为$K\text{sinc}(\Delta\tau)\cos(2\pi f_0\tau)$。

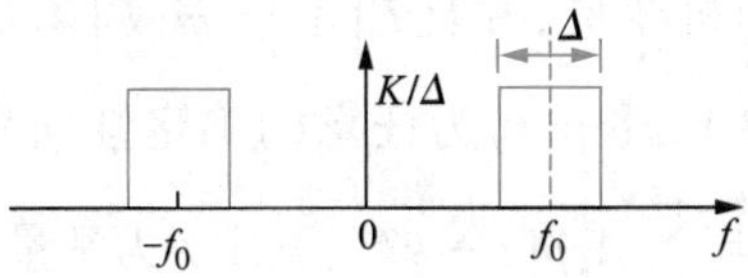

题2-32

2-33 在如题2-33图所示的系统中，已知脉冲响应为$h(t)=e^{-at}U(t)$，系统输入$W(t)$是零均值且功率谱密度为$N_0/2$的高斯白噪声，试求输出过程$Y(t)$的一维概率密度。

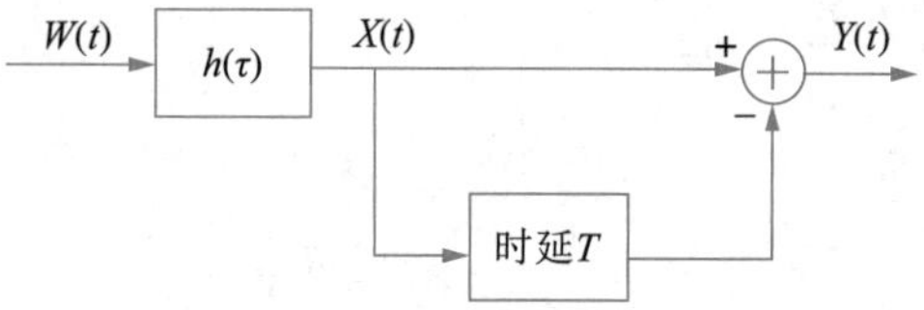

题2-33

2-34 设功率谱密度为$N_0/2$的零均值白高斯噪声通过一个理想带通滤波器，此滤波器的增益为1，中心频率为f_c，带宽为$2B$，试求滤波器输出端的窄带过程$X(t)$及其同相分量和正交分量的自相关函数。

2-35 设两个平稳过程$X(t)$和$Y(t)$之间有以下关系：

$$Y(t)=X(t)\cos(2\pi f_0 t+\Theta)-\hat{X}(t)\sin(2\pi f_0 t+\Theta)$$

其中f_0为常数，Θ是$[0,2\pi]$上均匀分布的随机变量，Θ与$X(t)$统计独立。若已知$X(t)$的功率谱密度如题2-35图所示，试求$Y(t)$的功率谱密度，并画出其图形。

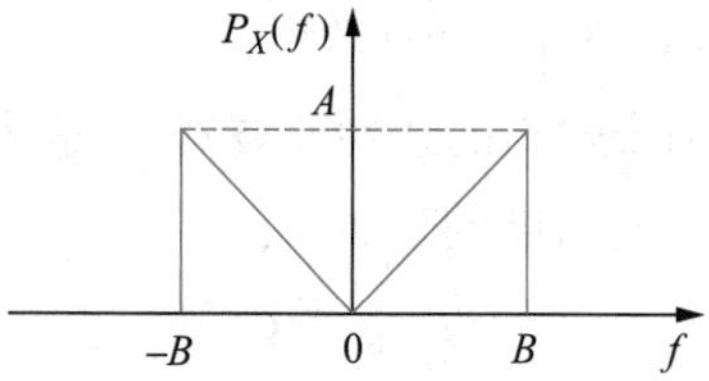

题2-35

2-36 设窄带平稳过程$Y(t)=A_c(t)\cos(2\pi f_0 t)-A_s(t)\sin(2\pi f_0 t)$的自相关函数是$R_Y=a(\tau)\cos(2\pi f_0\tau)$，试证：$R_s(\tau)=R_c(\tau)=a(\tau)$。

2-37 定义随机过程$X(t)=A+Bt$，其中A，B是互相独立的随机变量，并且在$[-1,1]$上服从均匀分布。求$m_X(t)$与$R_X(t_1,t_2)$。

2-38 随机变量$X(t)$定义为

$$X(t)=X\cos(2\pi f_0 t)+Y\sin(2\pi f_0 t)$$

其中X，Y为零均值、方差为σ^2的互相独立的高斯随机变量。求：

(1) $m_X(t)$；

(2) $R_X(t+\tau,t)$，$X(t)$是平稳的吗？是循环平稳的吗？

(3) $X(t)$的功率谱密度。

2-39 令$\{A_k\}_{k=-\infty}^{\infty}$为一组随机变量，并且$E[A_k]=m$，$E[A_kA_j]=R_A(k-j)$，进一步假定$R_A(k-j)=R_A(j-k)$。令$p(t)$为任意的确定性信号，其Fourier变换为$P(f)$，定义随机过程$X(t)=\sum_{k=-\infty}^{+\infty}A_k p(t-kT)$，其中$T$为常量。

(1) 求$m_X(t)$;

(2) 求$R_X(t+\tau,t)$;

(3) 证明该过程是周期为T的循环平稳过程。

2-40 对联合平稳过程$X(t)$与$Y(t)$,证明$R_{XY}(\tau)=R_{YX}(-\tau)$成立,并由此证明$P_{XY}(f)=P_{YX}^*(f)$。

2-41 平稳随机过程$X(t)$的功率谱密度记为$P_X(f)$,求:

(1) $Y(t)=X(t)-X(t-T)$的功率谱密度;

(2) $Z(t)=X'(t)-X(t)$的功率谱密度;

(3) $W(t)=Y(t)+Z(t)$的功率谱密度。

2-42 求下列情况中随机过程的功率谱密度:

(1) $X(t)=A\cos(2\pi f_0 t+\Theta)$,其中$A$是常量,$\Theta$是$[0,\pi/4]$上均匀分布随机变量;

(2) $X(t)=X+Y$,其中X和Y互相独立,X在$[-1,1]$上均匀分布,Y在$[0,1]$上均匀分布。

2-43 令$Y(t)=X(t)+N(t)$,其中$X(t)$,$N(t)$分别为信号和噪声过程。假定$X(t)$,$N(t)$是联合平稳随机过程,其相关函数分别为$R_X(\tau)$与$R_N(\tau)$,互相关函数为$R_{XN}(\tau)$。我们希望让$Y(t)$通过一个脉冲响应为$h(t)$、传输函数为$H(f)$的线性时不变系统,从而把信号从噪声中分离出来。输出过程记为$\hat{X}(t)$,要求它尽可能地接近$X(t)$。

(1) 利用$h(\tau)$,$R_X(\tau)$,$R_N(\tau)$以及$R_{XN}(\tau)$来表示$\hat{X}(t)$与$X(t)$的互相关函数;

(2) 证明使$E\left[X(t)-\hat{X}(t)\right]^2$最小的线性时不变系统的传输函数为

$$H(f)=\frac{S_X(f)+S_{XN}(f)}{S_X(f)+S_N(f)+2\mathrm{Re}\left[S_{XN}(f)\right]}$$

(3) 现在假定$X(t)$与$N(t)$是互相独立的,并且$N(t)$是功率谱密度为$N_0/2$的零均值白高斯噪声。求这些条件下的最佳$H(f)$,以及对应的$E\left[X(t)-\hat{X}(t)\right]^2$的值。

2-44 噪声过程的功率谱密度为

$$P_n(f)=\begin{cases}10^{-8}\left(1-\dfrac{|f|}{10^8}\right), & |f|<10^8\\ 0, & |f|>10^8\end{cases}$$

该噪声通过带宽为2MHz、中心频率为50MHz的理想带通滤波器。

(1) 求输出过程的功率谱密度;

(2) 假定$f_0=50\text{MHz}$,使用同相分量与正交分量来表示输出过程,求出各分量的功率;

(3) 求同相分量与正交分量的功率谱密度。

第3章 通信信道

通信系统把携带消息的信号从一地传到另一地，信号所通过的物理媒介称为信道。信道是通信系统必不可少的组成部分。信号在信道中传输时会受到衰减、时延和各种失真的影响，同时受到噪声的干扰。通信理论和技术就是研究信道对信号造成这些损伤的机理以及克服信道损伤、达到可靠传输的办法。

3-1信号在信道传输中发生变化

信道可以有多种分类方法。例如，可以分为有线信道和无线信道，架空明线、对称电缆、同轴电缆以及光缆等属于有线信道，而无线信道有地面波传播、短波电离层反射、超短波或微波中继、卫星中继以及各种散射信道等。这种分类是直观的。从消息传输的角度来看，信道还可以包括通信设备中有关的消息变换装置，如发送设备、接收设备、馈线与天线、调制器、解调器等，这样构成的信道称为广义信道。实际上，通信不只局限于空间上的消息传输，也可以是时间上的消息传递。例如，存储装置把消息从某一存入时刻传递到之后的某一读出时刻，于是存入装置和读出装置也构成一个广义信道。

本章在提出信道的分类和模型的基础上，分析恒参信道和随参信道的特性及其对信号传输的影响，介绍加性噪声的特性，最后讨论通信信道的固有特性——信道容量概念。

§3.1 通信信道的定义和数学模型

3.1.1 通信信道的定义

信道是连接发送端和接收端通信设备之间的传输媒介，把信号从发送端传输到接收端。从研究、设计角度看，信道概念还可以扩大，还可以包括有关的变换设备，如天线、馈线、放大器、调制器和解调器等，组成广义信道。在通信原理中，我们考虑广义信道。

3-2通信信道的定义

为了分析研究方便起见，常把信道分成调制信道和编码信道两种，如图3.1.1所示。

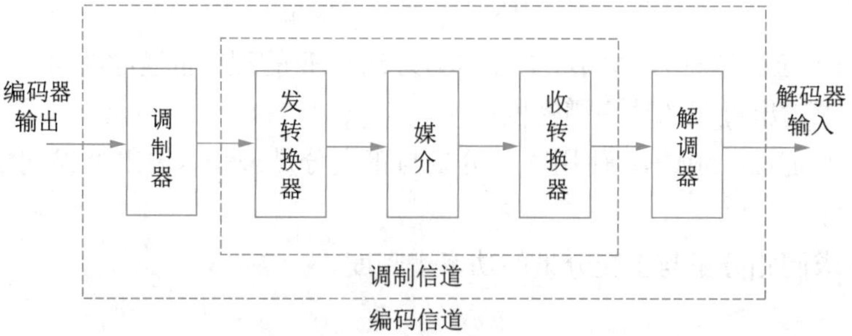

图3.1.1 调制信道和编码信道

3.1.2 信道模型

1. 调制信道模型

调制信道的输入、输出一般是波形，用连续函数描述，具有如下共性：

(1) 有一对(或多对)输入、一对(或多对)输出；

(2) 许多信道是线性的，满足叠加原理；

(3) 信号通过信道有时间延迟，产生(固定或时变)损耗；

(4) 受到加性噪声的影响。

单输入、单输出线性信道如图3.1.2(a)所示，其输入、输出关系可表示为

$$e_o(t)=f\left[e_i(t)\right]+n(t) \tag{3.1.1}$$

如

$$e_o(t)=V_1(t)e_i(t)+n(t)$$

或

$$\begin{aligned}e_o(t)&=h(\tau;t)e_i(t)+n(t)\\&=\int_{-\infty}^{\infty}h(\tau;t)e_i(t-\tau)\mathrm{d}\tau+n(t)\end{aligned}$$

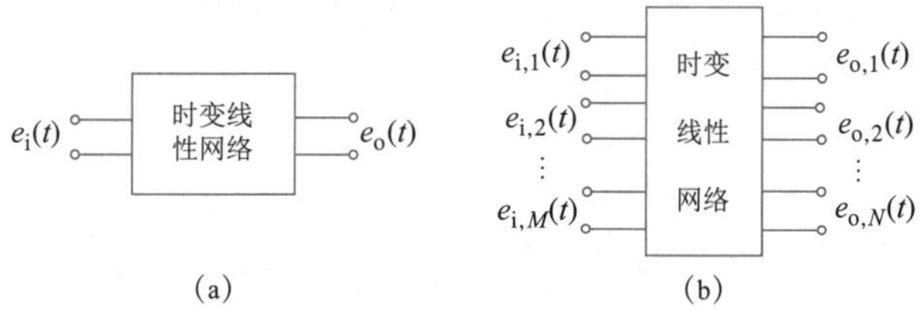

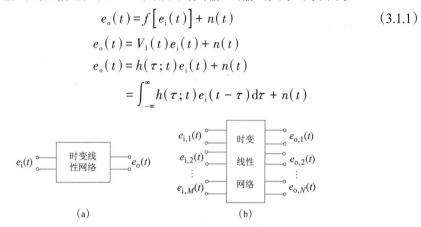

图3.1.2 模拟线性信道模型

多输入、多输出线性信道如图3.1.2(b)所示，其输入、输出关系可表示为

$$e_{o,l}(t)=f_l\left[e_{i,1}(t),e_{i,2}(t),\cdots,e_{i,M}(t)\right]+n_l(t),l=1,2,\cdots,N \tag{3.1.2}$$

如

$$e_{o,l}(t)=\sum_{k=1}^{M}a_{k,l}(t)e_{i,k}(t)+n_l(t),\quad l=1,2,\cdots,N$$

或

$$e_{o,l}(t)=\sum_{k=1}^{M}h_{k,l}(\tau;t)e_{ik}(t)+n_l(t),\quad l=1,2,\cdots,N$$

2. 编码信道

编码信道的输入是码字符号，输出也是符号。因此，编码信道对于信号的影响是数字序列的变换，它把一种数字序列变成另一种数字序列。编码信道通常用符号转移概率线图表示，如图3.1.3所示。

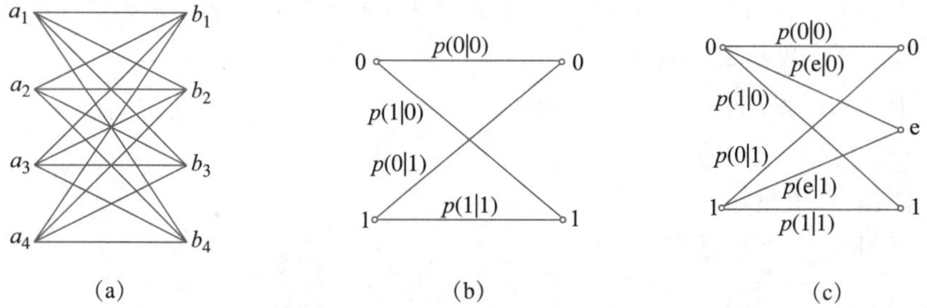

图3.1.3 编码信道

从图3.1.1可见编码信道包含调制信道，所以编码信道的特性紧密地依赖于调制信道。更精确地说，编码信道的输入、输出符号数目和转移概率是由调制信道决定的。

§3.2 恒参信道及其特征

信道参数在通信过程中基本不随时间变化的信道称为恒参信道，如明线（电话信道）、同轴电缆、光纤等有线信道，以及微波视距信道、卫星中继信道等。

3–3恒参信道

3.2.1 有线信道

1. 电话信道

电话信道采用双绞线对信号进行传输。一对扭绞的、外面由PVC护层包着的细导线构成了一对双绞线。双绞线的扭绞率为每米6 ~ 39次，特性阻抗为90 ~ 110W。这种双绞线通常扎成电缆，每扎中包含许多（可能数千对）双绞线。导线的扭绞可以减少电磁干扰。双绞线一般只能用于点对点的通信服务，如电话等。

2. 同轴电缆

同轴电缆由内导体和外导体组成，中间由介电材料隔离。内导体材料是铜，外导体材料是由铜丝、涂锡铜丝或敷铜钢丝编织而成的。图3.2.1所示为4芯同轴电缆的横截面。典型同轴电缆的特性阻抗为50 ~ 75W。同轴电缆比双绞线有更好的抗电磁干扰。它具有更宽的带宽，一般它可以支持高达数十兆比特/秒（bit/s）的数据传输速率。同轴电缆主要用于有线电视传输，同时通过利用高阻抗抽头，同轴电缆可以作为多接入媒介使用，例如用于办公环境下的计算机局域网中。

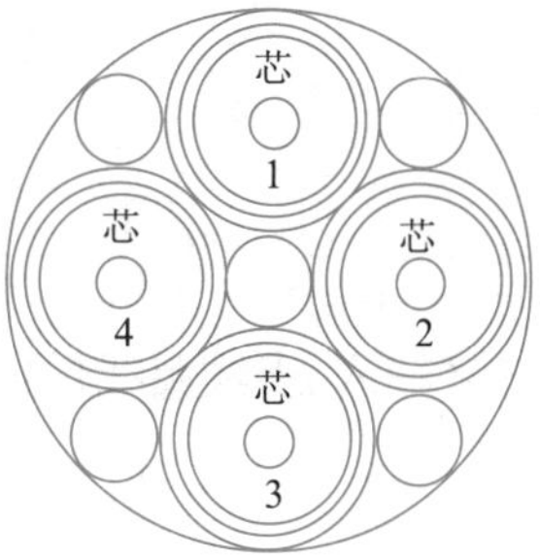

图3.2.1　4芯同轴电缆的横截面

3. 光纤

光纤是一种传输光波的介质波导。它由中心芯线和外包层组成，外包层外面还有塑料护套。芯线和外包层由折射率不同的硅玻璃制成，光线被限定在芯线中传输。多模光纤的结构如图3.2.2所示。光纤具有许多优越的性能，因而广泛用做传输媒介，其优越性包括：

（1）极其宽的潜在带宽。由于光波的频率为2×10^{14} Hz左右，即使带宽等于光波频率的1/10，带宽也可达2×10^{13} Hz。

（2）很低的传输损耗，为0.1dB/km。

（3）不受电磁干扰影响。

（4）体积小，重量轻。

（5）坚固耐用，柔韧性好。

（6）由于光纤的材料是硅，即砂子，所以原料丰富、便宜。

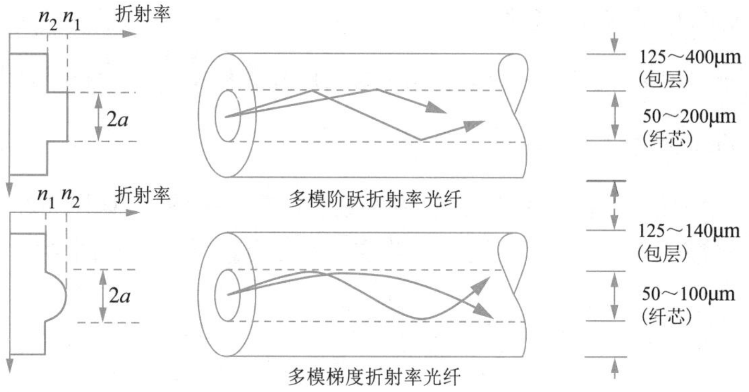

图3.2.2　多模光纤的结构

3.2.2　无线恒参信道

典型的无线恒参信道有微波视距信道和卫星中继信道，分别如图3.2.3和图3.2.4所示。无线电波在这些信道中都是直射的，它们的传输条件和信道参数基本上是恒定的，因此这些信道也属于恒参信道。

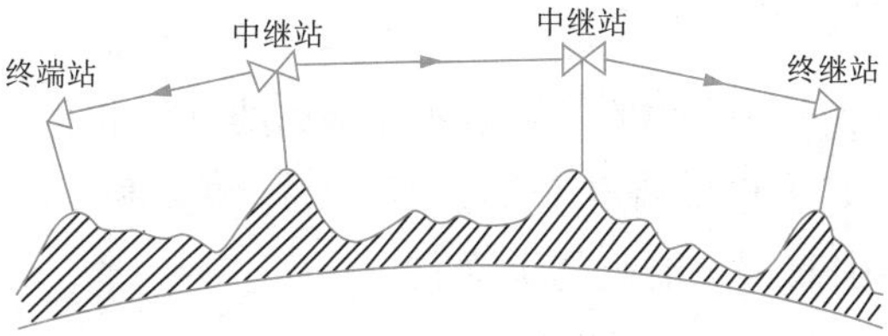

图3.2.3　微波视距信道

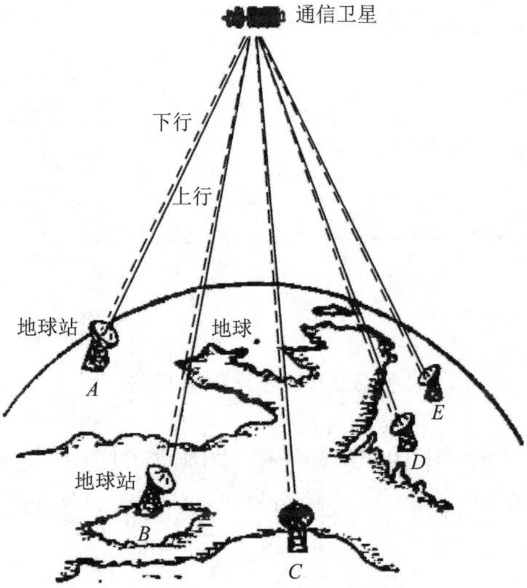

图3.2.4　卫星中继信道

3.2.3 恒参信道对信号传输的影响

恒参信道对于信号传输的影响主要由幅度-频率畸变和相位-频率畸变来表征。

1. 幅度-频率畸变 $h(f)$

恒参信道的幅度-频率畸变就是线性滤波器中的幅频特性，如图3.2.5所示。通频带太窄或带内衰减不均匀，都会引起信号失真，造成相邻码元在时间上的重叠，即码间干扰。

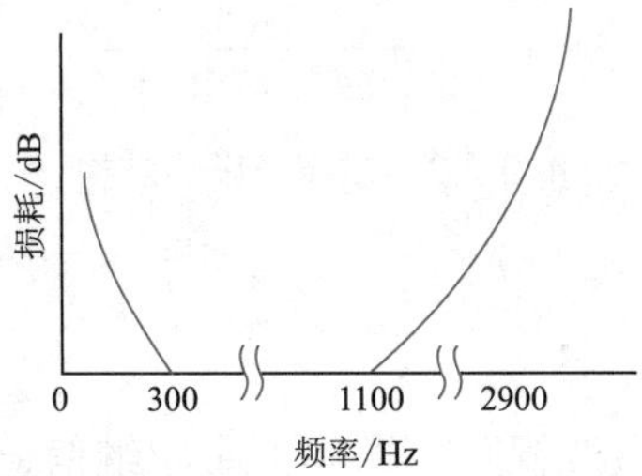

图3.2.5 恒参信道（电话信道）的幅频特性

2. 相位-频率畸变 $\varphi(f)$

相位-频率畸变是指信道的相位-频率特性偏离线性。相位-频率畸变对于话音通信影响不大，因为人耳对于相位畸变不灵敏，但相位-频率畸变（相频畸变）对于数据信号传输影响极大，它会引起严重的码间干扰。

常用群时延频率特性 $\tau(f)=\dfrac{\mathrm{d}\varphi(f)}{\mathrm{d}f}$ 表示相位畸变，理想群时延特性应为常数，即

$$\tau(f)=\text{常数} \Rightarrow \varphi(f)=Kf$$

理想状态下的相频特性如图3.2.6所示。

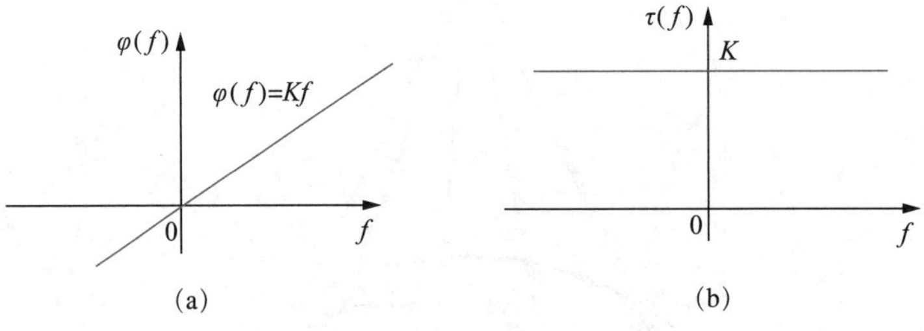

图3.2.6 理想相频特性

一个信号一般包含一些不同的频率分量，如果群时延特性不是常数（见图3.2.7），则在传输时不同频率分量相移速度不一样，使得合成的信号失真，如图3.2.8所示。

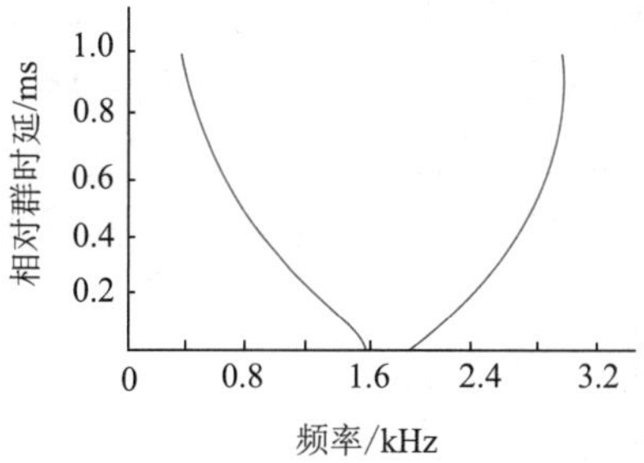

图3.2.7　电话信道的群时延特性

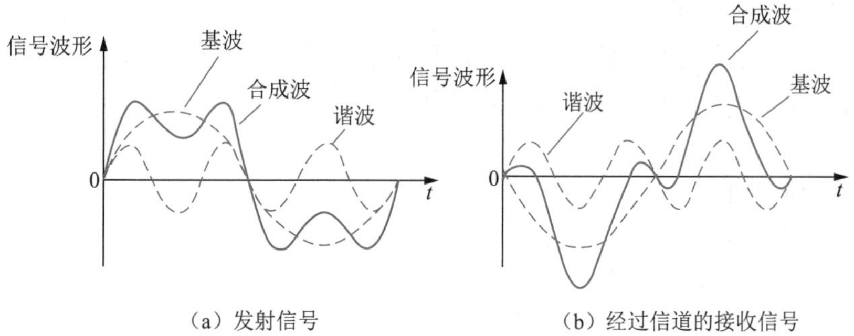

图3.2.8　群时延引起的传输失真

§3.3　随参信道及其特征

随参信道的信道参数是随时随机变化的。下面首先举几个随参信道的例子，然后以地面移动信道为例说明随参信道的特征。

3-4随参信道

3.3.1　随参信道举例

1. 短波电离层反射信道

所谓短波，是指波长为10～100m（相应频率为3～30MHz）的无线电波，它可以在地表面传播，也可以通过电离层反射传播。前者被称为地波传播，后者称为天波传播。地波传播是短距离的，仅限几十千米距离；天波通过电离层一次或多次反射传播，可以传播数千千米乃至上万千米的距离。图3.3.1表示短波电离层传播路线。

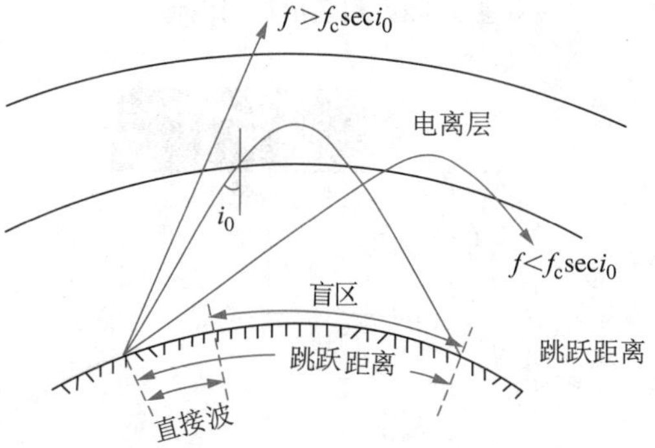

图3.3.1　短波电离层传播路线

短波电离层传播会出现多径传输现象，也就是说会有多条无线电波射线到达同一接收机，造成多径叠加。电磁场是矢量，多径叠加可能是增强叠加，也可能是抵消叠加，所以造成接收信号强度的起伏变化，称为衰落。若衰落变化很快，达数百到数千次每秒，则称为快衰落。快衰落信号的幅度是随机的，通常其幅度服从瑞利分布。引起多径传输的原因有：

(1) 电波经电离层一次或多次反射；

(2) 几个反射层高度不同；

(3) 电离层的不均匀性造成漫反射现象；

(4) 地球磁场引起电磁波分裂。

电离层短波通信是当前长距离通信的重要方式之一。这是因为：

(1) 它要求的功率较小，终端设备成本较低；

(2) 传播距离较远；

(3) 受地形影响较小；

(4) 有适当的传输带宽；

(5) 不易受到敌方的干扰。

2. 散射信道

对流层散射信道和流星余迹散射信道是利用电磁波高空散射而形成的超视距传输信道。离地面10～12km以上的大气层称为对流层。在对流层中，大气湍流运动导致气体的不均匀性，引起电磁波散射。天空中大量的流星高速进入大气时使气体电离，也产生了大量散射体。散射通信信道的传输特性（包括损耗、迟延等）是随机的、时变的。图3.3.2和图3.3.3分别表示对流层散射信道和流星余迹散射信道的传输路径。

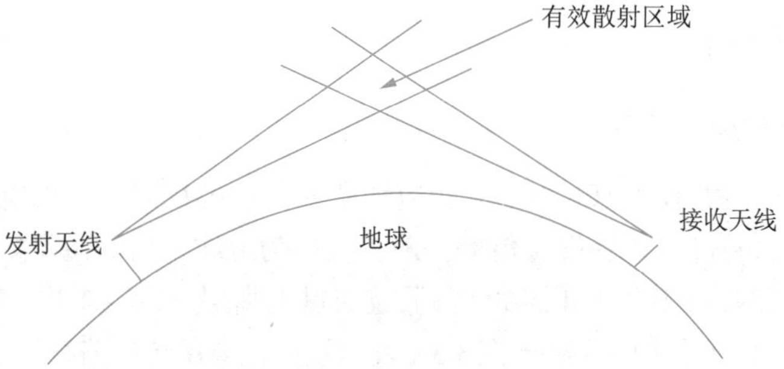

图3.3.2　对流层散射信道

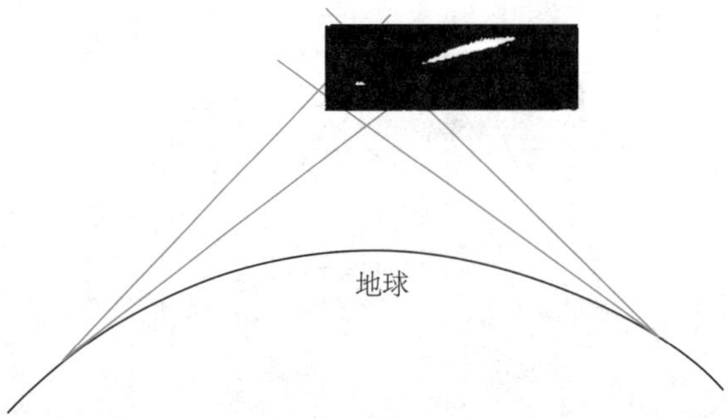

图3.3.3　流星余迹散射信道

3.移动通信信道

3-5移动通信信道衰落

在公众地面移动通信中，无论是从基站到移动手机的下行传输，还是从手机到基站的上行传输，电波传播都经过了非常复杂的环境。一个通过无线信道传输的信号，往往会沿着一些不同的路径到达接收机。这种现象称为多径传输，如图3.3.4所示。

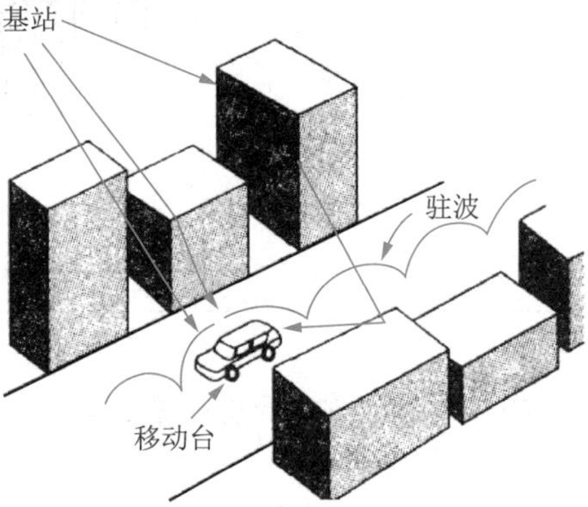

图3.3.4　移动通信信道的多径传输

虽然电磁波传播的形式很复杂，但一般可归为反射、绕射和散射3种基本形式。

移动通信中的信道是一种时变随机信道。无线信号通过移动信道时会产生各方面的衰减损失和时延，接收信号的功率可以表示为

$$P(d)=|d|^{-n}m(d)r_0(d) \tag{3.3.1}$$

其中d表示接收机和发射极之间的距离。式(3.3.1)表示信道对无线电信号传输的3种影响：

(1)自由空间的路径损失——一般n取2～4；

(2)阴影衰落$m(d)$——由传输环境中的地形起伏，建筑物和其他障碍物对于电波的阻挡或屏蔽所引起的衰落，一般情况下它的对数值服从正态分布，即它服从对数正态分布；

(3)多径衰落$r_0(d)$——由移动环境中的多径传输引起的衰落，一般服从瑞利分布。

实际上，以上3种影响因子用来描述在3种不同的区间范围内信道对信号的作用。自由空间的路径损失是移动台与手机间距离的函数，描述的是大尺度区间(数百米或数千米)内接收信号强度随发射-接收距离变化的特性；阴影衰落描述的是中等尺度区间(数百波长)内信号电平中值的慢变化特性；多径衰落描述的是小尺度区间(数个或数十个波长)内接收信号场强的瞬时值的快速变化特性。

图3.3.5表示衰落信号的路径损失、慢衰落与快衰落。

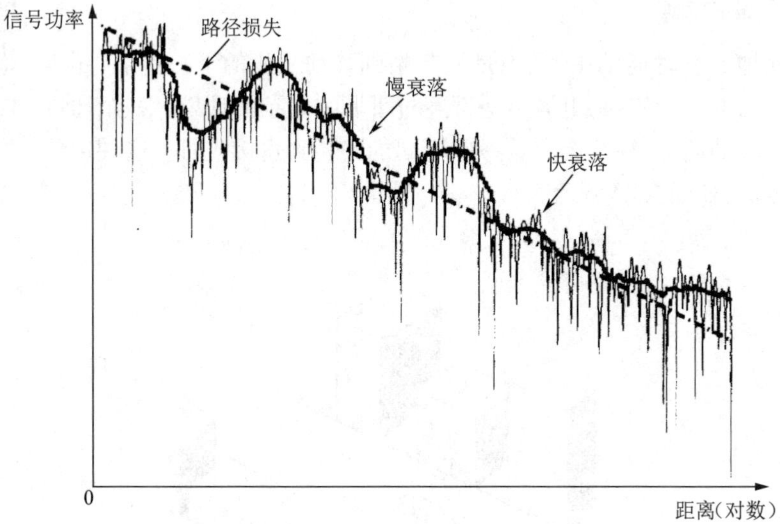

图3.3.5 衰落信号的路径损失、慢衰落与快衰落

3.3.2 随参信道的特征及多径传输现象

1.随参信道的特征

从上面几个随参信道例子可见,随参信道具有如下特征:

(1) 衰耗随时变化;

(2) 传输时延随时变化;

(3) 出现多径传输现象。

2.多径传输现象

以移动通信为例,设基台发送一个幅度为a_0的正弦信号:

$$s_0(t)=a_0\exp\left[\mathrm{j}(2\pi f_0 t+\phi_0)\right] \tag{3.3.2}$$

移动台接收到的信号的功率如式(3.3.1)所示,即

$$P(d)=|d|^{-n}m(d)r_0(d)$$

其中,$|d|^{-n}m(d)$表示大尺度和中尺度衰落,包括自由空间路径损耗、其他各种修正路径损耗和各种障碍物阴影引起的损耗,通常$m(d)$满足对数正态分布;$r_0(d)$是由多径引起的小尺度衰落。

对于小尺度衰落可以进行如下分析:当移动台和其他周围散射体静止不动时,移动台收到的信号是N条从散射体反射来的信号之和:

$$s(t)=\sum_{i=1}^{N}a_i s_0(t-\tau_i) \tag{3.3.3}$$

可以把τ_i表示为

$$\tau_i=\bar{\tau}+\Delta\tau_i$$

其中,$\bar{\tau}=\dfrac{1}{N}\sum\limits_{i=1}^{N}\tau_i$。则

$$s(t)=x(t-\bar{\tau})\exp\left[\mathrm{j}2\pi f_0(t-\bar{\tau})+\mathrm{j}\phi_0\right] \tag{3.3.4}$$

$$x(t)=a_0\left\{\sum_{i=1}^{N}a_i\exp\left[-\mathrm{j}2\pi f_0\Delta\tau_i\right]\right\} \tag{3.3.5}$$

如果移动台和散射体都保持静止,则$x(t)$和时间无关;如果考虑到运动情况,则

$$s(t)=x(t-\bar{\tau})\exp(\mathrm{j}\phi_0)\cdot\exp\left[\mathrm{j}2\pi f_0(t-\bar{\tau})\right] \tag{3.3.6}$$

其中

$$x(t)=\sum_{i=1}^{N}a_0a_i(t)\exp\left[-\mathrm{j}2\pi f_0\tau_i(t)\right] \tag{3.3.7}$$

令

$$R(t)=\sum_{i=1}^{N}a_i(t)\cos\left[2\pi f_0\tau_i(t)\right] \tag{3.3.8a}$$

$$S(t)=\sum_{i=0}^{N}a_i(t)\sin\left[2\pi f_0\tau_i(t)\right] \tag{3.3.8b}$$

则

$$x(t)=a_0\left[R(t)-\mathrm{j}S(t)\right]=A(t)\mathrm{e}^{\mathrm{j}\Psi(t)} \tag{3.3.9}$$

其中

$$A(t)=a_0\sqrt{R^2(t)+S^2(t)} \tag{3.3.10a}$$

$$\Psi(t)=-\arctan\frac{S(t)}{R(t)} \tag{3.3.10b}$$

所以幅度和相位都是变化的。由于f_0通常非常高(从900兆赫兹到几吉赫兹),所以只要几纳秒(ns)的时延就可使相位有很大改变,或者说只要两个反射体的距离差几十厘米,它们的反射信号的时延就足以使信号相位发生大变化,因而$A(t)$和$\Psi(t)$的变化是很快的。

当N很大时,由于$R(t)$和$S(t)$都是许多小量的和,由中心极限定理,$R(t)$和$S(t)$都趋于高斯分布,所以$A(t)$是一个满足瑞利分布的随机变量,$\Psi(t)$是一个均匀分布的随机相位。

另外,当接收机运动时,还会产生多普勒频移,如图3.3.6所示。这时若发射信号为

$$s_0(t)=a_0\exp(\mathrm{j}2\pi f_0t+\phi_0)$$

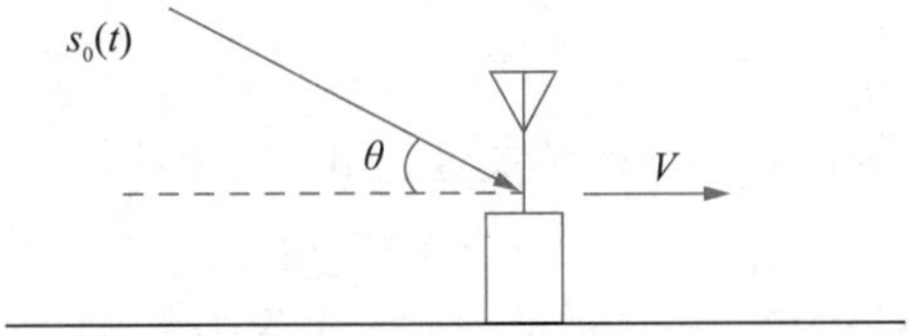

图3.3.6 移动接收的多普勒频移

则收到的信号为

$$\begin{aligned}s(t)&=a_0\exp\left[\mathrm{j}\left(2\pi f_0t+\phi_0-2\pi\frac{V}{\lambda}t\cos\theta\right)\right]\\&=a_0\exp\left[\mathrm{j}\left(2\pi f_0t+\phi_0-2\pi f_\mathrm{d}t\right)\right]\end{aligned} \tag{3.3.11}$$

其中$f_\mathrm{d}=\dfrac{V}{\lambda}\cos\theta$为多普勒频移,$V$为接收机运动速度,$\lambda$为波长,$\theta$为波束与运动方向夹角。所以考虑到接收机的运动,由各散射体引起的总信号为

$$s(t)=\sum_{i=1}^{N}a_0a_i(t)\exp\left\{\mathrm{j}\left[2\pi f_0t+\phi_0-2\pi\frac{v}{\lambda}t\cos\theta_i+\phi_i(t)\right]\right\}$$
$$=A_T(t)\exp\left[\mathrm{j}\Psi_T(t)\right]\exp\left[\mathrm{j}(2\pi f_0t+\phi_0)\right]\tag{3.3.12}$$

$$A_T(t)=\left\{\left[a_0\sum_{i=1}^{N}a_i(t)\cos\psi_i(t)\right]^2+\left[a_0\sum_{i=1}^{N}a_i(t)\sin\psi_i(t)\right]^2\right\}^{\frac{1}{2}}\tag{3.3.13}$$

$$\Psi_T(t)=\arctan\frac{\sum_{i=1}^{N}a_i(t)\sin\psi_i(t)}{\sum_{i=1}^{N}a_i(t)\cos\psi_i(t)}\tag{3.3.14a}$$

$$\psi_i(t)=\phi_i(t)-2\pi\frac{V}{\lambda}t\cos\theta_i\tag{3.3.14b}$$

3.信号的时间展宽

多径传输还会引起信号的时间展宽和频谱展宽。

如果发送的是脉冲信号$\delta(t)$,则经多径传输后接收到的信号$s(t)$可能如图3.3.7所示。

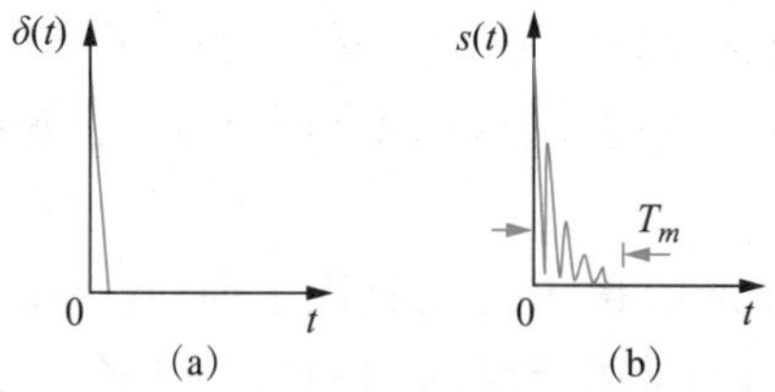

图3.3.7　多径传输引起的信号时间展宽

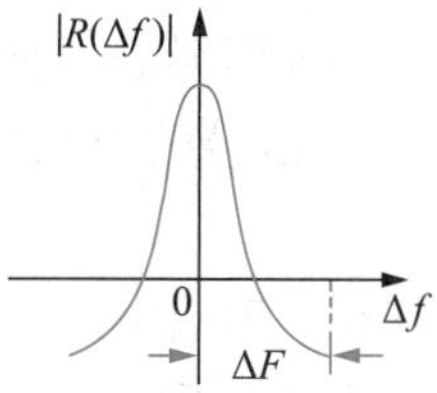

图3.3.8　间隔频率相关函数

脉冲宽度被明显展宽,T_m表示多径的时延时间差,也就是脉冲展宽的宽度。由接收到信号$s(t)$的Fourier变换得到间隔频率相关函数(spaced-frequency correlation function)$R(\Delta f)$:$s(t)\Leftrightarrow R(\Delta f)$。$R(\Delta f)$实际上表示信道的频率传递函数,它描述多径传输对于两个频差为Δf的信号响应的相关性,如图3.3.8所示。通常把

$$\Delta F=1/T_m\tag{3.3.15}$$

称为相干带宽。当信号带宽$W<\Delta F$时,信道被称为非频率选择性衰落信道;而当$W>\Delta F$时,信道被称为频率选择性多径衰落信道。非频率选择性多径衰落简称为平衰落。

4.信号的频谱展宽

与脉冲信号的时延展宽相对应的是信号的频谱展宽。设发送一个单频信号$s(t)=A\cos 2\pi f_0t$,则对于移动接收来说,接收到的信号$s_0(t)$是由各散射体散射回来的信号的叠加。由于不同方向的反射体反射回来的信号具有不同的多普勒频移,所以接收到的信号的频谱被展宽,具有如图3.3.9所示的形状。

$S_0(f)$的Fourier逆变换$R(\Delta t)$表示间隔时间相关函数(spaced-time correlation function),$S_0(f)\Leftrightarrow R(\Delta t)$。$R(\Delta t)$描述多径传输对于两个时差为$\Delta t$的信号响应的相关

性，如图3.3.10所示。相干时宽 $T_0=1/f_d$ 表示信道衰落的快慢。当发射端、接收端以及散射体都静止不动时，$R(\Delta t)$ 基本上是常数，所以是时不变的；实际上，如果通信信号的持续时间小于相干时宽 T_0，则可认为在通信过程中信道参数是不变的。

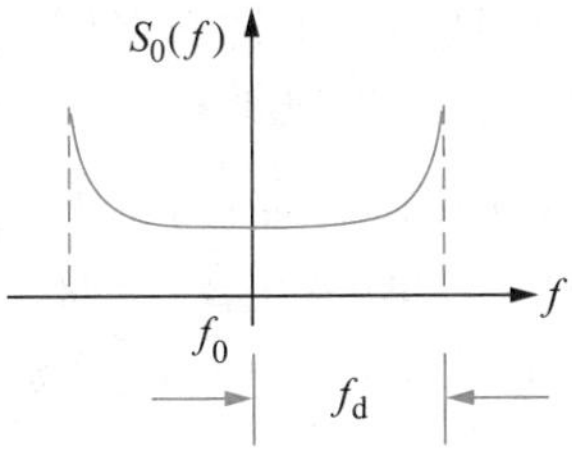

图3.3.9 接收信号的频谱展宽

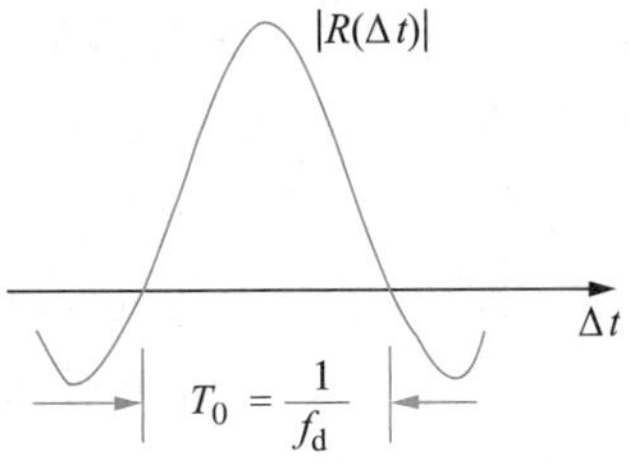

图3.3.10 间隔时间相关函数

下面对于多普勒功率谱密度进行简单分析。

设移动接收机的速度为 V，基台发送的是频率为 f_0、波长为 λ 的无调制连续波。当散射信号入射角为 θ 时，接收信号的多普勒频移为

$$f_d=V\cos\theta/\lambda=f_m\cos\theta \tag{3.3.16}$$

其中，$f_m=V/\lambda$。设散射体充分多，可以认为从各个方向入射的无线电波都存在，且等可能，所以 θ 在 $[-\pi,\pi]$ 上服从均匀分布。若接收天线是全向的，则接收信号中入射角在 $(\theta,\theta+d\theta)$ 中的信号分量的功率为 $P_{av}|d\theta|/(2\pi)$，其中 P_{av} 为平均接收到的总功率。因为从 θ 和 $-\theta$ 方向入射的电波具有相同的多普勒频移，它们对应的频率为

$$f=f_c+f_m\cos\theta \tag{3.3.17}$$

当入射角从 $\theta\to\theta+d\theta$ 时，相应频率从 $f\to f+df$。

设接收到信号的功率谱为 $S(f)$，则在频率范围 $(f,f+df)$ 中的信号功率为

$$S(f)|df|=\frac{2P_{av}}{2\pi}|d\theta|$$

所以

$$S(f)=\frac{P_{av}}{\pi}\left|\frac{d\theta}{df}\right| \tag{3.3.18}$$

因为

$$df=-f_m\sin\theta\cdot d\theta$$

$$\sin\theta=\sqrt{1-\cos^2\theta}=\sqrt{1-\left(\frac{f-f_c}{f_m}\right)^2}$$

所以

$$S(f)=\frac{P_{av}}{\pi}\left[f_m^2-(f-f_c)^2\right]^{-1/2} \tag{3.3.19}$$

因此，功率谱具有图3.3.9所示的形状。由 $S(f)$ 的Fourier逆变换可以得到间隔时间相关函数：

$$R(\Delta t)=\int_{-\infty}^{\infty}S(f)e^{j2\pi f\Delta t}df=J_0(2\pi f_m\Delta t) \tag{3.3.20}$$

其中，$f_m=V/\lambda$，$J_0(\cdot)$ 是第一类零阶贝塞尔函数。

§3.4 信道的加性噪声

3.4.1 加性噪声

信号在信道中传输时，往往叠加上噪声，称为加性噪声。加性噪声包括脉冲噪声、窄带噪声和起伏噪声。通常把脉冲噪声和窄带噪声称为干扰，因此本书中的噪声一般指起伏噪声。起伏噪声源于电阻性器件，是由电子的无规则运动引起的，它服从高斯分布。这种噪声无所不在，对于通信影响最大。由量子力学可知，电阻R所产生的随机电压的功率谱(双边)为

3-6加性噪声

$$S_R(f)=\frac{2Rh|f|}{e^{\frac{hf}{kT}}-1}(\mathrm{V}^2/\mathrm{Hz}) \tag{3.4.1}$$

其中h为普朗克(Planck)常数($h=6.6260755\times10^{-34}\mathrm{J\cdot s}$)，$k$为玻尔兹曼(Boltzmann)常数($k=1.380658\times10^{-23}\mathrm{J/K}$)，$R$为电阻值，$T$为电阻的绝对温度。在频率低于$10^{12}$Hz的范围内，有

$$e^{\frac{hf}{kT}}\approx1+\frac{h|f|}{kT} \tag{3.4.2}$$

所以

$$S_R(f)=2RkT(\mathrm{V}^2/\mathrm{Hz}) \tag{3.4.3}$$

如图3.4.1所示，噪声电阻R可以用无噪理想电阻R和噪声电压源串联来等效。当负载电阻R_{L}与R匹配，即$R_L=R$时，负载在每赫带宽上获得的功率最大，而且等于：

$$\left(\frac{\sqrt{S_R(f)}}{2R}\right)^2\cdot R=\frac{kT}{2}(\mathrm{W/Hz}) \tag{3.4.4}$$

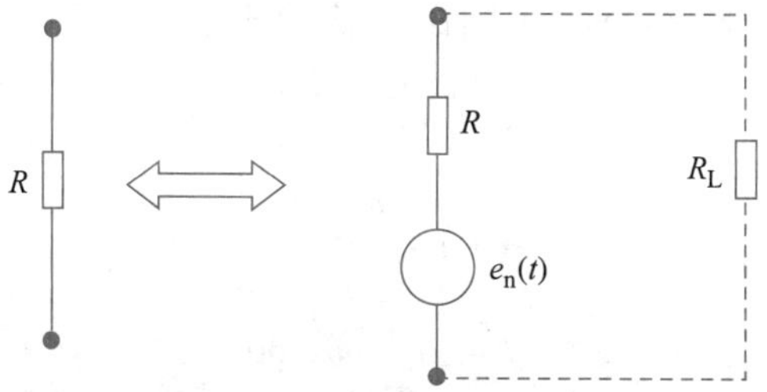

图3.4.1　电阻和它的噪声模型

所以负载R_{L}上获得的热噪声功率谱为

$$S_{\mathrm{n}}(f)=\frac{N_0}{2}(\mathrm{W/Hz}) \tag{3.4.5}$$

其中$N_0=kT$，在常温下$T=290\mathrm{K}$，$N_0=4\times10^{-21}\mathrm{W/Hz}$。

把一个功率谱为$\frac{N_0}{2}$的噪声源输入放大器，如图3.4.2所示，则放大器输出功率为

$$P_{\mathrm{no}}=\int_{-\infty}^{\infty}S_{\mathrm{n}}(f)|H(f)|^2\mathrm{d}f=\frac{N_0}{2}\int_{-\infty}^{\infty}|H(f)|^2\mathrm{d}f$$

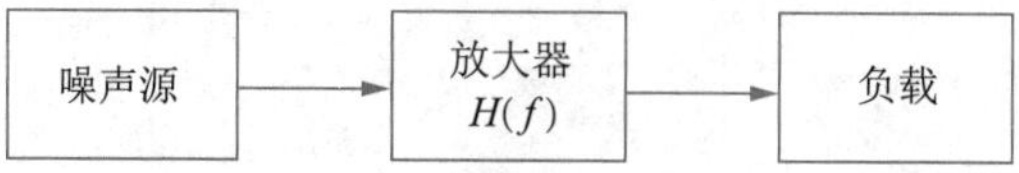

图3.4.2　噪声通过放大器

等效噪声带宽为

$$B_{neq} = \frac{1}{2A}\int_{-\infty}^{\infty}\left|H(f)\right|^2 \mathrm{d}f \tag{3.4.6}$$

其中，$A = \max\limits_{f}\left\{\left|H(f)\right|^2\right\} = H_{max}^2$。等效噪声带宽如图3.4.3所示。

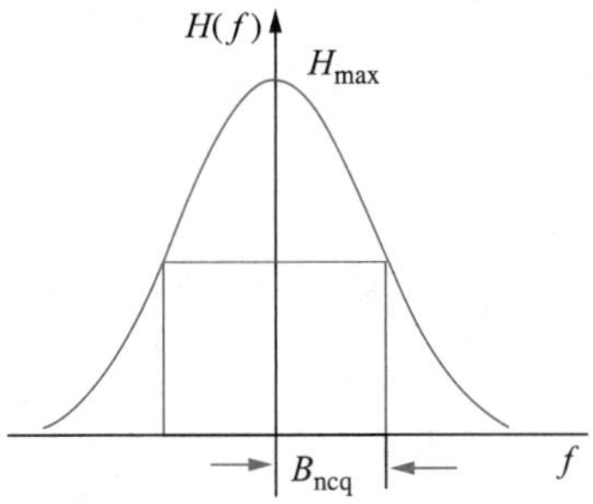

图3.4.3　滤波器的等效噪声带宽

不引入附加噪声的理想放大器，输出噪声功率P_{no}可表示为

$$P_{no} = AN_0B_{neq} \tag{3.4.7}$$

考虑到放大器自身噪声，则输出噪声功率为

$$P_{no} = AN_0B_{neq} + P_{ni} = AkTB_{neq} + P_{ni} \tag{3.4.8}$$

其中P_{ni}是放大器自身产生的噪声输出，所以

$$P_{no} = AkB_{neq}\left(T + \frac{P_{ni}}{AkB_{neq}}\right) \tag{3.4.9}$$

若定义$T_e = \dfrac{P_{ni}}{AkB_{neq}}$为二端网络的有效噪声温度，则输出噪声功率表示为

$$P_{no} = AkB_{neq}(T + T_e) \tag{3.4.10}$$

如果这个放大器输入载波信号功率为P_{si}，则输出信号功率为

$$P_{so} = AP_{si} \tag{3.4.11}$$

所以输出信噪比(SNR)为

$$\begin{aligned}\left(\frac{S}{N}\right)_o &= \frac{P_{so}}{P_{no}} = \frac{AP_{si}}{AkTB_{neq}\left(1 + \dfrac{T_e}{T}\right)} \\ &= \frac{P_{si}}{kTB_{neq}\left(1 + \dfrac{T_e}{T}\right)} \\ &= \left(\frac{S}{N}\right)_i \frac{1}{1 + \dfrac{T_e}{T}}\end{aligned} \tag{3.4.12}$$

其中$\left(\dfrac{S}{N}\right)_i$为两端网络输入功率信噪比。当$T = T_0 = 290\text{K}$时，定义$F = 1 + \dfrac{T_e}{T_0}$为这个放大器的噪声系数，所以

$$\left(\frac{S}{N}\right)_o = \frac{1}{F}\left(\frac{S}{N}\right)_i \tag{3.4.13}$$

可以证明，对于K节放大器级联来说，总的噪声系数为

$$F = F_1 + \frac{F_2 - 1}{A_1} + \frac{F_3 - 1}{A_1 A_2} + \cdots + \frac{F_K - 1}{A_1 A_2 \cdots A_{K-1}} \tag{3.4.14}$$

其中F_i是第i节的噪声系数，A_i为第i节的功率增益。

3.4.2 信号中继转发链路分析

通信链路上的一个中继节，由路径损耗和一个放大器组成，如图3.4.4所示。

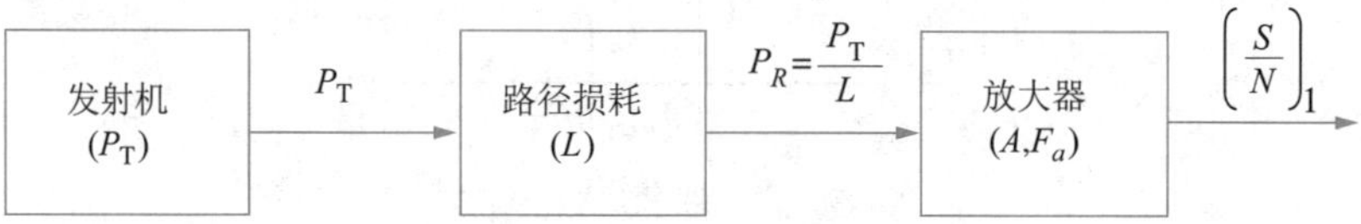

图3.4.4 中继节传输模型

设路径损耗为L，放大器功率增益为A，噪声系数为F_a，则中继节输出信噪比为

$$\begin{aligned}\left(\frac{S}{N}\right)_1 &= \frac{1}{F_a}\left(\frac{S}{N}\right)_i = \frac{1}{F_a}\frac{P_R}{N_0 B_{neq}} \\ &= \frac{1}{F_a}\frac{P_T}{L N_0 B_{neq}} \\ &= \frac{1}{F_a L}\frac{P_T}{N_0 B_{neq}}\end{aligned} \tag{3.4.15}$$

我们可以把路径损耗和放大器组合视为两个滤波器的级联，把路径损耗看成噪声系数为L、增益为$1/L$的滤波器，放大器的增益为A，噪声波为F_a，则级联后的总噪声系数为

$$F = L + \frac{F_a - 1}{1/L} = LF_a \tag{3.4.16}$$

现在考虑K个中继节级联，如图3.4.5所示。

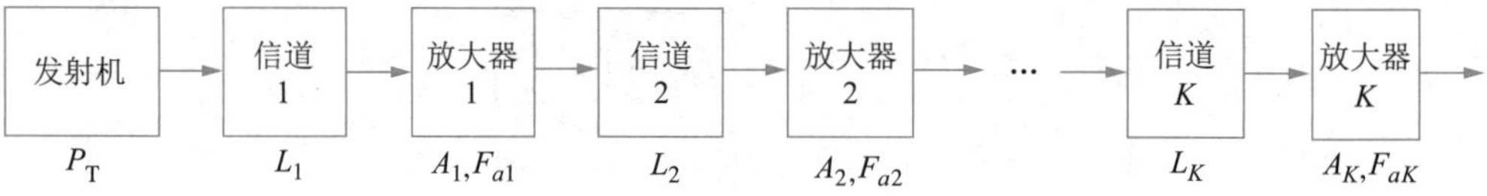

图3.4.5 多个中继节级联

则K个中继放大链路级联所构成的系统的总噪声系数为

$$F = L_1 F_{a1} + \frac{L_2 F_{a2} - 1}{A_1/L_1} + \frac{L_3 F_{a3} - 1}{(A_1/L_1)(A_2/L_2)} + \cdots + \frac{L_K F_{aK} - 1}{(A_1/L_1)(A_2/L_2)\cdots(A_{K-1}/L_{K-1})} \tag{3.4.17}$$

当所有L_i都相等，所有F_{ai}都相同，即

$$L_i = L, F_{ai} = F_a$$

以及放大器增益正好补偿链路损耗($L_i = A_i$)时，有

$$F = KLF_a - (K-1) \approx KLF_a$$

于是

$$\left(\frac{S}{N}\right)_{\mathrm{o}}=\frac{1}{F}\left(\frac{S}{N}\right)_{\mathrm{i}}$$
$$=\frac{1}{F}\frac{P_{\mathrm{T}}}{N_0 B_{\mathrm{neq}}} \tag{3.4.18}$$

§3.5 信道容量与信道编码定理

我们已经介绍了各种信道模型和各种信道的特征，以及信道对通信的影响。在本节我们简要介绍美国科学家香农对于通信理论的重要贡献，即信道容量和信道编码定理。在通信中可靠性是由误码率来衡量的。由于信道中存在噪声，因此初看起来在一定信号功率下误码率不可能任意小。但是香农理论表明，每个信道都存在一个相应的称为信道容量的传输极限，只要传输码率低于信道容量就可以以任意小的误码率传输信息，如果传输码率超过信道容量则不可能实现任意小的误码率。

3–7信道容量与信道编码定理

3.5.1 离散无记忆信道的容量

在3.1节中介绍了编码信道的模型。如果编码信道中前后符号的传输是独立的，即前面符号传输不影响后面符号传输，这样的编码信道称为无记忆信道。对于无记忆信道来说，它由3个要素来描述：

(1) 信道输入符号表X，例如图3.1.3(a)中$X=\{a_1,a_2,a_3,a_4\}$；

(2) 信道输出符号表Y，例如图3.1.3(a)中$Y=\{b_1,b_2,b_3,b_4\}$；

(3) 信道转移概率$\{P(y|x)\}$。

编码信道的输入是一个随机变量X，信道输出也是一个随机变量Y，输入和输出由信道相联系。接收到Y就可以获得关于X的一些信息量，这就是第1章所说的互信息

$$I(X;Y)=H(X)-H(X|Y)=H(Y)-H(Y|X)$$
$$=\sum_x\sum_y P_X(x)P_{Y|X}(y|x)\log_2\frac{P_{Y|X}(y|x)}{P_Y(y)} \tag{3.5.1}$$

对于一条给定的信道$\{X,P_{Y|X}(y|x),Y\}$，转移概率$\{P_{Y|X}(y|x)\}$已给定，而

$$P_Y(y)=\sum_x P_X(x)P_{Y|X}(y|x) \tag{3.5.2}$$

所以互信息只依赖于输入分布$P_X(x)$，改变输入分布可以使互信息$I(X;Y)$改变。信道容量C定义为输入分布$P_X(x)$变化时，互信息$I(X;Y)$的极大值，即

$$C=\max_{\{P_X(x)\}} I(X;Y) \tag{3.5.3}$$

例3.5.1 图3.5.1所示的二元对称信道，其容量为

$$C=\max_{\{P_X(x)\}} I(X;Y)=\max_{\{P_X(x)\}}\left[H(X)-H(X|Y)\right]$$
$$=1-H(p) \tag{3.5.4}$$

达到二元对称信道容量的输入分布为$P_X(X=0)=P_X(X=1)=0.5$。图3.5.2表示二元对称信道容量与p的关系，当$p=0.5$时，信道容量为零，这时什么信息也不能传。

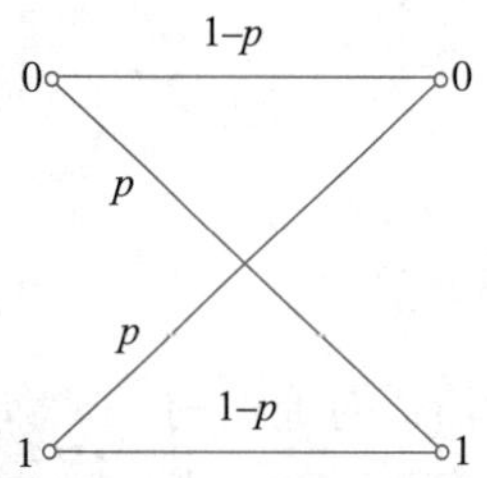

图3.5.1　二元对称信道

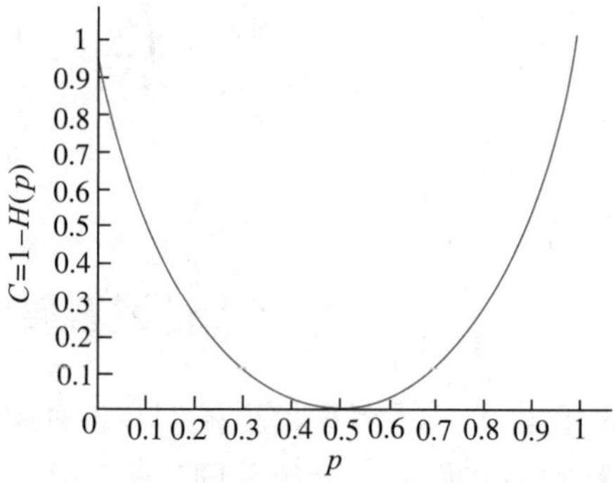

图3.5.2　二元对称信道容量与p的关系

下面我们讨论为什么信道传输码率不能够超过信道容量，也就是解释香农信道编码定理的必要性。首先介绍信道编译码过程，如图3.5.3所示。

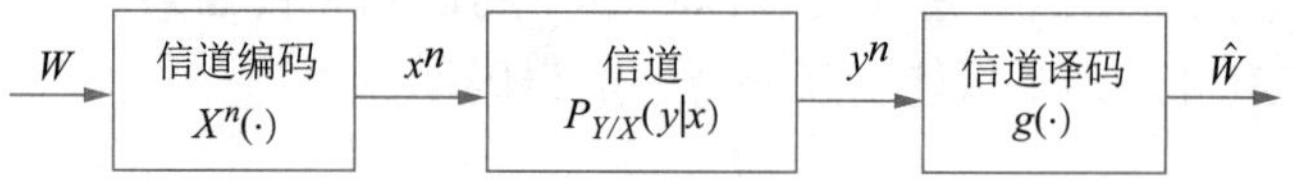

图3.5.3　信道编译码方框图

在编码信道上消息传输是通过编码实现的。图3.5.3中，W表示消息随机变量，它可以在由M个消息所组成的消息集合$\mathcal{M}=\{1,2,3,\cdots,M\}$上等概地选取消息。信道编码器对每个选择的消息进行编码，也就是用长度为n的信道输入符号序列x^n来代表这个消息。码字序列通过信道，在接收端收到长度为n的信道输出符号序列y^n，译码器根据y^n来估计所发送的消息$\hat{W}$，如果$\hat{W}\neq W$，则说明出现误码。综上所述，离散无记忆信道$\{X,P_{Y|X}(y|x),Y\}$上的一个(M,n)码的组成如下：

（1）一个与M个消息相对应的消息集合$\mathcal{M}=\{1,2,3,\cdots,M\}$；

（2）一个编码函数$X^n(\cdot)$: $\mathcal{M}=\{1,2,3,\cdots,M\}\rightarrow X^n$，所得到的$M$个码字为$X^n(1)$, $X^n(2),\cdots,X^n(M)$，全体M个码字构成码书；

（3）译码函数$g(\cdot)$: $y^n\rightarrow\mathcal{M}=\{1,2,3,\cdots,M\}$，这是一个确定的法则，帮助接收者根据接收到的序列$y^n$来确定发送消息是什么。

我们把$R=\dfrac{\log_2 M}{n}$定义为码率，表示信道每传一次所能传送的比特数，$P\{\hat{W}\neq W\}$被称为误码率。

下面对图3.5.1所示的二元对称信道说明信道编码定理的必要性。直观地看，在二元对称信道上发送一个长度为n的二进码字x^n，当n充分大时，接收到的二进序列y^n与x^n可能有np位不同，与x^n有np位不同的所有可能序列数为C_n^{np}，利用斯特林(Stirling)公式$n!\approx n^n e^{-n}\sqrt{2\pi n}$，可以得到

$$C_n^{np}\approx 2^{nH(p)} \tag{3.5.5}$$

其中
$$H(p)=-p\log_2 p-(1-p)\log_2(1-p)=H(Y|X) \tag{3.5.6}$$

从第1章中关于典型序列的叙述知道，当n充分大时，大约有$2^{nH(Y)}$个高概率的输出典型序列y^n。因此正如图3.5.4所示，发送一个x^n序列，可能收到$2^{nH(Y|X)}$个典型y^n序列，

而高概率输出序列y^n总数为$2^{nH(Y)}$个。为了达到无错译码,我们希望这些与不同发送序列相应的接收序列集合不相交,所以这意味着输入x^n序列至多只能选用$2^{n[H(Y)-H(Y|X)]}=2^{nI(X;Y)}$个,也就是说码字数目$M$最多等于$2^{nI(X;Y)}$。于是码率不能超过$R=(\log_2 M)/n=I(X;Y)$。信道编码定理就表明,当$n$趋于无穷大,且码率不大于$I(X;Y)$时,这些接收序列集合彼此相交的概率可以趋于零。改变输入X的分布,使互信息达到信道容量C,所以最大传输速率不能超过容量C。对于二元对称信道,当输入分布为等概时,输出分布也是等概的,这时$I(X;Y)=1-H(p)$,达到信道容量C。

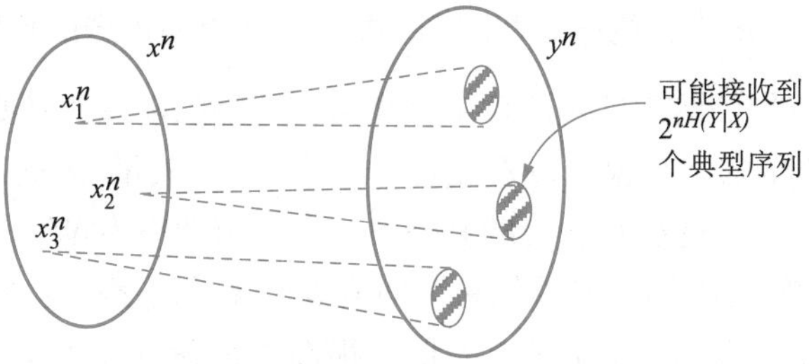

图3.5.4　信道编码定理的图示说明

3.5.2　高斯信道容量

在输入和输出取值为连续值的信道中,加性高斯噪声信道是一类最为重要的连续信道。加性高斯噪声信道简称高斯信道。高斯信道模型如图3.5.5所示。离散时间信道输出Y是输入X和高斯随机变量Z之和:

$$Y=X+Z,Z\sim\mathcal{N}(0,N) \tag{3.5.7}$$

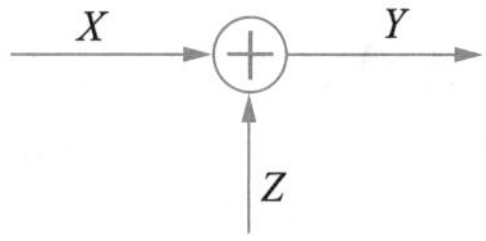

图3.5.5　高斯信道模型

其中,$\mathcal{N}(0,N)$表示零均值、方差为N的高斯分布。Z和X是独立的随机变量。如没有进一步的限制,则信道容量可以为无限大。这是因为无论传输速率多高,可以取输入X的功率充分大,使高斯噪声影响可以忽略,从而错误概率为零,这样信道容量就可以达到无限大。因此,一般对高斯信道的输入功率有所限制,即要求

$$E(X^2)\leqslant P \tag{3.5.8}$$

同样高斯信道容量定义为

$$C=\max_{p(x):E(X^2)\leqslant P} I(X;Y) \tag{3.5.9}$$

可以算出

$$C=\frac{1}{2}\log_2\left(1+\frac{P}{N}\right) \tag{3.5.10}$$

而且只有当X是功率为P的高斯随机变量时达到信道容量,即$X\sim\mathcal{N}(0,P)$达到容量。这说明只有当信道输入是高斯随机变量时,高斯信道才能传输最多信息。

与离散无记忆信道编码类似,功率受限于P的高斯信道上的(M,n)码,其组成如下:

（1）一个与M个消息相对应的消息集合$\mathcal{M}=\{1,2,3,\cdots,M\}$。

（2）一个编码函数$X^n(\cdot):\mathcal{M}=\{1,2,3,\cdots,M\}\to\mathbf{R}^n$，其中$\mathbf{R}$为实数域，码字$X^n(1)$，$X^n(2),\cdots,X^n(M)$满足$\sum_{i=1}^{n}x_i^2(w)\leqslant nP, w=1,2,\cdots,M$。也就是说，这时使用$n$个功率之和受限的实数来表示一个消息。

（3）译码函数$g(\cdot):y^n\to\mathcal{M}=\{1,2,3,\cdots,M\}, y\in\mathbf{R}^n$是一个确定的法则，帮助接收者根据接收到序列$y^n$来确定发送消息是什么。

同样把$R=\dfrac{\log_2 M}{n}$定义为码率，表示信道每传一次所能传送的比特数，$P\{\hat{W}\neq W\}$被称为误码率。下面我们仍然用球包原理解释高斯信道编码定理的必要性。

因为一个长度为n的序列也可以看成n维空间的一个矢量，因此发送和接收的都是一个n维矢量。接收矢量是在发送矢量上叠加一个每维功率为N的n维高斯矢量，如图3.5.6所示。也就是说，接收到的矢量是一个均值等于发送码字的正态随机矢量，它的分量方差为N。当n充分大时，接收到的矢量以很高概率落入中心为发送码字、半径为$\sqrt{nN}$的小球中。每个码字对应一个半径为$\sqrt{nN}$的小球，接收机把落到这个小球中的接收矢量判为该小球中心所代表的码字。当n很大时，接收矢量不落到对应小球的概率是很小的。如果对于其他码字也同样处理，则为了达到不误译，要求这些小球互不相交。因此有多少个小球就对应可安排多少个码字。因为接收矢量的能量不大于$n(P+N)$，所以所有可能的接收矢量基本上均位于半径为$\sqrt{n(P+N)}$的球中。我们知道n维空间中半径为r的球的体积为$A_n r^n$，其中A_n为与维数n有关的常数，所以可能的小球数最多为

$$\frac{A_n[n(P+N)]^{\frac{n}{2}}}{A_n(nN)^{\frac{n}{2}}}=2^{\frac{n}{2}\log_2\left(1+\frac{P}{N}\right)} \tag{3.5.11}$$

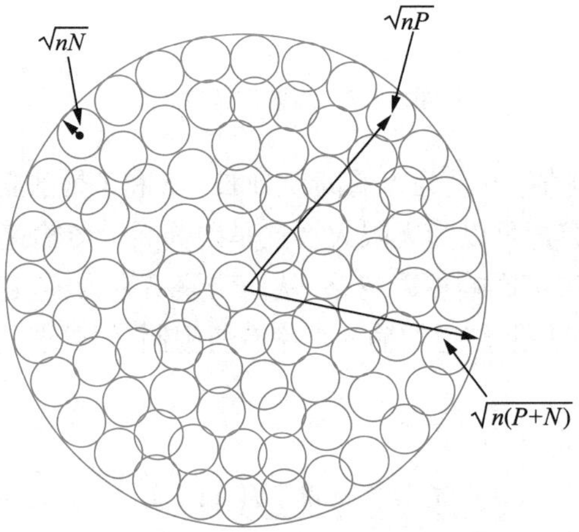

图3.5.6　高斯信道编码定理的说明

也就是不发生误译的码字数目M最多为$2^{\frac{n}{2}\log_2\left(1+\frac{P}{N}\right)}$，于是码速不能超过

$$R=\frac{\log M}{n}=\frac{1}{2}\log_2\left(1+\frac{P}{N}\right) \tag{3.5.12}$$

所以高斯信道的编码问题实际上相当于要求在大球中尽量多地放小球的问题，因而信道编码定理所确定的信息传输速率的限制称为球包限。

3.5.3 带限信道的容量与通信的界限

以上介绍的都是时间离散的编码信道。在通信中是最理想也是经常使用的模拟信道，是带限、加性白高斯噪声信道。这是一个连续时间信道，其中信号$x(t)$和噪声$z(t)$都被限制于一定的频带之内，比如被限制在$[0,W]$之内，而且噪声功率谱在频带内是常数。信道输出为

$$y(t)=x(t)+z(t) \tag{3.5.13}$$

输出$y(t)$的频谱也被限制在$[0,W]$之内。

由采样定理，我们知道如果一个函数$f(t)$的频带限于$[0,W]$，则$f(t)$可表示为

$$f(t)=\sum_{n=-\infty}^{\infty} f\left(\frac{n}{2W}\right)\operatorname{sinc}\left[2W\left(t-\frac{n}{2W}\right)\right] \tag{3.5.14}$$

其中，$\operatorname{sinc}(x)=\dfrac{\sin(\pi x)}{\pi x}$。也就是说，$f(t)$由样本$\left\{f\left(\dfrac{n}{2W}\right)\right\}$完全确定。对于频带限于$W$（赫）的函数$f(x)$来说，它由每秒$2W$个样点完全确定。因而$f(t)$具有的每秒自由度为$2W$。

当$x(t)$、$z(t)$用正交基函数$\{\varphi_n(t)\}$展开时，其中$\varphi_n(t)=\operatorname{sinc}\left[2W\left(t-\dfrac{n}{2W}\right)\right]$，有

$$x(t)=\sum_{n=-\infty}^{\infty} x_n\varphi_n(t)=\sum_{n=-\infty}^{\infty} x\left(\frac{n}{2W}\right)\operatorname{sinc}\left[2W\left(t-\frac{n}{2W}\right)\right] \tag{3.5.15}$$

$$z(t)=\sum_{n=-\infty}^{\infty} z_n\varphi_n(t)=\sum_{n=-\infty}^{\infty} z\left(\frac{n}{2W}\right)\operatorname{sinc}\left[2W\left(t-\frac{n}{2W}\right)\right] \tag{3.5.16}$$

$$y(t)=\sum_{n=-\infty}^{\infty} y_n\varphi_n(t)=\sum_{n=-\infty}^{\infty} (x_n+z_n)\varphi_n(t) \tag{3.5.17}$$

因此，我们可以用每隔$1/(2W)$时间采样值来表示输入、输出和噪声。

如果信道噪声$z(t)$是零均值、双边功率谱密度为$N_0/2$的白高斯过程，则噪声采样序列$\{z_n\}$是均值为0、方差为$N_0/2$的独立随机变量序列。考虑使用该模拟信道T秒，于是在这T秒中输入、输出和噪声过程完全由各自的$2WT$个采样值所确定。同时信号过程的功率为P，在T时间中的能量为PT，在这段时间中共有$2WT$个样本，平均每个样本的功率为$P/(2W)$。如果我们把信道输入和输出的一次采样，看成信道进行一次传输使用，那么在这T秒时间中，带限加白高斯噪声信道共使用了$2WT$次，每次可达到的信道容量$\widetilde{C}$为

$$\begin{aligned}\widetilde{C}&=\frac{1}{2}\log_2\left(1+\frac{P_i}{N_i}\right)=\frac{1}{2}\log_2\left[1+\frac{P/(2W)}{N_0/2}\right]\\&=\frac{1}{2}\log_2\left(1+\frac{P}{N_0W}\right)\end{aligned} \tag{3.5.18}$$

于是T秒信道容量为

$$C_T = 2WT\widetilde{C} = WT\log_2\left(1 + \frac{P}{N_0W}\right) \tag{3.5.19}$$

每秒信道容量为

$$C = W\log_2\left(1 + \frac{P}{N_0W}\right)(\text{bit/s}) \tag{3.5.20}$$

这就是著名的香农带限高斯信道容量公式。

例3.5.2 电话线信道被认为是频带限于0~3300Hz。当输入信噪比$\frac{S}{N} = 20\text{dB}$(即$\frac{P}{N_0W} = 100$)时，信道容量为22000bit/s。

从式(3.5.20)可见，带限高斯信道容量与信道带宽W、噪声功率谱密度N_0和信号功率P有关。增加信号功率可以增加信道容量，但是按对数增加。在容量公式中信道带宽W的影响有两方面，一方面信道容量与带宽成正比增加，另一方面带宽增加也使信道噪声功率增加从而使容量减小。我们考虑无限带宽时的情况，即当$W \to \infty$时的信道容量

$$\lim_{W\to\infty} C = \frac{P}{N_0}\log_2 e = 1.44\frac{P}{N_0}\ (\text{bit/s}) \tag{3.5.21}$$

因而对无限带宽信道，它的容量和信号功率成正比。

由香农信道编码定理知道，如果每秒传输速率R满足

$$R < C = W\log_2\left(1 + \frac{P}{N_0W}\right) \tag{3.5.22}$$

则存在一种编码方式使错误概率$P_e \to 0$。定义频带效率[bit/(s·Hz)]

$$\eta = \frac{\text{每秒传输速率}(R)}{\text{传输带宽}(W)} \tag{3.5.23}$$

则可靠传输要求

$$\eta < \eta_{\max} = \log_2\left(1 + \frac{P}{N_0W}\right) \tag{3.5.24}$$

令E_b表示每比特信号能量，则$P = E_bR$，所以要求

$$\eta < \log_2\left(1 + \eta\frac{E_b}{N_0}\right) \tag{3.5.25}$$

从而求出在频带效率为η时每传1比特信息所需的能量$E_b(\eta)$必须满足

$$\frac{E_b(\eta)}{N_0} > \frac{2^\eta - 1}{\eta} \tag{3.5.26}$$

式(3.5.26)右边是η的单调增函数，这表明频带效率越低，传1比特所需能量越小。当$\eta \to 0$时，达到最小值

$$\frac{E_b(\eta)}{N_0} \to \ln 2 = 0.693147 = -1.592\text{dB} \tag{3.5.27}$$

式(3.5.27)表明，可靠传输1比特信息所需的绝对最小比特能量与噪声功率谱密度之比为0.693，或者说，可靠传输1比特信息所需的能量至少为$0.693N_0$。图3.5.7为最佳通信系统的频带效率η与信噪比E_b/N_0的关系曲线，曲线以上部分是不可达到的区域，曲线以下部分是可达区。

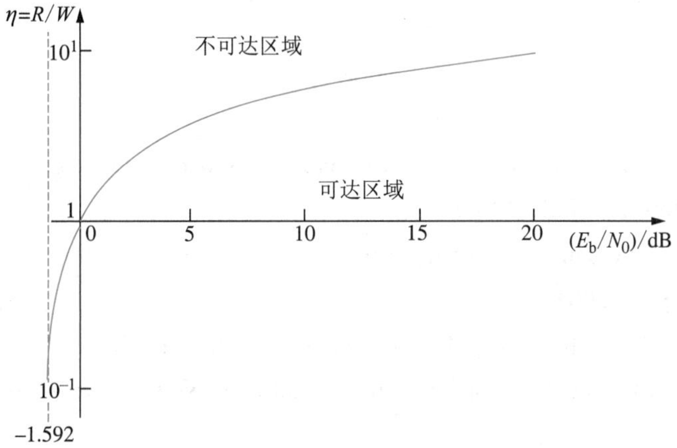

图3.5.7　最佳通信系统的频带效率η与信噪比E_b/N_0的关系曲线

§3.6　小　结

通信信道是通信系统的重要组成部分，有效、可靠的通信系统必须针对具体的通信信道设计。本章介绍了一些关于通信信道的基本概念和知识，其中包括：

(1) 通信信道的定义和模型，包括调制信道和编码信道以及广义信道。

(2) 恒参信道是指在通信过程中其参数基本不随时间变化的那类信道。恒参信道是一类性能相对比较好的信道，包括有线信道(如电话信道、电缆信道、光纤信道等)和无线恒参信道，无线视距信道、卫星信道是无线恒参信道。恒参信道的主要特征参数是幅频特性和相频特性(群时延特性)。

(3) 随参信道的信道参数随时间变化，短波电离层反射信道、各类散射通信信道和移动通信信道都属于随参信道。

(4) 移动通信信道中信号传输的路径损失、慢衰落和快衰落现象，多径传输以及由于多径传输所引起的时间展宽和频率展宽，相干带宽和相干时宽概念。当被传输信号带宽大于相干带宽时，信道属于频率选择性衰落信道；当信号的持续时间小于相干时宽时，信道被认为是时不变的。

(5) 信道中的加性噪声特性以及相关的等效噪声带宽、系统噪声系数等概念。

(6) 从信息论角度来看，信道容量是当输入分布变化时，输入、输出之间互信息的极大值。由这个基本定义出发，香农证明了信息在信道上传输的基本定理，即只要信息传输速率小于信道容量，就总存在一种编码方式使误码概率任意小；但是如果信息传输速率大于信道容量，则误码是不可避免的。我们对于信道编码定理的必要性作了简单解释。

(7) 高斯信道容量公式，以及带限高斯波形信道的容量公式。从带限高斯波形信道的香农容量公式出发讨论了最佳通信系统的频带利用率η与信噪比E_b/N_0的关系。

关于通信信道方面的介绍可以参考Proakis和Salehi[1]，Ziemer和Peterson[2]，樊昌信和曹丽娜[3]的著作。Jakes[4]、李建业[5]、Rappaport[6]、Akaiwa[7]对无线移动信道进行了深入的探讨。关于信道容量方面的论述可以参阅文献[8]。

参考文献

[1] Proakis J G, Salehi M. Communication Systems and Engineering. 2nd ed. Upper Saddle River: Prentice Hall, 2002.

[2] Ziemer R E, Peterson R L. Introduction to Digital Communication. Upper Saddle River: Prentice Hall, 2001.

[3] 樊昌信，曹丽娜. 通信原理. 7版. 北京：国防工业出版社，2013.

[4] Jakes W C. Microwave Mobile Communications. New York: John Wiley & Sons, 2009.

[5] 李建业. 移动通信工程理论和应用. 宋维模，姜焕成，李明，等译. 2版. 北京：人民邮电出版社，2002.

[6] Rappaport T S. 无线通信原理与应用(影印本). 2版. 北京：电子工业出版社，2018.

[7] Akaiwa Y. Introduction to Digital Mobile Communication. 2nd ed. Hoboken: John Wiley & Sons, 2015.

[8] 仇佩亮，张朝阳，谢磊，余官定. 信息论与编码. 北京：高等教育出版社，2011.

习　题

3-1 设一恒参信道的幅频特性和相频特性分别为$|H(f)| = K_0$和$\varphi(f) = -2\pi f t_d$，其中K_0和t_d都是常数。试确定信号$s(t)$通过该信道后输出信号的时域表示式，并讨论之。

3-2 设某恒参信道的幅频特性为$H(f) = [1 + \cos(2\pi T_0 f)]e^{-j2\pi f t_d}$，其中$t_d$为常数。试确定信号$s(t)$通过该信道后的输出信号表示式，并讨论之。

3-3 设某恒参信道可用题3-3图所示的线性二端网络来等效。试求它的传输函数$H(f)$，并说明信号通过该信道时会产生哪些失真。

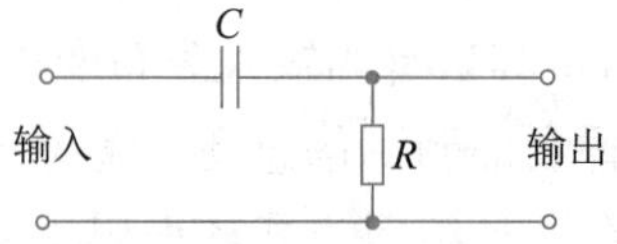

题3-3

3-4 有两个恒参信道，其等效模型分别如题3-4图(a)和(b)所示。试求这两个信道的群迟延特性，并画出它们的群迟延曲线，说明信号通过它们时有无群迟延失真。

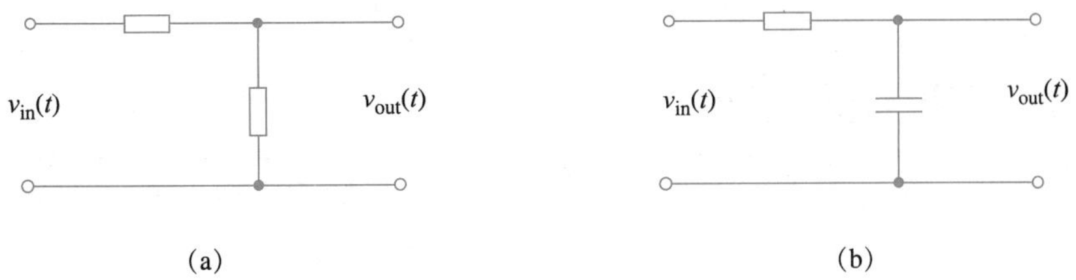

题3-4

3-5 一信号波形$s(t)=A\cos(2\pi\Delta t)\cos(2\pi f_0 t)$，通过一个衰减为固定常数值，且具有相移的网络。试证明：若$f_0\gg\Delta$，且$f_0\pm\Delta$附近的相频特性曲线可近似为线性，则该网络对$s(t)$的迟延等于其包络的迟延。

3-6 瑞利型衰落的包络值V为何值时，V的一维概率密度函数有最大值？

3-7 试根据式$f(V)=\dfrac{V}{\sigma^2}\exp(-\dfrac{V^2}{2\sigma^2})(V\geqslant0,\sigma>0)$，求包络值$V$的数学期望和方差。

3-8 假设某随参信道的两径时延差τ为1ms，试求该信道在哪些频率上传输衰耗最大？选用哪些频率传输信号最有利？

3-9 题3-9图所示的传号和空号相间的数字信号通过某随参信道。已知接收信号是通过该信道两条路径的信号之和。设两径的传输衰减相等（均为d_0），且时延差$\tau=T/4$。试画出接收信号的波形示意图。

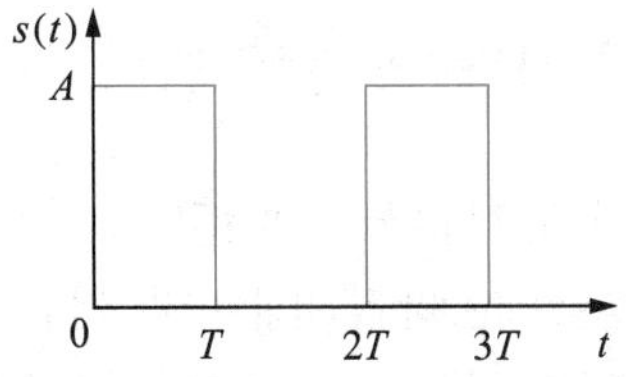

题3-9

3-10 设某随参信道的最大多径时延差为3ms，为了避免发生频率选择性衰落，试估算在该信道上传输的数字信号的码元脉冲宽度。

3-11 已知$n(t)=\lim\limits_{T\to\infty}\sum\limits_{k=1}^{\infty}c_k\cos(2\pi f_k t+\theta_k)$，其中$f_k=k/T$，且$n(t)$为平稳高斯噪声，试证明式中$c_k$为服从瑞利分布的随机变量，$\theta_k$为服从均匀分布的随机变量。

3-12 若两个电阻的阻值都是1000W，它们的噪声温度分别为300K和400K，试求这两个电阻串联后两端的噪声功率谱密度。

3-13 具有6.5MHz带宽的某高斯信道，若信道中信号功率与噪声功率谱密度之比为45.5MHz，试求其信道容量。

3-14 设高斯信道带宽为4kHz，信号与噪声的功率比为63，试确定利用这种信道的理想通信系统的传信率和差错率。

3-15 某一待传输的图片约含2.25×10^6个像元。为了很好地重现该图片，需要12个亮度电平。假如所有这些亮度电平等概率出现，试计算用3min传送一张图片时所需的信道带宽（设信道中信噪比为30dB）。

第4章 模拟调制系统

§4.1 概　述

模拟调制是指用来自信源的基带模拟信号来调制载波的某个参数,使载波的某个参数随基带模拟信号变化而变化。若载波是余弦波形$c(t)$,它有3个参量,即振幅A_c、频率f_c和相位φ_c,则

$$c(t)=A_c\cos(2\pi f_c t+\phi_c)$$

根据消息信号$m(t)$来调制载波的振幅、频率或相位,则分别称它们是调幅、调频和调相(PM)。消息信号$m(t)$调制到载波上,其目的在于:

(1) 通过调制把基带消息信号的频谱搬移到载波频率,即把基带信号变成通带信号,使之适应通带信道的要求。例如,在无线通信中要求发送信号是高频信号,这样才能通过合适尺寸的天线把信号辐射出去。

(2) 通过调制可以提高信号通过信道传输时的抗干扰能力,特别通过展宽频带可以增加抗干扰能力。

(3) 通过频分复用可使多个消息信号同时传输。

模拟调制系统分为两大类:线性调制和非线性调制。线性调制的已调信号的频谱结构和调制信号的频谱结构相同。换言之,已调信号的频谱是调制信号频谱沿频率轴平移的结果。线性调制种类包括普通调幅、双边带抑制载波调幅、单边带调幅、残留边带调幅等。非线性调制又称角度调制,包括调频和调相。对于非线性调制,其已调信号的频谱除了频谱搬移外,还增加了许多新的频率成分,占用的频带远比调制信号频带宽。

§4.2 线性调制系统

4-1 线性调制系统

4.2.1 双边带抑制载波调幅(DSB-SC AM)

1. DSB-SC AM已调信号及其频谱

若消息信号为$m(t)$,载波为

$$c(t)=A_c\cos(2\pi f_c t+\phi_c) \tag{4.2.1}$$

则DSB-SC AM已调信号为

$$\begin{aligned}u(t)&=m(t)c(t)\\&=A_c m(t)\cos(2\pi f_c t+\phi_c)\end{aligned} \tag{4.2.2}$$

已调信号的频谱为

$$
\begin{aligned}
U(f) &= F[m(t)]F\left[A_c\cos(2\pi f_c t+\phi_c)\right] \\
&= M(f)\frac{A_c}{2}\left[e^{j\phi_c}\delta(f-f_c)+e^{-j\phi_c}\delta(f+f_c)\right] \\
&= \frac{A_c}{2}\left[M(f-f_c)e^{j\phi_c}+M(f+f_c)e^{-j\phi_c}\right]
\end{aligned} \tag{4.2.3}
$$

DSB-SC AM调制信号的频谱如图4.2.1所示，其中(a)是消息信号的幅度谱，(b)是消息信号的相位谱，(c)是DSB-SC AM信号的幅度谱，(d)是DSB-SC AM信号的相位谱。显然，如果调制信号$m(t)$的带宽为W，则已调DSB-SC AM信号的带宽为$2W$。

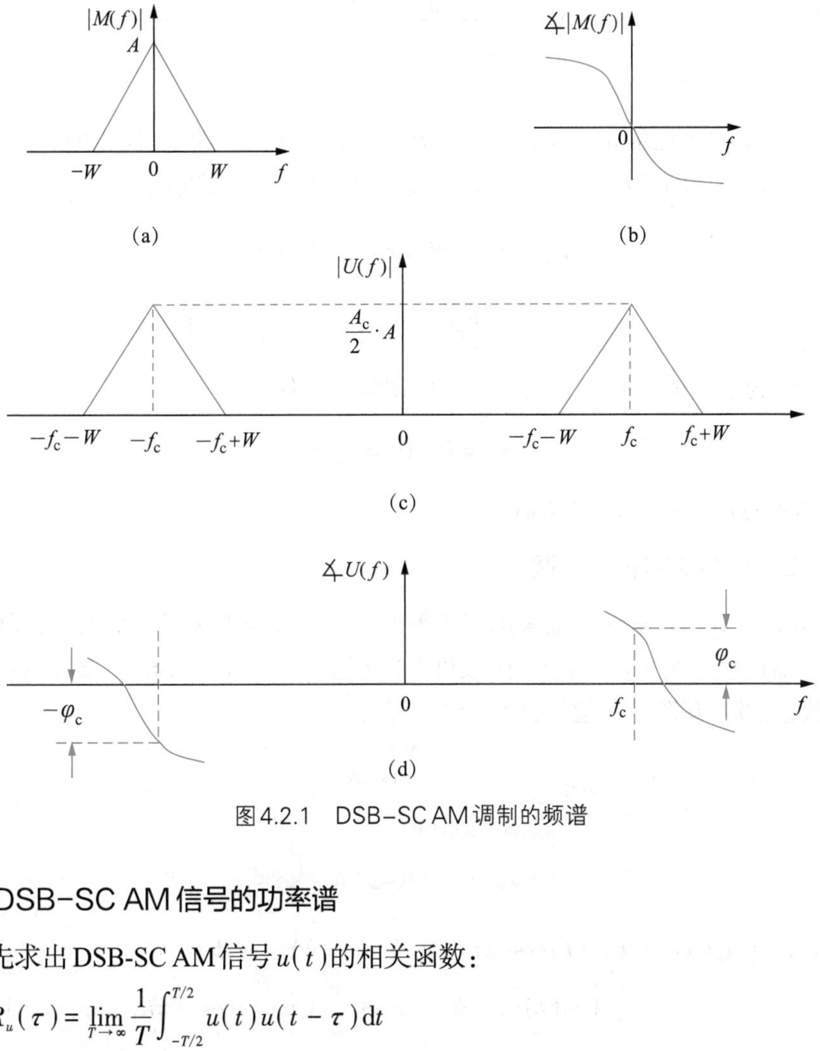

图4.2.1 DSB–SC AM调制的频谱

2. DSB–SC AM信号的功率谱

首先求出DSB-SC AM信号$u(t)$的相关函数：

$$
\begin{aligned}
R_u(\tau) &= \lim_{T\to\infty}\frac{1}{T}\int_{-T/2}^{T/2}u(t)u(t-\tau)\,dt \\
&= \lim_{T\to\infty}\frac{1}{T}\int_{-T/2}^{T/2}A_c^2 m(t)m(t-\tau)\cos(2\pi f_c t)\cos\left[2\pi f_c(t-\tau)\right]dt \\
&= \frac{A_c^2}{2}\lim_{T\to\infty}\frac{1}{T}\int_{-T/2}^{T/2}m(t)m(t-\tau)\left[\cos(4\pi f_c t-2\pi f_c\tau)+\cos(2\pi f_c\tau)\right]dt \\
&= \frac{A_c^2}{2}R_m(\tau)\cos(2\pi f_c\tau)
\end{aligned} \tag{4.2.4}
$$

式(4.2.4)最后等式推导中利用了

$$\lim_{T\to\infty}\int_{-T/2}^{T/2} m(t)m(t-\tau)\cos(4\pi f_c t - 2\pi f_c \tau)\,\mathrm{d}t = 0 \tag{4.2.5}$$

这是由于

$$\begin{aligned}
&\lim_{T\to\infty}\int_{-T/2}^{T/2} m(t)m(t-\tau)\cos(4\pi f_c t - 2\pi f_c \tau)\,\mathrm{d}t \\
&\overset{(a)}{=}\int_{-\infty}^{\infty} F\left[m(t-\tau)\right]\left\{F\left[m(t)\cos(4\pi f_c t - 2\pi f_c \tau)\right]\right\}^{*}\mathrm{d}f \\
&=\int_{-\infty}^{\infty} \mathrm{e}^{-\mathrm{j}2\pi f\tau} M(f)\left[\frac{M(f-2f_c)\mathrm{e}^{-\mathrm{j}2\pi f_c\tau}}{2}+\frac{M(f+2f_c)\mathrm{e}^{\mathrm{j}2\pi f_c\tau}}{2}\right]^{*}\mathrm{d}f \\
&\overset{(b)}{=}0
\end{aligned} \tag{4.2.6}$$

其中(a)是由于帕塞瓦尔等式,(b)是由于$M(f)$和$M(f\pm 2f_c)$频谱不相重叠。

由于$u(t)$的功率谱$P_u(f)$是它相关函数$R_u(\tau)$的Fourier变换,所以

$$\begin{aligned}
P_u(f) &= F\left[\frac{A_c^2}{2}R_m(\tau)\cos(2\pi f_c\tau)\right] \\
&= \frac{A_c^2}{4}\left[P_m(f-f_c)+P_m(f+f_c)\right]
\end{aligned} \tag{4.2.7}$$

其中$P_m(f)$为消息信号$m(t)$的功率谱。已调信号总功率为

$$P_u = R_u(0) = \frac{A_c^2}{2}P_m \tag{4.2.8}$$

其中P_m为消息信号$m(t)$的总功率。

3. DSB-SC AM 信号解调

DSB-SC AM信号解调一般采用相干解调方式。在不考虑噪声加入时,理想信道输出到解调器的信号为$r(t)=u(t)$,接收机本地产生余弦波$\cos(2\pi f_c t+\phi)$,与$r(t)$相乘,再通过低通滤波,滤除倍频信号,如图4.2.2所示。

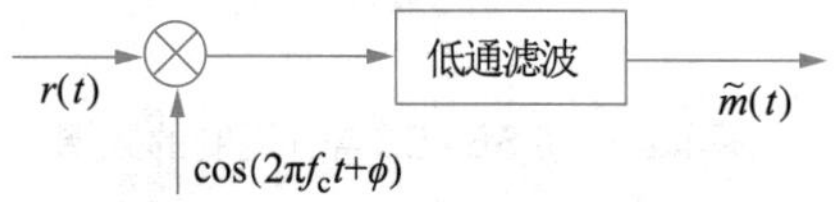

图4.2.2 DSB-SC AM解调

$$\begin{aligned}
r(t)\cos(2\pi f_c t+\phi) &= A_c m(t)\cos(2\pi f_c t+\phi_c)\cos(2\pi f_c t+\phi) \\
&= \frac{1}{2}A_c m(t)\cos(\phi_c-\phi)+\frac{1}{2}A_c m(t)\cos(4\pi f_c t+\phi_c+\phi)
\end{aligned} \tag{4.2.9}$$

低通滤波器滤除高频分量后,输出为

$$\tilde{m}(t) = \frac{1}{2}A_c m(t)\cos(\phi_c-\phi) \tag{4.2.10}$$

当本地振荡的相位精确等于ϕ_c,即相干解调时,解调输出为

$$\tilde{m}(t) = \frac{1}{2}A_c m(t) \tag{4.2.11}$$

如果存在相位误差$\Delta\phi$,则输出有用信号会有损失,仅为相干解调时的$\cos\Delta\phi$倍。

通过锁相环技术，例如利用科斯塔斯(Costas)环可以从DSB-SC AM信号中提取出载频分量。有时为了有利于载频的提取，在发送时叠加少量的载频信号(称为导频信号)，这时发送信号已经不是严格的双边带抑制载波信号，但在接收端只要用窄带滤波器就可以提取载频信号。

4.2.2 普通调幅（AM）

1. 普通AM已调信号

若消息信号为$m(t)$，载波信号同样为$c(t)=A_c\cos(2\pi f_c t+\phi_c)$，则普通AM的已调信号为

$$u(t)=A_c\left[1+m(t)\right]\cos(2\pi f_c t+\phi_c) \tag{4.2.12}$$

为了防止过调，要求$m(t)\geqslant -1$。定义规一化消息信号$m_n(t)$为

$$m_n(t)=\frac{m(t)}{\max\left|m(t)\right|} \tag{4.2.13}$$

调制指数$a\leqslant 1$，则已调波可以写成

$$u(t)=A_c\left[1+am_n(t)\right]\cos(2\pi f_c t+\phi_c) \tag{4.2.14}$$

普通AM已调波的时域波形如图4.2.3所示。

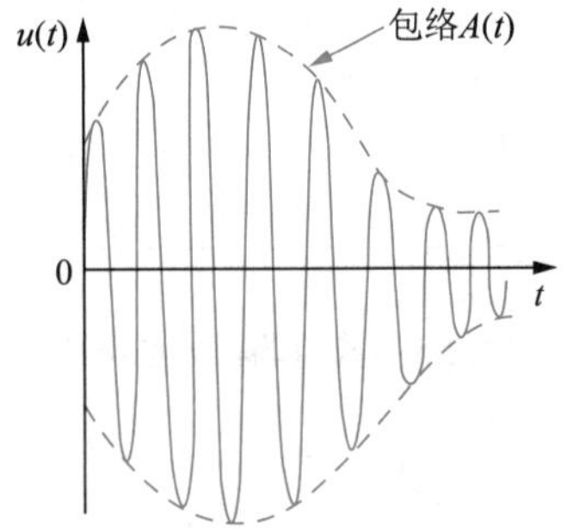

图4.2.3 普通AM已调波的时域波形

2. 普通AM信号的带宽要求

普通AM已调信号$u(t)$的频谱为

$$\begin{aligned}U(f)&=F\left\{A_c\left[1+am_n(t)\right]\cos(2\pi f_c t+\phi_c)\right\}\\&=\frac{A_c}{2}\left[e^{j\phi_c}aM_n(f-f_c)+e^{-j\phi_c}aM_n(f+f_c)+e^{j\phi_c}\delta(f-f_c)+e^{-j\phi_c}\delta(f+f_c)\right]\end{aligned} \tag{4.2.15}$$

所以，如果模拟调制信号$m(t)$的带宽为W，则普通AM信号要求的带宽和双边带抑制载波(DSB-SC)情况相同，均为$2W$。普通调幅与抑制载波调幅的区别在于存在载波分量。

3. AM信号的功率谱

普通AM信号可以看成调制信号为$1+am_n(t)$的双边带抑制载波调幅信号，由于$1+am_n(t)$的功率谱为$\delta(f)+a^2P_{m_n}(f)$，所以普通AM信号的功率谱为

$$P_u(f)=\frac{A_c^2}{4}\left[\delta(f-f_0)+a^2P_{m_n}(f-f_0)+\delta(f+f_0)+a^2P_{m_n}(f+f_0)\right] \quad (4.2.16)$$

普通AM信号的总功率为

$$P_u=\frac{A_c^2}{2}+\frac{A_c^2}{2}a^2P_{m_n} \quad (4.2.17)$$

其中P_{m_n}为规一化消息信号$m_n(t)$的功率。

4. 普通AM信号解调

普通AM信号有两种解调方式，一种是相干解调，另一种是包络检波。

1）相干解调

由于普通AM信号可以看成调制信号为$1+am_n(t)$的双边带抑制载波调幅信号，所以可以和DSB-SC AM信号一样采用相干解调，这时解调输出具有直流分量，用隔直流电容滤去直流就可获得原来的消息信号$m(t)$。

2）包络检波

采用包络检波进行解调不需要复杂的相干载波提取。包络检波首先把调幅信号整流，然后通过低通滤波器，输出就是低频消息信号，如图4.2.4所示。

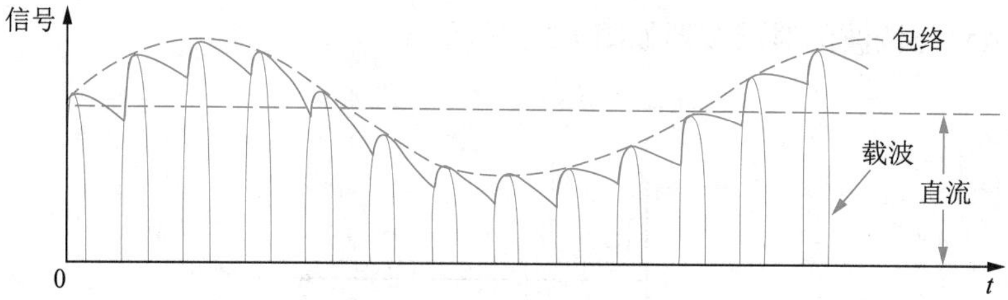

图4.2.4　普通调幅的包络检波

4.2.3　单边带调幅（SSB AM）

普通调幅和双边带抑制载波调幅所需的带宽都是$2W$，是基带消息信号带宽的2倍。这是冗余的，下面介绍的单边带调幅表明，已调信号的带宽也只要W就够了，同样可以从已调信号中恢复出基带消息。

1. 滤波法产生单边带信号

滤波法产生单边带（SSB）信号的原理方框图如图4.2.5所示，相应的频谱如图4.2.6所示。

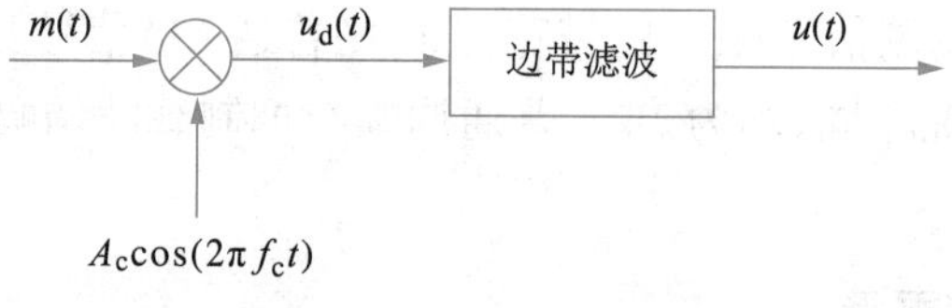

图4.2.5　滤波法产生SSB信号的原理方框图

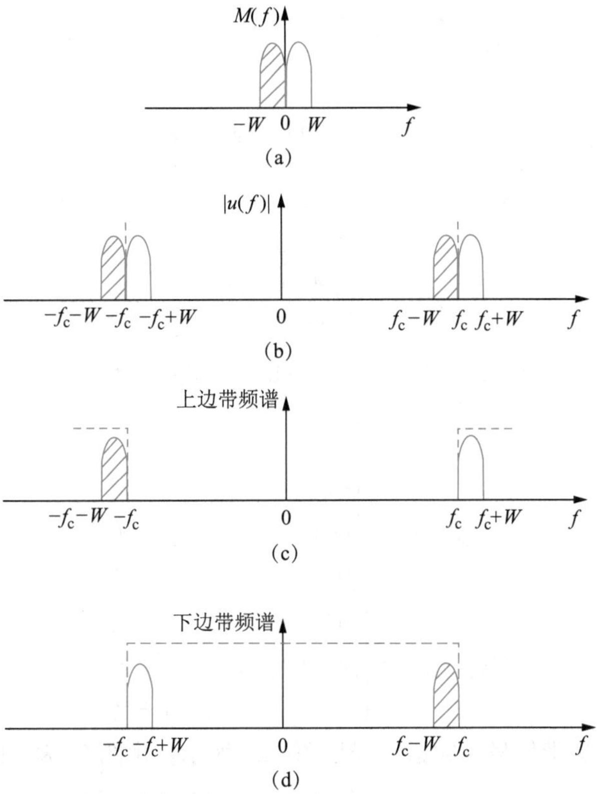

图4.2.6 滤波法产生的单边带信号的频谱

图4.2.6(a)表示调制信号$m(t)$的频谱，$m(t)$的带宽为W；图(b)表示经双边带抑制载波调制后$u_d(t)$的带宽为$2W$；图(c)表示用边带滤波器滤出上边带信号；而图(d)表示用边带滤波器滤出下边带信号。上边带滤波器是截止频率为f_c的理想高通滤波器，而下边带滤波器是截止频率为f_c的理想低通滤波器。无论是上边带信号还是下边带信号，它们的带宽要求均为W，是双边带抑制载波调制的一半。它们保留了调制信号$m(t)$的全部频率成分，所以从上边带信号或下边带信号均能正确恢复出调制信号$m(t)$。

用滤波法产生单边带信号对边带滤波器的要求过高，不易实现。我们还可以采用正交法来产生单边带信号。

2. 正交法产生单边带信号

正交法产生单边带信号的原理方框图如图4.2.7所示。

已调信号的时域表示为

$$u_{\mp}(t)=A_c m(t)\cos(2\pi f_c t)\mp A_c\hat{m}(t)\sin(2\pi f_c t) \tag{4.2.18}$$

因为$u_{\mp}(t)$的频谱为

$$U_{\mp}(f)=\frac{A_c}{2}\left[M(f-f_c)+M(f+f_c)\right]\mp\frac{A_c}{2\mathrm{j}}\left[\hat{M}(f-f_c)-\hat{M}(f+f_c)\right] \tag{4.2.19}$$

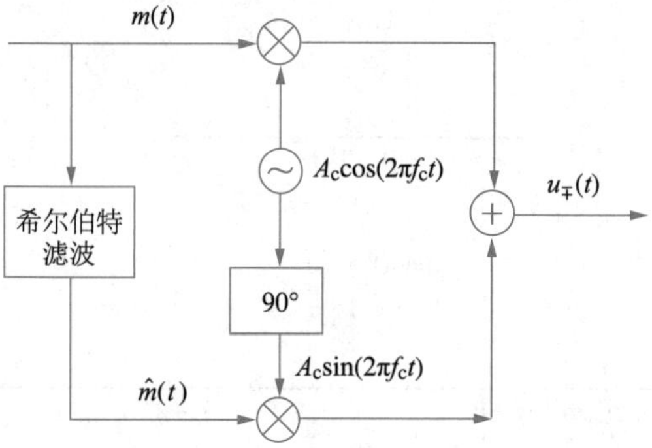

图4.2.7　正交法产生SSB信号的原理方框图

其中

$$\hat{M}(f-f_c)=\begin{cases}-\mathrm{j}M(f-f_c), & f>f_c\\ \mathrm{j}M(f-f_c), & f<f_c\\ 0, & f=f_c\end{cases}$$

$$\hat{M}(f+f_c)=\begin{cases}-\mathrm{j}M(f+f_c), & f>-f_c\\ \mathrm{j}M(f+f_c), & f<-f_c\\ 0, & f=-f_c\end{cases}$$

正交法产生单边带信号的频谱解释如图4.2.8所示。由图4.2.8可见,上边带信号为

$$u_-(t)=A_c m(t)\cos(2\pi f_c t)\ -A\hat{m}(t)\sin(2\pi f_c t) \tag{4.2.20a}$$

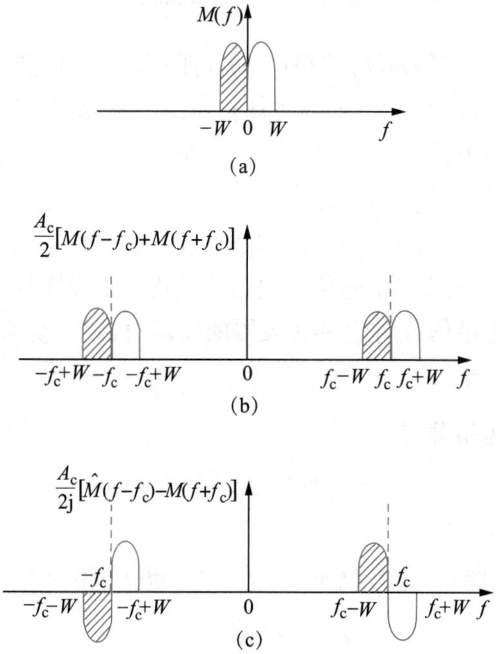

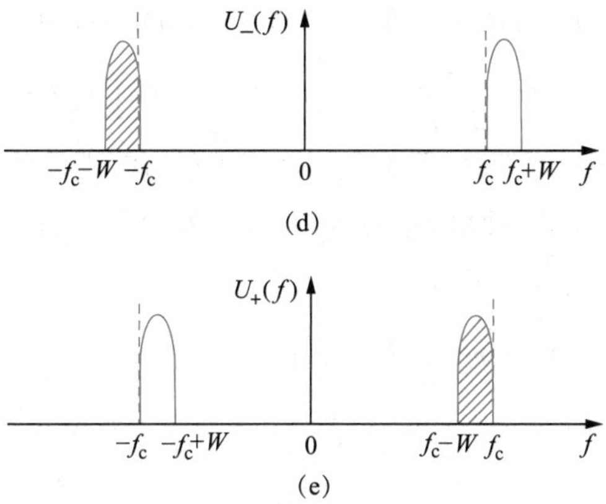

图4.2.8　正交法产生单边带信号的频谱解释

下边带信号为

$$u_+(t)=A_c m(t)\cos(2\pi f_c t)+A_c\hat{m}(t)\sin(2\pi f_c t) \tag{4.2.20b}$$

3. SSB信号解调

与DSB-SC AM信号解调一样，单边带信号要采用相干解调，如图4.2.9所示。设接收机本地振荡为$\cos(2\pi f_c t+\phi)$，接收到的已调SSB信号为

$$r(t)=u_{\mp}(t)=A_c m(t)\cos(2\pi f_c t)\mp A_c\hat{m}(t)\sin(2\pi f_c t)$$

把$r(t)$与本地振荡$\cos(2\pi f_c t+\phi)$相乘，再滤除2倍频项后输出为

$$y_l(t)=A_c m(t)\cos\phi\mp A\hat{m}(t)\sin\phi \tag{4.2.21}$$

所以，如果有相位误差，不仅使有用输出信号减少至$\cos\phi$倍，而且产生不希望有的信号分量$\hat{m}(t)$，因此对于单边带信号解调要求有较严格的相位相干。

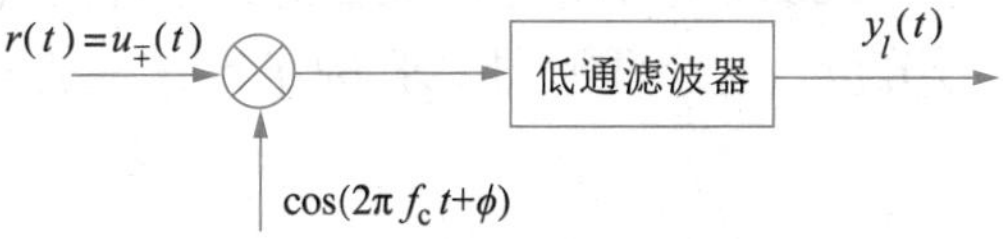

图4.2.9　单边带信号解调

4.2.4　残留边带调幅（VSB AM）

我们可以放宽对于滤波法产生单边带信号的边带滤波器陡峭度的要求，允许另一半不需要边带信号的一部分残余通过滤波器，但其代价是增加了信道带宽。这样的调制称为残留边带调幅（VSB AM）。VSB AM信号的产生如图4.2.10所示。

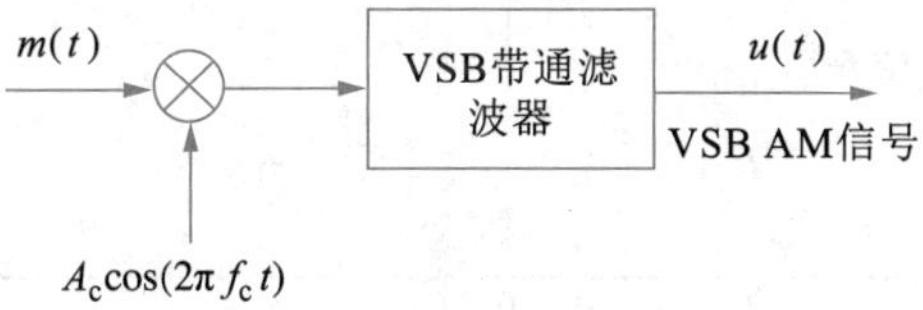

图4.2.10　VSB AM信号的产生

设VSB边带滤波器的脉冲响应为$h(t)$,则VSB AM信号$u(t)$的频谱为

$$U(f)=\frac{A_c}{2}\left[M(f-f_c)+M(f+f_c)\right]H(f) \tag{4.2.22}$$

其中$H(f)$为$h(t)$的Fourier变换。下面我们考察$H(f)$应满足什么条件才能达到VSB的要求。为此,我们考虑VSB AM信号的解调,如果采用图4.2.11所示的方式解调,则乘积信号$v(t)=u(t)\cos(2\pi f_c t)$的频谱为

$$V(f)=\frac{1}{2}\left[U(f-f_c)+U(f+f_c)\right] \tag{4.2.23}$$

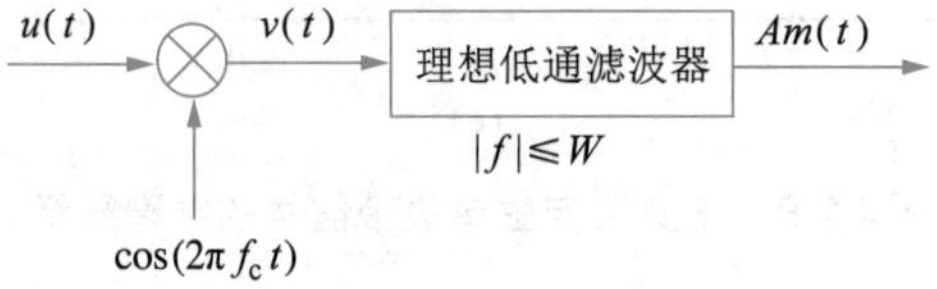

图4.2.11 VSB AM信号的解调

将式(4.2.23)代入$U(f)$的表示式(4.2.22),得到

$$V(f)=\frac{A_c}{4}\left[M(f-2f_c)+M(f)\right]H(f-f_c)+\frac{A_c}{4}\left[M(f)+M(f+2f_c)\right]H(f+f_c) \tag{4.2.24}$$

由于理想低通滤波器滤除了2倍频项,仅让$|f|<W$的频率分量通过,则低通输出的频谱为

$$V_1(f)=\frac{A_c}{4}M(f)\left[H(f-f_c)+H(f+f_c)\right] \tag{4.2.25}$$

为了保证输出不失真,要求

$$H(f-f_c)+H(f+f_c)=\text{常数},|f|<W \tag{4.2.26}$$

图4.2.12表示满足式(4.2.26)要求的带通滤波器的频率特性,它保留上边带,同时保留残留下边带的某些信号分量。这个滤波器要求$H(f)$在$f_c-f_a<f<f_c+f_a$中关于f_c奇对称,其中$f_a \ll W$。

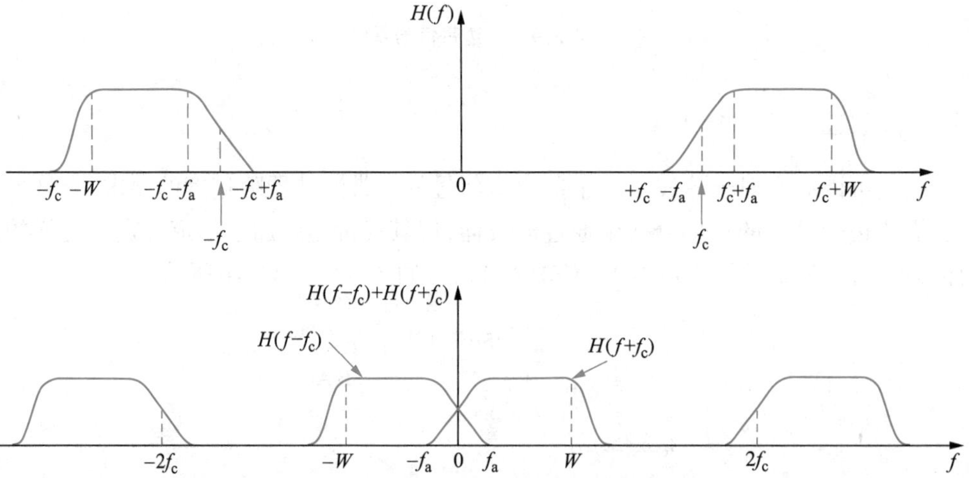

图4.2.12 保留上边带、残留下边带的VSB带通滤波器的频率特性

同样，保留下边带、残留上边带的VSB带通滤波器，其频率特性如图4.2.13所示。

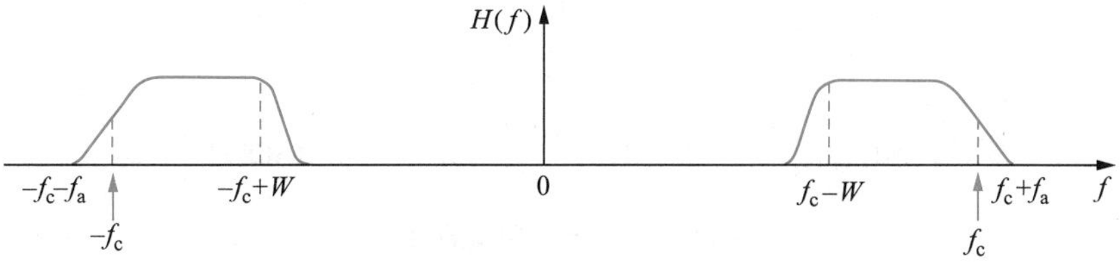

图4.2.13 保留下边带、残留上边带的VSB带通滤波器的频率特性

在实际系统中，还要求VSB滤波器在它通带范围内具有线性相位特性。

§4.3 非线性调制（角度调制）系统

4.3.1 一般概念

4-2角度调制系统

角度调制是将调制信号附加在载波的相角上。角度已调信号的一般形式为

$$u(t)=A_c\cos\left[2\pi f_c t+\phi(t)\right] \tag{4.3.1}$$

其中 $2\pi f_c t+\phi(t)$ 称为载波的瞬时相位，而

$$\begin{aligned} f_i(t)&=\frac{1}{2\pi}\cdot\frac{\mathrm{d}}{\mathrm{d}t}\left[2\pi f_c t+\phi(t)\right]\\ &=f_c+\frac{1}{2\pi}\cdot\frac{\mathrm{d}}{\mathrm{d}t}\phi(t) \end{aligned} \tag{4.3.2}$$

称为瞬时频率。设消息调制信号为 $m(t)$，则在调相(PM)系统中，

$$\phi(t)=k_p m(t) \tag{4.3.3}$$

在调频(FM)系统中，

$$f_i(t)-f_c=k_f m(t)=\frac{1}{2\pi}\cdot\frac{\mathrm{d}}{\mathrm{d}t}\phi(t) \tag{4.3.4}$$

所以，在角度调制系统中，

$$\phi(t)=\begin{cases} k_p m(t), & \text{PM}\\ 2\pi k_f\int_{-\infty}^{t} m(\tau)\,\mathrm{d}\tau, & \text{FM}\end{cases} \tag{4.3.5}$$

这表明调相和调频有密切联系。也就是说，如果对一个消息信号先积分，然后调相，就相当于用这消息信号去调频。同样，

$$\frac{1}{2\pi}\cdot\frac{\mathrm{d}}{\mathrm{d}t}\phi(t)=\begin{cases}\dfrac{1}{2\pi}k_p\dfrac{\mathrm{d}}{\mathrm{d}t}m(t), & \text{PM}\\ k_f m(t), & \text{FM}\end{cases} \tag{4.3.6}$$

也就是说，若对调制消息信号先进行微分，再调频，实际上就是调相。调相与调频的关系如图4.3.1所示。

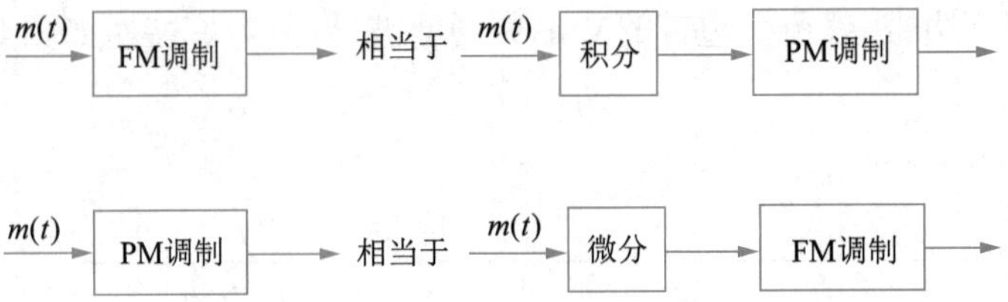

图4.3.1　调相与调频的关系

对于调相来说，最大相偏为

$$\Delta\phi_{\max} = k_{\mathrm{p}}\max\left[|m(t)|\right] \tag{4.3.7}$$

在调频系统中，最大频偏为

$$\Delta f_{\max} = k_{\mathrm{f}}\max\left[|m(t)|\right] \tag{4.3.8}$$

调相和调频系统调制指数分别定义为

$$\beta_{\mathrm{p}} = k_{\mathrm{p}}\max\left[|m(t)|\right] = \Delta\phi_{\max} \tag{4.3.9}$$

$$\beta_{\mathrm{f}} = \frac{k_{\mathrm{f}}\max\left[|m(t)|\right]}{W} = \frac{\Delta f_{\max}}{W} \tag{4.3.10}$$

其中W为消息调制信号$m(t)$的带宽。

注意：如果在角度调制系统中，消息信号$m(t)$、参数k_{p}或k_{f}使得在所有时刻均有$\phi(t) \ll 1$，则称此角度调制系统为窄带角度调制系统。事实上，这时

$$\begin{aligned} u(t) &= A_{\mathrm{c}}\cos(2\pi f_{\mathrm{c}}t)\cos\phi(t) - A_{\mathrm{c}}\sin(2\pi f_{\mathrm{c}}t)\sin\phi(t) \\ &\approx A_{\mathrm{c}}\cos(2\pi f_{\mathrm{c}}t) - A_{\mathrm{c}}\,\phi(t)\sin(2\pi f_{\mathrm{c}}t) \end{aligned} \tag{4.3.11}$$

所以这时已调信号实际上相当于普通AM信号。

4.3.2　角度调制信号的频谱特点

考虑正弦角度调制信号

$$\begin{aligned} u(t) &= A_{\mathrm{c}}\cos\left[2\pi f_{\mathrm{c}}t + \beta\sin(2\pi f_m t)\right] \\ &= \mathrm{Re}\left(A_{\mathrm{c}}\mathrm{e}^{\mathrm{j}2\pi f_{\mathrm{c}}t}\cdot \mathrm{e}^{\mathrm{j}\beta\sin(2\pi f_m t)}\right) \end{aligned} \tag{4.3.12}$$

由于$\sin(2\pi f_m t)$是周期为$T_m = \frac{1}{f_m}$的周期信号，所以$\mathrm{e}^{\mathrm{j}\beta\sin(2\pi f_m t)}$也是周期函数，其Fourier级数展开为

$$\mathrm{e}^{\mathrm{j}\beta\sin(2\pi f_m t)} = \sum_{n=-\infty}^{\infty}\mathrm{J}_n(\beta)\,\mathrm{e}^{\mathrm{j}2\pi n f_m t} \tag{4.3.13}$$

其中$\mathrm{J}_n(\beta)$是第一类n阶贝塞尔函数，因此

$$\begin{aligned} u(t) &= \mathrm{Re}\left[A_{\mathrm{c}}\sum_{n=-\infty}^{\infty}\mathrm{J}_n(\beta)\,\mathrm{e}^{\mathrm{j}2\pi n f_m t}\cdot \mathrm{e}^{\mathrm{j}2\pi f_{\mathrm{c}}t}\right] \\ &= \sum_{n=-\infty}^{\infty}A_{\mathrm{c}}\mathrm{J}_n(\beta)\cos\left[2\pi(f_{\mathrm{c}} + n f_m)t\right] \end{aligned} \tag{4.3.14}$$

所以在角度调制信号中，包含了无限多个频率分量，各次频率分量的大小由$\mathrm{J}_n(\beta)$确定，$\mathrm{J}_n(\beta)$随β的变化如图4.3.2所示。

一般来说，正弦消息角度调制信号的有效带宽（包含信号总功率的98%）由卡尔森

(Carlson)公式决定,即

$$B = 2(\beta + 1) f_m \tag{4.3.15}$$

其中β是调制指数,f_m为正弦消息信号的频率。对于$m(t) = a\cos(2\pi f_m t)$,有

$$\beta = \begin{cases} \beta_{\mathrm{p}} = k_{\mathrm{p}} a \\ \beta_{\mathrm{f}} = \dfrac{k_{\mathrm{f}} a}{f_m} \end{cases} \tag{4.3.16}$$

所以

$$B = \begin{cases} 2(k_{\mathrm{p}} a + 1) f_m, & \text{PM} \\ 2(k_{\mathrm{f}} a + f_m), & \text{FM} \end{cases} \tag{4.3.17}$$

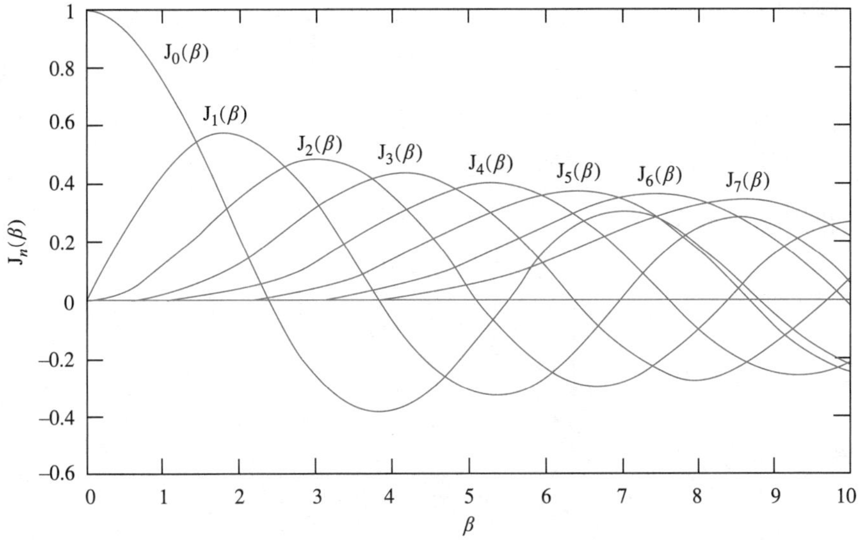

图4.3.2　$\mathrm{J}_n(\beta)$随β的变化

§4.4　线性调制系统的抗噪声性能

4-3线性调制系统的抗噪声性能

对于一种调制方式,有以下3个主要考虑的指标:

(1) 已调信号的带宽要求;

(2) 调制系统的抗噪声能力;

(3) 系统实现的复杂性。

调制系统的抗噪声能力是用解调输出的信噪功率比$(S/N)_{\mathrm{out}}$与解调器输入信噪功率比$(S/N)_{\mathrm{in}}$之比来衡量的,即用信噪比(SNR)增益G来衡量:

$$G = \frac{(S/N)_{\mathrm{out}}}{(S/N)_{\mathrm{in}}} \tag{4.4.1}$$

图4.4.1是分析解调器输入、输出信噪比性能的模型。

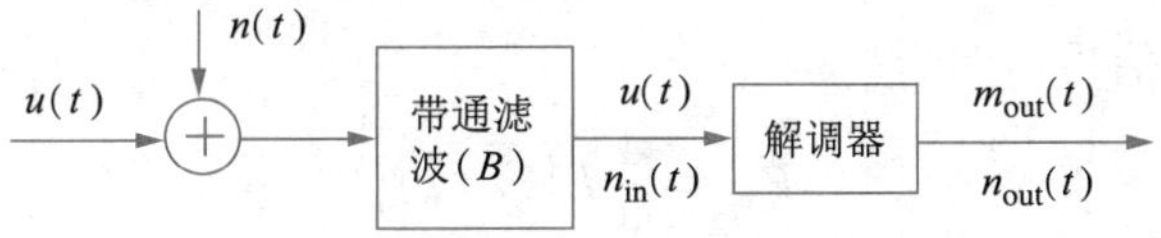

图4.4.1　解调器输入、输出信噪比性能模型

带通滤波器的带宽B要让已调载波$u(t)$不失真通过，噪声经滤波后成为窄带噪声，它可以表示为

$$n_{\text{in}}(t)=n_{\text{c}}(t)\cos(2\pi f_{\text{c}}t)-n_{\text{s}}(t)\sin(2\pi f_{\text{c}}t) \tag{4.4.2}$$

输入解调器的噪声功率为

$$\sigma_{\text{in}}^2=\sigma_{\text{c}}^2=\sigma_{\text{s}}^2=N_0B \tag{4.4.3}$$

其中N_0是单边噪声功率谱密度。所以，解调器输入信噪比为

$$(S/N)_{\text{in}}=\frac{E[u^2(t)]}{E[n_{\text{in}}^2(t)]} \tag{4.4.4}$$

输出信噪比为

$$(S/N)_{\text{out}}=\frac{E[m^2(t)]}{E[n_{\text{out}}^2(t)]} \tag{4.4.5}$$

4.4.1 DSB-SC AM信号相干解调的性能

解调器输入信号为

$$u(t)=m(t)\cos(2\pi f_{\text{c}}t)$$

$$\begin{aligned}P_u&=E[u^2(t)]=E\left\{[m(t)\cos(2\pi f_{\text{c}}t)]^2\right\}\\&=E\left[\frac{1}{2}m^2(t)\right]\end{aligned} \tag{4.4.6}$$

解调器输入噪声为

$$n_{\text{in}}(t)=n_{\text{c}}(t)\cos(2\pi f_{\text{c}}t)-n_{\text{s}}(t)\sin(2\pi f_{\text{c}}t)$$

输入噪声功率为

$$P_{n_{\text{in}}}=BN_0 \tag{4.4.7}$$

所以

$$(S/N)_{\text{in}}=\frac{P_u}{P_{n_{\text{in}}}}=\frac{\frac{1}{2}E[m^2(t)]}{BN_0} \tag{4.4.8}$$

对DSB-SC AM信号，采用如图4.4.2所示的相干解调，则

$$r(t)=[m(t)+n_{\text{c}}(t)]\cos(2\pi f_{\text{c}}t)-n_{\text{s}}(t)\sin(2\pi f_{\text{c}}t) \tag{4.4.9}$$

$$r(t)\cos2\pi f_{\text{c}}t=\frac{1}{2}[m(t)+n_{\text{c}}(t)]+\text{高频项} \tag{4.4.10}$$

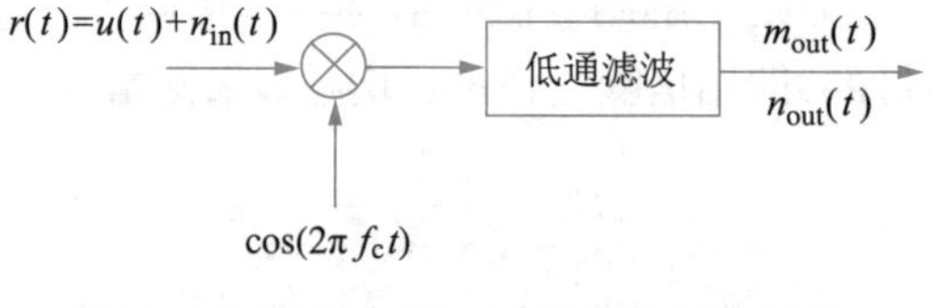

图4.4.2 DSB-SC AM信号的相干解调

解调器的输出信号功率为

$$P_{m_{\text{out}}}=\frac{1}{4}E[m^2(t)] \tag{4.4.11}$$

输出噪声功率

$$P_{n_{out}} = \frac{1}{4}E\left[n_c^2(t)\right] = \frac{1}{4}N_0B \tag{4.4.12}$$

所以

$$(S/N)_{out} = \frac{E\left[m^2(t)\right]}{N_0B} \tag{4.4.13}$$

从而

$$G = \frac{(S/N)_{out}}{(S/N)_{in}} = 2 \tag{4.4.14}$$

4.4.2 SSB AM信号相干解调的性能

输入已调SSB信号为

$$u(t) = m(t)\cos(2\pi f_o t) \mp \hat{m}(t)\sin(2\pi f_o t) \tag{4.4.15}$$

输入信号功率为

$$\begin{aligned} P_u &= E\left[u^2(t)\right] \\ &= \frac{1}{2}E\left[m^2(t) + \hat{m}^2(t)\right] \\ &= E\left[m^2(t)\right] \end{aligned} \tag{4.4.16}$$

而输入噪声功率仍为

$$P_{n_{in}} = BN_0 \tag{4.4.17}$$

但对单边带调制而言,滤波器带宽B仅为双边带时的一半,所以

$$(S/N)_{in} = \frac{E\left[m^2(t)\right]}{BN_0} \tag{4.4.18}$$

同样采用相干解调,解调输入为

$$r(t) = \left[m(t) + n_c(t)\right]\cos(2\pi f_c t) - \left[\hat{m}(t) + n_s(t)\right]\sin(2\pi f_c t) \tag{4.4.19}$$

$$r(t)\cos(2\pi f_c t) = \frac{1}{2}\left[m(t) + n_c(t)\right] + \text{高频项} \tag{4.4.20}$$

解调器输出的信号功率为

$$P_{m_{out}} = \frac{1}{4}E\left[m^2(t)\right] \tag{4.4.21}$$

输出的噪声功率为

$$P_{n_{out}} = \frac{1}{4}BN_0 \tag{4.4.22}$$

所以输出信噪比为

$$(S/N)_{out} = \frac{E\left[m^2(t)\right]}{BN_0} \tag{4.4.23}$$

于是

$$G = \frac{(S/N)_{out}}{(S/N)_{in}} = 1 \tag{4.4.24}$$

由于单边带信号的带宽仅为双边带信号的一半,所以解调器输入噪声也是双边带系统的一半。在相同输入信号功率下,单边带信号解调前的输入信噪比是双边带信号

的2倍。因此，虽然其信噪比增益比双边带调制差了1倍，但两者输出信噪比还是一样的。

4.4.3 普通AM调制的性能

解调输入信号为

$$u(t)=\left[1+am_{\mathrm{n}}(t)\right]\cos(2\pi f_{\mathrm{c}}t) \tag{4.4.25}$$

其中

$$m_{\mathrm{n}}(t)=\frac{m(t)}{\max|m(t)|},\quad a\leqslant 1 \tag{4.4.26}$$

所以输入信号功率为

$$P_u=\frac{1}{2}+\frac{a^2}{2}E\left[m_{\mathrm{n}}^2(t)\right] \tag{4.4.27}$$

同样输入噪声功率为

$$P_{n_{\mathrm{in}}}=N_0B \tag{4.4.28}$$

于是

$$(S/N)_{\mathrm{in}}=\frac{\dfrac{1}{2}+\dfrac{a^2}{2}E\left[m_{\mathrm{n}}^2(t)\right]}{N_0B} \tag{4.4.29}$$

解调前的信号加噪声为

$$r(t)=\left[1+am_{\mathrm{n}}(t)+n_{\mathrm{c}}(t)\right]\cos(2\pi f_{\mathrm{c}}t)-n_{\mathrm{s}}(t)\sin(2\pi f_{\mathrm{c}}t) \tag{4.4.30}$$

1. 相干解调

若采用相干解调，则

$$r(t)\cos(2\pi f_{\mathrm{c}}t)=\frac{1}{2}\left[1+am_{\mathrm{n}}(t)+n_{\mathrm{c}}(t)\right]+\text{高频项} \tag{4.4.31}$$

经低通滤波后输出的有用信号为$\frac{a}{2}m_{\mathrm{n}}(t)$，它的功率为

$$P_{m_{\mathrm{out}}}=\frac{a^2}{4}E\left[m_{\mathrm{n}}^2(t)\right] \tag{4.4.32}$$

输出噪声功率仍为

$$P_{n_{\mathrm{out}}}=\frac{1}{4}N_0B \tag{4.4.33}$$

所以

$$(S/N)_{\mathrm{out}}=\frac{a^2E\left[m_{\mathrm{n}}^2(t)\right]}{N_0B} \tag{4.4.34}$$

于是信噪比增益为

$$G=\frac{2a^2E\left[m_{\mathrm{n}}^2(t)\right]}{1+a^2E\left[m_{\mathrm{n}}^2(t)\right]} \tag{4.4.35}$$

2. 包络检波

当采用包络检波时，输入信号加噪声可表示成

$$\begin{aligned}r(t)&=\left[1+am_{\mathrm{n}}(t)+n_{\mathrm{c}}(t)\right]\cos(2\pi f_{\mathrm{c}}t)-n_{\mathrm{s}}(t)\sin(2\pi f_{\mathrm{c}}t)\\&=V(t)\cos\left[2\pi f_{\mathrm{c}}t+\varphi(t)\right]\end{aligned} \tag{4.4.36}$$

其中包络

$$V(t)=\sqrt{\left[1+am_{n}(t)+n_{c}(t)\right]^{2}+n_{s}^{2}(t)} \tag{4.4.37}$$

当$1+am_{n}(t)\gg n_{c}(t)$和$n_{s}(t)$时，则

$$V(t)\approx 1+am_{n}(t)+n_{c}(t) \tag{4.4.38}$$

于是包络检波输出与相干解调输出一样，仅差一个因子1/2，它不影响输出信噪比，所以这时信噪比增益与相干解调时一样，为

$$G=\frac{2a^{2}E\left[m_{n}^{2}(t)\right]}{1+a^{2}E\left[m_{n}^{2}(t)\right]} \tag{4.4.39}$$

对于100%正弦波调幅，这时$m_{n}(t)=\sin\left(2\pi f_{m}t\right)$以及$a=1$，则

$$E\left[m_{n}^{2}(t)\right]=E\left[\sin^{2}(2\pi f_{m}t)\right]=1/2$$

所以

$$G=2/3$$

§4.5 非线性调制（角度调制）系统的抗噪声性能

调频解调过程如图4.5.1所示。

4-4 非线性调制系统的抗噪声性能

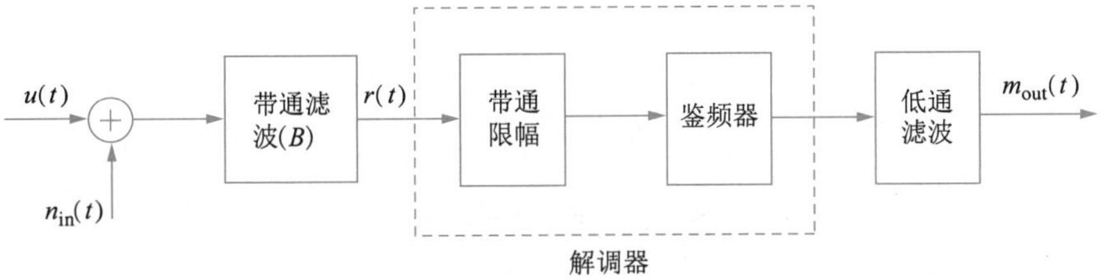

图4.5.1 调频解调过程

$$\begin{aligned}u(t)&=A_{c}\cos\left[2\pi f_{c}t+2\pi k_{f}\int_{-\infty}^{t}m(t)\,\mathrm{d}t\right]\\&=A_{c}\cos\left[2\pi f_{c}t+\varphi(t)\right]\end{aligned} \tag{4.5.1}$$

其中

$$\varphi(t)=2\pi k_{f}\int_{-\infty}^{t}m(t)\,\mathrm{d}t \tag{4.5.2}$$

$$\begin{aligned}r(t)&=u(t)+n_{in}(t)\\&=u(t)+n_{c}(t)\cos(2\pi f_{c}t)-n_{s}(t)\sin(2\pi f_{c}t)\end{aligned} \tag{4.5.3}$$

于是输入信号功率为

$$P_{u}=\frac{1}{2}A_{c}^{2} \tag{4.5.4}$$

输入噪声功率为

$$P_{n_{in}}=N_{0}B \tag{4.5.5}$$

其中带通滤波器的带宽B要保证调频信号基本通过，通常它由卡尔森公式给出。所以

$$(S/N)_{in}=\frac{A_{c}^{2}}{2N_{0}B} \tag{4.5.6}$$

下面分析解调输出信噪比。把噪声$n_{in}(t)$写成幅角形式，即

$$n_{in}(t)=V(t)\cos\left[2\pi f_c t+\theta(t)\right] \tag{4.5.7}$$

其中$V(t)$满足瑞利分布，$\theta(t)$满足均匀分布。

$$n_c(t)=V(t)\cos\theta(t),n_s(t)=V(t)\sin\theta(t) \tag{4.5.8}$$

于是输入信号与噪声合成后可写为

$$\begin{aligned}r(t)&=A_c\cos\left[2\pi f_c t+\varphi(t)\right]+V(t)\cos\left[2\pi f_c t+\theta(t)\right]\\&=V'(t)\cos\left[2\pi f_c t+\psi(t)\right]\end{aligned} \tag{4.5.9}$$

矢量合成如图4.5.2所示，相应的幅角为

$$\tan(\psi-\varphi)=\frac{V\sin(\theta-\varphi)}{A_c+V\cos(\theta-\varphi)} \tag{4.5.10}$$

所以
$$\psi(t)=\varphi(t)+\arctan\frac{V(t)\sin\left[\theta(t)-\varphi(t)\right]}{A_c+V(t)\cos\left[\theta(t)-\varphi(t)\right]} \tag{4.5.11}$$

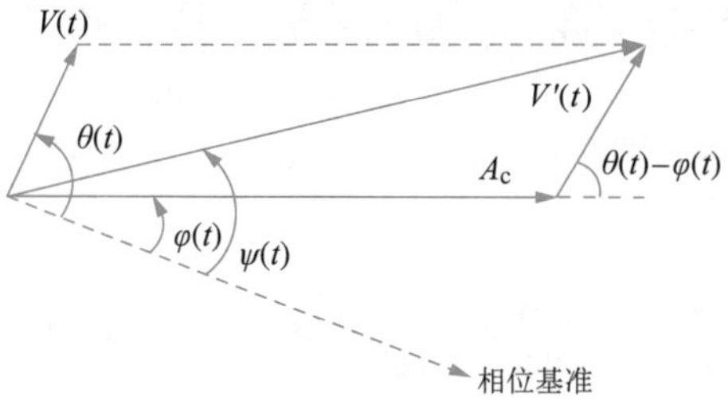

图4.5.2　信号矢量与噪声矢量合成

当$A_c\gg V(t)$时，

$$\psi(t)=\varphi(t)+\frac{V(t)}{A_c}\sin\left[\theta(t)-\varphi(t)\right] \tag{4.5.12}$$

解调器由限幅放大器和鉴频器组成，其功能相当于对合成信号的相位进行微分，所以解调输出为

$$\frac{1}{2\pi}\cdot\frac{\mathrm{d}}{\mathrm{d}t}\left[2\pi f_c t+\psi(t)\right]=f_c+\frac{1}{2\pi}\cdot\frac{\mathrm{d}\varphi(t)}{\mathrm{d}t}+\frac{1}{2\pi}\cdot\frac{\mathrm{d}}{\mathrm{d}t}\left\{\frac{V(t)}{A_c}\sin\left[\theta(t)-\varphi(t)\right]\right\} \tag{4.5.13}$$

其中输出信号为

$$m_{out}(t)=k_f m(t) \tag{4.5.14}$$

选低通滤波器的带宽W正好是$m(t)$的带宽f_m，则输出信号功率为

$$P_{m_{out}}=k_f^2E\left[m^2(t)\right] \tag{4.5.15}$$

鉴频后的噪声为

$$n_d(t)=\frac{1}{2\pi A_c}\cdot\frac{\mathrm{d}}{\mathrm{d}t}\left\{V(t)\sin\left[\theta(t)-\varphi(t)\right]\right\} \tag{4.5.16}$$

其中$V(t)$是瑞利分布，$\theta(t)$为均匀分布。由于任何在$[-\pi,\pi]$上取值的随机相位与$[-\pi,\pi]$上均匀分布的随机相位之和仍为$[-\pi,\pi]$上均匀分布的随机相位，故$\theta(t)-\varphi(t)$仍服从均匀分布。我们可以认为$V(t)\sin\left[\theta(t)-\varphi(t)\right]$的统计性质和$V(t)\sin\theta(t)=$

$n_s(t)$是一样的。于是输出噪声可写成

$$n_d(t)=\frac{1}{2\pi A_c}\cdot\frac{d}{dt}\left[n_s(t)\right] \tag{4.5.17}$$

我们知道$n_{in}(t)$是带宽为B，功率谱密度为N_0的带通噪声，$n_s(t)$是$n_{in}(t)$的低频正交分量，是一个带宽为$B/2$、功率谱密度为$2N_0$的低频噪声。

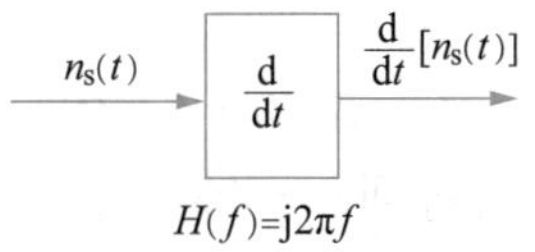

图4.5.3 噪声通过微分器

如图4.5.3所示，噪声$n_s(t)$通过微分后输出噪声$\frac{d}{dt}\left[n_s(t)\right]$的功率谱为

$$P_{n_s'}(f)=\begin{cases}8\pi^2N_0f^2, & 0\leqslant f\leqslant\frac{B}{2}\\0, & 其他\end{cases} \tag{4.5.18}$$

所以鉴频后噪声功率谱为

$$P_{n_d}(f)=\frac{P_{n_s'}(f)}{4\pi^2A_c^2}=\begin{cases}\frac{2}{A_c^2}N_0f^2, & 0\leqslant f\leqslant\frac{B}{2}\\0, & 其他\end{cases} \tag{4.5.19}$$

于是，鉴频输出噪声通过带宽为$f_m\left(f_m<\frac{B}{2}\right)$的理想低通滤波器后，输出噪声功率为

$$P_{n_d}=\int_0^{f_m}P_{n_d}(f)\,df=\frac{2N_0f_m^3}{3A_c^2} \tag{4.5.20}$$

最后输出信噪比为

$$(S/N)_{out}=\frac{k_f^2E\left[m^2(t)\right]}{\frac{2N_0f_m^3}{3A_c^2}}=\frac{3A_c^2k_f^2E\left[m^2(t)\right]}{2N_0f_m^3} \tag{4.5.21}$$

于是信噪比增益

$$G=\frac{(S/N)_{out}}{(S/N)_{in}}=\frac{3Bk_f^2E\left[m^2(t)\right]}{f_m^3} \tag{4.5.22}$$

对于正弦调频，$m(t)=\cos(2\pi f_mt)$，则

$$u(t)=A_c\cos\left[2\pi f_ct+2\pi k_f\int_{-\infty}^{t}\cos(2\pi f_mt)\,dt\right] \tag{4.5.23}$$

调制指数为

$$\beta_f=\frac{\Delta f_{max}}{f_m}=\frac{k_f\cdot\max\left|m(t)\right|}{f_m}=\frac{k_f}{f_m} \tag{4.5.24}$$

且

$$E\left[m^2(t)\right]=\frac{1}{2} \tag{4.5.25}$$

所以输出信噪比为

$$(S/N)_{out}=\frac{3}{2}\beta_f^2\frac{(A_c^2/2)}{N_0f_m} \tag{4.5.26}$$

信噪比增益为

$$G = \frac{3B\beta_f^2}{2f_m} \tag{4.5.27}$$

由卡尔森公式

$$B = 2(\beta_f + 1)f_m \tag{4.5.28}$$

得到

$$G = 3(\beta_f + 1)\beta_f^2 \tag{4.5.29}$$

例如，当调频指数为$\beta_f = 5$时，得到$G = 450$；而对于100%正弦调幅信号，其信噪比增益仅为2/3。两者相差数百倍，所以调频信号质量明显好于调幅。但必须注意，这时调频所需的带宽为

$$B = 2(\beta_f + 1)f_m = 12f_m$$

而普通调幅所需的带宽仅为

$$B = 2f_m$$

§4.6 小 结

用基带模拟信号调制正弦载波的振幅、频率或相位，就分别构成了模拟幅度调制、模拟调频和模拟调相。本章介绍了几种基本的模拟调制方式。

(1) 线性调制系统包括双边带抑制载波调幅(DSB-SC AM)、普通调幅(AM)、单边带调幅(SSB AM)和残留边带调幅(VSB AM)等。介绍了每种调制方式的时域波形特征、频谱特征、带宽要求和调制解调实现方式。

(2) 非线性调制方式主要指角度调制方式，包括模拟调频和模拟调相。如果对消息信号先积分再调相，就相当于用原来消息信号调频；同样，如果对消息信号先微分再调频，就相当于用原来消息信号调相。

(3) 角度调制信号的带宽一般远大于原来基带消息的带宽，正弦消息角度调制信号的有效带宽可用卡尔森公式计算。

(4) 模拟调制系统的性能指标除了带宽要求外，抗干扰能力是一个重要指标。抗干扰指标用系统的信噪比增益来衡量。信噪比增益与解调方式有关。相干解调的双边带抑制载波调幅的信噪比增益为2，而单边带调幅的信噪比增益为1，但是由于单边带信号的带宽仅为双边带的一半，所以单边带信号解调输出信噪比与双边带抑制载波调幅的相同。对于普通调幅信号相干解调，其信噪比增益与调制度有关，一般小于双边带抑制载波调幅和单边带调幅的信噪比增益。

(5) 角度调制系统的信噪比增益一般远高于线性调制系统，它的信噪比增益与调制指数的立方成正比，但是这种信噪比增益是以所需传输带宽的增加为代价的。这验证了信息论中关于功率与频带宽度交换的原则。

在模拟调制技术领域有很多优秀著作可以参考，例如Proakis和Salehi[1]，Ziemer和Tranter[2]，Schwarts[3]，贝福德蒂[4]，樊昌信和曹丽娜[5]，曹志刚和钱亚生[6]，Carlson、Crilly和Rutledge[7]，Haykin[8]等的著作。

参考文献

[1] Proakis J G, Salehi M. Communication Systems and Engineering. 2nd ed. Upper Saddle River: Prentice Hall, 2002.

[2] Ziemer R E, Tranter W H. Principles of Communications: Systems, Modulation and Noise. 7th ed. New York: John Wiley & Sons, 2015.

[3] Schwarts M. Communications Systems and Techniques. Hoboken: Wiley-IEEE Press, 1995.

[4] 贝福德蒂. 通信系统理论讲座. 胡征,等译. 北京:人民邮电出版社,1965.

[5] 樊昌信,曹丽娜. 通信原理. 7版. 北京:国防工业出版社,2013.

[6] 曹志刚,钱亚生. 现代通信原理. 北京:清华大学出版社,2012.

[7] Carlson A B, Crilly P B, Rutledge J C. Communication Systems: An Introduction to Signals and Noise in Electrical Communication. 4th ed. New York: McGraw-Hill Book Company, 2002.

[8] Haykin S. Communication Systems. 4th ed. New York: John Wiley & Sons, 2015.

习 题

4-1 已知线性调制信号表示式如下:

(1) $\cos(2\pi\Delta t)\cos(2\pi f_c t)$;

(2) $[1+0.5\sin(2\pi\Delta t)]\cos 2\pi f_c t$。

式中,$f_c = 6\Delta$。试分别画出它们的波形图和频谱图。

4-2 根据题4-2图所示的调制信号波形,试画出DSB及AM信号的波形,并比较它们分别通过包络检波器后输出波形的差别。

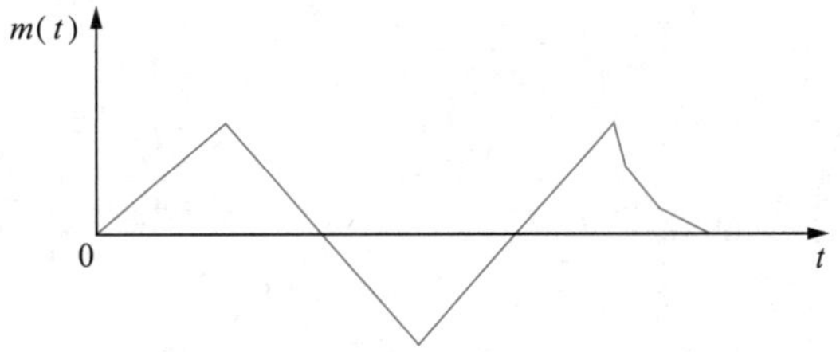

题4-2

4-3 已知调制信号 $m(t)=\cos(2000\pi t)+\cos(4000\pi t)$,载波为 $\cos(10^4\pi t)$,进行单边带调制,试确定该单边带信号的表示式,并画出频谱图。

4-4 调幅波通过残留边带滤波器产生残留边带信号,若此滤波器的传输函数 $H(f)$ 如题4-4图所示,当调制信号 $m(t)=A[\sin(100\pi t)+\sin(6000\pi t)]$ 时,试确定所得残留边带的表示式。

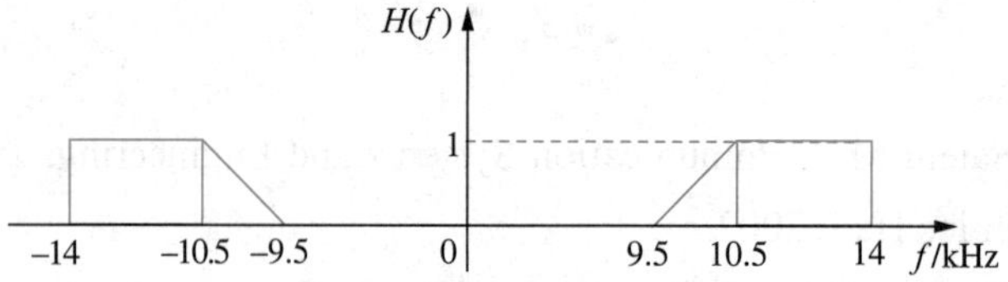

题4-4

4-5 某调制方框图如题4-5(a)图所示。已知$m(t)$的频谱如题4-5(b)图所示，载频$f_1 \ll f_2, f_1 > f_H$，且理想低通滤波器的截止频率为f_1。试求输出信号$s(t)$，并说明$s(t)$为何种已调制信号。

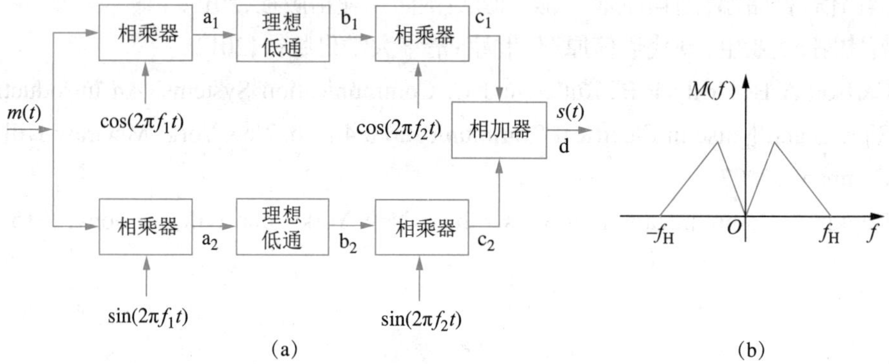

题4-5

4-6 某调制系统如题4-6图所示，为了在输出端同时得到$f_1(t)$和$f_2(t)$，试确定接收端的$c_1(t)$和$c_2(t)$。

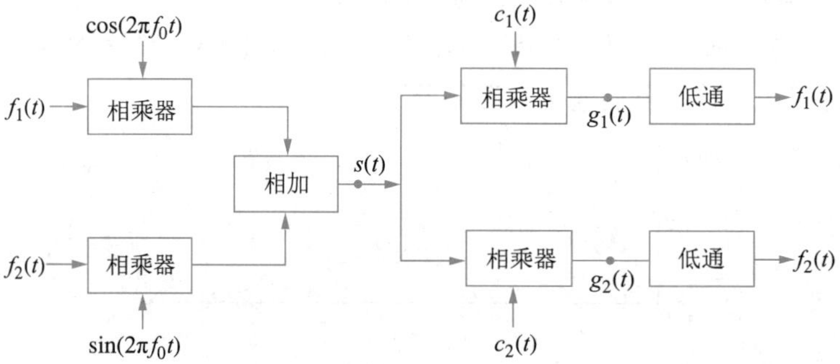

题4-6

4-7 设某信道具有均匀的双边噪声功率谱密度$P_n(f) = 0.5 \times 10^{-3}$ W/Hz，在该信道中传输抑制载波的双边带信号，并设调制信号$m(t)$的频带限制在5kHz内，而载波为100kHz，已调信号的功率为10kW。若接收机的输入信号在加至解调器之前，先经过带宽为10kHz的一理想带通滤波器滤波，试问：

(1) 该理想带通滤波器的中心频率为多大？

(2) 解调器输入端的信噪功率比为多少？

(3) 解调器输出端的信噪功率比为多少？

(4) 求出解调器输出端的噪声功率谱密度,并用图形表示出来。

4-8 若对某一信号用DSB进行传输,设加到接收机的调制信号$m(t)$的功率谱密度为

$$P_m(t)=\begin{cases}\dfrac{n_m}{2}\cdot\dfrac{|f|}{f_m}, & |f|\leqslant f_m\\ 0, & |f|>f_m\end{cases}$$

试求:(1) 接收机输入信号功率;

(2) 接收机输出信号功率;

(3) 若叠加在DSB信号上的白噪声具有双边功率谱密度$n_0/2$,设解调器输出接有截止频率为f_m的理想低通滤波器,那么输出信噪功率比是多少?

4-9 设某信道具有均匀的双边噪声功率谱密度$P_n(f)=0.5\times10^{-3}$W/Hz,在该信道中传输单边带(上边带)信号,并设调制信号$m(t)$的频带限制在5kHz内,而载波是100kHz,已调信号功率是10kW。若接收机的输入信号在加至解调器前,先经过带宽为5kHz的一理想带通滤波器滤波,试问:

(1) 该理想带通滤波器中心频率为多大?

(2) 解调器输入端的信噪功率比为多少?

(3) 解调器输出端的信噪功率比为多少?

4-10 某线性调制系统的解调输出信噪比为20dB,输出噪声功率为10^{-9}W,由发射机输出端到解调器输入端之间总的传输损耗为100dB,试求:

(1) DSB/SC时的发射机输出功率;

(2) SSB/SC时的发射机输出功率。

4-11 设调制信号$m(t)$的功率谱密度与题4-8相同,若用SSB调制方式进行传输(忽略信道的影响),试求:

(1) 接收机的输入信号功率;

(2) 接收机的输出信号功率;

(3) 若叠加于SSB信号的白噪声的双边功率谱密度为$n_0/2$,设解调器的输出端接有截止频率为f_m的理想低通滤波器,那么输出信噪功率比为多少?

(4) 该系统的调制制度增益G为多少?

4-12 设某信道具有均匀的双边噪声功率谱密度$P_n(f)=0.5\times10^{-3}$ W/Hz,在该信道中传输振幅调制信号,并设调制信号$m(t)$的频带限制于5kHz,载频是100kHz以内,边带功率为10kW,载波功率为40kW。若接收机的输入信号先经过一个合适的理想带通滤波器,然后至包络检波器进行解调。试求:

(1) 解调器输入端的信噪功率比;

(2) 解调器输出端的信噪功率比;

(3) 信噪比增益G。

4-13 设接收到的调幅信号为$s_m(t)=A[1+m(t)]\cos(\omega_c t)$,采用包络检波法解调,其中$m(t)$的功率谱与题4-8相同,若一双边功率谱密度为$n_0/2$的噪声叠加到已调信号上,试求解调输出信噪功率比。

4-14 设一个宽带调频系统,载波幅度为100V,频率为100MHz,调制信号$m(t)$的频带

限制为5kHz，$\overline{m^2(t)} = 5\,000\ V^2$，$k_f = 500\pi \text{rad}/(\text{s}\cdot\text{V})$，最大频偏$\Delta f = 75\text{kHz}$，并设信道中噪声功率谱密度是均匀的，其中$P_n(f) = 10^{-3}\text{W/Hz}$（单边功率谱密度），试求：

(1) 接收机输入端理想带通滤波器的传输特性$H(\omega)$；

(2) 解调器输入端的信噪功率比；

(3) 解调器输出端的信噪功率比；

(4) 若$m(t)$以振幅调制方式传输，并以包络检波器检波，试比较输出信噪比和所需带宽方面与调频有何不同。

4-15 设有一个频分多路复用系统，副载波用DSB/SC调制，主要载波用FM调制。如果有60路等幅的音频输入通路，每路频带限制在3.3kHz以下，防护频带为0.7kHz。

(1) 如果最大频偏为800kHz，试求传输信号的带宽；

(2) 试分析第60路与第1路相比，其输入信噪比降低的程度（假定鉴频器输入的噪声是白噪声，且解调器中无去加重电路）。

4-16 消息信号$m(t)=\cos(2000\pi t)+2\cos(4000\pi t)$，对载波$c(t)=100\cos(2\pi f_c t)$进行调制，以产生DSB信号$m(t)c(t)$，其中$f_c = 1\text{MHz}$。

(1) 试确定上边带（USB）信号的表达式；

(2) 确定并画出USB信号的频谱。

4-17 使用信号$m(t)=\cos(2000\pi t)+2\sin(2000\pi t)$调制一个800kHz的载波，以产生SSB AM信号。载波的振幅为$A_c = 100$。

(1) 试确定信号$\hat{m}(t)$；

(2) 试确定SSB AM信号下边带的（时域）表达式；

(3) 试确定SSB信号下边带的幅度谱。

4-18 一个残留边带调制系统如题4-18(a)图所示，消息信号$m(t)$的带宽是W，并且带通滤波器的传递函数如题4-18(b)图所示。

(1) 确定$h(t)$的等效低通传递函数$h_l(t)$，其中$h(t)$表示带通滤波器的脉冲响应；

(2) 推导出已调信号$u(t)$的表达式。

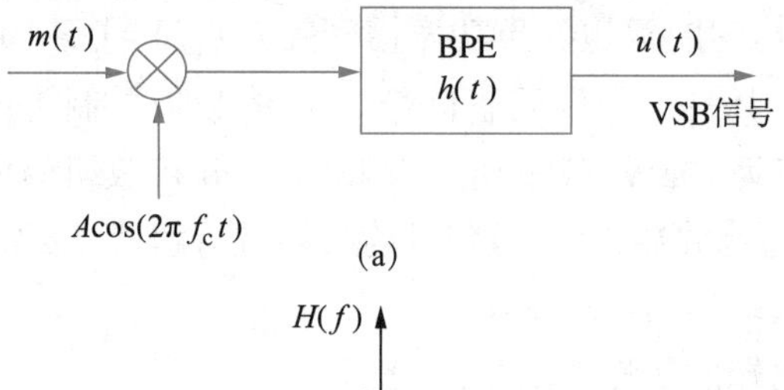

(a)

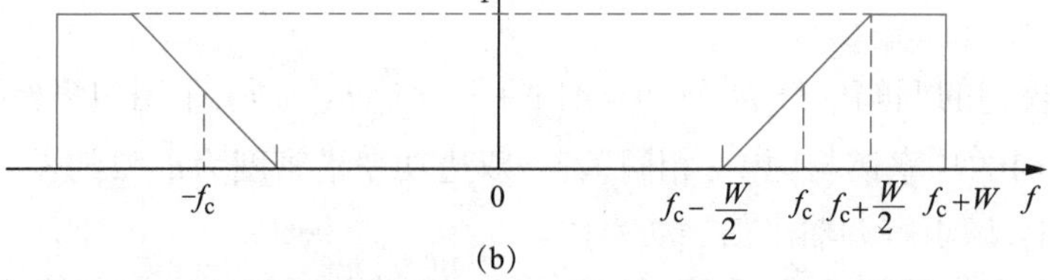

(b)

题4-18

4-19 消息信号 $m(t)$ 进入一个峰值频偏为 $f_d = 25\text{Hz/V}$ 的调制器，如题4-19图所示。画出以Hz表示的频率偏移和以rad表示的相位偏移。

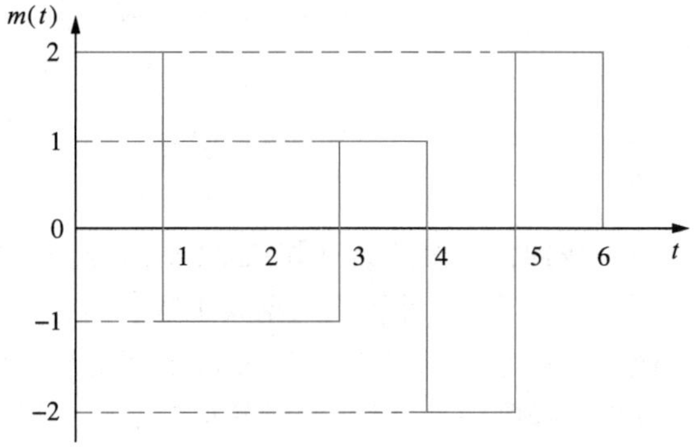

题4-19

第5章 模拟信号的数字化

信源所送出的消息分为两大类：模拟消息和数字消息。例如，原始的语音信号和图像信号属于模拟消息，而计算机数据属于数字消息。若输入是模拟消息，则在数字通信中首先要把它数字化，变成数字消息。模拟消息数字化有三大步骤：首先对模拟信号抽样，用时间离散的消息样本值表示时间连续的信号；然后对样本值进行量化，即把样本幅度值用有限数目的离散电平值近似；最后对这有限个量化电平值用数字编码，从而得到模拟消息的数字表示。编码的方法直接与传输效率有关，为了进一步提高传输效率，常常需要对数字消息进一步进行压缩编码。本章的内容就是关于模拟信号数字化的技术。

5-1 把模拟信号变成数字信号

§5.1 模拟信号的抽样

5.1.1 低通信号的抽样

5-2 模拟信号的抽样

设$m(t)$为低通信号，即它的频谱分量限于$\left[0,f_H\right]$，其中f_H小于载频f_c。对低通信号$m(t)$每隔T_s时间采一次样（见图5.1.1），这相当于把$m(t)$与一个脉冲序列$\delta_{T_s}(t)$相乘，即

$$m_s(t)=m(t)\times\delta_{T_s}(t)$$
$$=\sum_{n=-\infty}^{\infty}m(nT_s)\delta(t-nT_s) \quad (5.1.1)$$

其中，$\delta_{T_s}(t)=\sum_{n=-\infty}^{\infty}\delta(t-nT_s)$。 (5.1.2)

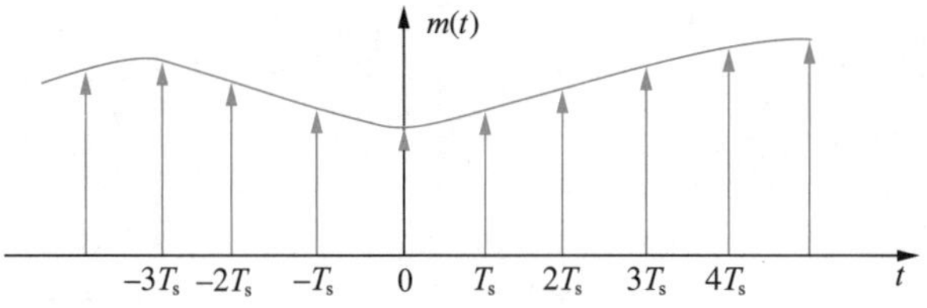

图5.1.1 低通信号采样

$m_s(t)$的Fourier变换为$M_s(f)$，$m_s(t)\Leftrightarrow M_s(f)$，由泊松公式得

$$M_s(f)=\frac{1}{T_s}\sum_{l=-\infty}^{\infty}M\left(f-\frac{l}{T_s}\right)$$
$$=\frac{1}{T_s}\sum_{l=-\infty}^{\infty}M(f-lf_s) \quad (5.1.3)$$

其中，$f_s=1/T_s$，$M(f)$是$m(t)$的Fourier变换，$M(f)\Leftrightarrow m(t)$。可以用低通滤波器把

$M(f)$从$M_s(f)$中滤取出来，如图5.1.2所示。图5.1.3表示采样过程的相关频谱。

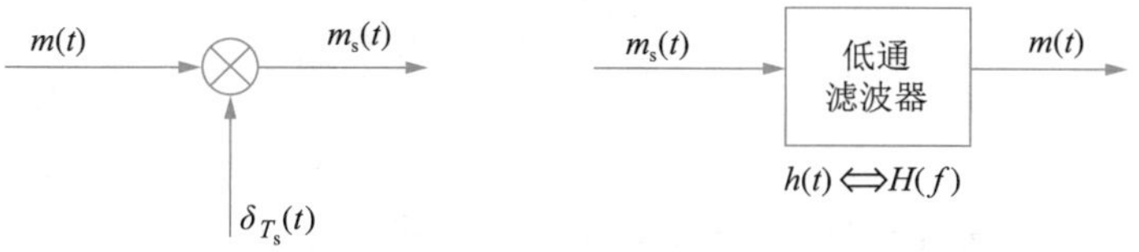

图5.1.2　低通信号采样和恢复

由图5.1.3可见，为了从采样序列频谱$M_s(f)$中滤出低频信号$m(t)$，要求抽样序列$m_s(t)$的频谱不相交叠，即要求$f_s \geqslant 2f_H$，其中f_H是低通信号的带宽，即要求

$$T_s \leqslant \frac{1}{2f_H} \tag{5.1.4}$$

所以抽样频率应不低于信号带宽的2倍。

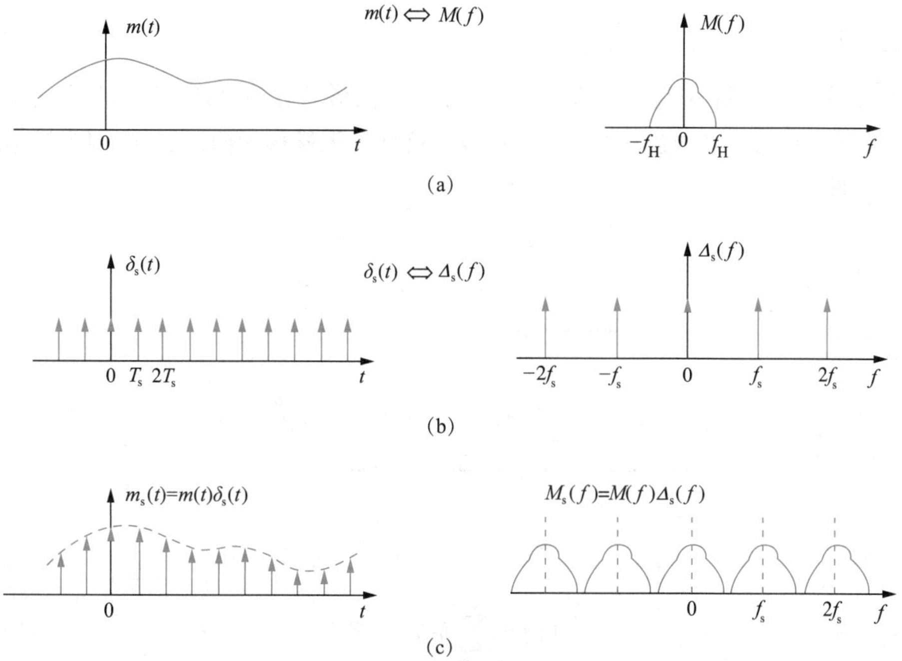

图5.1.3　采样序列和它的频谱

为了从$m_s(t)$中恢复出原来信号$m(t)$，只要使$m_s(t)$通过截止频率为f_H的理想低通滤波器。设低通滤波器的传递函数$H(f)$如图5.1.4所示，即

$$H(f)=\begin{cases}1, & |f| \leqslant f_H \\ 0, & |f| > 0\end{cases} \tag{5.1.5}$$

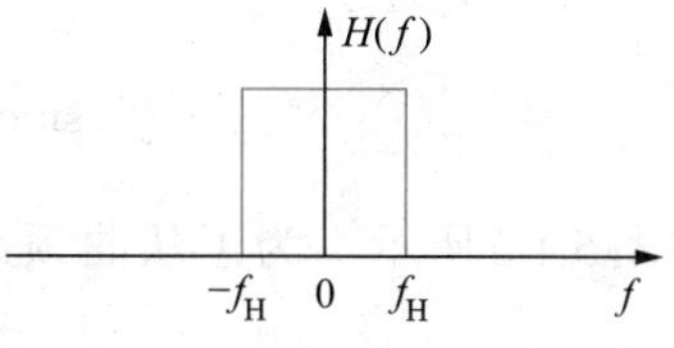

图5.1.4　理想低通滤波器

则对应的脉冲响应为

$$h(t)=\frac{\sin(2\pi f_{\mathrm{H}}t)}{\pi t}=2f_{\mathrm{H}}\operatorname{sinc}(2f_{\mathrm{H}}t) \tag{5.1.6}$$

输出信号为

$$\begin{aligned} m_{\mathrm{s}}(t)h(t) &= \sum_{n=-\infty}^{\infty} m(nT_{\mathrm{s}})\delta(t-nT_{\mathrm{s}})h(t) \\ &= 2f_{\mathrm{H}}\sum_{n=-\infty}^{\infty} m(nT_{\mathrm{s}})\operatorname{sinc}\left[2f_{\mathrm{H}}(t-nT_{\mathrm{s}})\right] \end{aligned} \tag{5.1.7}$$

取 $2f_{\mathrm{H}}=f_{\mathrm{s}}$，则

$$m_{\mathrm{s}}(t)h(t)=\frac{1}{T_{\mathrm{s}}}\sum_{n=-\infty}^{\infty} m(nT_{\mathrm{s}})\operatorname{sinc}\left[2f_{\mathrm{H}}(t-nT_{\mathrm{s}})\right]=\frac{1}{T_{\mathrm{s}}}m(t) \tag{5.1.8}$$

相应的频谱是$\frac{1}{T_{\mathrm{s}}}M(f)$，它正好是$m_{\mathrm{s}}(t)h(t)$的Fourier变换。

1. 曲顶抽样

实际抽样不可能用理想δ函数，而是采用一定波形的脉冲序列。设采样脉冲$s(t)$为矩形脉冲序列，则其采样过程如图5.1.5所示，这样的采样称为曲顶采样，因为样本脉冲的顶部是曲线。

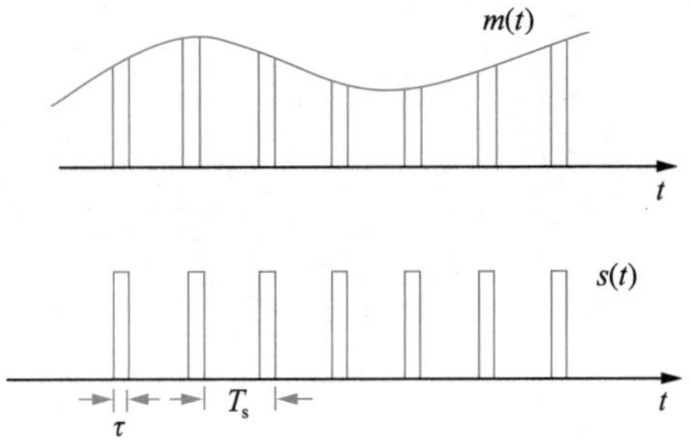

图5.1.5　曲顶抽样

$$s(t)=\sum_{n=-\infty}^{\infty} h(t-nT_{\mathrm{s}}) \tag{5.1.9}$$

$$h(t)=\begin{cases} A, & |t|\leqslant \tau/2 \\ 0, & |t|>\tau/2 \end{cases} \tag{5.1.10}$$

则

$$H(f)=A\tau\operatorname{sinc}(f\tau) \tag{5.1.11}$$

于是

$$m_{\mathrm{s}}(t)=m(t)s(t)=\sum_{n=-\infty}^{\infty} m(t)h(t-nT_{\mathrm{s}}) \tag{5.1.12}$$

所以

$$\begin{aligned} M_{\mathrm{s}}(f) &= \frac{1}{T_{\mathrm{s}}}\sum_{l=-\infty}^{\infty} H(lf_{\mathrm{s}})M(f-lf_{\mathrm{s}}) \\ &= \frac{A\tau}{T_{\mathrm{s}}}\sum_{l=-\infty}^{\infty} M(f-lf_{\mathrm{s}})\operatorname{sinc}(lf_{\mathrm{s}}\tau) \end{aligned} \tag{5.1.13}$$

曲顶采样序列的频谱如图5.1.6所示。为了从曲顶采样序列中恢复出低通信号$m(t)$，要求频谱不重叠，即

$$f_s \geqslant 2f_H, \text{或} T \leqslant \frac{1}{2f_H} \tag{5.1.14}$$

于是用截止频率为f_H的低通滤波器,可以滤出低通信号$m(t)$。

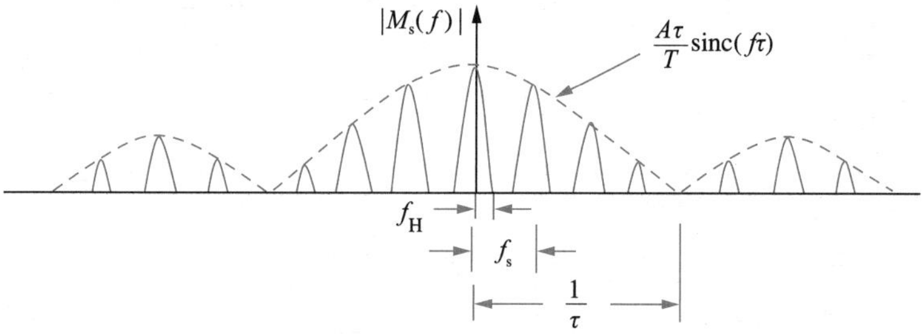

图5.1.6 曲顶采样序列的频谱

2. 平顶抽样

通常,抽样器通过采样保持电路获得平顶抽样,其电路和波形如图5.1.7所示。

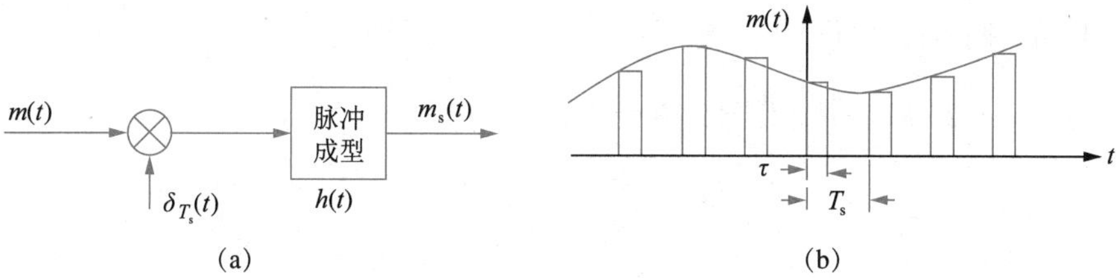

图5.1.7 平顶采样电路及其波形

所以
$$m_s(t)=h(t)\sum_{n=-\infty}^{\infty}m(nT_s)\delta(t-nT_s) \tag{5.1.15}$$

$$M_s(f)=H(f)\sum_{n=-\infty}^{\infty}\frac{1}{T_s}M(f-nf_s) \tag{5.1.16}$$

其中$H(f)\Leftrightarrow h(t)$。当$h(t)=\begin{cases}1, & |t|<\tau \\ 0, & |t|>\tau\end{cases}$时,有$H(f)=\tau\mathrm{sinc}(\tau f)$。

所以,当$f_s \geqslant 2f_H$或$T_s \leqslant \frac{1}{2f_H}$时,可以用截止频率为$f_H$的低通滤波器滤出$\frac{1}{T_s}H(f)M(f)$。

因此,采用平顶采样时,用理想低通滤波器恢复信号有失真,必须在低通滤波之前用频率响应为$1/H(f)$的网络进行校正,如图5.1.8所示。

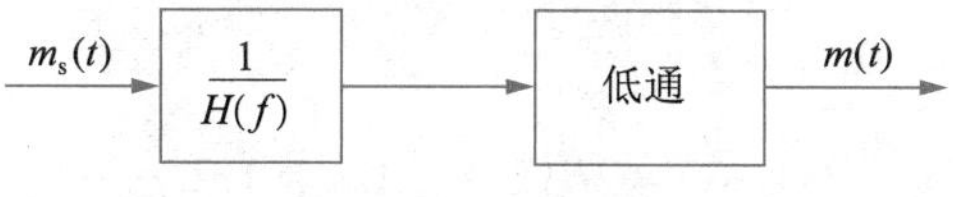

图5.1.8 平顶抽样信号的校正和恢复

5.1.2　带通信号的抽样

设带通信号$s(t)$的频谱$S(f)$限制在$f_L \leqslant |f| \leqslant f_H$，带宽为$B = f_H - f_L$，如图5.1.9所示。

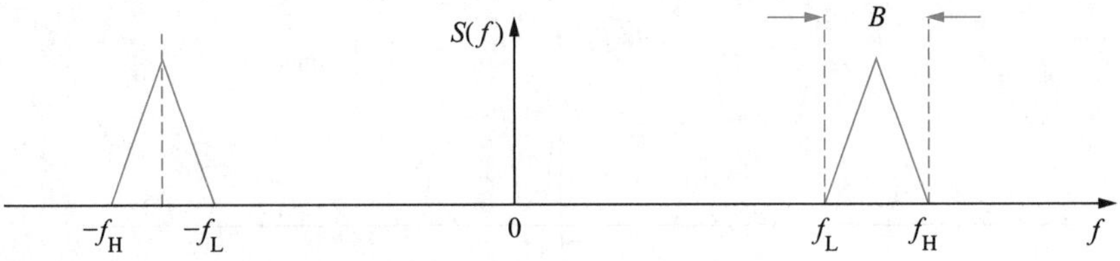

图5.1.9　带通信号频谱

信号$s(t)$经抽样频率为f_s的脉冲序列抽样后，它的频谱为

$$\frac{1}{T_s}\sum_{l=-\infty}^{\infty} S(f - lf_s) \tag{5.1.17}$$

如果要求从抽样序列中不失真地恢复出原来信号$s(t)$，则要求$\sum\limits_{n=-\infty}^{\infty} S(f - nf_s)$不相重叠。下面我们考虑如何选取$f_s$，使$\sum\limits_{n=-\infty}^{\infty} S(f - nf_s)$不相重叠。

(1)当$2f_H = 2nB$时，带通信号的频谱如图5.1.10所示。

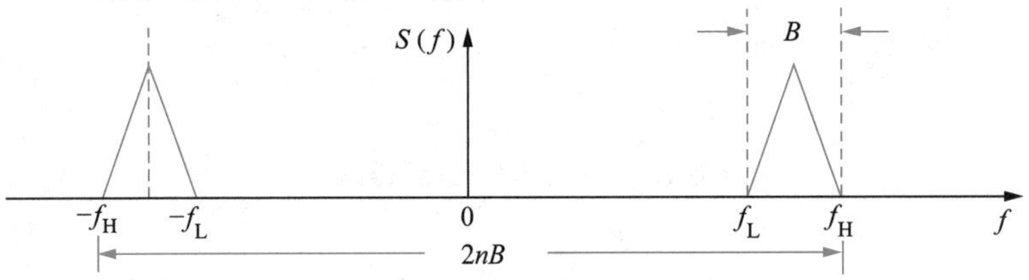

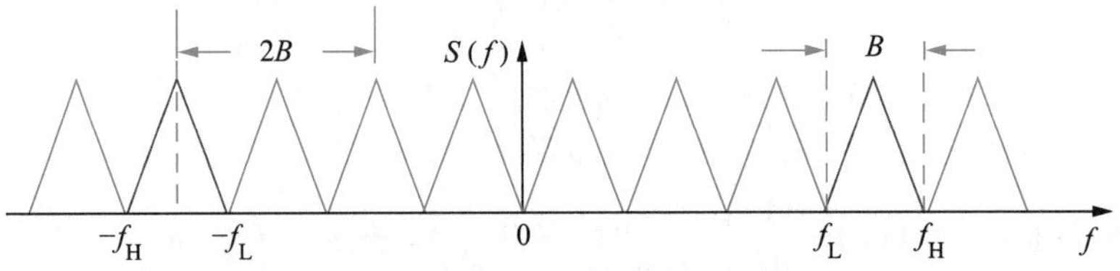

图5.1.10　$2f_H = 2nB$时带通信号及其抽样序列的频谱

从图5.1.10可见，若选$f_s = 2B$或$T_s = \dfrac{1}{2B}$，则可以保证平移后的频谱不相重叠。这时可以用通带为$f_L \sim f_H$的带通滤波器选出这个带通信号。

(2)当$f_H = nB + kB, 0 < k < 1$时，带通信号的频谱如图5.1.11所示。

同样从图5.1.11可以看到，如果抽样频率f_s满足$nf_s = 2f_H$，则频谱在搬移过程中不会发生重叠。所以

$$f_s = \frac{2f_H}{n} = 2B\left(1 + \frac{k}{n}\right), n = 1, 2, \cdots \tag{5.1.18}$$

当$n = 1$，k从$0 \to 1$时，f_s从$2B \to 4B$；当$n = 2$，k从$0 \to 1$时，f_s从$2B \to 3B$；一般地，$n \geqslant 1$，k从$0 \to 1$，f_s从$2B \to 2B\left(1 + \dfrac{1}{n}\right)$。

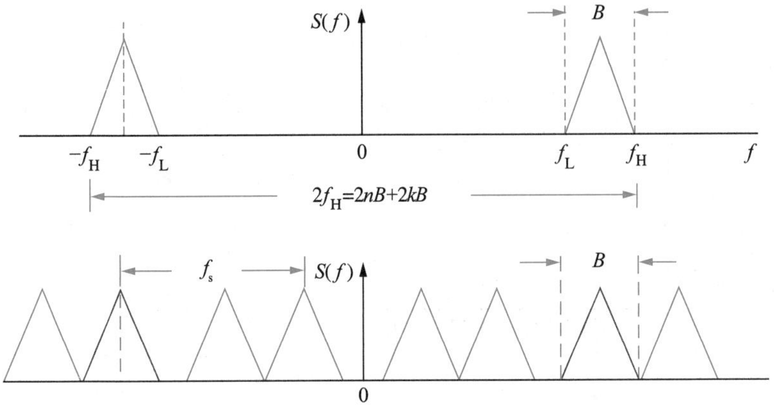

图5.1.11　$f_H = nB + kB$时带通信号的频谱

所以对带通信号抽样,不产生混叠的抽样频率如图5.1.12所示。

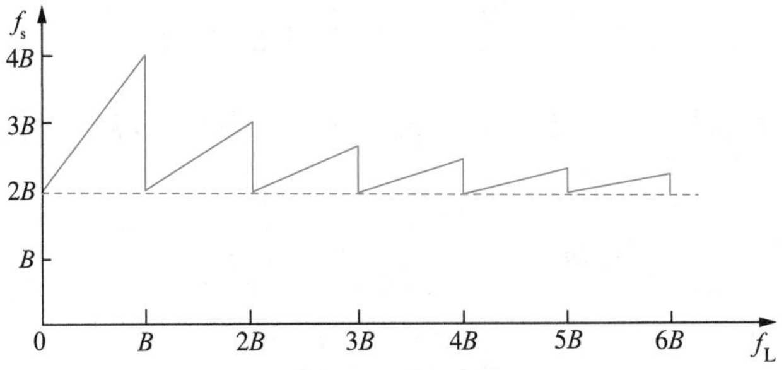

图5.1.12　带通信号无混叠采样频率

注意:低通信号的不重叠抽样频率要求$f_s \geq 2B$,带通信号则要求$f_s = 2B\left(1 + k/n\right)$,其中等号要求严格成立。

§5.2　模拟值的量化

5-3模拟值的量化

模拟信号经采样后所得的样本值通常是一个实数,如果不限定精度,则需要无限多位二进制数字(比特)来表示它。为了传输这个样本值,就必须以一定精度来表示这个样本值,这就是量化,也是一种近似。若限定只使用N个二进制数字(即N比特)表示一个采样值,则意味着采样值仅能用$M = 2^N$个不同电平来近似。我们把连续样本值可能的取值区间分成M部分(M个子区间),落入某一子区间的样本值都用某一个固定的量化值(恢复值)表示。如图5.2.1所示,采样值$s(kT)$的取值范围为$m_0 = -\infty$到$m_8 = \infty$,把(m_0, m_8)分成8部分。在每个子区间中取一个代表点(恢复值),比如在$\left[m_i, m_{i+1}\right]$区间中对应的代表点为$q_{i+1}$,于是凡是采样值处于$m_i \leq s(kT) < m_{i+1}$,就用$q_{i+1}$代表它,也就是把它量化成$q_{i+1}$,记为

$$\hat{s}(kT) = q_{i+1}, m_i \leq s(kT) < m_{i+1} \tag{5.2.1}$$

显然量化是有误差的,量化误差为

$$\Delta = s(kT) - \hat{s}(kT) \tag{5.2.2}$$

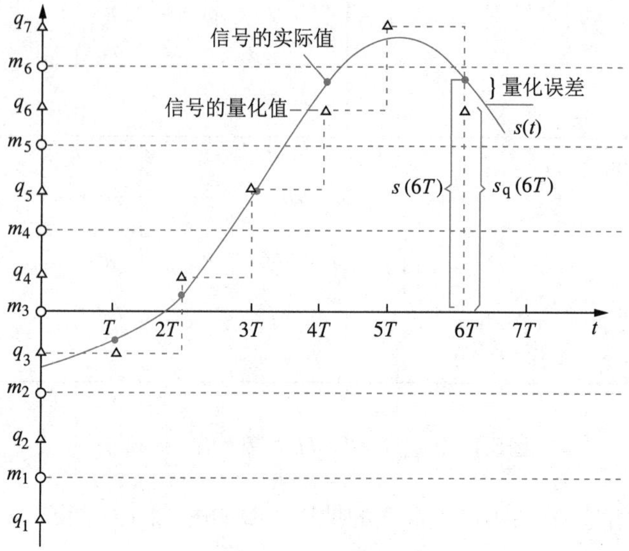

图5.2.1　信号样本的量化和量化误差

信号量化是通过量化器完成的,如图5.2.2所示。其中,$x(kT)$为量化器输入,$\hat{x}(kT)$为量化器输出。

图5.2.2　量化器

量化特性由量化器的量化曲线表示,如图5.2.3所示。

对于M电平量化,有

$$\hat{x}(kT)=\hat{x}_i,\ a_{i-1}\leqslant x(kT)<a_i,\ i=1,2,\cdots,M \tag{5.2.3}$$

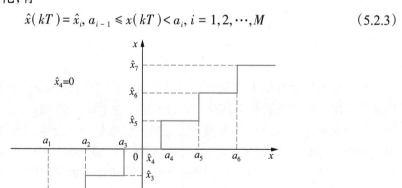

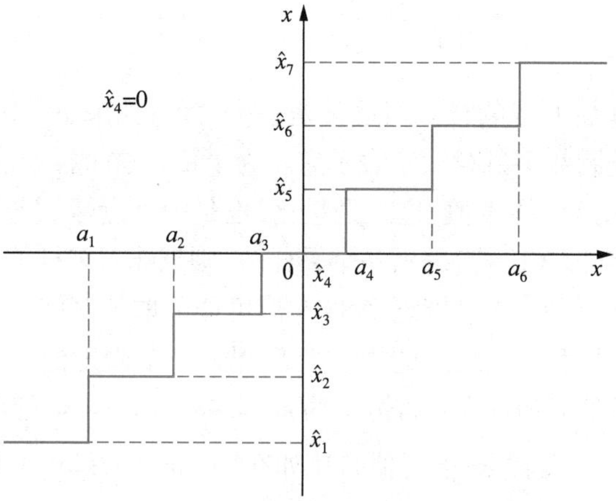

图5.2.3　量化曲线

量化性能用量化信噪比表示：

$$(S/N)_Q = \frac{P_s}{P_{N_Q}} = \frac{E\left[x^2(kT)\right]}{E\left\{\left[x(kT) - \hat{x}(kT)\right]^2\right\}} \tag{5.2.4}$$

这里采用均方误差值，是由于$x(kT)$通常是随机变量。

5.2.1 均匀量化

设输入信号随机变量X的取值范围为$[a,b]$，采用M电平均匀量化，量化间隔为

$$\Delta v = (b - a)/M \tag{5.2.5}$$

当$m_{i-1} \leqslant X < m_i$时，量化器输出为

$$\hat{X} = q_i, i = 1,2,\cdots,M \tag{5.2.6}$$

其中

$$m_i = a + \Delta v \cdot i,\ i = 0,1,\cdots,M \tag{5.2.7}$$

且$m_0 = a,\ m_M = b$。

量化误差值为

$$\Delta = X - \hat{X} \tag{5.2.8}$$

则量化噪声功率为

$$\begin{aligned} P_{N_Q} &= E\left[\left(X - \hat{X}\right)^2\right] \\ &= \int_a^b (x - \hat{x})^2 p(x)\,\mathrm{d}x \\ &= \sum_{i=1}^{M} \int_{m_{i-1}}^{m_i} (x - q_i)^2 p(x)\,\mathrm{d}x \end{aligned} \tag{5.2.9}$$

其中$p(x)$为输入X的概率分布密度。

若X是$[-A,A]$上均匀分布的随机变量，即

$$p(x) = \begin{cases} \dfrac{1}{2A}, & -A \leqslant x \leqslant A \\ 0, & 其他 \end{cases} \tag{5.2.10}$$

则量化间隔为$\Delta v = 2A/M$。

如果量化恢复电平取为

$$q_i = a + \Delta v \cdot i - \frac{\Delta v}{2} \tag{5.2.11a}$$

即

$$q_i = \frac{1}{2}(m_{i-1} + m_i) \tag{5.2.11b}$$

则可以计算出量化噪声功率为

$$P_{N_Q} = \frac{(\Delta v)^2}{12} = \frac{A^2}{3M^2} \tag{5.2.12}$$

显然，输入信号功率为

$$P_s = E\left[X^2\right] = \frac{A^2}{3} \tag{5.2.13}$$

所以

$$(S/N)_Q = M^2 = 20\log_{10} M(\mathrm{dB}) \tag{5.2.14}$$

当量化电平数M增加时，量化误差减小。

对于固定的均匀量化来说，一个最大缺点是对于小信号量化时信噪比变差。

5.2.2 最佳标量量化

前面讲的量化都是针对一个随机变量的量化，称为标量量化。我们已经知道，均匀量化的性能不是很好，事实上如果我们知道随机变量的概率分布，则对于给定的量化电平数，我们可以构成量化误差功率最小的最佳量化器。下面我们讨论最佳量化器的特点。

设随机变量X的概率分布为$p_X(x)$，取值范围为$(-\infty,\infty)$。N电平量化把实数轴分为N部分：

$$-\infty < a_1 < a_2 < a_3 \cdots < a_{N-1} < \infty \tag{5.2.15}$$

相应的恢复电平为

$$\hat{x}_1,\hat{x}_2,\hat{x}_3,\cdots,\hat{x}_N \tag{5.2.16}$$

于是平均量化误差功率为

$$D=\int_{-\infty}^{a_1}(x-\hat{x}_1)^2 p_X(x)\,\mathrm{d}x+\sum_{i=1}^{N-2}\int_{a_i}^{a_{i+1}}(x-\hat{x}_{i+1})p_X(x)\,\mathrm{d}x+\int_{a_{N-1}}^{\infty}(x-\hat{x}_N)^2 p_X(x)\,\mathrm{d}x \tag{5.2.17}$$

在式(5.2.15)和式(5.2.16)中有$2N-1$个变量，$\hat{x}_1,\hat{x}_2,\hat{x}_3,\cdots,\hat{x}_N$和$a_1,a_2,a_3,\cdots,a_{N-1}$，问题是如何选定这$2N-1$个变量，使$D$最小。首先把$D$对$a_i$微分，且置偏导数为零，则

$$\frac{\partial}{\partial a_i}D=p_X(a_i)\left[(a_i-\hat{x}_i)^2-(a_i-\hat{x}_{i+1})^2\right]=0$$

得到

$$a_i=\frac{1}{2}(\hat{x}_i+\hat{x}_{i+1}) \tag{5.2.18}$$

这表明在最佳量化器中，量化器的边界点等于相邻两个量化恢复值的平均数。下面确定$\{\hat{x}_i\}$值，记$a_0=-\infty, a_N=+\infty$，则得到

$$\frac{\partial}{\partial \hat{x}_i}D=\int_{a_{i-1}}^{a_i}2(x-\hat{x}_i)p_X(x)\,\mathrm{d}x=0 \tag{5.2.19}$$

所以

$$\begin{aligned}\hat{x}_i&=\frac{\int_{a_{i-1}}^{a_i}xp_X(x)\,\mathrm{d}x}{\int_{a_{i-1}}^{a_i}p_X(x)\,\mathrm{d}x}=\frac{\int_{a_{i-1}}^{a_i}xp_X(x)\,\mathrm{d}x}{P\left(a_{i-1}<X\leqslant a_i\right)}\\&=\int_{a_{i-1}}^{a_i}x\frac{p_X(x)}{P\left(a_{i-1}<X\leqslant a_i\right)}\mathrm{d}x\\&=\int_{-\infty}^{\infty}xp_X\left(x\middle|a_{i-1}<X\leqslant a_i\right)\mathrm{d}x\\&=E\left[X\middle|a_{i-1}<X\leqslant a_i\right]\end{aligned} \tag{5.2.20}$$

其中

$$p_X\left(x\middle|a_{i-1}<X\leqslant a_i\right)=\begin{cases}\dfrac{p_X(x)}{P(a_{i-1}<X\leqslant a_i)}, & a_{i-1}<x\leqslant a_i\\ 0, & \text{其他}\end{cases} \tag{5.2.21}$$

是条件概率密度。故最佳量化器的恢复值是条件均值，相当于分布质量线段的质心位置。

式(5.2.18)和式(5.2.20)给出了最佳标量量化器的两个必要条件，它们被称为Lloyd-Max条件：

(1) 量化区间的边界是相应两个量化恢复值的中点；

(2) 量化恢复值等于量化区间的质心位置。

虽然上面两个性质非常简单，但无法给出一个闭合公式表示，通常通过迭代方法逐次逼近最佳值。首先选定一组量化边界点初始值：

$$a_{01}, a_{02}, a_{03}, \cdots, a_{0N-1}$$

其次按Lloyd-Max条件(2)求出相的质心位置：

$$\hat{x}_{01}, \hat{x}_{02}, \hat{x}_{03}, \cdots, \hat{x}_{0N}$$

再次Lloyd-Max条件(1)，求出质心之间的中间点，作为新的量化边界点：

$$a_{11}, a_{12}, a_{13}, \cdots, a_{1N-1}$$

最后求新量化区域的质心位置。如此循环往复，最后逼近最佳值。

例5.2.1 设高斯随机变量$X \sim N(0,400)$，即

$$p_X(x) = \frac{1}{\sqrt{800\pi}} \exp\left(-\frac{x^2}{800}\right), \quad -\infty < x < \infty$$

若采用$N = 8$电平均匀量化，则边界点和恢复点为

$$a_1 = -60, a_2 = -40, a_3 = -20, a_4 = 0, a_5 = 20, a_6 = 40, a_7 = 60$$

$$\hat{x}_1 = -70, \hat{x}_2 = -50, \hat{x}_3 = -30, \hat{x}_4 = -10, \hat{x}_5 = 10, \hat{x}_6 = 30, \hat{x}_7 = 50, \hat{x}_8 = 70$$

相应的均方误差为

$$D = 33.38$$

若采用$N = 8$电平的最佳量化器，则边界点和恢复点为

$$a_1 = -a_7 = -34.96, a_2 = -a_6 = -21, a_3 = -a_5 = -10.012, a_4 = 0$$

$$\hat{x}_1 = -\hat{x}_8 = -43.04, \hat{x}_2 = -\hat{x}_7 = -26.88, \hat{x}_3 = -\hat{x}_6 = -15.12, \hat{x}_4 = -\hat{x}_5 = -4.902$$

相应的均方误差为

$$D = 13.816$$

所以最佳量化器的均方误差明显减小。

5.2.3 矢量量化

在标量量化中，每次信源输出1个离散时间的样本值，经量化器后被量化成有限个电平之一。例如，图5.2.4所示的量化器把每个样本值量化成4个电平之一，因此每个样本量化值可以用2比特表示。

如果我们现在每次把两个信源输出样本值x_1, x_2送入量化器，这两个样本值对应平面上一点(x_1, x_2)，如果仍按图5.2.4所示的量化方式对每个分量量化，这实际上相当于把平面分成图5.2.5所示的16块矩形区域$\{R_i, i = 1, 2, \cdots, 16\}$，每个区域$R_i$中选一个代表再生恢复点$(\hat{x}_{1i}, \hat{x}_{2i}) \in R_i$，其中$\hat{x}_{1i}, \hat{x}_{2i}$可取图5.2.4所示标量量化器的4个可能恢复值。但是显然我们也可以把平面划分成任何其他形状的16个区域，并在每个区域中选取适当点代表恢复值，如图5.2.6所示。因此有可能获得一种比矩形区域划分更好的二维矢量量化器。

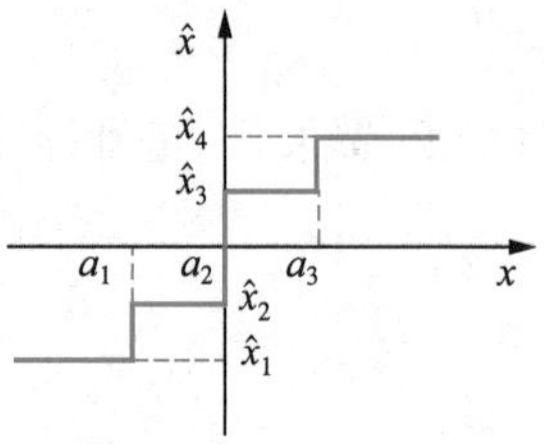

图5.2.4　四电平量化器

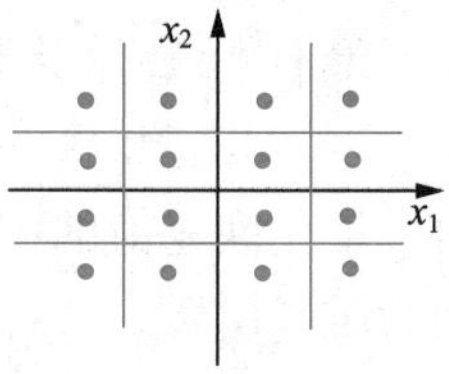

图5.2.5　二维矢量量化器

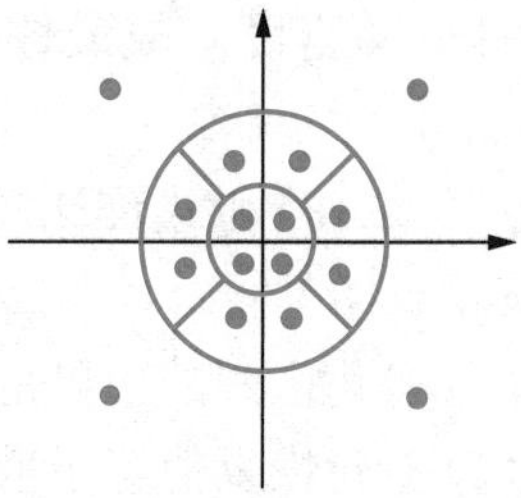

图5.2.6　另一种二维矢量量化器

更一般地，我们可以每次把n个信源样本值作为一组输入量化器，进行n维矢量量化。这时矢量量化过程描述如下：

把n维空间R^n划分为M个区域$\{R_i, 1 \leqslant i \leqslant M\}$，在每个区域中选一个代表再生恢复点$\hat{\boldsymbol{x}}_i^n \in R_i, 1 \leqslant i \leqslant M$。这$M$个再生恢复点组成一部码书，$C = \{\hat{\boldsymbol{x}}_i^n, i = 1,2,\cdots,M\}$。每组长度为$n$的信源输出样本用矢量$\boldsymbol{x}^n = (x_1, x_2, \cdots, x_M)$表示，如果样本矢量$\boldsymbol{x}^n \in R_i$，则这个样本矢量就量化成$\hat{\boldsymbol{x}}_i^n$，实际上量化器只要输出下标$i$就可以表示这个恢复值，把这个下标$i$送到接收端，在接收端就可以恢复出再生值$\hat{\boldsymbol{x}}_i^n$，因为接收端和发送端都具有同样的码书$C$。矢量量化器$Q$由编码器和译码器组成。矢量量化器$Q$的编码$f(\cdot)$就是把$R^n$映射到有限标号集合$\{1,2,3,\cdots,M\}$，即

$$f(\boldsymbol{x}^n) = i, \ \boldsymbol{x}^n \in R_i \tag{5.2.22}$$

而接收端的解码$g(\cdot)$是有限标号集合$\{1,2,3,\cdots,M\}$到R^n的一个映射，

$$g(i) = \hat{\boldsymbol{x}}_i^n, \ i = 1,2,\cdots,M \tag{5.2.23}$$

把编码和译码结合在一起，就构成如图5.2.7所示的量化器。

$$Q(\boldsymbol{x}^n) = g\left[f(\boldsymbol{x}^n)\right] = g(i) = \hat{\boldsymbol{x}}_i^n, \ \boldsymbol{x}^n \in R_i \tag{5.2.24}$$

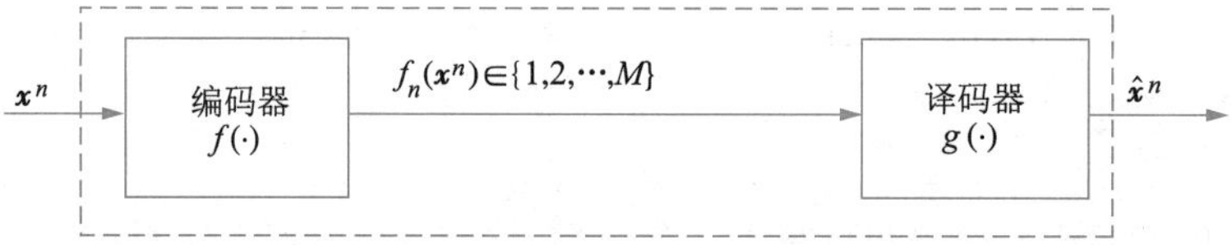

图5.2.7　量化器组成

量化器只可能输出M个可能值，所以只要用$\log_2 M$比特就可以表示一个量化值，于是平均表示每个样本量化值需要的比特数为

$$R = \frac{\log_2 M}{n}（比特/样本） \tag{5.2.25}$$

其中R称为量化器的码率。对于每个样本，量化引起的平均失真（量化噪声）为

$$D = \frac{1}{n} E\left[d(\boldsymbol{x}^n, \hat{\boldsymbol{x}}^n)\right] \tag{5.2.26}$$

其中$d(\boldsymbol{x}^n, \hat{\boldsymbol{x}}^n)$表示样本信号矢量$\boldsymbol{x}^n$与恢复矢量$\hat{\boldsymbol{x}}^n$之间的失真，一般采用平方误差

$$d(\boldsymbol{x}^n, \hat{\boldsymbol{x}}^n) = \left\|\boldsymbol{x}^n - \hat{\boldsymbol{x}}^n\right\|^2 = \sum_{i=1}^{n}(x_i - \hat{x}_i)^2 \tag{5.2.27}$$

式(5.2.26)中E表示对于$\boldsymbol{x}^n$求平均,因此平均每样本失真可写为

$$D=\frac{1}{n}\iint\cdots\int\left\|\boldsymbol{x}^n-\hat{\boldsymbol{x}}^n\right\|^2 p(\boldsymbol{x}^n)\mathrm{d}\boldsymbol{x}^n \tag{5.2.28}$$

所以,对于给定的码率R,最佳n维矢量量化器就是最佳地把R^n划分成$M=2^{nR}$个区域,同时在每个区域选取最佳恢复点,使均方误差最小。

显然在n很大时,寻找最佳矢量量化器是非常复杂的,但原则上我们仍然可以采用最佳标量量化中用过的方法寻求最佳矢量量化器。

(1)在R^n中任意选定M个恢复点$\hat{\boldsymbol{x}}_i, i=1,2,\cdots,M$。

(2)确定区域$R_i, i=1,2,\cdots,M$:R_i是R^n中所有离$\hat{\boldsymbol{x}}_i$比离其他$\hat{\boldsymbol{x}}_j(j\neq i)$更近的点所组成的,即

$$R_i=\left\{\boldsymbol{x}^n\in R^n:\left\|\boldsymbol{x}^n-\boldsymbol{x}_i^n\right\|^2<\left\|\boldsymbol{x}^n-\boldsymbol{x}_j^n\right\|^2,\forall i\neq j\right\} \tag{5.2.29}$$

(3)对于所选定的区域划分,选取新的恢复点为所划分子区域的质心位置,即

$$\hat{\boldsymbol{x}}_i^n=\frac{1}{P(\boldsymbol{x}^n\in R_i)}\iint\cdots\int\boldsymbol{x}^n\cdot f_{X^n}(\boldsymbol{x}^n)\mathrm{d}\boldsymbol{x}^n \tag{5.2.30}$$

其中$f_{X^n}(\boldsymbol{x}^n)$是$\boldsymbol{x}^n$的概率密度函数。

(4)根据新的恢复点再按(2)确定新的区域划分,如此迭代循环可以得到最佳矢量量化器。

对于给定的码率R,当矢量量化器的维数趋于无限大时,相应的最佳矢量量化器的平均每样本失真趋于一个极限$D(R)$,这个极限表示所有码率为R的压缩编码器(量化器)都不能逾越的最小失真值。人们常使用$D(R)$的反函数$R(D)$,它表示所有平均失真不大于D的压缩编码器的码率均不能够低于$R(D)$。这就是著名的香农的率失真理论。

矢量量化被广泛应用于语音、图像编码中。如果信号相邻样本值之间具有相关性,则矢量量化器更为有效。

5.2.4 非均匀标量量化

均匀量化的缺点在于对小信号量化性能变差;而最佳标量量化必须知道被量化量的概率分布,同时没有闭合的公式解。对于通常的语音信号,一般没有合适的概率分布近似,而且我们知道语音信号中出现小信号的概率比较大,所以要采用各种非均匀量化方法,使得对小信号量化间隔变细,从而减少误差;对于大信号来说,量化间隔要适当放大。一般对于非均匀量化来说先对输入信号x进行非线性变换(称为非线性压缩),得到

$$y=f(x), x=f^{-1}(y) \tag{5.2.31}$$

然后对y实行均匀量化,如图5.2.8所示。

从图5.2.8看出,y轴的刻度是均匀的,对应的横轴x是非均匀的,而且输入电压x越小,量化间隔越小。

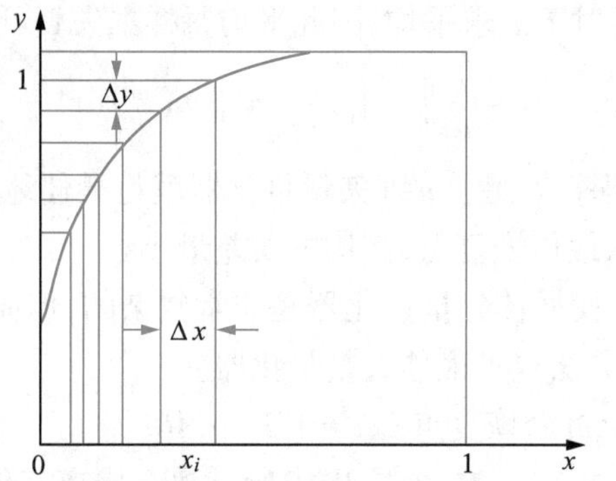

图5.2.8　非线性压缩特性

从图5.2.8还可看出，当量化区间分得细时，可以把每量化区间中的压缩特性曲线近似为一条直线，在该量化区间中

$$\frac{\Delta y}{\Delta x}=\frac{\mathrm{d}y}{\mathrm{d}x}=y' \tag{5.2.32}$$

$$\Delta x=\frac{\mathrm{d}x}{\mathrm{d}y}\Delta y \tag{5.2.33}$$

我们把压缩器的输入、输出限制在0到1之间。由于对于y轴是均匀量化，当[0,1]区间被均匀分成N部分时，$\Delta y=\dfrac{1}{N}$，所以

$$\begin{aligned}\Delta x&=\frac{\mathrm{d}x}{\mathrm{d}y}\Delta y\\&=\frac{1}{N}\frac{\mathrm{d}x}{\mathrm{d}y}\end{aligned} \tag{5.2.34}$$

即

$$\frac{\mathrm{d}x}{\mathrm{d}y}=N\cdot\Delta x \tag{5.2.35}$$

如果我们要求当输入x较小时，相应的量化间隔Δx也按比例减小，即

$$\Delta x\propto x \tag{5.2.36}$$

则

$$\frac{\mathrm{d}x}{\mathrm{d}y}=kx$$

得到

$$\ln x=ky+c \tag{5.2.37}$$

由边界条件，当$x=1$时，$y=1$，所以

$$c=-k$$

即

$$y=1+\frac{1}{k}\ln x \tag{5.2.38}$$

因此，一般非线性压缩特性具有对数特性。对于像话音信号，x既可以取正，也可以取负，所以压缩特性$f(x)$应该是关于x的奇函数，即

$$f(-x)=-f(x) \tag{5.2.39}$$

对于电话信号，国际电信联盟(ITU)制订了两种非线性压缩建议，即A律压缩和μ律压缩。我国和欧洲各国采用A律，而北美、日本等采用μ律。我们主要介绍A律，μ律实际上是类似的。

1. A律压缩

$$y=\begin{cases}\dfrac{Ax}{1+\ln A}, & 0<x\leqslant\dfrac{1}{A}\\[2ex]\dfrac{1+\ln(Ax)}{1+\ln A}, & \dfrac{1}{A}\leqslant x\leqslant 1\end{cases}\tag{5.2.40}$$

其中x为归一化输入信号,y为归一化输出信号,A为压缩常数。

$$x=\frac{\text{压缩器输入电平}}{\text{压缩器输入最大电平}}$$

$$y=\frac{\text{压缩器输出电平}}{\text{压缩器输出最大电平}}$$

下面我们来推导A律压缩特性式(5.2.40)。为了满足对不同强度信号,具有相同的信号量化信噪比,要求量化间隔满足式(5.2.36)。这时导出的压缩特性满足式(5.2.38)。但是当$x\to 0$时,$y\to-\infty$,显然不能满足要求$x=0\Rightarrow y=0$,所以要对理想特性式(5.2.38)进行修正。为此我们用从原点O到曲线$y=1+\dfrac{1}{k}\ln x$作切线OB,用这直线段OB代替原来相应的曲线段,如图5.2.9所示。

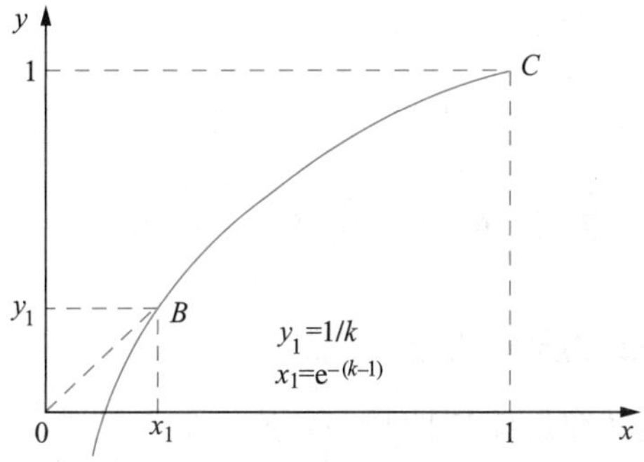

图5.2.9 修正的理想压缩特性

从图5.2.9可见,切点为(x_1,y_1),在该点上理想压缩曲线$y=1+\dfrac{1}{k}\ln x$的斜率为

$$\left.\frac{\mathrm{d}y}{\mathrm{d}x}\right|_{x=x_1}=\frac{1}{kx_1}\tag{5.2.41}$$

所以直线OB的方程为

$$y=\frac{x}{kx_1}\tag{5.2.42}$$

于是在切点处的纵坐标y_1满足

$$y_1=1+\frac{1}{k}\ln x_1=\frac{1}{k}\tag{5.2.43}$$

所以
$$x_1=\mathrm{e}^{1-k}\triangleq\frac{1}{A}$$

则
$$k=1+\ln A\tag{5.2.44}$$

于是修正后的压缩特性为

$$y=\begin{cases}\dfrac{Ax}{1+\ln A}, & 0<x\leqslant\dfrac{1}{A}\\ \dfrac{1+\ln(Ax)}{1+\ln A}, & \dfrac{1}{A}<x\leqslant 1\end{cases}$$

这正是A律压缩特性式(5.2.40),其中A是调节压缩特性的参数,不同A值时的A律压缩特性如图5.2.10所示,实际中选$A=87.6$比较好。

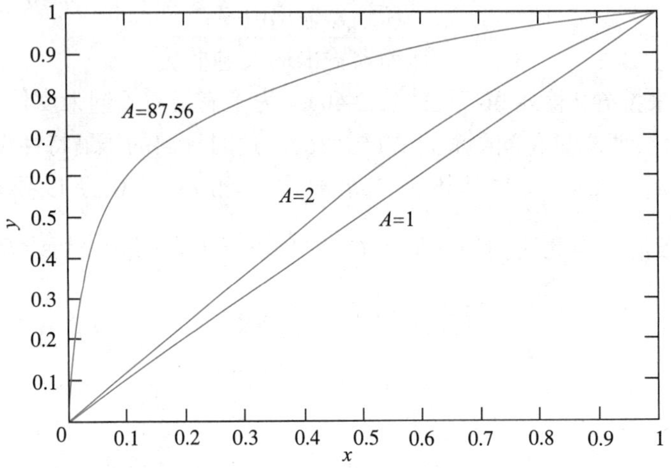

图5.2.10　不同A值时的A律压缩特性

2. 13折线近似——A律压缩的近似实现

式(5.2.40)所描述的A律压缩特性是一条连续的平滑曲线,很难用电子线路实现。为了用电路来实现A律压缩,只能用折线来近似。13折线近似是一种比较巧妙、理想的近似。如图5.2.11所示,x轴在[0,1]区间中被不均匀地分为8段,用8段折线来近似[0,1]区间上的A律压缩特性。对A律压缩曲线和8条折线进行比较,如表5.2.1和表5.2.2所示。

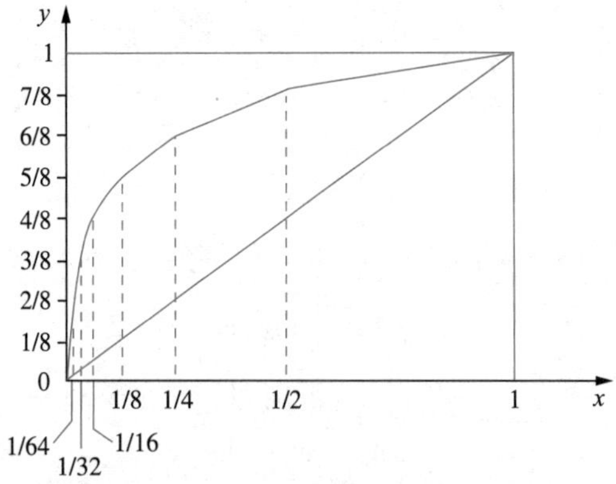

图5.2.11　13折线压缩特性曲线

表5.2.1 A律压缩曲线

y值	0	$\frac{1}{8}$	$\frac{2}{8}$	$\frac{3}{8}$	$\frac{4}{8}$	$\frac{5}{8}$	$\frac{6}{8}$	$\frac{7}{8}$	1
按A律算出的x值	0	$\frac{1}{128}$	$\frac{1}{60.6}$	$\frac{1}{30.6}$	$\frac{1}{15.4}$	$\frac{1}{7.79}$	$\frac{1}{3.93}$	$\frac{1}{1.98}$	1
按折线近似的x值	0	$\frac{1}{128}$	$\frac{1}{64}$	$\frac{1}{32}$	$\frac{1}{16}$	$\frac{1}{8}$	$\frac{1}{4}$	$\frac{1}{2}$	1

表5.2.2 8条折线

折线段号	1	2	3	4	5	6	7	8
折线斜率	16	16	8	4	2	1	$\frac{1}{2}$	$\frac{1}{4}$

由表5.2.1和表5.2.2可知，利用8段折线来近似[0,1]上的A律压缩特性是比较好的。由于第一段折线和第二段折线斜率相同，所以是一条直线，另外考虑到在[-1,1]区间上A律压缩曲线是奇对称的，所以折线也应该是近似奇对称的。因为在第一象限中第一段和第二段折线与第三象限中第一段、第二段折线的斜率都等于16，所以这4段折线事实上是一条直线，因此总共只要用13条折线就可以近似[-1, 1]区间上的A律压缩特性，如图5.2.12所示。

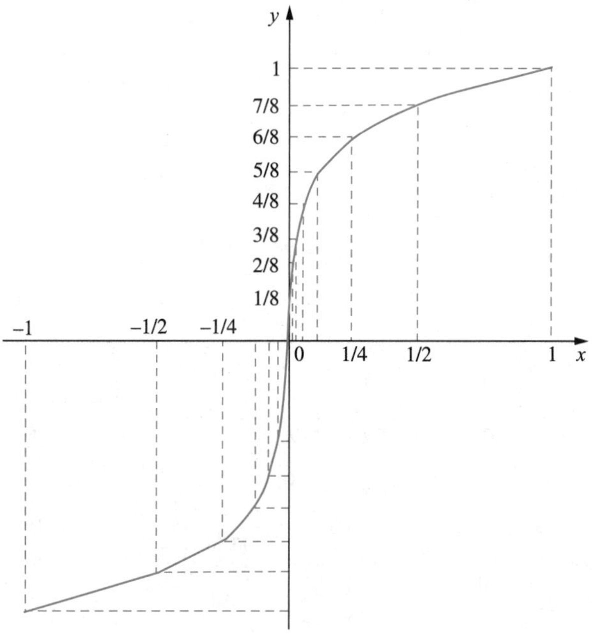

图5.2.12 对称输入的13折线压缩特性

对于μ律压缩来说，通常采用15折线来近似，其原理与A律情况相似，不再重复。

§5.3 脉冲编码调制（PCM）

5-4脉冲编码调制

5.3.1 PCM的基本原理

量化后的信号已经是时间离散、数值离散的数字信号，接下来就要对这些数字信号进行编码，常用二进制符号表示它。通常把模拟信号抽样、量化，直到变成二进制符号的过程称为脉冲编号调制（PCM）。图5.3.1中给出了一个例子。在时刻T，$2T$，$3T$，$4T$，$5T$，$6T$模拟信号的抽样值分别为3.15，3.96，5.00，6.38，6.80，6.42；量化后变成3，4，5，6，7，6；在变换成二进制符号后分别是011，100，110，111，110。

PCM的编码实现原理方框图如图5.3.2(a)所示，相应的译码原理如图5.3.2(b)所示。实际上在许多其他应用场合，如在测量、计算机、广播电视领域，PCM技术也被称为模拟/数字变换，或A/D变换。PCM技术在20世纪40年代就被提出，现已非常成熟。目前用一片芯片就能实现整个PCM功能，或者整个PCM功能仅作为系统芯片中的一部分。

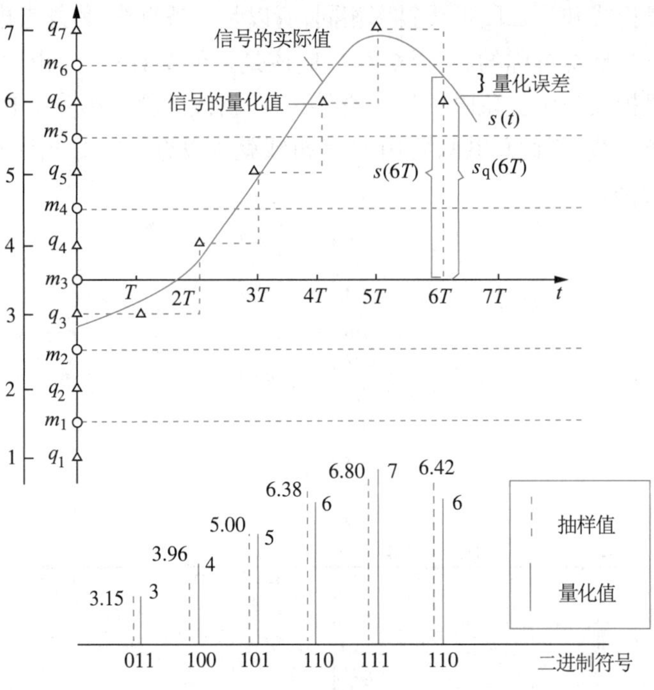

图5.3.1 PCM原理

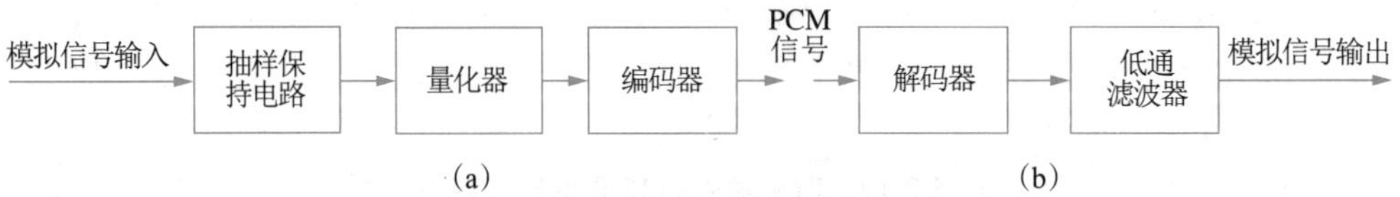

图5.3.2 PCM的编码和译码原理

5.3.2 自然二进制码与折叠二进制码

常用两种编码方法，即自然二进制编码方式和折叠二进制编码方式。表5.3.1以4位二进制码为例说明自然码和折叠码。

表5.3.1 自然二进制码和折叠二进制码

量化值序号	量化电压极性	自然二进码	折叠二进码
15	正极性	1111	1111
14		1110	1110
13		1101	1101
12		1100	1100
11		1011	1011
10		1010	1010
9		1001	1001
8		1000	1000
7	负极性	0111	0000
6		0110	0001
5		0101	0010
4		0100	0011
3		0011	0100
2		0010	0101
1		0001	0110
0		0000	0111

对于自然码来说,编码是对它序号的自然二进表示,正极性和负极性之间没有什么联系;而对折叠码来说,除了正负极性用1,0表示外,其上、下具有对称性。同时也可看出对于正极性电平来说,自然码与折叠码是一样的。折叠码的一个优点是对于小电平信号(绝对值小),其中发生1比特错误所产生的误差比自然码小。例如0000错成1000,对于折叠码来说误差是$|7-8|=1$,而对自然码来说误差是$|0-8|=8$。

采用A律量化的PCM用8比特表示一个样本值。编码采用折叠码,也就是由1比特表示极性,正负极性编码对称。设一个样本的8比特表示为:$C_1,C_2,C_3,C_4,C_5,C_6,C_7,C_8$,其中$C_1$表示极性,“1”表示正极性,“0”表示负极性。$C_2C_3C_4$称为段落码,表示样本落到(0,1)中8个量化区域中哪一个。$C_5C_6C_7C_8$表示段内码,每一段等间隔分为16个量化间隔,这16个量化间隔由段内码表示。

段落码与段内码分别由表5.3.2和表5.3.3给出。

表5.3.2 段落码

段落序号	段落码$C_2C_3C_4$
8	111
7	110
6	101
5	100
4	011
3	010
2	001
1	000

表5.3.3　段内码

量化间隔	段内码 $C_5C_6C_7C_8$
15	1111
14	1110
13	1101
12	1100
11	1011
10	1010
9	1001
8	1000
7	0111
6	0110
5	0101
4	0100
3	0011
2	0010
1	0001
0	0000

第一段落中的量化间隔Δ最小：

$$\Delta = \frac{1}{128} \times \frac{1}{16} = \frac{1}{2048}$$

如果用$\Delta = 1/2048$作为度量单位，则各段的起始电平如表5.3.4所示。

表5.3.4　各段起始电平

段落序号	1	2	3	4	5	6	7	8
起始电平	0	16Δ	32Δ	64Δ	128Δ	256Δ	512Δ	$1\,024\Delta$
段内量化区间长度	Δ	Δ	2Δ	4Δ	8Δ	16Δ	32Δ	64Δ

下面用例子说明编码过程。

例5.3.1　设输入抽样值为$U = +1270\Delta$，用13折线A律特性编成8位码。这8位码用$C_1C_2C_3C_4C_5C_6C_7C_8$表示。

（1）确定极性码C_1：因输入信号U是正极性的，所以$C_1 = 1$；

（2）确定段落码$C_2C_3C_4$：输入样本U落到第8段，所以段落码为$C_2C_3C_4 = 111$；

（3）段内码$C_5C_6C_7C_8$：在第8段内，量化间隔为64Δ，由于

$$(1024 + 3 \times 64)\Delta < U < (1024 + 4 \times 64)\Delta$$

U处于第8段落中序号为3的量化间隔中，所以段内码$C_5C_6C_7C_8 = 0011$。

于是整个码字为

$$C_1C_2C_3C_4C_5C_6C_7C_8 = 11110011$$

相应的恢复电平为量化区间的中间值，即

$$(1024 + 3.5 \times 64)\Delta = 1248\Delta$$

所以量化误差为

$$|1248\Delta - 1270\Delta| = 22\Delta$$

5.3.3 PCM系统的噪声性能

下面我们分析PCM系统的噪声性能。为了简单起见，我们假定信号样本值是取值在$(-A,A)$中的均匀分布随机变量，并采用M电平均匀量化器。PCM信号传输过程如图5.3.3所示。

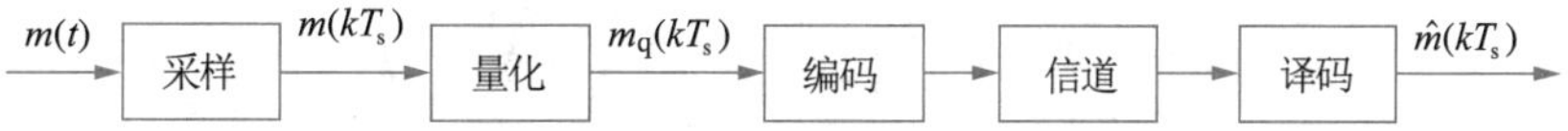

图5.3.3 PCM传输过程

PCM接收端编释码器输出可表示为

$$\hat{m}(kT_s) = m(kT_s) + n_q(kT_s) + n_c(kT_s) \tag{5.3.1}$$

其中$m(kT_s)$为采样值，是信号分量，$n_q(kT_s)$是由量化误差引起的噪声，$n_c(kT_s)$是由信道误码引起的噪声，所以输出信噪比为

$$\frac{P_s}{P_n} = \frac{E\left[m^2(kT_s)\right]}{E\left[n_q^2(kT_s)\right] + E\left[n_c^2(kT_s)\right]} \tag{5.3.2}$$

首先我们不考虑信道误码引起的噪声。由式(5.2.12)，M电平均匀量化所引起的量化噪声功率为

$$E\left[n_q^2(kT_s)\right] = \frac{(\Delta v)^2}{12} \tag{5.3.3}$$

其中

$$\Delta v = \frac{2A}{M} \tag{5.3.4}$$

而信号样本功率为

$$E\left[m^2(kT_s)\right] = \frac{(M\Delta v)^2}{12} \tag{5.3.5}$$

所以当不考虑信道误码时，输出信噪比为

$$\frac{P_s}{P_n} = M^2 \tag{5.3.6}$$

若采用N比特量化，即

$$M = 2^N \tag{5.3.7}$$

则

$$\frac{P_s}{P_n} = 2^{2N} \tag{5.3.8}$$

下面考虑信道误码的影响。假设信道的误比特率为P_b，则一个样本的N比特所构成的码字错误概率$P_e \leqslant NP_b$。由于P_b通常很小，所以在一个码字的N比特中错2比特或2比特以上的概率是非常小的。我们可以近似认为每个码字如果出错，则错误也只有1比特。假定样本的N比特采用自然编码，则不同位的权值是不一样的，也就是各位比特错误所引起的误差是不一样的，这N位的权值分别为$2^0,2^1,2^2,\cdots,2^{N-1}$。所以，如果一个样本码字出了错，则均方误差值为

$$
\begin{aligned}
E\left[\Delta^2\right] &= \frac{1}{N}\sum_{i=1}^{N}(2^{i-1}\cdot\Delta v)^2 \\
&= \frac{2^{2N}-1}{3N}(\Delta v)^2 \\
&\approx \frac{2^{2N}}{3N}(\Delta v)^2
\end{aligned}
\tag{5.3.9}
$$

由于码字错误概率为 $P_{\mathrm{e}} \approx NP_{\mathrm{b}}$，就是说平均每隔 $T_{\mathrm{a}} = T_{\mathrm{s}}/P_{\mathrm{e}} = T_{\mathrm{s}}/(NP_{\mathrm{b}})$ 时间发生一个样本码字错误。相对于样本信号功率来说，由信道误码引起的噪声功率为

$$
\begin{aligned}
E\left[n_{\mathrm{c}}^2(kT)\right] &= E\left[\Delta^2\right]\cdot P_{\mathrm{e}} = \frac{2^{2N}}{3N}(\Delta v)^2 NP_{\mathrm{b}} \\
&= \frac{2^{2N}}{3}(\Delta v)^2 P_{\mathrm{b}}
\end{aligned}
\tag{5.3.10}
$$

所以考虑到信道误码后，PCM的输出信噪比为

$$
\begin{aligned}
\frac{P_{\mathrm{s}}}{P_{\mathrm{n}}} &= \frac{E\left[m^2(kT_{\mathrm{s}})\right]}{E\left[n_{\mathrm{q}}^2(kT_{\mathrm{s}})\right]+E\left[n_{\mathrm{c}}^2(kT_{\mathrm{s}})\right]} = \frac{2^{2N}\times\dfrac{(\Delta v)^2}{12}}{\dfrac{(\Delta v)^2}{12}+2^{2N}\times(\Delta v)^2\times\dfrac{P_{\mathrm{b}}}{3}} \\
&= \frac{2^{2N}}{1+4P_{\mathrm{b}}\times 2^{2N}}
\end{aligned}
\tag{5.3.11}
$$

在大信噪比时，信道误码较小，所以 $4P_{\mathrm{b}}\times 2^{2N} \ll 1$，则

$$
\frac{P_{\mathrm{s}}}{P_{\mathrm{n}}} = 2^{2N} \tag{5.3.12}
$$

当信道误码率较大时，$4P_{\mathrm{b}}\times 2^{2N} \gg 1$，则

$$
\frac{P_{\mathrm{s}}}{P_{\mathrm{n}}} = \frac{1}{4P_{\mathrm{e}}} \tag{5.3.13}
$$

§5.4　差分脉冲编码调制（DPCM）和增量调制（ΔM）

5.4.1　差分脉冲编码调制（DPCM）原理

5-5差分脉冲编码调制

在PCM中我们把每个样本单独量化，这样相当于把样本看成彼此独立的随机变量。事实上，许多信号（特别是人的语音信号）是有记忆的，前后样本是有关联的。于是我们可以用前面的样本预测后面的样本，利用这个性质我们可以改善PCM的性能，在相同量化电平数目下，可以使量化误差减小；或者在相同量化误差下使量化电平数 M 减小，从而使码率降低，可以有效利用频带。DPCM技术正是利用以前的样本值来预测当前样本值的，然后对样本值与预测值的差值进行量化，这样可以减小量化电平数。DPCM的原理方框图如图5.4.1所示。

从图5.4.1可知，如果调制和解调上的预测器相同，而且信道传输没有误码，则译码输出与编码输入相同，两个预测器的输入也相同：

$$
\hat{r}_k = r_k,\qquad \tilde{x}_k^* = \tilde{x}_k
$$

当采用p阶线性预测器时，

$$\hat{x}_k = \sum_{i=1}^{p} a_i \tilde{x}_{k-i} \tag{5.4.1}$$

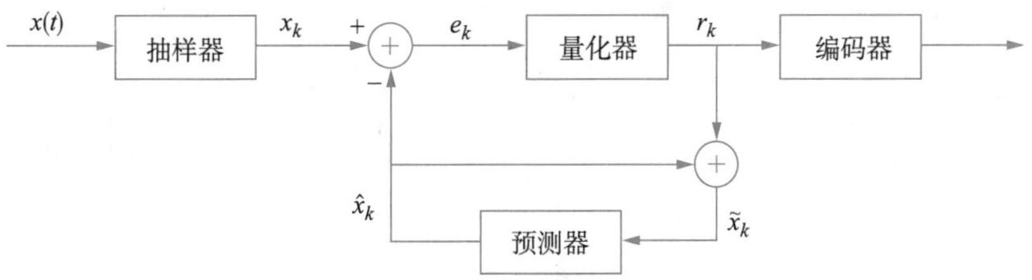

（a）调制

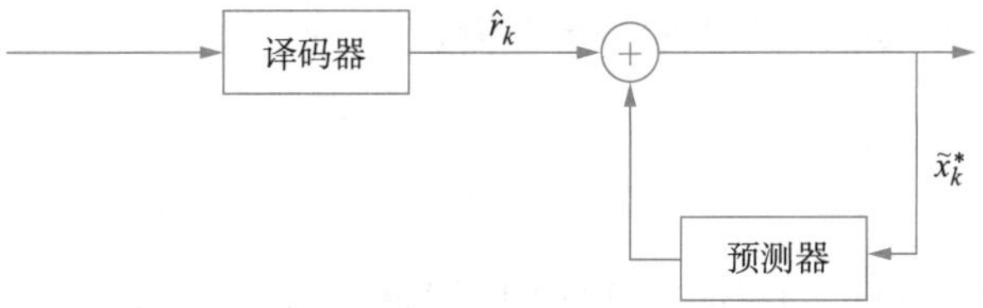

（b）解调

图5.4.1 DPCM调制与解调原理方框图

DPCM误差为

$$\begin{aligned} q(k) &= x_k - \tilde{x}_k^* = x_k - \tilde{x}_k \\ &= (\hat{x}_k + e_k) - (r_k + \hat{x}_k) \\ &= e_k - r_k \end{aligned} \tag{5.4.2}$$

因此，DPCM解调输出与DPCM调制输入样本值之差（称为DPCM量化误差）等于差值e_k的量化误差。根据样本信号的统计特性，可以设计出性能良好的预测器，减小预测误差e_k，从而可以减小差值量化器的量化电平数。DPCM是一种有记忆的量化器。式(5.4.1)的最佳线性预测器的预测系数$\{a_i\}$，可以通过使均方预测误差D最小求得：

$$\begin{aligned} D &= E\left(X_n - \sum_{i=1}^{p} a_i X_{n-i}\right)^2 \\ &= R_X(0) - 2\sum_{i=1}^{p} a_i R_X(i) + \sum_{i=1}^{p}\sum_{j=1}^{p} a_i a_j R_X(i-j) \end{aligned} \tag{5.4.3}$$

为了求D的极小值，可令其对a_i的偏导数等于零：

$$\frac{\partial D}{\partial a_i} = 0, i = 1, 2, \cdots, p \tag{5.4.4}$$

得到

$$\sum_{i=1}^{p} a_i R_X(i-j) = R_X(j),\ 1 \leqslant j \leqslant p \tag{5.4.5}$$

解方程(5.4.5)就可得到系数值a_i，$1 \leqslant i \leqslant p$。

5.4.2 增量调制（ΔM）

增量调制（ΔM）可以看成一种最简单的DPCM，其中量化器的量化电平数取2，而且预测器简单地是一个延时为抽样间隔T_s的延时器。我们通过分析会知道，为了减小失真，要求抽样间隔 T_s 远小于 PCM 或 DPCM 情况中的采样间隔。增量调制与解调原理方框图如图 5.4.2 所示。

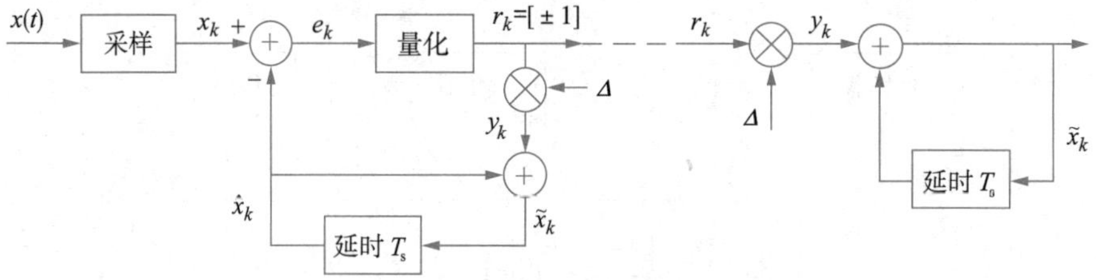

图 5.4.2　增量调制与解调原理方框图

当信道传输无误码时，ΔM 的解调输出为 $\tilde{x}_k$。因为

$$\hat{x}_k = \tilde{x}_{k-1} \tag{5.4.6}$$

所以

$$\tilde{x}_k = y_k + \tilde{x}_{k-1} = \sum_{i=0}^{k} y_k \tag{5.4.7}$$

因此，$\tilde{x}_k$ 实际上是对 y_k 的累加，可以用积分器代替它，图 5.4.3 为实用增量调制原理。

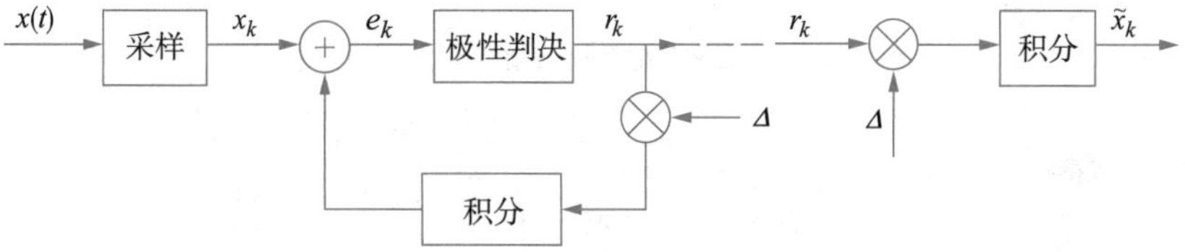

图 5.4.3　实用增量调制原理

图 5.4.4 表示增量调制波形和量化噪声。增量调制信号经解码恢复后是一个阶梯波形，如图 5.4.4(a)和(b)所示。增量调制的失真分两种情况，当采样频率较高时，阶梯波形跟得上原来信号的变化，这时的失真称为颗粒量化噪声(granular noise)，如图 5.4.4(c)所示；当阶梯波形跟不上原来信号的变化时，失真较大，如图 5.4.4(d)所示，称为过载量化噪声。

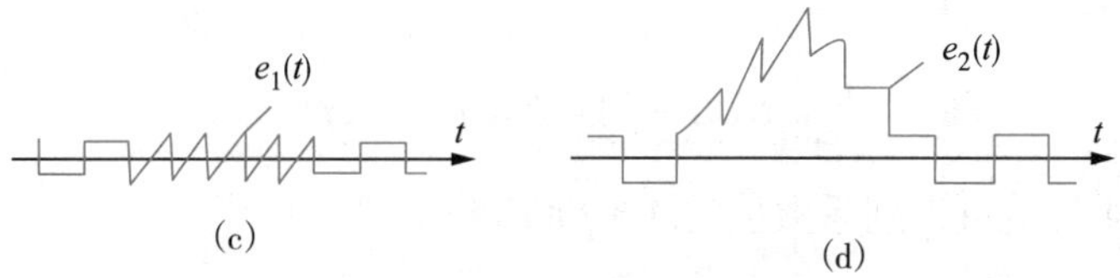

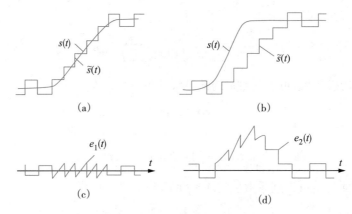

图 5.4.4　增量调制波形和量化噪声

显然，要使阶梯波形跟得上信号变化，不发生过载噪声，则要求

$$\left|\frac{\mathrm{d}x(t)}{\mathrm{d}t}\right|_{\max} \leqslant \frac{\Delta}{T_s} = \Delta \cdot f_s \tag{5.4.8}$$

例如,对于正弦信号

$$x(t) = A\sin(2\pi f_k t) \tag{5.4.9}$$

为了不发生过载噪声,要求

$$A \cdot 2\pi f_k \leqslant \Delta \cdot f_s$$

或

$$A \leqslant \frac{\Delta \cdot f_s}{2\pi f_k} \tag{5.4.10}$$

下面我们分析增量调制的噪声性能。假定输入信号为频率f_k的正弦信号,为了保证不产生过载量化噪声,要求正弦波最大幅度不超过

$$A_{\max} = \frac{\Delta}{2\pi} \cdot \frac{f_s}{f_k}$$

所以输出信号功率为

$$P_{s_o} = \frac{A_{\max}^2}{2} = \frac{\Delta^2}{8\pi^2} \cdot \frac{f_s^2}{f_k^2} \tag{5.4.11}$$

颗粒量化噪声$e(t)$可以看成在$(-\Delta,\Delta)$中变化,且均匀分布,所以噪声功率为

$$\begin{aligned} E\left[e^2(t)\right] &= \int_{-\Delta}^{\Delta} e^2 p(e)\,\mathrm{d}e \\ &= \frac{1}{2\Delta}\int_{-\Delta}^{\Delta} e^2 \mathrm{d}e = \frac{\Delta^2}{3} \end{aligned} \tag{5.4.12}$$

由于采样周期为T_s,可以认为颗粒量化噪声功率密度在$(0,f_s)$中均匀,所以

$$P_e(f) = \frac{\Delta^2}{3f_s}, 0 < f < f_s \tag{5.4.13}$$

设增量调制解调后低通滤波的带宽f_L满足:

$$f_k \leqslant f_L \leqslant f_s \tag{5.4.14}$$

则低通滤波后的输出噪声功率为

$$P_{n_o} = \frac{\Delta^2 f_L}{3f_s} \tag{5.4.15}$$

所以增量调解调后的输出信噪比为

$$\frac{P_{s_o}}{P_{n_o}} = \frac{3}{8\pi^2}\frac{f_s^3}{f_k^2 f_L} \tag{5.4.16}$$

从上面看出,输出信噪比与采样频率f_s的三次方成比例,所以对于用于语音编码的增量调制,要求f_s在几十kbit/s以上。一般来说,ΔM的码率比PCM低,但语音质量也不如PCM好。现在也出现一些改进的ΔM,如自适应ΔM和Δ-Σ调制等。图5.4.5表示一个自适应ΔM的例子,当信号变化快时,量化间隔增加;当变化缓慢时,量化间隔减小。

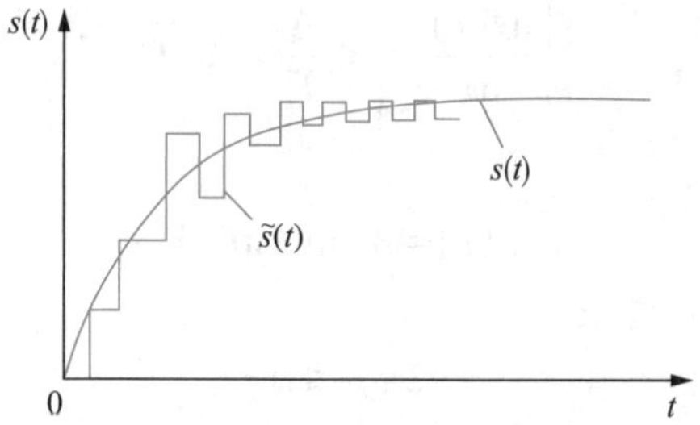

图5.4.5　自适应增量调制的波形

§5.5　小　结

用数字方式传输模拟消息，首先要把模拟信号数字化。本章介绍模拟信号数字化方面的概念。

5-6一个模拟信号的数字化

（1）模拟信号数字化的第一步是信号采样，把时间连续、幅度连续的模拟信号用时间离散、幅度连续的采样值表示。低频基带信号可无失真恢复的理想采样频率不得低于信号带宽的2倍。

（2）实际采样分曲顶采样和平顶采样。平顶采样所得到的输出矩形脉冲序列也称为脉冲幅度调制（PAM）信号。当用理想低通滤波器从PAM信号中恢复原来低频基带调制信号时，需要加校正网络。

（3）信号经采样后，使得频谱平移叠加。只有当平移叠加的频谱不相混叠时，才有可能用滤波器不失真地恢复出原来被采样的信号。对于带通信号，能保证不失真恢复的最低采样频率在$2B$至$4B$之间，其中B为带通信号带宽。

（4）模拟信号的采样值一般是一个实数，如不限制表示精度，则需要无限多位二进制数字表示它。量化器把连续变化的实数用有限的几个电平值来近似表示。这样减小了表示采样值所需的比特数，但产生了量化误差，量化是一种数据压缩。

（5）均匀量化是一种最简单的量化器。对于均匀分布随机变量，均匀量化器的量化电平数每增加1倍，量化信噪比增加6dB。均匀量化器的缺点是使小信号量化性能变差。

（6）量化的本质是把样本空间划分成互不相交的区域，在每个区域中寻找一个合适的代表恢复点。最佳量化器就是最佳地划分样本空间以及最佳地选取恢复点，使得平均失真最小。

（7）对于单样本量化，如果知道样本值的概率分布，可以由Lloyd-Max条件寻找最佳标量量化器。对于多个样本所构成的矢量，原则上也可以用Lloyd-Max条件寻找最佳矢量量化器。最佳矢量量化器性能更为优越，但是在计算上更为复杂。当样本矢量长度趋于无限时，误差趋于率失真极限。

（8）针对均匀量化器的缺点，非均匀量化的目的在于改善小信号量化性能。非均匀量化首先把被量化量进行非线性变换（压缩变换），然后进行均匀量化。国际电联对于语音信号有两个压缩标准，A律压缩和μ律压缩，我们介绍了A律压缩标准。

（9）把采样、量化后的离散电平信号编码成二进制序列，就实现了脉冲编码调制

(PCM)。本章介绍了国际电信联盟的PCM编码标准。PCM的噪声包括量化噪声和信道传输误码引起的噪声。

(10) 差分脉冲编码调制(DPCM)和增量调制(Δ调制,ΔM),是PCM的改进,它们都包含一个有记忆的量化器。如果采样样本值序列是有记忆的,则用DPCM和ΔM可以获得较大的性能改进。对于DPCM来说,重要的是设计一个好的预测器。对于增量调制,要求有较高的采样率,以避免过载噪声。

(11) 模拟信号数字化就是数据压缩,它要求在给定失真误差下用最小的比特数来表示信号,或者说在给定比特率下使表示误差最小。数据压缩的理论基础是香农的率失真理论。

有许多数字通信教材[1-5]对模拟信号数字化进行了很好的介绍,Jayant主编的*Waveform Quantization and Coding*(《波形量化与编码》)一书[6]综合了波形量化和编码的早期重要论文。矢量量化的内容可以参考Gersho和Gray[7],孙圣和和陆哲明[8]的著作;率失真理论方面内容可以参考Berger[9],Cover和Thomas[10],以及仇佩亮、张朝阳、谢磊和余官定[11]的著作。

参考文献

[1] Proakis J G, Salehi M. Communication Systems and Engineering. 2nd ed. Upper Saddle River: Prentice Hall, 2002.

[2] Haykin S. Communication Systems. 4th ed. New York: John Wiley & Sons, 2015.

[3] Ziemer R E, Tranter W H. Principles of Communications: Systems, Modulation and Noise. 7th ed. New York: John Wiley & Sons, 2015.

[4] 樊昌信,曹丽娜. 通信原理. 7版. 北京:国防工业出版社,2013.

[5] 曹志刚,钱亚生. 现代通信原理. 北京:清华大学出版社,2012.

[6] Jayant N S. Waveform Quantization and Coding. New York: IEEE Press, 1976.

[7] Gersho A, Gray R M. Vector Quantization and Signal Compression. London: Springer, 2012.

[8] 孙圣和,陆哲明. 矢量量化技术及应用. 北京:科学出版社,2002.

[9] Berger T. Rate Distortion Theory: A Mathematical Basis for Data Compression. Upper Saddle River: Prentice Hall, 1971.

[10] Cover T M, Thomas J A. Elements of Information Theory. New York: John Wiley & Sons, 2006.

[11] 仇佩亮,张朝阳,谢磊,余官定. 信息论与编码. 北京:高等教育出版社,2011.

习 题

5-1 已知一低通信号$m(t)$的频谱为

$$M(f)=\begin{cases}1-\dfrac{|f|}{200}, & |f|<200\\ 0, & 其他\end{cases}$$

(1) 假设以$f_s=300\text{Hz}$的速率对$m(t)$进行理想抽样，试画出已抽样信号$m_s(t)$的频谱草图；

(2) 若用$f_s=400\text{Hz}$的速率抽样，重做上题。

5-2 已知一基带信号$m(t)=\cos(2\pi t)+2\cos(4\pi t)$，对其进行理想抽样。

(1) 为了在接收端能不失真地从已抽样信号$m_s(t)$中恢复$m(t)$，试问抽样间隔应为多少？

(2) 若抽样间隔为0.2s，试画出已抽样信号的频谱图。

5-3 信号$f(t)$的最高频率为$f_H(\text{Hz})$，由矩形脉冲进行平顶采样，矩形脉冲的宽度为τ，幅度为A。采样频率为$f_s=2.5f_H$，求已采样信号的时间表示式和频谱表示式。

5-4 已知某信号$m(t)$的频谱$M(f)$如题5-4图所示。将它通过传输函数为$H_1(f)$的滤波器后再进行理想抽样。

(1) 抽样速率应为多少？

(2) 若设抽样速率$f_s=3f_1$，试画出已抽样信号$m_s(t)$的频谱；

(3) 接收端的接收网络应具有怎样的传输函数$H_2(f)$，才能由$m_s(t)$不失真地恢复$m(t)$？

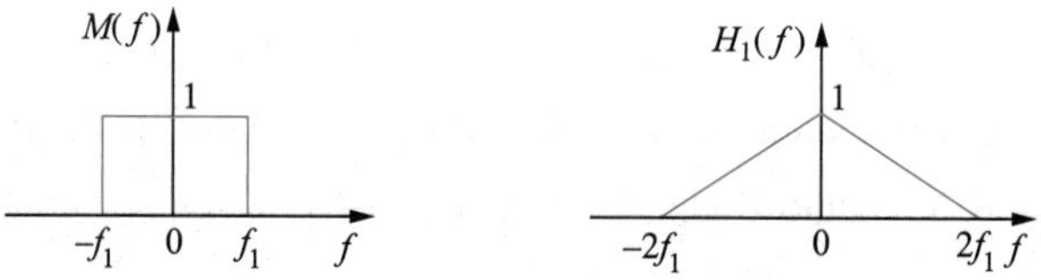

题5-4

5-5 已知信号$m(t)$的最高频率为f_m，若用题5-5图所示的$q(t)$对$m(t)$进行自然抽样，试确定已抽样信号频谱的表示式，并画出其示意图。

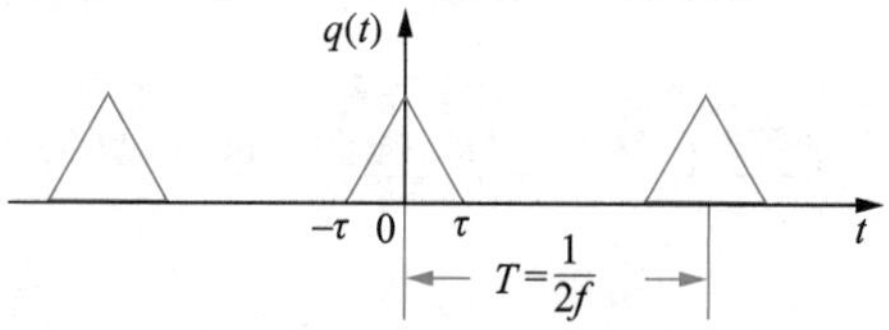

题5-5

5-6 已知$m(t)$的最高频率为f_m，由矩形脉冲对$m(t)$进行平顶抽样，矩形脉冲宽度为2τ，幅度为1，试确定已抽样信号及其频谱表示式。

5-7 设输入抽样器的信号为门函数$G_\tau(t)$，宽度$\tau = 20\text{ms}$，若忽略其频谱第10个零点以外的频率分量，试求最小抽样速率。

5-8 设信号$m(t) = 9 + A\cos(2\pi ft)$，其中$A \leqslant 10\text{V}$，若$m(t)$被均匀量化成40个电平，试确定所需的二进制码组的位数N和量化间隔。

5-9 已知模拟信号抽样值的概率密度$f(x)$如题5-9图所示，若按四电平进行均匀量化，试计算信号量化噪声功率比。

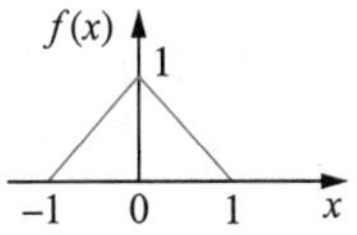

题5-9

5-10 采用13折线A律编码，设最小量化间隔为1个单位，已知抽样脉冲值为+635单位。

(1) 求此时编码器输出码组，并计算量化误差；

(2) 写出对应于该7位码(不包括极性码)的均匀11位码(采用自然二进编码)。

5-11 采用13折线A律编码，设最小量化间隔为1个单位，已知抽样为−95量化单位：

(1) 求此时编码器输出码组，并计算量化误差；

(2) 写出对应于该7位码(不包括极性码)的均匀量化11位码。

5-12 正弦信号输入时，若幅度不超过A律压缩特性的直线段，求信噪比(SNR)的表示式。

5-13 计算$L = 32$电平的线性PCM系统在信道误码率分别为$P_e = 10^{-2}, 10^{-3}, 10^{-4}, 10^{-6}$的情况下系统的信噪比。

5-14 信号$m(t) = M\sin(2\pi f_0 t)$进行简单增量调制，若台阶σ和抽样频率选择得既保证不过载，又保证不致因信号振幅太小而使增量调制器不能正常编码，试证明此时要求$f_s > \pi f_0$。

5-15 对10路带宽为300～400Hz的模拟信号进行PCM时分复用传输，抽样频率为8000Hz，抽样后进行8电平量化，并编成自然二进制码，码元波形为宽度为τ的矩形脉冲，占空比为1，求传输此时分复用PCM信号所需的带宽。

5-16 单路话音信号的最高频率为4kHz，抽样速率为8kHz，以PCM方式传输。设传输信号的波形为矩形脉冲，其宽度为τ，且占空比为1。

(1) 抽样后信号按8级量化，求PCM基带信号第一零点频宽；

(2) 若抽样后信号按128级量化，PCM二进制基带信号第一零点频宽又为多少？

5-17 已知话音信号的最高频率$f_m = 3400\text{Hz}$，今用PCM系统传输，要求信号量化噪声比S_o/N_q不低于30dB。试求此PCM系统所需的奈奎斯特基带频宽。

第6章 数字基带传输

在第5章中，我们已经学习了如何把模拟消息变成数字序列，但是要传输信息还必须把数字序列转换成波形序列，通常用数字序列调制脉冲波形得到基带信号。所谓基带信号，是指频率范围从直流到某个有限值的信号，基带信号是低通信号。基带信号可以在双绞线、电缆或其他信道上直接传输。数字基带传输有许多应用场合，例如计算机局域网、电话等，许多是直接进行基带传输的。数字通带传输系统一般也是先把数字序列调制成基带信号，然后再用载波调制到与信道相匹配的通带上进行传输。因此数字基带传输是数字通信的基础。本章介绍数字基带信号的特点，以及数字基带信号在基带系统中的传输技术。

§6.1 数字基带信号及其频谱特征

6.1.1 基本基带信号波形

数字信息通常是用数字序列表示的，在二进制中用"0"和"1"的数字所组成的序列表示。但要在信道上传输这些数字符号则必须把它们表示成电压或电流波形。现以矩形电压脉冲为例，说明几种基本基带信号波形。

6-1 数字基带信号及其频谱特征

(1) 单极性不归零波形；

(2) 双极性不归零波形；

(3) 单极性归零波形；

(4) 双极性归零波形；

(5) 差分波形；

(6) 多电平波形。

上述几种基带信号波形如图6.1.1所示。

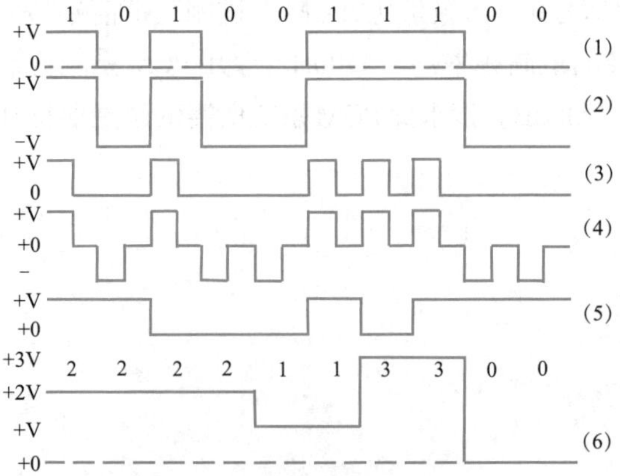

图6.1.1 几种基本基带信号波形

6.1.2 数字脉冲幅度调制（PAM）信号的功率谱

理想方波脉冲由于其频带无限宽，不可能在有限带宽信道上传输，所以一般用某个有限带宽的基带脉冲来传输。基带信号的产生如图6.1.2所示。

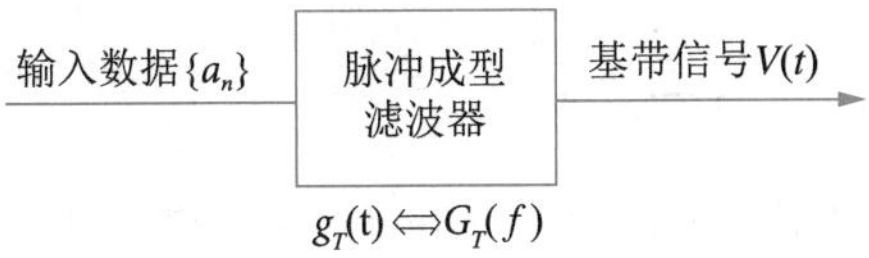

图6.1.2 基带信号的产生

6–2发送机的脉冲成型

设输入数据序列为$\{a_n\}$，可以把它表示成

$$\{a_n\}=\sum_{n=-\infty}^{\infty}a_n\delta(t-nT) \tag{6.1.1}$$

脉冲成型滤波器的脉冲响应为$g_T(t)$，它的传递函数为$G_T(f)$，则输出基带信号为

$$V(t)=\sum_{n=-\infty}^{\infty}a_n g_T(t-nT) \tag{6.1.2}$$

$\{a_n\}$是一个平稳随机序列，对二进制数据，其取值为$\{0,1\}$。$V(t)$的平均值为

$$\begin{aligned}E[V(t)]&=\sum_{n=-\infty}^{\infty}E(a_n)g_T(t-nT)\\&=m_a\sum_{n=-\infty}^{\infty}g_T(t-nT)\end{aligned} \tag{6.1.3}$$

其中m_a是随机序列$\{a_n\}$的平均值。显然$V(t)$的平均值是周期为T的周期函数。$V(t)$的自相关数为

$$\begin{aligned}R_V(t+\tau,t)&=E[V(t)V(t+\tau)]\\&=\sum_{m=-\infty}^{\infty}\sum_{n=-\infty}^{\infty}E(a_na_m)g_T(t-nT)g_T(t-mT+\tau)\\&=\sum_{n=-\infty}^{\infty}\sum_{m=-\infty}^{\infty}R_a(m-n)g_T(t-nT)g_T(t-mT+\tau)\\&=\sum_{m=-\infty}^{\infty}R_a(m)\sum_{n=-\infty}^{\infty}g_T(t-nT)g_T(t+\tau-nT-mT)\end{aligned} \tag{6.1.4}$$

其中

$$R_a(m)=E(a_{n+m}a_n) \tag{6.1.5}$$

由于$\sum\limits_{n=-\infty}^{\infty}g_T(t-nT)g_T(t+\tau-nT-mT)$是$t$的周期为$T$的函数，所以$R_V(t+\tau,t)$也是$t$的周期为$T$的函数。我们把均值为周期函数，自相关函数也是周期函数的随机过程称为循环平稳随机过程（cyclostationary process）。循环平稳随机过程，它的功率谱等于自相关函数在一个周期中平均值的Fourier变换，即首先求$R_V(t+\tau,t)$对t的周期平均，然后再对τ求Fourier变换。$R_V(t+\tau,t)$对t的周期平均为

$$
\begin{aligned}
\bar{R}_V(\tau) &= \frac{1}{T}\int_{-T/2}^{T/2} R_V(t+\tau,t)\,\mathrm{d}t \\
&= \sum_{m=-\infty}^{\infty} R_a(m) \sum_{n=-\infty}^{\infty} \frac{1}{T}\int_{-T/2}^{T/2} g_T(t-nT)\,g_T(t+\tau-nT-mT)\,\mathrm{d}t \\
&= \sum_{m=-\infty}^{\infty} R_a(m) \sum_{n=-\infty}^{\infty} \frac{1}{T}\int_{nT-T/2}^{nT+T/2} g_T(t)\,g_T(t+\tau-mT)\,\mathrm{d}t \\
&= \frac{1}{T}\sum_{m=-\infty}^{\infty} R_a(m)\int_{-\infty}^{\infty} g_T(t)\,g_T(t+\tau-mT)\,\mathrm{d}t
\end{aligned}
\tag{6.1.6}
$$

记

$$R_{g_T}(\tau) = \int_{-\infty}^{\infty} g_T(t)\,g_T(t+\tau)\,\mathrm{d}t \tag{6.1.7}$$

为$g_T(t)$的时间自相关函数,则

$$\bar{R}_V(\tau) = \frac{1}{T}\sum_{m=-\infty}^{\infty} R_a(m)\,R_{g_T}(\tau-mT) \tag{6.1.8}$$

可以看出,$\bar{R}_V(\tau)$是$R_a(m)$和$R_g(\tau)$的卷积。$\bar{R}_V(\tau)$的Fourier变换为

$$
\begin{aligned}
S_V(f) &= \int_{-\infty}^{\infty} \bar{R}_V(\tau)\,\mathrm{e}^{-\mathrm{j}2\pi f\tau}\,\mathrm{d}\tau \\
&= \frac{1}{T}\sum_{m=-\infty}^{\infty} R_a(m)\int_{-\infty}^{\infty} R_{g_T}(\tau-mT)\,\mathrm{e}^{-\mathrm{j}2\pi f\tau}\,\mathrm{d}\tau \\
&= \frac{1}{T}\sum_{m=-\infty}^{\infty} R_a(m)\,\mathrm{e}^{-\mathrm{j}2\pi fmT}\int_{-\infty}^{\infty} R_{g_T}(\tau)\,\mathrm{e}^{-\mathrm{j}2\pi f\tau}\,\mathrm{d}\tau \\
&= \frac{1}{T}S_a(f)\cdot\left|G_T(f)\right|^2
\end{aligned}
\tag{6.1.9}
$$

其中

$$S_a(f) = \sum_{m=-\infty}^{\infty} R_a(m)\,\mathrm{e}^{-\mathrm{j}2\pi fmT} \tag{6.1.10a}$$

$$G_T(f) \Leftrightarrow g_T(t) \tag{6.1.10b}$$

由此可见,随机PAM信号的功率谱不仅与基带脉冲功率谱$\left|G_T(f)\right|^2$有关,而且和随机序列$\{a_n\}$的功率谱$S_a(f)$有关。对于最简单的情况,当$\{a_n\}$是独立同分布序列时,有

$$R_a(m) = \begin{cases} \sigma_a^2 + m_a^2, & m = 0 \\ m_a^2, & m \neq 0 \end{cases} \tag{6.1.11}$$

其中m_a和σ_a^2为序列$\{a_n\}$的均值和方差。由式(6.1.10)得

$$
\begin{aligned}
S_a(f) &= \sigma_a^2 + m_a^2\sum_{m=-\infty}^{\infty} \mathrm{e}^{-\mathrm{j}2\pi fmT} \\
&= \sigma_a^2 + \frac{m_a^2}{T}\sum_{m=-\infty}^{\infty} \delta\left(f-\frac{m}{T}\right)
\end{aligned}
\tag{6.1.12}
$$

其中我们利用了

$$\sum_{m=-\infty}^{\infty} \mathrm{e}^{-\mathrm{j}2\pi fmT} = \frac{1}{T}\sum_{m=-\infty}^{\infty} \delta\left(f-\frac{m}{T}\right)$$

把式(6.1.12)代入式(6.1.9),得到

$$S_V(f) = \frac{\sigma_a^2}{T}\left|G_T(f)\right|^2 + \frac{m_a^2}{T^2}\sum_{m=-\infty}^{\infty}\left|G_T\left(\frac{m}{T}\right)\right|^2\delta\left(f-\frac{m}{T}\right) \tag{6.1.13}$$

所以功率谱由两项组成，其中第一项是连续谱，取决于基带脉冲的频谱 $G_T(f)$；第二项是离散谱线，频率间隔为 $1/T$。如果我们选 $\{a_n\}$ 的均值 $m_a=0$，则离散谱线可被消除。

6-3脉冲成型信号的功率谱

例6.1.1 对于单极性信号 $a_n\in\{0,1\}$，$P(a_n=0)=p$，$P(a_n=1)=1-p$，则

$$m_a=(1-p),\sigma_a^2=(1-p)p$$

所以
$$S_V(f)=\frac{1}{T}p(1-p)\left|G_T(f)\right|^2+\sum_{m=-\infty}^{\infty}\left|\frac{(1-p)}{T}G_T\left(\frac{m}{T}\right)\right|^2\delta\left(f-\frac{m}{T}\right) \tag{6.1.14}$$

若 $p=\dfrac{1}{2}$，且

$$g_T(t)=\begin{cases}1, & |t|\leqslant T/2\\ 0, & \text{其他}\end{cases} \tag{6.1.15a}$$

则
$$G_T(f)=T\frac{\sin(\pi Tf)}{\pi Tf} \tag{6.1.15b}$$

所以
$$S_V(f)=\frac{1}{4}T\left(\frac{\sin\pi Tf}{\pi Tf}\right)^2+\frac{1}{4}\delta(f) \tag{6.1.16}$$

例6.1.2 对于双极性信号 $a_n\in\{-1,1\}$，$P(a_n=-1)=p$，$P(a_n=1)=1-p$，则

$$m_a=1-2p,\sigma_a^2=4p(1-p)$$

所以
$$S_V(f)=\frac{4}{T}p(1-p)\left|G_T(f)\right|^2+\sum_{m=-\infty}^{\infty}\left(\frac{2p-1}{T}\right)^2\left|G_T\left(\frac{m}{T}\right)\right|^2\cdot\delta\left(f-\frac{m}{T}\right) \tag{6.1.17}$$

若 $p=\dfrac{1}{2}$，且

$$g_T(t)=\begin{cases}1, & |t|\leqslant T/2\\ 0, & \text{其他}\end{cases}$$

则
$$S_V(f)=T\left|\frac{\sin(\pi Tf)}{\pi Tf}\right|^2 \tag{6.1.18}$$

例6.1.3 设数据 $\{a_n\}$ 为取值 $\{0,1\}$ 的独立二进制数字序列，$p=P(a_n=1)$，对 $\{a_n\}$ 进行差分编码，得到 $\{b_n\}$，$b_n\in\{0,1\}$，其中：

$$b_n-b_{n-1}=\begin{cases}\pm1, & a_n=1\\ 0, & a_n=0\end{cases}$$

则

$$\begin{aligned}m_b&=E(b_n)=P(b_n=1)\\&=P(b_{n-1}=0,a_n=1)+P(b_{n-1}=1,a_n=0)\\&=P(a_n=1)\cdot P\left(b_{n-1}=0\middle|a_n=1\right)+P(a_n=0)\cdot P\left(b_{n-1}=1\middle|a_n=0\right)\\&=p(1-m_b)+(1-p)m_b\end{aligned}$$

得到
$$m_b=P(b_n=1)=\frac{1}{2}$$

$$
\begin{aligned}
\beta_m &\triangleq R_b(m) = E(b_n b_{n+m}) \\
&= P(b_n = 1, b_{n+m} = 1) = P(b_n = 1) \cdot P\left(b_{n+m} = 1 \middle| b_n = 1\right) \\
&= \frac{1}{2} P\left(b_{n+m} = 1 \middle| b_n = 1\right)
\end{aligned}
$$

$$
\begin{aligned}
2\beta_m &= P\left(b_{n+m} = 1 \middle| b_n = 1\right) \\
&= P\left(b_{n+m-1} = 0, a_{n+m} = 1 \middle| b_n = 1\right) + P\left(b_{n+m-1} = 1, a_{n+m} = 0 \middle| b_n = 1\right) \\
&= P\left(b_{n+m-1} = 0 \middle| b_n = 1\right) \cdot p + P\left(b_{n+m-1} = 1 \middle| b_n = 1\right) \cdot (1 - p) \\
&= (1 - 2\beta_{m-1})p + 2\beta_{m-1}(1 - p)
\end{aligned}
$$

得到差分方程

$$\beta_m - (1 - 2p)\beta_{m-1} = \frac{1}{2}p \tag{6.1.19}$$

利用初始条件和相关函数的对称性:

$$\beta_0 = E(b_n^2) = P(b_n = 1) = \frac{1}{2}$$

$$\beta_m = \beta_{-m}$$

解出方程(6.1.19),得

$$\beta_m = \frac{1}{4}\left[(1 - 2p)^{|m|} + 1\right] \tag{6.1.20}$$

所以

$$
\begin{aligned}
S_b(f) &= \sum_{m=-\infty}^{\infty} R_b(m) \mathrm{e}^{-\mathrm{j}2\pi fmT} \\
&= \sum_{m=-\infty}^{\infty} \beta_m \mathrm{e}^{-\mathrm{j}2\pi fmT}
\end{aligned} \tag{6.1.21}
$$

$$
\begin{aligned}
S_V(f) &= \frac{1}{T} S_b(f) \cdot \left|G_T(f)\right|^2 \\
&= \frac{\left|G_T(f)\right|^2}{4T} \sum_{m=-\infty}^{\infty} (1 - 2p)^{|m|} \mathrm{e}^{-\mathrm{j}2\pi fmT} + \frac{\left|G_T(f)\right|^2}{4T} \sum_{m=-\infty}^{\infty} \mathrm{e}^{-\mathrm{j}2\pi fmT} \\
&= \frac{\left|G_T(f)\right|^2}{4T} \cdot M(f) + \frac{1}{4T^2} \sum_{m=-\infty}^{\infty} \left|G_T\left(\frac{m}{T}\right)\right|^2 \cdot \delta\left(f - \frac{m}{T}\right)
\end{aligned} \tag{6.1.22}
$$

其中

$$
\begin{aligned}
M(f) &= \sum_{m=-\infty}^{\infty} (1 - 2p)^{|m|} \mathrm{e}^{-\mathrm{j}2\pi fmT} \\
&= \sum_{m=0}^{\infty} \left[(1 - 2p)^m \mathrm{e}^{-\mathrm{j}2\pi fmT} + (1 - 2p)^m \mathrm{e}^{\mathrm{j}2\pi fmT}\right] - 1 \\
&= \frac{1}{1 - (1 - 2p)\mathrm{e}^{-\mathrm{j}2\pi fT}} + \frac{1}{1 - (1 - 2p)\mathrm{e}^{\mathrm{j}2\pi fT}} - 1 \\
&= \frac{p(1 - p)}{p^2 + (1 - 2p)\sin^2(\pi Tf)}
\end{aligned} \tag{6.1.23}
$$

图6.1.3给出了在不同p条件下$M(f)$的曲线,可见频谱形状和p有密切关系。当$p < 1/2$时,功率集中在$1/(2T)$的偶数倍频率分量中;当$p > 1/2$时,功率则集中在

$1/(2T)$的奇数倍频率分量中；当$p=1/2$时，则$M(f)$为常数1，这时$S_V(f)$与原来的单极性信号式(6.1.14)一样。

6.1.3 具有多种基本脉冲波形的基带信号功率谱

上面讨论了PAM基带信号的功率谱计算。在PAM中基本脉冲波形只有一个$g_T(t)$。

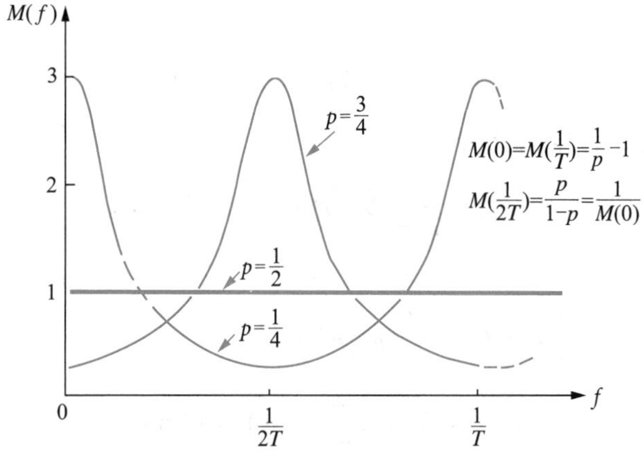

图6.1.3 差分编码的功率谱密度成型函数$M(f)$

对于一般情况，假设在K元基带传输中，K个符号对应K种不同的脉冲波形$s_i(t)$，$i=1,2,\cdots,K$。于是基带信号可以表示成

$$V(t)=\sum_{n=-\infty}^{\infty}\sum_{k=1}^{K}I_{kn}s_k(t-nT) \tag{6.1.24}$$

其中$I_{kn}\in\{0,1\}$，$\sum_{k=1}^{K}I_{kn}=1$，即$I_{kn}=1$表示在$nT\leqslant t\leqslant(n+1)T$中传输第$k$种波形。于是$V(t)$的自相关函数为

$$\begin{aligned}R_V(t+\tau,t)&=E\left[V(t)V(t+\tau)\right]\\&=\sum_{n=-\infty}^{\infty}\sum_{m=-\infty}^{\infty}\sum_{i=1}^{K}\sum_{j=1}^{K}E\left(I_{in}I_{j(n+m)}\right)s_i(t-nT)\cdot s_j(t+\tau-nT-mT)\end{aligned} \tag{6.1.25}$$

$$E\left(I_{in}I_{j(m+n)}\right)=P\left(I_{in}=1,I_{j(n+m)}=1\right)=p_i\cdot p_{ij}(m) \tag{6.1.26}$$

其中，p_i表示传输波形$s_i(t)$的概率；$p_{ij}(m)$表示在传输波形$s_i(t)$条件下，过m个时刻后再传输波形$s_j(t)$的条件转移概率。注意到：

$$p_{ij}(0)=\delta_{ij}=\begin{cases}1, & i=j\\0, & i\neq j\end{cases} \tag{6.1.27}$$

我们获得

$$R_V(t+\tau,t)=\sum_{m=-\infty}^{\infty}\sum_{i=1}^{K}\sum_{j=1}^{K}p_ip_{ij}(m)\sum_{n=-\infty}^{\infty}s_i(t-nT)s_j(t+\tau-mT-nT) \tag{6.1.28}$$

由于$R_V(t+\tau,t)$是t的周期为T的周期函数，所以计算相关函数在一个周期中的平均值，得到

$$
\begin{aligned}
\bar{R}_V(\tau) &= \frac{1}{T}\int_{-T/2}^{T/2} R_V(t+\tau,t)\,\mathrm{d}t \\
&= \sum_{m=-\infty}^{\infty}\sum_{i=1}^{K}\sum_{j=1}^{K} p_i p_{ij}(m) \sum_{n=-\infty}^{\infty}\frac{1}{T}\int_{-T/2}^{T/2} s_i(t-nT)s_j(t+\tau-mT-nT)\,\mathrm{d}t \\
&= \sum_{m=-\infty}^{\infty}\sum_{i=1}^{K}\sum_{j=1}^{K} p_i p_{ij}(m) \sum_{n=-\infty}^{\infty}\frac{1}{T}\int_{-T/2-nT}^{T/2-nT} s_i(t)s_j(t+\tau-mT)\,\mathrm{d}t \\
&= \frac{1}{T}\sum_{m=-\infty}^{\infty}\sum_{i=1}^{K}\sum_{j=1}^{K} p_i p_{ij}(m) R_{sij}(\tau-mT)
\end{aligned} \tag{6.1.29}
$$

其中

$$
R_{sij}(\tau) = \int_{-\infty}^{\infty} s_i(t)s_j(t+\tau)\,\mathrm{d}t \tag{6.1.30}
$$

取$\bar{R}_V(\tau)$的Fourier变换，得到

$$
S_V(f) = \frac{1}{T}\sum_{i=1}^{K}\sum_{j=1}^{K} p_i P_{ij}(f) S_i(f) S_j^*(f) \tag{6.1.31}
$$

其中

$$
\begin{aligned}
P_{ij}(f) &= \sum_{n=-\infty}^{\infty} p_{ij}(n)\mathrm{e}^{-\mathrm{j}2\pi nfT} \\
&= \delta_{ij} + 2\sum_{n=1}^{\infty} p_{ij}(n)\cos(2\pi nfT)
\end{aligned} \tag{6.1.32}
$$

如果数据序列是独立的，即基带信号序列是无记忆的，则对任何$n \geqslant 1$，都有$p_{ij}(n) = p_j$，所以

$$
\begin{aligned}
P_{ij}(f) &= \delta_{ij} + p_j \sum_{\substack{n=-\infty \\ n\neq 0}}^{\infty} \mathrm{e}^{-\mathrm{j}2\pi nfT} \\
&= \delta_{ij} - p_j + p_j\sum_{n=-\infty}^{\infty}\mathrm{e}^{-\mathrm{j}2\pi nfT} \\
&= \delta_{ij} - p_j + \frac{p_j}{T}\sum_{n=-\infty}^{\infty}\delta\left(f-\frac{n}{T}\right)
\end{aligned} \tag{6.1.33}
$$

故

$$
\begin{aligned}
S_V(f) &= \frac{1}{T}\sum_{i=1}^{K} p_i \left|S_i(f)\right|^2 - \frac{1}{T}\sum_{i=1}^{K}\sum_{j=1}^{K} p_i p_j S_i(f)S_j^*(f) \\
&\quad + \frac{1}{T^2}\sum_{n=-\infty}^{\infty}\sum_{i=1}^{K}\sum_{j=1}^{K} p_i p_j S_i\left(\frac{n}{T}\right)S_j^*\left(\frac{n}{T}\right)\delta\left(f-\frac{n}{T}\right) \\
&= \frac{1}{T}\sum_{i=1}^{K} p_i(1-p_i)\left|S_i(f)\right|^2 - \frac{2}{T}\sum_{i=1}^{K}\sum_{j=1,j>i}^{K} p_i p_j R_e\left[S_i(f)S_j^*(f)\right] \\
&\quad + \frac{1}{T^2}\sum_{n=-\infty}^{\infty}\left|\sum_{i=1}^{K} p_i S_i\left(\frac{n}{T}\right)\right|^2 \delta\left(f-\frac{n}{T}\right)
\end{aligned} \tag{6.1.34}
$$

于是对$K=2$的情况，有

$$
S_V(f) = \frac{1}{T}p(1-p)\left|S_1(f)-S_2(f)\right|^2 + \frac{1}{T^2}\sum_{n=-\infty}^{\infty}\left|pS_1\left(\frac{n}{T}\right) + (1-p)S_2\left(\frac{n}{T}\right)\right|^2\delta\left(f-\frac{n}{T}\right) \tag{6.1.35}
$$

其中，p为传输$s_1(t)$的概率，$1-p$为传输$s_2(t)$的概率。

§6.2 常用的数字序列码型

从6.1节功率谱计算中可以看出，数字序列的功率谱$S_a(f)$对于基带信号功率谱有重大影响。为了使数字序列适合于信道传输，往往要对数字序列进行一些处理，我们称之为码型变换或线路编码。通常，对数字序列码型的要求如下：

6-4数字序列码型

(1) 无直流分量，有较低的低频分量；

(2) 能从基带信号中获取码元定时信息；

(3) 信道传输效率高；

(4) 具有一定的检错能力；

(5) 不受信源统计特性的影响。

6.2.1 AMI（alternate mark inverse）码

AMI码称为交替传号反转码，是一个三电平码。它把消息码中的“1”交替变成“+1”和“−1”，把“0”仍然变为“0”，例如：

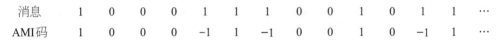

消息	1	0	0	0	1	1	1	0	0	1	0	1	1	…
AMI码	1	0	0	0	−1	1	−1	0	0	1	0	−1	1	…

AMI码的编码过程可利用图6.2.1所示的状态转移图表示。

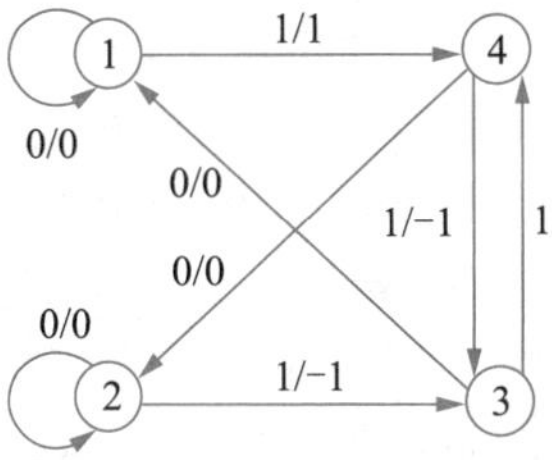

图6.2.1 AMI编码状态转移图

在图6.2.1中，标有数字i的圆表示第i状态，箭头线表示状态转移，线上的x/y表示当输入为x时，输出y。于是从某一状态出发随着消息序列符号的输入，得到相应AMI码符号输出，同时状态不断转移。例如，从状态①出发输入1 0 1 1 0 1 0 1 …则输出AMI码为1 0 −1 1 0 −1 0 1…，状态转移过程为①→④→②→③→④→②→③→①→④…。

6.2.2 HDB_3(high density bipolar code of three order)码

HDB_3码称为3阶高密度双极性码。它是三电平码。它的优点是可以限制AMI码中的连“0”长度，使得连“0”长度不大于3。HDB_3码编码首先把消息数字序列按AMI码编码，用“0”表示“0”，用±1交替表示“1”。这样构成的AMI码序列中，如果没有出现4个或4个以上的连“0”，则不做变化，这时AMI码就是HDB_3码。当出现4个连“0”时，就将第4个“0”改成与前面一个非“0”码元（“+1”或“−1”）同极性码元。这样原来AMI码的“极性交替反转”原则被破坏。把这样破坏“极性交替反转原则”的码元称为“破坏码元”，并用V表示（+V表示“+1”，−V表示“−1”）。极性反转原则被破坏后，极性不平衡，序列会出现直流分量。为了消除极性不平衡,要求相邻"破坏码元"的极性也交替反转。显然,若两个相邻V之间有奇数个非零码元,则相邻的破坏码元V自然是极性反转的。当相邻V之间有偶数个非零码元时,相邻V不满足极性反转,这时把4位连"0"串中的第一个"0"变成B(+B表示"+1",−B表示"−1"),B的极性与前一个非"0"码元极性相反,也就说B是满足极性交替反转原则的。例如:

消息码	1	0	0	0	0	1	0	0	0	0	1	1	0	0	0	0	1	1
AMI	−1	0	0	0	0	1	0	0	0	0	−1	1	0	0	0	0	−1	1
HDB_3	−1	0	0	0	−V	1	0	0	0	V	−1	1	−B	0	0	−V	+1	−1

HDB_3编码比较复杂,它也可以用状态转移图表示,但相当复杂。不过HDB_3的译码是非常简单的。因为每一个破坏码元"V"总是和前一个非"0"码元同极性,所以从收到的码元序列中很容易找到破坏码元"V",因此也就知道"V"及前面3个码元必为"0",然后把所有"−1"变成"1"就恢复了所有消息码。

6.2.3 双相码(Manchester码)

双相码的编码规则是把每个二进制码元变换成相位不同的一个周期方波:

消息码元	双相码
0	01
1	10

例如:

消息码	1	0	1	1	0	0	0	1
双相码	10	01	10	10	01	01	01	10

6.2.4 CMI(coded mark inverse)码

CMI码是编码传号反转码。它是输入1位、输出2位的码。若数据符号为"0",则编码输出为"01";若数据符号"1",则交替输出为"00"或"11"。

输入	输出
0	01
1	00或11交替

例如:

消息码	1	0	1	1	1	0	0	1
CMI码	11	01	00	11	00	01	01	11

CMI码的编码同样可用图6.2.2所示的状态转移图表示。

6.2.5 Miller(密勒)码

Miller码的消息码元"1"用"10"或"01"表示,使两个码元符号间电平不跳变;消息码元"0"用"00"或"11"表示,使相连的"0"用交替"00""11"表示,而单个"0"则使相邻码元电平不跳变。例如:

消息码元	1	1	0	1	0	0	1	0
Miller码	01	10	00	01	11	00	01	11

Miller码的编码可用图6.2.3所示的状态转移图表示。

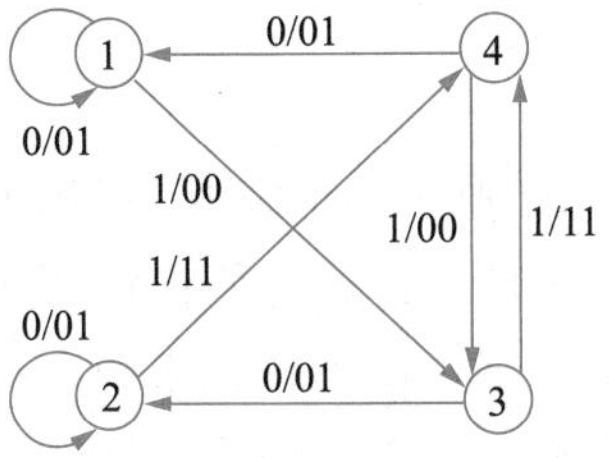

图6.2.2 CMI码编码状态转移图

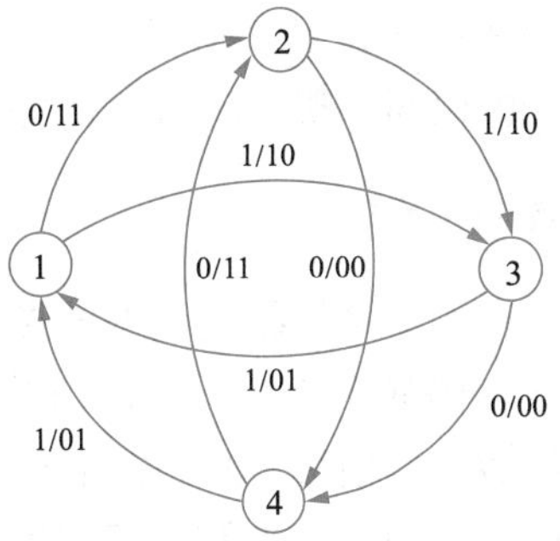

图6.2.3 Miller码编码状态转移图

在图6.2.4中,比较了几种编码的波形。从图6.2.4可见,Miller码的最大脉冲宽度为$2T$,同时可以看出如果用双相码的下降沿去触发一个双稳态触发器,则可以得到Miller码。

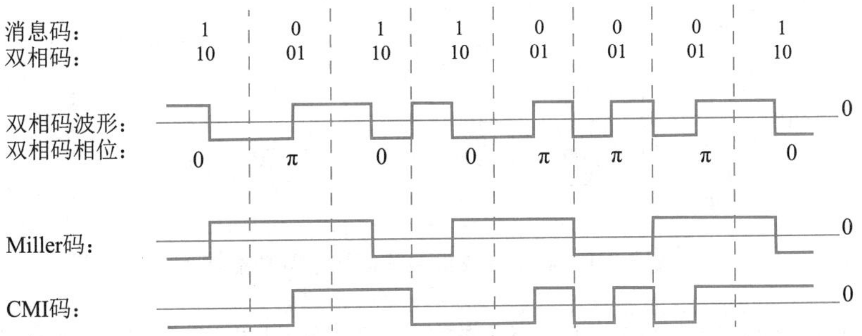

图6.2.4 几种编码的波形

6.2.6 *n*B*m*B码

*n*B*m*B码是一类分组码。它把每n位二进制数据码元分成一组,并把这些长度为n的分组变换成长度为m($m > n$)的二进制码字。在2^m种可能的长度为m序列中选2^n个作为码字,其他为禁用序列。这样得到的码称为*n*B*m*B码,它们可能具有好的性质。双相码、Miller码和CMI码都可以看成1B2B码。在光纤通信中常用$m = n + 1$,例如5B6B码。

§6.3 基带信号通过加性白高斯噪声(AWGN)信道传输

在基带传输情况中,接收到的是基带波形脉冲,我们还要通过解调来恢复脉冲波形。这是由于经过传输的脉冲波形已非原来理想的发送波形。信道滤波和接收机的前端滤波使得波形失真,引起码间干扰(ISI)。另外,由于在传输过程中存在各种干扰和加性噪声,使得接收到的脉冲波形叠加噪声干扰,因而在对信号采样判决时会出现错误。解调的目的在于免除码间干扰的影响,以可能最好的信号噪声比来恢复基带脉冲。通过正确设计发送、接收滤波器,以及利用各种均衡器技术,原则上我们可以消除码间干扰的影响。

6-5基带信道通过AWGN信道传输

关于信道无码间干扰传输所要求的条件以及均衡器设计原理，我们在后面几节论述。本节主要讨论基带信号通过加性白高斯噪声（AWGN）信道传输，不考虑由频带限制所带来的码间干扰影响，也就是把信道作为理想的无限带宽系统。

6.3.1 解调和检测

所谓解调就是把接收到的波形恢复成发送的基带脉冲，而检测是指作出判断，确定波形所代表的数字含义。图6.3.1中的频率下变换器是为带通信号传输而设计的，它可以放在接收机的前端，也可以结合在解调器中。对于基带信号传输来说，它可以完全省去。在解调器中有一个接收滤波器，它执行波形恢复的功能。由于发送滤波，信道滤波使得接收到的脉冲序列发生码间干扰，不适于直接采样和判决，接收滤波器以最好的信噪比恢复基带脉冲。在本节后面我们将介绍，这种最佳滤波器也称为匹配滤波器，或者叫相关器。图6.3.1中接在接收滤波器后面的是均衡滤波器，简称均衡器。它用来消除由带限系统所引起的码间干扰（ISI）。在实际系统中，接收滤波器和均衡器往往结合在一起。

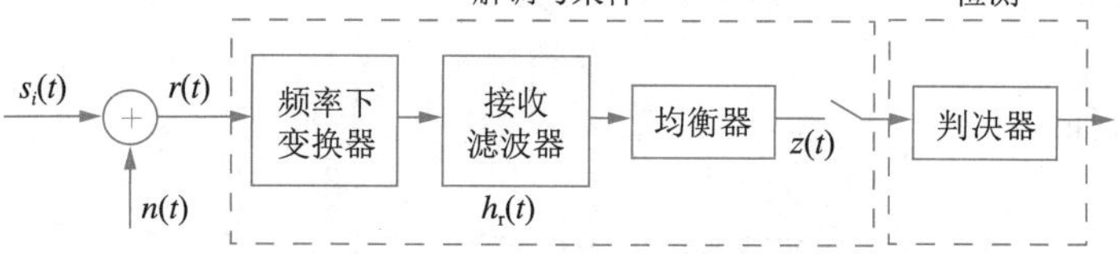

图6.3.1 数字接收机中解调和检测功能块

图6.3.1中解调/检测过程包含两个转换。第一个是波形-样本转换，由采样器完成。在每个符号时间T结束时，采样器输出样本值$z(mT)$，$z(mT)$也称为检测统计量。检测统计量是一个随机变量，它与接收到符号的能量及附加噪声有关。由于输入噪声是高斯过程，接收滤波器是线性的，所以滤波器输出噪声也是高斯的。第二个转换把样本转换成所传输的数据，由判决器完成。

考虑一个二进制基带传输系统，它的两个基带脉冲信号为$s_1(t)$和$s_2(t)$，符号持续时间为T。在理想信道条件下，简化的基带传输模型如图6.3.2所示。

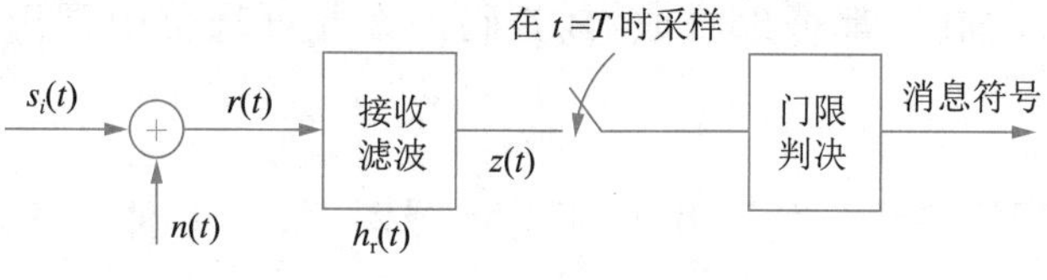

图6.3.2 简化的基带传输模型

在图6.3.2中，

$$s_i(t)=\begin{cases}s_1(t), & 0\leqslant t\leqslant T, \quad 发送“1” \\ s_0(t), & 0\leqslant t\leqslant T, \quad 发送“0”\end{cases} \tag{6.3.1}$$

$$r(t)=s_i(t)+n(t) \tag{6.3.2a}$$

$$z(t)=r(t)h_r(t) \tag{6.3.2b}$$

$z(t)$在$t=T$时刻的采样输出为

$$z(T)=a_i(T)+n_0(T) \tag{6.3.3a}$$

其中

$$a_i(T)=\int_0^T s_i(\tau)h_r(T-\tau)\mathrm{d}\tau \tag{6.3.3b}$$

是由信号分量得到的、所需要的分量，$n_0(T)$是噪声分量。有时我们把式(6.3.3a)简写成：

$$z=a_i+n_0,\quad i=0,1 \tag{6.3.4}$$

因为$n_0(T)$是均值为零、方差为σ_0^2的高斯噪声，所以

$$p(z|s_0)=\frac{1}{\sqrt{2\pi}\,\sigma_0}\exp\left[-\frac{1}{2}\left(\frac{z-a_0}{\sigma_0}\right)^2\right] \tag{6.3.5a}$$

$$p(z|s_1)=\frac{1}{\sqrt{2\pi}\,\sigma_0}\exp\left[-\frac{1}{2}\left(\frac{z-a_1}{\sigma_0}\right)^2\right] \tag{6.3.5b}$$

其中$p(z|s_0)$和$p(z|s_1)$分别称为s_0、s_1的似然概率。

判决器的作用是把采样值z与某门限γ相比，根据大于γ还是小于γ来确定发送的是s_0还是s_1。基带传输系统中的解调和检测问题归结为如何设计一个好的接收滤波器和如何选择比较门限γ。

6.3.2 信号和噪声的矢量空间表示

为了对于噪声中信号检测问题有一个明确而形象的理解，我们先介绍信号与噪声的几何表示。

1. N维矢量空间

N维矢量空间S中每个矢量$\boldsymbol{x}$用它的N个坐标表示为$(x_1,x_2,\cdots,x_N)$，两个矢量$\boldsymbol{x}$、$\boldsymbol{y}$的和定义为

$$\boldsymbol{x}+\boldsymbol{y}=(x_1+y_1,x_2+y_2,\cdots,x_N+y_N) \tag{6.3.6a}$$

矢量$\boldsymbol{x}$与标量α之积定义为

$$\alpha\boldsymbol{x}=(\alpha x_1,\alpha x_2,\cdots,\alpha x_N) \tag{6.3.6b}$$

两个矢量$\boldsymbol{x}$、$\boldsymbol{y}$的内积定义为

$$\boldsymbol{x}\cdot\boldsymbol{y}=\sum_{i=1}^{N}x_i y_i \tag{6.3.6c}$$

矢量$\boldsymbol{x}$的长度定义为

$$\|\boldsymbol{x}\|=\sqrt{\boldsymbol{x}\cdot\boldsymbol{x}}=\sqrt{\sum_{i=1}^{N}x_i^2} \tag{6.3.6d}$$

两个矢量$\boldsymbol{x}$、$\boldsymbol{y}$的夹角为

$$\cos\theta=\frac{\boldsymbol{x}\cdot\boldsymbol{y}}{\|\boldsymbol{x}\|\times\|\boldsymbol{y}\|} \tag{6.3.6e}$$

若两个矢量的内积为零，则这两个矢量正交。

下面一组矢量是相互正交、长度为1(称为规一)的矢量，我们熟知这组矢量构成N维空间的一组规范基矢量：

$$\boldsymbol{v}_1=(1,\ 0,\ 0,\ \cdots,\ 0)$$
$$\boldsymbol{v}_2=(0,\ 1,\ 0,\ \cdots,\ 0)$$
$$\vdots$$
$$\boldsymbol{v}_N=(0,\ 0,\ 0,\ \cdots,\ 1)$$

一般来说,任何一组N个矢量,若它们相互正交、长度规一,均可以选为所在的N维空间的一组规范基矢量。

对于任何N个线性无关矢量$\{\boldsymbol{x}_i, i=1,2,\cdots,N\}$,可通过如下的格拉姆-施密特(Gram-Schmidt)正交化步骤得到一组N个正交、规一矢量$\{\boldsymbol{e}_i, i=1,2,\cdots,N\}$:任取一个矢量,比如$\boldsymbol{x}_1$,作

$$\begin{aligned}
& & \boldsymbol{e}_1&=\boldsymbol{x}_1/\|\boldsymbol{x}_1\|\\
\boldsymbol{b}_2&=\boldsymbol{x}_2-(\boldsymbol{x}_2,\boldsymbol{e}_1)\boldsymbol{e}_1, & \boldsymbol{e}_2&=\boldsymbol{b}_2/\|\boldsymbol{b}_2\|\\
\boldsymbol{b}_3&=\boldsymbol{x}_3-(\boldsymbol{x}_3\cdot\boldsymbol{e}_1)\boldsymbol{e}_1-(\boldsymbol{x}_3\cdot\boldsymbol{e}_2)\boldsymbol{e}_2, & \boldsymbol{e}_3&=\boldsymbol{b}_3/\|\boldsymbol{b}_3\|\\
&\vdots\\
\boldsymbol{b}_n&=\boldsymbol{x}_n-\sum_{i=1}^{n-1}(\boldsymbol{x}_n\cdot\boldsymbol{e}_i)\boldsymbol{e}_i, & \boldsymbol{e}_n&=\boldsymbol{b}_n/\|\boldsymbol{b}_n\|, n=1,2,\cdots,N
\end{aligned}\tag{6.3.7}$$

N维空间S中任何一组N个正交、规一矢量$\{\boldsymbol{e}_i, i=1,2,\cdots,N\}$,都可以作为它的基矢量。

2.信号空间

下面来考虑由$(0,T)$区间上平方可积函数所组成的N维函数空间。设$x(t)$和$y(t)$是平方可积函数,即$x(t),y(t)\in\mathcal{L}_2(0,T)$,把$x(t)$和$y(t)$看成矢量。

$x(t)$和$y(t)$的内积定义为

$$(x(t)\cdot y(t))=\int_0^T x(t)y(t)\,\mathrm{d}t \tag{6.3.8a}$$

函数$x(t)$的长度(范数)定义为

$$\|x(t)\|=\sqrt{\int_0^T x^2(t)\,\mathrm{d}t} \tag{6.3.8b}$$

矢量$x(t)$和$y(t)$的夹角定义为

$$\cos\theta=\frac{(x(t)\cdot y(t))}{\|x(t)\|\times\|y(t)\|} \tag{6.3.8c}$$

设$\{\varphi_i(t), i=1,2,\cdots,N\}$是一组在$(0,T)$上定义的正交、规一函数,即

$$\int_0^T\varphi_i(t)\varphi_j(t)\,\mathrm{d}t=\delta_{ij}=\begin{cases}1, & i=j\\0, & i\neq j\end{cases} \tag{6.3.9}$$

则任何一个由$\{\varphi_i(t), i=1,2,\cdots,N\}$线性组合构成的函数$s(t)$都可以表示为

$$s(t)=s_1\varphi_1(t)+s_2\varphi_2(t)+\cdots+s_N\varphi_N(t) \tag{6.3.10a}$$

把$\{\varphi_i(t), i=1,2,\cdots,N\}$看成一组$N$个正交规范基函数,相当于$N$维正交空间的$N$个

正交单位向量。于是 $s(t)$ 就可以看成这个 N 维空间中的一个点，它的坐标为 $(s_1,s_2,\cdots,s_N)$，其中

$$s_i=\int_0^T s(t)\varphi_i(t)\mathrm{d}t,i=1,2,\cdots,N \tag{6.3.10b}$$

$s(t)$ 也可以看成这 N 维空间中的一个矢量，其分量为 $(s_1,s_2,\cdots,s_N)$。我们把这个由 $\{\varphi_i(t),i=1,2,\cdots,N\}$ 所张成的 N 维空间称为 N 维信号空间。

采用 N 维矢量空间中的格拉姆-施密特正交化步骤，可以从任何一组 M 个信号波形 $s_i(t)$, $i=1,2,\cdots,M,t\in[0,T]$ 构造出一组 N 个正交规范函数 $\varphi_1(t),\varphi_2(t),\cdots,\varphi_N(t)$, $N\leqslant M$，使得

$$\begin{cases}s_1(t)=s_{11}\varphi_1(t)+s_{12}\varphi_2(t)+\cdots+s_{1N}\varphi_N(t)\\ s_2(t)=s_{21}\varphi_1(t)+s_{22}\varphi_2(t)+\cdots+s_{2N}\varphi_N(t)\\ \qquad\vdots\\ s_M(t)=s_{M1}\varphi_1(t)+s_{M2}\varphi_2(t)+\cdots+s_{MN}\varphi_N(t)\end{cases} \tag{6.3.11a}$$

其中
$$s_{ij}=\int_0^T s_i(t)\varphi_j(t)\mathrm{d}t,i=1,2,\cdots,M,\ j=1,2,\cdots,N,0\leqslant t\leqslant T \tag{6.3.11b}$$

因而式(6.3.11)所示信号 $s_i(t)$ 可以用矢量 $(s_{i1},s_{i2},\cdots,s_{iN})$ 表示，信号 $\boldsymbol{s}_i(t)$ 的能量为

$$\begin{aligned}E_i&=\int_0^T s_i^2(t)\mathrm{d}t=\int_0^T\left[\sum_{j=1}^N s_{ij}\varphi_j(t)\right]^2\mathrm{d}t\\&=\sum_{j=1}^N s_{ij}^2\triangleq\|\boldsymbol{s}_i\|^2,\ \ i=1,2,\cdots,M\end{aligned} \tag{6.3.12}$$

其中 $\|\boldsymbol{s}_i\|$ 表示矢量 $\boldsymbol{s}_i$ 的长度，所以信号的能量相当于矢量 $(s_{i1},s_{i2},\cdots,s_{iN})$ 长度的平方。

注意：N 维信号空间的基矢量是由一组 $M(M\geqslant N)$ 个信号波形通过格拉姆-施密特步骤构成的，所以这 M 个信号波形可以由这组基矢量精确表示，但这组基矢量显然不是完备的，即不是所有波形都能由这组基矢量精确表示。

例6.3.1 图6.3.3(a)中 $s_1(t),s_2(t),s_3(t),s_4(t)$ 是(0,3)区间上的4个基带信号，由这组4个信号可以构造出一组 $N=3$ 个正交规范波形 $\varphi_1(t),\varphi_2(t),\varphi_3(t)$，如图6.3.3(b)所示。其中

$$\begin{cases}s_1(t)=\sqrt{2}\,\varphi_1(t)\\ s_2(t)=-\sqrt{2}\,\varphi_2(t)+\varphi_3(t)\\ s_3(t)=\sqrt{2}\,\varphi_2(t)\\ s_4(t)=\sqrt{2}\,\varphi_1(t)+\varphi_3(t)\end{cases} \tag{6.3.13}$$

相应的信号矢量为

$$\boldsymbol{s}_1=(\sqrt{2},0,0),\ \boldsymbol{s}_2=(0,-\sqrt{2},1),\ \boldsymbol{s}_3=(0,\sqrt{2},0),\ \boldsymbol{s}_4=(\sqrt{2},0,1)$$

$\boldsymbol{s}_1,\boldsymbol{s}_2,\boldsymbol{s}_3,\boldsymbol{s}_4$ 在信号空间中的表示见图6.3.4，它们的能量分别为

$$\|\boldsymbol{s}_1\|^2=2,\ \|\boldsymbol{s}_2\|^2=3,\ \|\boldsymbol{s}_3\|^2=2,\ \|\boldsymbol{s}_4\|^2=3$$

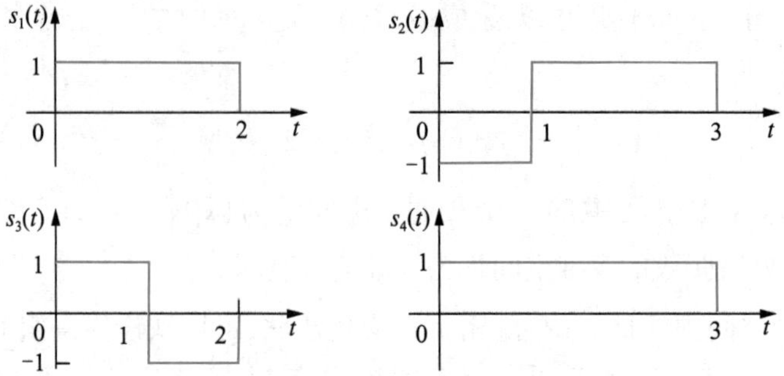

（a）原始信号

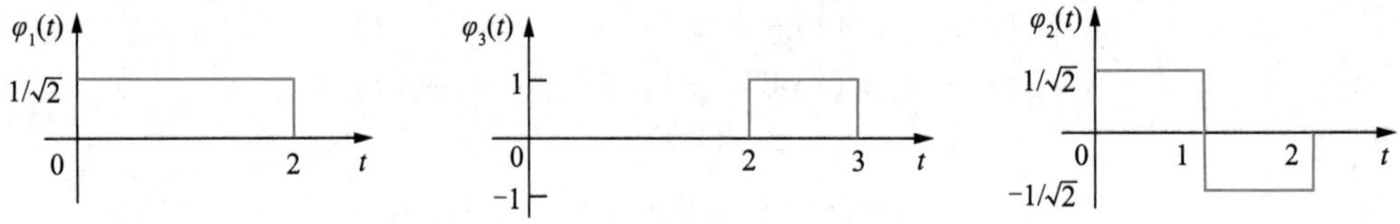

（b）导出的正交规范基

图6.3.3　应用格拉姆-施密特正交化步骤构造正交规范基

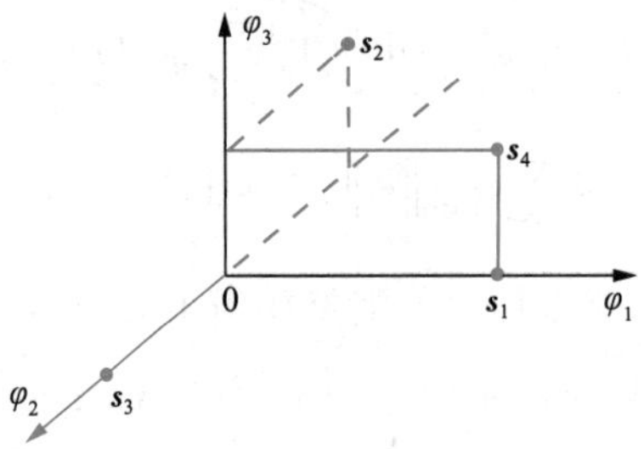

图6.3.4　信号矢量$\boldsymbol{s}_1,\boldsymbol{s}_2,\boldsymbol{s}_3,\boldsymbol{s}_4$在信号空间中的表示

例6.3.2　在$(-\pi,\pi)$上定义的16个基带信号：

$$s_{i,j}(t)=i\cos t+j\sin t, i,j=\pm1,\pm3$$

可以用二维信号空间中的点表示这16个信号。该二维信号空间的基矢量函数为

$$\varphi_1(t)=\frac{\cos t}{\sqrt{\pi}},\quad \varphi_2(t)=\frac{\sin t}{\sqrt{\pi}}$$

所以

$$s_{i,j}(t)=i\sqrt{\pi}\,\varphi_1(t)+j\sqrt{\pi}\,\varphi_2(t),\quad i,j=\pm1,\pm3$$

相应的16个信号矢量为

$$\boldsymbol{s}_{i,j}=(i\sqrt{\pi},j\sqrt{\pi}),\ i,j=\pm1,\pm3$$

$$\left\|\boldsymbol{s}_{i,j}\right\|=(i^2+j^2)\pi$$

信号矢量在信号空间中的表示如图6.3.5所示。

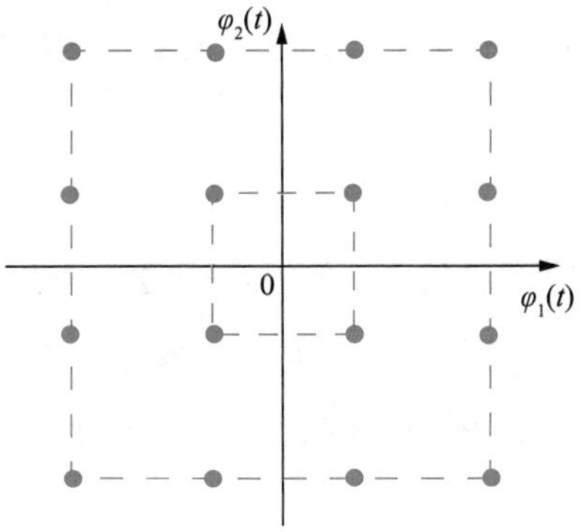

图6.3.5 例6.3.2中信号矢量在信号空间中的表示

3. 噪声的信号空间表示

在由$\{\varphi_i(t),\ i=1,2,\cdots,N\}$所张成的$N$维信号空间中，噪声$n(t)$可以表示成两部分：

$$n(t)=\hat{n}(t)+\tilde{n}(t) \tag{6.3.14}$$

其中

$$\hat{n}(t)=\sum_{j=1}^{N}n_j\varphi_j(t) \tag{6.3.15b}$$

$$n_j=\int_0^T n(t)\varphi_j(t)\,\mathrm{d}t \tag{6.3.15c}$$

所以$\hat{n}(t)$是噪声$n(t)$在这N维信号空间中的投影；而差值

$$\tilde{n}(t)=n(t)-\hat{n}(t) \tag{6.3.16a}$$

是与信号空间正交的分量(不在这个信号空间中)，因为对任何$\varphi_j(t),\ j=1,2,\cdots,N$，都有

$$\int_0^T \tilde{n}(t)\varphi_j(t)\,\mathrm{d}t=0 \tag{6.3.16b}$$

所以$\tilde{n}(t)$与信号空间正交。在6.3.3节我们将证明这部分噪声与信号检测无关。

$\hat{n}(t)$可以用矢量$(n_1,n_2,\cdots,n_N)$表示，其中分量n_i是高斯随机变量，n_i的均值和协方差分别为

$$E\left[n_i\right]=E\left[\int_0^T n(t)\varphi_j(t)\,\mathrm{d}t\right]=0 \tag{6.3.17a}$$

$$\begin{aligned}E\left[n_in_j\right]&=\int_0^T\int_0^T E\left[n(t)n(\tau)\right]\varphi_i(t)\varphi_j(\tau)\,\mathrm{d}t\mathrm{d}\tau\\&=\int_0^T\int_0^T\frac{N_0}{2}\delta(t-\tau)\varphi_i(t)\varphi_j(\tau)\,\mathrm{d}t\mathrm{d}\tau\\&=\frac{N_0}{2}\delta_{ij}\\&=\begin{cases}\dfrac{N_0}{2}, & i=j\\0, & i\neq j\end{cases}\end{aligned} \tag{6.3.17b}$$

所以N维噪声矢量$\hat{n}(t)=(n_1,n_2,\cdots,n_N)$的概率分布为

$$f(\boldsymbol{n})=\prod_{i=1}^{N}f(n_i)=\frac{1}{(\pi N_0)^{N/2}}\exp\left[-\sum_{i=1}^{N}\frac{n_i^2}{N_0}\right] \tag{6.3.18}$$

6.3.3 基函数相关型解调

设通信中有M种不同的可能信号$s_k(t)$ ($k=1,2,\cdots,M$)被传输，由这M个信号可以构造出$N(N\leqslant M)$个正交规范基函数$\{\varphi_i(t),\ i=1,2,\cdots,N\}$。信号$s_k(t)$在由这组基函数所张成的$N$维信号空间中可用矢量$\boldsymbol{s}_k=(s_{k1},s_{k2},\cdots,s_{kN})$表示。

6-6接受机相关接收

从图6.3.2可见，当发送的是信号$s_k(t)$时，接收到的信号为

$$r(t)=s_k(t)+n(t), k=1,2,\cdots,M \tag{6.3.19}$$

把$r(t)$投影到N维信号空间，得到的矢量表示为

$$\boldsymbol{r}=(r_1,r_2,\cdots,r_N) \tag{6.3.20a}$$

其中

$$r_i=\int_0^T r(t)\varphi_i(t)\mathrm{d}t=s_{ki}+n_i,\ i=1,2,\cdots,N \tag{6.3.20b}$$

s_{ki}和n_i分别是信号和噪声在信号空间中第i个坐标分量。

可以通过图6.3.6所示的相关器来获得接收信号$r(t)$的矢量表示。

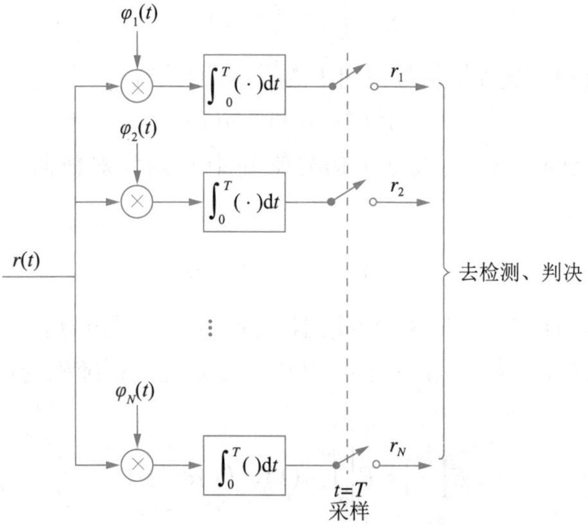

图6.3.6 基函数相关型解调器

r_i是均值为s_{ki}、方差为$N_0/2$的独立高斯随机变量，所以在发送$s_k(t)$条件下，接收到$\boldsymbol{r}=(r_1,r_2,\cdots,r_N)$的条件概率密度为

$$\begin{aligned}p(\boldsymbol{r}|\boldsymbol{s}_k)&=\frac{1}{(\pi N_0)^{N/2}}\exp\left[-\sum_{i=1}^{N}(r_k-s_{ik})^2/N_0\right]\\&=\frac{1}{(\pi N_0)^{N/2}}\exp\left(-\left\|\boldsymbol{r}-\boldsymbol{s}_i\right\|^2/N_0\right)\end{aligned} \tag{6.3.21}$$

其中$\left\|\boldsymbol{r}-\boldsymbol{s}_i\right\|$表示矢量$\boldsymbol{r}-\boldsymbol{s}_i$的长度。

下面我们说明$(r_1,r_2,\cdots,r_N)$是作出判决的充分统计量，也就是说作出正确判决的信

息包含在矢量$(r_1,r_2,\cdots,r_N)$中,与噪声分量$\tilde{n}(t)$无关。这是因为

$$\begin{aligned}E\left[\tilde{n}(t)\cdot r_i\right]&=E\left[\tilde{n}(t)s_{ki}\right]+E\left[\tilde{n}(t)n_i\right]\\&=E\left[\tilde{n}(t)n_i\right]\\&=E\left\{\left[n(t)-\sum_{j=1}^{N}n_j\varphi_j(t)\right]n_i\right\}\\&=\int_o^T E\left[n(t)n(\tau)\right]\varphi_i(\tau)\,\mathrm{d}\tau-\sum_{j=1}^{N}E(n_jn_i)\varphi_j(t)\\&=\frac{N_0}{2}\varphi_i(t)-\frac{N_0}{2}\varphi_i(t)\\&=0\end{aligned}\tag{6.3.22}$$

所以$\tilde{n}(t)$和接收矢量$\boldsymbol{r}=(r_1,r_2,\cdots,r_N)$的每个分量都不相关。对于高斯变量,不相关就意味着相互独立,所以$\tilde{n}(t)$和$\{r_i\}$是相互独立的,从而可知$\{r_i\}$是一组充分统计量。对于基带传输,给出的充分统计量的解调器是一组基函数相关器。

例6.3.3 M电平PAM传输,其中基本脉冲$s_T(t)$的形状为矩形,如图6.3.7所示;加性噪声是零均值白高斯噪声。求基函数$\varphi(t)$和基函数相关型解调器的输出。

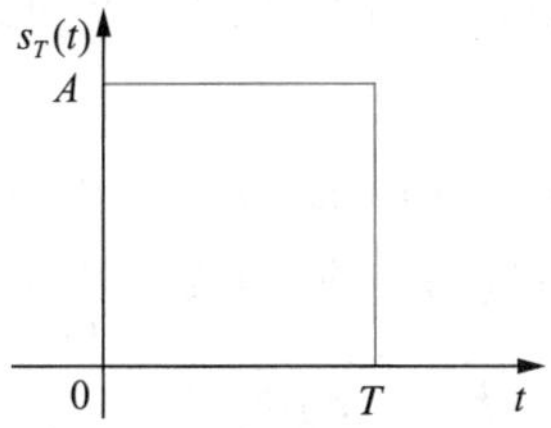

图6.3.7 基本脉冲$s_T(t)$

解 矩形脉冲能量为

$$E_s=\int_0^T s_T^2(t)\,\mathrm{d}t=A^2T\tag{6.3.23}$$

因为PAM信号集合为$\{A_ms_T(t),m=1,2,\cdots,M\}$,它的维数$N=1$,只有一个基函数$\varphi(t)$。

$$\varphi(t)=\frac{1}{\sqrt{A^2T}}s_T(t)=\begin{cases}\dfrac{1}{\sqrt{T}}, & 0\leqslant t\leqslant T\\0, & 其他\end{cases}\tag{6.3.24}$$

基函数相关型解调器输出为

$$r=\int_0^T r(t)\varphi(t)\,\mathrm{d}t=\frac{1}{\sqrt{T}}\int_0^T r(t)\,\mathrm{d}t\tag{6.3.25}$$

这时相关器变成了简单的积分器。第m电平的基带脉冲可表示为

$$s_m(t)=A_ms_T(t)=A_m\sqrt{A^2T}\,\varphi(t)=s_m\varphi(t)$$

若第m个信号$s_m(t)$被传送,则

$$r=\frac{1}{\sqrt{T}}\int_0^T\left[s_m(t)+n(t)\right]\mathrm{d}t=\frac{1}{\sqrt{T}}\left[\int_0^T s_m\varphi(t)\,\mathrm{d}t+\int_0^T n(t)\,\mathrm{d}t\right]=s_m+n$$

其中
$$E[n]=0$$
$$\sigma_n^2=E\left[\frac{1}{T}\int_0^T\int_0^T n(t)n(\tau)\,\mathrm{d}t\mathrm{d}\tau\right]=\frac{1}{T}\int_0^T\int_0^T E\left[n(t)n(\tau)\right]\mathrm{d}t\mathrm{d}\tau=\frac{N_0}{2T}\int_0^T\int_0^T\delta(t-\tau)\,\mathrm{d}t\mathrm{d}\tau=\frac{N_0}{2}$$
所以
$$p(r|s_m)=\frac{1}{\sqrt{\pi N_0}}\exp\left[-(r-s_m)^2/N_0\right]$$

6.3.4 匹配滤波器

1. 匹配滤波器的定义和性质

首先给出匹配滤波器的定义，设$s(t)$是$0\leqslant t\leqslant T$上定义的函数，则脉冲响应为

6-7 匹配滤波器的最优性

$$h(t)=\begin{cases}s(T-t), & 0\leqslant t\leqslant T\\ 0, & \text{其他}\end{cases}\tag{6.3.26}$$

的滤波器称为信号$s(t)$的匹配滤波。

定理（匹配滤波器性质） 如果信号$s(t)$受到AWGN干扰，则信号通过与$s(t)$相匹配的滤波器，可获得最大输出信噪比。

证明 设持续时间为T的信号$s(t)$在信道上受到功率谱密度为$N_0/2$的AWGN干扰，则接收到的信号为

$$r(t)=s(t)+n(t),\qquad 0\leqslant t\leqslant T\tag{6.3.27}$$

设接收滤波器的脉冲响应为$h(t)$，传递函数为$H(f)$，则$r(t)$通过滤波器后输出为

$$\begin{aligned}y(t)&=\int_0^t r(\tau)h(t-\tau)\,\mathrm{d}\tau\\&=\int_0^t s(\tau)h(t-\tau)\,\mathrm{d}\tau+\int_0^t n(\tau)h(t-\tau)\,\mathrm{d}\tau\end{aligned}\tag{6.3.28}$$

在$t=T$时刻

$$\begin{aligned}y(T)&=\int_0^T s(\tau)h(T-\tau)\,\mathrm{d}\tau+\int_0^T n(\tau)h(T-\tau)\,\mathrm{d}\tau\\&=y_s(T)+y_n(T)\end{aligned}\tag{6.3.29}$$

在$t=T$时刻输出信噪比(SNR)为

$$\left(\frac{S}{N}\right)_o=\frac{y_s^2(T)}{E\left[y_n^2(T)\right]}\tag{6.3.30}$$

$$\begin{aligned}E\left[y_n^2(T)\right]&=\int_0^T\int_0^T E\left[n(\tau)n(t)\right]h(T-\tau)h(T-t)\,\mathrm{d}t\mathrm{d}\tau\\&=\frac{N_0}{2}\int_0^T\int_0^T\delta(t-\tau)h(T-\tau)h(T-t)\,\mathrm{d}t\mathrm{d}\tau\\&=\frac{N_0}{2}\int_0^T h^2(T-t)\,\mathrm{d}t\end{aligned}\tag{6.3.31}$$

所以
$$\left(\frac{S}{N}\right)_o=\frac{\left|\int_0^T s(\tau)h(T-\tau)\,\mathrm{d}\tau\right|^2}{\frac{N_0}{2}\int_0^T h^2(T-t)\,\mathrm{d}t}\tag{6.3.32}$$

由柯西-施瓦茨(Cauchy-Schwartz)不等式，如果$g_1(t)$和$g_2(t)$是平方可积函数，则

$$\left|\int_{-\infty}^{\infty} g_1(t) g_2(t)\,\mathrm{d}t\right|^2 \leqslant \int_{-\infty}^{\infty} g_1^2(t)\,\mathrm{d}t \int_{-\infty}^{\infty} g_2^2(t)\,\mathrm{d}t \tag{6.3.33}$$

等号在$g_1(t)=c\cdot g_2(t)$时成立，其中c为任意常数。因此

$$\left(\frac{S}{N}\right)_{\mathrm{o}} \leqslant \frac{\int_0^T s^2(\tau)\,\mathrm{d}\tau}{N_0/2} = \frac{2E_s}{N_{\mathrm{o}}} \tag{6.3.34}$$

其中E_s为信号$s(t)$的能量。式(6.3.34)的等号仅在

$$s(t)=c\cdot h(T-t),\qquad 0\leqslant t\leqslant T \tag{6.3.35}$$

或者

$$h(t)=c\cdot s(T-t),\qquad 0\leqslant t\leqslant T \tag{6.3.36}$$

时成立时，也就是说滤波器$h(t)$是信号$s(t)$的匹配滤波器时，输出信噪比在$t=T$时刻最大。

2. 匹配滤波器的频率传递函数

匹配滤波器的脉冲响应为

$$h(t)=\begin{cases} c\cdot s(T-t), & 0\leqslant t\leqslant T \\ 0, & \text{其他} \end{cases} \tag{6.3.37}$$

所以它的频率传递函数为

$$\begin{aligned} H(f) &= \int_{-\infty}^{\infty} h(t)\,\mathrm{e}^{-\mathrm{j}2\pi ft}\,\mathrm{d}t = \int_0^T c\cdot s(T-t)\,\mathrm{e}^{-\mathrm{j}2\pi ft}\,\mathrm{d}t \\ &= \left[\int_0^T c\cdot s(\tau)\,\mathrm{e}^{\mathrm{j}2\pi f\tau}\,\mathrm{d}\tau\right]\mathrm{e}^{-\mathrm{j}2\pi fT} = c\cdot S^*(f)\,\mathrm{e}^{-\mathrm{j}2\pi fT} \end{aligned} \tag{6.3.38}$$

其中$S(f)$是$s(t)$的频谱。匹配波滤器的频率传递函数为

$$H(f)=c\cdot S^*(f)\,\mathrm{e}^{-\mathrm{j}2\pi fT} \tag{6.3.39}$$

3. 匹配滤波器的信号输出

信号$s(t)$通过匹配滤波器后输出为

$$\begin{aligned} y_s(t) &= \int_{-\infty}^{\infty} s(t-\tau)h(\tau)\,\mathrm{d}\tau \\ &= \int_{-\infty}^{\infty} s(t-\tau)s(T-\tau)\,\mathrm{d}\tau \\ &= R_s(t-T) \end{aligned} \tag{6.3.40}$$

在$t=T$时，$y_s(T)=R_s(0)$正是相关器在$t=T$时的输出。

图6.3.8(a)表示某个定义在$[0,T]$上的信号，图6.3.8(b)表示对应匹配滤波器的脉冲响应，图6.3.8(c)表示匹配滤波器输出。

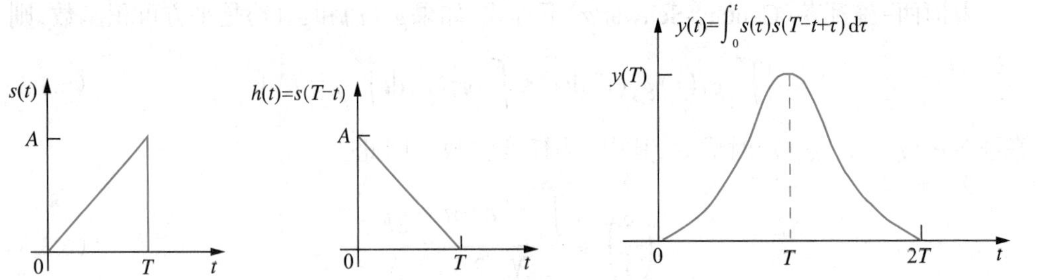

（a）信号$s(t)$　（b）匹配滤波器脉冲响应　（c）匹配滤波器输出

图6.3.8　信号、匹配滤波器脉冲响应及其输出

注意：匹配滤波器的输出在$t=T$时才和相关器输出相同，在其他时刻两者输出不一定一样。例如对于正弦信号，图6.3.9中的实线表示相应匹配滤波器的输出，而虚线表示对应相关器的输出。

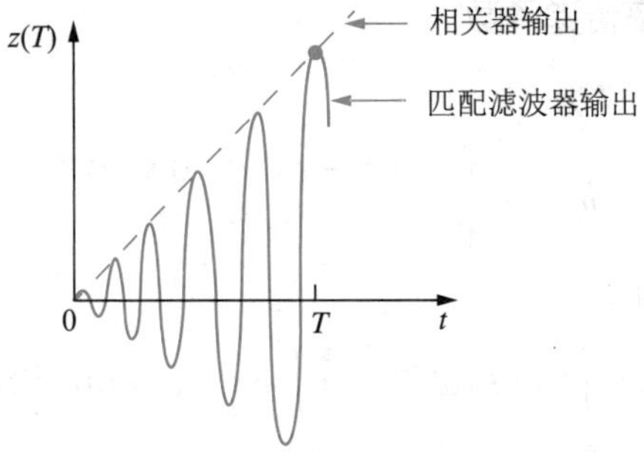

图6.3.9　正弦信号的匹配滤波器输出与对应相关器输出比较

6.3.5　基函数匹配滤波型解调

基函数相关型解调利用一组N个相关器构造出充分统计量，提供给后面的检测判决装置。我们也可以用一组滤波器来代替相关器，这组N个滤波器的脉冲响应为

$$h_k(t)=\begin{cases}\varphi_k(T-t), & 0\leqslant t\leqslant T\\ 0, & 其他\end{cases},k=1,2,\cdots,N \tag{6.3.41}$$

6−8接收机匹配滤波

其中$\varphi_k(t)$是信号空间的N个基函数。于是滤波器输出为

$$\begin{aligned}y_k(t)&=\int_0^t r(\tau)h_k(t-\tau)\,\mathrm{d}\tau\\&=\int_0^t r(\tau)\varphi_k(T-t+\tau)\,\mathrm{d}\tau,\ k=1,2,\cdots,N\end{aligned} \tag{6.3.42}$$

当$t=T$时，这些滤波器输出正好是N个线性相关器输出，所以图6.3.6所示的基函数相关型解调器可用图6.3.10所示的一组滤波器代替。式(6.3.41)所示的这组滤波器正是与基函数$\varphi_k(t)$相匹配的匹配滤波器，所以相应的解调器称为基函数匹配滤波型解调器。

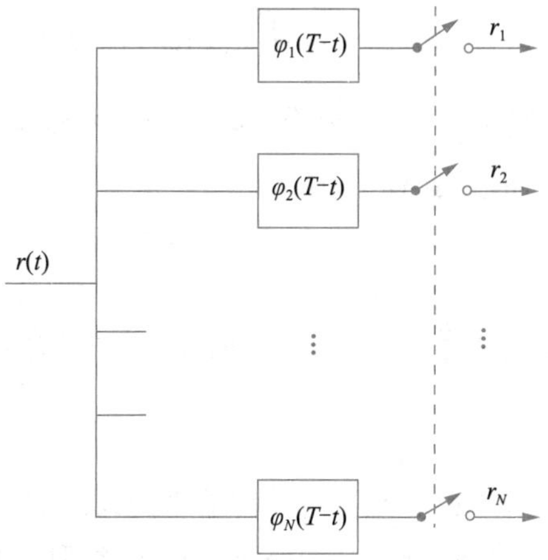

图6.3.10 基函数匹配滤波型解调器

例6.3.4 在二元基带传输系统中,可能发送两种波形:

$$s_1(t)=\begin{cases}A, & 0\leqslant t\leqslant T/2\\0, & \text{其他}\end{cases}\text{,发送“0”} \tag{6.3.43a}$$

$$s_2(t)=\begin{cases}A, & T/2\leqslant t\leqslant T\\0, & \text{其他}\end{cases}\text{,发送“1”} \tag{6.3.43b}$$

求其基函数匹配滤波器型解调器。

解 构成二维正交基

$$\varphi_1(t)=\sqrt{\frac{2}{TA^2}}\,s_1(t) \tag{6.3.44a}$$

$$\varphi_2(t)=\sqrt{\frac{2}{TA^2}}\,s_2(t) \tag{6.3.44b}$$

相应的匹配滤波器为

$$h_1(t)=\varphi_1(T-t)=\begin{cases}\sqrt{2/T}, & T/2\leqslant t\leqslant T\\0, & \text{其他}\end{cases} \tag{6.3.45a}$$

$$h_2(t)=\varphi_2(T-t)=\begin{cases}\sqrt{2/T}, & 0\leqslant t\leqslant T/2\\0, & \text{其他}\end{cases} \tag{6.3.45b}$$

当$s_1(t)$发送时,匹配滤波器$h_1(t)$在$t=T$时输出信号值为

$$y_{1s}(T)=\sqrt{A^2T/2}=\sqrt{E_s} \tag{6.3.46a}$$

其中E_s为符号能量。而滤波器$h_2(t)$在$t=T$时输出信号值为

$$y_{2s}(T)=0 \tag{6.3.46b}$$

所以这时匹配滤波型解调器输出采样矢量为

$$\boldsymbol{r}=(r_1,r_2)=(\sqrt{E_s}+n_1,n_2) \tag{6.3.47}$$

其中n_1和n_2表示在$t=T$时噪声通过这两个匹配滤波器的输出采样值。

$$n_1=y_{1n}(T)=\int_0^T n(t)\varphi_1(t)\,\mathrm{d}t \tag{6.3.48a}$$

$$n_2 = y_{2n}(T) = \int_0^T n(t)\varphi_2(t)\,\mathrm{d}t \tag{6.3.48b}$$

$$E[n_1] = E[n_2] = 0,\quad \sigma_{n_1}^2 = \sigma_{n_2}^2 = N_0/2$$

这时第一个匹配滤波器的输出信噪比为

$$\left(\frac{S}{N}\right)_o = \frac{y_{1s}^2(T)}{\sigma_{n1}^2} = \frac{2E_s}{N_0} \tag{6.3.49}$$

第二个匹配滤波器输出纯噪声。若发送的是$s_2(t)$,则这两个滤波器输出相反。

6.3.6 最佳检测判决器

我们已经证明,对于AWGN上基带信号传输来说,无论是相关型解调,还是匹配滤波型解调,都产生一个判决矢量$\boldsymbol{r} = (r_1, r_2, \cdots, r_N)$,它包含接收到信号中全部有关发送信号的有用信息。下面我们要根据这个观察矢量$\boldsymbol{r}$作出最佳判决,确定发送的是哪一个波形或者说确定发送符号。

由式(6.3.20)知道,接收矢量$\boldsymbol{r}$是两项之和:一项是$\boldsymbol{s}_m$,即与发送信号波形$s_m(t)$有关的矢量;另一项是噪声矢量$\boldsymbol{n}$,它是噪声在信号空间的投影。我们把$\boldsymbol{s}_m$视为信号空间一点。$\boldsymbol{n}$是N维信号空间一个随机矢量,它的每个分量是均值为0、方差为$N_0/2$的独立高斯变量,所以$\boldsymbol{r}$可以表示为在矢量$\boldsymbol{s}_m$上叠加一个球对称分布的噪声$\boldsymbol{n}$,形成信号空间中以$\boldsymbol{s}_m$为中心的一个球状云团。噪声方差$N_0/2$的大小确定了围绕中心的噪声云团的密度和大小。图6.3.11表示N=3维信号空间中4个信号的位置以及相应的云团。

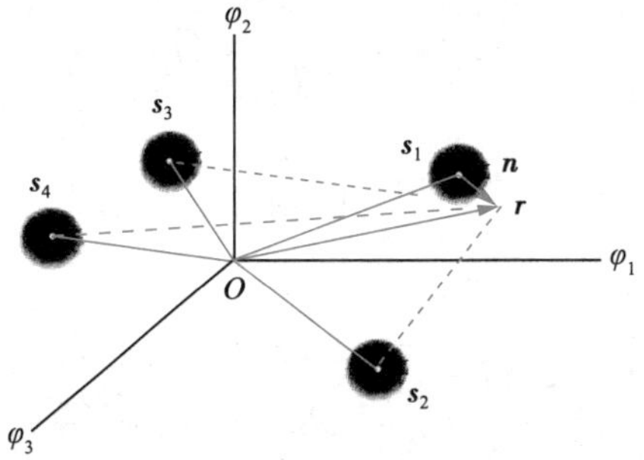

图6.3.11 信号空间中信号点与噪声云团

我们希望设计一种信号检测器,使得正确判决概率最大。设M个信号为$s_m(t), m = 1,2,\cdots,M$,相应的先验概率为$p(\boldsymbol{s}_m)$。显然,如果我们没有收到$r(t)$,则我们总是估计$p(\boldsymbol{s}_m)$最大的那个信号最可能被发送。如果我们收到$r(t)$,则可以用基函数相关器或基函数匹配滤波器计算出矢量$\boldsymbol{r}$,然后计算在接收到$\boldsymbol{r}$后$s_m(t)$被发送的后验概率$p(\boldsymbol{s}_m|\boldsymbol{r})$,我们应该选使后验概率$p(\boldsymbol{s}_m|\boldsymbol{r})$最大的那个$\boldsymbol{s}_m$作为发送信号。这称为最大后验概率(MAP)准则。因为

$$P(\boldsymbol{s}_m|\boldsymbol{r}) = \frac{p(\boldsymbol{r}|\boldsymbol{s}_m)\cdot p(\boldsymbol{s}_m)}{p(\boldsymbol{r})} \tag{6.3.50}$$

其中

$$p(\boldsymbol{r}) = \sum_{m=1}^{M} p(\boldsymbol{r}|\boldsymbol{s}_m)\cdot p(\boldsymbol{s}_m) \tag{6.3.51}$$

所以要对不同的$\boldsymbol{s}_m$，比较后验概率$p(\boldsymbol{s}_m|\boldsymbol{r})$大小。由于$p(\boldsymbol{r})$和$\boldsymbol{s}_m$无关，所以在比较后验概率时可以忽略它，不会影响结果。因此最大后验概率(MAP)准则是选择m，使$p(\boldsymbol{r}|\boldsymbol{s}_m)\cdot p(\boldsymbol{s}_m)$最大。由于对数函数的单调性，等同于选择$m$，使$\ln p(\boldsymbol{r}|\boldsymbol{s}_m)+\ln p(\boldsymbol{s}_m)$最大。在高斯噪声情况下，由式(6.3.21)得

$$\ln p(\boldsymbol{r}|\boldsymbol{s}_m)=\frac{-N}{2}\ln(\pi N_0)-\frac{1}{N_0}\sum_{i=1}^{N}(r_i-s_{mi})^2 \tag{6.3.52}$$

所以最大后验概率准则等价于

$$\arg\max_m\left[\ln p(\boldsymbol{s}_m)-\frac{N}{2}\ln(\pi N_0)-\frac{1}{N_0}\sum_{i=1}^{N}(r_i-s_{mi})^2\right] \tag{6.3.53a}$$

因为
$$\frac{1}{N_0}\sum_{i=1}^{N}(r_i-s_{mi})^2=\frac{1}{N_0}\sum_{i=1}^{N}r_i^2+\frac{1}{N_0}\sum_{i=1}^{N}s_{mi}^2-\frac{2}{N_0}\sum_{i=1}^{N}r_is_{mi} \tag{6.3.53b}$$

把式(6.3.53b)代入式(6.3.53a)，忽略与m无关的项，得到最大后验概率准则等价于

$$\begin{aligned}&\arg\max_m\left(\ln p(\boldsymbol{s}_m)-\frac{1}{N_0}\sum_{i=1}^{N}s_{mi}^2+\frac{2}{N_0}\sum_{i=1}^{N}r_is_{mi}\right)\\&=\arg\max_m\left[\ln p(\boldsymbol{s}_m)-\frac{E_m}{N_0}+\frac{2}{N_0}(\boldsymbol{r},\boldsymbol{s}_m)\right]\end{aligned} \tag{6.3.54}$$

其中E_m为信号$\boldsymbol{s}_m$的能量，$(\boldsymbol{r},\boldsymbol{s}_m)$为$\boldsymbol{r}$和$\boldsymbol{s}_m$的内积。按式(6.3.54)所得的最佳接收机如图6.3.12所示，称为基函数相关型最大后验概率接收机。

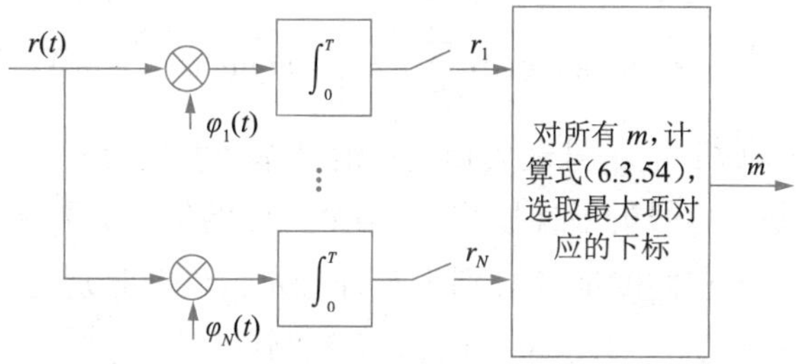

图6.3.12 基函数相关型最大后验概率接收机

由于$E_m=\int_0^T s_m^2(t)\,\mathrm{d}t$，$(\boldsymbol{r},\boldsymbol{s}_m)=\int_0^T r(t)s_m(t)\,\mathrm{d}t$，所以最大后验概率(MAP)准则也相当于

$$\arg\max_m\left\{\ln p(\boldsymbol{s}_m)-\frac{E_m}{N_0}+\frac{2}{N_0}\int_0^T r(t)s_m(t)\,\mathrm{d}t\right\} \tag{6.3.55}$$

相应的接收机是图3.3.13所示的信号相关型最大后验概率接收机，注意基函数相关接收机的积分支路数N不大于信号相关接收机的支路数M。显然图6.3.12和6.3.13所示结构的接收机很易转换成匹配滤波器型接收机，它们都是等价的

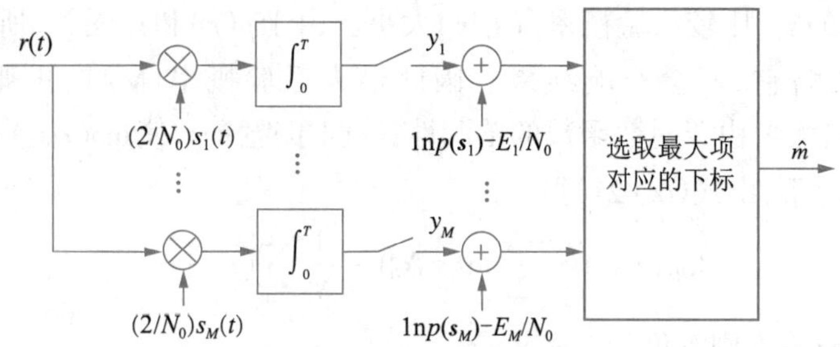

图6.3.13 信号相关型最大后验概率接收机

当M个信号是先验等可能传送时，$p(\boldsymbol{s}_m)=1/M$，则选择$\boldsymbol{s}_m$使$p(\boldsymbol{r}|\boldsymbol{s}_m)$最大，等同于使后验概率$p(\boldsymbol{s}_m|\boldsymbol{r})$最大。$p(\boldsymbol{r}|\boldsymbol{s}_m)$称为$\boldsymbol{s}_m$的似然函数(或似然概率)，选使$p(\boldsymbol{r}|\boldsymbol{s}_m)$最大的$\boldsymbol{s}_m$作为发送信号的准则称为最大似然准则。在高斯噪声情况下，最大似然准则相当于

$$\arg\max_m\left[\ln p(\boldsymbol{r}|\boldsymbol{s}_m)\right]=\arg\max_m\left[\frac{-N}{2}\ln(\pi N_0)-\frac{1}{N_0}\sum_{i=1}^{N}(r_i-s_{mi})^2\right] \tag{6.3.56a}$$

式(6.3.56a)等价于

$$\arg\min_m\left\{\sum_{i=1}^{N}(r_i-s_{mi})^2\right\}=\arg\min_m\left\|\boldsymbol{r}-\boldsymbol{s}_m\right\|^2 \tag{6.3.56b}$$

或者说，相当于选与接收信号点$\boldsymbol{r}$最近的信号点$\boldsymbol{s}_m$作为发送信号。

如果信号不仅是等概率，而且是等能量的，则最大似然准则等价于

$$\arg\max_m\left\|\boldsymbol{r}-\boldsymbol{s}_m\right\|=\arg\max_m\left\{\sum_{i=1}^{N}r_i s_{mi}\right\}=\arg\max_m\left\{\int_0^T r(t)s_m(t)\,\mathrm{d}t\right\} \tag{6.3.57}$$

这就是说，选与接收到的信号最大相关的信号作为发送信号。

例6.3.5(二元基带信号的最佳接收)　两个可能的信号为$s_1(t),s_2(t),t\in[0,T]$，分别对应信号点$\boldsymbol{s}_1,\boldsymbol{s}_2$。若它们的能量分别为$E_1,E_2$，先验概率分别为$p,1-p$，加性白高斯噪声的双边功率谱密度为$N_0/2$，求最佳的MAP检测器。

解　接收到的信号为

$$r(t)=\{s_1(t)\text{或}s_2(t)\}+n(t) \tag{6.3.58a}$$

相应的信号空间表示为

$$\boldsymbol{r}=\{\boldsymbol{s}_1\text{或}\boldsymbol{s}_2\}+\boldsymbol{n} \tag{6.3.58b}$$

最佳MAP接收机是

$$\begin{cases}p(\boldsymbol{r}|\boldsymbol{s}_1)\cdot p(\boldsymbol{s}_1)>p(\boldsymbol{r}|\boldsymbol{s}_2)\cdot p(\boldsymbol{s}_2), & s_1\text{被发送}\\ p(\boldsymbol{r}|\boldsymbol{s}_1)\cdot p(\boldsymbol{s}_1)<p(\boldsymbol{r}|\boldsymbol{s}_2)\cdot p(\boldsymbol{s}_2), & s_2\text{被发送}\end{cases} \tag{6.3.59a}$$

即

$$\begin{cases}\dfrac{p(\boldsymbol{r}|\boldsymbol{s}_1)}{p(\boldsymbol{r}|\boldsymbol{s}_2)}>\beta, & s_1\text{被发送}\\[2ex] \dfrac{p(\boldsymbol{r}|\boldsymbol{s}_1)}{p(\boldsymbol{r}|\boldsymbol{s}_2)}<\beta, & s_2\text{被发送}\end{cases} \tag{6.3.59b}$$

其中

$$\beta=\frac{1-p}{p}$$

或
$$\begin{cases}\ln p(\boldsymbol{r}|\boldsymbol{s}_1)-\ln p(\boldsymbol{r}|\boldsymbol{s}_2)>\ln\beta, & s_1\text{被发送}\\ \ln p(\boldsymbol{r}|\boldsymbol{s}_1)-\ln p(\boldsymbol{r}|\boldsymbol{s}_2)<\ln\beta, & s_2\text{被发送}\end{cases} \tag{6.3.60}$$

由式(6.3.21)可得
$$\ln p(\boldsymbol{r}|\boldsymbol{s}_1)-\ln p(\boldsymbol{r}|\boldsymbol{s}_2)=-\frac{1}{N_0}\left\|\boldsymbol{r}-\boldsymbol{s}_1\right\|^2+\frac{1}{N_0}\left\|\boldsymbol{r}-\boldsymbol{s}_2\right\|^2 \tag{6.3.61}$$

所以式(6.3.60)等价于
$$\begin{cases}\boldsymbol{r}\cdot\boldsymbol{s}_1-\boldsymbol{r}\cdot\boldsymbol{s}_2>\left(N_0\ln\beta+E_1-E_2\right)/2, & s_1(t)\text{被发送}\\ \boldsymbol{r}\cdot\boldsymbol{s}_1-\boldsymbol{r}\cdot\boldsymbol{s}_2<\left(N_0\ln\beta+E_1-E_2\right)/2, & s_2(t)\text{被发送}\end{cases} \tag{6.3.62}$$

或者
$$\begin{cases}\int_0^T r(t)\cdot s_1(t)\,\mathrm{d}t-\int_0^T r(t)\cdot s_2(t)\,\mathrm{d}t>\left(N_0\ln\beta+E_1-E_2\right)/2, & s_1(t)\text{被发送}\\ \int_0^T r(t)\cdot s_1(t)\,\mathrm{d}t-\int_0^T r(t)\cdot s_2(t)\,\mathrm{d}t<\left(N_0\ln\beta+E_1-E_2\right)/2, & s_2(t)\text{被发送}\end{cases} \tag{6.3.63}$$

相应的方框图如图6.3.14所示。

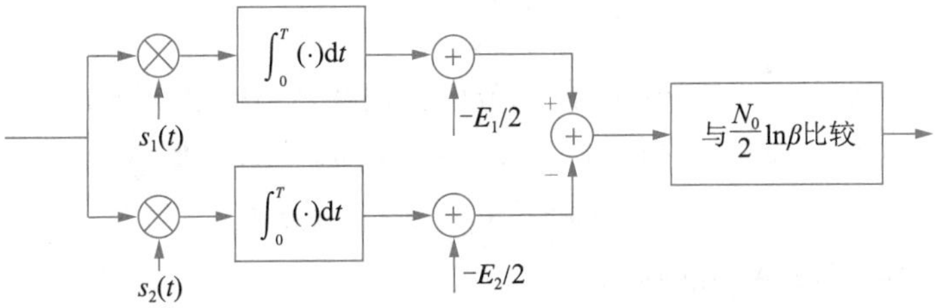

图6.3.14 二元基带信号的最佳接收方框图

如果信号能量相等，$\left\|\boldsymbol{s}_m\right\|^2=E_s$，且先验概率为等概率，则我们只要选$\boldsymbol{s}_m$，使$\boldsymbol{r}\cdot\boldsymbol{s}_m$最大，或者使$\int_0^{T_s}s_m(t)r(t)\,\mathrm{d}t$最大。

最佳检测准则归纳如下：

(1) 最大后验概率(MAP)检测：选$\boldsymbol{s}_m$使$p(\boldsymbol{s}_m)\cdot p(\boldsymbol{r}|\boldsymbol{s}_m)$最大；

(2) 最大似然(ML)检测：选$\boldsymbol{s}_m$使$p(\boldsymbol{r}|\boldsymbol{s}_m)$最大。

当$\boldsymbol{s}_m$的先验分布为等概时，最大后验概率(MAP)检测等价于最大似然(ML)检测。

下面证明当M个信号先验等概分布时，采用ML准则可以使平均错误概率最小。

接收到的矢量$\boldsymbol{r}=(r_1,r_2,\cdots,r_N)$是$N$维信号空间中一个点，根据$\boldsymbol{r}$作出发送信号是哪一个的判决，相当于把信号空间划分成M个区域$R_m,m=1,2,\cdots,M$。若$\boldsymbol{r}$落入R_i，就判定发送的是第i个信号$s_i(t)$。如何划分空间使错误概率最小？设发送的是$s_m(t)$，但接收到的矢量$\boldsymbol{r}$落到R_m以外，判决就出现错误。所以在发送$s_m(t)$条件下的错误概率为
$$P(e|\boldsymbol{s}_m)=\int_{R_m^c}p(\boldsymbol{r}|\boldsymbol{s}_m)\,\mathrm{d}\boldsymbol{r} \tag{6.3.64}$$

其中R_m^c为R_m的补空间。平均错误概率为

$$P(e)=\sum_{m=1}^{M}\frac{1}{M}P(e|\boldsymbol{s}_m)=\sum_{m=1}^{M}\frac{1}{M}\int_{R_m^c}p(\boldsymbol{r}|\boldsymbol{s}_m)\mathrm{d}\boldsymbol{r}$$

$$=\sum_{m=1}^{M}\frac{1}{M}\left[1-\int_{R_m}p(\boldsymbol{r}|\boldsymbol{s}_m)\mathrm{d}\boldsymbol{r}\right] \tag{6.3.65}$$

为了使$P(e)$最小，显然在R_m区域中的点$\boldsymbol{r}$应该满足：

$$p(\boldsymbol{r}|\boldsymbol{s}_m)\geqslant p(\boldsymbol{r}|\boldsymbol{s}_i),i\neq m,\boldsymbol{r}\in R_m \tag{6.3.66}$$

这就是最大似然(ML)准则。

当先验概率不相等时，平均错误概率为

$$P(e)=\sum_{m=1}^{M}p(\boldsymbol{s}_m)P(e|\boldsymbol{s}_m)=\sum_{m=1}^{M}p(\boldsymbol{s}_m)\int_{R_m^c}p(\boldsymbol{r}|\boldsymbol{s}_m)\mathrm{d}\boldsymbol{r}$$

$$=\sum_{m=1}^{M}p(\boldsymbol{s}_m)\left[1-\int_{R_m}p(\boldsymbol{r}|\boldsymbol{s}_m)\mathrm{d}\boldsymbol{r}\right]$$

$$=1-\sum_{m=1}^{M}\int_{R_m}p(\boldsymbol{s}_m|\boldsymbol{r})p(\boldsymbol{r})\mathrm{d}\boldsymbol{r} \tag{6.3.67}$$

为了使得平均误码概率最小，R_m的划分应该使在R_m中的点$\boldsymbol{r}$满足

$$p(\boldsymbol{s}_m|\boldsymbol{r})\cdot p(\boldsymbol{r})\geqslant p(\boldsymbol{s}_i|\boldsymbol{r})\cdot p(\boldsymbol{r}),i\neq m,\boldsymbol{r}\in R_m \tag{6.3.68a}$$

或

$$p(\boldsymbol{s}_m|\boldsymbol{r})\geqslant p(\boldsymbol{s}_i|\boldsymbol{r}),i\neq m,\boldsymbol{r}\in R_m \tag{6.3.68b}$$

这就是最大后验概率(MAP)准则。

6.3.7 AWGN信道上信号检测的错误（误符号）概率计算

上文已经介绍了基带信号在AWGN信道上传输的最佳检测判决器，现在介绍基带信号检测的差错概率计算。我们通过例子说明其计算方法。

例6.3.6(二电平对称PAM基带传输)　这时两个等概的波形是

$$s_1(t)=g_T(t),s_2(t)=-g_T(t)$$

$g_T(t)$是$[0,T_b]$上的任意脉冲，在$[0,T_b]$外为零。$s_1(t)=-s_2(t)$这种信号称为对映(antipodal)信号。$s_1(t)$和$s_2(t)$的能量都等于E_b。这两个信号可用一维信号空间中的对称点表示，分别为$s_1=\sqrt{E_b}$，$s_2=-\sqrt{E_b}$，如图6.3.15所示。基矢量为

$$\varphi(t)=g_T(t)/\sqrt{E_b}$$

其中，$E_b=\int_0^{T_b}g_T^2(t)\mathrm{d}t$。

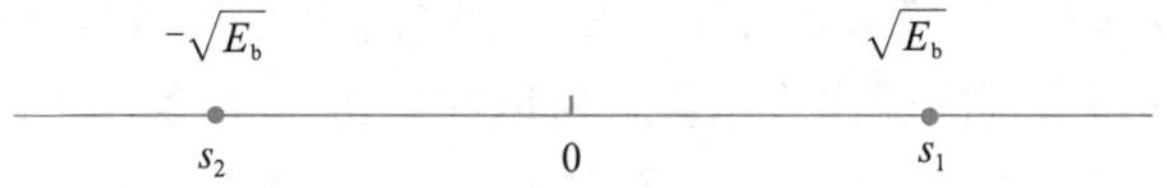

图6.3.15　一维信号空间中对映信号表示

如果信号$s_1(t)$被传输，则从相关解调器(或匹配滤波型解调器)中获得的接收矢量的值为

$$r = s_1 + n = \sqrt{E_b} + n \tag{6.3.69a}$$

如果信号$s_2(t)$被传输，则

$$r = s_2 + n = -\sqrt{E_b} + n \tag{6.3.69b}$$

式(6.3.69)中n是零均值、方差为$N_0/2$的高斯随机变量。由于发送信号是等概、等能量的，所以MAP准测和ML准则等价，所确定的门限是$\gamma = 0$。

若$r > 0$，则选s_1；

若$r < 0$，则选s_2。

由式(6.3.5)得

$$p(r|s_1) = \frac{1}{\sqrt{\pi N_0}} \exp\left[-\frac{(r - \sqrt{E_b})^2}{N_0}\right] \tag{6.3.70a}$$

$$p(r|s_2) = \frac{1}{\sqrt{\pi N_0}} \exp\left[-\frac{(r + \sqrt{E_b})^2}{N_0}\right] \tag{6.3.70b}$$

图6.3.16给出了两种情况下的条件概率分布。在发送$s_1(t)$条件下的错误概率等于

$$\begin{aligned} P(e|s_1) &= \int_{-\infty}^{0} p(r|s_1)\,\mathrm{d}r = \frac{1}{\sqrt{\pi N_0}} \int_{-\infty}^{0} \exp\left[-\frac{(r - \sqrt{E_b})^2}{N_0}\right] \mathrm{d}r \\ &= \frac{1}{\sqrt{2\pi}} \int_{\sqrt{2E_b/N_0}}^{\infty} \mathrm{e}^{-x^2/2}\,\mathrm{d}x = Q\left(\sqrt{\frac{2E_b}{N_0}}\right) \end{aligned} \tag{6.3.71}$$

其中，

$$Q(x) = \frac{1}{\sqrt{2\pi}} \int_{x}^{\infty} \mathrm{e}^{-x^2/2}\,\mathrm{d}x \tag{6.3.72}$$

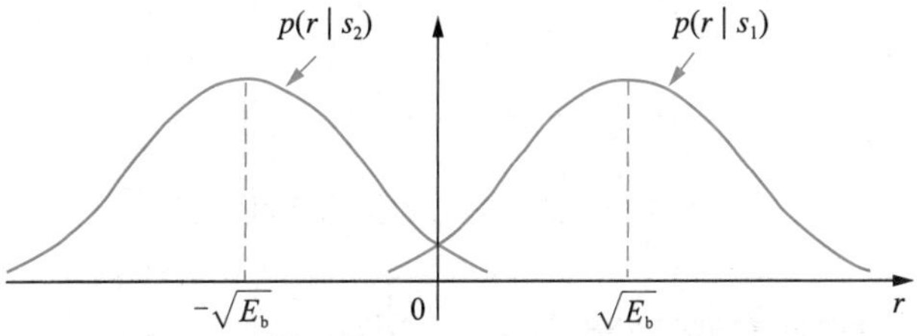

图6.3.16 发送s_1和发送s_2情况下的条件概率分布

由于对称性，显然

$$P(e|s_2) = \int_{0}^{\infty} p(r|s_2)\,\mathrm{d}r = P(e|s_1) \tag{6.3.73}$$

所以错误概率

$$P_b = p(s_1)P(e|s_1) + p(s_2)P(e|s_2) = Q\left(\sqrt{\frac{2E_b}{N_0}}\right) \tag{6.3.74}$$

在比较不同通信系统性能时，一般是在相同E_b/N_0下比较错误比特概率，或者在相同误比特率下比较所需的E_b/N_0。

从这个例子中我们看到，在信号空间中，s_1和s_2的距离$d_{12} = 2\sqrt{E_b}$，所以

$$P_b = Q\left(\sqrt{\frac{d_{12}^2}{2N_0}}\right) \tag{6.3.75}$$

这说明差错概率与信号点之间的距离有关。距离越大，则错误概率越小。当然，在本例中d_{12}越大，也相当于信号能量要求越大。

例6.3.7 考虑二元等概、等能量正交信号：

$$s_1(t) = A\cos\frac{2\pi t}{T}, t \in (0, T)$$

$$s_2(t) = A\sin\frac{2\pi t}{T}, t \in (0, T)$$

基函数选$\varphi_1(t) = s_1(t)/\sqrt{E_b}, \varphi_2(t) = s_2(t)/\sqrt{E_b}$，其中$E_b = A^2T/2$为信号能量。在二维信号空间中$s_1(t)$和$s_2(t)$对应的信号点为

$$\boldsymbol{s}_1 = \left(\sqrt{E_b}, 0\right)$$

$$\boldsymbol{s}_2 = \left(0, \sqrt{E_b}\right)$$

如图6.3.17所示，两个信号点位于两个正交轴上，信号点之间距离$d_{12} = \sqrt{2E_b}$。假定发送信号$s_1(t)$，则解调器输出的接收矢量为

$$\boldsymbol{r} = \left(\sqrt{E_b} + n_1, n_2\right)$$

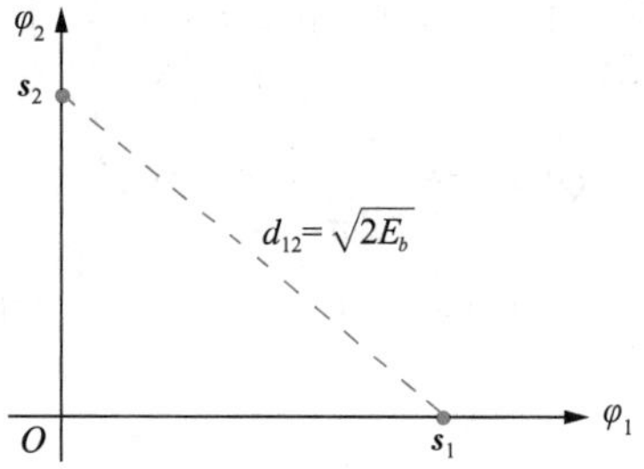

图6.3.17 正交信号的信号空间表示

由式(6.3.57)，错误概率就是发生$\sum_{i=1}^{2} r_i s_{2i} > \sum_{i-1}^{2} r_i s_{1i}$的概率，即

$$\begin{aligned} P(e|\boldsymbol{s}_1) &= P\left(\sum_{i=1}^{2} r_i s_{2i} > \sum_{i=1}^{2} r_i s_{1i} | \boldsymbol{s}_1\right) \\ &= P\left(n_2 - n_1 > \sqrt{E_b}\right) \end{aligned} \tag{6.3.76}$$

因为n_1和n_2都是零均值、方差为$N_0/2$的高斯随机变量，所以$n_2 - n_1$是均值为0、方差为N_0的高斯变量。因此

$$\begin{aligned} P\left(n_2 - n_1 > \sqrt{E_b}\right) &= \frac{1}{\sqrt{2\pi N_0}} \int_{\sqrt{E_b}}^{\infty} e^{-x^2/(2N_0)} dx = \frac{1}{\sqrt{2\pi}} \int_{\sqrt{E_b/N_0}}^{\infty} e^{-x^2/2} dx \\ &= Q\left(\sqrt{\frac{E_b}{N_0}}\right) = Q\left(\sqrt{\frac{d_{12}^2}{2N_0}}\right) \end{aligned} \tag{6.3.77}$$

由式(6.3.77)可见，对于二元正交信号来说，误码率与对映信号(见例6.3.4)一样，但

现在两信号点之间的距离是对映信号的$1/\sqrt{2}$,所以,如果要达到与对映信号相同的误码率,则信号能量要增加1倍。

例6.3.8(一般二元基带信号在AWGN信道上传输) 设两个等能量信号$s_1(t)$和$s_2(t)$,其先验概率分别为p_1和p_2,$p_1+p_2=1$。在二维信号空间中对应的信号点分别为

$$\boldsymbol{s}_1=(s_{11},s_{12}),\boldsymbol{s}_2=(s_{21},s_{22})$$

$$\|\boldsymbol{s}_1\|^2=\|\boldsymbol{s}_2\|^2=E_\mathrm{b}$$

设发送信号为$s_1(t)$,则解调器输出的接收矢量为

$$\boldsymbol{r}=(s_{11}+n_1,s_{12}+n_2)$$

在发送$s_1(t)$的条件下,由MAP准则即式(6.3.53)可知,差错概率是事件

$$\|\boldsymbol{r}-\boldsymbol{s}_2\|^2-\|\boldsymbol{r}-\boldsymbol{s}_1\|^2<N_0\ln\frac{p_2}{p_1} \tag{6.3.78}$$

发生的概率,即

$$P(e|\boldsymbol{s}_1)=P\left(\|\boldsymbol{r}-\boldsymbol{s}_2\|^2-\|\boldsymbol{r}-\boldsymbol{s}_1\|^2<N_0\ln\frac{p_2}{p_1}\right) \tag{6.3.79}$$

因为

$$\begin{aligned}\|\boldsymbol{r}-\boldsymbol{s}_2\|^2-\|\boldsymbol{r}-\boldsymbol{s}_1\|^2&=2\left[\boldsymbol{r}\cdot(\boldsymbol{s}_1-\boldsymbol{s}_2)\right]\\&=2\left[\boldsymbol{n}\cdot(\boldsymbol{s}_1-\boldsymbol{s}_2)+\frac{1}{2}\|\boldsymbol{s}_1-\boldsymbol{s}_2\|^2\right]\end{aligned} \tag{6.3.80}$$

其中

$$\boldsymbol{n}=(n_1,n_2)$$

所以

$$P(e|\boldsymbol{s}_1)=P\left[\boldsymbol{n}\cdot(\boldsymbol{s}_1-\boldsymbol{s}_2)<\frac{N_0}{2}\ln\frac{p_2}{p_1}-\frac{1}{2}\|\boldsymbol{s}_1-\boldsymbol{s}_2\|^2\right] \tag{6.3.81}$$

随机变量

$$\xi\triangleq\boldsymbol{n}\cdot(\boldsymbol{s}_1-\boldsymbol{s}_2)=n_1(s_{11}-s_{21})+n_2(s_{21}-s_{22})$$

是高斯变量,且

$$\begin{aligned}E(\xi)&=0\\D(\xi)&=\frac{N_0}{2}\left[(s_{11}-s_{21})^2+(s_{21}-s_{22})^2\right]\\&=\frac{N_0}{2}\|\boldsymbol{s}_1-\boldsymbol{s}_2\|^2\triangleq\sigma_\xi^2\end{aligned}$$

所以

$$P(e|\boldsymbol{s}_1)=\frac{1}{\sqrt{2\pi}\,\sigma_\xi}\int_{-\infty}^{a}\exp\left(-\frac{x^2}{2\sigma_\xi^2}\right)\mathrm{d}x \tag{6.3.82}$$

其中

$$a=\frac{N_0}{2}\ln\frac{p_2}{p_1}-\frac{1}{2}\|\boldsymbol{s}_1-\boldsymbol{s}_2\|^2 \tag{6.3.83}$$

同样,可以算出

$$P(e|\boldsymbol{s}_2)=\frac{1}{\sqrt{2\pi}\,\sigma_\xi}\int_{a'}^{\infty}\exp\left(-\frac{x^2}{2\sigma_\xi^2}\right)\mathrm{d}x \tag{6.3.84}$$

其中

$$a'=\frac{N_0}{2}\ln\frac{p_2}{p_1}+\frac{1}{2}\|\boldsymbol{s}_1-\boldsymbol{s}_2\|^2 \tag{6.3.85}$$

经整理,最后得到平均错误概率:

$$P(e)=p_1P(e|\boldsymbol{s}_1)+p_2P(e|\boldsymbol{s}_2)$$
$$=p_1\left[\frac{1}{\sqrt{2\pi}}\int_b^\infty \exp(-z^2/2)\,\mathrm{d}z\right]+p_2\left[\frac{1}{\sqrt{2\pi}}\int_{b'}^\infty \exp(-z^2/2)\,\mathrm{d}z\right] \tag{6.3.86a}$$

其中

$$b=-\frac{a}{\sigma_\xi}=\sqrt{\frac{1}{2N_0}\|\boldsymbol{s}_1-\boldsymbol{s}_2\|^2}-\frac{\ln\frac{p_1}{p_2}}{\sqrt{\frac{2}{N_0}\|\boldsymbol{s}_1-\boldsymbol{s}_2\|^2}} \tag{6.3.86b}$$

$$b'=\sqrt{\frac{1}{2N_0}\|\boldsymbol{s}_1-\boldsymbol{s}_2\|^2}+\frac{\ln\frac{p_1}{p_2}}{\sqrt{\frac{2}{N_0}\|\boldsymbol{s}_1-\boldsymbol{s}_2\|^2}} \tag{6.3.86c}$$

当$p_1=p_2$时,差错概率仅和$\sqrt{\frac{1}{2N_0}\|\boldsymbol{s}_1-\boldsymbol{s}_2\|^2}$有关,这时

$$P(e)=\frac{1}{\sqrt{2\pi}}\int_A^\infty \mathrm{e}^{-\frac{x^2}{2}}\,\mathrm{d}x=Q(A) \tag{6.3.87a}$$

$$A=\sqrt{\frac{1}{2N_0}\|\boldsymbol{s}_1-\boldsymbol{s}_2\|^2} \tag{6.3.87b}$$

因为$\|\boldsymbol{s}_1-\boldsymbol{s}_2\|^2=\int_0^T[s_1(t)-s_2(t)]^2\mathrm{d}t=2E_\mathrm{b}-2\int_0^T s_1(t)s_2(t)\,\mathrm{d}t$,所以若定义

$$\rho=\frac{\int_0^T s_1(t)s_2(t)\,\mathrm{d}t}{E_\mathrm{b}} \tag{6.3.88}$$

则

$$A=\sqrt{E_\mathrm{b}(1-\rho)/N_0} \tag{6.3.89}$$

因为$|\rho|\leqslant 1$,当$\rho=-1$(即对映信号)时$A=\sqrt{2E_\mathrm{b}/N_0}$最大;当$\rho=0$时,两个信号正交,这时$A=E_\mathrm{b}/N_0$。所以$s_1(t)$和$s_2(t)$的最佳形式是$s_1(t)=-s_2(t)$。

例6.3.9(M元PAM的误符号概率计算) M元PAM的信号形式为

$$s_m(t)=A_m g_T(t),\quad m=1,2,\cdots,M \tag{6.3.90}$$

则在一维信号空间中信号点为

$$s_m=A_m\sqrt{E_g} \tag{6.3.91}$$

其中E_g为$g_T(t)$的能量。把幅度值A_m取为

$$A_m=(2m-1-M),\quad m=1,2,\cdots,M \tag{6.3.92}$$

两个相邻信号点之间的距离为$2\sqrt{E_g}$。设信号的先验概率是相等的,则平均能量为

$$E_\mathrm{av}=\frac{1}{M}\sum_{m=1}^M E_m=\frac{E_g}{M}\sum_{m=1}^M(2m-1-M)^2$$
$$=\frac{E_g}{M}\cdot\frac{M(M^2-1)}{3}=\left(\frac{M^2-1}{3}\right)E_g$$

平均功率为
$$P_{av}=\frac{E_{av}}{T}=\frac{M^2-1}{3}\cdot\frac{E_g}{T} \tag{6.3.93}$$

对于等概先验分布来说，MAP和ML相同，这时最佳判决准则是最小距离原则，即接收信号离哪个信号点最近就判定该信号为发送信号，所以门限点的设置如图6.3.18所示。

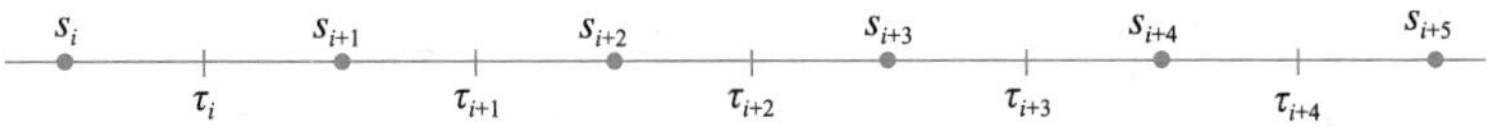

图6.3.18 对M电平PAM信号判决的门限电平为相邻信号点的中点

设发送的是第m电平信号，于是解调器输出是
$$r=s_m+n=\sqrt{E_g}\cdot A_m+n$$
其中n是零均值、方差为$\sigma_n^2=N_0/2$的高斯噪声。当$m\neq 1$且$m\neq M$时，判决错误的概率等于$\left|r-s_m\right|>\sqrt{E_g}$的概率。所以
$$P(e|s_m)=P\left(\left|r-s_m\right|>\sqrt{E_g}\right)=\frac{2}{\sqrt{\pi N_0}}\int_{\sqrt{E_g}}^{\infty}\exp\left(-\frac{x^2}{N_0}\right)\mathrm{d}x$$
$$=2Q\left(\sqrt{\frac{2E_g}{N_0}}\right)$$

当$m=1$或$m=M$时，判决错误概率为
$$P(e|s_1)=P\left(r-s_1>\sqrt{E_g}\right)$$
$$P(e|s_M)=P\left(r-s_M<-\sqrt{E_g}\right)$$

由于
$$P(e|s_1)+P(e|s_M)=2Q\left(\sqrt{\frac{2E_g}{N_0}}\right)$$
所以平均错误概率为
$$P_e(M)=\frac{2(M-1)}{M}Q\left(\sqrt{\frac{2E_g}{N_0}}\right)$$

由于
$$E_g=\frac{3}{M^2-1}E_{av} \tag{6.3.94a}$$
所以
$$P_e(M)=\frac{2(M-1)}{M}Q\left[\sqrt{\frac{6E_{av}}{(M^2-1)N_0}}\right] \tag{6.3.94b}$$

由于每个符号代表$k=\log_2 M$比特，故平均每比特能量为$E_{b,av}=E_{av}/k$，所以
$$P_e(M)=\frac{2(M-1)}{M}Q\left[\sqrt{\frac{6(\log_2 M)E_{b,av}}{(M^2-1)N_0}}\right] \tag{6.3.94c}$$

图6.3.19给出了不同M情况下M元PAM误符号概率与平均比特信噪比$E_{b,av}/N_0$之间的关系。

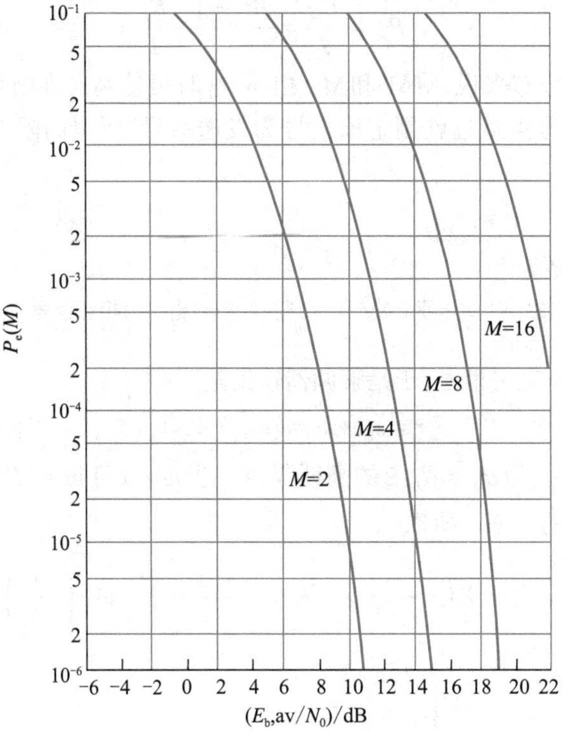

图6.3.19　M元PAM的错误概率

例6.3.10（M元正交信号的错误概率）　对于M个等概、等能量正交信号，在M维信号空间中接收矢量为$\boldsymbol{r}=(r_1,r_2,\cdots,r_M)$，$M$个信号矢量为$\boldsymbol{s}_m=(s_{m1},s_{m2},\cdots,s_{mM})$，$m=1,2,\cdots,M$。由式(6.3.57)，最佳检测器选择与接收矢量$\boldsymbol{r}$的内积为最大的信号矢量$\boldsymbol{s}_m$作为发送信号矢量，即选择使

$$\boldsymbol{r}\cdot\boldsymbol{s}_m=\sum_{k=1}^{M}r_k s_{mk}(m=1,2,\cdots,M)$$

最大的$\boldsymbol{s}_m$为发送矢量。

不失一般性，设$\boldsymbol{s}_1$为发送信号，则解调器输出矢量为

$$\boldsymbol{r}=(\sqrt{E_s}+n_1,n_2,\cdots,n_M) \tag{6.3.95}$$

其中，$n_1,n_2,\cdots,n_M$为零均值、方差为$N_0/2$的独立高斯变量，则接收矢量与各信号矢量的内积分别为

$$\begin{aligned}(\boldsymbol{r},\boldsymbol{s}_1)&=\sqrt{E_s}(\sqrt{E_s}+n_1)\\(\boldsymbol{r},\boldsymbol{s}_2)&=\sqrt{E_s}\cdot n_2\\&\vdots\\(\boldsymbol{r},\boldsymbol{s}_M)&=\sqrt{E_s}\cdot n_M\end{aligned} \tag{6.3.96}$$

将所有相关器输出除以$\sqrt{E_s}$，不会影响错误概率，于是第一个相关器输出的概率密度为

$$p_1(x_1)=\frac{1}{\sqrt{\pi N_0}}\exp\left[-\frac{(x_1-\sqrt{E_s})^2}{N_0}\right] \tag{6.3.97}$$

其他$M-1$个相关器输出的概率密度为

$$p_m(x_m)=\frac{1}{\sqrt{\pi N_0}}\exp\left(-\frac{x_m^2}{N_0}\right),m=2,3,\cdots,M \tag{6.3.98}$$

所以正确接收概率为

$$P_c(M)=\int_{-\infty}^{\infty}p(n_2<r_1,n_3<r_1,\cdots,n_M<r_1|r_1)p_1(r_1)\mathrm{d}r_1 \tag{6.3.99}$$

因为$\{n_k\}$是独立的，所以

$$p(n_2<r_1,n_3<r_1,\cdots,n_M<r_1|r_1)=\prod_{m=2}^{M}p(n_m<r_1|r_1) \tag{6.3.100}$$

由于
$$p(n_m<r_1|r_1)=\int_{-\infty}^{r_1}p_m(x_m)\mathrm{d}x_m=\frac{1}{\sqrt{2\pi}}\int_{-\infty}^{\sqrt{2r_1^2/N_0}}\exp\left(-\frac{x^2}{2}\right)\mathrm{d}x$$
$$=1-Q\left(\sqrt{\frac{2r_1^2}{N_0}}\right) \tag{6.3.101}$$

所以
$$P_c(M)=\int_{-\infty}^{\infty}\left[1-Q\left(\sqrt{\frac{2r_1^2}{N_0}}\right)\right]^{M-1}p_1(r_1)\mathrm{d}r_1 \tag{6.3.102}$$

因此错误概率为

$$P_e(M)=\frac{1}{\sqrt{2\pi}}\int_{-\infty}^{\infty}\left\{1-\left[1-Q(x)\right]^{M-1}\right\}\exp\left[-\frac{(x-\sqrt{2E_s/N_0})^2}{2}\right]\mathrm{d}x \tag{6.3.103}$$

为了比较不同数字调制方式的性能，我们采用误比特率与比特信噪比。当$M=2^k$时，比特能量与符号能量关系为$E_s=kE_b$。对于等可能$M=2^k$个正交信号来说，任何一个信号，比如s_1，错成其他$M-1$个信号是等可能的，所以每种错误形式的概率为$\frac{P_e(M)}{M-1}=\frac{P_e(M)}{2^k-1}$。每个符号由$k$个比特组成，其中含有$n(n\leqslant k)$个错误比特的错误形式总共有$C_k^n$种，所以出现$n$个比特错误的概率为$C_k^n\cdot P_e(M)/(2^k-1)$，于是每个符号错误引起的平均错误比特数为

$$\bar{n}=\sum_{n=1}^{k}nC_k^n\frac{P_e(M)}{2^k-1}=k\frac{2^{k-1}}{2^k-1}P_e(M)=k\frac{M}{2(M-1)}P_e(M) \tag{6.3.104}$$

所以误比特率为
$$P_b=\frac{\bar{n}}{k}=\frac{M}{2(M-1)}P_e(M)\approx\frac{1}{2}P_e(M),M\gg 1 \tag{6.3.105}$$

对于不同的M，图6.3.20给出了M元正交调制的比特错误概率与比特信噪比的关系。从图6.3.20可见，当$M=2$时，$P_b=10^{-5}$要求比特信噪比E_b/N_0略大于12dB，而对于$M=64(k=6)$，在同样误比特率下仅要求比特信噪比E_b/N_0等于6dB左右，比$M=2$的情况节约了6dB。利用联合界技术可以证明，当$M=2^k\rightarrow\infty$时，误比特率

$$P_b<2\mathrm{e}^{-k\left(\sqrt{E_b/N_0}-\sqrt{\ln 2}\right)^2} \tag{6.3.106}$$

所以当$k\rightarrow\infty$时，只要$E_b/N_0>\ln 2=0.693(-1.6\text{ dB})$，则$P_b\rightarrow 0$。我们记得0.693正是在无限带宽条件下传输一个比特所要求的最小信噪比。

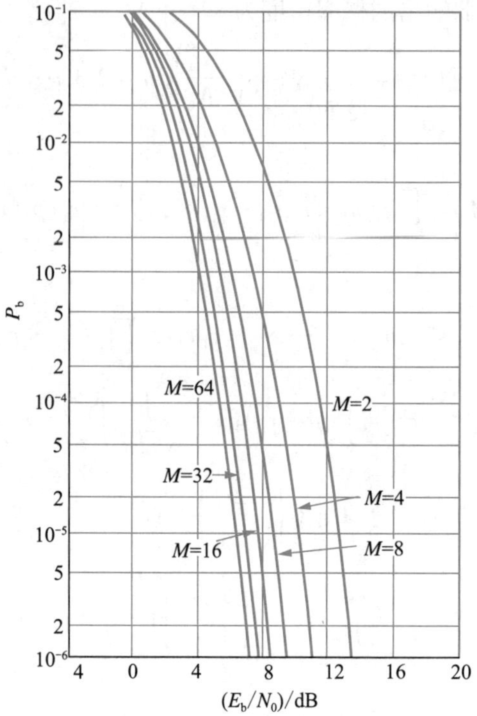

图6.3.20 M元正交信号的错误概率

§6.4 数字基带信号通过带限信道传输

在6.3节中我们考虑了基带信号在加性白高斯噪声(AWGN)信道上传输的问题,导出了最佳解调方式和检测准则,计算了差错概率。AWGN信道是没有带宽限制的,所以在6.3节中基带信号可以采用矩形脉冲形状,或者基本脉冲采用具有有限持续期T的形式。这种脉冲形状在通带有限的系统中传输都会引起失真,所以一般不能采用。实际信道(如电话信道、微波视距信道、卫星信道、移动通信信道和水下声波通信信道)中信道带宽均受到严格限制。本节我们把线性带限滤波器作为信道模型,研究基带信号在带限信道上传输可能发生的现象——码间干扰(ISI),以及码间干扰对通信性能的影响,并讨论如何通过信号设计来克服码间干扰。

6-9数字基带信号通过带限信道传输

6.4.1 数字信号通过带限信道传输

线性带限信道可以用脉冲响应为$c(t)$、传递函数为$C(f)$的线性滤波器作为其模型,其中

$$C(f)=\int_{-\infty}^{\infty}c(t)\mathrm{e}^{-\mathrm{j}2\pi ft}\mathrm{d}t \tag{6.4.1}$$

基带信道是带限的是指$C(f)=0,\quad |f|>B_c$。信道的幅频特性和相频特性如图6.4.1所示。若要求信号波形$g_T(t)$在带宽为B_c的信道上传输,通常要求选择信号带宽W

不大于信道带宽，即$W \leqslant B_c$。信号波形$g_T(t)$通过信道的输出为

$$h(t)=\int_{-\infty}^{\infty} c(\tau) g_T(t-\tau) \mathrm{d}\tau = c(t)g_T(t) \tag{6.4.2a}$$

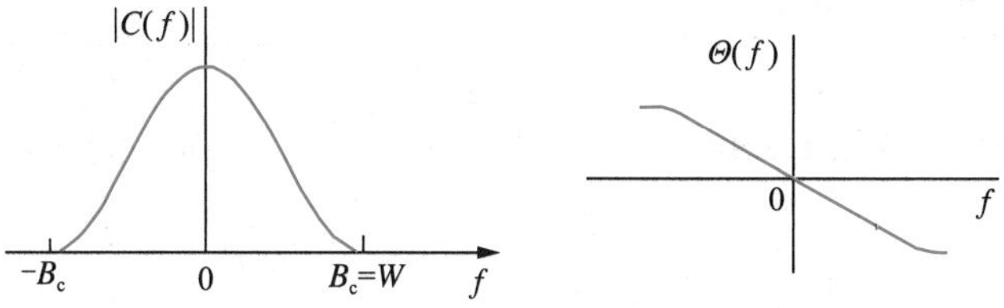

（a）幅频特性　　（b）相频特性

图6.4.1　带限信道的幅频特性和相频特性

相应的频域表示为

$$H(f)=C(f)G_T(f) \tag{6.4.2b}$$

其中$G_T(f)$是$g_T(t)$的Fourier变换。信道输出还会受到加性白高斯噪声$n(t)$的干扰，所以解调器输入为$h(t)+n(t)$。在6.3节中我们知道，在加性白高斯噪声干扰情况下，采用匹配滤波器解调可获得最大输出信噪比，所以接收滤波器的频率响应为

$$G_R(f)=H^*(f)\mathrm{e}^{-\mathrm{j}2\pi f t_0} \tag{6.4.3}$$

其中t_0是时间延迟，表示滤波器输出的采样时刻。

匹配滤波器输出的信号分量在t_0时刻的采样值为

$$y_s(t_0)=\int_{-\infty}^{\infty}\left|H(f)^2 \mathrm{d}f\right|=E_h \tag{6.4.4}$$

其中E_h是信道输出$h(t)$的能量。匹配滤波器输出噪声是均值为零、功率谱密度为

$$S_n(f)=\frac{N_0}{2}\left|H(f)\right|^2 \tag{6.4.5}$$

的高斯噪声，输出噪声功率为

$$\sigma_n^2=\int_{-\infty}^{\infty} S_n(f)\mathrm{d}f=\frac{N_0}{2}\int_{-\infty}^{\infty}\left|H(f)\right|^2\mathrm{d}f=\frac{N_0 E_h}{2} \tag{6.4.6}$$

于是匹配滤波器输出信噪比为

$$\left(\frac{S}{N}\right)_o=\frac{E_h^2}{N_0 E_h/2}=\frac{2E_h}{N_0} \tag{6.4.7}$$

这和6.3节中式(6.3.34)是一样的，只是用E_h代替发送信号能量E_s。在加性白高斯噪声信道中匹配滤波器是与发送信号相匹配的，而现在是与$h(t)$相匹配。

例6.4.1　设信号脉冲$g_T(t)$为

$$g_T(t)=\frac{1}{2}\left[1+\cos\frac{2\pi}{T}\left(t-\frac{T}{2}\right)\right],\qquad 0\leqslant t\leqslant T \tag{6.4.8}$$

理想带限信道频率传递函数$C(f)$如图6.4.2(a)所示，信号脉冲波形和它的功率谱分别如图6.4.2(b)和(c)所示。信道输出受功率谱密度为$N_0/2$的AWGN干扰，试确定匹配滤波器及输出信噪比。

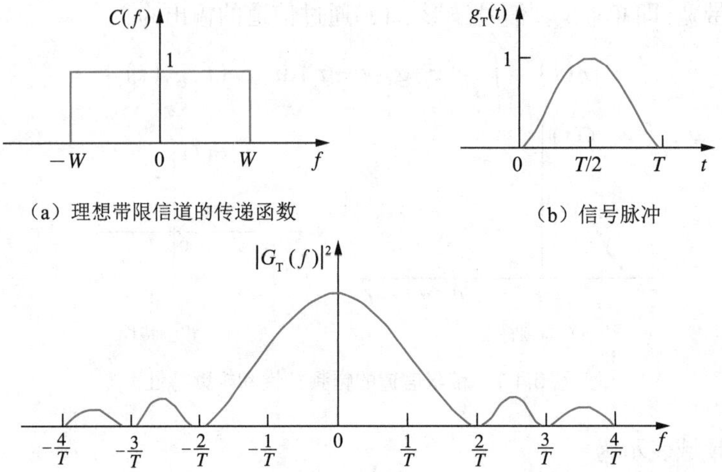

（a）理想带限信道的传递函数　（b）信号脉冲

（c）脉冲的功率谱

图6.4.2　脉冲通过理想带限系统

解　信号脉冲频谱为

$$G_{\mathrm{T}}(f)=\frac{T}{2}\cdot\frac{\sin(\pi fT)}{\pi fT\left(1-f^2T^2\right)}\mathrm{e}^{-\mathrm{j}\pi fT}=\frac{T}{2}\cdot\frac{\sin(fT)}{\left(1-f^2T^2\right)}\mathrm{e}^{-\mathrm{j}\pi fT} \tag{6.4.9}$$

图6.4.2(c)表示$\left|G_{\mathrm{T}}(f)\right|^2$的形式，所以信道输出的频谱为

$$H(f)=C(f)G_{\mathrm{T}}(t)=\begin{cases}G_{\mathrm{T}}(f), & |f|\leqslant W\\ 0, & \text{其他}\end{cases} \tag{6.4.10}$$

与$H(f)$相匹配的滤波器输出信号幅度为

$$\begin{aligned}E_h&=\int_{-W}^{W}\left|G_{\mathrm{T}}(f)\right|^2\mathrm{d}f=\frac{1}{(2\pi)^2}\int_{-W}^{W}\frac{\left(\sin\pi fT\right)^2}{f^2\left(1-f^2T^2\right)^2}\mathrm{d}f\\&=\frac{T}{(2\pi)^2}\int_{-WT}^{WT}\frac{\sin^2(\pi\alpha)}{\alpha^2\left(1-\alpha^2\right)}\mathrm{d}\alpha\end{aligned} \tag{6.4.11}$$

输出噪声方差为

$$\sigma_{\mathrm{n}}^2=\frac{N_0}{2}\int_{-W}^{W}\left|G_{\mathrm{T}}(f)^2\right|\mathrm{d}f=\frac{N_0E_h}{2} \tag{6.4.12}$$

所以输出信噪比为

$$\left(\frac{S}{N}\right)_{\mathrm{o}}=\frac{2E_h}{N_0} \tag{6.4.13}$$

从本例可见，在发送信号能量中，仅有一部分通过信道到达解调器。当信道带宽$W\to\infty$时，匹配滤波器输出的信号分量达到极大，等于

$$\int_{-\infty}^{\infty}\left|G_{\mathrm{T}}(f)\right|^2\mathrm{d}f=\int_{0}^{T}\left|g_{\mathrm{T}}(t)\right|^2\mathrm{d}t \tag{6.4.14}$$

6.4.2　码间干扰

考虑数字PAM信号通过带限基带信道，图6.4.3表示带限PAM系统的方框图。

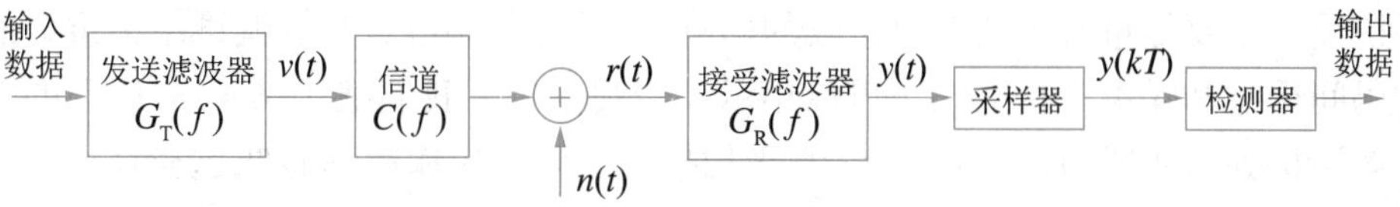

图6.4.3 带限PAM系统方框图

6-10码间干扰与眼图

带限PAM系统的发送滤波器输出波形为

$$v(t)=\sum_{n=-\infty}^{\infty}a_n g_{\mathrm{T}}(t-nT) \tag{6.4.15}$$

其中T是符号间隔,$\{a_n\}$是M进制幅度电平序列。接收端解调器上的输入(即信道输出)为

$$r(t)=\sum_{n=-\infty}^{\infty}a_n h(t-nT)+n(t) \tag{6.4.16}$$

其中

$$h(t)=c(t)g_{\mathrm{T}}(t) \tag{6.4.17}$$

$c(t)$为信道脉冲响应,$n(t)$为加性白高斯噪声。

接收到的信号通过脉冲响应为$g_{\mathrm{R}}(t)$、频率传递函数为$G_{\mathrm{R}}(f)$的线性接收滤波器,则其输出为

$$y(t)=\sum_{n=-\infty}^{\infty}a_n x(t-nT)+\xi(t) \tag{6.4.18}$$

其中

$$x(t)=h(t)g_{\mathrm{R}}(t)=g_{\mathrm{T}}(t)c(t)g_{\mathrm{R}}(t) \tag{6.4.19}$$

$$\xi(t)=n(t)g_{\mathrm{R}}(t) \tag{6.4.20}$$

为了恢复信息序列$\{a_n\}$,对接收滤波器输出每隔T时间采样,采样值为

$$y(mT)=\sum_{n=-\infty}^{\infty}a_n x(mT-nT)+\xi(mT) \tag{6.4.21}$$

或简写为

$$y_m=\sum_{n=-\infty}^{\infty}a_n x_{m-n}+\xi_m=x_0 a_m+\sum_{n\neq m}a_n x_{n-m}+\xi_m \tag{6.4.22}$$

其中

$$y_m=y(mT),x_m=x(mT),\xi_m=\xi(mT)\quad(m=0,\pm1,\pm2,\cdots) \tag{6.4.23}$$

式(6.4.22)右边第一项是所需的符号a_m。当接收滤波器与接收信号$h(t)$相匹配时,有

$$\begin{aligned}x_0&=\int_{-\infty}^{\infty}h^2(t)\mathrm{d}t=\int_{-\infty}^{\infty}\left|H(f)\right|^2\mathrm{d}f\\&=\int_{-W}^{W}\left|G_{\mathrm{T}}(f)\right|^2\cdot\left|C(f)\right|^2\mathrm{d}f=E_h\end{aligned} \tag{6.4.24}$$

式(6.4.22)右边第二项表示所有其他项在采样时刻$t=mT$时的值,该项称为码间干扰(ISI)。一般来说,码间干扰的存在使数字通信系统的性能恶化。式(6.4.22)右边第三项是噪声,它的功率为$\sigma_\xi^2=\dfrac{N_0}{2}E_h$。

通过适当地设计接收滤波器和发送滤波器,可以使得在$n\neq0$时,$x_n=0$,从而可以消除码间干扰。

6.4.3 眼图

在数字通信中,码间干扰和噪声干扰影响信号码元的正确接收,使通信性能恶化。

在系统设计中要尽量减小两者对接收的影响，这是通信系统设计和调试中最重要的任务。码间干扰和噪声干扰的大小可以用示波器观察到。我们把式(6.4.18)所示的接收信号波形接到示波器的垂直输入上，水平扫描置于码元传输速率$1/T$，这样在示波器屏幕上显示出许多接收信号码元重叠在一起的波形。二进制双极性信号，当无码间干扰和噪声干扰时，其叠加波形的形状犹如一只睁开的“眼睛”；若存在码间干扰，由于多条不规则的波形叠加，使“眼睛”张开程度变小，严重的码间干扰会使“眼睛”完全闭上。图6.4.4表示信号波形及眼图的形成。

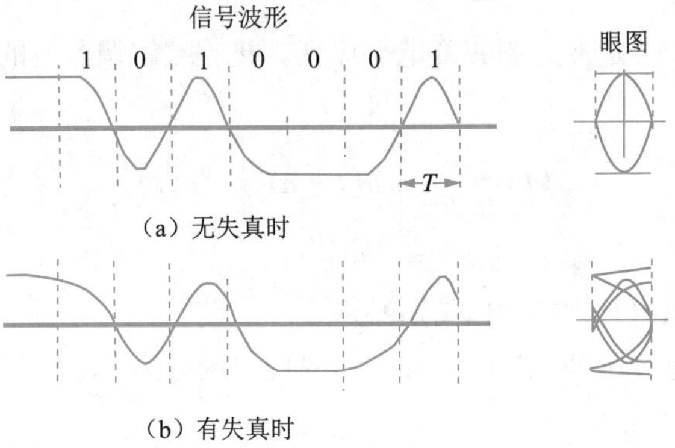

图6.4.4　信号波形及眼图的形成

“眼睛”张开程度反映了码间干扰的严重程度。眼图的形状和参数，对于测量和调试数字通信系统具有重要意义。图6.4.5表示典型眼图的各参数。这些参数的意义如下：

（1）“眼睛”张开最大的时刻是最佳采样时刻。

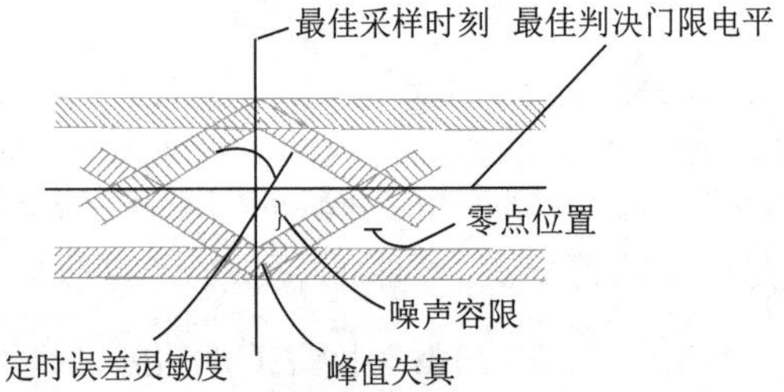

图6.4.5　眼图的形状和参数

（2）中间水平横线表示最佳判决门限电平。

（3）阴影区的垂直高度表示接收信号峰值失真范围。

（4）水平横线上非阴影区间长度的一半表示定时误差容限；而“眼睛”斜边的斜率表示定时误差灵敏度，斜率越大，对定时误差灵敏度越高。

（5）在无噪声时，眼睛张开程度（即采样时刻上、下阴影区之间距离的一半）表示噪声容限。若在抽样时刻噪声值大于这个容限，则发生误判。

图6.4.6给出了示波器上显示的两幅二进制调制的眼图，其中图6.4.6(a)是无噪声情况下的照片，图6.4.6(b)是有噪声情况下的照片。图6.4.7给出$M = 4$（四电平）时PAM的眼图。一般M电平PAM眼图有$M - 1$只“眼睛”。

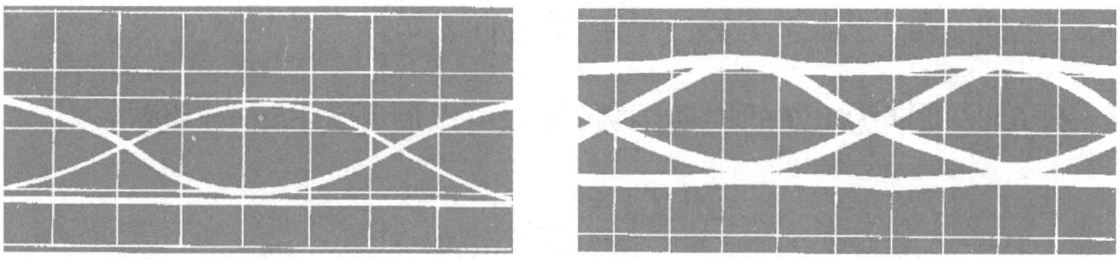

（a）无噪声情况　　　　（b）有噪声情况

图6.4.6　二电平调制的眼图

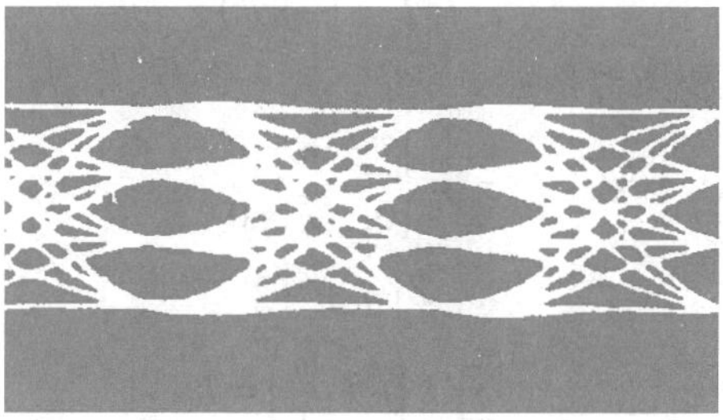

图6.4.7　四电平PAM的眼图

6.4.4　无码间干扰带限信号设计准则——奈奎斯特（Nyquist）准则

接收滤波器采样信号输出如式(6.4.22)所示,则无码间干扰的充要条件是

$$x(nT)=\begin{cases}1, & n=0\\0, & n\neq 0\end{cases}\tag{6.4.25}$$

下面介绍的奈奎斯特准则是信号$x(t)$无码间干扰时,它的频谱$X(f)$所要满足的充要条件。

定理6.4.1　函数$x(t)$满足

$$x(nT)=\begin{cases}1, & n=0\\0, & n\neq 0\end{cases}$$

的充要条件是它的Fourier变换$X(f)$满足

$$\sum_{m=-\infty}^{\infty}X\left(f+\frac{m}{T}\right)=T\tag{6.4.26}$$

证明

$$x(t)=\int_{-\infty}^{\infty}X(f)\,\mathrm{e}^{\mathrm{j}2\pi ft}\mathrm{d}f$$

所以

$$\begin{aligned}x(nT)&=\int_{-\infty}^{\infty}X(f)\,\mathrm{e}^{\mathrm{j}2\pi fnT}\mathrm{d}f\\&=\sum_{m=-\infty}^{\infty}\int_{(2m-1)/(2T)}^{(2m+1)/(2T)}X(f)\,\mathrm{e}^{\mathrm{j}2\pi fnT}\mathrm{d}f\\&=\sum_{m=-\infty}^{\infty}\int_{-1/(2T)}^{1/(2T)}X\left(f+\frac{m}{T}\right)\mathrm{e}^{\mathrm{j}2\pi fnT}\mathrm{d}f\\&=\int_{-1/(2T)}^{1/(2T)}Z(f)\,\mathrm{e}^{\mathrm{j}2\pi fnT}\mathrm{d}f\end{aligned}\tag{6.4.27}$$

其中
$$Z(f)=\sum_{m=-\infty}^{\infty}X\left(f+\frac{m}{T}\right) \tag{6.4.28}$$

显然，$Z(f)$是周期为$1/T$的周期函数，所以可以展开为Fourier级数：

$$Z(f)=\sum_{m=-\infty}^{\infty}z_n\mathrm{e}^{-\mathrm{j}2\pi nfT} \tag{6.4.29a}$$

其中
$$z_n=T\int_{-1/(2T)}^{1/(2T)}Z(f)\mathrm{e}^{-\mathrm{j}2\pi nfT}\mathrm{d}f \tag{6.4.29b}$$

与式(6.4.27)相比较，可见：

$$z_n=T\cdot x(-nT) \tag{6.4.30}$$

所以式(6.4.25)成立的充要条件是

$$z_n=\begin{cases}T, & n=0\\ 0, & n\neq 0\end{cases} \tag{6.4.31}$$

即
$$Z(f)=T \tag{6.4.32a}$$

或
$$\sum_{m=-\infty}^{\infty}X\left(f+\frac{m}{T}\right)=T \tag{6.4.32b}$$

下面对带限信道作一些讨论。

假定$C(f)=0,\quad |f|>W$，则$X(f)=G_T(f)\cdot C(F)\cdot G_R(F)=0,\quad |f|>W$。

(1)如果$T<1/(2W)$，即$1/T>2W$。因为$Z(f)=\sum_{m=-\infty}^{\infty}X\left(f+\frac{m}{T}\right)$是$X(f)$的平移、叠加。若平移间隔大于$2W$，则彼此不相交叠，在频率轴上留有间隙，如图6.4.8(a)所示。这时不管$X(f)$形状如何，都不可能保证$Z(f)=T$，所以不可能设计一个无码间干扰系统。

(2)$T=1/(2W)$或$1/T=2W$(称为奈奎斯特码率)。这时$Z(f)$是$X(f)$逐次平移、叠加。由于平移间隔正好等于2倍带宽，所以正好铺满频率轴，如图6.4.8(b)所示。于是仅当

$$X(f)=\begin{cases}T, & |f|<W\\ 0, & 其他\end{cases} \tag{6.4.33}$$

时，才能达到$Z(f)=T$。式(6.4.33)的时域波形为

$$x(t)=\mathrm{sinc}\left(\frac{t}{T}\right) \tag{6.4.34}$$

对于式(6.4.34)的波形有两个实现上的困难：

① $x(t)=\mathrm{sinc}(t/T)$是非因果的，因而是不可实现的。但我们可以通过引入延时t_0，使$t<0$时$x(t)=\mathrm{sinc}\left[(t-t_0)/T\right]\approx 0$，从而$x(t)=\mathrm{sinc}\left[(t-t_0)/T\right]$可以认为是因果的，也是可以实现的，相应的采样时间偏移到$mT+t_0$。

② 随着t的增加，$x(t)=\mathrm{sinc}(t/T)$的拖尾按$1/t$衰减，这个衰减太慢。因为任何采样时钟总有误差，设采样时刻误差为Δ，可能引起的码间干扰量为

$$\sum_{n\neq m}\left|\frac{a_n\Delta}{(m-n)T+\Delta}\right|$$

由于 $\sum_{m=-\infty}^{\infty}\frac{1}{m}$ 是发散的，所以无论$\varDelta$多小，只要它不等于零，都可能引起很大的码间干扰，这是致命弱点。所以在$T = 1/(2W)$时，只有在理想情况下（采样时刻无误差）才能实现无码间干扰传输。

（3）对于$T > 1/(2W)$，$Z(f)$是$X(f)$相隔$1/T$的逐次平移、叠加。由于间隔$1/T$小于$X(f)$的2倍带宽，所以频谱有重叠，利用这种重叠，可以设计$X(f)$使$Z(f) = T$，如图6.4.8(c)所示。

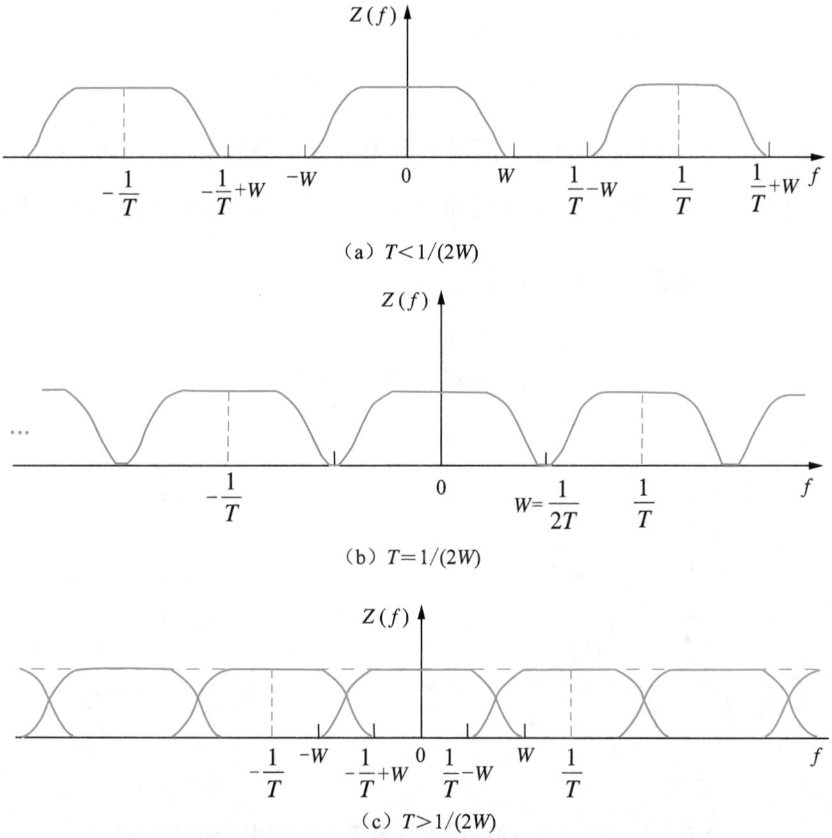

图6.4.8　不同符号间隔T情况下$Z(f)$的形状

当符号时间间隔为T时，符号率是$R_B = 1/T$ Baud。从上面讨论可知，符号率R_B不能大于信道带宽的2倍（2W），所以信道传输符号的最高码率为

$$R_B/W = 2(\text{Baud/Hz}) \tag{6.4.35}$$

6.4.5　升余弦频谱信号

当$T > 1/(2W)$时，有很大一类信号形式可以满足无码间干扰条件式(6.4.25)，其中具有升余弦频谱的信号是最常用的无码间干扰波形，它的频率响应如下：

$$X_{rc}(f)=\begin{cases}T, & 0\leqslant|f|<\dfrac{1-\alpha}{2T}\\ \dfrac{T}{2}\left[1+\cos\dfrac{\pi T}{\alpha}\left(|f|-\dfrac{1-\alpha}{2T}\right)\right], & \dfrac{1-\alpha}{2T}\leqslant|f|<\dfrac{1+\alpha}{2T}\\ 0, & |f|\geqslant\dfrac{1+\alpha}{2T}\end{cases} \tag{6.4.36}$$

其中α称为滚降因子，$0\leqslant\alpha\leqslant1$。相应的时域波形为

$$\begin{aligned}x(t)&=\frac{\sin(\pi t/T)}{\pi t/T}\cdot\frac{\cos(\pi\alpha t/T)}{1-4\alpha^2t^2/T^2}\\&=\sin(t/T)\cdot\frac{\cos(\pi\alpha t/T)}{1-4\alpha^2t^2/T^2}\end{aligned} \tag{6.4.37}$$

图6.4.9画出了不同滚降因子α情况下升余弦频谱特性和相应的时域信号。从图6.4.9可见，传输升余弦信号所需的信道带宽是$W=\dfrac{1+\alpha}{2T}$，比理想的奈奎斯特带宽$W=\dfrac{1}{2T}$要宽。这时每秒每赫传输的符号数为

$$\frac{1/T}{(1+\alpha)/(2T)}=\frac{2}{1+\alpha} \tag{6.4.38}$$

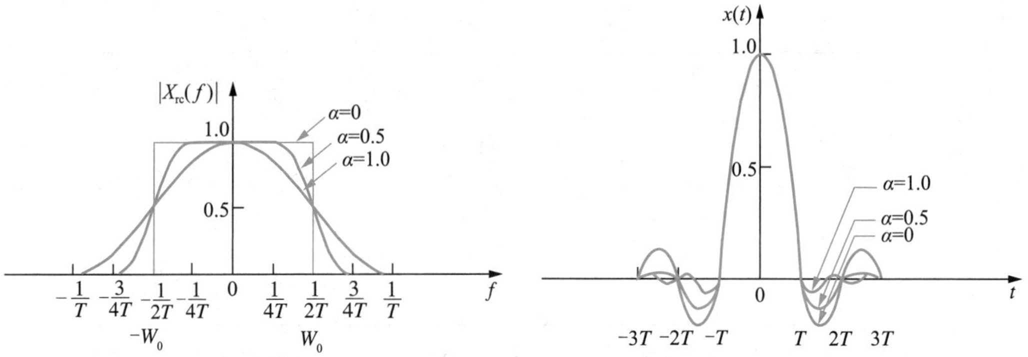

（a）频谱特性　　（b）时域信号

图6.4.9　具有不同α值的升余弦频谱特性和相应的时域信号

当$\alpha=0$时，对应于理想情况，每秒每赫传输2个符号；当$\alpha=1$时，下降到每秒每赫只能传输1个符号。升余弦信号的优越性在于它的拖尾按$1/t^3$趋于零，比$\text{sinc}(t/T)$要快得多。

当信道频率传递函数是理想矩形时，即

$$C(f)=\begin{cases}1, & |f|<W\\ 0, & 其他\end{cases} \tag{6.4.39}$$

则要求发送和接收滤波器级联起来满足系数为α的升余弦滚降特性：

$$X_{rc}(f)=G_T(f)G_R(f) \tag{6.4.40}$$

这时符号间隔T满足

$$T>\frac{1+\alpha}{2W} \tag{6.4.41}$$

若接收滤波器是匹配滤波器，则

$$G_{\mathrm{R}}(f)=G_{\mathrm{T}}^{*}(f) \tag{6.4.42}$$

所以

$$X_{\mathrm{rc}}(f)=\left|G_{\mathrm{T}}(f)\right|^{2} \tag{6.4.43}$$

取

$$G_{\mathrm{T}}(f)=\sqrt{\left|X_{\mathrm{rc}}(f)\right|}\cdot \mathrm{e}^{-\mathrm{j}2\pi f t_{0}} \tag{6.4.44}$$

其中t_0是考虑到因果性时，发送信号的标称延时。总的升余弦频谱特征被发送滤波器和接收滤波器对分。

6.4.6 具有零码间干扰的数字PAM系统的差错概率

当PAM系统采用升余弦频谱信号作为基本信号波形时，在带限信道中不会产生码间干扰。这时接收机匹配滤波器输出的接收信号样本为

$$y_m=x_0a_m+\xi_m \tag{6.4.45}$$

其中

$$x_0=\int_{-W}^{W}\left|G_{\mathrm{T}}(f)\right|^{2}\mathrm{d}f=E_g \tag{6.4.46}$$

ξ_m是加性高斯噪声，它的均值为零，方差为

$$\sigma_{\nu}^{2}=E_g\cdot N_0/2 \tag{6.4.47}$$

一般a_m以等概率取M个等间隔电平。对于这种无码间干扰的M元PAM系统，它的检测差错概率与式(6.3.94)相同，即

$$P_{\mathrm{e}}(M)=\frac{2(M-1)}{M}Q\left(\sqrt{\frac{2E_g}{N_0}}\right) \tag{6.4.48}$$

由于$E_g=\dfrac{3}{M^2-1}E_{\mathrm{av}}$，$E_{\mathrm{av}}=kE_{\mathrm{b,av}}$，$M=2^k$，所以

$$P_{\mathrm{e}}(M)=\frac{2(M-1)}{M}Q\left[\sqrt{\frac{6\left(\log_2 M\right)E_{\mathrm{b,av}}}{\left(M^2-1\right)N_0}}\right] \tag{6.4.49}$$

式(6.4.49)和式(6.3.94c)完全一样，只是在本节中要求发送信号的带宽受限于信道带宽W。

§6.5 部分响应系统——具有受控码间干扰的带限系统

6.5.1 双二元信号脉冲

在6.4节中我们知道，利用具有升余弦频谱的信号可以在带限信道上实现零码间干扰传输，但是它的缺点是降低了符号率和频谱利用率。为此，我们采用部分响应技术，通过有意识地引入可控的码间干扰来消除码间干扰的影响，使符号率达到奈奎斯特码率$T=1/(2W)$。

6-11部分响应系统

如果我们设计发送和接收滤波器，使得复合信号波形满足

$$x(nT)=\begin{cases}1, & n=0,1\\ 0, & \text{其他}\end{cases} \tag{6.5.1}$$

由于在两个相邻采样时刻，$x(t)$均为1，所以具有很强的码间干扰。利用式(6.4.30)，有

$$z_n = \begin{cases} T, & n = 0, -1 \\ 0, & \text{其他} \end{cases} \tag{6.5.2}$$

得到

$$Z(f) = T + Te^{-j2\pi fT} \tag{6.5.3}$$

与定理6.4.1一样，函数$x(t)$满足式(6.5.1)的充要条件是

$$\sum_{m=-\infty}^{\infty} X\left(f + \frac{m}{T}\right) = T + Te^{-j2\pi fT} = Z(f), \quad 0 < f < \frac{1}{T} \tag{6.5.4}$$

对于带宽为W的信号$x(t)$，当$T < 1/(2W)$时，不可能满足式(6.5.4)；当$T = 1/(2W)$时，

$$X(f) = \begin{cases} \dfrac{1}{2W}\left(1 + e^{-j\frac{\pi f}{W}}\right), & |f| < W \\ 0, & \text{其他} \end{cases}$$

$$= \begin{cases} \dfrac{1}{W} e^{-j\frac{\pi f}{2W}} \cdot \cos\left(\dfrac{\pi f}{2W}\right), & |f| < W \\ 0, & \text{其他} \end{cases} \tag{6.5.5}$$

满足式(6.5.4)，也就是$x(t)$满足式(6.5.1)。

事实上由式(6.5.5)，得

$$x(t) = \text{sinc}(2Wt) + \text{sinc}\left[2W(t-1)\right] \tag{6.5.6}$$

这时脉冲$x(t)$称为双二元信号脉冲(duobinary signal pulse)，$x(t)$和它的频谱$X(f)$如图6.5.1所示。

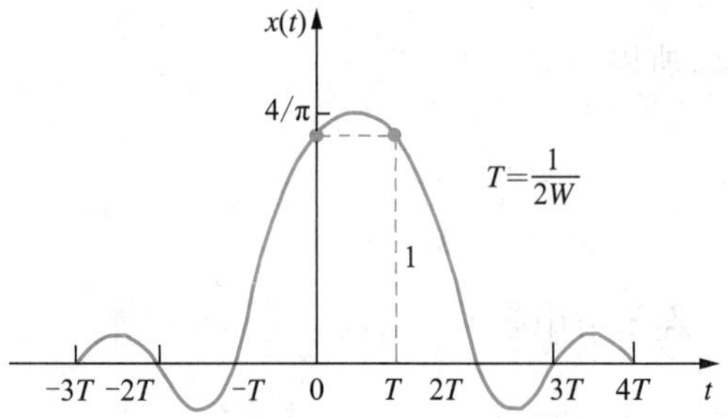

(a) 双二元信号脉冲

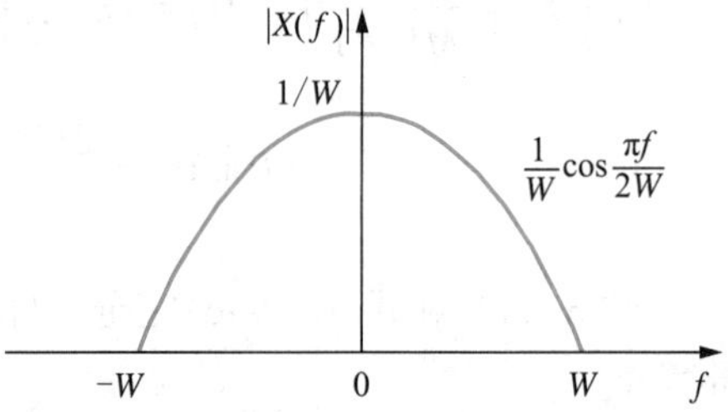

(b) 双二元信号脉冲频谱

图6.5.1 双二元信号脉冲及其频谱

从式(6.5.6)可见$x(t)$的拖尾按$1/t^2$趋于零，所以采样时刻误差所产生的码间干扰是很小的。

6.5.2 带有受控码间干扰数据的检测

在采用双二元信号作为基本脉冲波形的部分响应系统中，接收滤波器和发送滤波器应满足

$$\left|G_T(f)\right| = \left|G_R(f)\right| = \left|X(f)\right|^{1/2} \tag{6.5.7}$$

其中$X(f)$由式(6.5.5)给出。如果发送序列是$\{a_n\}$，$a_n \in \{-1, 1\}$，则接收端匹配滤波器输出为

$$y(t)=\sum_{n=-\infty}^{\infty}a_nx(t-nT)+\xi(t) \tag{6.5.8}$$

它在$t=mT$的采样值为

$$y_m=y(mT)=a_m+a_{m-1}+\xi_m \tag{6.5.9}$$

其中，ξ_m为高斯噪声样本值。显然，前一时刻传输的数据值强烈地影响当前的采样输出。记

$$b_m=a_m+a_{m-1} \tag{6.5.10}$$

若a_m以等概率取+1，-1，则b_m可能取值为-2，0，2，相应的概率分别为1/4，1/2，1/4。由于这种码间干扰是人为有意识地引入的，如果我们知道在$m-1$时刻的值a_{m-1}，则在第m时刻可以从b_m中减去a_{m-1}，从而可以消除前一符号对当前采样值的影响，正确检测出a_m。然后在下一时刻$m+1$，再从b_{m+1}中减去a_m，消除a_m的影响，正确检测a_{m+1}。如此递推，可以正确检测出整个序列。但是，如果某一位发生了错误，例如a_{m-1}发生了错误，则从b_m中减去这个错误的a_{m-1}，将造成对后一符号的错误检测，从而错误就会传播下去。为了消除错误的传播，通常不是在接收端采用减去前一位符号的办法，而是在发送端采用预编码，使得在接收端不需要做减法。

设发送端要传输的数据序列$\{d_m\}$是由“0”“1”组成的序列。首先对$\{d_m\}$进行预编码，得到预编码序列$\{p_m\}$：

$$p_m=d_m\ominus p_{m-1},\quad m=1,2,\cdots \tag{6.5.11}$$

其中$\ominus$表示模2减（模2加和模2减相同），然后对$\{p_m\}$进行极性变换（映射）：

$$p_m=0\rightarrow a_m=-1$$
$$p_m=1\rightarrow a_m=1$$

或者说

$$a_m=2p_m-1 \tag{6.5.12}$$

再用序列$\{a_m\}$调制波形进行传输。

在双二元信号系统中，若先不考虑噪声，则接收滤波器的采样输出为

$$\begin{aligned}b_m&=a_m+a_{m-1}=2p_m-1+2p_{m-1}-1\\&=2\left(p_m+p_{m-1}-1\right)\end{aligned} \tag{6.5.13}$$

或者

$$p_m+p_{m-1}=b_m/2+1 \tag{6.5.14}$$

因为$d_m=p_m\oplus p_{m-1}$，所以

$$d_m=b_m/2+1(\mathrm{mod}\ 2) \tag{6.5.15}$$

即当$b_m=\pm2$时，$d_m=0$；当$b_m=0$时，$d_m=1$。

采用预编码的双二元传输系统的原理如图6.5.2所示。

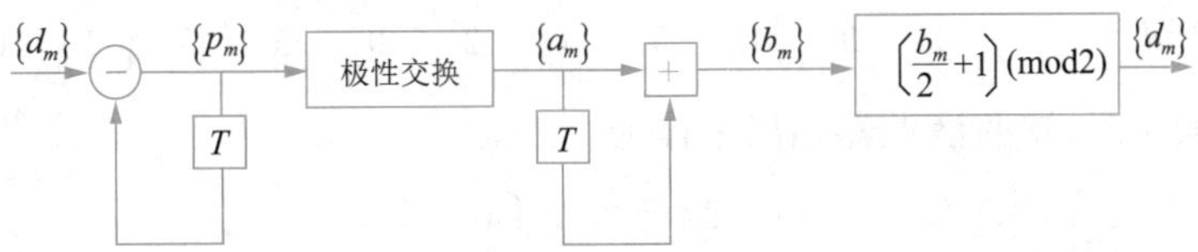

图6.5.2 采用预编码的双二元传输系统的原理

下面给出一个采用预编码的双二元2PAM的例子，说明预编码和译码工作过程：

数据序列d_m		1	1	1	0	1	0	0	1	0	0	0	1	1	0	1
预编码序列p_m	0	1	0	1	1	0	0	0	1	1	1	1	0	1	1	0
发送序列a_m	−1	1	−1	1	1	−1	−1	−1	1	1	1	1	−1	1	1	−1
接收到序列b_m		0	0	0	2	0	−2	−2	0	2	2	2	0	0	2	0
译出数据序列d_m		1	1	1	0	1	0	0	1	0	0	0	1	1	0	1

当出现加性噪声时，接收滤波器采样输出为

$$y_m = b_m + \xi_m \tag{6.5.16}$$

这时把y_m与两个门限“+1”和“−1”比较，对d_m作出判决

$$d_m = \begin{cases} 1, & -1 < y_m < 1 \\ 0, & \left| y_m \right| > 1 \end{cases} \tag{6.5.17}$$

上面讨论的是采用双二元信号脉冲的二电平PAM，也可以把二电平PAM推广到采用双二元信号脉冲的M电平PAM。由于双二元信号具有受控的码间干扰，所以对于M电平幅度序列$\{a_n\}$，在无噪声干扰时接收滤波器输出采样序列$\{b_n\}$为

$$b_m = a_m + a_{m-1}, \quad m = 1,2,\cdots \tag{6.5.18}$$

其中b_m具有$2M-1$种可能的等间隔电平。若$\{d_m\}$为待传送的M元数据序列，$d_m \in \{0,1,2,\cdots,M-1\}$，首先经过预编码，得到预编码序列$\{p_m\}$为

$$p_m = d_m p_{m-1} \ (\mathrm{mod}\ M) \tag{6.5.19}$$

对预编码序列进行电平转换，变成M电平幅度序列$\{a_m\}$为

$$a_m = 2p_m - (M-1) \tag{6.5.20}$$

在没有噪声情况下，接收滤波器输出采样可表示为

$$b_m = a_m + a_{m-1} = 2\left[p_m + p_{m-1} - (M-1)\right] \tag{6.5.21}$$

所以

$$p_m + p_{m-1} = \frac{b_m}{2} + (M-1) \tag{6.5.22}$$

因为

$$d_m = p_m + p_{m-1} \ (\mathrm{mod}\ M) \tag{6.5.23}$$

所以

$$d_m = \frac{b_m}{2} + (M-1) \ (\mathrm{mod}\ M) \tag{6.5.24}$$

下面给出了一个采用预编码的双二元4PAM编译码过程的例子($M=4$)：

数据序列d_m		0	0	1	3	1	2	0	3	3	2	0	1	0
预编码序列p_m	0	0	0	1	2	3	3	1	2	1	1	3	2	2
发送序列a_m	−3	−3	−3	−1	1	3	3	−1	1	−1	−1	3	1	1
接收到序列b_m		−6	−6	−4	0	4	6	2	0	0	−2	2	4	2
译出数据序列d_m		0	0	1	3	1	2	0	3	3	2	0	1	0

当出现噪声时，接收滤波器输出采样为

$$y_m = b_m + \xi_m \tag{6.5.25}$$

译码时首先把y_m量化成离它最近的可能信号电平$\hat{b}_m$，然后再用法则(6.5.14)把$\hat{b}_m$恢复成数据序列。

6.5.3 采用部分响应信号的数字PAM差错概率

下面我们讨论采用双二元信号的M电平PAM的差错概率。如上所述，M电平数据序列经过预编码，再映射成M个可能的幅度电平，然后经频率传递函数为$G_{\mathrm{T}}(f)$的发送滤波器调制，则输出

$$v(t)=\sum_{m=-\infty}^{\infty}a_m g_{\mathrm{T}}(t-mT) \tag{6.5.26}$$

部分响应系统的调制、解调方框图如图6.5.3所示。部分响应函数$X(f)$在发送滤波器和接收滤波器之间对分。接收滤波器与发送滤波器相匹配，所以两个滤波器级联导致

$$\left|G_{\mathrm{T}}(f)\cdot G_{\mathrm{R}}(f)\right|=\left|X(f)\right| \tag{6.5.27}$$

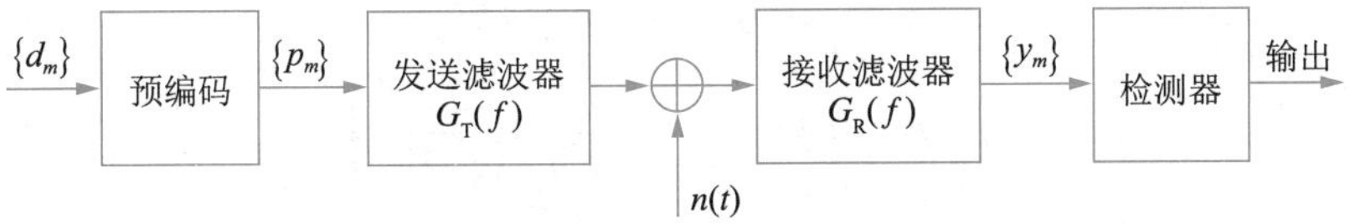

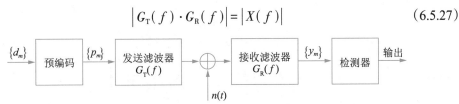

图6.5.3 部分响应系统的调制、解调方框图

匹配滤波器在$t=nT=n/(2W)$时刻采样，对样本进行译码。对于双二进信号方式，匹配滤波器输出为

$$y_m=a_m+a_{m-1}+\xi_m=b_m+\xi_m \tag{6.5.28}$$

其中，ξ_m是加性噪声。对于二电平PAM，$a_m=\pm d$，两个信号电平距离为$2d$，对应的$b_m\in\{2d,0,-2d\}$。对于M电平PAM，则$a_m=\pm d,\pm 3d,\cdots,\pm(M-1)d$，接收信号$b_m=0,\pm 2d,\pm 4d,\cdots,\pm 2(M-1)d$，接收信号可能电平数为$2M-1$。

假定$\{d_m\}$是等概数据序列，则$\{a_m\}$也是等可能取值的，这时接收到的无噪声输出电平b_m满足三角形分布，即

$$p\{b_m=2kd\}=\frac{M-|k|}{M^2},\quad k=0,\pm 1,\pm 2,\cdots,\pm(M-1) \tag{6.5.29}$$

其中，$2d$是两个相邻接收电平的距离。

在PAM传输过程中，信号受到均值为零、功率谱密度为$N_0/2$的白高斯噪声的干扰。接收滤波器接收噪声，输出零均值高斯噪声ξ_m，它的方差为

$$\begin{aligned}\sigma_{\xi}^2&=\frac{N_0}{2}\int_{-W}^{W}\left|G_{\mathrm{R}}(f)\right|^2\mathrm{d}f\\&=\frac{N_0}{2}\int_{-W}^{W}\left|X(f)\right|\mathrm{d}f=\frac{2N_0}{\pi}\end{aligned} \tag{6.5.30}$$

对于除了$\pm 2(M-1)d$两个端点以外的其他信号电平点来说，当ξ_m幅度超过d时，就使y_m量化成$\hat{b}_m$发生错误，从而造成译码错误；对于两个端点电平$\pm 2(M-1)d$，量化错误是单向的，考虑到对称性，可以导出错误概率为

$$\begin{aligned}P_{\mathrm{e}}(M) &= \sum_{m=-(M-2)}^{(M-2)} P\left(\left|y-2md\right|>d|b=2md\right)\cdot p(b=2md)\\ &\quad +2P\left(y+2(M-1)d>d|b=-2(M-1)d\right)p\left(b=-2(M-1)d\right)\\ &= P\left(\left|y\right|>d|b=0\right)\left[2\sum_{m=0}^{M-1}p(b=2md)-p(b=0)-p\left(b=-2(M-1)d\right)\right]\\ &= \left(1-\frac{1}{M^2}\right)P\left(\left|y\right|>b|b=0\right)\end{aligned} \tag{6.5.31}$$

由于

$$\begin{aligned}P\left(\left|y\right|>d|b=0\right) &= \frac{2}{\sqrt{2\pi}\,\sigma_\xi}\int_d^\infty \exp\left(-\frac{x^2}{2\sigma_\xi^2}\right)\mathrm{d}x\\ &= 2Q\left(\sqrt{\frac{\pi d^2}{2N_0}}\right)\end{aligned} \tag{6.5.32}$$

所以

$$P_{\mathrm{e}}(M) = 2\left(1-\frac{1}{M^2}\right)Q\left(\sqrt{\frac{\pi d^2}{2N_0}}\right) \tag{6.5.33}$$

幅度标度因子d可以通过计算平均发送功率得到。对于M电平PAM，平均发送功率为

$$\begin{aligned}P_{\mathrm{av}} &= \frac{E\left(a_m^2\right)}{T}\int_{-W}^{W}\left|G_{\mathrm{T}}(f)\right|^2\mathrm{d}f\\ &= \frac{E\left(a_m^2\right)}{T}\int_{-W}^{W}\left|X(f)\right|\mathrm{d}f\\ &= \frac{4}{\pi T}E\left(a_m^2\right)\end{aligned} \tag{6.5.34}$$

a_m在M电平上是均匀分布的，所以

$$E\left(a_m^2\right) = \frac{d^2\left(M^2-1\right)}{3} \tag{6.5.35}$$

因而

$$d^2 = \frac{3\pi P_{\mathrm{av}}T}{4\left(M^2-1\right)} \tag{6.5.36}$$

于是

$$P_{\mathrm{e}}(M) = 2\left(1-\frac{1}{M^2}\right)Q\left[\sqrt{\left(\frac{\pi}{4}\right)^2\cdot\frac{6}{M^2-1}\cdot\frac{E_{\mathrm{av}}}{N_0}}\right] \tag{6.5.37}$$

考虑到平均能量是符号的平均能量，可以转换成每比特平均能量：

$$E_{\mathrm{av}} = \left(\log_2 M\right)E_{\mathrm{b,av}} \tag{6.5.38}$$

将式(6.5.37)与零码间干扰M电平PAM差错概率相比较，可以发现，采用部分响应信号后性能损失$(\pi/4)^2$，或2.1dB。这是由于我们在检测部分响应信号中采用逐符号检测判决，忽略了接收信号所包含的记忆性，从而性能退化。如果采用对整个序列的最大似然检测，可以挽回这个损失。

6.5.4 其他部分响应系统

除了双二元信号方式外，还有许多种部分响应信号形式。另一个常用的部分响应

系统是修正的双二元信号。修正双二元信号波形为

$$x(t)=\frac{\operatorname{sinc}\left[(t+T)\right]}{T}-\frac{\operatorname{sinc}\left[(t+T)\right]}{T} \tag{6.5.39}$$

相应频谱为

$$X(f)=\begin{cases}\dfrac{1}{2W}\left[\mathrm{e}^{\mathrm{j}\pi f/W}-\mathrm{e}^{-\mathrm{j}\pi f/W}\right]=\dfrac{\mathrm{j}}{W}\sin\dfrac{\pi f}{W}, & |f|<W=1/(2T)\\ 0, & |f|>W=1/(2T)\end{cases} \tag{6.5.40}$$

显然，

$$x\left(\frac{n}{2W}\right)=x(nT)=\begin{cases}1, & n=-1\\ -1, & n=1\\ 0, & 其他\end{cases} \tag{6.5.41}$$

修正双二元信号波形和频谱如图6.5.4所示。

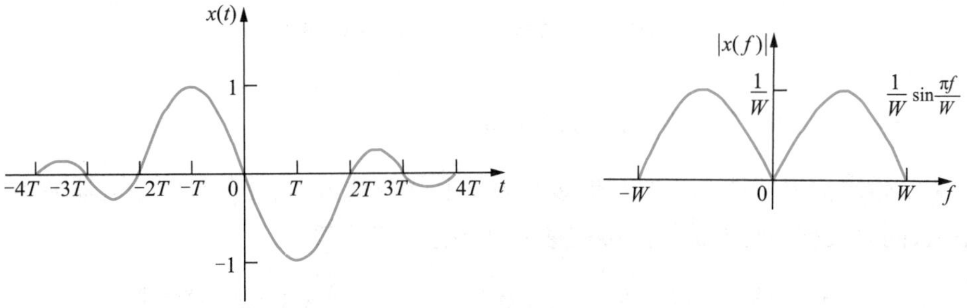

（a）波形　　（b）频谱

图6.5.4　修正双二元信号波形和频谱

采用修正双二元信号波形的部分响应系统，它的预编码、译码都和双二元信号类似，采用修正双二元信号的M电平PAM的误码率也相同，在此不再赘述。

§6.6　信道失真条件下的系统设计

在6.4节和6.5节中我们讨论了无码间干扰设计准则，要求发送滤波器、接收滤波器和信道组合起来满足升余弦频谱，或双二元信号频谱：

$$G_{\mathrm{T}}(f)C(f)G_{\mathrm{R}}(f)=X_{\mathrm{rc}}(f) \tag{6.6.1}$$

6-12信道失真条件下的系统设计

其中，我们把$C(f)$作为带宽为W的理想矩形，同时其相位谱为线性。在这种情况下，我们得出最佳系统是发送滤波器和接收滤波器对分$X_{\mathrm{rc}}(f)$。但实际上$C(f)$并非理想矩形，它可能有幅度失真，即在$|f|<W$中，$|C(f)|$并非常数，也可能有相位失真，即相位谱$\Theta(f)$是非线性的。我们知道，非线性的相位谱会造成非均匀的群延时：

$$\tau(f)=-\frac{1}{2\pi}\frac{\mathrm{d}\Theta(f)}{\mathrm{d}f} \tag{6.6.2}$$

它同样会造成码间干扰。图6.6.1表示一个升余弦频谱波形通过一个理想幅频特性，但相频特性是f的二次函数的信道，其输出波形严重畸变，造成严重码间干扰。

下面考虑两个问题。首先考虑信道是非理想的，但是确知的情况下，发送和接收滤

波器的设计;其次考虑当信道特性是未知时,如何设计信道均衡器,使它能自动或自适应地校正信道失真。

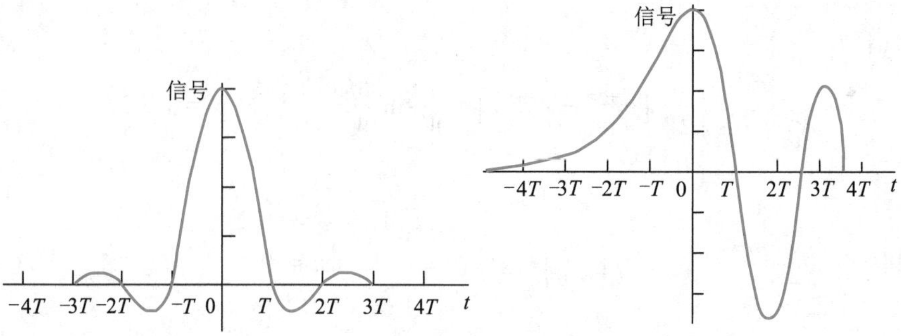

(a) 信道输入　　(b) 信道输出

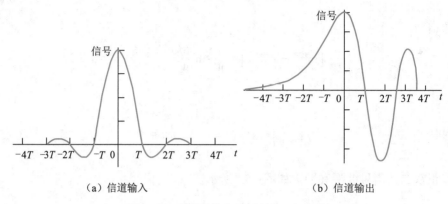

图6.6.1　信道相位失真引起的码间干扰

6.6.1　信道特性已知时，发送和接收滤波器的设计

假定带限信道特性$C(f)$已知,设计发送和接收滤波器,使得接收滤波器输出信噪比最大,同时没有码间干扰。图6.6.2表示所考虑的整个系统。

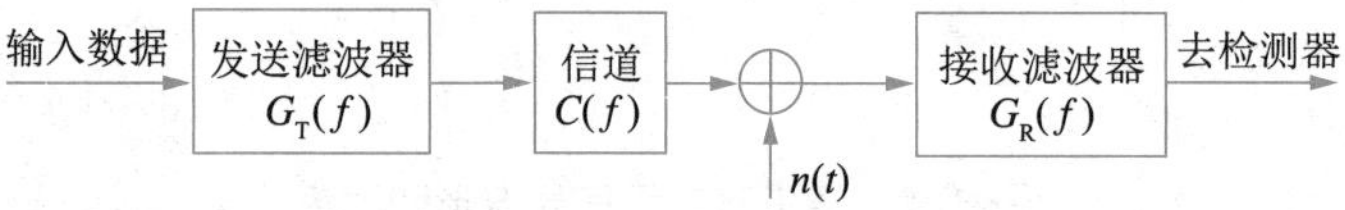

图6.6.2　由发送滤波器、信道和接收滤波器所组成的系统

为了免除码间干扰,要求发送滤波器、信道和接收滤波器级联满足

$$G_{\mathrm{T}}(f)C(f)G_{\mathrm{R}}(f)=X_{\mathrm{rc}}(f)\mathrm{e}^{-\mathrm{j}\pi f t_0},\quad |f|<W \tag{6.6.3}$$

其中,$X_{\mathrm{rc}}(f)$是升余弦频谱,它保证在采样时刻无码间干扰;t_0是延时,它保证发送滤波器和接收滤波器的物理可实现性。

接收滤波器输出噪声可表示成

$$\xi(t)=\int_{-\infty}^{\infty}n(t-\tau)g_{\mathrm{R}}(\tau)\mathrm{d}\tau \tag{6.6.4}$$

其中,$n(t)$是接收滤波器的输入噪声。$n(t)$是零均值、功率谱为$S_{\mathrm{n}}(f)$的噪声,则$\xi(t)$的均值也为零,它的功率谱密度为

$$S_{\xi}(f)=S_{\mathrm{n}}(f)\cdot\left|G_{\mathrm{R}}(f)\right|^2 \tag{6.6.5}$$

对于二进制PAM系统,匹配滤波器输出采样为

$$y_m=x_0\cdot a_m+\xi_m=a_m+\xi_m \tag{6.6.6}$$

其中,$x_0=\int_{-W}^{W}\left|X_{\mathrm{rc}}(f)\right|\mathrm{d}f$被归一化为1;$a_m=\pm d$;$\xi_m$表示噪声,它的方差为

$$\sigma_{\xi}^2=\int_{-\infty}^{\infty}S_{\mathrm{n}}(f)\left|G_{\mathrm{R}}(f)\right|^2\mathrm{d}f \tag{6.6.7}$$

所以差错概率为

$$P_e = \frac{1}{\sqrt{2\pi}}\int_{d/\sigma_\xi}^{\infty} e^{-y^2/2}dy = Q\left(\sqrt{\frac{d^2}{\sigma_\xi^2}}\right) \tag{6.6.8}$$

发送滤波器的传输特性选为

$$G_T(f) = \frac{\sqrt{X_{rc}(f)}}{C(f)} e^{-j2\pi f t_0} \tag{6.6.9}$$

其中，t_0是保证因果性的适当延时，于是

$$G_T(f)C(f) = \sqrt{X_{rc}(f)}\, e^{-j2\pi f t_0} \tag{6.6.10}$$

在加白高斯噪声情况下，接收滤波器应设计成与被接收信号脉冲相匹配的形式，所以

$$G_R(f) = \sqrt{X_{rc}(f)}\, e^{-j2\pi f t_r} \tag{6.6.11}$$

其中，t_r是适当的延时。于是

$$\sigma_\xi^2 = \frac{N_0}{2}\int_{-\infty}^{\infty}\left|G_R(f)\right|^2 df = \frac{N_0}{2}\int_{-W}^{W}\left|X_{rc}(f)\right| df = \frac{N_0}{2} \tag{6.6.12}$$

平均发送功率

$$P_{av} = \frac{E\left(a_m^2\right)}{T}\int_{-\infty}^{\infty} g_T^2(t)\,dt = \frac{d^2}{T}\int_{-W}^{W}\frac{X_{rc}(f)}{\left|C(f)\right|^2}df \tag{6.6.13}$$

所以

$$d^2 = P_{av}T\left[\int_{-W}^{W}\frac{X_{rc}(f)}{\left|C(f)\right|^2}df\right]^{-1} \tag{6.6.14}$$

因此

$$\frac{d^2}{\sigma_\xi^2} = \frac{2P_{av}T}{N_0}\left[\int_{-W}^{W}\frac{X_{rc}(f)}{\left|C(f)\right|^2}df\right]^{-1} \tag{6.6.15}$$

对于非理想带限信道，在$|f| < W$时，往往$|C(f)| < 1$，使得

$$\left[\int_{-W}^{W}\frac{X_{rc}(f)}{\left|C(f)\right|^2}df\right]^{-1} < 1 \tag{6.6.16}$$

从而降低了信噪比。对于理想带通信道，当$|f| < W$，$|C(f)| = 1$时，没有性能恶化。必须注意，这种性能恶化完全是由信道的幅频畸变引起的，而相位畸已由发送滤波器补偿。

例6.6.1 设信道的幅频特性为

$$\left|C(f)\right| = \frac{1}{\sqrt{1+\left(\frac{f}{W}\right)^2}},\quad |f| < W \tag{6.6.17}$$

其中$W = 4800$Hz，加性噪声是零均值白高斯噪声，功率谱密度为$\frac{N_0}{2} = 10^{-15}$ W/Hz，在此信道上传输码率为4800bit/s的二进数据，试确定接收滤波器和发送滤波器特性。

解 $W = \frac{1}{T} = 4800$Hz，采用$\alpha = 1$的升余弦频谱脉冲，于是

$$X_{rc}(f) = \frac{T}{2}\left[1 + \cos\left(\pi T|f|\right)\right] = T\cos^2\frac{\pi|f|}{9600}$$

由式(6.6.9)和式(6.6.11),可得

$$|G_T(f)| = \sqrt{T\left[1 + \left(\frac{f}{W}\right)^2\right]}\cos\frac{\pi|f|}{9600}, \quad |f| < 4800\text{Hz}$$

$$|G_R(f)| = \sqrt{T}\cos\frac{\pi|f|}{9600}, \quad |f| < 4800\text{Hz}$$

以及

$$|G_T(f)| = |G_R(f)| = 0, \quad |f| > 4800\text{Hz}$$

6.6.2 信道均衡器

前面所述的设计方法适用于信道特征完全已知的情况。在实际中,信道频率特性往往是未知的,或者是时变的。例如在电话信道中,每次拨号打电话,它们的信道特性都是不同的,这是由于每次拨不同号码,它的通信路由是不同的。当然电话信道是时不变的,也就是说在每次通话中信道参数可以认为是不变的;另外对于无线移动通信,它的等效基带信道是时变的。对于这两类信道,显然不能用上面方法来设计发送和接收滤波器。

在这两种情况下,我们可以把发送滤波器设计成具有平方根升余弦频谱特性,即

$$G_T(f) = \begin{cases} \sqrt{X_{rc}(f)}\,e^{-j2\pi f t_0}, & |f| < W \\ 0, & |f| > W \end{cases} \tag{6.6.18}$$

接收滤波器$G_R(f)$与$G_T(f)$匹配,即

$$|G_T(f)|\cdot|G_R(f)| = X_{rc}(f) \tag{6.6.19}$$

由于信道是非理想信道,所以合成频率传递函数

$$X(f) = G_T(f)C(f)G_R(f) \tag{6.6.20}$$

具有码间干扰。接滤波器输出为

$$y(t) = \sum_{n=-\infty}^{\infty} a_n x(t - nT) + \xi(t) \tag{6.6.21}$$

其中

$$x(t) = g_T(t)c(t)g_R(t)$$

接收滤波器输出采样为

$$\begin{aligned} y_m &= \sum_{n=-\infty}^{\infty} a_n x_{m-n} + \xi_m \\ &= x_0 a_m + \sum_{\substack{n=-\infty \\ n\neq m}}^{\infty} a_n x_{m-n} + \xi_m \end{aligned} \tag{6.6.22}$$

式(6.6.22)的中间项是码间干扰。在任何实际系统中,码间干扰的影响总是有限的,所以我们假定对$n < -L_1$和$n > L_2$,有$x_n = 0$,也就是说码间干扰长度为$L_1 + L_2$。我们可以用长度为$L_1 + L_2 + 1$的有限冲脉响应(FIR)滤波器作为等效的离散时间信道模型,如图6.6.3所示。

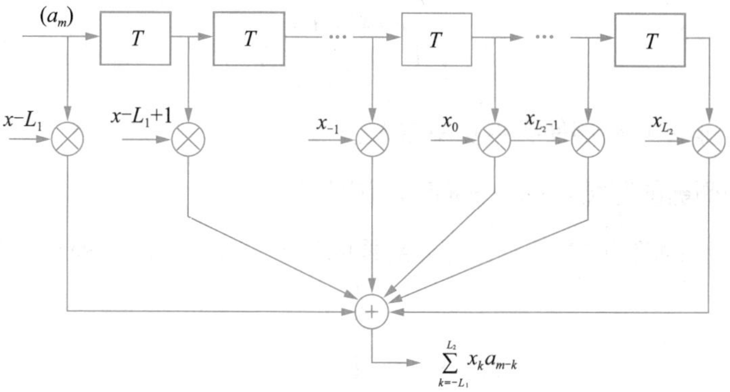

图6.6.3 等效离散时间信道模型

1. 线性均衡器

我们在接收滤波器$G_R(f)$后面接一个参数可以调节的线性滤波器来补偿信道的不理想。一般根据对信道的测量来调节这些参数。这种滤波器称为信道均衡器。信道均衡器分为预置式均衡器和自适应均衡器。对于时不变信道,在通信开始阶段,通过发送一列已知的训练序列,帮助接收机调节好均衡器参数,之后在通信过程中参数就不再变化;对于时变信道,则要在通信过程中不断测试信道,自行调节均衡器参数。

首先从频率域角度考虑线性均衡器的特点。线性均衡器$G_E(f)$接在接收滤波器$G_R(f)$后面,补偿信道的不理想,如图6.6.4所示。

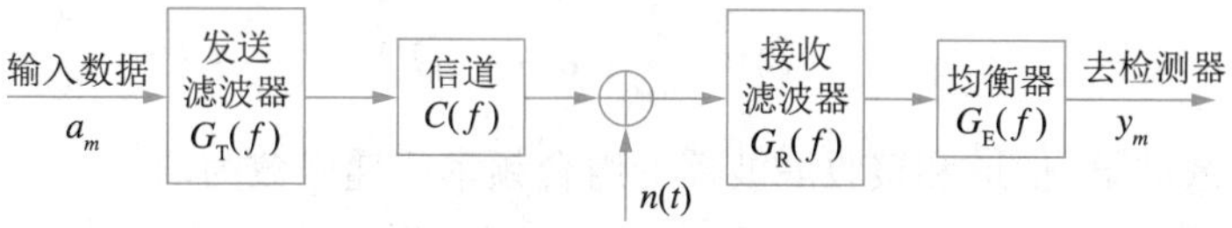

图6.6.4 带均衡器的系统方框图

为了消除码间干扰,要求

$$G_E(f)=\frac{1}{C(f)}=\frac{1}{|C(f)|}e^{-j\Theta_{C(f)}},\qquad |f|\leqslant W \tag{6.6.23}$$

也就是说

$$|G_E(f)|=1/|C(f)| \tag{6.6.24}$$

$$\Theta_E(f)=-\Theta_{C(f)} \tag{6.6.25}$$

所以均衡器是信道$C(f)$的逆滤波器,它迫使码间干扰为零,这种均衡器称为迫零(ZF)均衡器。这时均衡器输出为

$$y_m=a_m+\xi_m \tag{6.6.26}$$

其中,ξ_m是零均值高斯噪声,其功率为

$$\begin{aligned}\sigma_\xi^2&=\int_{-\infty}^{\infty}S_n(f)|G_R(f)|^2|G_E(f)|^2\mathrm{d}f\\&=\int_{-W}^{W}\frac{S_n(f)|X_{rc}(f)|}{|C(f)|^2}\mathrm{d}f\end{aligned} \tag{6.6.27}$$

若

$$S_n(f)=\frac{N_0}{2}$$

则
$$\sigma_{\xi}^{2}=\frac{N_0}{2}\int_{-W}^{W}\frac{\left|X_{\mathrm{rc}}(f)\right|}{\left|C(f)\right|^{2}}\mathrm{d}f \tag{6.6.28}$$

一般来说，迫零均衡器使噪声功率增大。

2. 线性均衡器的时域实现——横向滤波器

图6.6.5所示的具有$2N+1$个抽头系数的横向滤波器，是一种参数易调的线性滤波器。

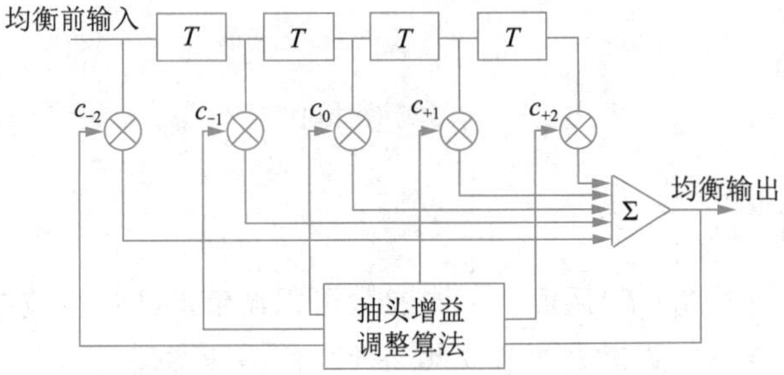

图6.6.5　具有$2N$+1个抽头系数的横向滤波器

事实上，横向滤波器的频率传递函数为
$$G_{\mathrm{E}}(f)=\sum_{n=-N}^{N}c_n\mathrm{e}^{-\mathrm{j}2\pi nTf} \tag{6.6.29}$$

它的脉冲响应为
$$g_{\mathrm{E}}(t)=\sum_{n=-N}^{N}c_n\delta(t-nT) \tag{6.6.30}$$

因为发送滤波器、信道和接收滤波器的组合频率传递函数为
$$X(f)=G_{\mathrm{T}}(f)C(f)G_{\mathrm{R}}(f) \tag{6.6.31}$$
其脉冲响应为
$$x(t)\Leftrightarrow X(f) \tag{6.6.32}$$

$x(t)$经均衡器输出脉冲为
$$q(t)=\sum_{n=-N}^{N}c_n x(t-nT) \tag{6.6.33}$$

要求其按间隔T的采样值满足
$$q(mT)=\sum_{n=-N}^{N}c_n x(mT-nT)=\begin{cases}1, & m=0\\ 0, & m=\pm1,\pm2,\cdots\pm N\end{cases} \tag{6.6.34}$$

式(6.6.34)可以用矩阵形式表示：
$$\boldsymbol{Xc}=\boldsymbol{q} \tag{6.6.35}$$
其中$\boldsymbol{X}$为$(2N+1)\times(2N+1)$矩阵，它的第i行第j列元素$x_{i,j}=x(iT-jT)$；$\boldsymbol{c}$是由线性均衡器抽头系数构成的矢量，$\boldsymbol{c}^{\mathrm{T}}=(c_{-N},c_{-N+1},\cdots,c_0,\cdots,c_N)$；$\boldsymbol{q}$为只有一个中心分量为1，其余均为0的$2N+1$维矢量，$\boldsymbol{q}^{\mathrm{T}}=(0,0,\cdots,0,1,0,\cdots,0)$。

例6.6.2　设接收到带码间干扰的脉冲响应$x(t)$的非零采样值为
$$x(-2T)=0.125,\quad x(-T)=0.25,\quad x(0)=1,\quad x(T)=0.5,\quad x(2T)=0.25$$

试确定五抽头均衡器的抽头值及均衡后的脉冲响应$y(t)$的采样值。

解 若采用五抽头均衡器，设抽头矢量为$\boldsymbol{c}^{\mathrm{T}}=\left(c_{-2},c_{-1},c_0,c_1,c_2\right)$，则应满足

$$\boldsymbol{Xc}=\boldsymbol{q}$$

其中
$$\boldsymbol{X}=\begin{pmatrix}1 & 0.25 & 0.125 & 0 & 0\\ 0.5 & 1 & 0.25 & 0.125 & 0\\ 0.25 & 0.5 & 1 & 0.25 & 0.125\\ 0 & 0.25 & 0.5 & 1 & 0.25\\ 0 & 0 & 0.25 & 0.5 & 1\end{pmatrix},\quad \boldsymbol{q}^{\mathrm{T}}=(0,0,1,0,0)$$

解出
$$\boldsymbol{c}^{\mathrm{T}}=(-0.112,-0.189,1.271,-0.582,-0.027)$$

均衡以后脉冲响应的采样值为：$q(-4T)=-0.0139$，$q(-3T)=-0.052$，$q(-2T)=0$，$q(-T)=0$，$q(0)=1$，$q(T)=0$，$q(2T)=0$，$q(3T)=-0.159$，$q(4T)=0.007$。可见用5个抽头的均衡器只能保证信号码元前后各两个点的码间干扰为零，离得更远的采样点仍有可能为非零。一般来说，具有$2N+1$个抽头的均衡器只能保证当前码元采样为1，而前后各N个抽样点上的码间干扰为零。

上面介绍的迫零算法，在有限长均衡器情况下不可能完全消除码间干扰。另外，迫零算法原则上是寻找逆滤波器来补偿信道失真，即设法寻找信道均衡器，满足

$$G_{\mathrm{E}}(f)=\frac{1}{C(f)} \tag{6.6.36}$$

结果所获得的均衡器可能使噪声增强。实际上，迫零算法根本没有考虑噪声。为此可以采用最小均方误差（MMSE）准则来设计均衡器。设$y(t)$是包含有噪声的均衡器输入，经FIR均衡器后，输出为

$$z(t)=\sum_{n=-N}^{N}c_n y(t-nT) \tag{6.6.37}$$

在$t=mT$时刻采样，则

$$z(mT)=\sum_{n=-N}^{N}c_n y(mT-nT) \tag{6.6.38}$$

希望在mT时刻均衡器输出为所需的发送符号a_m，而误差$e_m=z(mT)-a_m$，要求使均方误差为最小，即使下式最小：

$$\begin{aligned}\mathrm{MSE}&=E\left[z(mT)-a_m\right]^2=E\left[\sum_{n=-N}^{N}c_n y(mT-nT)-a_m\right]^2\\&=\sum_{n=-N}^{N}\sum_{k=-N}^{N}c_n c_k R_Y(n-k)-2\sum_{k=-N}^{N}c_k R_{AY}(k)+E\left(a_m^2\right)\end{aligned} \tag{6.6.39}$$

其中
$$R_Y(n-k)=E\left[y(mT-nT)y(mT-kT)\right] \tag{6.6.40}$$

$$R_{YA}(k)=E\left[y(mT-kT)a_m\right] \tag{6.6.41}$$

式(6.6.39)对c_k求导，并置导数为零，可求出最佳抽头系数应满足

$$\sum_{n=-N}^{N}c_n R_Y(n-k)=R_{YA}(k),\quad k=0,\pm1,\cdots,\pm N \tag{6.6.42}$$

从式(6.6.42)$2N+1$个方程中解出c_k，$k=0,\pm1,\cdots,\pm N$。

用矩阵表示方程(6.6.42)，即

$$\boldsymbol{R}_Y \cdot \boldsymbol{c} = \boldsymbol{R}_{YA} \tag{6.6.43}$$

其中，$\boldsymbol{R}_Y$为$(2N+1)\times(2N+1)$矩阵，它的第i行第j列元素为$R_y(i-j)$，$2N+1$维矢量$\boldsymbol{R}_{YA}^{\mathrm{T}} = \left(R_{YA}(-N),\cdots R_{YA}(0),\cdots,R_{YA}(N)\right)$，$\boldsymbol{c}^{\mathrm{T}} = \left(c_{-N},c_{-N+1},\cdots,c_{N-1},c_N\right)$。

因此，最小均方误差解为

$$\boldsymbol{c}_{\text{opt}} = \boldsymbol{R}_Y^{-1}\boldsymbol{R}_{YA} \tag{6.6.44}$$

实际上，接收端并不知道自相关系数$R_Y(n)$和交叉相关系数$R_{YA}(k)$，但可以通过在发送端发送测试信号，在接收端用时间平均来估计$R_Y(n)$和$R_{YA}(k)$，即

$$\hat{R}_Y(n) = \frac{1}{K}\sum_{k=1}^{K} y(kT-nT)y(kT) \tag{6.6.45}$$

$$\hat{R}_{YA}(n) = \frac{1}{K}\sum_{k=1}^{K} y(kT-nT)a_k \tag{6.6.46}$$

用$\hat{R}_Y(n)$和$\hat{R}_{YA}(n)$代替$R_Y(n)$和$R_{YA}(k)$，解出方程(6.6.43)即可。

3. 自适应线性均衡器

实际上最佳系数矢量$\boldsymbol{c}_{\text{opt}}$不用通过矩阵求逆求得，而是通过迭代方式求出最佳系数矢量。最简单的迭代方法是最速下降法。

我们知道，对多变量标量函数$f(\boldsymbol{x}) = f\left(x_1,x_2,\cdots,x_N\right)$来说，它的梯度方向$\boldsymbol{g}(\boldsymbol{x}) = \left(\frac{\partial f}{\partial x_1},\frac{\partial f}{\partial x_2},\cdots,\frac{\partial f}{\partial x_N}\right)$是在$\boldsymbol{x}$点函数$f(\boldsymbol{x})$增加最快的方向，与梯度相反的方向就是减小最快的方向。

为了求出$f(\boldsymbol{x})$的极小值，可以任取一点$\boldsymbol{x}_0$作为初始值，计算在$\boldsymbol{x}_0$点的梯度方向$\boldsymbol{g}_0$，然后在负梯度方向给$\boldsymbol{x}_0$一个改变量$\Delta\cdot\boldsymbol{g}_0$，得到

$$\boldsymbol{x}_1 = \boldsymbol{x}_0 - \Delta\cdot\boldsymbol{g}_0 \tag{6.6.47}$$

其中Δ是每次改变量的步长。然后再在$\boldsymbol{x}_1$点的负梯度方向给$\boldsymbol{x}_1$一个改变量，如此迭代进行下去，设在第k次迭代时在点$\boldsymbol{x}_k$，该点的梯度方向为$\boldsymbol{g}_k$，于是在$\boldsymbol{x}_k$点的负梯度方向上改变到

$$\boldsymbol{x}_{k+1} = \boldsymbol{x}_k - \Delta\cdot\boldsymbol{g}_k \tag{6.6.48}$$

为了保证迭代收敛到标量函数的最小值位置$\boldsymbol{x}_{\text{opt}}$，步长$\Delta$不能太大，使得当$k\to\infty$时，$\boldsymbol{g}_k\to 0$，而且$\boldsymbol{x}_k\to\boldsymbol{x}_{\text{opt}}$。但是如果$\Delta$太小则收敛很慢。

把最速下降法用于求均衡器最佳抽头系数$\boldsymbol{c}_{\text{opt}}$时，标量函数就是式(6.6.39)所表示的均方误差

$$f(\boldsymbol{c}) = E\left[z(mT) - a_m\right]^2 \tag{6.6.49}$$

在$\boldsymbol{c}$点的梯度方向是

$$\boldsymbol{g}(\boldsymbol{c}) = \boldsymbol{R}_Y\cdot\boldsymbol{c} - \boldsymbol{R}_{YA} \tag{6.6.50}$$

于是在逐次迭代中，第$k+1$次迭代的抽头值为

$$\boldsymbol{c}_{k+1} = \boldsymbol{c}_k - \Delta\cdot\boldsymbol{g}_k \tag{6.6.51}$$

其中

$$\boldsymbol{g}_k = \boldsymbol{R}_Y\cdot\boldsymbol{c}_k - \boldsymbol{R}_{YA} \tag{6.6.52}$$

实际上$\boldsymbol{R}_Y$和$\boldsymbol{R}_{YA}$也是不知道的，但由于(6.6.39)，有

$$\frac{\partial E\left[z(mT)-a_m\right]^2}{\partial c_i}=2E\left\{\left[\sum_{n=-N}^{N}c_n y(mT-nT)-a_m\right]\cdot y(mT-iT)\right\} \tag{6.6.53}$$
$$=E\left[e_m\cdot y(mT-iT)\right]$$

其中

$$e_m\triangleq\sum_{n=-N}^{N}c_n y(mT-nT)-a_m \tag{6.6.54}$$

为误差值。所以梯度矢量为

$$\boldsymbol{g}=2E\left[e_m\cdot y(mT)\right] \tag{6.6.55}$$

其中

$$\boldsymbol{y}^{\mathrm{T}}(mT)=\big(y(mT+NT),\ y\big(mT+(N-1)T\big),\cdots,y(mT-NT)\big) \tag{6.6.56}$$

可以把$e_m\cdot\boldsymbol{y}(mT)$作为第$m$次迭代时梯度矢量的估计值：

$$\hat{\boldsymbol{g}}_m=e_m\cdot\boldsymbol{y}(mT) \tag{6.6.57}$$

将式(6.6.53)中系数2归入步长$\boldsymbol{\Delta}$，于是得到图6.6.6所示的基于MMSE准则的线性自适应均衡器。

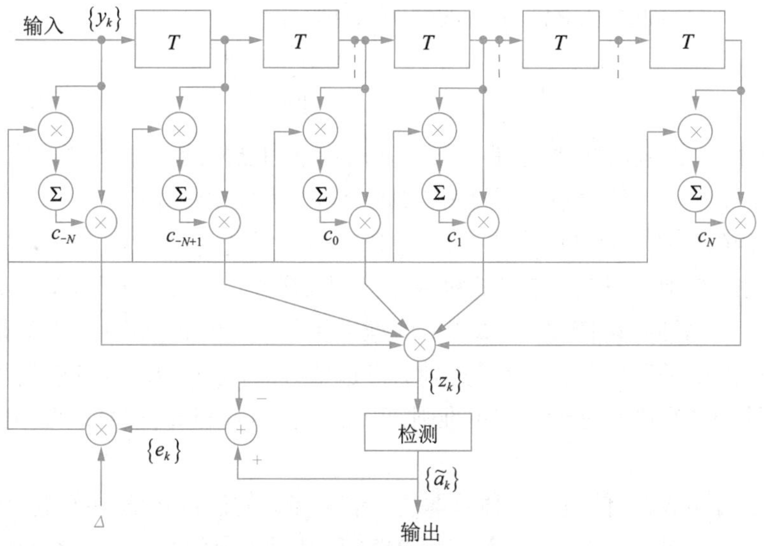

图6.6.6 线性自适应均衡器

§6.7 小 结

基带信号是指它的频率范围从直流到某个有限值的信号，基带信号是低通信号。把数字序列变换成基带信号序列在基带信道上传输称为数字基带传输。本章的内容涉及以下关于数字基带传输方面的知识：

(1) 介绍了几种基本的基带信号，以及相应的频谱计算。其中一种基本的基带信号是脉冲幅度调制(PAM)信号，它用不同幅度的脉冲波形来表示所传输的信息。PAM是循环平稳随机过程，它的功率谱等于平均自相关函数的Fourier变换。PAM的功率谱包括两个分量：一个是连续频谱，取决于基带脉冲波形的频谱；第二项是离散频谱，它与数

据序列的频谱有关。当数据的平均值为零时，离散谱线消失。另一种基带信号用不同形状的基带脉冲代表不同的传输符号。这种基带信号的功率谱是由各个基本脉冲波形的功率谱和基本脉冲之间的交叉谱以及离散谱线组成的。

（2）为了使基带信号适合于在基带信道上传输，待传的数字序列要经过线路编码（或称调制编码），使得数字码型序列满足某些频谱特征要求和传输效率要求。本章介绍了几种常用的数字码型，如AMI码、HDB_3码、双相码、CMI码、Miller码和nBmB码等。

（3）加性白高斯噪声（AWGN）信道是一种仅存在加性高斯噪声影响，不存在信道带宽限制的信道。在AWGN信道上接收到的信号$r(t)$需经过解调和检测，才能恢复成所发送符号。解调把接收到的信号恢复成最佳的成型基带脉冲；检测则通过采样、判决，确定波形所代表的符号。

（4）介绍了信号空间的概念，把信号视为N维矢量空间中的矢量，而接收到的噪声中与信号空间正交的分量是与解调无关的分量，因此接收信号$r(t)=s(t)+n(t)$中与解调有关的充分统计量是$r(t)$在信号空间中的投影。这种投影运算可以用基函数相关器或等价地用匹配滤波器来实现。

（5）与信号$s(t)$相匹配的匹配滤波器的脉冲响应为

$$h(t)=\begin{cases} s(T-t), & 0\leqslant t\leqslant T \\ 0, & \text{其他} \end{cases}$$

由此可得到相应的频率传递函数。在所有线性滤波器中，当输入信号为$r(t)=s(t)+n(t)$时，与$s(t)$相匹配的匹配滤波器能获得最大输出信噪比。

（6）常用的最佳检测准则有两个，一个称为最大后验概率（MAP）准则，另一个称为最大似然（ML）准则。当发送信号等概率时，最大后验概率（MAP）准则等价于最大似然（ML）准则。在高斯噪声情况下，最大似然准则相当于最短距离准则，也就是把离接收信号在信号空间中投影最近的信号点判为发送信号。再进一步，若各个信号都是等能量的，则最大似然准则就是最大相关准则，也就是将与接收到的信号最大相关的信号判为发送信号。

（7）介绍了AWGN信道上几种基本基带信号传输的误符号率计算，包括对映信号、正交信号、一般的等能量二元信号、M元PAM和M元正交信号。信号空间中信号点分得越开，则误符号率越小。因此当符号能量受限时，M越大则误符号率越大；而对M元正交信号，由于当M增大时，信号空间维数变大，使得信号点之间的距离反而变大，所以误符号率减小，但是这是以系统带宽增加为代价的。

（8）带限信道是指频带宽度有限的信道。一般带限信道在带内并非理想（理想是指幅频特性是理想矩形，相频特性是理想线性）。带限信道对于信号传输的影响除了减小接收信号的能量外，更主要的是引起码间干扰（ISI）。

（9）介绍了对于数字通信系统测试和调试具有重要意义的“眼图”。

（10）介绍了无码间干扰传输的奈奎斯特准则：当信道带宽为W(Hz)时，无码间干扰传输的最高符号传输率为$2W$（称为奈奎斯特码率）。利用升余弦频谱信号可以实现任意低于$2W$波特的无码间干扰传输，其代价是降低了频带利用率。

（11）部分响应系统有意识地引入可控的码间干扰来消除码间干扰，使得符号率达到奈奎斯特码率。实现部分响应系统的一个重要技术是利用预编码消除误码扩散。采用部分响应系统的一个缺点是误符号率有所增加。

(12) 在利用升余弦频谱信号或利用部分响应系统的数字传输系统中,最佳系统设计要求发送滤波器与接收滤波器的级联频率响应等于升余弦频谱或部分响应系统频谱,而且收、发滤波器对分此频谱,以满足匹配滤波器的要求。

(13) 对于固定的,而且已知特性的非理想带限信道,为了消除由于信道非理想性所引起的严重码间干扰,要求收、发滤波器与信道级联后满足升余弦频谱特征,而且接收滤波器要设计成与被接收到的信号相匹配的形式。

(14) 对于时变的或特性未知的非理想带限信道,可以采用均衡器或自适应均衡器来消除码间干扰,这时接收、发送滤波器仍按理想带限信道情况设计。

(15) 可以用有限脉冲响应滤波器作为码间干扰信道的离散时间模型。迫零(FZ)均衡器是非理想带限信道$C(f)$的逆滤波器,它使码间干扰为零,但迫零均衡器会使噪声功率增加。

(16) 线性时域均衡器可以用横向滤波器实现。如果横向滤波器的抽头设计得使码间干扰值为零,则称为迫零算法;如果均衡器设计得使输出均方误差最小,则称为最小均方误差(MMSE)算法。

(17) 均衡器的最佳抽头值可以通过迭代、递归方式求出,不一定需要周期性地发送测试信号。这种自适应均衡器适用于参数时变的非理想带限信道。

关于数字基带传输理论与技术可以参看许多优秀教科书与论文,早期的著作有文献[1]~[4]等,目前广泛使用的优秀教材有文献[5]~[10]等。另外,Franks[11]和Cariolaro[12]对信号空间理论与基带调制信号功率谱计算有很好的论述,Messerschmitt对码间干扰给出了几何理解解释[13],Pasupathy对相关电平编码技术进行了综述[14],Qureshi对自适应均衡器进行了综述[15]。

参考文献

[1] Wozencraft J M, Jacobs I M. Principles of Communication Engineering. New York: John Wiley & Sons, 1965.

[2] Schwarts M, Bennett W R, Stein S. Communications Systems and Techniques. New York: McGraw-Hill Book Company, 1966.

[3] Sund E D. Communication Systems Engineering Theory. New York: John Wiley & Sons, 1969.

[4] 勒基,萨尔茨,韦尔登. 数据通信原理. 成都电讯工程学院205教研室,译. 北京:人民邮电出版社,1975.

[5] Proakis J G, Salehi M. Communication Systems and Engineering. 2nd ed. Upper Saddle River: Prentice Hall, 2002.

[6] Haykin S. Communication Systems. 4th ed. New York: John Wiley & Sons, 2015.

[7] Ziemer R E, Tranter W H. Principles of Communications: Systems, Modulation and

Noise. 7th ed. New York: John Wiley & Sons, 2015.
[8] Proakis J G, Salehi M. 数字通信(英文版). 5版. 北京:电子工业出版社, 2019.
[9] Wilson S G. Digital Modulation and Coding. Upper Saddle River: Prentice Hall, 1996.
[10] Gallager R G. 数字通信原理(英文版). 北京:人民邮电出版社, 2010.
[11] Franks L E. Signal Theory. Upper Saddle River: Prentice Hill, 1969.
[12] Cariolaro G. Unified Signal Theory. London: Springer, 2011.
[13] Messerschmitt D G. A geometric theory of intersymbol interference. Bell Technical Journal, 1973, 52: 1483-1519.
[14] Pasupathy S. Correlative coding – A bandwidth-efficient signaling scheme. IEEE Communications Magazine, 1977, 15(4): 4-11.
[15] Qureshi S. Adaptive equalization. IEEE Communications Magazine, 1982, 20(2): 9-16.

习　题

6-1　设二进制随机脉冲序列由$g_1(t)$与$g_2(t)$组成,出现$g_1(t)$的概率为P,出现$g_2(t)$的概率为$1-P$。试证明:如果$P=\dfrac{1}{1-\dfrac{g_1(t)}{g_2(t)}}=k$(与$t$无关),且$0<k<1$,则脉冲序列无离散谱。

6-2　设随机二进制序列中0和1分别由$g(t)$和$-g(t)$表示,它们的出现概率分别为p和$(1-p)$:

(1) 求其功率谱密度及功率;

(2) 若$g(t)$为题6-2(a)图所示波形,T_s为码元宽度,问该序列存在离散分量$f_s=1/T_s$否?

(3) 若$g(t)$改为题6-2(b)图,回答问题(2)。

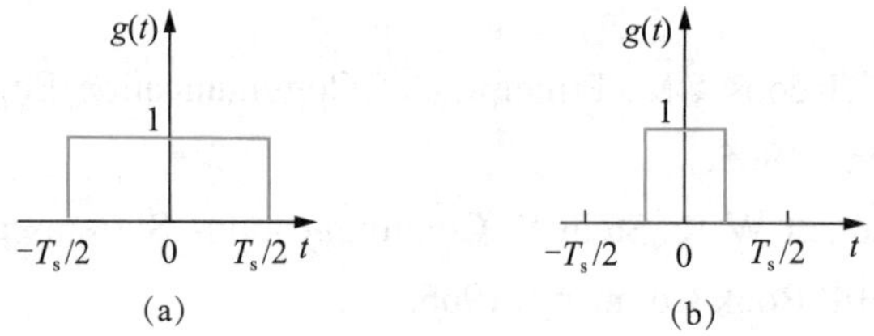

题6-2

6-3　设某二元数字基带信号的基本脉冲为三角形脉冲,如题6-3图所示。图中T_s为码元间隔,数字信息"1"和"0"分别用$g(t)$的有无表示,且"1"和"0"出现概率相等。

(1) 求该数字基带信号的功率谱密度,并画出功率谱密度图;

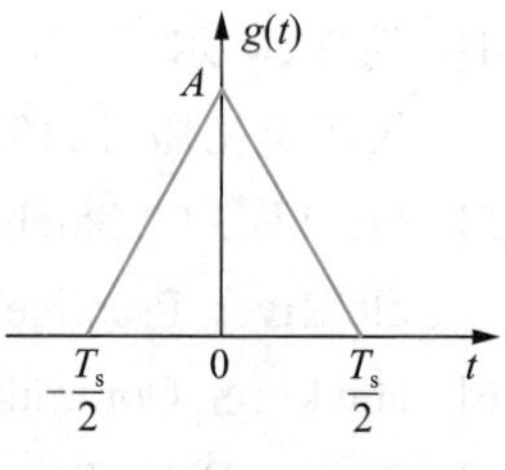

题6-3

(2) 能否从该数字基带信号中提取码元同步所需的频率分量:$f_s = 1/T_s$? 若能,试计算该分量的功率。

6-4 设某二元数字基带信号中,数字信息"1"和"0"分别由$g(t)$和$-g(t)$表示,且"1"与"0"出现的概率相等,$g(t)$是升余弦频谱脉冲,即

$$g(t) = \frac{1}{2}\cdot\frac{\cos(\pi t/T_s)}{1 - 4t^2/T_s^2}\text{sinc}(t/T_s)$$

(1) 写出该数字基带信号的功率谱密度表示式,并画出功率谱密度图;

(2) 从该数字基带信号中能否直接提取频率$f_s = 1/T_s$分量?

(3) 若码元间隔$T_s = 10^{-3}$s,试求该数字基带信号的传码率及频带宽度。

6-5 设某双极性数字基带信号的基本脉冲波形如题6-5图所示。它是一个高度为1、宽度$\tau = \frac{1}{3}T_s$的矩形脉冲,且已知数字信息"1"的出现概率为3/4,"0"的出现概率为1/4。

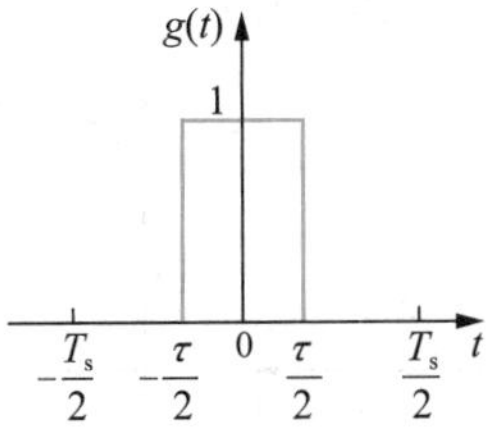

题6-5

(1) 写出该双极性信号的功率谱密度的表示式,并画出功率谱密度图;

(2) 从该双极性信号中能否直接提取频率为$f_s = 1/T_s$的分量? 若能,试计算分量的功率。

6-6 已知信息代码为100000000011,求相应的AMI码、HDB_3码及双相码。

6-7 已知信息代码为1010000011000011,试确定相应的AMI码及HDB_3码,并分别画出它们的波形图。

6-8 试求下列一组M电平PAM信号波形的平均能量:

$$s_m(t) = s_m\varphi(t),\ \ m = 1,2,\cdots,M,\ \ 0 \leqslant t \leqslant T$$

其中$s_m = \sqrt{\varepsilon_g}A_m,\ \ m = 1,2,\cdots,M$。

各个信号的概率相等而且其幅度关于零电平对称,相邻电平振幅的距离为d,如题6-8图所示。

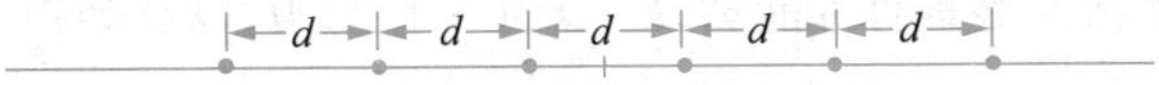

题6-8

6-9 分析题6-9图给出的3个信号波形。

(1) 证明它们是相互正交的;

(2) 将信号$x(t)$表示为$\varphi_n(t)(n = 1,2,3)$的线性组合,并求出加权系数。

$$x(t)=\begin{cases}-1, & 0\leqslant t\leqslant 1\\ 1, & 1\leqslant t\leqslant 3\\ -1, & 3\leqslant t\leqslant 4\end{cases}$$

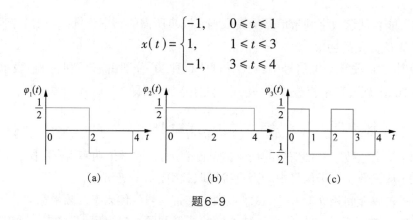

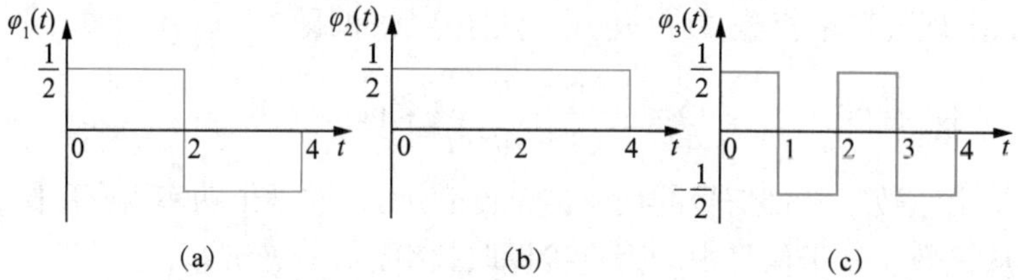

题6-9

6-10 分析题6-10图给出的4个信号波形。

(1) 根据格拉姆-施密特法则,由这些波形生成一组正交基函数;

(2) 用矢量表示4个信号点;

(3) 确定任意一对信号点之间的距离。

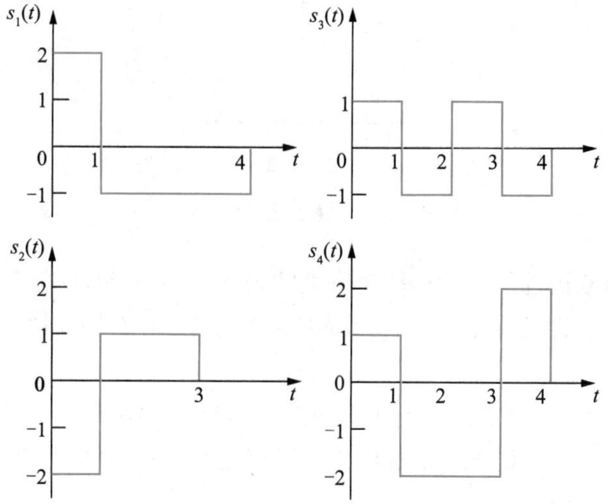

题6-10

6-11 考虑一组M个正交波形$x_m(t)$,$1\leqslant m\leqslant M$,$0\leqslant t\leqslant T$,所有波形具有等能量E,定义一组M个新波形为

$$s'_m = s_m(t)-\frac{1}{M}\sum_{m=1}^{M}s_m(t),1\leqslant m\leqslant M,\quad 0\leqslant t\leqslant T$$

证明这M个新波形具有等能量,$E'=(M-1)E/M$,以及等相关系数

$$\gamma_{mn}=\frac{1}{E'}\int_0^T s'_m(t)s'_n(t)\,\mathrm{d}t=-\frac{1}{M-1}$$

6-12 两个在$(0,T)$上正交的波形$s_1(t)$、$s_2(t)$分别与一个零均值、白噪声$n(t)$作交叉相关。得到两个随机变量n_1,n_2,其中

$$n_1=\int_0^T s_1(t)n(t)\,\mathrm{d}t$$

$$n_2 = \int_0^T s_2(t)n(t)\,\mathrm{d}t$$

请证明：$E(n_1 n_2) = 0$。

6-13 一个在AWGN信道中传输数据的PAM通信系统，其发送比特的先验概率是$P(a_m = 1) = 1/3$和$P(a_m = -1) = 2/3$。

(1) 试求检测器的最佳门限；

(2) 试求系统的平均错误概率。

6-14 一个使用对映信号传输信息的二进制通信系统，其接收信号是

$$r(t) = s(t) + n(t)$$

其中$s(t)$如题6-14图所示，$n(t)$是功率谱密度为$N_0/2$（W/Hz）的AWGN噪声。

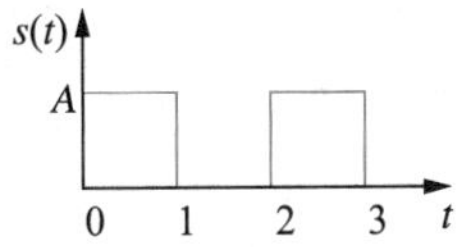

题6-14

(1) 画出信号$s(t)$的匹配滤波器的脉冲响应波形；

(2) 画出输入信号为$s(t)$时，匹配滤波器的输出信号波形；

(3) 试求出$t = 3$时，匹配滤波器的输出噪声的方差；

(4) 试写出用A和N_0表示的错误概率表达式。

6-15 曼彻斯特（Manchester）编码器把数据1映射成10，把数据0映射成01，与曼彻斯特码相对应的波形如题6-15图所示，试确定等概信号时在AWGN信道上的差错概率。

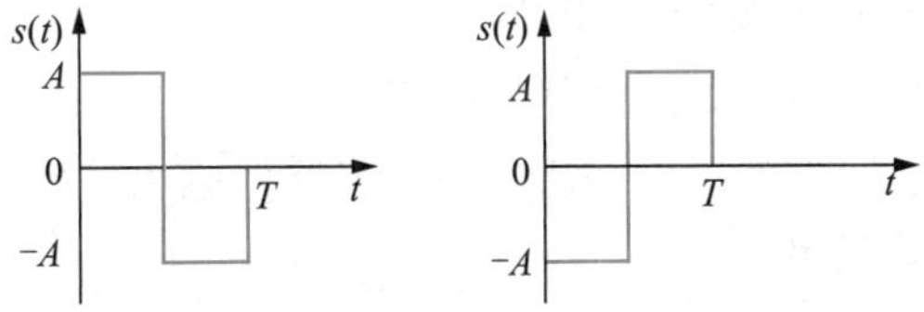

题6-15

6-16 一个匹配滤波器的频率响应为

$$H(f) = \frac{1 - \mathrm{e}^{-\mathrm{j}2\pi fT}}{\mathrm{j}2\pi f}$$

(1) 试求出这个匹配滤波器的脉冲响应；

(2) 试求出与这个滤波器特性相匹配的信号的表达式。

6-17 证明一个正弦脉冲信号$g_T(t)$通过匹配滤波器的输出仍然是正弦脉冲信号。

6-18 在功率谱密度为$N_0/2$的加性白高斯噪声下，设计一个与题6-18图所示波形$f(t)$匹配的滤波器。

(1) 如何确定最大输出信噪比的时刻？

(2) 求匹配滤波器的冲激响应和输出波形，并绘出相应图形；

(3) 求最大输出信噪比的值。

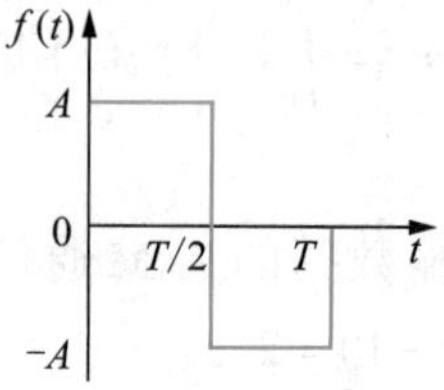

题6–18

6–19 在功率谱密度为$N_0/2$的加性高斯白噪声信道中，两个等概率发射信号为

$$s_1(t)=\begin{cases}\dfrac{At}{T}, & 0\leqslant t\leqslant T\\ 0, & \text{其他}\end{cases}\qquad s_2(t)=\begin{cases}A\left(1-\dfrac{t}{T}\right), & 0\leqslant t\leqslant T\\ 0, & \text{其他}\end{cases}$$

(1) 确定最佳接收机的结构；

(2) 试求错误概率。

6–20 有一个传码速率为2000码元/秒的三元无记忆信号源，信号传输系统为三电平PAM系统，其信号星座图如题6-20图所示。试求接收机的输入信号、最佳判决门限电压和平均错误概率。

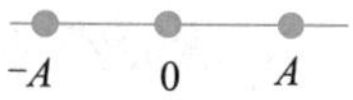

题6–20

6–21 找出AWGN信道下使误码率达到$P_e=0.001$时，单极性系统的信噪比E_b/N_0。对于同样的信噪比，双极性系统的误码率能够达到多少？

6–22 设到达接收机输入端的二元信号码元$s_1(t)$及$s_2(t)$的波形如题6-22图所示，输入高斯噪声功率谱密度为$N_0/2$(W/Hz)：

(1) 画出匹配滤波器形式的最佳接收机结构；

(2) 确定匹配滤波器的单位冲激向应及可能的输出波形；

(3) 求系统的误码率。

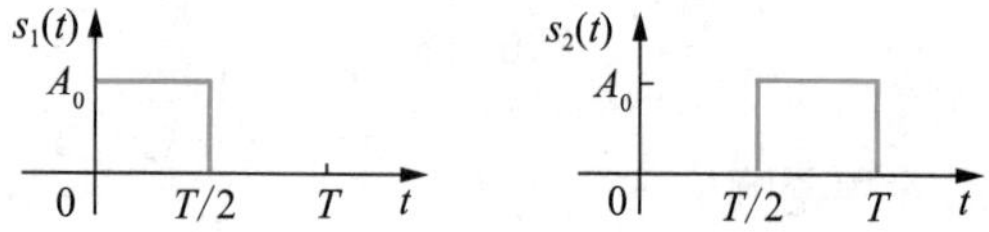

题6–22

6–23 在题6-23(a)图中，设系统输入$s(t)$和$h_1(t)$、$h_2(t)$分别如题6-23(b)图所示，试绘图解出$h_1(t)$,$h_2(t)$的输出波形，并说明$h_1(t)$和$h_2(t)$是否是$s(t)$的匹配滤波器。

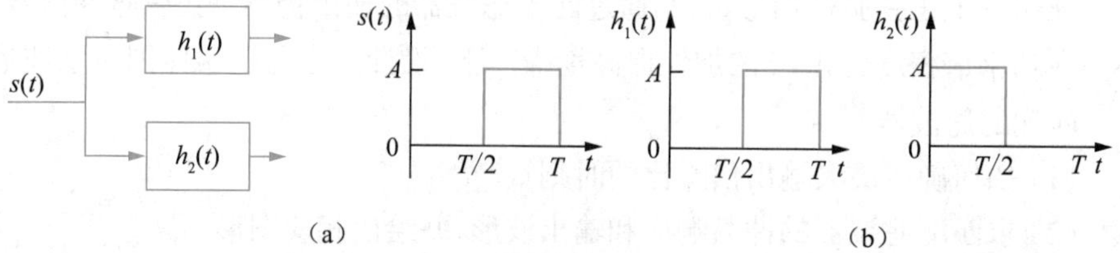

题6–23

6-24 在某理想带限信道 $0 \leqslant f \leqslant 3000\text{Hz}$ 上传送PAM信号。

(1) 要求达到9600bit/s的传输速率，试选择PAM的电平数 M；

(2) 如发送脉冲 $g_T(t)$ 是平方根升余弦频谱信号，试求滚降因子 α。

6-25 某基带传输系统接收滤波器输出信号的基本脉冲波形是如题6-25图所示的三角形。

(1) 求该基带传输系统的传输函数 $H(f)$；

(2) 假设信道传输函数 $C(f)=1$，收、发滤波器相同，即 $G_T(f)=G_R(f)$，试求这时 $G_T(f)$ 和 $G_R(f)$ 的表示式。

6-26 设某基带传输系统具有如题6-26图所示的三角形传输函数。

(1) 求该系统接收滤波器输出基本脉冲的时间表示式；

(2) 当数字基带信号的传码率 $R_B=2f_0$ 时，用奈奎斯特准则验证该系统能否实现无码间干扰传输。

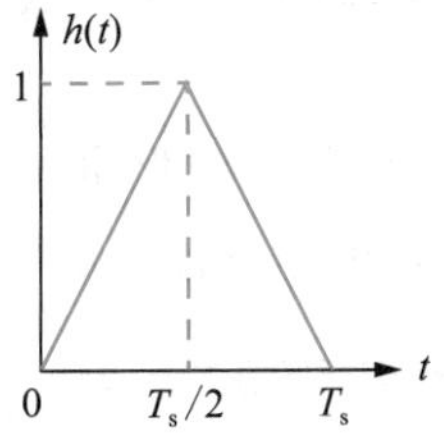

题6-25

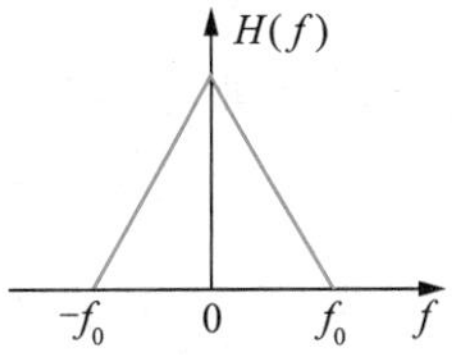

题6-26

6-27 设基带传输系统的发送滤波器、信道及接收滤波器组成 $H(f)$，若要求以 $2/T_s$ 波特的速率进行数据传输，试检验题6-27图所示各种 $H(f)$ 是否满足消除抽样点上码间干扰条件。

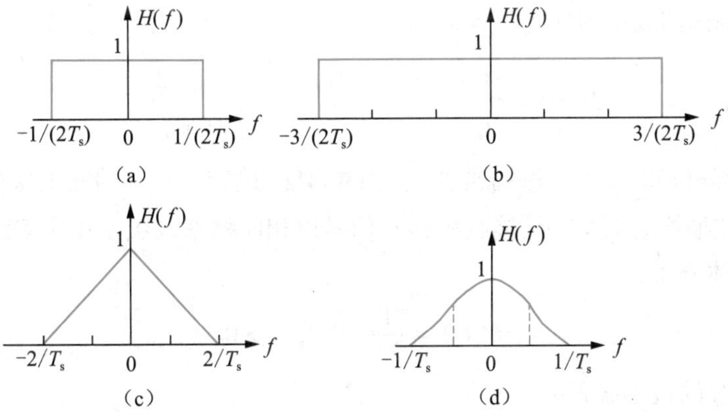

题6-27

6-28 设某数字基带传输系统的传输特性 $H(f)$ 如题6-28图所示，其中 α 为某个常数 $(0 \leqslant \alpha \leqslant 1)$。

(1) 该系统能否实现无码间干扰传输？

(2) 试求该系统的最大码元传输速率为多少。这时的系统频带利用率为多大？

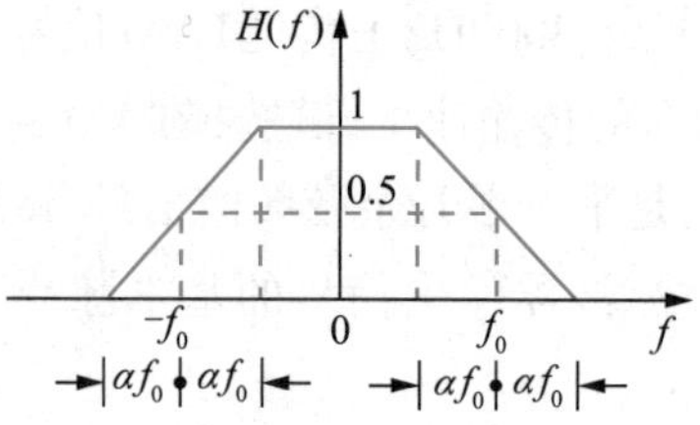

题6-28

6-29 使用二元PAM在长为1000km的有线信道上传输数据。该系统中每隔 50km使用一个再生中继器。信道的每一段在$0 \leqslant f \leqslant 1200$Hz频段上具有理想(恒定)的频率响应,且具有1dB/km的衰减。信道噪声为AWGN。

(1) 无ISI时能传输的最高比特速率是多少?

(2) 每个中继器为达到$P_b = 10^{-7}$的比特错误概率所需的E_b/N_0是多少?

(3) 为达到要求的E_b/N_0,每个中继器的发送功率是多少?其中$N_0 = 4.1 \times 10^{-21}$W/Hz。

6-30 设一相关编码系统如题6-30图所示。图中理想低通滤波器的截止频率为$1/2T_s$,通带增益为T_s。试求该系统的单位冲激响应和频率特性。

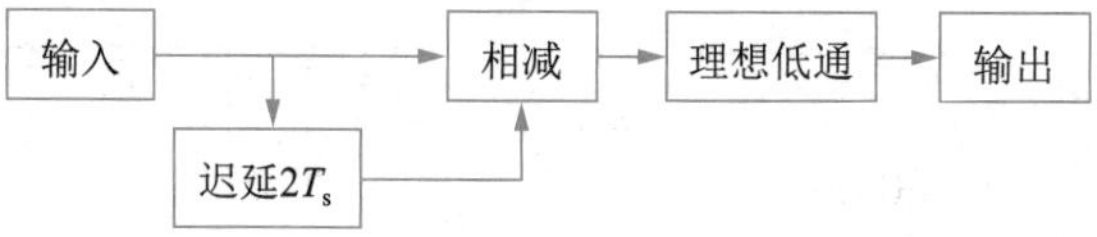

题6-30

6-31 若题6-30中输入数据为二进制,则相关编码电平数为何值?若数据为四进制,则相关电平数为何值?

6-32 二进制基带系统中$C(f) = 1$,$G_T(f) = G_R(f) = \sqrt{H(f)}$。若

$$H(f) = \begin{cases} \tau_0\left[1 + \cos(2\pi f\tau_0)\right], & |f| \leqslant 1/\tau_0 \\ 0, & \text{其他} \end{cases}$$

(1) 若$n(t)$的双边功率谱密度$N_0/2\left(\mathrm{W/Hz}\right)$,确定$G_R(f)$的输出噪声功率;

(2) 在抽样时刻KT上,接收机输出信号以相同概率取0,A电平,而噪声取值V服从下述分布:

$$f(V) = \frac{1}{2\lambda}\mathrm{e}^{-|V|/\lambda},\ \lambda > 0$$

求系统的最小误码率。

6-33 一随机二进制序列为10110001…。其中符号“1”对应的基带波形为升余弦波形,持续时间为T_s;符号“0”对应的基带波形恰好与“1”相反。

(1) 当示波器扫描周期$T_0 = T_s$时,试画出眼图;

(2) 当$T_0 = 2T_s$时,试重画眼图;

(3) 比较以上两种眼图的下述指标:最佳抽样判决时刻、判决门限电平及噪声容限值。

6-34 输入预编码器的二进制序列为10010110010,其输出用来调制一个双二进制发送滤波器。试写出该序列相应的预编码序列、发送幅度电平、接收信号电平和译码序列。

6-35 $M=4$PAM调制用于9600bit/s的信号传输,信道的频率响应为

$$C(f)=\frac{1}{1+\mathrm{j}\frac{f}{2400}}$$

其中$|f|\leqslant 2400$Hz,且当f为其他值时,$C(f)=0$。加性噪声是零均值高斯白噪声,且其功率谱密度为$N_0/2$(W/Hz)。试求最佳发送和接收滤波器的(幅度)频率响应特性。

6-36 对于修正双二元部分响应信号方式,试画出包括预编码在内的系统组成方框图。

6-37 某信道的码间干扰长度为3,信道脉冲响应采样值为$x(0)=1$,$x(-T)=0.3$,$x(T)=0.2$,求三抽头迫零均衡器的抽头系数以及均衡后的剩余码间干扰值。

6-38 使用二元PAM在一个未均衡的线性滤波器信道上传输消息。当发送$a=1$时,解调器的无噪声输出为

$$x_m=\begin{cases}0.3, & m=1\\ 0.9, & m=0\\ 0.3, & m=-1\\ 0, & \text{其他}\end{cases}$$

(1) 试设计一个三抽头迫零线性滤波器,使其输出为

$$q_m=\begin{cases}1, & m=0\\ 0, & m=\pm 1\end{cases}$$

(2) 试求$q_m(m=\pm 2,\pm 3)$,方法是对均衡器的脉冲响应与信道响应进行卷积计算。

第7章 数字通带传输

数字调制是指把数字符号转换成适合于信道特征的波形。在第6章数字基带传输中,数字波形采用成型脉冲的形式传输,而在通带传输中,还需要用这些成型脉冲序列去调制载波。通带传输有许多优越性,例如在无线传输中,只有通带射频信号才能有效地通过天线发射。有效地发射无线信号,要求天线尺寸与无线电波长相当。一般天线的长度要求等于$\lambda/4$,其中λ为波长,它等于光速和频率之比,$\lambda=c/f$。例如,对于频率为3kHz的基带信号,相应的天线长度要求达到2.5×10^4m,这是不可能实现的;但对于频率为900MHz的载波,则天线长度仅需8cm。另外,把基带信号搬移到载波通带上去,可以实现频分复用,把多路基带信号复合到一起,利用一条信道传输。通带传输还有抗干扰性强、保密、安全等特点。

与模拟调制一样,在数字通带传输中成型脉冲序列可以用来调制载波幅度、频率和相位,分别称为数字调幅、数字调频和数字调相。在本章中我们针对各种数字通带传输系统,研究相应已调信号的时域表示和功率谱,调制和解调实现方式,以及误码率计算。

§7.1 正弦波数字调制

数字基带波形可用来调制正弦波的幅度、频率和相位。如果基带波形的基本脉冲是不归零(NRZ)方波脉冲,则这些被调制参数(如幅度、频率和相位)按数据值进行切换,或称为键控。图7.1.1(a)、(b)和(c)分别表示二元移幅键控(2ASK)、二元移频键控(2FSK)和二元移相键控(2PSK),图7.1.1(d)表示二元成型基带信号的双边带抑制载波幅度调制。在本节中我们介绍基本正弦波数字调制的数学模型(发送机方框图),以及它们的功率谱和带宽要求。

7-1 正弦波数字调制

7.1.1 正弦波数字调制信号的谱分析

正弦波数字调制信号的基本表示式为

$$\begin{aligned}s(t)&=A(t)\cos\left[2\pi f_c t+\Phi(t)+\theta\right]\\&=A(t)\cos\Phi(t)\cos(2\pi f_c t+\theta)-A(t)\sin\Phi(t)\sin(2\pi f_c t+\theta)\\&=x(t)\cos(2\pi f_c t+\theta)-y(t)\sin(2\pi f_c t+\theta)\end{aligned}\tag{7.1.1}$$

其中,$x(t)$和$y(t)$分别称为同相和正交基带信号分量,θ是一个均匀分布的随机变量。$s(t)$的相关函数为

$$\begin{aligned}R_s(t_1,t_2)=&\frac{1}{2}\left[R_X(t_1,t_2)+R_Y(t_1,t_2)\right]\cos\left[2\pi f_c(t_1-t_2)\right]-\\&\frac{1}{2}\left[R_{XY}(t_1,t_2)-R_{YX}(t_1,t_2)\right]\sin\left[2\pi f_c(t_1-t_2)\right]\end{aligned}\tag{7.1.2}$$

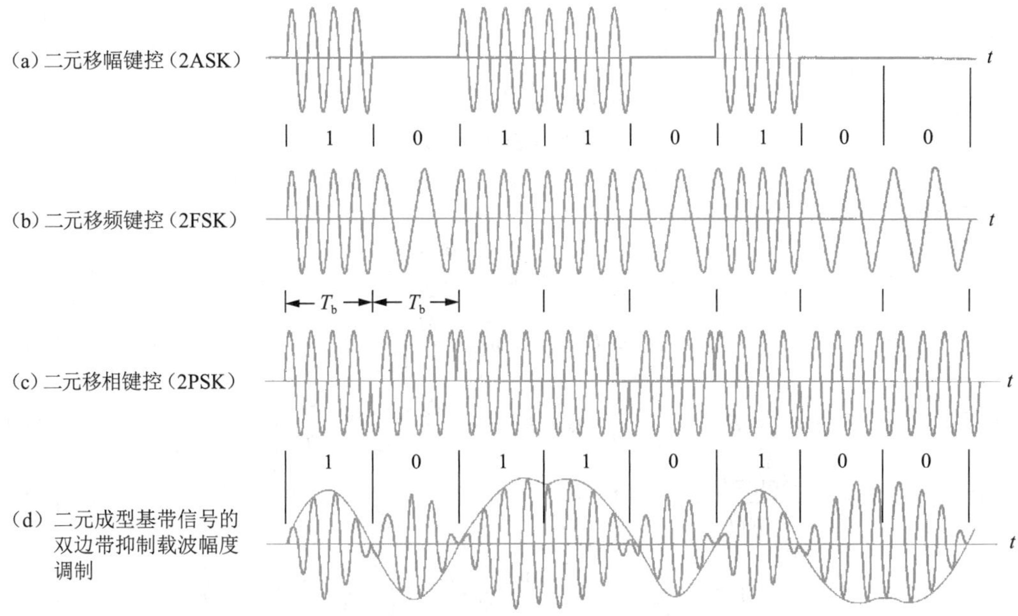

图7.1.1　二元数字调制的波形

如果 $x(t)$ 和 $y(t)$ 是平稳（或循环平稳）、不相关的随机过程，而且 $E[x(t)]\times E[y(t)]=0$，则式(7.1.2)中的交叉相关项等于零，于是

$$R_S(\tau)=\frac{1}{2}\left[R_X(\tau)+R_Y(\tau)\right]\cos(2\pi f_c\tau) \tag{7.1.3}$$

其中，$\tau=t_1-t_2$。因为 $s(t)$ 的功率谱 $P_S(f)$ 是 $R_S(t)$ 的Fourier变换，所以

$$P_S(f)=\frac{1}{4}\left[P_X(f-f_0)+P_X(f+f_0)+P_Y(f-f_0)+P_Y(f+f_0)\right] \tag{7.1.4}$$

如果记

$$P_{\mathrm{lp}}(f)=P_X(f)+P_Y(f) \tag{7.1.5}$$

则

$$P_S(f)=\frac{1}{4}\left[P_{\mathrm{lp}}(f-f_0)+P_{\mathrm{lp}}(f+f_0)\right] \tag{7.1.6}$$

7.1.2　正弦波数字幅度调制方式

7-2 各种调制方式(1)

二电平的ASK波形如图7.1.1(a)所示。2ASK波形可以通过载波通、断产生，这种二元通断调制方式也称为OOK(on-off keying)。一般 M 元ASK信号包含 $M-1$ 种不同的“通”幅度电平和一种“断”电平。在 M 元ASK调制中，信号波形序列表示为

$$s(t)=x(t)\cos(2\pi f_c+\theta) \tag{7.1.7a}$$

$$x(t)=\sum_{n=-\infty}^{\infty}a_n g_T(t-nT) \tag{7.1.7b}$$

$$a_n\in\{0,1,\cdots,M-1\} \tag{7.1.7c}$$

$$g_T(t)=\begin{cases}A, & 0\leqslant t\leqslant T\\ 0, & \text{其他}\end{cases} \tag{7.1.7d}$$

M 元ASK信号可由图7.1.2所示的模型产生。

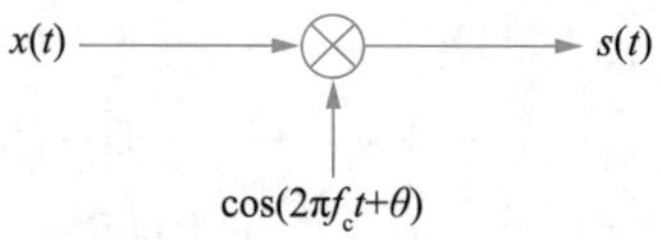

图7.1.2　ASK信号的产生

若a_n是等概分布的，则

$$m_a = E(a_n) = \frac{M-1}{2} \tag{7.1.8a}$$

$$\sigma_a^2 = E(a_n^2) - m_a^2 = \frac{M^2-1}{12} \tag{7.1.8b}$$

所以
$$P_{\mathrm{lp}}(f) = P_X(f) = \frac{\sigma_a^2}{T}\left|G_T(f)\right|^2 + \frac{m_a^2}{T^2}\sum_{n=-\infty}^{\infty}\left|G_T\left(\frac{n}{T}\right)\right|^2 \delta\left(f-\frac{n}{T}\right) \tag{7.1.9a}$$

其中，$G_T(f) = AT\dfrac{\sin(\pi Tf)}{\pi Tf}$。所以　(7.1.9b)

$$P_{\mathrm{lp}}(f) = \frac{M^2-1}{12}A^2T\left|\frac{\sin(\pi Tf)}{\pi Tf}\right|^2 + \left(\frac{M-1}{2}\right)^2 A^2\delta(f) \tag{7.1.9c}$$

于是
$$P_S(f) = \frac{M^2-1}{48}A^2T\left[\left|\frac{\sin\pi T\left(f-f_{\mathrm{c}}\right)}{\pi T\left(f-f_{\mathrm{c}}\right)}\right|^2 + \left|\frac{\sin\pi T\left(f+f_{\mathrm{c}}\right)}{\pi T\left(f+f_{\mathrm{c}}\right)}\right|^2\right]$$
$$+\left(\frac{M-1}{4}\right)^2 A^2\left[\delta\left(f-f_{\mathrm{c}}\right)+\delta\left(f+f_{\mathrm{c}}\right)\right] \tag{7.1.10}$$

从图7.1.3可见，ASK信号的3dB带宽约为$B_{3\mathrm{dB}} = 1/T$，频谱主瓣带宽为$B_{\mathrm{T}} = 2/T$，带外功率按$\left|f-f_{\mathrm{c}}\right|^{-2}$衰减。

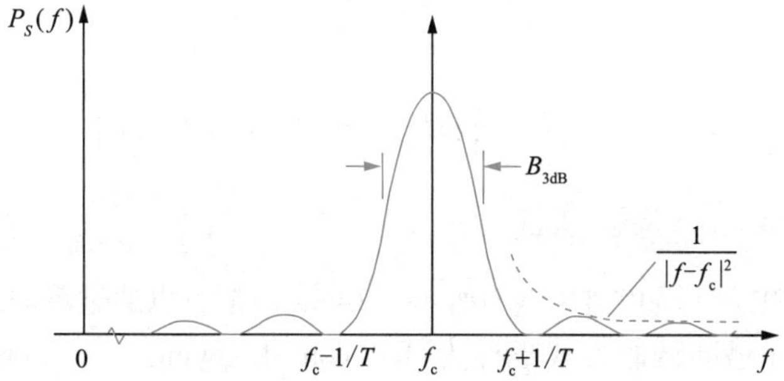

图7.1.3　$s(t)$的功率谱$P_S(f)$的正频分量部分

在M元ASK传输中，符号率$R_{\mathrm{B}} = \dfrac{1}{T}$，比特率$R_{\mathrm{b}} = R_{\mathrm{B}}\log_2 M = \dfrac{\log_2 M}{T}$(bit/s)，所以频谱利用效率为

$$\eta = \frac{R_{\mathrm{b}}}{B_T} = \frac{1}{2}\log_2 M\,[\mathrm{bit}/(\mathrm{s}\cdot\mathrm{Hz}^{-1})] \tag{7.1.11}$$

当$M=2$时，$\eta = 0.5\mathrm{bit}/(\mathrm{s}\cdot\mathrm{Hz}^{-1})$。

7.1.3 正交幅度调制

$\sin(2\pi f_c t)$和$\cos(2\pi f_c t)$是两个相互正交的载波，可以用两路独立的基带数字波形分别去调制这两个正交载波的幅度，然后把它们复合起来一起传输；在接收端，可以用正交载波把两路基带数字波形分离开来。这就是正交复用的概念。利用正交复用可以提高频谱利用效率。这种调制方式称为正交幅度调制，简称QAM。图7.1.4为正交幅度调制原理方框图。

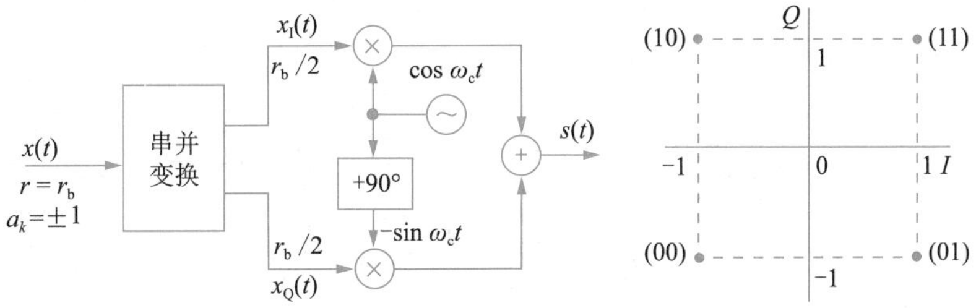

图7.1.4 正交幅度调制原理方框图

数据在串并变换后，得到两路数据$\{I_k\}$和$\{Q_k\}$，这时上、下两个支路中的一对数字(I_k,Q_k)组成一个符号。假定I_k和Q_k是双极性数据，即$I_k,Q_k=\left(m-\dfrac{K-1}{2}\right)$，$m=0,1,\cdots,K-1$，则

$$x_{\mathrm{I}}(t)=\sum_{k=-\infty}^{\infty} I_k g_T(t-kt) \tag{7.1.12a}$$

$$x_{\mathrm{Q}}(t)=\sum_{k=-\infty}^{\infty} Q_k g_T(t-kt) \tag{7.1.12b}$$

由于$x_{\mathrm{I}}(t)$和$x_{\mathrm{Q}}(t)$是相互独立的、零均值基带信号分量，所以

$$P_{\mathrm{lp}}(f)=P_{X_{\mathrm{I}}}(f)+P_{X_{\mathrm{Q}}}(f)$$

显然$x_{\mathrm{I}}(t)$和$x_{\mathrm{Q}}(t)$的功率谱相同，所以

$$P_{\mathrm{lp}}(f)=2P_{X_{\mathrm{I}}}(f) \tag{7.1.13}$$

设$\{I_k\}$，$\{Q_k\}$是等概、独立、同分布的随机变量序列，则

$$E(I_k)=E(Q_k)=0,\quad \sigma_{\mathrm{I}}^2=\sigma_{\mathrm{Q}}^2=\left(\frac{K^2-1}{12}\right) \tag{7.1.14a}$$

若$g_T(t)$是宽度为T、幅度为A的理想矩形脉冲，则

$$\begin{aligned}P_{\mathrm{lp}}(f)&=\frac{2\sigma_{\mathrm{I}}^2}{T}\left|G_T(f)\right|^2\\&=2\sigma_{\mathrm{I}}^2A^2T\left|\frac{\sin(\pi Tf)}{\pi Tf}\right|^2\end{aligned} \tag{7.1.14b}$$

于是
$$P_S(f)=\frac{K^2-1}{24}A^2T\left\{\left|\frac{\sin\left[\pi T(f-f_c)\right]}{\pi T(f-f_c)}\right|^2+\left|\frac{\sin\left[\pi T(f+f_c)\right]}{\pi T(f+f_c)}\right|^2\right\} \tag{7.1.14c}$$

与式(7.1.10)相比，少了载波频率上的离散谱线。

同相路和正交路各独立取K电平的QAM调制，实际上是M元调制，$M=K^2$。因此当QAM符号率$R_B=\dfrac{1}{T}$时，相应比特率为$R_b=R_B\log_2 M=\dfrac{\log_2 M}{T}$。QAM信号的主瓣带宽要求与ASK一样，等于$B_T=2/T$，所以频谱利用效率为$\eta=0.5\log_2 M[\text{bit}/(\text{s}\cdot\text{Hz}^{-1})]$。当$M=4$时，$\eta=1\text{bit}/(\text{s}\cdot\text{Hz}^{-1})$。

由于I_m和Q_m在相互正交的坐标轴上各可独立取K个值，所以信号空间中对应$M=K^2$个信号点，这些信号点构成星座图，当$K=2$时就是4QAM。QAM中星座点排列不一定是正方形的，也可能是其他对称形式，例如图7.1.5所示的几种形式。

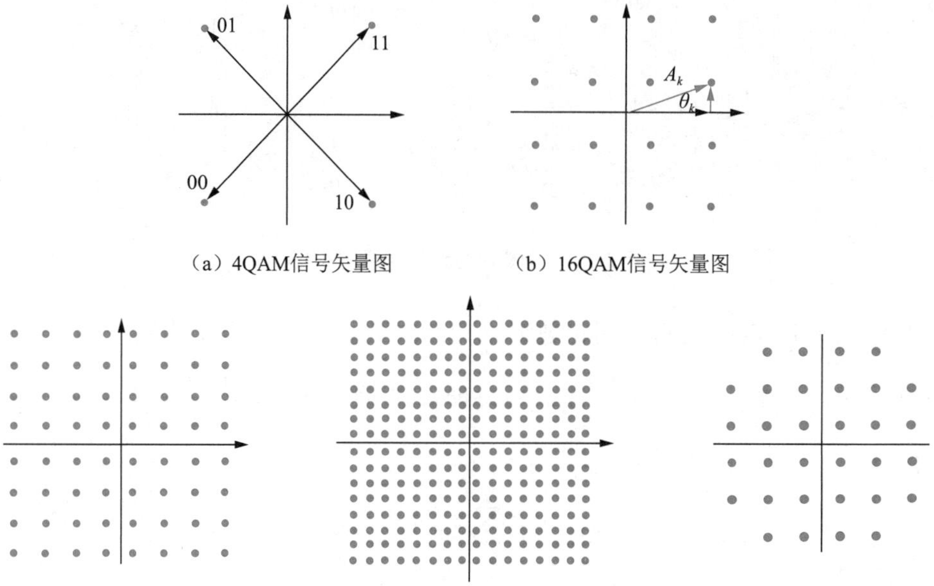

（a）4QAM信号矢量图　（b）16QAM信号矢量图

（c）64QAM信号矢量图　（d）256QAM信号矢量图　（e）32QAM信号矢量图

图7.1.5　几种形式QAM信号矢量图（星座图）

我们看到，ASK和QAM调制信号的功率谱在带外仅按$|f-f_c|^{-2}$衰减，所以带外功率泄漏比较严重，一般在调制器输出中要加带通滤波，以控制带外泄漏。

7.1.4　正弦波数字相位调制

二元PSK（2PSK，也称BPSK）波形参见图7.1.1（c），其中数据“0”和“1”控制相位“0”和“π”的切换。这是一种对映信号，与$M=2$的对称双极性幅度调制一样。

一般情况下，M元PSK（MPSK）调制信号在时间间隔$kT\leqslant t\leqslant(k+1)T$中相位为$\varphi_k$，$\varphi_k$可以取$M$个不同值，所以

7-3各种调制方式(2)

$$s(t)=\sum_{k=-\infty}^{\infty}\cos(2\pi f_c t+\theta+\varphi_k)g_T(t-kT)$$
$$=x(t)\cos(2\pi f_c t+\theta)-y(t)\sin(2\pi f_c t+\theta) \quad (7.1.15a)$$

其中
$$x(t)=\sum_{k=-\infty}^{\infty}I_k g_T(t-kT) \quad (7.1.15b)$$

$$y(t)=\sum_{k=-\infty}^{\infty}Q_k g_T(t-kT) \quad (7.1.15c)$$

$$I_k = \cos\varphi_k \tag{7.1.15d}$$

$$Q_k = \sin\varphi_k \tag{7.1.15e}$$

$$g_T(t) = \begin{cases} A, & 0 \leqslant t < T \\ 0 & \text{其他} \end{cases} \tag{7.1.15f}$$

在M元PSK信号中相移φ_k可以取M个值，一般

$$\varphi_k = \pi(2a_k + N)/M, \qquad a_k = 0,1,\cdots,M-1$$

其中$N=0$或1。当$N=0$时，这M个相位角从0开始均匀分布在单位圆上；当$N=1$时，相位角从π/M开始均匀分布在单位圆上。对于四元PSK（QPSK）调制信号，这两种情况的相位角取值如图7.1.6所示。

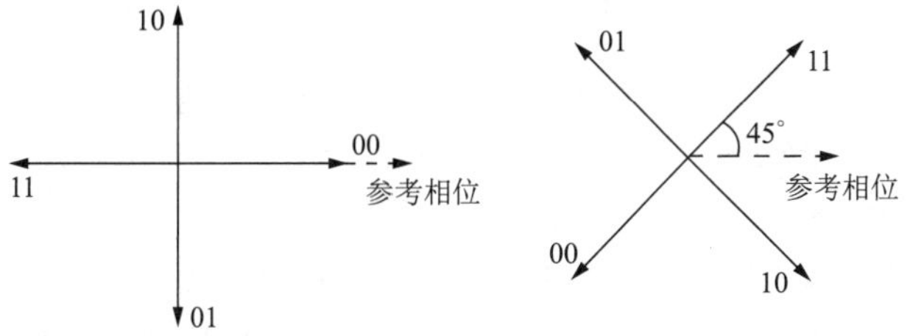

（a）A方式（$N=0$）　　（b）B方式（$N=1$）

图7.1.6　QPSK相位角的两种取值

一般MPSK信号产生的原理方框图如图7.1.7所示。

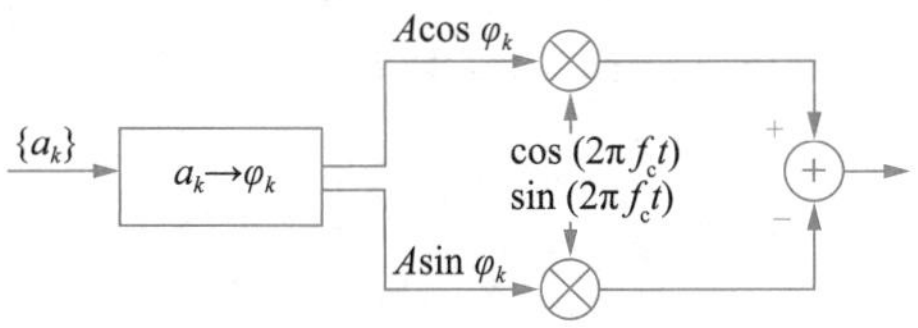

图7.1.7　MPSK信号产生的原理方框图

$M=4$的MPSK（QPSK）调制器，其原理方框图如图7.1.8所示。它是通过对两路正交载波进行对称幅度调制来实现的。相应的编码映射如表7.1.1所示。

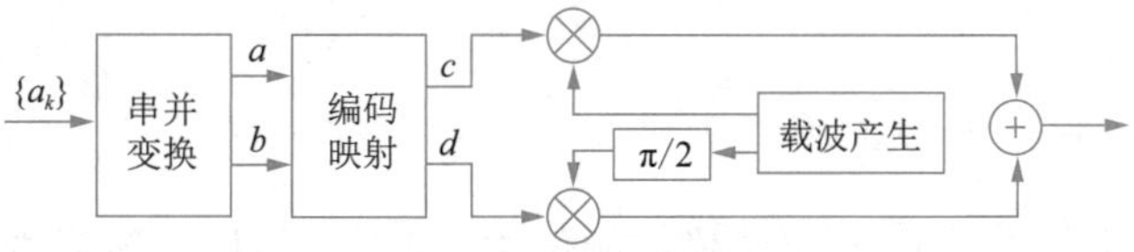

图7.1.8　QPSK调制器的原理方框图

表7.1.1　QPSK编码映射

a	b	$N=0$		$N=1$	
		(c,d)	φ_k	(c,d)	φ_k
0	0	(1, 0)	0°	$(1,1)/\sqrt{2}$	45°
1	0	(0, 1)	90°	$(-1,1)/\sqrt{2}$	135°
1	1	(−1, 0)	180°	$(-1,-1)/\sqrt{2}$	225°
0	1	(0, −1)	270°	$(1,-1)/\sqrt{2}$	315°

表7.1.1中的映射对应了图7.1.6所示的两种星座图。这两种情况中,我们都采用了格雷(Gray)码映射,即相邻的信号点仅差1bit。

PSK信号功率谱分析与QAM情况一样。因为

$$E(I_k)=E(Q_k)=0,\qquad E(I_k^2)=E(Q_k^2)=1/2$$

$x(t)$和$y(t)$是两个统计独立的过程,所以

$$P_{\text{lp}}(f)=2P_X(f)=A^2T\left|\frac{\sin(\pi Tf)}{\pi Tf}\right|^2$$

所以

$$P_S(f)=\frac{A^2T}{4}\left\{\left|\frac{\sin\left[\pi T\left(f-f_c\right)\right]}{\pi T\left(f-f_c\right)}\right|^2+\left|\frac{\sin\left[\pi T\left(f+f_c\right)\right]}{\pi T\left(f+f_c\right)}\right|^2\right\} \tag{7.1.16}$$

于是M元PSK信号的功率谱形状与ASK一样,但没有载频上的离散谱线。这意味着PSK具有更高的功率效率。M元PSK的带宽要求$B_T=2/T$,B_T为频谱主瓣宽度,所以频谱利用率为$\eta=0.5\log_2 M[\text{bit}/(\text{s}\cdot\text{Hz}^{-1})]$。

PSK信号是恒包络信号,因此发射机功率放大器的非线性对它影响不大,有利于提高功放的效率。但是我们也看到,PSK信号功率谱的带外泄漏还是比较大的,所以需要用带通滤波器加以控制,但带通滤波器会破坏PSK信号的恒包络特性。

还有许多其他的数字相位调制方式,例如对QPSK调制加以改进,可以得到偏移正交移相键控(OQPSK)调制。OQPSK调制器方框图如图7.1.9所示。在正交支路上数据流延迟1bit时间$T_b=T/2$,这样在任何时刻,相位的变化量可控制在$\pm\pi/2$范围内。由于最大相移减小了一半,带通滤波后的包络变化减小许多。

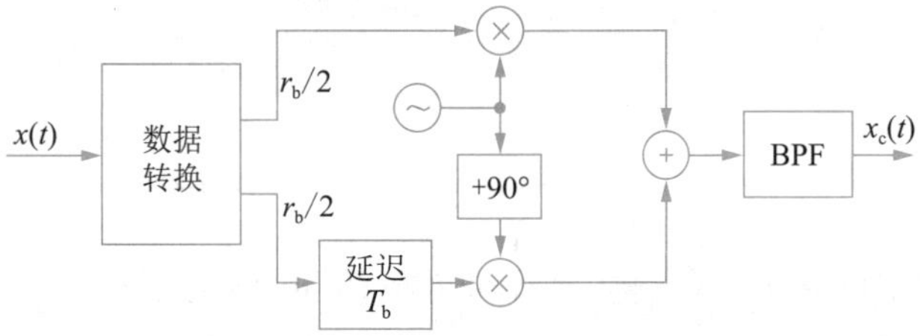

图7.1.9　OQPSK调制器方框图

7.1.5　正弦波差分移相键控调制

在PSK调制中数据信息包含在载波相位中,需要采用相干解调方式恢复数据。因此要求接收机提供与所收到信号载波同频、同相的本地正弦信号。由于PSK频谱中不含有载波频率分量,所以在接收端恢复载波相位时,一般先通过非线性变换,产生载频的倍频分量,用锁相环路跟踪这个倍频分量,再经过分频获得相干载频。这个过程会产生$2\pi/M$的整数倍相位不确定。例如,当$M=2$时,分频后相位可能锁定在“0”,也可能锁定在“π”,完全是随机的。从而导致恢复数据“0”和“1”的颠倒。当然,这可以通过前导字训练序列来消除这种不确定性,但这样浪费了码率资源。为了克服这个缺点,可以采用差分移相键控(DPSK)调制。在DPSK调制中,利用前后符号的相位差来传输数据信息。

差分MPSK(DMPSK)调制中发送信号为

$$s(t)=\sum_{k=-\infty}^{\infty}\cos\left(2\pi f_c t+\theta_{k-1}+\Delta\varphi_k\right)g_T(t-kT) \tag{7.1.17}$$

其中θ_k是$k-1$时刻码元相位，$\Delta\varphi_k$是kT时刻码元与$(k-1)T$时刻码元的相位差：

$$\theta_k=\theta_{k-1}+\Delta\varphi_k$$

$$\Delta\varphi_k=\frac{\pi}{M}\left(2a_k+N\right),\ a_k=0,1,2,\cdots,M-1$$

例如，对$M=2,N=0$，则

$$\Delta\varphi_k=\begin{cases}0, & \text{发送“0”}\\ \pi, & \text{发送“1”}\end{cases}$$

对于$M=2,N=1$，则

$$\Delta\varphi_k=\begin{cases}\dfrac{\pi}{2}, & \text{发送“0”}\\ -\dfrac{\pi}{2}, & \text{发送“1”}\end{cases}$$

图7.1.10(a)和(b)分别表示当$N=0$和$N=1$时DBPSK的相对相移量，其中$N=0$时称为A方式，$N=1$时称为B方式。

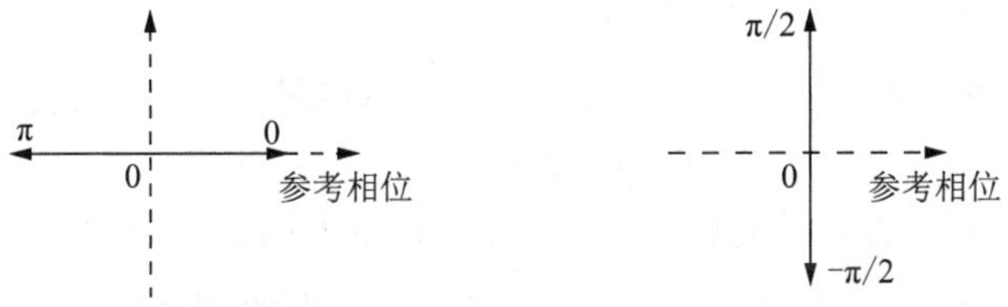

(a) A方式（N=0）　　(b) B方式（N=1）

图7.1.10　DBPSK的两种相对相移

对于$M=2$、A方式，若发送序列为0011100101…，则相对相位和绝对相位为：

	0011100101…0011100101	…
$\Delta\varphi$	00πππ00π0π…00πππ00π0π	…
初相	0　　　　　　π	
绝对相位	00π0πππ00π…ππ0π000ππ0…	
$\left(\theta_n=\theta_{n-1}+\Delta\varphi\right)$		

对于BPSK调制来说，它的基准相位是载波相位，也就是把载波相位作为参考相位，而对DBPSK调制来说是把前一符号的相位作为参考相位。采用A方式的DBPSK不能保证任何两个相邻码元的相位必定有改变。因为数据符号“0”使相邻码元相位不变，因此很长的连“0”序列会使符号同步信号难以提取，若采用B方式，数据“0”使相位相对前一个码元改变π/2，而数据“1”使相位相对前一个码元改变−π/2。这样任何两个相邻码元均会有±π/2的相位变化。

为了简单起见，下面按A方式讨论。

在DBPSK信号产生过程中，我们先把原来待传输的数据序列进行差分编码，再使差分编码后的序列进行2PSK调制。设$\{a_n\}$为原始数据序列，$\{b_n\}$是差分编码后序列，则

$$b_n = b_{n-1} \oplus a_n$$

例如：

a_n（绝对码）		1101011000…
b_n（相对码）	(0)	1001101111…
BPSK调制	(0)	π00ππ0ππππ…

把$\{a_n\}$称为绝对码，$\{b_n\}$称为相对码。实际上，只要用$\{a_n\}$去触发一个双稳态触发器就可以得到相对码$\{b_n\}$。图7.1.11(a)和(b)分别为码变换器和DBPSK调制器原理方框图。

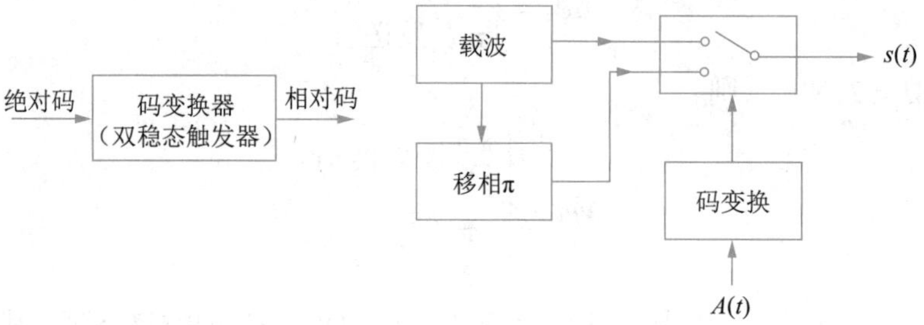

（a）码变换器　　（b）DBPSK 调制器

图7.1.11　码变换器和DBPSK调制器原理方框图

在接收端，在获得相对码后，再通过逆变换器可以转换成绝对码：

$$b_{n-1} \oplus b_n = a_n$$

如果$\{b_n\}$中具有相位不确定性，则经差分译码后不确定性消除。

对于多元DPSK，也可以先经过差分编码器，把绝对码变换成相对码，再用相对码进行QPSK调制。例如，对$M=4$，$N=0$的情况，DQPSK的实现原理方框图如图7.1.12所示。

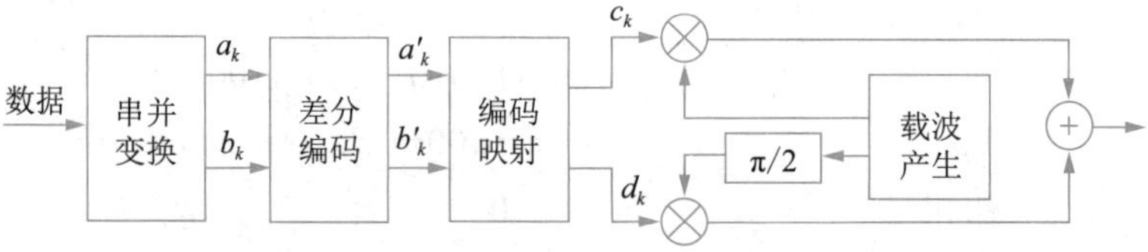

图7.1.12　DQPSK的实现原理方框图

对于DQPSK，差分编码及相应的相对相位和绝对相位列于表7.1.2。从表7.1.2中所列的差分编码真值表可以导出$(a_k, b_k) \rightarrow (a'_k, b'_k)$的编码法则：

当$a'_{k-1} \oplus b'_{k-1} = 0$时，则

$$a'_k = a'_{k-1} \oplus a_k \tag{7.1.18a}$$

$$b'_k = b'_{k-1} \oplus b_k \tag{7.1.18b}$$

当$a'_{k-1} \oplus b'_{k-1} = 1$，则

$$a'_k = a'_{k-1} \oplus b_k \tag{7.1.18c}$$

$$b'_k = b'_{k-1} \oplus a_k \tag{7.1.18d}$$

由编码逻辑可以得到译码逻辑$\left(a_k',b_k'\right)\rightarrow\left(a_k,b_k\right)$：

当$a_{k-1}'\oplus b_{k-1}'=0$，则

$$a_k=a_k'\oplus a_{k-1}' \tag{7.1.19a}$$

$$b_k=b_k'\oplus b_{k-1}' \tag{7.1.19b}$$

当$a_{k-1}'\oplus b_{k-1}'=1$，则

$$a_k=b_k'\oplus b_{k-1}' \tag{7.1.19c}$$

$$b_k=a_k'\oplus a_{k-1}' \tag{7.1.19d}$$

表7.1.2　差分编码真值表及相应的相对相位和绝对相位

绝对码及相对相位		前一时刻相对码及相位		当前时刻相对码及相位	
(a_k, b_k)	$\Delta\varphi_k$	(a_{k-1}', b_{k-1}')	$\Delta\varphi_{k-1}$	(a_k', b_k')	φ_k
(0, 0)	0°	(0, 0)	0°	(0, 0)	0°
		(1, 0)	90°	(1, 0)	90°
		(1, 1)	180°	(1, 1)	180°
		(0, 1)	270°	(0, 1)	270°
(1, 0)	90°	(0, 0)	0°	(1, 0)	90°
		(1, 0)	90°	(1, 1)	180°
		(1, 1)	180°	(0, 1)	270°
		(0, 1)	270°	(0, 0)	0°
(1, 1)	180°	(0, 0)	0°	(1, 1)	180°
		(1, 0)	90°	(0, 1)	270°
		(1, 1)	180°	(0, 0)	0°
		(0, 1)	270°	(1, 0)	90°
(0, 1)	270°	(0, 0)	0°	(0, 1)	270°
		(1, 0)	90°	(0, 0)	0°
		(1, 1)	180°	(1, 0)	90°
		(0, 1)	270°	(1, 1)	180°

从波形上看，PSK和DPSK是不可区分的，它们的功率谱也是相同的。

7.1.6　正弦波数字频率调制

有两种数字频率调制方式，图7.1.1(b)表示的是频率偏移键控调制FSK。在这种FSK中，数字信号控制频率选择开关，在M个频率振荡器中选择相应的频率输出，如图7.1.13(a)所示。这种FSK调制方式所产生的信号，其相位在选择开关切换时刻，$t=kT$，一般是不连续的。相位不连续的FSK信号的频谱具有较大的旁瓣，因此这种调制方式的频谱效率是不高的。另一种FSK调制方式产生的是相位连续的FSK（称为CPFSK），如图7.1.13(b)所示，它是用数据信号序列$x(t)$来调制载波频率的。这种方式有较好的频谱效率。但是无论是FSK信号和CPFSK信号，它们的功率谱都不好求，我们只能对一些特殊情况计算它们的功率谱。

7-4各种调制方式(3)

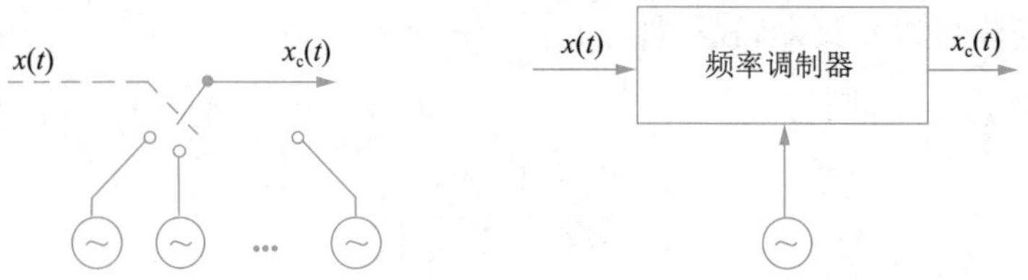

（a）FSK （b）CPFSK

图7.1.13 两种FSK调制器

考虑2FSK信号

$$s(t)=\sum_{k=-\infty}^{\infty}\cos(2\pi f_c t+\theta+2\pi a_n\cdot\Delta f t)g_T(t-nT) \tag{7.1.20}$$

其中$a_n\in\{0,1\}$，Δf表示数据“0”和数据“1”对应信号码元的频率差。式(7.1.20)可写成

$$s(t)=\sum_{k=-\infty}^{\infty}\bar{a}_n g_T(t-nT)\cos(2\pi f_c t+\theta)+\sum_{k=-\infty}^{\infty}a_n g_T(t-nT)\cos\left[2\pi(f_c+\Delta f)t+\theta\right] \tag{7.1.21}$$

其中$\bar{a}_n$是a_n的反码。所以，2FSK信号$s(t)$可以看成2个2ASK信号之和。如果$P(a_n=0)=P\{a_n=1\}=1/2$，则2FSK信号的功率谱可近似为

$$P_S(f)=\frac{1}{16}A^2T\left\{\left|\frac{\sin\left[\pi T(f-f_c)\right]}{\pi T(f-f_c)}\right|^2+\left|\frac{\sin\left[\pi T(f+f_c)\right]}{\pi T(f+f_c)}\right|^2\right\}+\left\{\left|\frac{\sin\left[\pi T(f-f_c-\Delta f)\right]}{\pi T(f-f_c-\Delta f)}\right|^2+\left|\frac{\sin\left[\pi T(f+f_c+\Delta f)\right]}{\pi T(f+f_c+\Delta f)}\right|^2\right\}+\frac{A^2}{16}\left[\delta(f-f_c)+\delta(f+f_c)+\delta(f-f_c-\Delta f)+\delta(f+f_c+\Delta f)\right] \tag{7.1.22}$$

其功率谱形状如图7.1.14所示，2FSK信号所要求的带宽等于$B_T=\Delta f+2/T$。

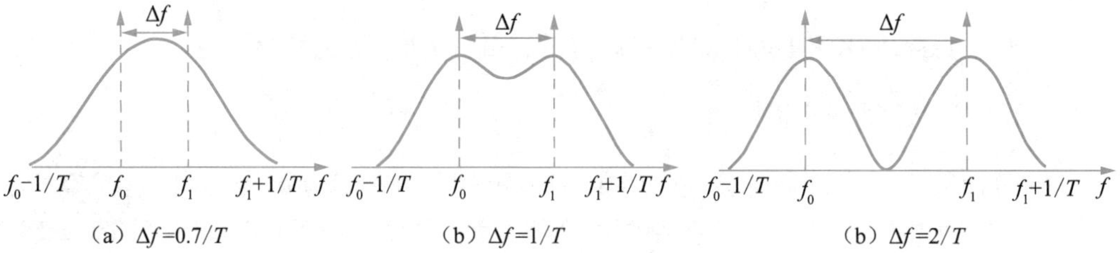

（a）$\Delta f=0.7/T$ （b）$\Delta f=1/T$ （b）$\Delta f=2/T$

图7.1.14 2FSK信号的功率谱

注：$f_0=f_c$，$f_1=f_0+\Delta f$

M元等频率间隔Δf的MFSK可以认为是M个2ASK信号的组合，它们要求的带宽等于

$$B_T=(M-1)\Delta f+2/T \tag{7.1.23}$$

因此MFSK信号的频谱利用效率为

$$\eta = R_b/B_T = \frac{\log_2 M}{T\left[(M-1)\Delta f + 2/T\right]}$$

如果我们取$\Delta f = 1/(2T)$(这是保证两个相干正弦信号在T时间上相互正交的最小频率间隔),则

$$\eta = 2\log_2 M/(M+3) \tag{7.1.24}$$

MFSK频谱效率低于MPSK和MASK。同时从式(7.1.22)也可以看到,FSK的功率谱在带外按$\left|f - f_c\right|^{-2}$衰减,比较慢。我们将在7.5节中看到,连续相位FSK调制的功率谱带外衰减要快得多。

7.1.7 正交FSK信号及其频率间隔

两个频率分别为f_1和f_2的正弦信号码元

$$u_i(t) = \cos(2\pi f_i t + \varphi_i),\quad 0 \leqslant t \leqslant T,\ i = 1,2 \tag{7.1.25}$$

其相关系数定义为

$$\rho = \frac{2}{T}\int_0^T u_1(t)u_2(t)\,\mathrm{d}t \tag{7.1.26}$$

其中被积项为

$$\begin{aligned}&\cos(2\pi f_1 t + \varphi_1)\cos(2\pi f_2 t + \varphi_2)\\&= \frac{1}{2}\cos\left[2\pi(f_1 - f_2)t + \varphi_1 - \varphi_2\right] - \frac{1}{2}\cos\left[2\pi(f_1 + f_2)t + \varphi_1 + \varphi_2\right]\end{aligned} \tag{7.1.27}$$

和频项在$(0,T)$上积分为零,差频项积分为

$$\begin{aligned}&\frac{1}{T}\int_0^T \cos\left[2\pi(f_1 - f_2)t + \varphi_1 - \varphi_2\right]\mathrm{d}t\\&= \frac{1}{T}\left\{\frac{\sin\left[2\pi(f_1 - f_2)T + \varphi_1 - \varphi_2\right]}{2\pi(f_1 - f_2)} - \frac{\sin(\varphi_1 - \varphi_2)}{2\pi(f_1 - f_2)}\right\}\\&= \frac{1}{2\pi T(f_1 - f_2)}\Big\{\cos(\varphi_1 - \varphi_2)\sin\left[2\pi(f_1 - f_2)T\right] +\\&\quad \sin(\varphi_1 - \varphi_2)\left[\cos\left(2\pi(f_1 - f_2)T\right) - 1\right]\Big\}\end{aligned} \tag{7.1.28}$$

当$\varphi_1 \neq \varphi_2$时,若满足

$$\sin\left[2\pi(f_1 - f_2)T\right]/\left[2\pi T(f_1 - f_2)\right] = 0 \tag{7.1.29a}$$

$$\left\{\cos\left[2\pi(f_1 - f_2)T\right] - 1\right\}/\left[2\pi(f_1 - f_2)T\right] = 0 \tag{7.1.29b}$$

时$u_1(t)$和$u_2(t)$正交,方程(7.1.29)的解为

$$\left|f_0 - f_1\right| = k/T,\quad k = \pm 1, 2, \cdots \tag{7.1.30}$$

所以当$\varphi_1 \neq \varphi_2$时,$u_1(t)$和$u_2(t)$正交的最小频率间隔为$1/T$。当$\varphi_1 = \varphi_2$时,$u_1(t)$和$u_2(t)$正交仅要求

$$\frac{\sin\left[2\pi(f_1 - f_2)T\right]}{2\pi(f_1 - f_2)T} = 0 \tag{7.1.31}$$

即

$$\left|f_1 - f_2\right| = k/(2T),\ k = \pm 1, \pm 2, \cdots \tag{7.1.32}$$

这时$u_1(t)$和$u_2(t)$相互正交的最小频率间隔为$1/(2T)$。式(7.1.30)称为非相干正交FSK信号条件，而式(7.1.32)称为相干正交FSK信号条件。

7.1.8　各种调制方式的频谱利用率比较

本节所讨论的ASK、QAM、PSK、DPSK、FSK调制方式，它们的频谱利用效率总结如表7.1.3所示。

7-5从信号空间理解星座图

表7.1.3　各种调制方式的频谱利用效率总结

调制方式	频谱利用效率/[bit/(s·Hz^{-1})]
M元ASK，PSK，DPSK，QAM	$0.5\log_2 M$
MFSK(相干)	$2\log_2 M/(M+3)$
MFSK(非相干)	$\log_2 M/(M+1)$

§7.2　二元数字调制信号的相干解调

与模拟调制信号的相干解调一样，连续波数字调制信号的相干解调需要在接收端恢复载波的频率与相位信息，把通带信号相干地搬移到基带。这种相干搬移不损失已调信号的任何信息，所以能够达到最佳的性能。非相干解调一般利用已调信号的包络特性，因此在解调中不需要恢复载波的相位信息，在实现结构上比较简单，但性能明显不如相干解调。本节介绍连续波二元数字调制信号的相干解调，一般M元数字调制信号的相干解调将在7.3节介绍。

7-6二元数字调制信号的相干解调

7-7数字调制相干解调

二元数字键控调制信号可以写成

$$s(t)=\sum_{k=-\infty}^{\infty} I_k g_{\mathrm{I}}(t-kT)\cos(2\pi f_c t+\theta)-\sum_{k=-\infty}^{\infty} Q_k g_{\mathrm{Q}}(t-kt)\sin(2\pi f_c t+\theta) \tag{7.2.1}$$

其中I_k和Q_k是同相路和正交路的数据电平，$g_{\mathrm{I}}(t)$和$g_{\mathrm{Q}}(t)$是基带脉冲，比如可取为幅度为A、持续时间为T的方波$g_T(t)$。

例如在OOK中，$Q_k=0, I_k\in\{0,1\}$；在BPSK中，$Q_k=0, I_k\in\{\pm1\}$，或$I_k=0, Q_k\in\{\pm1\}$；在2FSK情况下，当频偏$\Delta f=1/T$时，$I_k=1, Q_k\in\{\pm1\}$，此时

$$g_{\mathrm{I}}(t)=g_T(t)\cos(\pi\Delta f t) \tag{7.2.2a}$$

$$g_{\mathrm{Q}}(t)=g_T(t)\sin(\pi\Delta f t) \tag{7.2.2b}$$

其中$g_T(t)$是持续时间为T、幅度为A的理想方波。

在相干系统中我们可以假设式(7.2.1)中$\theta=0$以及$f_c=N_c/T$，即载频等于符号率的整数倍，所以式(7.2.1)可写成

$$s(t)=\sum_{k=-\infty}^{\infty} I_k g_{\mathrm{I}}(t-kT)\cos\left[2\pi f_c t(t-kT)\right]-\sum_{k=-\infty}^{\infty} Q_k g_{\mathrm{Q}}(t-kT)\sin\left[2\pi f_c t(t-kT)\right] \tag{7.2.3}$$

于是可以在一个符号时间间隔中考虑解调问题。在一个符号时间间隔中信号码元为

$$s(t)=s_m(t-kT),kT\leqslant t\leqslant(k+1)T \tag{7.2.4}$$

$$s_m(t)=I_k g_{\mathrm{I}}(t-kT)\cos\left[2\pi f_{\mathrm{c}}(t-kT)\right]-Q_k g_{\mathrm{Q}}(t-kT)\sin\left[2\pi f_{\mathrm{c}}(t-kT)\right] \tag{7.2.5}$$

在二进制系统中，m取“0”和“1”，$s_0(t)$和$s_1(t)$分别代表数据“0”和“1”。

在AWGN中二元信号最佳解调和检测可以采用相关接收机或匹配滤波器形式，参见图6.3.10与图6.3.6。在$s_0(t)$和$s_1(t)$等概出现的情况下，最大似然检测的误符号率由式(6.3.87)给出，即

$$P(e)=Q\left(\sqrt{\frac{\left\|\boldsymbol{s}_0-\boldsymbol{s}_1\right\|^2}{2N_0}}\right)$$

其中，$\left\|\boldsymbol{s}_0-\boldsymbol{s}_1\right\|$为在信号空间中这两个信号点之间的距离。

下面我们对OOK、BPSK、DBPSK(2DPSK)和2FSK情况详细说明。

7.2.1 OOK信号的相干解调

OOK信号的一般形式为

$$s_{\mathrm{OOK}}(t)=\sum_{k=-\infty}^{\infty}I_k g_T(t-kT)\cos\left[2\pi f_{\mathrm{c}}(t-kT)\right] \tag{7.2.6}$$

$$I_k\in\{0,1\}$$

$$g_T(t)=\begin{cases}A, & 0\leqslant t\leqslant T\\ 0, & \text{其他}\end{cases}$$

在一个符号间隔(0,1)中，两个码元信号为

$$\begin{cases}s_0(t)=0, & \text{发送“0”}\\ s_1(t)=g_T(t)\cos(2\pi f_{\mathrm{c}}t), & \text{发送“1”}\end{cases} \tag{7.2.7}$$

这是一维调制，其基矢量信号为

$$\varphi(t)=\frac{1}{\sqrt{E}}g_T(t)\cos(2\pi f_{\mathrm{c}}t),\qquad 0\leqslant t\leqslant T \tag{7.2.8}$$

其中，$E=\dfrac{A^2T}{2}$。于是，$s_0(t)=0,s_1(t)=\sqrt{E}\,\varphi(t)$。

在信号空间中，$s_0(t)$和$s_1(t)$分别由坐标为$s_1=0$和$s_1=\sqrt{E}$的两个点表示，如图7.2.1所示。

图7.2.1 信号空间中OOK信号点表示

OOK信号相干型解调器如图7.2.2所示。

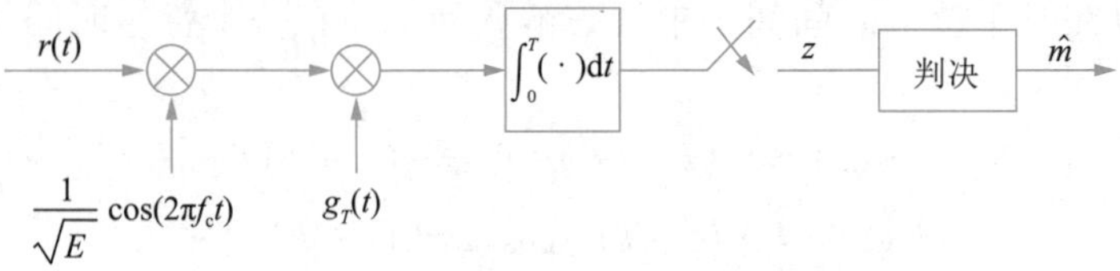

图7.2.2　OOK信号相干型解调器

若发送信号为$s_m(t)$,则收到的信号为

$$r(t)=s_m(t)+n(t) \tag{7.2.9}$$

其中,$n(t)$为零均值、功率谱密度为$N_0/2$的高斯过程。在发送"0"条件下

$$z=\int_0^T r(t)\varphi(t)\,\mathrm{d}t=n_0 \tag{7.2.10a}$$

在发送"1"条件下

$$z=\int_0^T r(t)\varphi(t)\,\mathrm{d}t=\sqrt{E}+n_1 \tag{7.2.10b}$$

其中,n_0和n_1是均值为零、方差为$N_0/2$的独立高斯噪声。

按照最大似然准则:

$$\hat{m}=\arg\min_{m\in\{0,1\}}\left\{\left|z-s_m\right|\right\} \tag{7.2.11}$$

式(7.2.11)等价于

$$\begin{cases}z>\sqrt{E}/2, & \text{判发送“1”}\\ z<\sqrt{E}/2, & \text{判发送“0”}\end{cases} \tag{7.2.12}$$

这时误码率为

$$P_e=\frac{1}{2}\left[P(e|s_0)+P(e|s_1)\right] \tag{7.2.13}$$

其中,$P(e|s_i)$表示在发送信号$s_i(t)$条件下的错误概率。显然

$$P(e|s_0)=P(e|s_1)=\frac{1}{\sqrt{\pi N_0}}\int_{\sqrt{E}/2}^{\infty}\mathrm{e}^{-\frac{x^2}{N_0}}\,\mathrm{d}x=Q\left(\sqrt{\frac{E}{2N_0}}\right) \tag{7.2.14}$$

所以OOK的误码率为

$$P_{\mathrm{OOK}}(e)=Q\left(\sqrt{\frac{E}{2N_0}}\right) \tag{7.2.15}$$

因为平均信号码元能量$E_{\mathrm{av}}=E/2$,所以

$$P_{\mathrm{OOK}}(e)=Q\left(\sqrt{\frac{E_{\mathrm{av}}}{N_0}}\right) \tag{7.2.16}$$

记平均信噪比为

$$\rho=E_{\mathrm{av}}/N_0 \tag{7.2.17}$$

则

$$P_{\mathrm{OOK}}(e)=Q\left(\sqrt{\rho}\right)=\frac{1}{2}\mathrm{erfc}\left(\sqrt{\frac{\rho}{2}}\right)\approx\frac{1}{\sqrt{2\pi\rho}}\mathrm{e}^{-\frac{\rho}{2}},\ \rho\gg1 \tag{7.2.18}$$

对于OOK调制来说，符号时间T也就是比特时间，因此E_{av}是平均每比特能量，误符号率$P_{OOK}(e)$也就是误比特率$P_{b,OOK}(e)$。实际上从图7.2.1可见，$\left\|s_0 - s_1\right\|^2 = E$，代入式(6.3.87)就得差错概率。

7.2.2 BPSK信号的相干解调

对于A类BPSK调制，已调信号可写成

$$s(t) = \sum_{k=-\infty}^{\infty} \cos(2\pi f_c t + \varphi_k) g_T(t - kT), \quad \varphi_k = \{0, \pi\} \tag{7.2.19}$$

式(7.2.19)也可写成

$$s(t) = \sum_{k=-\infty}^{\infty} I_k g_T(t - kT) \cos\left[2\pi f_c (t - kT)\right] \tag{7.2.20}$$

其中，$I_k \in \{\pm 1\}$，$g_T(t)$为幅度等于A、持续时间为T的方波。

在一个符号间隔$(0,T)$中考虑信号码元：

$$s_0(t) = -g_T(t)\cos(2\pi f_c t), \quad 发送“0” \tag{7.2.21a}$$

$$s_1(t) = g_T(t)\cos(2\pi f_c t), \quad 发送“1” \tag{7.2.21b}$$

同样，这是一个一维调制，其基矢量信号为

$$\varphi(t) = \frac{1}{\sqrt{E}} g_T(t)\cos(2\pi f_c t) \tag{7.2.22}$$

$s_0(t)$和$s_1(t)$两个信号在信号空间中的坐标为$s_0 = -\sqrt{E}$，$s_1 = \sqrt{E}$，如图7.2.3所示。

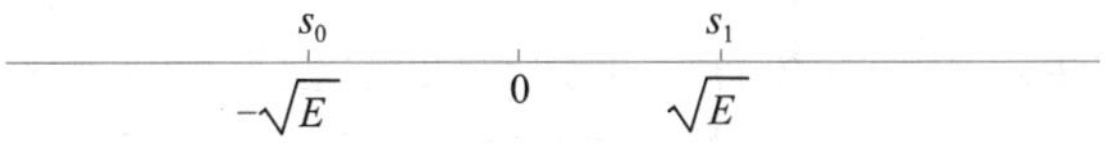

图7.2.3 BPSK信号在信号空间中的表示

BPSK系统的相关接收机与OOK时一样，如图7.2.4所示。

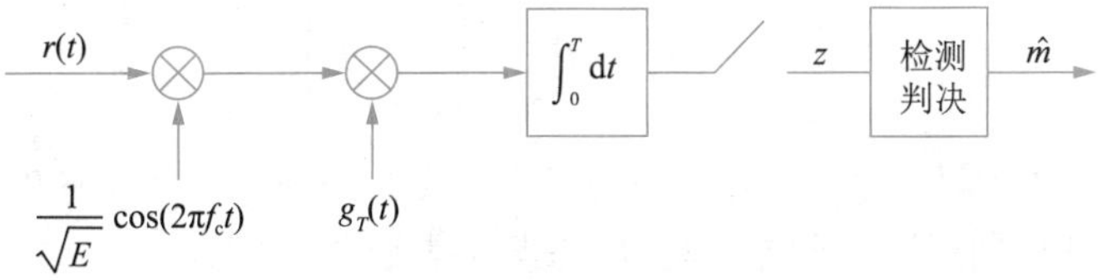

图7.2.4 BPSK系统的相关接收机

当发送信号$s_m(t)$时，收到信号为

$$r(t) = s_m(t) + n(t) \tag{7.2.23}$$

其中，$n(t)$为零均值、功率谱密度为$N_0/2$的加性白高斯噪声(AWGN)。

$$当发送“0”时, \quad z = -\sqrt{E} + n_0 \tag{7.2.24a}$$

$$当发送“1”时, \quad z = \sqrt{E} + n_1 \tag{7.2.24b}$$

其中，n_0和n_1均是零均值、方差为$N_0/2$的独立高斯噪声。按最大似然概率准则，

$$\hat{m} = arg \min_{m \in \{0,1\}} \left(\left\|z - s_m\right\|^2\right) \tag{7.2.25}$$

它等价于

$$\begin{cases} z > 0, & 判发“1” \\ z < 0, & 判发“0” \end{cases} \quad \begin{matrix} (7.2.26\text{a}) \\ (7.2.26\text{b}) \end{matrix}$$

于是误符号率为

$$P_{\text{BPSK}}(e) = \frac{1}{2}\left[P(e|s_0) + P(e|s_1)\right] \tag{7.2.27}$$

因此

$$P_{\text{BPSK}}(e) = \frac{1}{\sqrt{\pi N_0}}\int_{\sqrt{E}}^{\infty} \mathrm{e}^{-\frac{x^2}{N_0}}\,\mathrm{d}x = Q\left(\sqrt{\frac{2E}{N_0}}\right) \tag{7.2.28}$$

因为对于BPSK信号,E就是平均码元能量(也是平均比特能量),即$E_{\text{av}} = E$,所以

$$P_{\text{BPSK}}(e) = Q\left(\sqrt{\frac{2E_{\text{av}}}{N_0}}\right) \tag{7.2.29}$$

记平均符号信噪比(也是平均比特信噪比)为

$$\rho = E_{\text{av}}/N_0$$

则

$$P_{\text{BPSK}}(e) = Q\left(\sqrt{2\rho}\right) = \frac{1}{2}\operatorname{erfc}\left(\sqrt{\rho}\right) \approx \frac{1}{2\sqrt{\pi\rho}}\mathrm{e}^{-\rho}, \quad \rho \gg 1 \tag{7.2.30}$$

其实在信号空间中$\left\|\boldsymbol{s}_0 - \boldsymbol{s}_1\right\|^2 = 4E$,代入式(6.3.87)得到的正是式(7.2.28)。

注意:原则上说,对于OOK和BPSK的相干解调,也可以用匹配滤波器来代替相关器,但在实现时有困难。位同步采样一定会有误差,使匹配滤波器输出采样时刻有误差。设采样时刻为$t_k = T(1 \pm \varepsilon)$,其中$\varepsilon T$是采样时间误差,由于匹配滤波器仅在$T$时刻输出与相关器输出一样,采样误差使得匹配滤波输出值降低$\cos\theta_\varepsilon$倍,其中$\theta_\varepsilon = 2\pi f_c \varepsilon T$,于是误码率为

$$P_{\text{BPSK}}(e) = Q\left(\sqrt{\frac{2E}{N_0}\cos^2\theta_\varepsilon}\right) \tag{7.2.31}$$

例如,若$\varepsilon = 0.003T$,$T = 0.5\text{ms}$,$f_c = 100\text{kHz}$,则$\theta_\varepsilon = 54^\circ$,于是$\cos^2\theta_\varepsilon = 0.34$,这使性能下降许多。所以,用射频匹配滤波器实现是不现实的。

7.2.3 DBPSK的相干解调

在DBPSK相干解调中,首先采用与BPSK相同的相干方式恢复出相对码$\{b_n\}$,然后采用差分译码恢复绝对码$\{a_n\}$。差分译码如图7.2.5所示。

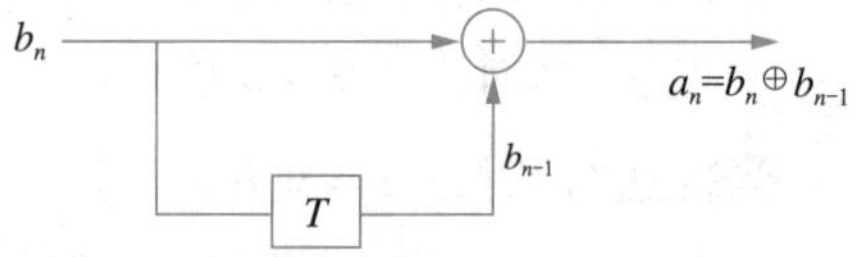

图7.2.5　DBPSK的差分译码器

差分译码会引起误码扩散，如图7.2.6所示。

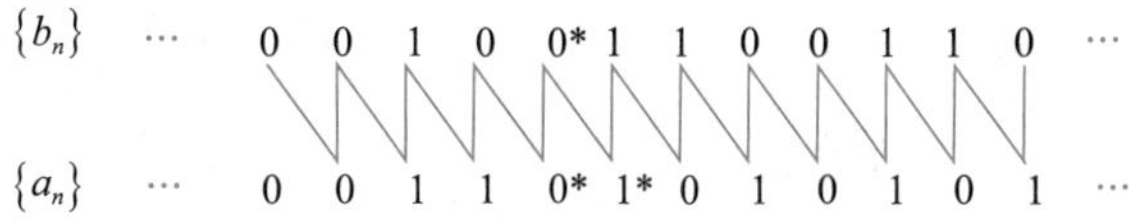

图7.2.6 差分译码引起的误码扩散

如果某一位b_n出错，但b_{n-1}和b_{n+1}没有错，则会引起a_n和a_{n+1}的错误。当b_{n-1}出错但b_n不错，或者b_n出错但b_{n-1}不错，均会引起a_n出错。因此，若BPSK的误码率为$P_{\mathrm{BPSK}}(e)$，则DBPSK的误码率为

$$P_{\mathrm{DBPSK}}(e)=2P_{\mathrm{BPSK}}(e)\left[1-P_{\mathrm{BPSK}}(e)\right]\approx 2P_{\mathrm{BPSK}}(e)$$

由于 $$P_{\mathrm{BPSK}}(e)=Q\left(\sqrt{2\rho}\right),\quad \rho=E_{\mathrm{av}}/N_0$$

所以 $$P_{\mathrm{DBPSK}}(e)=2Q\left(\sqrt{2\rho}\right)=\mathrm{erfc}(\sqrt{\rho})$$

$$\approx\frac{1}{\sqrt{\pi\rho}}\mathrm{e}^{-\rho},\quad \rho\gg 1 \tag{7.2.32}$$

7.2.4 2FSK信号的相干解调

2FSK信号为

$$s(t)=\sum_{k=-\infty}^{\infty}\cos(2\pi f_c t+2\pi Q_k\Delta f t)\,g_T(t-kT) \tag{7.2.33}$$

其中，$Q_k\in\{0,1\}$，$\Delta f=\dfrac{1}{T}$。当$f_c=N_c/T$时，2FSK信号也可写成

$$s(t)=\sum_{k=-\infty}^{\infty}\cos\left[2\pi f_c(t-kT)+2\pi Q_k\Delta f(t-kT)\right]g_T(t-kT) \tag{7.2.34}$$

所以可以在一个符号间隔$(0,T)$中研究两个码元信号：

$$s_0(t)=g_T(t)\cos(2\pi f_c t),\quad \text{表示发“0”} \tag{7.2.35a}$$

$$s_1(t)=g_T(t)\cos\left[2\pi(f_c+\Delta f)t\right],\quad \text{表示发“1”} \tag{7.2.35b}$$

由于$\Delta f=1/T$，所以$s_0(t)$和$s_1(t)$是正交的。这是二维调制，两个基矢量信号为

$$\varphi_0(t)=\frac{1}{\sqrt{E}}g_T(t)\cos(2\pi f_c t) \tag{7.2.36a}$$

$$\varphi_1(t)=\frac{1}{\sqrt{E}}g_T(t)\cos\left[2\pi(f_c+\Delta f)t\right] \tag{7.2.36b}$$

其中，$E=A^2T/2$为码元信号能量。两个码元信号在信号空间中的坐标点为

$$\boldsymbol{s}_0=(\sqrt{E},0) \tag{7.2.37a}$$

$$\boldsymbol{s}_1=(0,\sqrt{E}) \tag{7.2.37b}$$

在信号空间中两个信号矢量如图7.2.7所示。

2FSK信号的相干型相关解调器如图7.2.8所示。

当发送信号为$s_m(t)$时，接收到信号

$$r(t)=s_m(t)+n(t)$$

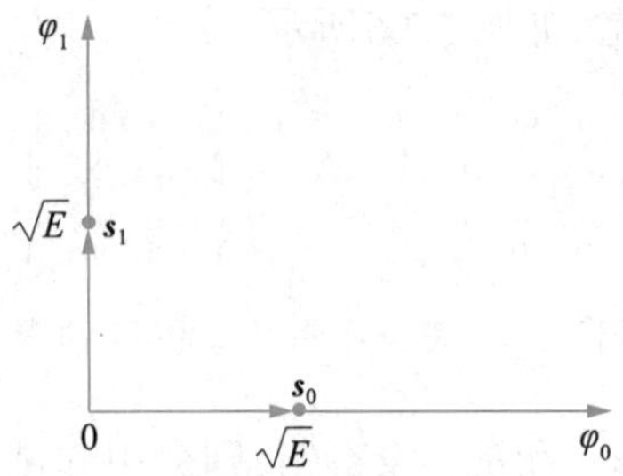

图7.2.7 2FSK码元信号在信号空间中的表示

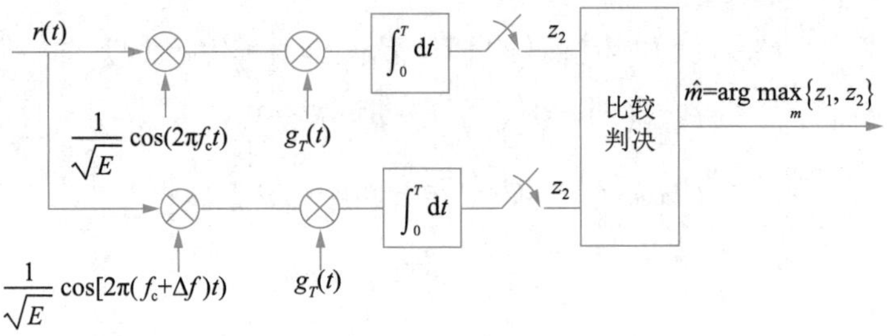

图7.2.8 2FSK信号的相干型相关解调器

其中，$n(t)$是零均值、功率谱密度为$N_0/2$的白高斯噪声。在两个码元等概、等能量的情况下，最大似然准则等价于最大相关准则，即

$$\begin{cases} \boldsymbol{z}\cdot\boldsymbol{s}_0 > \boldsymbol{z}\cdot\boldsymbol{s}_1, & \text{判发送“0”} \\ \boldsymbol{z}\cdot\boldsymbol{s}_0 < \boldsymbol{z}\cdot\boldsymbol{s}_1, & \text{判发送“1”} \end{cases} \tag{7.2.38a}$$

或

$$\begin{cases} z_1\sqrt{E} > z_2\sqrt{E}, & \text{判发送“0”} \\ z_1\sqrt{E} < z_2\sqrt{E}, & \text{判发送“1”} \end{cases} \tag{7.2.38b}$$

等价于

$$\begin{cases} z_1 - z_2 > 0, & \text{判发送“0”} \\ z_1 - z_2 < 0, & \text{判发送“1”} \end{cases} \tag{7.2.38c}$$

在发送$s_0(t)$条件下

$$\begin{cases} z_1 = \sqrt{E} + n_1 & (7.2.39\text{a}) \\ z_2 = n_2 & (7.2.39\text{b}) \end{cases}$$

其中，n_1和n_2是零均值、方差为$\frac{N_0}{2}$的独立高斯噪声。同样，在发送$s_1(t)$条件下

$$\begin{cases} z_1 = n_1 & (7.2.40\text{a}) \\ z_2 = \sqrt{E} + n_2 & (7.2.40\text{b}) \end{cases}$$

于是

$$P_{2\text{FSK}}(e) = \frac{1}{2}\left[P(e|\boldsymbol{s}_0) + P(e|\boldsymbol{s}_1)\right] \tag{7.2.41}$$

由对称性

$$P(e|\boldsymbol{s}_0) = P(e|\boldsymbol{s}_1)$$

得

$$P_{2\text{FSK}}(e) = P(e|\boldsymbol{s}_0) = P\left\{n_1 - n_2 < -\sqrt{E}\right\} \tag{7.2.42}$$

令$\zeta = n_1 - n_2$，它是零均值、方差为N_0的高斯随机变量，所以

$$P_{2FSK}(e)=\frac{1}{\sqrt{2\pi N_0}}\int_{-\infty}^{-\sqrt{E}}\exp\left(-\frac{x^2}{2N_0}\right)\mathrm{d}x=Q\left(\sqrt{\frac{E}{N_0}}\right) \tag{7.2.43}$$

对于2FSK来说，两个码元信号等能量，所以$E_{av}=E$，于是

$$P_{2FSK}(e)=Q\left(\sqrt{\frac{E_{av}}{N_0}}\right) \tag{7.2.44}$$

记平均符号信噪比（也是平均比特信噪比）为

$$\rho=\frac{E_{av}}{N_0} \tag{7.2.45}$$

则

$$\begin{aligned}P_{2FSK}&=Q\left(\sqrt{\rho}\right)=\frac{1}{2}\operatorname{erfc}\left(\sqrt{\frac{\rho}{2}}\right)\\&\approx\frac{1}{\sqrt{2\pi\rho}}\mathrm{e}^{-\frac{\rho}{2}},\quad \rho\gg 1\end{aligned} \tag{7.2.46}$$

可见，2FSK的误码率与OOK相干解调一样。其实，在2FSK中$\left\|\boldsymbol{s}_0-\boldsymbol{s}_1\right\|^2=2E$，代入式（6.3.87），正是2FSK的误码率。

7.2.5 二元数字调制信号相干解调的性能比较

二元数字调制信号相干解调的性能比较如表7.2.1所示。其中，$\rho=E_{av}/N_0$是平均符号信噪比。

表7.2.1 二元数字调制信号相干解调的性能比较

调制方式	误码率
OOK	$P_{OOK}(e)=Q\left(\sqrt{\rho}\right)=\frac{1}{2}\operatorname{erfc}\left(\sqrt{\frac{\rho}{2}}\right)\approx\frac{1}{\sqrt{2\pi\rho}}\mathrm{e}^{-\frac{\rho}{2}}$
BPSK	$P_{BPSK}(e)=Q\left(\sqrt{2\rho}\right)=\frac{1}{2}\operatorname{erfc}\left(\sqrt{\rho}\right)\approx\frac{1}{2\sqrt{\pi\rho}}\mathrm{e}^{-\rho}$
DBPSK	$P_{DBPSK}(e)\approx 2P_{BPSK}(e)=\frac{1}{\sqrt{\pi\rho}}\mathrm{e}^{-\rho}$
2FSK	$P_{2FSK}(e)=Q\left(\sqrt{\rho}\right)=\frac{1}{2}\operatorname{erfc}\left(\sqrt{\frac{\rho}{2}}\right)\approx\frac{1}{\sqrt{2\pi\rho}}\mathrm{e}^{-\frac{\rho}{2}}$

§7.3 *M*元数字调制信号的相干解调

在*M*元数字调制系统中，*M*元数据用*M*个不同的码元信号表示。如果每隔*T*时间发送一个码元信号，即波特率$R_B=1/T$，比特率为$R_b=R_B\log M$（bit/s）。在*M*元调幅（包括正交调幅）和调相系统中，信号宽带是由符号率决定的，所以*M*元调制信号所需的带宽与二元调制信号相同，于是*M*元调制的频带利用率远高于二元数字调制。*M*元数字调制一般称为频谱高效调制。本节将介绍*M*元数字调制的相干解调和相应的误码率计算。

7-8 *M*元数字调制信号的相干解调

7.3.1 MASK相干解调

M元ASK信号的一般形式为

$$s_{\text{MASK}}(t)=\sum_{k=-\infty}^{\infty} I_k g_T(t-kT)\cos[2\pi f_c(t-kT)] \tag{7.3.1}$$

其中，

$$I_k \in \{A_m = A_0 + m,\quad m = 0,1,\cdots,M-1\},$$

$$g_T(t)=\begin{cases} A, & 0 \leqslant t \leqslant T \\ 0, & \text{其他} \end{cases}$$

在一个符号间隔$(0,T)$中，这M个码元信号写为

$$s_m(t)=A_m g_T(t)\cos(2\pi f_c t),\quad m=0,1,\cdots,M-1 \tag{7.3.2}$$

这是一个一维调制，其基矢量信号为

$$\varphi(t)=\frac{1}{\sqrt{E}} g_T(t)\cos(2\pi f_c t)$$

其中，$E=A^2T/2$。码元信号在信号空间中的坐标为

$$s_m = A_m\sqrt{E},\quad m=0,1,2,3 \tag{7.3.3}$$

码元信号矢量的信号空间表示如图7.3.1所示。

图7.3.1　MASK信号码元的信号空间表示

MASK信号的相干型解调器与图7.2.2一样。设发送信号为$s_m(t)$，则接到的信号为

$$r(t)=s_m(t)+n(t) \tag{7.3.4}$$

其中，$n(t)$为零均值、功率谱密度为$N_0/2$的白高斯过程。相关器输出采样值为

$$z = A_m\sqrt{E}+n \tag{7.3.5}$$

其中，n是零均值、方差为$N_0/2$的高斯变量。当信号码元被等概率发送时，最大似然准则等价于最小距离准则，因此与第6章中MPAM一样，平均错误概率为

$$P_{\text{MASK}}(e)=\frac{2(M-1)}{M}Q\left(\sqrt{\frac{E}{2N_0}}\right) \tag{7.3.6}$$

由于MASK码元信号的平均能量为

$$\begin{aligned} E_{\text{av}} &= \frac{1}{M}\left(\sum_{M=0}^{M-1} A_m^2 E\right)=\frac{E}{M}\sum_{M=0}^{M-1}(A_0+m)^2 \\ &= E\left[A_0^2 + A_0(M-1)+\frac{1}{6}(M-1)(2M-1)\right] \end{aligned} \tag{7.3.7}$$

当$A_0=0$时，即为M元OOK调制，则

$$E_{\text{av}}=\frac{E}{6}(M-1)(2M-1) \tag{7.3.8a}$$

$$E=\frac{6E_{\text{av}}}{(M-1)(2M-1)} \tag{7.3.8b}$$

于是
$$P_{\mathrm{MASK}}(e)=\frac{2(M-1)}{M}Q\left(\sqrt{\frac{3E_{\mathrm{av}}}{(M-1)(2M-1)N_0}}\right) \tag{7.3.9}$$

当$M=2$时，式(7.3.9)正是OOK调制信号相干解调的误码率公式。

当$A_0=-\frac{M-1}{2}$时，信号码元对称于零点排列，则

$$E_{\mathrm{av}}=\frac{(M^2-1)E}{12} \tag{7.3.10a}$$

$$E=\frac{12E_{\mathrm{av}}}{M^2-1} \tag{7.3.10b}$$

于是
$$P_{\mathrm{MASK}}(e)=\frac{2(M-1)}{M}Q\left(\sqrt{\frac{6E_{\mathrm{av}}}{(M^2-1)N_0}}\right) \tag{7.3.11a}$$

记平均符号信噪比为$\rho=\frac{E_{\mathrm{av}}}{N_0}$，则

$$P_{\mathrm{MASK}}(e)=\frac{2(M-1)}{M}Q\left(\sqrt{\frac{6\rho}{(M^2-1)}}\right) \tag{7.3.11b}$$

当$M=2$时，由式(7.3.11)正好得到BPSK信号相干解调的误码率，即式(7.2.29)。

7.3.2 MPSK的相干解调

对M元移相键控调制，我们首先考虑$M=4$的情况，也称为QPSK调制。对于$M=4$，$N=1$的QPSK信号，可以写成：

$$\begin{aligned}s(t)&=\sum_{k=-\infty}^{\infty}\cos(2\pi f_c t+\varphi_k)g_T(t-kT)\\&=\sum_{k=-\infty}^{\infty}\Big\{(\cos\varphi_k)g_T(t-kT)\cos\big[2\pi f_c(t-kT)\big]-\\&\quad(\sin\varphi_k)g_T(t-kT)\sin\big[2\pi f_c(t-kT)\big]\Big\}\end{aligned} \tag{7.3.12}$$

其中
$$\varphi_k\in\left\{\frac{2m+1}{4}\pi,\quad m=0,\,1,\,2,\,3\right\}$$

在一个符号间隔$(0,T)$中，码元信号为，

$$s_m(t)=(\cos\varphi_m)g_T(t)\cos(2\pi f_c t)-(\sin\varphi_m)g_T(t)\sin(2\pi f_c t),\ m=0,\,1,\,2,\,3 \tag{7.3.13a}$$

也可写成

$$s_m(t)=\frac{\sqrt{2}}{2}\big[I\cos(2\pi f_c t)-Q\sin(2\pi f_c t)\big]g_T(t)$$

其中，$I=\pm1$，$Q=\pm1$。 (7.3.13b)

QPSK信号相当于两路正交载波的BPSK，它的相干解调原理方框图如图7.3.2所示。

显然，QPSK符号正确解调要求它的同相和正交两支路BPSK相干解调正确。设BPSK的差错概率为$P_{\mathrm{BPSK}}(e)$，则QPSK相干解调的符号正确解调概率为

$$P_{\mathrm{QPSK}}(c)=\big[1-P_{\mathrm{BPSK}}(e)\big]^2 \tag{7.3.14}$$

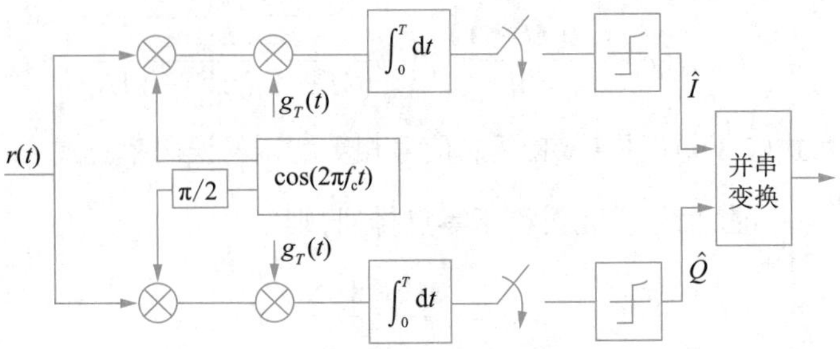

图7.3.2 QPSK信号的相干解调原理方框图

所以QPSK相干解调的误符号率为

$$P_{\mathrm{QPSK}}(e)=1-P_{\mathrm{QPSK}}(c)=2P_{\mathrm{BPSK}}(e)\left[1-\frac{1}{2}P_{\mathrm{BPSK}}(e)\right] \tag{7.3.15}$$

由于现在两路正交的BPSK的信号点之间距离是$\sqrt{2E}$,所以

$$P_{\mathrm{BPSK}}(e)=Q\left(\sqrt{\frac{E}{N_0}}\right) \tag{7.3.16}$$

于是

$$P_{\mathrm{QPSK}}(e)\approx 2Q\left(\sqrt{\frac{E}{N_0}}\right),\ P_{\mathrm{BPSK}}(e)\ll 1 \tag{7.3.17}$$

由于平均信号码元能量$E_{\mathrm{av}}=E$,所以

$$P_{\mathrm{QPSK}}(e)\approx 2Q\left(\sqrt{\frac{E_{\mathrm{av}}}{N_0}}\right) \tag{7.3.18}$$

如果信号点采用格雷码映射,即相位相邻信号点仅相差1比特。对于QPSK来说极大多数的符号错误是错成相邻符号,所以误比特率为

$$P_{\mathrm{b,\,QPSK}}(e)\approx Q\left(\sqrt{\frac{E_{\mathrm{av}}}{N_0}}\right) \tag{7.3.19}$$

又由于一个QPSK符号代表2比特,所以平均比特能量为平均符号能量的一半,即

$$E_{\mathrm{b,\,av}}=\frac{1}{2}E_{\mathrm{av}} \tag{7.3.20}$$

于是

$$P_{\mathrm{b,\,QPSK}}(e)\approx Q\left(\sqrt{\frac{2E_{\mathrm{b,\,av}}}{N_0}}\right) \tag{7.3.21}$$

因此在比特能量相同条件下,QPSK的误比特率与BPSK相同。

对于$M>4$的MPSK,M个码元信号为

$$s_m(t)=\left[\cos\varphi_m\cos(2\pi f_c t)-\sin\varphi_m\sin(2\pi f_c t)\right]g_T(t) \tag{7.3.22}$$

其中

$$\varphi_m=\frac{2\pi m}{M},\quad m = 0,\ 1,\ 2,\ \ldots,\ M\text{-}1,$$

相应的二维信号空间的基矢量信号为

$$\varphi_1(t)=\frac{1}{\sqrt{E}}g_T(t)\cos(2\pi f_c t) \tag{7.3.23a}$$

$$\varphi_2(t)=\frac{1}{\sqrt{E}}g_T(t)\sin(2\pi f_c t) \tag{7.3.23b}$$

M个信号矢量点均匀分布在半径为$\sqrt{E}$的圆周上，如图7.3.3所示。在等概发送信号码元情况下，最大似然接收相当于按最近距离进行判决。在信号空间中划分M个对称扇区，每个扇区包含一个信号点。如接收矢量点落在某扇区内，则判定发送信号是该扇区所含的那个信号点。如图7.3.3所示，当接收矢量落在图中空白区域时，就判发送的是信号$s_0(t)$。

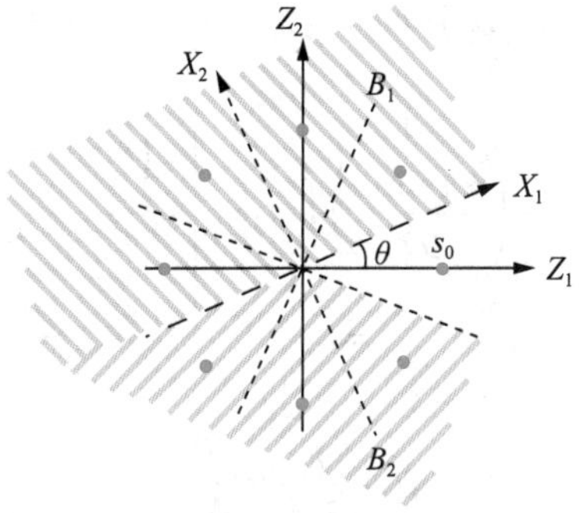

图7.3.3　MPSK信号的判决区域

MPSK信号相干解调的相关接收机如图7.3.4所示。

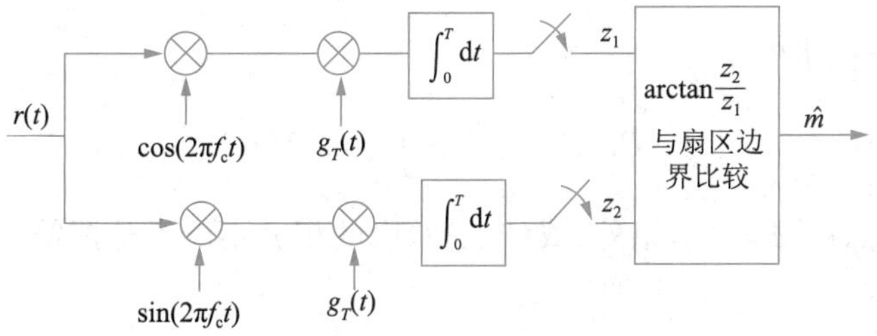

图7.3.4　MPSK信号相干解调的相关接收机框图

由于对称性，平均符号错误概率等于发送$s_0(t)$但接收到矢量(z_1,z_2)不在第0号扇区的概率，即

$$P_{\mathrm{MPSK}}(e)=P\left\{\left|\arctan\frac{z_2}{z_1}\right|>\frac{\pi}{M}\middle|s_0\right\} \tag{7.3.24}$$

在发送$s_0(t)$条件下，接收到的信号为

$$r(t)=s_0(t)+n(t) \tag{7.3.25}$$

其中，$n(t)$是零均值、功率谱密度为$N_0/2$的白高斯噪声，所以

$$z_1=\cos\varphi_0+n_1=\sqrt{E}+n_1 \tag{7.3.26a}$$

$$z_2=\sin\varphi_0+n_2=n_2 \tag{7.3.26b}$$

n_1和n_2是独立、同分布高斯变量，它的均值为零，方差为$\sigma^2=\dfrac{N_0}{2}$，所以

$$p_{Z_1Z_2}(z_1,z_2)=\frac{1}{2\pi\sigma^2}\exp\left[-\frac{\left(z_1-\sqrt{E}\right)^2+z_2{}^2}{2\sigma^2}\right] \tag{7.3.27}$$

令

$$V=\sqrt{Z_1{}^2+Z_2{}^2},\qquad \Theta=\arctan\frac{Z_2}{Z_1} \tag{7.3.28}$$

则

$$p_{V\Theta}(v,\theta)=\frac{v}{2\pi\sigma^2}\exp\left[-\frac{(v-\sqrt{E}\cos\theta)^2+E\sin^2\theta}{2\sigma^2}\right] \tag{7.3.29}$$

$$p_\Theta(\theta)=\int_0^\infty p_{V\Theta}(v,\theta)\,\mathrm{d}v$$

$$=\frac{1}{2\pi}\exp\left(\frac{-E\sin^2\theta}{2\sigma^2}\right)\int_0^\infty v\exp\left[-\frac{\left(v-\frac{\sqrt{E}}{\sigma}\cos\theta\right)^2}{2}\right]\mathrm{d}v \tag{7.3.30}$$

记符号信噪比为

$$\rho=\frac{E}{2\sigma^2}=\frac{E}{N_0}$$

则

$$p_\Theta(\theta)=\frac{1}{2\pi}\exp(-\rho\sin^2\theta)\int_0^\infty v\exp\left[-\frac{\left(v-\sqrt{2\rho}\cos\theta\right)^2}{2}\right]\mathrm{d}v \tag{7.3.31}$$

于是MPSK符号差错概率为

$$P_{\text{MPSK}}(e)=1-\int_{-\frac{\pi}{M}}^{\frac{\pi}{M}}p_\Theta(\theta)\,\mathrm{d}\theta \tag{7.3.32}$$

一般来说，除了$M=2,4$以外，式(7.3.32)中的积分不能简化成简单形式，只能借助于数值积分。

下面推导MPSK误码率公式(7.3.32)的一个简单上、下界。当发送$s_0(t)$符号时，平均错误概率$P_{\text{MPSK}}(e)$等于接收到矢量(z_1,z_2)不落在第0号扇区的概率。图7.3.3中画出了以0号扇区的上、下边界为边界的两个半平面B_1、B_2(以斜线标记)，显然有

$$P\{(z_1,z_2)\in B_1|s_0\}\leqslant P_{\text{MPSK}}(e)\leqslant P\{(z_1,z_2)\in B_1|s_0\}+P\{(z_1,z_2)\in B_2|s_0\} \tag{7.3.33a}$$

由于对称性

$$P\{(z_1,z_2)\in B_1|s_0\}=P\{(z_1,z_2)\in B_2|s_0\} \tag{7.3.33b}$$

利用式(7.3.27)得到

$$P\{(z_1,z_2)\in B_1|s_0\}=\iint_{B_1}p_{Z_1Z_2}(z_1,z_2)\,\mathrm{d}z_1\mathrm{d}z_2$$

$$=\iint_{B_1}\frac{1}{2\pi\sigma^2}\exp\left[-\frac{\left(z_1-\sqrt{E}\right)^2+z_2{}^2}{2\sigma^2}\right]\mathrm{d}z_1\mathrm{d}z_2 \tag{7.3.34a}$$

将图7.3.3中的坐标旋转$\theta=\pi/M$，即进行坐标变换：

$$z_1=x_1\cos\theta-x_2\sin\theta$$
$$z_2=x_1\sin\theta+x_2\cos\theta$$

在新坐标系中积分区域在上半平面$x_2 \geqslant 0$,概率密度函数为

$$p_{X_1X_2}(x_1,x_2)=\frac{1}{2\pi\sigma^2}\exp\left[-\frac{\left(x_1-\sqrt{E}\cos\theta\right)^2+\left(x_2+\sqrt{E}\sin\theta\right)^2}{2\sigma^2}\right]$$

$$\begin{aligned}P\left\{(z_1,z_2)\in B_1|s_0\right\}&=\iint_{x_2\geqslant 0}p_{X_1X_2}\left(x_1,x_2\right)\mathrm{d}x_1\mathrm{d}x_2\\&=\int_0^{\infty}\frac{1}{\sqrt{2\pi\sigma^2}}\exp\left[-\frac{\left(x_2+\sqrt{E}\sin\theta\right)^2}{2\sigma^2}\right]\mathrm{d}x_2\\&=Q\left(\sqrt{\frac{E}{\sigma^2}}\sin\theta\right)\end{aligned}\tag{7.3.34b}$$

代入$\sigma^2=N_0/2,\theta=\pi/M$,以及$\rho\triangleq E/N_0$得到

$$Q\left(\sqrt{2\rho}\sin\frac{\pi}{M}\right)\leqslant P_{\text{MPSK}}(e)\leqslant 2Q\left(\sqrt{2\rho}\sin\frac{\pi}{M}\right)\tag{7.3.35}$$

对于较大的M,以及$\rho=E/N_0\gg 1$,式(7.3.35)的上界是$P_{\text{MPSK}}(e)$的很好近似。

由于相位错误最可能是错成相邻的两个信号矢量,所以当采用格雷码对信号矢量进行编码时,一个符号错误只引起一个比特错误,于是误比特率为

$$P_{\text{b, MPSK}}(e)=\frac{1}{k}P_{\text{MPSK}}(e)$$

其中,$k=\log_2 M$。

由于比特信噪比ρ_{b}和符号信噪比ρ关系为

$$\rho_{\text{b}}=\frac{\rho}{\log_2 M}$$

$$P_{\text{b, MPSK}}(e)=\frac{2}{k}Q\left(\sqrt{2k\rho_{\text{b}}}\sin\frac{\pi}{M}\right)\tag{7.3.36}$$

7.3.3 MQAM的相干解调

M元QAM调制把相位调制和幅度调制组合起来。如7.1.3节中所述,QAM调制可以看成两路ASK通过正交载波复用,在同一个频道上传输,所以MQAM的带宽与ASK调制一样。MQAM信号形式为

$$\begin{aligned}s_{\text{MQAM}}(t)=&\sum_{k=-\infty}^{\infty}I_k g_T(t-kT)\cos\left[2\pi f_{\text{c}}(t-kT)\right]+\\&\sum_{k=-\infty}^{\infty}Q_k g_T(t-kT)\sin\left[2\pi f_{\text{c}}(t-kT)\right]\end{aligned}\tag{7.3.37}$$

在一个符号间隔$(0,T)$中,MQAM的信号码元为

$$s_m(t)=I_m g_T(t)\cos(2\pi f_{\text{c}}t)+Q_m g_T(t)\sin(2\pi f_{\text{c}}t)\tag{7.3.38}$$

其中

$$I_m\in\left\{2i-1-K,\ i=1,2,\cdots,K\right\}$$

$$Q_m\in\left\{2j-1-K,\ j=1,2,\cdots,K\right\}$$

这时$M=K^2$,相应地,两个正交的ASK信号可以各取K个等间隔电平。在二维信号空间中两个基矢量函数为

$$\varphi_1(t)=\frac{1}{\sqrt{E}}g_T(t)\cos(2\pi f_c t) \tag{7.3.39a}$$

$$\varphi_2(t)=\frac{1}{\sqrt{E}}g_T(t)\sin(2\pi f_c t) \tag{7.3.39b}$$

$M=K^2$个信号点坐标为

$$\boldsymbol{s}_m=\left(I_m\sqrt{E},\ Q_m\sqrt{E}\right),\quad m=0,1,\cdots,M \tag{7.3.40}$$

图7.1.5中给出了几种MQAM信号点形式(称为星座图)。

MQAM信号的相干解调方框图如图7.3.5所示。

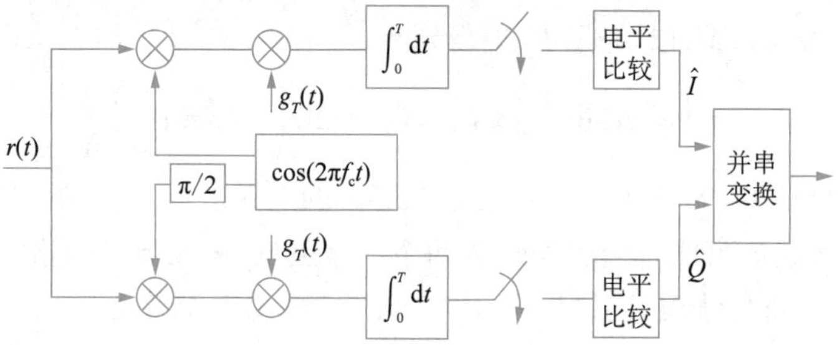

图7.3.5　MQAM信号的相干解调方框图

由于MQAM是由两路正交且幅度对称的ASK组成的,所以一般只能用相干方式解调。下面我们来计算MQAM的误码率。由于对称性,I路和Q路差错概率相同,记为P,于是MQAM符号(I_m,Q_m)差错概率为

$$P_{\mathrm{MQAM}}(e)=1-(1-P)^2\approx 2P\qquad(\text{当}P\ll 1\text{时}) \tag{7.3.41}$$

其中,P是K元ASK调制信号的误符号概率,因此

$$P=\frac{2(K-1)}{K}Q\left(\sqrt{\frac{2E}{N_0}}\right)=2\left(1-\frac{1}{\sqrt{M}}\right)Q\left(\sqrt{\frac{2E}{N_0}}\right) \tag{7.3.42}$$

所以

$$P_{\mathrm{MQAM}}(e)\approx 4\left(1-\frac{1}{\sqrt{M}}\right)Q\left(\sqrt{\frac{2E}{N_0}}\right) \tag{7.3.43}$$

由于MQAM信号码元的平均能量为

$$\begin{aligned}E_{\mathrm{av}}&=\frac{E}{K^2}\sum_{i=1}^{K}\sum_{j=1}^{K}\left[(2i-1-K)^2+(2j-1-K)^2\right]\\&=\frac{2E}{3}(K^2-1)=\frac{2E}{3}(M-1)\end{aligned} \tag{7.3.44}$$

所以

$$E=\frac{3E_{\mathrm{av}}}{2(M-1)} \tag{7.3.45}$$

则

$$P_{\mathrm{MQAM}}(e)=4\left(1-\frac{1}{\sqrt{M}}\right)Q\left(\sqrt{\frac{3E_{\mathrm{av}}}{(M-1)N_0}}\right) \tag{7.3.46}$$

对于16QAM，当$\frac{E_{\mathrm{av}}}{N_0}=100$时，$P_{16\mathrm{QAM}}(e)=4\times\frac{3}{4}\times Q(\sqrt{20})=1.2\times10^{-5}$。在同样信噪比下，16PSK误码率为$P_{16\mathrm{PSK}}(e)=2Q(\sqrt{7.6})=6\times10^{-3}$，所以MQAM的性能要好得多。

我们可以在大信噪比情况下比较$P_{\mathrm{MQAM}}(e)$和$P_{\mathrm{MPSK}}(e)$，这时误码率主要由Q函数中的宗量决定，这两个Q函数的宗量之比（信噪比增益）为

$$\gamma_M=\frac{3}{2(M-1)\sin^2\frac{\pi}{M}} \tag{7.3.47}$$

当$M=4$时，$\gamma_M=1$，所以4PSK和4QAM性能相当；当M充分大时，$\sin\frac{\pi}{M}\approx\frac{\pi}{M}$，于是

$$\gamma_M=\frac{3M^2}{2(M-1)\pi^2}\approx\frac{3M}{2\pi^2}$$

表7.3.1表示MQAM相对于MPSK的信噪比增益。

表7.3.1 MQAM相对于MPSK的信噪比增益

M	$(10\lg\gamma_M)/\mathrm{dB}$
8	1.65
16	4.20
32	7.02
64	9.95

7.3.4 MFSK相干解调

在MFSK系统中，已调信号可写成

$$s_{\mathrm{MFSK}}(t)=\sum_{k=-\infty}^{\infty}\cos(2\pi f_c t+2\pi Q_k\Delta f t)g_T(t-kt) \tag{7.3.48}$$

其中，$Q_k\in\{0,1,\cdots,M-1\}$。对于$f_c=N_c/T$, $\Delta f=1/T$的正交FSK信号来说，式(7.3.48)可写成

$$s_{\mathrm{MFSK}}(t)=\sum_{k=-\infty}^{\infty}\cos\left[2\pi(f_c+Q_k\Delta f)(t-kT)\right]g_T(t-kT) \tag{7.3.49}$$

在一个符号间隔$(0,T)$中，MFSK信号码元为

$$s_m(t)=\cos\left[2\pi(f_c+m\Delta f)t\right]g_T(t),\qquad m=0,1,\cdots,M-1 \tag{7.3.50}$$

MFSK是M维正交调制，在M维信号空间中，基矢量函数为

$$\varphi_m(t)=\frac{1}{\sqrt{E}}\cos\left[2\pi(f_c+m\Delta f)t\right]g_T(t),\qquad m=0,1,\cdots,M-1 \tag{7.4.51}$$

M个信号码元矢量的坐标为

$$s_m=\left(0,0,\cdots,\underset{\substack{\uparrow\\ 第m位}}{\sqrt{E}},0,\cdots,0\right) \tag{7.4.52}$$

MFSK信号的相干相关解调器如图7.3.6所示。

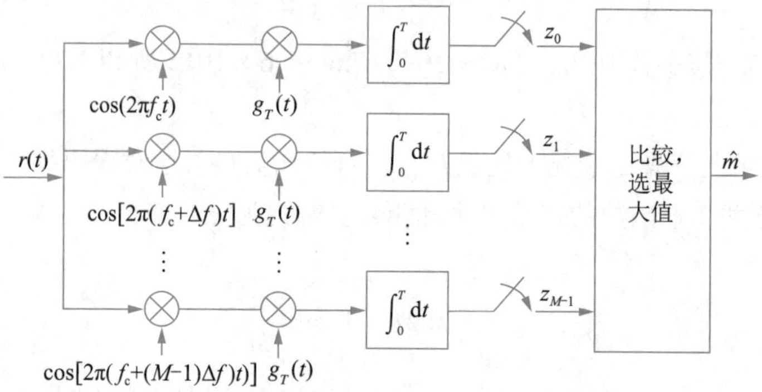

图7.3.6　MFSK信号的相干相关解调器

当发送信号码元为$s_m(t)$时，接收到的信号为

$$r(t)=s_m(t)+n(t) \tag{7.3.53}$$

式(7.3.53)中$n(t)$为零均值、功率谱为$N_0/2$的白高斯噪声，经相关、采样后，得到

$$z_i=n_i,\quad i\neq m \tag{7.3.54a}$$

$$z_m=\sqrt{E}+n_m \tag{7.3.54b}$$

其中，$n_i(i=0,1,\cdots,M-1)$为相互独立、零均值、方差为$N_0/2$的高斯随机变量。在码元等概率发送条件下，由于码元是等能量的，所以最大似然判决是选最大相关支路，即

$$\hat{m}=\arg\max_m\{z_m\}$$

这时的误码概率由式(6.3.103)给出：

$$P_{\mathrm{MFSK}}(e)=\frac{1}{\sqrt{2\pi}}\int_{-\infty}^{\infty}\left\{1-\left[1-Q(x)\right]^{M-1}\right\}\exp\left[-\frac{\left(x-\sqrt{2E/N_0}\right)^2}{2}\right]\mathrm{d}x$$

记码元信噪比为$\rho=E/N_0$，于是

$$P_{\mathrm{MFSK}}(e)=\frac{1}{\sqrt{2\pi}}\int_{-\infty}^{\infty}\left\{1-\left[1-Q(x)\right]^{M-1}\right\}\exp\left[-\frac{\left(x-\sqrt{2\rho}\right)^2}{2}\right]\mathrm{d}x$$

我们知道，MFSK是M进制正交信号，误比特率是误符号率的一半，即

$$P_{\mathrm{b,MFSK}}(e)=\frac{1}{2}P_{\mathrm{MFSK}}(e) \tag{7.3.55}$$

同时，比特信噪比和符号信噪比关系是

$$\rho_{\mathrm{b}}=\frac{\rho}{\log_2 M} \tag{7.3.56}$$

所以误比特率为

$$P_{\mathrm{b,MFSK}}(e)=\frac{1}{\sqrt{8\pi}}\int_{-\infty}^{\infty}\left\{1-\left[1-Q(x)\right]^{M-1}\right\}\exp\left[-\frac{\left(x-\sqrt{2\rho_{\mathrm{b}}\log_2 M}\right)^2}{2}\right]\mathrm{d}x \tag{7.3.57}$$

不同M下MFSK调制的误比特率与比特信噪比关系参见图6.3.20。

7.3.5 M元数字调制信号相干解调性能比较

M元数字调制信号相干解调性能比较如表7.3.2所示。其中$\rho=\frac{E_{av}}{N_0}$是平均符号信噪比，$\rho_b=\frac{E_{b,av}}{N_0}$是平均比特信噪比，$\rho=\rho_b\log_2 M$。

表7.3.2 M元数字调制信号相干解调性能比较

调制方式	误符号率	误比特率
MASK	$P_{MASK}(e)=\frac{2(M-1)}{M}Q\left(\sqrt{\frac{6\rho}{(M^2-1)}}\right)$	$P_{b,MASK}(e)\approx P_{MASK}(e)/\log_2 M$
QPSK	$P_{QPSK}(e)\approx 2Q\left(\sqrt{\rho}\right)$	$P_{b,QPSK}(e)\approx 0.5P_{QPSK}(e)$
MPSK	$P_{MPSK}(e)\approx 2Q\left(\sqrt{2\rho}\sin\frac{\pi}{M}\right)$	$P_{b,MPSK}(e)\approx P_{MPSK}(e)/\log_2 M$
MQAM	$P_{MQAM}(e)=4\left(1-\frac{1}{\sqrt{M}}\right)Q\left(\sqrt{\frac{3\rho}{(M-1)}}\right)$	$P_{b,MQAM}(e)\approx P_{MQAM}(e)/\log_2 M$
MFSK	$P_{MFSK}(e)=\frac{1}{\sqrt{2\pi}}\int_{-\infty}^{\infty}\left\{1-\left[1-Q(x)\right]^{M-1}\right\}$ $\times\exp\left[-\frac{(x-\sqrt{2\rho})^2}{2}\right]dx$	$P_{b,MFSK}(e)=\frac{M}{2(M-1)}P_{MFSK}(e)$

根据表7.3.2所列的误比特率公式和表7.1.3所列的频谱利用率，可以计算出这几种基本调制方式在不同参数下的误比特率和频谱利用率。表7.3.3给出了M元PSK、QAM、FSK的功率有效性和频率有效性。

表7.3.3 M元PSK、QAM、FSK的功率有效性和频率有效性

调制方式		BER = 10^{-2}时的E_b/N_0	频谱利用率R_b/B_T
PSK	$M=2$	10.5	0.5
	$M=4$	10.5	1.0
	$M=8$	14.0	1.5
	$M=16$	18.5	2.0
	$M=32$	23.4	2.5
	$M=64$	28.5	3.0
PSK	$M=128$	33.8	3.5
	$M=256$	39.2	4.0
QAM	$M=4$	10.5	1.0
	$M=16$	15.0	2.0
	$M=64$	18.5	3.0
	$M=256$	24.0	4.0
	$M=1024$	28.0	5.0
	$M=4096$	33.5	6.0

续表

调制方式		BER = 10^{-2}时的E_b/N_0	频谱利用率R_b/B_T
FSK	$M=2$	13.5	0.40
	$M=4$	10.8	0.57
	$M=8$	9.3	0.55
	$M=16$	8.2	0.42
	$M=32$	7.5	0.29
	$M=64$	6.9	0.18
	$M=128$	6.4	0.11
	$M=256$	6.0	0.06

图7.3.7示出了各种调制方式的功率有效性与频谱利用率，并与香农的容量曲线进行比较。可以看到，这些调制方式与信息论极限性能尚有较大差距。

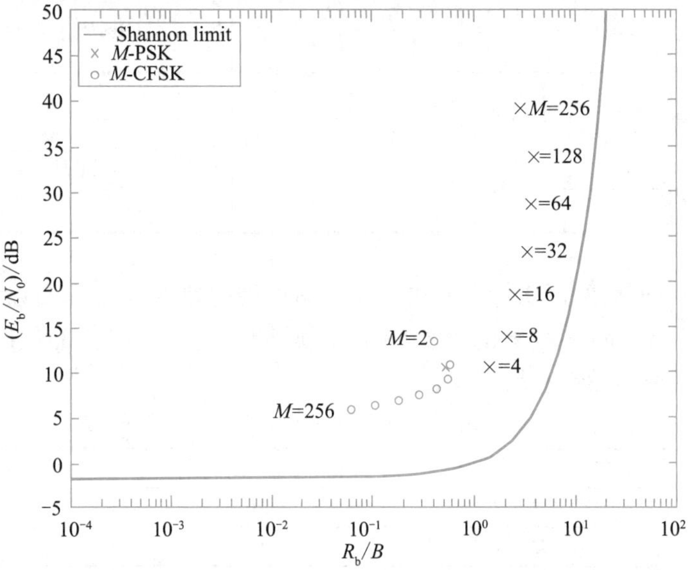

图7.3.7　各种调制方式与香农的容量曲线之间的性能比较

§7.4　数字调制信号的非相干解调

相干解调可以获得比非相干解调更好的误码率，或者说在相同的误码率要求下，相干解调需要的信号功率比非相干解调所需要的要小，但为此付出的代价是需要复杂的载波同步电路来精确估计接收到载波信号的相位。

7-9数字调制信号的非相干解调　　7-10数字调制非相干解调

在许多实际应用中，接收到的信噪比可能足够高，即使采用非最佳的非相干解调也能获得令人满意的误码性能，这时就没有必要采用复杂的相干解调。在本节中我们分析各种数字调制信号的非相干解调技术，以及它们的误码率计算。

在非相干解调中接收机没有关于接收到信号载波的相位信息，但我们可以合理地假定非相干解调系统中所提供的本地振荡信号频率与接收到信号一样，相位差是一个$(0,2\pi)$上均匀分布的随机变量θ，同时可以合理地认为在一个符号间隔中相位差θ几乎不变。例如，在一个载波频率$f_c=100\text{MHz}$，符号率$R_B=100\text{kBaud}$（千波特）的数字传输系统中，目前采用晶体稳频的接收机的频率误差可以做到10^{-6}，因此在一个符号间隔中相位误差仅为$100\times10^6\times10^{-6}\times360°/(100\times10^3)=0.36°$，也就是说100Hz的频率差在一个符号间隔中仅引起0.36°的相位误差变化。

7.4.1 OOK信号的非相干解调

考虑在一个符号间隔$(0,T)$中接收到的信号

$$r(t)=A_m g_T(t)\cos(2\pi f_c t+\theta)+n(t) \tag{7.4.1}$$

其中

$$g_T(t)=\begin{cases}A, & 0\leqslant t\leqslant T\\ 0, & \text{其他}\end{cases}\qquad A_m\in\{0,1\} \tag{7.4.2}$$

θ为$(0,2\pi)$上均匀分布的随机变量，$n(t)$为零均值、功率谱密度为$N_0/2$的加性白高斯噪声。

$r(t)$可写成

$$r(t)=A_m g_T(t)\cos\theta\cos(2\pi f_c t)-A_m g_T(t)\sin\theta\sin(2\pi f_c t)+n(t) \tag{7.4.3}$$

这可以看成是二维调制，两个基函数为

$$\varphi_1(t)=\sqrt{\frac{1}{E}}\,g_T(t)\cos(2\pi f_c t) \tag{7.4.4a}$$

$$\varphi_2(t)=\sqrt{\frac{1}{E}}\,g_T(t)\sin(2\pi f_c t) \tag{7.4.4b}$$

其中，$E=A^2T/2$。

当存在不确定的随机相位时，两个可能的接收信号码元为

$$s_0(t)=0,\quad 0<t<T$$

$$s_1(t)=\sqrt{E}\left[\cos\theta\varphi_1(t)-\sin\theta\varphi_2(t)\right]$$

由于θ是$(0,2\pi)$上均匀分布的随机变量，所以相应的两个信号点是和θ有关的随机点：

$$\boldsymbol{s}_0=(0,0),\quad \boldsymbol{s}_1(\theta)=\left(\sqrt{E}\cos\theta,-\sqrt{E}\sin\theta\right)$$

其中，$\boldsymbol{s}_0$对应于信号空间原点，$\boldsymbol{s}_1(\theta)$均匀分布在以O为圆心、半径为$\sqrt{E}$的圆上，如图7.4.1所示。

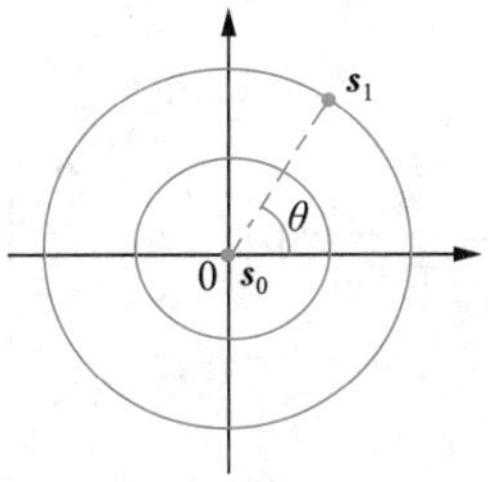

图7.4.1 具有随机相位的OOK信号码元在信号空间中的表示

采用非相干相关接收解调方框图如图7.4.2所示。

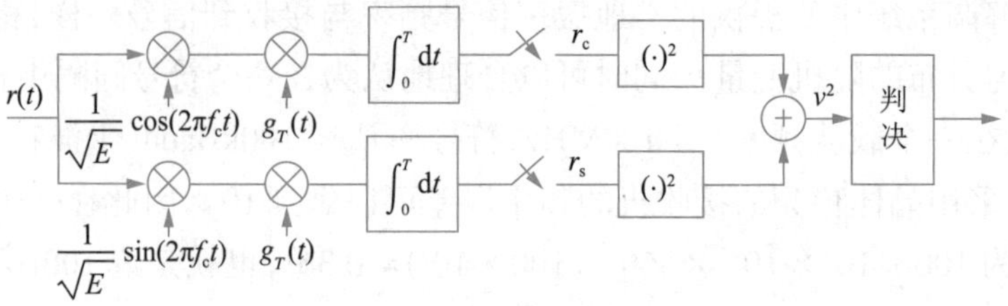

图7.4.2　OOK信号的非相干相关解调方框图

若$\boldsymbol{s}_m$被发送，则非相干相关接收输出的两个样本为

$$r_c = \sqrt{E}\, A_m \cos\theta + n_c \tag{7.4.5a}$$

$$r_s = \sqrt{E}\, A_m \sin\theta + n_s \tag{7.4.5b}$$

其中

$$n_c = \int_0^T n(t)\varphi_1(t)\,\mathrm{d}t \tag{7.4.6a}$$

$$n_s = \int_0^T n(t)\varphi_2(t)\,\mathrm{d}t \tag{7.4.6b}$$

$$E(n_c) = E(n_s) = 0 \tag{7.4.6c}$$

$$\sigma_{n_c}^2 = \sigma_{n_s}^2 = \frac{N_0}{2} \tag{7.4.6d}$$

$$E(n_c \cdot n_s) = 0 \tag{7.4.6e}$$

在A_m和θ给定条件下，(r_c, r_s)的联合分布为

$$P_{R_cR_s}(r_c, r_s|A_m, \theta) = \frac{1}{\pi N_0}\exp\left[-\frac{(r_c - \sqrt{E_m}\cos\theta)^2 + (r_s - \sqrt{E_m}\sin\theta)^2}{N_0}\right] \tag{7.4.7}$$

其中

$$E_m = A_m^2 E$$

于是

$$\begin{aligned} P_{R_cR_s}(r_c, r_s|A_m) &= \frac{1}{2\pi}\int_0^{2\pi} P(r_c, r_s|A_m, \theta)\,\mathrm{d}\theta \\ &= \frac{1}{\pi N_0}\exp\left(-\frac{r_c^2 + r_s^2 + E_m}{N_0}\right)\cdot\frac{1}{2\pi}\int_0^{2\pi}\exp\left\{\frac{\sqrt{E_m}\left[r_c\cos\theta + r_s\sin\theta\right]}{N_0/2}\right\}\mathrm{d}\theta \\ &= \frac{1}{\pi N_0}\exp\left(-\frac{r_c^2 + r_s^2 + E_m}{N_0}\right)\mathrm{I}_0\left[\frac{\sqrt{E_m(r_c^2 + r_s^2)}}{N_0/2}\right] \end{aligned} \tag{7.4.8}$$

其中，$\mathrm{I}_0(\cdot)$为零阶修正贝塞尔函数。作变量变换：

$$R_c = V\cos\Theta \tag{7.4.9a}$$

$$R_s = V\sin\Theta \tag{7.4.9b}$$

得到

$$P_{V\Theta}(v, \theta|A_m) = \frac{v}{\pi N_0}\exp\left(-\frac{v^2 + E_m}{N_0}\right)\mathrm{I}_0\left(\frac{\sqrt{E_m}\cdot v}{N_0/2}\right) \tag{7.4.10}$$

对θ在$(-\pi, \pi)$上积分，得到

$$P_V(v|A_m) = \frac{v}{N_0/2}\exp\left(-\frac{v^2 + E_m}{N_0}\right)\mathrm{I}_0\left(\frac{\sqrt{E_m}\, v}{N_0/2}\right) \tag{7.4.11}$$

对于OOK调制

$$P_V(v|A_m=0)=\frac{v}{N_0/2}\exp\left(-\frac{v^2}{N_0}\right) \tag{7.4.12a}$$

$$P_V(v|A_m=1)=\frac{v}{N_0/2}\exp\left(-\frac{v^2+E}{N_0}\right)I_0\left(\frac{\sqrt{E}\,v}{N_0/2}\right) \tag{7.4.12b}$$

当$P(A_0=0)=P(A_1=1)=1/2$时，采用最大似然准则，即

$$\begin{cases}\text{当}\dfrac{p_V(v|A_1)}{P_V(v|A_0)}>1\text{时，}\quad\text{判发}\boldsymbol{s}_1 & (7.4.13a)\\ \text{当}\dfrac{P_V(v|A_1)}{P_V(v|A_0)}<1\text{时，}\quad\text{判发}\boldsymbol{s}_0 & (7.4.13b)\end{cases}$$

或者

$$\begin{cases}\mathrm{I}_0\left(\dfrac{\sqrt{E}\,v}{N_0/2}\right)>\mathrm{e}^{E/N_0}\text{时，}\quad\text{判发}\boldsymbol{s}_1 & (7.4.14a)\\ \mathrm{I}_0\left(\dfrac{\sqrt{E}\,v}{N_0/2}\right)<\mathrm{e}^{E/N_0}\text{时，}\quad\text{判发}\boldsymbol{s}_0 & (7.4.14b)\end{cases}$$

由于$\mathrm{I}_0(x)$的单调性，准则(7.4.14)相当于

$$\begin{cases}v>r_T,\quad\text{判发}\boldsymbol{s}_1 & (7.4.15a)\\ v<r_T,\quad\text{判发}\boldsymbol{s}_0 & (7.4.15b)\end{cases}$$

其中，r_T满足

$$\mathrm{I}_0\left(\frac{\sqrt{E}\,r_T}{N_0/2}\right)=\mathrm{e}^{E/N_0} \tag{7.4.16a}$$

即

$$\ln\left[\mathrm{I}_0\left(\frac{\sqrt{E}\,r_T}{N_0/2}\right)\right]=\frac{E}{N_0} \tag{7.4.16b}$$

当x充分大时，$\ln \mathrm{I}_0(x)\approx x$，所以当信噪比$\dfrac{E}{N_0}$充分大时，从方程(7.4.16b)解出

$$\frac{\sqrt{E}\,r_T}{N_0/2}=\frac{E}{N_0}$$

即

$$r_T=\frac{\sqrt{E}}{2} \tag{7.4.17}$$

所以非相干解调的误码率为

$$P_{\mathrm{e}}=\frac{1}{2}\int_0^{r_T}\frac{v}{N_0/2}\exp\left(-\frac{v^2+E}{N_0}\right)\mathrm{I}_0\left(\frac{\sqrt{E}\,v}{N_0/2}\right)\mathrm{d}v+\frac{1}{2}\int_{r_T}^{\infty}\frac{v}{N_0/2}\exp\left(-\frac{v^2}{N_0}\right)\mathrm{d}v \tag{7.4.18}$$

式(7.4.18)中第二项积分为

$$\frac{1}{2}\int_{r_T}^{\infty}\frac{v}{N_0/2}\exp\left(-\frac{v^2}{N_0}\right)\mathrm{d}v=\frac{1}{2}\mathrm{e}^{-\frac{E}{4N_0}} \tag{7.4.19}$$

因为当x充分大时，$\mathrm{I}_0(x)\approx\frac{\mathrm{e}^x}{\sqrt{2\pi x}}$，所以当$\frac{\sqrt{E}}{N_0/2}\gg 1$时，式(7.4.12b)可近似为

$$\begin{aligned}P_V(v|A_m=1)&\approx\sqrt{\frac{v}{\pi N_0\sqrt{E}}}\exp\left[-\frac{(v-\sqrt{E})^2}{N_0}\right]\\&\leqslant\sqrt{\frac{1}{\pi N_0}}\exp\left[-\frac{(v-\sqrt{E})^2}{N_0}\right],\quad 0\leqslant v\leqslant\frac{\sqrt{E}}{2}\end{aligned} \tag{7.4.20}$$

所以式(7.4.18)中第一项积分为

$$\frac{1}{2}\int_0^{r_T}\frac{v}{N_0/2}\exp\left(-\frac{v^2+E}{N_0}\right)\mathrm{I}_0\left(\frac{\sqrt{E}\,v}{N_0/2}\right)\mathrm{d}v\leqslant\frac{1}{2}Q\left(\sqrt{\frac{E}{2N_0}}\right) \tag{7.4.21}$$

由于平均符号能量$E_{\mathrm{av}}=E/2$，所以误码率

$$P_{\mathrm{e}}=\frac{1}{2}Q\left(\sqrt{\frac{E_{\mathrm{av}}}{N_0}}\right)+\frac{1}{2}\mathrm{e}^{-\frac{E_{\mathrm{av}}}{2N_0}} \tag{7.4.22}$$

记信噪比$\rho=E_{\mathrm{av}}/N_0$，则

$$P_{\mathrm{e}}=\frac{1}{2}Q\left(\sqrt{\rho}\right)+\frac{1}{2}\mathrm{e}^{-\frac{\rho}{2}} \tag{7.4.23}$$

因为

$$Q\left(\sqrt{\rho}\right)\approx\frac{1}{\sqrt{2\pi\rho}}\mathrm{e}^{-\frac{\rho}{2}},\quad\rho\gg 1$$

当ρ充分大时，式(7.4.23)右边第二项占主导地位，所以

$$P_{\mathrm{e}}\approx\frac{1}{2}\mathrm{e}^{-\frac{\rho}{2}},\quad\rho\gg 1 \tag{7.4.24}$$

7.4.2 2FSK信号非相干解调

在2FSK信号的非相干解调系统中，接收到的信号可以写成

$$r(t)=g_T(t)\cos(2\pi f_i t+\theta_i)+n(t),\quad i=0,1 \tag{7.4.25}$$

其中

$$g_T(t)=\begin{cases}A, & 0\leqslant t\leqslant T\\0, & \text{其他}\end{cases} \tag{7.4.26}$$

$|f_0-f_1|=k/T$，即频差为$1/T$的整数倍；θ_0,θ_1是两个在$(0,2\pi)$上均匀分布的独立随机变量，$n(t)$是零均值、功率谱为$N_0/2$的加性白高斯噪声。$r(t)$可写成

$$r(t)=g_T(t)\cos\theta_i\cos(2\pi f_i t)-g_T(t)\sin\theta_i\sin(2\pi f_i t)+n(t) \tag{7.4.27}$$

可以看成是四维调制，四个基函数为

$$\varphi_{0\mathrm{c}}(t)=\sqrt{\frac{1}{E}}g_T(t)\cos(2\pi f_0 t) \tag{7.4.28a}$$

$$\varphi_{0\mathrm{s}}(t)=\sqrt{\frac{1}{E}}g_T(t)\sin(2\pi f_0 t) \tag{7.4.28b}$$

$$\varphi_{1\mathrm{c}}(t)=\sqrt{\frac{1}{E}}g_T(t)\cos(2\pi f_1 t) \tag{7.4.28c}$$

$$\varphi_{1s}(t)=\sqrt{\frac{1}{E}}\,g_T(t)\sin(2\pi f_1 t) \tag{7.4.28d}$$

其中$E=A^2T/2$。相应的两个信号码元为

$$s_i(t)=\sqrt{E}\left[\cos\theta_i\,\varphi_{ic}(t)-\sin\theta_i\,\varphi_{is}(t)\right],i=0,1 \tag{7.4.29}$$

在信号空间中对应的是与θ_0、θ_1有关的两个随机点：

$$\boldsymbol{s}_0=(\sqrt{E}\cos\theta_0,\ \sqrt{E}\sin\theta_0,\ 0,\ 0) \tag{7.4.30a}$$

$$\boldsymbol{s}_1=(0,\ 0,\ \sqrt{E}\cos\theta_1,\ \sqrt{E}\sin\theta_1) \tag{7.4.30b}$$

采用非相干相关接收的解调方框图如图7.4.3所示。

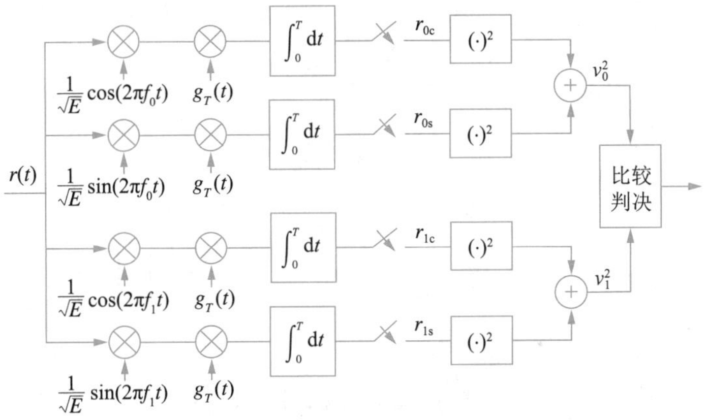

图7.4.3 2FSK信号的非相干相关解调方框图

如果假设$\boldsymbol{s}_0$发送，则非相干相关接收机输出的四个采样值为

$$r_{0c}=\sqrt{E}\cos\theta_0+n_{0c} \tag{7.4.31a}$$

$$r_{0s}=\sqrt{E}\cos\theta_0+n_{0s} \tag{7.4.31b}$$

$$r_{1c}=n_{1c} \tag{7.4.31c}$$

$$r_{1s}=n_{1s} \tag{7.4.31d}$$

其中

$$n_{0c}=\int_0^T n(t)\varphi_{0c}(t)\,dt \tag{7.4.32a}$$

$$n_{0s}=\int_0^T n(t)\varphi_{0s}(t)\,dt \tag{7.4.32b}$$

$$n_{1c}=\int_0^T n(t)\varphi_{1c}(t)\,dt \tag{7.4.32c}$$

$$n_{1s}=\int_0^T n(t)\varphi_{1s}(t)\,dt \tag{7.4.32d}$$

$n_{0c},n_{0s},n_{1c},n_{1s}$是彼此独立、零均值、方差为$N_0/2$的高斯变量。在给定$\boldsymbol{s}_0$和$\theta_0$条件下

$$p(r_{0c},r_{0s},r_{1c},r_{1s}|\boldsymbol{s}_0,\theta_0)=\left(\frac{1}{N_0\pi}\right)^2\exp\left(-\frac{r_{1c}^2+r_{1s}^2}{N_0}\right)\times\exp\left[-\frac{(r_{0c}-\sqrt{E}\cos\theta_0)^2+(r_{0s}-\sqrt{E}\sin\theta_0)^2}{N_0}\right] \tag{7.4.33a}$$

$$p(r_{0c},r_{0s},r_{1c},r_{1s}|\boldsymbol{s}_0,\theta_0)=\left(\frac{1}{N_0\pi}\right)^2\exp\left(-\frac{r_{0c}^2+r_{0s}^2+r_{1c}^2+r_{1s}^2+E}{N_0}\right)\times\exp\left[\frac{\sqrt{E}\,(r_{0c}\cos\theta_0+r_{0s}\sin\theta_0)}{N_0/2}\right] \tag{7.4.33b}$$

于是

$$\begin{aligned}p(r_{0c},r_{0s},r_{1c},r_{1s}|\boldsymbol{s}_0)&=\frac{1}{2\pi}\int_0^{2\pi}p(r_{0c},r_{0s},r_{1c},r_{1s}|\boldsymbol{s}_0,\theta_0)\,\mathrm{d}\theta_0\\&=\left(\frac{1}{\pi N_0}\right)^2\exp\left(-\frac{r_{0c}^2+r_{0s}^2+r_{1c}^2+r_{1s}^2+E}{N_0}\right)\mathrm{I}_0\left(\frac{\sqrt{E(r_{0c}^2+r_{0s}^2)}}{N_0/2}\right)\end{aligned} \tag{7.4.34}$$

令

$$r_{0c}=v_0\cos\varphi_0 \tag{7.4.35a}$$

$$r_{1c}=v_1\cos\varphi_1 \tag{7.4.35b}$$

$$r_{0s}=v_0\sin\varphi_0 \tag{7.4.35c}$$

$$r_{1s}=v_1\sin\varphi_1 \tag{7.4.35d}$$

得到

$$p(v_0,v_1,\varphi_0,\varphi_1|\boldsymbol{s}_0)=\frac{v_1v_2}{(\pi N_0)^2}\exp\left(-\frac{{v_0}^2+v_1^2+E}{N_0}\right)\mathrm{I}_0\left(\frac{\sqrt{E}\,v_0}{N_0/2}\right) \tag{7.4.36}$$

所以

$$\begin{aligned}p(v_0,v_1|\boldsymbol{s}_0)&=\int_0^{2\pi}\int_0^{2\pi}p(v_0,v_1,\varphi_0,\varphi_1|\boldsymbol{s}_0)\,\mathrm{d}\varphi_0\mathrm{d}\varphi_1\\&=\frac{v_0v_1}{(N_0/2)^2}\exp\left(-\frac{{v_0}^2+{v_1}^2+E}{N_0}\right)\mathrm{I}_0\left(\frac{\sqrt{E}\,v_0}{N_0/2}\right)\end{aligned} \tag{7.4.37}$$

同样可得

$$p(v_0,v_1|\boldsymbol{s}_1)=\frac{v_0v_1}{(N_0/2)^2}\exp\left(-\frac{{v_0}^2+{v_1}^2+E}{N_0}\right)\mathrm{I}_0\left(\frac{\sqrt{E}\,v_1}{N_0/2}\right) \tag{7.4.38}$$

采用最大似然准则,则

$$\text{当}\frac{p(v_0,v_1|\boldsymbol{s}_0)}{p(v_0,v_1|\boldsymbol{s}_1)}>1,\quad\text{判发}\boldsymbol{s}_0 \tag{7.4.39a}$$

$$\text{当}\frac{p(v_0,v_1|\boldsymbol{s}_0)}{p(v_0,v_1|\boldsymbol{s}_1)}<1,\quad\text{判发}\boldsymbol{s}_1 \tag{7.4.39b}$$

或者

$$\text{当}\mathrm{I}_0\left(\frac{\sqrt{E}\,v_0}{N_0/2}\right)>\mathrm{I}_0\left(\frac{\sqrt{E}\,v_1}{N_0/2}\right),\quad\text{判发}\boldsymbol{s}_0 \tag{7.4.40a}$$

$$\text{当}\mathrm{I}_0\left(\frac{\sqrt{E}\,v_0}{N_0/2}\right)<\mathrm{I}_0\left(\frac{\sqrt{E}\,v_1}{N_0/2}\right),\quad\text{判发}\boldsymbol{s}_1 \tag{7.4.40b}$$

由于$\mathrm{I}_0(x)$的单调性,式(7.4.40)等价于

$$v_0>v_1,\quad\text{判发}\boldsymbol{s} \tag{7.4.41a}$$

$$v_0<v_1,\quad\text{判发}\boldsymbol{s}_1 \tag{7.4.41b}$$

下面计算误码率:

$$P_e=\frac{1}{2}P\{V_0>V_1|\boldsymbol{s}_1\}+\frac{1}{2}P\{V_1>V_0|\boldsymbol{s}_0\} \tag{7.4.42}$$

由于对称性,有

$$P\{V_0>V_1|\boldsymbol{s}_1\}=P\{V_1>V_0|\boldsymbol{s}_0\} \tag{7.4.43}$$

所以

$$\begin{aligned}P_e&=P(V_1>V_0|\boldsymbol{s}_0)\\&=\iint_{v_1>v_0}p(v_0,v_1|\boldsymbol{s}_0)\,\mathrm{d}v_0\,\mathrm{d}v_1\\&=\int_0^\infty\frac{v_0}{N_0/2}\exp\left(-\frac{v_0^{\ 2}+E}{N_0}\right)\mathrm{I}_0\left(\frac{\sqrt{E}\,v_0}{N_0/2}\right)\left[\int_{v_0}^\infty\frac{v_1}{N_0/2}\exp\left(-\frac{v_1^2}{N_0}\right)\mathrm{d}v_1\right]\mathrm{d}v_0\\&=\int_0^\infty\frac{v_0}{N_0/2}\exp\left(-\frac{v_0^{\ 2}+E}{N_0}\right)\mathrm{I}_0\left(\frac{\sqrt{E}\,v_0}{N_0/2}\right)\exp\left(-\frac{v_0^{\ 2}}{N_0}\right)\mathrm{d}v_0\end{aligned} \tag{7.4.44}$$

令$t=\dfrac{2v_0}{\sqrt{N_0}}$,$\eta=\sqrt{\dfrac{E}{N_0}}$,则

$$P_e=\frac{1}{2}\mathrm{e}^{-\eta^2/2}\int_0^\infty t\exp\left(-\frac{t^2+\eta^2}{2}\right)\mathrm{I}_0(\eta t)\,\mathrm{d}t \tag{7.4.45}$$

由于

$$\int_0^\infty t\exp\left(-\frac{t^2+\eta^2}{2}\right)\mathrm{I}_0(\eta t)\,\mathrm{d}t=1 \tag{7.4.46}$$

所以

$$P_e=\frac{1}{2}\mathrm{e}^{-\eta^2/2}=\frac{1}{2}\mathrm{e}^{-E/(2N_0)} \tag{7.4.47}$$

由于发送信号码元的平均能量为

$$E_{av}=E \tag{7.4.48}$$

所以

$$P_e=\frac{1}{2}\mathrm{e}^{-E_{av}/(2N_0)} \tag{7.4.49}$$

记$\rho=E_{av}/N_0$,则

$$P_e=\frac{1}{2}\mathrm{e}^{-\rho/2} \tag{7.4.50}$$

事实上,从式(7.4.37)可得

$$\begin{aligned}p(v_0|\boldsymbol{s}_0)&=\int_0^\infty p(v_0,v_1|\boldsymbol{s}_0)\,\mathrm{d}v_1\\&=\frac{v_0}{N_0/2}\exp\left(-\frac{v_0^{\ 2}+E}{N_0}\right)\mathrm{I}_0\left(\frac{\sqrt{E}\,v_0}{N_0/2}\right)\end{aligned} \tag{7.4.51}$$

$$\begin{aligned}p(v_1|\boldsymbol{s}_0)&=\int_0^\infty p(v_0,v_1|\boldsymbol{s}_0)\,\mathrm{d}v_0\\&=\frac{v_1}{N_0/2}\exp\left(-\frac{v_1^{\ 2}}{N_0}\right)\end{aligned} \tag{7.4.52}$$

所以

$$p(v_0,v_1|\boldsymbol{s}_0)=p(v_0|\boldsymbol{s}_0)\,p(v_1|\boldsymbol{s}_0) \tag{7.4.53}$$

我们可以计算非相干MFSK的误码率。对于MFSK信号的非相干相关解调器,其方框图是图7.4.3的推广,如图7.4.4所示。

在等先验概率条件下，$P(\boldsymbol{s}_i)=1/M, i=0,1,2,\cdots,M-1$，最大似然概率准则是

$$\hat{m}=\arg\max_{m}\left\{v_m\right\} \tag{7.4.54}$$

非相干MFSK解调的误码率为

$$P_{\mathrm{e}}=1-P_{\mathrm{c}} \tag{7.4.55}$$

其中，P_{c}为正确接收概率。由问题的对称性，正确接收概率等于在发送$\boldsymbol{s}_0$条件下的正确接收概率，即

$$\begin{aligned}P_{\mathrm{c}}&=P\left\{V_0>\max(V_1,V_2,\cdots,V_{M-1})|\boldsymbol{s}_0\right\}\\&=P\left\{V_0>V_1,V_0>V_2,\cdots,V_0>V_{M-1}|\boldsymbol{s}_0\right\}\\&=\int_0^{\infty}p(v_0|\boldsymbol{s}_0)\,p\left\{V_1<v_0,V_2<v_0,\cdots,V_{M-1}<v_0|\boldsymbol{s}_0\right\}\mathrm{d}v_0\end{aligned} \tag{7.4.56}$$

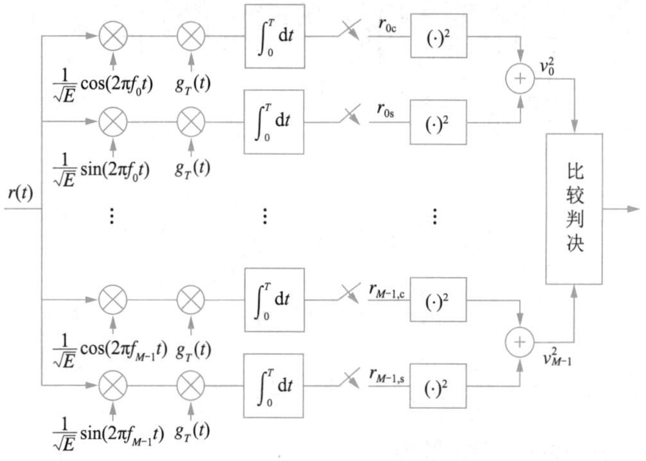

图7.4.4 MFSK信号的非相干相关解调器方框图

在发送$\boldsymbol{s}_0$条件下，$V_1,V_2,\cdots,V_{M-1}$是独立、同分布瑞利随机变量，所以

$$P\left\{V_1<v_0,V_2<v_0,\cdots,V_{M-1}<v_0|\boldsymbol{s}_0\right\}=\prod_{i=1}^{M-1}P\left\{V_i<v_0|\boldsymbol{s}_0\right\} \tag{7.4.57}$$

因为

$$\begin{aligned}P\left\{V_i<v_0|\boldsymbol{s}_0\right\}&=\int_0^{v_0}\frac{v_i}{N_0/2}\exp\left(-\frac{v_i^2}{N_0}\right)\mathrm{d}v_{\mathrm{i}}\\&=\left(1-\mathrm{e}^{-\frac{v_0^2}{N_0}}\right),i=1,2,\cdots,M-1\end{aligned} \tag{7.4.58}$$

$$p\left\{v_0|\boldsymbol{s}_0\right\}=\frac{v_0}{N_0/2}\exp\left(-\frac{{v_0}^2+E}{N_0}\right)\mathrm{I}_0\left(\frac{\sqrt{E}\,v_0}{N_0/2}\right) \tag{7.4.59}$$

所以

$$\begin{aligned}P_{\mathrm{c}}&=\int_0^{\infty}p\left\{v_0|\boldsymbol{s}_0\right\}\left(1-\mathrm{e}^{-\frac{{v_0}^2}{N_0}}\right)^{M-1}\mathrm{d}v_0\\&=\sum_{n=0}^{M-1}(-1)^n\int_0^{\infty}p\left\{v_0|\boldsymbol{s}_0\right\}C_{M-1}^n\mathrm{e}^{-\frac{nv_0^2}{N_0}}\mathrm{d}v_0\end{aligned} \tag{7.4.60}$$

$$
\begin{aligned}
P_{\mathrm{e}} &= 1 - P_{\mathrm{c}} \\
&= \sum_{n=1}^{M-1}(-1)^{n+1}C_{M-1}^{n}\int_{0}^{\infty}p\left\{v_0|\boldsymbol{s}_0\right\}\mathrm{e}^{-\frac{nv_0^2}{N_0}}\mathrm{d}v_0 \\
&= \sum_{n=1}^{M-1}\frac{(-1)^{n+1}C_{M-1}^{n}}{n+1}\mathrm{e}^{-\frac{nE}{(n+1)N_0}}
\end{aligned}
\tag{7.4.61}
$$

因为$E_{\mathrm{av}} = E$,所以

$$
\begin{aligned}
P_{\mathrm{e}} &= \sum_{n=1}^{M-1}\frac{(-1)^{n+1}}{n+1}C_{M-1}^{n}\mathrm{e}^{-\frac{n}{n+1}\cdot\frac{E_{\mathrm{av}}}{N_0}} \\
&= \sum_{n=1}^{M-1}\frac{(-1)^{n+1}}{n+1}C_{M-1}^{n}\mathrm{e}^{-\frac{n}{n+1}\rho}
\end{aligned}
\tag{7.4.62}
$$

其中,平均符号信噪比为$\rho = \dfrac{E_{\mathrm{av}}}{N_0}$。

7.4.3 DPSK信号的差分相干解调（相位比较解调）

我们知道,PSK信号只能用相干解调,因为它的相位基准是载波的相位。但是在DPSK调制系统中,是利用前后码元信号的相位差来传输数据信息的,它的相位基准是前一时刻的相位,所以可以采用差分相干解调。这也是一种非相干解调。在M元DPSK中,在第k个符号间隔$[kT,(k+1)T]$中载波相位角为

$$
\theta_k = \left(\theta_{k-1} + a_k\frac{2\pi}{M}\right) \quad (\mathrm{mod}\,2\pi)
\tag{7.4.63}
$$

其中 $a_k \in \{0,1,\cdots,M-1\}$

在$[kt,(k+1)t]$中发送的信号为

$$
s(t) = g_T(t-kT)\cos(2\pi f_{\mathrm{c}}t + \theta_k)
\tag{7.4.64}
$$

接收到的信号为

$$
r(t) = g_T(t-kT)\cos(2\pi f_{\mathrm{c}}t + \theta_k + \varphi) + n(t)
\tag{7.4.65}
$$

其中,φ是$(0,2\pi)$上均匀分布的随机变量,$n(t)$是零均值、功率谱密度为$N_0/2$的加性白高斯噪声。若采用图7.4.5所示的非相干相关器解调,则两个支路上的采样输出为

$$
r_{\mathrm{c}k} = \sqrt{E}\cos(\theta_k + \varphi) + n_{\mathrm{c}k}
\tag{7.4.66a}
$$

$$
r_{\mathrm{s}k} = \sqrt{E}\sin(\theta_k + \varphi) + n_{\mathrm{s}k}
\tag{7.4.66b}
$$

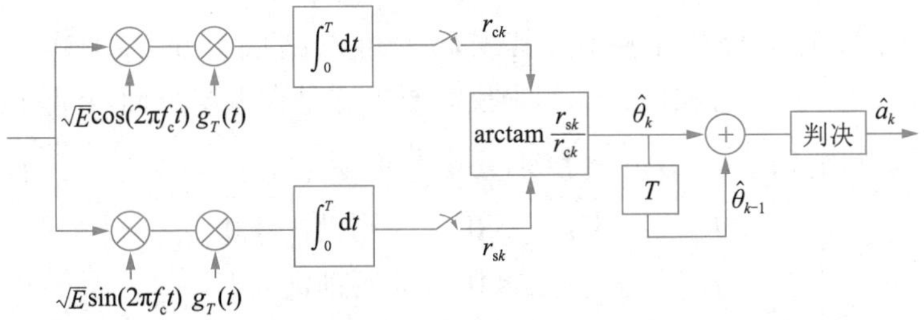

图7.4.5 DBPSK信号的差分相干解调方框图

采样输出的复数形式为

$$r_k = \sqrt{E}\,\mathrm{e}^{\mathrm{i}(\theta_k + \varphi)} + n_k \tag{7.4.67}$$

其中复数高斯噪声为

$$n_k = n_{ck} + \mathrm{j}n_{sk} \tag{7.4.68}$$

n_{ck}和n_{sk}为零均值、方差为$\dfrac{N_0}{2}$的独立高斯噪声。

假定随机相位φ在两个相邻符号间隔中不变，则$k-1$时刻采样输出为

$$r_{k-1} = \sqrt{E}\,\mathrm{e}^{\mathrm{i}(\theta_{k-1} + \varphi)} + n_{k-1} \tag{7.4.69}$$

对于r_k和r_{k-1}的相位差进行判决，也就是对$r_k r_{k-1}^*$的相位进行判决：

$$r_k r_{k-1}^* = E\mathrm{e}^{\mathrm{j}(\theta_k - \theta_{k-1})} + \sqrt{E}\,\mathrm{e}^{\mathrm{j}(\theta_k + \varphi)} n_{k-1}^* + \sqrt{E}\,\mathrm{e}^{-\mathrm{j}(\theta_{k-1} + \varphi)} n_k + n_k n_{k-1}^* \tag{7.4.70}$$

相位差$\theta_k - \theta_{k-1}$包含在$r_k r_{k-1}^*$的平均值$E\cdot\mathrm{e}^{\mathrm{j}(\theta_k - \theta_{k-1})}$中，其余项都是噪声。

为了分析误码率，不仿假定在某符号间隔发送$a_k = 0$，则$\theta_k - \theta_{k-1} = 0$，于是

$$r_k r_{k-1}^* = E + \sqrt{E}\,(n_k' + n_{k-1}') + n_k n_{k-1}^* \tag{7.4.71}$$

其中

$$n_k' \triangleq \mathrm{e}^{-\mathrm{j}(\theta_{k-1} + \varphi)} n_k \tag{7.4.72a}$$

$$n_{k-1}' \triangleq \mathrm{e}^{\mathrm{j}(\theta_k + \varphi)} n_{k-1}^* \tag{7.4.72b}$$

由于φ是$(0,2\pi)$上均匀分布的随机相位，所以n_k',n_{k-1}'和n_k,n_{k-1}^*的统计特性一样。计算$r_k r_{k-1}^*$相位的概率分布十分复杂，主要困难在于$n_k n_{k-1}^*$项，但当信噪比E/N_0充分大时，可以忽略$n_k n_{k-1}^*$，使得分析大为简化。分别记z_1和z_2为$r_k r_{k-1}^*$的实部和虚部，即

$$r_k r_{k-1}^* = z_1 + \mathrm{j}z_2 \tag{7.4.73}$$

其中

$$z_1 = E + \sqrt{E}\,(n_{ck}' + n_{ck-1}') \tag{7.4.74a}$$

$$z_2 = \sqrt{E}\,(n_{sk}' + n_{sk-1}') \tag{7.4.74b}$$

判决装置把$\arctan\dfrac{z_2}{z_1}$与图7.3.3中第0个扇区的边界相比较。若它不落在第0个扇区，则表示出现了符号差错。我们发现这时的差错情况与式(7.3.26)的MPSK相干解调情况一样，只是现在噪声为$n_{ck}' + n_{ck-1}'$和$n_{sk}' + n_{sk-1}'$，代替MPSK相干解调时的n_1和n_2。由于$n_{ck}' + n_{ck-1}'$和$n_{sk}' + n_{sk-1}'$的方差为N_0，比MPSK时大1倍，所以相应误码率为

$$P_e \approx 2Q\left(\sqrt{\rho}\sin\frac{\pi}{M}\right) \tag{7.4.75}$$

其中符号信噪比为$\rho = E/N_0$，与相干解调相比性能差了3dB。

对于DBPSK的差分相干解调，其误码率可以精确算出。在DBPSK中，$(\theta_k - \theta_{k-1}) \in \{0, \pi\}$，所以对$r_k r_{k-1}^*$相位角的判别仅需要确定是在左半平面，还是在右半平面就可以了，即只要判别$\mathrm{Re}\{r_k r_{k-1}^*\}$是大于零，还是小于零。

若 $$r_k r_{k-1}^* + r_k^* r_{k-1} > 0, \quad 则判\ a_k = 0 \tag{7.4.76a}$$

若 $$r_k r_{k-1}^* + r_k^* r_{k-1} < 0, \quad 则判\ a_k = 1 \tag{7.4.76b}$$

不仿假定发送$a_k = 0$，即$\theta_k = \theta_{k-1}$，则误码率为

$$P_e = P\{r_k r_{k-1}^* + r_k^* r_{k-1} < 0 | a_k = 0\} \tag{7.4.77}$$

由于
$$r_k r_{k-1}^* = \left\{\left[\sqrt{E}\cos(\theta_k+\varphi)+n_{ck}\right]+\mathrm{j}\left[\sqrt{E}\sin(\theta_k+\varphi)+n_{sk}\right]\right\}$$
$$\times\left\{\left[\sqrt{E}\cos(\theta_k+\varphi)+n_{ck-1}\right]-\mathrm{j}\left[\sqrt{E}\sin(\theta_k+\varphi)+n_{sk-1}\right]\right\} \quad (7.4.78)$$

所以
$$\begin{aligned} D &\triangleq r_k r_{k-1}^* + r_k^* r_{k-1} = 2\mathrm{Re}(r_k r_{k-1}^*) \\ &= 2\left\{\left[\sqrt{E}\cos(\theta_k+\varphi)+n_{ck}\right]\left[\sqrt{E}\cos(\theta_k+\varphi)+n_{ck-1}\right]\right. \\ &\left.+\left[\sqrt{E}\sin(\theta_k+\varphi)+n_{sk}\right]\left[\sqrt{E}\sin(\theta_k+\varphi)+n_{sk-1}\right]\right\} \end{aligned} \quad (7.4.79)$$

由于$\theta_k+\varphi$仍然是$(0,2\pi)$上均匀分布的随机相位，所以我们把$\theta_k+\varphi$仍记为φ，对式(7.4.79)通过配平方运算可以化简为

$$D = 2\left(\alpha^2-\beta^2\right) \quad (7.4.80)$$

其中
$$\alpha^2 = \left[\sqrt{E}\cos\varphi+\frac{1}{2}(n_{ck}+n_{ck-1})\right]^2+\left[\sqrt{E}\sin\varphi+\frac{1}{2}(n_{sk}+n_{sk-1})\right]^2 \quad (7.4.81)$$

$$\beta^2 = \left[\frac{1}{2}(n_{ck}-n_{ck-1})\right]^2+\left[\frac{1}{2}(n_{sk}-n_{sk-1})\right]^2 \quad (7.4.82)$$

由于$n_{ck},n_{ck-1},n_{sk},n_{sk-1}$是零均值、方差为$N_0/2$的独立高斯随机变量，所以

$$\eta_{c1} \triangleq \frac{1}{2}(n_{ck}+n_{ck-1}) \quad (7.4.83a)$$

$$\eta_{c2} \triangleq \frac{1}{2}(n_{ck}-n_{ck-1}) \quad (7.4.83b)$$

$$\eta_{s1} \triangleq \frac{1}{2}(n_{sk}+n_{sk-1}) \quad (7.4.83c)$$

$$\eta_{s2} \triangleq \frac{1}{2}(n_{sk}-n_{sk-1}) \quad (7.4.83d)$$

都是零均值、方差为$N_0/4$的独立高斯变量，于是

$$\alpha^2 = (\sqrt{E}\cos\varphi+\eta_{c1})^2+(\sqrt{E}\sin\varphi+\eta_{s1})^2 \quad (7.4.84a)$$

$$\beta^2 = \eta_{c2}^2+\eta_{s2}^2 \quad (7.4.84b)$$

$$\begin{aligned} P_e &= P\left\{D>0|a_k=0\right\} \\ &= P\left\{\alpha^2<\beta^2\right\} \end{aligned} \quad (7.4.85)$$

这与2FSK非相干解调情况一样，见式(7.4.31)和式(7.4.44)，只是现在噪声功率为$N_0/4$，是2FSK情况的一半。于是误码率由2FSK非相干解调误码式(7.4.47)给出，只是信噪比增加1倍，于是DBPSK误码率为

$$P_{\mathrm{DBPSK}}(e) = \frac{1}{2}\mathrm{e}^{-\rho} \quad (7.4.86)$$

其中平均符号信噪比为$\rho = E/N_0$。

我们知道，BPSK相干解调的误码率为

$$P_{\mathrm{BPSK}}(e) = Q(\sqrt{2\rho}) = \frac{1}{2\sqrt{\pi\rho}}\mathrm{e}^{-\rho}$$

所以DBPSK信号的差分相干解调的误码率与相干BPSK解调误码率非常相近。例如，

对于$P_e = 10^{-5}$，差分相干解调要求$\rho = 10.4\text{dB}$，而BPSK相干解调要求$\rho = 9.9\text{dB}$，仅相差0.5dB。

7.4.4　二元数字调制信号的非相干解调性能比较

二元数字调制信号的非相干解调性能比较如表7.4.1所示。

表7.4.1　二元数字调制信号的非相干解调性能比较

调制方式	误符号率
OOK	$P_e = \frac{1}{2}Q\left(\sqrt{\rho}\right) + \frac{1}{2}e^{-\frac{\rho}{2}} \approx \frac{1}{2}e^{-\frac{\rho}{2}}$
2FSK	$P_e = \frac{1}{2}e^{-\frac{\rho}{2}}$
MFSK	$P_e = \sum_{n=1}^{M-1}\frac{(-1)^{n+1}}{n+1}C_{M-1}^{n}e^{-\frac{n}{n+1}\rho}$
DBPSK（差分相干解调）	$P_{\text{DBPSK}}(e) = \frac{1}{2}e^{-\rho}$

§7.5　连续相位调制

在7.1节中我们提到过，相位连续的FSK信号功率谱的带外衰减远快于其他相位不连续的数字调制信号的功率谱。同时我们又知道采用OQPSK调制，使得已调信号的相位突变限于$\pm\pi/2$，消除QPSK中π相位反转，这样可使已调信号通过带限滤波器后包络起伏的变化减小。这些都表明在数字角度调制中，如果相位变化连续，则有利于功率谱密度带外衰减加快，而且使带限滤波后包络变化减小。在本节中我们讨论连续相位FSK（CPFSK）调制、最小偏移键控（MSK）调制、高斯最小偏移键控（GMSK）调制以及一般的多h连续相位调制等。

7-11 连续相位调制

7.5.1　连续相位FSK（CPFSK）调制

为了避免已调信号有过大的频谱旁瓣，我们常使用相位连续的FSK调制方式。通常用某种数字PAM信号去控制压控振荡器，从而产生相位连续的调频信号。

M进制的PAM基带信号为

$$v(t) = \sum_n a_n g_T(t - nT) \tag{7.5.1}$$

式中$a_n \in \{\pm 1, \pm 3, \cdots, \pm(M-1)\}$是信息符号，$g_T(t)$是幅度为$1/(2T)$、宽度为$T$的矩形脉冲，于是连续相位FSK信号可写成

$$s(t) = A\cos\left[2\pi f_c t + 4\pi f_d T\int_{-\infty}^{t} v(\tau)\,d\tau + \varphi_0\right] \tag{7.5.2}$$

其中，f_c是载波频率，f_d是峰值频偏，φ_0是任一初相。在相干解调下，不失一般性，可设$\varphi_0 = 0$。信号$s(t)$的瞬时频率为$f_c + 2Tf_d v(t)$。虽然$v(t)$在$t = nT$时刻是不连续的，但$v(t)$的积分是连续函数。用$\theta(t;\boldsymbol{a})$表示信号$s(t)$相位中扣除载频相位后的附加相位，即

$$\theta(t;\boldsymbol{a}) = 4\pi T f_{\mathrm{d}} \int_{-\infty}^{t} v(t)\,\mathrm{d}t \tag{7.5.3}$$

附加相位显然与数据序列$\boldsymbol{a} = (\cdots a_0, a_1 \cdots)$有关。在时间区间$[kT,(k+1)T]$中，附加相位为

$$\begin{aligned}\theta(t;\boldsymbol{a}) &= 2\pi f_{\mathrm{d}} T \sum_{j=-\infty}^{k-1} a_i + 2\pi(t-kT) f_{\mathrm{d}} a_k \\ &= \theta_k + 2\pi h a_k q(t-kT)\end{aligned} \tag{7.5.4}$$

其中

$$h = 2 f_{\mathrm{d}} T \tag{7.5.5a}$$

$$\theta_k = \pi h \sum_{i=-\infty}^{k-1} a_i \tag{7.5.5b}$$

$$q(t) = \begin{cases} 0, & t \leqslant 0 \\ t/(2T), & 0 < t \leqslant T \\ 1/2, & t > T \end{cases} \tag{7.5.5c}$$

其中，h被称为调制指数；θ_k是直到$t = kT$时刻的累计相位；$q(t)$称为相位成型函数，它是频率成型函数$g_T(t)$的积分。

我们可以根据式(7.5.4)画出对于所有从$t = 0$开始的可能数据序所产生的相位轨线。例如，图7.5.1表示对于二进制数据$a = \pm 1$的所有可能相位轨线，图7.5.2中画出了对应于四进制数据$a_n = \pm 1, \pm 3$的所有可能相位轨线。由于频率成型函数$g_T(t)$是矩形脉冲，所以相位轨线是分段线性的折线。如果利用更为连续的频率成型函数，则可以使相位轨线更平滑。

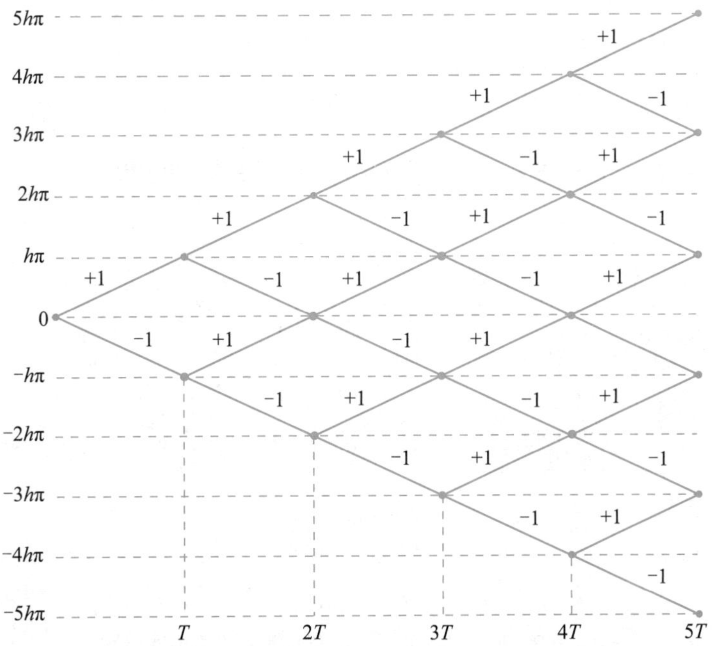

图7.5.1 二元数据$a = \pm 1$所构成的相位树

图7.5.1和图7.5.2中所画的相位轨线是一棵随时间无限扩展的相位树。考虑到相位是mod(2π)等价的，可以把附加相位限于区间(−π, π)或(0, 2π)中。这样就构成了

一个相位网格图，对于一组输入数据，相应的附加相位轨线是网格图上一条通路。图7.5.3表示$h=1/2$的二元CPFSK信号的附加相位网格图。

我们也可以在三维空间中用两个正交分量

$$x_c(t;\boldsymbol{a})=\cos\theta(t;\boldsymbol{a}) \tag{7.5.6a}$$

$$x_s(t;\boldsymbol{a})=\sin\theta(t;\boldsymbol{a}) \tag{7.5.6b}$$

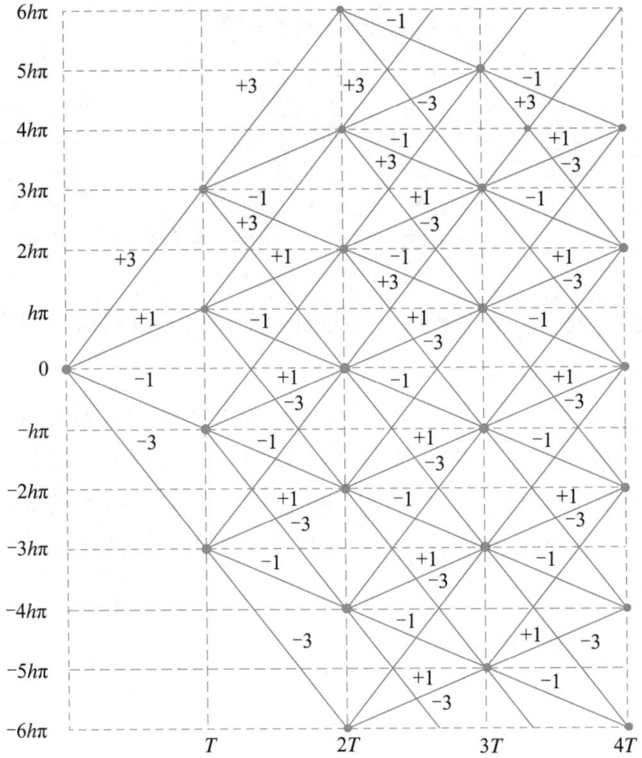

图7.5.2　四元数据$a_n=\pm1,\pm3$所构成的相位树

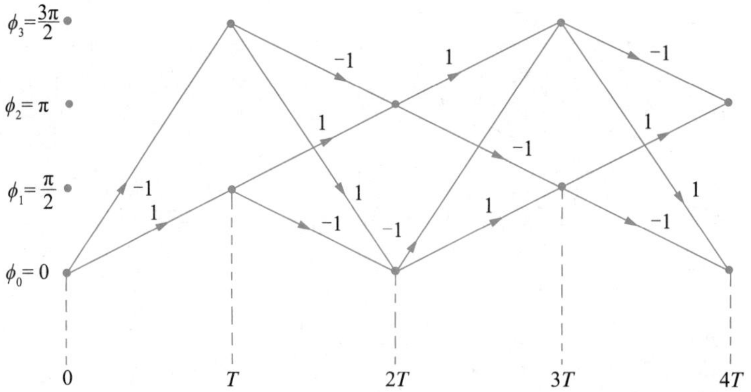

图7.5.3　$h=1/2$的二元CPFSK信号的相位网格图

来描述附加相位变化。由于$x_c^2+x_s^2=1$，所以由$x_c(t;\boldsymbol{a})$和$x_s(t;\boldsymbol{a})$描述的三维空间轨线是直径为1的圆柱面上的连续曲线。更简单地，我们可以用在$t=kT$时刻的附加相位端点值$\theta(kT)$来描述相位轨线。一般调制指数限制为有理数，如$h=m/p$，其中m和p互质。

当m为偶数时，则在$t=kT$时刻，附加相位端点值的可能取值范围是

$$\Theta_s=\left\{0,\frac{\pi m}{p},\frac{2\pi m}{p},\cdots,\frac{(p-1)\pi m}{p}\right\} \tag{7.5.7a}$$

当m为奇数时，附加相位端点值的可能取值为

$$\Theta_s=\left\{0,\frac{m\pi}{p},\frac{2m\pi}{p},\cdots,\frac{(2p-1)}{p}m\pi\right\} \tag{7.5.7b}$$

附加相位端点值也称为相位状态，于是m为偶数时，有p个端点相位状态；m为奇数时，有$2p$个端点相位状态。例如，对于$h=1/2$的二元CPFSK信号，有4个端点相位状态$\{0,\pi/2,\pi,3\pi/2\}$，相应的状态转移如图7.5.4所示。

注意：CPFSK信号不能像PAM、PSK、QAM和FSK那样用信号空间中的离散点表示，因为CPFSK的附加相位是时变的，但CPFSK信号可以用二维信号空间中的圆来表示。这个圆上的点表示信号幅度、相位的组合时间轨迹。图7.5.5给出了$h=1/2$和$h=1/4$的二进制CPFSK的信号空间图表示。例如，对于$h=1/2$，具有$\theta=0,\pi/2,\pi,3\pi/2$等4个端点相位状态；对于$h=1/4$，具有$\theta=0,\pm\pi/4,\pm\pi/2,\pm3\pi/4,\pi$等8个端点相位状态。如果在$t=kT$时刻信号附加相位处于某一相位状态，则在后继的一个符号时间中，附加相位将根据输入数据是+1还是−1以均匀的角速度向相邻的两个相位状态移动，并到达该相位状态。

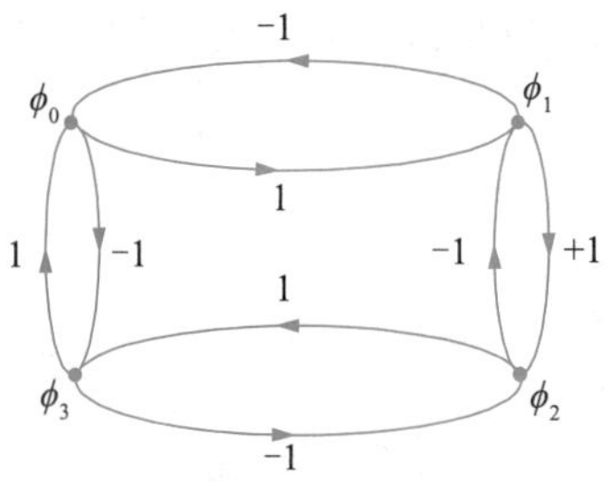

图7.5.4 4状态附加相位状态转移

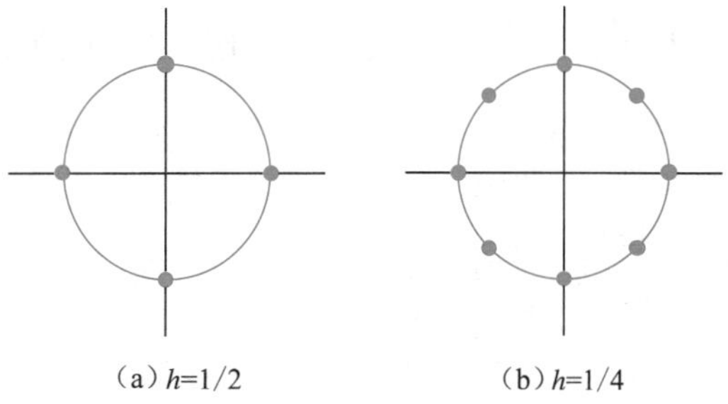

图7.5.5 二元CPFSK的信号空间

7.5.2 最小偏移键控（MSK）调制

MSK调制是CPFSK的一个特例，也是最常用的相位连续FSK调制。MSK是$h=1/2$的二元CPFSK，它的附加相位为

$$\begin{aligned}\theta(t;\boldsymbol{a})&=\frac{\pi}{2}\sum_{i=-\infty}^{k-1}a_i+\pi a_k q(t-kT)\\&=\frac{\pi t}{2T}a_k+\varphi_k,\quad t\in[kT,(k+1)T]\end{aligned} \tag{7.5.8}$$

其中

$$\varphi_k=\frac{\pi}{2}\sum_{i=-\infty}^{k-1}a_i-\frac{k\pi}{2}a_k \tag{7.5.9}$$

由式(7.5.9)，φ_k满足递推关系

$$\varphi_k=\varphi_{k-1}+\frac{\pi}{2}k(a_{k-1}-a_k) \tag{7.5.10}$$

所以在$t\in[kT,(k+1)T]$时，MSK信号可写成

$$s(t)=A\cos\left(2\pi f_c t+\frac{\pi t}{2T}a_k+\varphi_k\right) \tag{7.5.11}$$

其中，φ_k由递归关系式(7.5.10)决定，它在$[kT,(k+1)T]$区间上是常数。

当$a_k=1$时，在$[kT,(k+1)T]$区间上码元信号频率为

$$f_1=f_c+1/(4T) \tag{7.5.12a}$$

当$a_k=-1$时，相应频率为

$$f_0=f_c-1/(4T) \tag{7.5.12b}$$

频率差为$\Delta f=f_1-f_0=1/(2T)$，由7.1节可知在任何区间$[kT,(k+1)T]$中与数据对应的两个信号码元

$$s_1(t)=A\cos(2\pi f_1 t+\varphi_k) \tag{7.5.13a}$$

$$s_0(t)=A\cos(2\pi f_0 t+\varphi_k) \tag{7.5.13b}$$

满足正交FSK条件，而$\Delta f=1/(2T)$是两个正弦信号正交的最小频率间隔，这也解释了称之为最小偏移键控调制的原因。

对于相干解调，不失一般性，可以认为$\varphi_0=0$，所以

$$\varphi_k=0\text{或}\pi\,[\mathrm{mod}(2\pi)]$$

由式(7.5.8)可知，附加相位$\theta(t;\boldsymbol{a})$在区间上$[kT,(k+1)T]$是一条斜率为$a_k\pi/(2T)$、截距为φ_k的直线段。在一个符号时间中$\theta(t;\boldsymbol{a})$变化$\pm\pi/2$。因此对应于数据序列$\{a_k\}$，$\theta(t;\boldsymbol{a})$是一条折线。图7.5.6中的相位轨线$\theta(t;\boldsymbol{a})$对应表7.5.1中的数据序列。

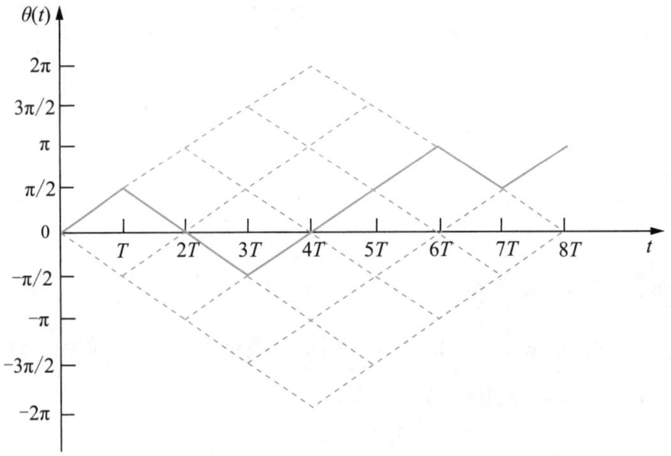

图7.5.6 对应于表7.5.1中数据序列的相位轨线$\theta(t;\boldsymbol{a})$

表7.5.1 信号数据序列

k	0	1	2	3	4	5	6	7
a_k	1	−1	−1	1	1	1	−1	1
φ_k	0	π	π	−2π	−2π	−2π	4π	−3π
$\theta(kT)$	0	$\frac{\pi}{2}$	0	$-\frac{\pi}{2}$	0	$\frac{\pi}{2}$	π	$\frac{\pi}{2}$

总结以上论述，MSK信号具有如下特点：

(1) MSK信号是恒包络信号；

(2) 相对于载波f_c的频偏为$\pm 1/(4T)$，调制指数为$h = 0.5$；

(3) 在任何符号间隔区间中，两个码元信号正交；

(4) 附加相位$\theta(t)$在一个码元时间中线性变化，变化量为$\pm\pi/2$；

(5) MSK信号的相位在数据符号转换时刻连续。

把MSK信号写成正交调制形式

$$\begin{aligned} s(t) &= A\cos\left[2\pi f_c t + \theta(t;\boldsymbol{a})\right] \\ &= A\cos\theta(t;\boldsymbol{a})\cos(2\pi f_c t) - A\sin\theta(t;\boldsymbol{a})\sin(2\pi f_c t) \end{aligned} \tag{7.5.14}$$

其中

$$\begin{aligned} \cos\theta(t;\boldsymbol{a}) &= \cos\left(\frac{\pi a_k}{2T}t + \varphi_k\right) \\ &= \cos\frac{\pi a_k}{2T}t \cdot \cos\varphi_k - \sin\frac{\pi a_k}{2T}t \cdot \sin\varphi_k \\ &= \cos\varphi_k \cdot \cos\frac{\pi t}{2T}, \quad t \in \left[kT,(k+1)T\right] \end{aligned} \tag{7.5.15a}$$

在式(7.5.15a)的推导中利用了$\cos x$是偶函数，以及$\varphi_k = 0$或$\pi\left[\bmod(2\pi)\right]$。

类似地，可以导出

$$\begin{aligned} -\sin\theta(t,\boldsymbol{a}) &= -\sin(\frac{\pi a_k}{2T}t + \varphi_k) \\ &= -\sin\left(\frac{\pi a_k}{2T}t\right)\cdot\cos\varphi_k - \cos\left(\frac{\pi a_k}{2T}t\right)\cdot\sin\varphi_k \\ &= -a_k\cos\varphi_k \cdot \sin\left(\frac{\pi}{2T}t\right), \quad t \in \left[kT,(k+1)T\right] \end{aligned} \tag{7.5.15b}$$

所以，在$t \in \left[kT,(k+1)T\right]$时，

$$s(t) = I_k A\cos\frac{\pi t}{2T}\cdot\cos(2\pi f_c t) - Q_k A\sin\frac{\pi t}{2T}\cdot\sin(2\pi f_c t) \tag{7.5.16}$$

式中

$$I_k = \cos\varphi_k, Q_k = a_k\cos\varphi_k \tag{7.5.17}$$

式(7.5.17)中的I_k和Q_k具有如下性质(稍后证明)：

$$I_{2k} = I_{2k-1}, \quad Q_{2k+1} = Q_{2k} \tag{7.5.18}$$

所以，同相数据$\{I_k\}$和正交数据$\{Q_k\}$都是每隔$2T$时间才改变一次，而且两路数据改变的时刻交错相隔T。

为了证明式(7.5.18)，先把数据序列$\{a_k\}$进行差分编码，转换成$\{c_k\}$：

$$c_k = c_{k-1}a_k \text{或} a_k = c_{k-1}c_k \tag{7.5.19}$$

并设初始值$c_{-1} = 1$。

我们采用递归方法证明式(7.5.18)。在$[0,T]$时间区间，有

$$\begin{aligned} &\varphi_0 = 0 \\ &I_0 = \cos\varphi_0 = 1 \\ &Q_0 = a_0\cos\varphi_0 = c_{-1}c_0\cos\varphi_0 = c_0 \end{aligned}$$

在$[T,2T]$时间区间，

$$\varphi_1=\varphi_0+\frac{\pi}{2}\left(a_0-a_1\right)=\varphi_0+\frac{\pi}{2}c_0\left(c_{-1}-c_1\right)=\frac{\pi}{2}c_0\left(1-c_1\right)$$

$$I_1=\cos\varphi_1=c_1$$

$$Q_1=a_1\cos\varphi_1=c_1c_0c_1=c_0$$

在$[2T,3T]$时间区间，

$$\varphi_2=\varphi_1+\frac{\pi}{2}\times2\left(a_1-a_2\right)=\varphi_1+\pi c_1\left(c_0-c_2\right)$$

$$I_2=\cos\varphi_2=\cos\varphi_1=c_1$$

$$Q_2=a_2\cos\varphi_2=c_2c_1c_1=c_2$$

一般，若在$[(2l-1)T,2lT]$时间区间，

$$I_{2l-1}=\cos\varphi_{2l-1}=c_{2l-1} \tag{7.5.20a}$$

$$Q_{2l-1}=a_{2l-1}\cos\varphi_{2l-1}=c_{2l-2} \tag{7.5.20b}$$

则在区间$[2lT,(2l+1)T]$中，

$$\varphi_{2l}=\varphi_{2l-1}+\frac{\pi}{2}\times2lc_{2l-1}\left(c_{2l-2}-c_{2l}\right)=\varphi_{2l-1}[\mathrm{mod}(2\pi)] \tag{7.5.21}$$

所以

$$I_{2l}=\cos\varphi_{2l}=\cos\varphi_{2l-1}=c_{2l-1} \tag{7.5.22a}$$

$$Q_{2l}=a_{2l}\cos\varphi_{2l}=c_{2l}c_{2l-1}c_{2l-1}=c_{2l} \tag{7.5.22b}$$

同样，若在$[2lT,(2l+1)T]$中，

$$I_{2l}=\cos\varphi_{2l}=c_{2l-1} \tag{7.5.23a}$$

$$Q_{2l}=a_{2l}\cos\varphi_{2l}=c_{2l} \tag{7.5.23b}$$

则在$[(2l+1)T,(2l+2)T]$中，

$$\begin{aligned}\varphi_{2l+1}&=\varphi_{2l}+\frac{\pi}{2}(2l+1)c_{2l}(c_{2l-1}-c_{2l+1})\\&=\varphi_{2l}+\frac{\pi}{2}c_{2l}(c_{2l-1}-c_{2l+1})[\mathrm{mod}(2\pi)]\\&=\begin{cases}\varphi_{2l}, & c_{2l-1}=c_{2l+1}\\ \varphi_{2l}+\pi[\mathrm{mod}(2\pi)], & c_{2l-1}\neq c_{2l+1}\end{cases}\end{aligned} \tag{7.5.24}$$

$$I_{2l+1}=\cos\varphi_{2l+1}=\cos\varphi_{2l}\cdot\frac{c_{2l+1}}{c_{2l-1}}=c_{2l+1} \tag{7.5.25a}$$

$$Q_{2l+1}=a_{2l+1}\cos\varphi_{2l+1}=c_{2l+1}c_{2l}c_{2l+1}=c_{2l} \tag{7.5.25b}$$

所以对于任何$l=0,1,2,\cdots$，有

$$I_{2l}=I_{2l-1},\quad Q_{2l+1}=Q_{2l}$$

由此证明了在奇数时刻同相数据$\{I_k\}$可能发生转换，而在偶数时刻正交数据$\{Q_k\}$可能发生转换。

我们可以把MSK信号表示成

$$s(t)=\sum_l c_{2l-1}g_T(t-2lT)\cos(2\pi f_c t)-c_{2l}g_T[t-(2l+1)T]\sin(2\pi f_c t) \tag{7.5.26}$$

其中
$$g_T(t)=\begin{cases}A\cos\dfrac{\pi t}{2T}, & -T\leqslant t\leqslant T\\ 0, & \text{其他}\end{cases} \tag{7.5.27}$$

式(7.5.26)与OQPSK信号几乎相同,只是用余弦脉冲代替矩形脉冲。根据式(7.5.26),我们得到一种产生MSK信号的方法,如图7.5.7所示。

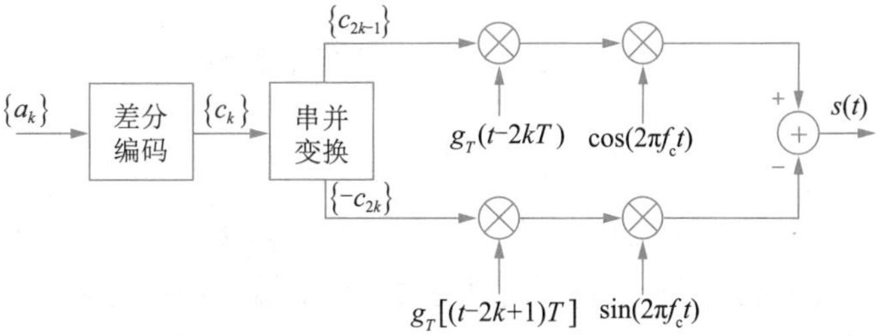

图7.5.7 一种产生MSK信号的方框图

图7.5.8表示对应于数据序列$\{a_k\}=\{1,-1,-1,-1,-1,+1,-1,\cdots\}$的MSK波形。

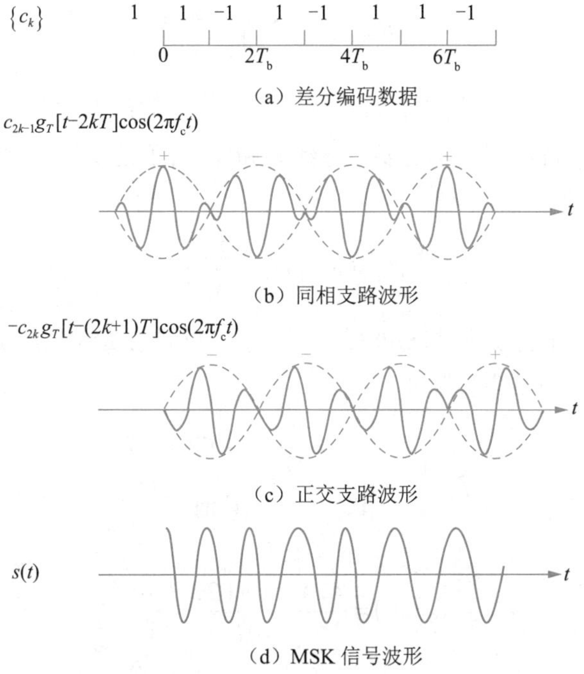

图7.5.8 对应于数据序列$\{a_k\}=\{1,-1,-1,-1,-1,+1,-1,\cdots\}$的MSK波形

MSK信号可以采用多种方式解调,MSK作为调制系数为$h=0.5$的二进制FSK信号,它可以采用前面介绍的相干或非相干FSK解调方式,它们的误码率分别由式(7.2.46)和式(7.4.50)给出。同时,由于MSK信号可以看成一种余弦基带脉冲加权的参差QPSK调制,所以可以采用图7.5.9所示的相干解调方式。

显然,MSK信号的正确解调$a_k=\hat{a}_k$,要求同相和正交两路信号都正确解调。所以,若两个支路上BPSK信号正确解调概率为$P_{\mathrm{BPSK}}(e)$,则MSK信号正确解调概率为

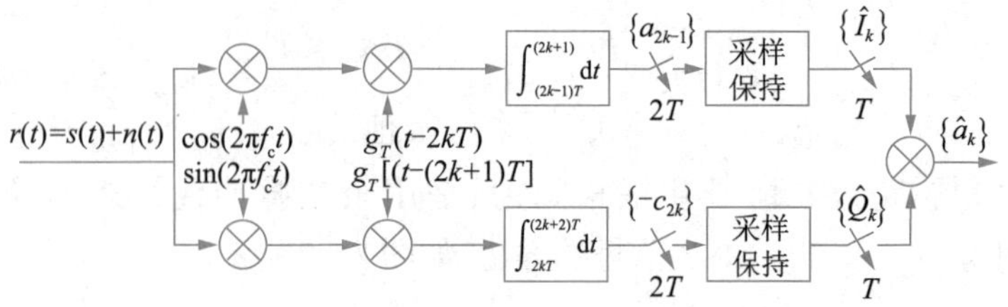

图7.5.9　MSK信号的另一种相干解调方式

$$P_{\mathrm{MSK}}(c)=\left[1-P_{\mathrm{BPSK}}(e)\right]^2$$

于是

$$P_{\mathrm{MSK}}(e)=1-P_{\mathrm{MSK}}(c)\approx 2P_{\mathrm{BPSK}}(e)$$

在当前情况下，BPSK信号的符号时间是$2T$，基带脉冲加权为余弦波形，所以BPSK信号的符号能量仍为$E_{\mathrm{b}}=A^2T/2$。于是

$$P_{\mathrm{BPSK}}(e)=Q\left(\sqrt{\frac{2E}{N_0}}\right)$$

所以

$$P_{\mathrm{MSK}}(e)\approx 2Q\left(\sqrt{\frac{2E}{N_0}}\right) \tag{7.5.28}$$

但实际上，我们可以把$\{I_k\}$和$\{Q_k\}$直接作为要传输的数据，它们各自的符号间隔为$2T$，相差一个符号间隔T，因此不需要差分编码和译码，于是误码率就精确等于QPSK或BPSK的误比特率，即

$$P_{\mathrm{MSK}}(e)=Q\left(\sqrt{\frac{2E}{N_0}}\right) \tag{7.5.29}$$

MSK信号的功率谱分析与QPSK情况一样，只是在MSK信号中基带脉冲加权$g_T(t)$是余弦脉冲，而不是矩形脉冲。由于

$$g_T(t)=\begin{cases}A\cos\dfrac{\pi t}{2T}, & -T\leqslant t\leqslant T\\ 0, & 其他\end{cases}$$

的Fourier变换为

$$G_T(f)=\frac{4TA}{\pi}\cdot\frac{\cos(2\pi fT)}{16T^2f^2-1} \tag{7.5.30}$$

所以

$$\begin{aligned}P_{\mathrm{MSK}}(f)&=\frac{2}{T}\left\{\left|G_T(f+f_{\mathrm{c}})\right|^2+\left|G_T(f-f_{\mathrm{c}})\right|^2\right\}\\&=\frac{32TA^2}{\pi^2}\left\{\left|\frac{\cos\left[2\pi(f-f_{\mathrm{c}})T\right]}{16T^2(f-f_{\mathrm{c}})^2-1}\right|^2+\left|\frac{\cos\left[2\pi(f+f_{\mathrm{c}})T\right]}{16T^2(f+f_{\mathrm{c}})^2-1}\right|^2\right\}\end{aligned} \tag{7.5.31}$$

图7.5.10给出了BPSK、QPSK、OQPSK和MSK信号的等效基带功率谱密度。从图7.5.10可见，MSK信号的主瓣宽度是QPSK的1.5倍，是BPSK的3/4，但它的旁瓣衰减远快于QPSK和BPSK。

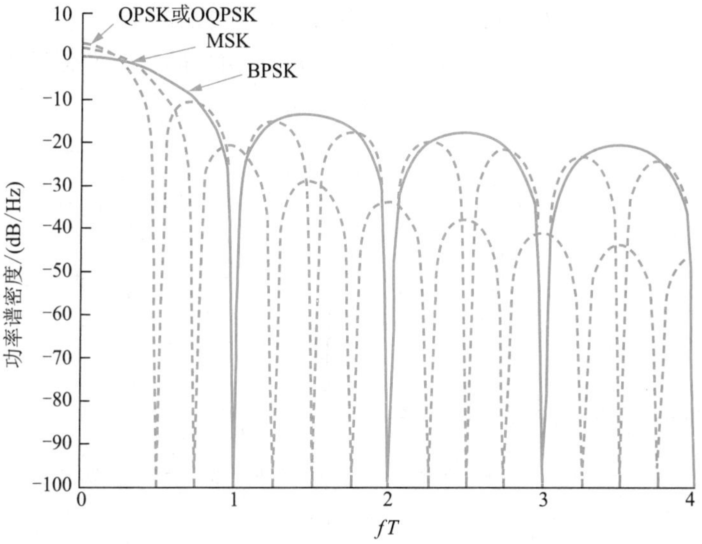

图7.5.10 BPSK、QPSK、OQPSK和MSK信号的等效基带功率谱密度

比较各种调制方式所需频带宽度的一个更合理的度量是带外功率占总功率的比例，它的定义为

$$F=\frac{\int_{W}^{\infty}P(f)\,\mathrm{d}f}{\int_{0}^{\infty}P(f)\,\mathrm{d}f} \tag{7.5.32}$$

图7.5.11给出了BPSK、QPSK、OQPSK和MSK信号的带外功率比例。从图7.5.11可见，占总功率99%的带宽B_{99}近似为

$$B_{99}=\begin{cases}1.2/T_{\mathrm{b}} & \text{MSK}\\ 7/T_{\mathrm{b}} & (\text{QPSK, OQPSK})\end{cases} \tag{7.5.33}$$

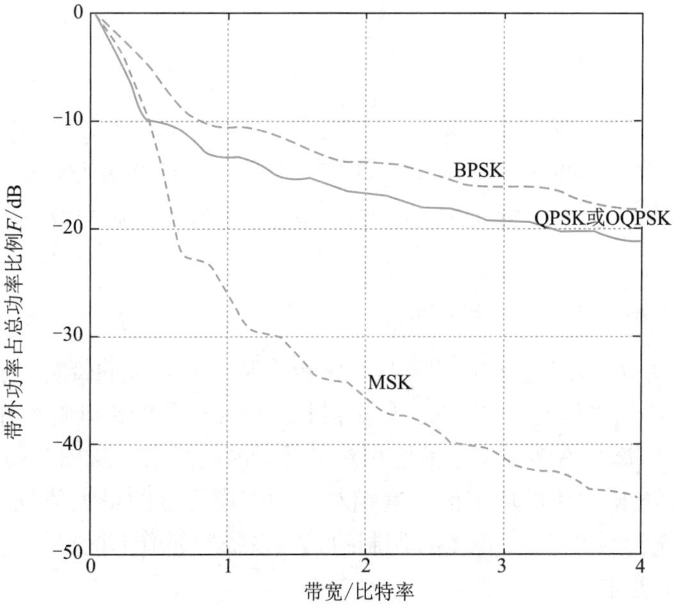

图7.5.11 BPSK、QPSK、OQPSK和MSK信号的带外功率比例

图7.5.12示出QPSK、OQPSK和MSK信号通过带限滤波器后包络的变化的计算机仿真图。从图7.5.12可见，通过带通滤波器的QPSK信号的包络变化最激烈，OQPSK次之，MSK最好。

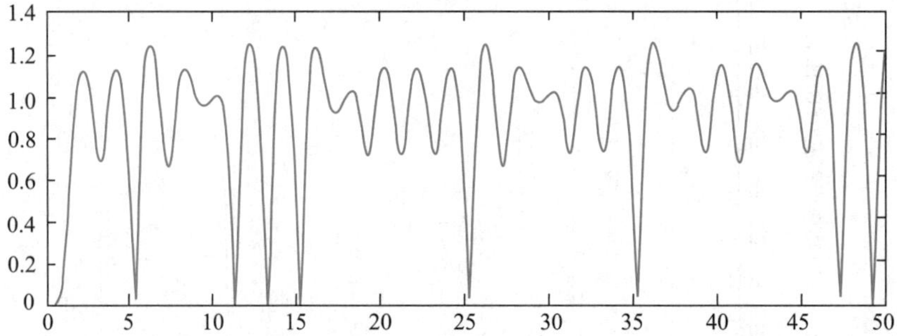

（a）QPSK信号通过带宽为0.45比特率的5阶巴特沃斯滤波器后的包络

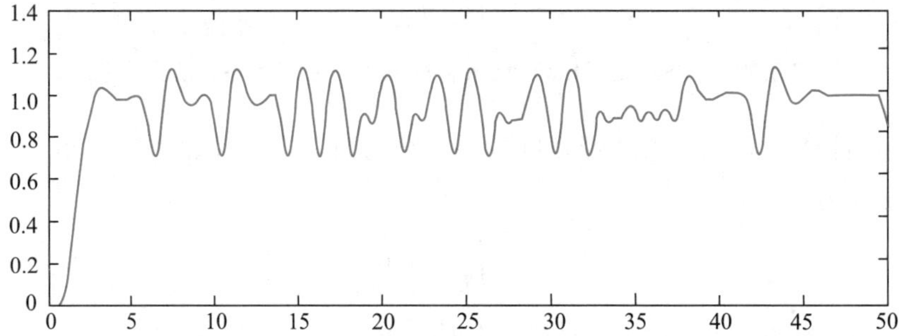

（b）OQPSK信号通过带宽为0.45比特率的5阶巴特沃斯滤波器后的包络

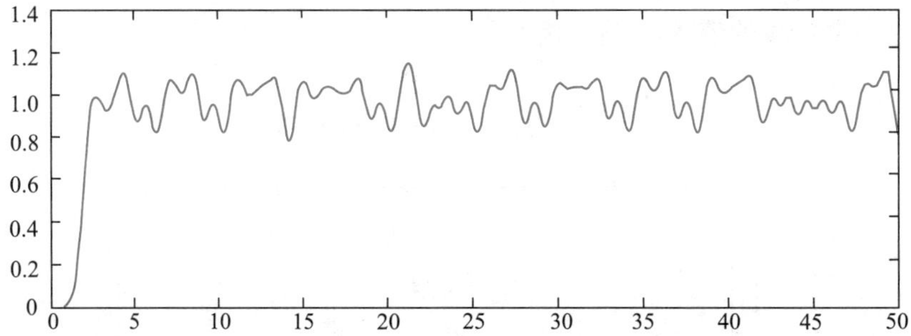

（c）MSK信号通过带宽为0.45比特率的5阶巴特沃斯滤波器后的包络

图7.5.12　OQPSK、QPSK和MSK信号通过带限滤波器后包络的变化

7.5.3　高斯最小偏移键控（GMSK）调制

从7.5.2节的分析知道，MSK信号具有常包络和相对较窄的带宽，同时采用相干解调的MSK的误码性能等同于QPSK。但是，虽然MSK信号的带外特性比QPSK有所改进，但是它还不能满足许多无线通信应用对带外衰减的要求。从图7.5.10中可以看出，当$fT=0.5$时，MSK的基带功率谱密度相对于频带中心处的最大值仅下跌了9.54dB。所以当传输带宽为$1/T$时，采用MSK调制的无线系统的邻道干扰超过-10dB，一般不能满足实际应用的要求。

MSK之所以比QPSK有较好的带外衰减，是由于其相位变化是连续的。这启发我们进一步修正MSK调制方式，使得附加相位$\theta(t;\boldsymbol{a})$不仅连续，而且光滑(即高次可微)，这样可以使已调信号的功率谱更为紧凑。可以证明，如果式(7.5.3)中的附加相位$\theta(t;\boldsymbol{a})$是t的m次可微函数，则它的功率谱密度随频率按$2(m+1)$次幂反比下降。

连续相位的FSK信号可以用压控振荡器产生。如果用式(7.5.1)的二进制矩形脉冲幅度调制信号去调制正弦波的频率，则当调制指数$h=0.5$时，就得到MSK信号。因此MSK信号为

$$s(t)=A\cos\left[2\pi f_c t+\pi\int_{-\infty}^{t} v(\tau)\mathrm{d}\tau\right] \tag{7.5.34a}$$

其中

$$v(t)=\sum_n a_n g_T(t-nT) \tag{7.5.34b}$$

$$g_T(t)=\begin{cases}1/(2T), & 0\leqslant t\leqslant T\\ 0, & \text{其他}\end{cases} \tag{7.5.34c}$$

$$a_n=\pm 1$$

对于不同数据序列，附加相位$\theta(t;\boldsymbol{a})=\pi\int_{-\infty}^{t} v(\tau)\mathrm{d}\tau$都是一条折线。为了让相位轨迹更加光滑，我们先把式(7.5.34b)的矩形脉冲序列通过一个低通滤波器进行预滤波，用预滤波输出控制压控振荡器进行调频。滤波器可以消除$v(t)$中的高频分量，使功率谱更紧凑。

一般来说，要求预滤波器满足如下条件：

(1) 预滤波器应有窄的通带和陡峭的过渡带；

(2) 预滤波器的脉冲响应应有相对较低的过冲；

(3) 要求预滤波器输出的频率成型函数的积分为1/2，这将使得每个数据码元对于相位的总影响为$\pi/2$。

一个合适的低通滤波器是高斯脉冲响应滤波器，简称高斯滤波器。它的脉冲响应为

$$h_{\mathrm{G}}(t)=\frac{\sqrt{\pi}}{\alpha}\mathrm{e}^{-\pi^2t^2/\alpha^2} \tag{7.5.35}$$

相应的频率传递函数为

$$H_{\mathrm{G}}(f)=\mathrm{e}^{-\alpha^2 f^2} \tag{7.5.36}$$

其中，参数α与$H_{\mathrm{G}}(f)$的3dB带宽B的关系为

$$\alpha=\frac{\sqrt{\ln 2}}{\sqrt{2}\,B}\approx\frac{0.5887}{B} \tag{7.5.37}$$

式(7.5.34b)的矩形脉形序列通过高斯滤波器后的输出为$w(t)$，则

$$w(t)=\sum_k a_k p(t-kT) \tag{7.5.38}$$

$$\begin{aligned}p(t)&=g_T(t)h_{\mathrm{G}}(t)\\&=\frac{1}{2T}\left\{Q\left[\frac{2\pi B(t-T)}{\sqrt{\ln 2}}\right]-Q\left(\frac{2\pi Bt}{\sqrt{\ln 2}}\right)\right\}\end{aligned} \tag{7.5.39}$$

不难看出，$p(t)$的面积为1/2，即

$$\int_{-\infty}^{\infty} p(t)\mathrm{d}t=1/2 \tag{7.5.40}$$

用高斯滤波后的基带信号$w(t)$去调频，这种调制方式称为高斯最小偏移键控，简称GMSK。

GMSK信号可以像MSK那样进行相干解调，也可以像FSK那样进行非相干解调。由于滤波后的频率成型脉冲$p(t)$在$t<0$时不等于零，所以是非因果的。为此，在时间轴上把$p(t)$向右平移$2T$，并在峰值左右$2.5T$处截断，所得的频率成型脉冲如图7.5.13所示。从图7.5.13中可见，随着BT的减小，频率成型脉冲的时间扩散增加。

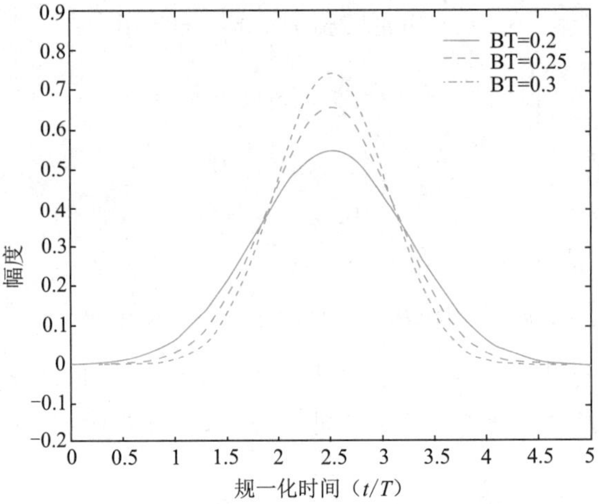

图7.5.13　不同BT值时的频率成型脉冲

GMSK的功率谱是很难计算的，图7.5.14给出了几种不同BT值的GMSK信号功率谱的计算机仿真曲线，为了便于比较，也给出了MSK信号的功率谱曲线。由图7.5.14可知，当BT值减小时，旁瓣电平衰减非常迅速。例如，对于BT = 0.2，第二个旁瓣的峰值比主瓣低30dB以上，而MSK的第二个旁瓣仅比主瓣低20dB。

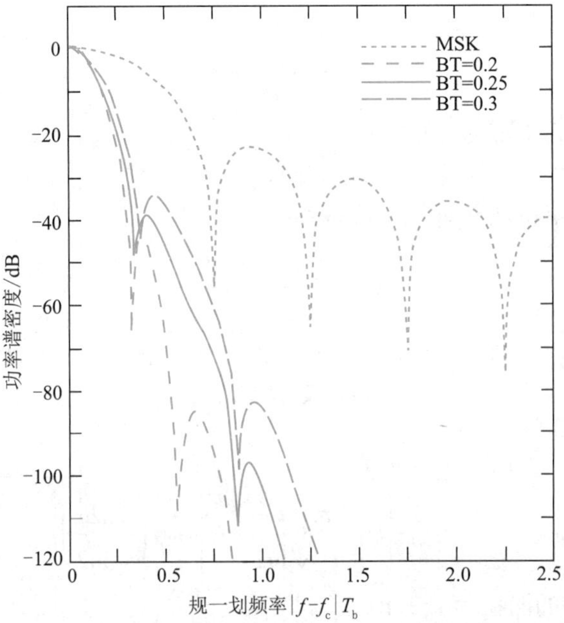

图7.5.14　几种不同BT值的GMSK信号和MSK信号的功率谱密度

由于截断后的频率成型脉冲$p(t)$的宽度为$5T$，所以GMSK信号中存在码间干扰，而且当BT值减小时引入的码间干扰增大。所以虽然BT值越小，功率谱越紧凑，但码间干扰也越大，这将影响接收机的性能。因此，BT值的选取要折中考虑。

GMSK的误码率$P_{\mathrm{GMSK}}(e)$与BT有关。这是由高斯预滤波产生码间干扰而引起的。在AWGN信道中，GMSK的误码率为

$$P_{\mathrm{GMSK}}(e)=Q\left(\sqrt{\frac{\gamma E_b}{N_0}}\right) \tag{7.5.41}$$

其中γ与BT值有关，它表示相对于MSK的性能退化。

图7.5.15画出了$10\lg(\gamma/2)$与BT的关系。从图7.5.15可知，对于MSK（$\mathrm{BT}=\infty$），性能退化为0dB，即$\gamma=2$，这时式（7.5.41）正是MSK的误码率公式。对于$\mathrm{BT}=0.3$的GMSK，由图7.5.15可知，退化为0.46dB，这对应$\gamma=1.8$，这时误码性能的退化与功率谱密度性能的改进相比是相当微小的。

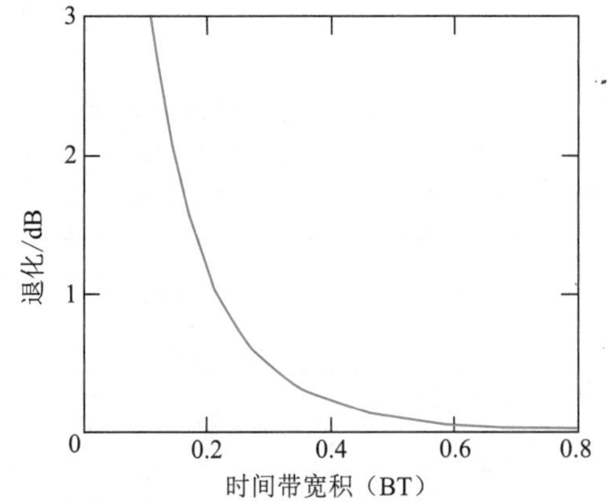

图7.5.15　退化量$10\lg(\gamma/2)$与BT的关系

7.5.4　多h连续相位调制

在许多应用中要求采用恒包络调制，这是由于恒包络信号能满足功率放大器线性的要求。数字频率调制和数字相位调制都是恒包络调制。同时，通信应用要求良好的功率效率和频带有效性。功率有效性是指用较低的信噪比达到较好的误码率，而频带有效性是指在单位带宽内支持较高的码率。我们知道，QPSK、OQPSK和MSK具有相同的误码特性，而在频带利用方面，这几种调制各有所长。例如，QPSK和OQPSK的主瓣宽度比MSK窄，但MSK的带外衰减更快，总的说来MSK的频带有效性要好一点。上述三种方式的解调复杂性是相当的。QPSK、OQPSK和MSK与香农的极限还有相当大的距离，因此具有进一步提高性能的潜力。为了改进通信的功率效率和频带效率，可以采用数据编码与调制相结合的办法。虽然这样做要增加实现的复杂性，但性能可获得很大的提高。本节介绍的多h连续相位调制是组合编码和调制的一种技术，另一种方式是在第10章中介绍的网格编码调制（TCM）技术。MSK和GMSK都是多h连续相位调制的特例。多h连续相位调制的最佳解调要应用维特比（Viterbi）算法，这一算法我们在

第10章中介绍。多h连续相位调制信号的一般形式为

$$s(t;\boldsymbol{\alpha}) = A\cos\left[2\pi f_c t + \theta(t;\boldsymbol{\alpha}) + \varphi_0\right] \tag{7.5.42}$$

在相干解调中,不失一般性,可假定$\varphi_0 = 0$。附加相位为

$$\theta(t;\boldsymbol{\alpha}) = 2\pi\int_{-\infty}^{t}\sum_{i=-\infty}^{\infty} h_i a_i g(\tau - iT)\,\mathrm{d}\tau, \quad -\infty < t < \infty \tag{7.5.43}$$

其中,$\alpha = \left\{\cdots, a_{-2}, a_{-1}, a_0, a_1, a_2, \cdots\right\}$是$M$进制数据序列,$a_i \in \left\{\pm 1, \pm 3, \cdots, \pm(M-1)\right\}$,$\left\{h_i, i = 1,2,\cdots,k\right\}$是一组调制指数,它是周期循环轮换的,即$h_{i+k} = h_i$。$g(t)$是频率脉冲成型函数,一般它在$[0,LT]$外为零,在$[0,LT]$内不为零,其中$L$为正整数。当$L = 1$时称为全响应,$L > 1$时称为部分响应,所以MSK是全响应,而GMSK是部分响应。相位脉冲成型函数$q(t)$是$g(t)$的积分,即

$$q(t) = \int_{-\infty}^{t} g(\tau)\,\mathrm{d}\tau, \quad -\infty < t < \infty \tag{7.5.44}$$

其中$g(t)$要求满足规范条件:

$$q(LT) = 1/2 \tag{7.5.45}$$

表7.5.2给出了几种常用的连续相位调制信号的频率成型函数。

表7.5.2 几种常用的连续相位调制信号的频率成型函数

连续相位调制	频率成型函数
LREC (矩形)	$g(t) = \begin{cases} \dfrac{1}{2LT}, & 0 \leqslant t \leqslant LT \\ 0, & 其他 \end{cases}$
LRC (升余弦)	$g(t) = \begin{cases} \dfrac{1}{2LT}\left(1 - \cos\dfrac{2\pi t}{LT}\right), & 0 \leqslant t \leqslant LT \\ 0, & 其他 \end{cases}$
GMSK	$g(t) = \left\{Q\left[\dfrac{2\pi B(t - T/2)}{\sqrt{\ln 2}}\right] - Q\left[\dfrac{2\pi B(t + T/2)}{\sqrt{\ln 2}}\right]\right\}$

对于MSK和GMSK调制,调制指数仅取一个值,即$h_i = 1/2$。

下面我们考虑全响应($L = 1$),频率成型函数为矩形脉冲情况。这时多h连续相位调制信号在$\left[kT,(k+1)T\right]$区间中表示为

$$s(t;\boldsymbol{\alpha}) = A\cos\left\{2\pi\left[f_c t + \frac{1}{2}a_k h_k(t/T - k)\right] + \varphi_k\right\} \tag{7.5.46}$$

其中,φ_k是由前面码元符号所累计的相位,即

$$\varphi_k = \pi\sum_{i=-\infty}^{k-1} a_i h_i \tag{7.5.47}$$

对于二进制数据$a_i = \pm 1$,在每个符号区间中相应的频偏为$\pm h_i/(2T)$,如果采用M进制,则在每个符号区间中可能有M种不同的频偏。

例7.5.1 (1) 考虑h序列$\left\{h_1, h_2\right\} = \left\{1/4, 2/4\right\}$,在第$i$个符号间隔,若调制指数为$h_i = h_1 = 1/4$,则在这个时间区间上附加相位改变$\pm\pi/4$,如调制指数为$h_i = h_2 = 2/4$,则附加相位改变$\pm\pi/2$。图7.5.16(a)给出了与数据1,−1,−1,1,1,−1对应的相位轨线。

(2) 考虑h序列$\left\{h_1, h_2\right\}=\{3/8, 4/8\}$,在第$i$个符号间隔,若调制指数采用$h_i = h_1 = 3/8$,则在这区间上附加相位改变$\pm 3\pi/8$;如调制指数为$h_i = h_2 = 4/8$,则附加相位变化$\pm\pi/2$,相应的相位树演变如图7.5.16(b)所示。

(3) 考虑h序列$\left\{h_1, h_2, h_3\right\}=\{3/8, 4/8, 5/8\}$,则当调制指数采用$h_i = h_1 = 3/8$时,在一个符号间隔中,附加相位改变$\pm 3\pi/8$;当采用调制指数$h_i = h_2 = 4/8$时,则相位变化为$\pm\pi/2$;当采用调制指数$h_i = h_3 = 5/8$时,则相位变化为$\pm 5\pi/8$。相应的相位树如图7.5.16(c)所示。

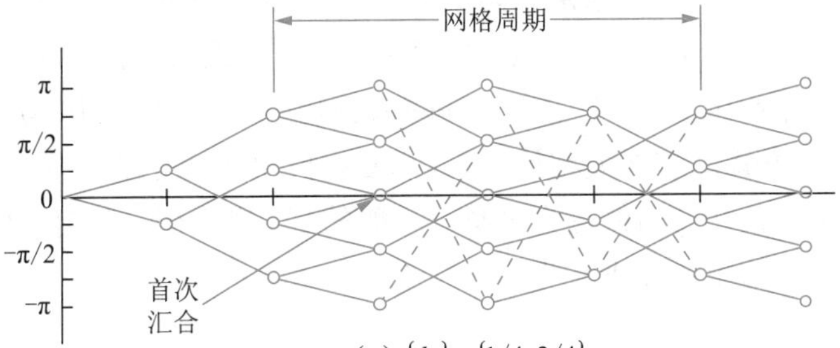

(a) $\left\{h_i\right\}=\{1/4, 2/4\}$

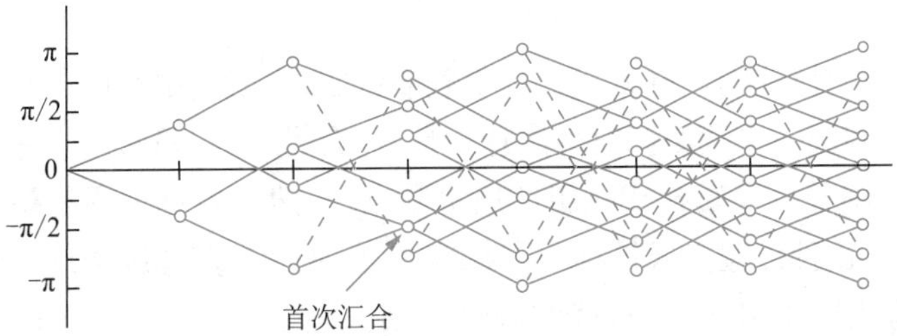

(b) $\left\{h_i\right\}=\{3/8, 4/8\}$

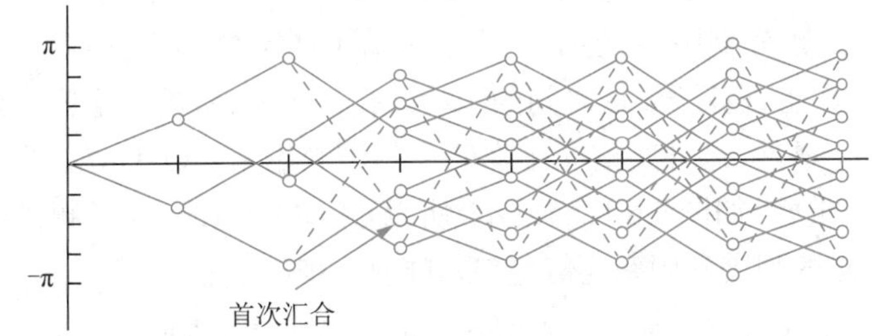

(c) $\left\{h_i\right\}=\{3/8, 4/8, 8/8\}$

图7.5.16 不同的多h连续相位调制信号的附加相位网格图

多h连续相位调制信号的最佳解调要利用维特比译码算法。设发送的信息符号序列为$\boldsymbol{\alpha}$,则相应的发送信号为

$$s(t;\boldsymbol{\alpha}) = A\cos\left[2\pi f_c t + \theta(t;\boldsymbol{\alpha})\right] \tag{7.5.48}$$

接收到的信号为

$$r(t) = s(t;\boldsymbol{\alpha}) + n(t) \tag{7.5.49}$$

其中,$n(t)$表示加性噪声。最大似然接收机就是要在相位网格图中寻找一条相位轨线$\theta(t;\boldsymbol{\alpha})$,使得接收信号与$s(t;\boldsymbol{\alpha})$的平方误差积分最小,即

$$\hat{\boldsymbol{\alpha}} = \arg\min_{\alpha'} \lim_{n\to\infty} \int_0^{nT} \left\{ r(t) - s\left[t;\theta(t;\boldsymbol{\alpha}')\right] \right\}^2 \mathrm{d}t \tag{7.5.50}$$

这等价于在相位网格上寻找一条与接收信号距离最短的轨线，是一个最短路径问题。

用维特比算法求解最短路径问题的性能决定于所谓的自由距离 $D^2_{\min}$ 问题，$D^2_{\min}$ 的定义为

$$D^2_{\min} = \lim_{n\to\infty} \min_{i\neq j} \int_0^{nT} \left[s(t;\boldsymbol{\alpha}^{(i)}) - s(t;\boldsymbol{\alpha}^{(j)}) \right]^2 \mathrm{d}t \tag{7.5.51}$$

其中，$s(t;\boldsymbol{\alpha}^{(i)})$ 和 $s(t;\boldsymbol{\alpha}^{(j)})$ 是任意两条附加相位轨线所对应的信号，这两条相位轨线在 $t=0$ 时刻开始分离，在之后某一时刻重新合并，以后不再分离。$D^2_{\min}$ 越大，检测性能就越好。在连续相位调制中，之所以采用 $L>1$ 的部分响应方式，并采用多 h 方式，是由于部分响应方式和多 h 方式能够增大相位状态数，使相位轨线变化更为复杂，有利于自由距离的增加，也有利于使相位轨线更为平滑。一般的多 h 连续相位调制的功率谱计算和误码率计算较为复杂，这里不作进一步的介绍。

§7.6　正交频分复用（OFDM）调制

迄今为止，我们讨论的调制方式都是单载波调制，也就是用数据流所构成的基带信号去调制一个载波。值得注意的是，还有另一类调制方式，它先把高速数据流经串并变换转换成一组低速率数据流，然后各自去调制相应载波，并行传输。这种传输方式被称为多载波调制，或称为多音调调制。通常所说的频分复用（FDM）就是多载波调制。正交频分复用（OFDM）调制是一种特殊的多载波调制方式，它与传统的频分复用有很大的区别。

7-12　正交频分复用调制（PPT）

（1）在传统的频分复用中，各个子信道频谱不能重叠，而且还要留有一定的保护带宽来防止各子信道之间的串扰。传统的FDM的频谱安排如图7.6.1（a）所示。显然，这种频谱安排降低了频谱利用率。OFDM方式允许各子信道频谱重叠，如图7.6.1（b）所示，所以OFDM方式提高了频谱利用率，一般OFDM的频谱利用率比传统FDM提高50%左右。

7-13　正交频分复用调制（视频）

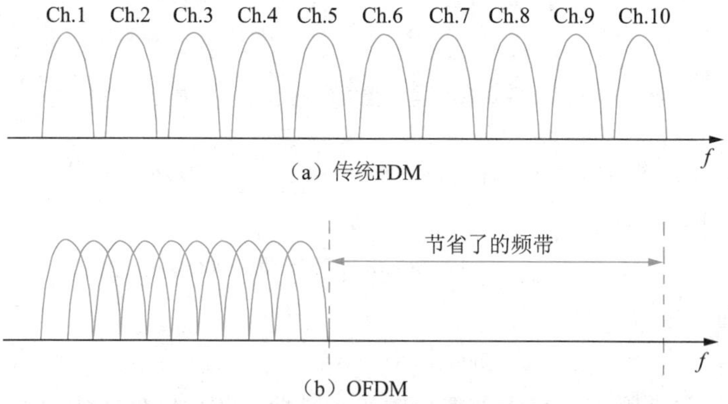

图7.6.1　传统FDM与OFDM的频谱安排

（2）为了防止各子信道之间的串扰，OFDM要求各子载波相互正交。利用这种正

交性,接收机能正确分离各子数据流。为了保证各子载波之间的正交性,OFDM要求各子载波在时间、频率上均保持同步,而且要求相邻子载波的频率间隔为OFDM的有效符号时间间隔T的倒数。

(3) OFDM可以利用离散Fourier变换(DFT)来实现其调制和解调,不需要像传统FDM那样采用大量的振荡器和滤波器组。当子载波数目N较大时,还可以采用快速算法FFT技术来实现DFT。利用DFT技术实现OFDM调制的方法在20世纪70年代就被提出,但直到90年代,由于超大规模集成芯片和DSP芯片的出现才得以进入实用阶段。

OFDM技术既是一种调制技术,也可视为一种复用方式。多载波传输把数据流分成多个低码率的子数据流,用这些低码率子数据流去调制相应的子载波。这样使被传输的符号的持续时间展宽,有利于减少码间干扰(ISI)。由于整个信道频带被分成一系列子频带,窄带干扰只影响其中一个或少数几个子信道,对大多数子信道没有影响,因而OFDM减轻了窄带干扰和频率选择性干扰的影响。通过自适应技术,可使受干扰轻的子信道传输较高的码率,受干扰严重的子信道传输较低的码率,或者干脆不传输任何信息,这样可以充分利用信道容量,实现信息论中的灌水原则。OFDM有许多优良性能,使得它在通信(特别在宽带传输,如DVB、DAB、ADSL、无线局域网和无线广域网中)中获得广泛应用。

OFDM也存在某些缺点,如它对于同步有更高要求。另外,由于OFDM是多路载波的合并传输,有时多路子载波同相合并,会增强信号幅度;有时反相合并,会抵消信号幅度。所以,OFDM信号的幅度起伏较大,造成所谓的信号峰均比也较大,使得OFDM对线性功率放大提出了严格要求。降低OFDM信号的峰均比成了当前OFDM研究中的一个热点。

7.6.1 OFDM的基本模型与DFT实现

一般OFDM的每个子载波采用PSK调制或QAM调制。令N表示子载波数目,T表示OFDM符号的有效持续时间,d_i表示第i个子信道上传输的复数数据符号,$f_i=f_c+\dfrac{i}{T}$是第i个子载波的频率,$p(t)$为矩形脉冲波形。

$$p(t)=\begin{cases}1, & 0\leqslant t\leqslant T\\0, & \text{其他}\end{cases}\tag{7.6.1}$$

于是从t_s时刻开始的一个OFDM符号为

$$s(t)=\mathrm{Re}\left\{\sum_{i=0}^{N-1}d_i p(t-t_s)\exp\left[\mathrm{j}2\pi f_i(t-t_s)\right]\right\},\quad t_s\leqslant t\leqslant t_s+T\tag{7.6.2}$$

相应的复数等效基带信号可表示为

$$s_{\mathrm{eq}}(t)=\sum_{i=0}^{N-1}d_i p(t-t_s)\exp\left[\mathrm{j}2\pi\frac{i}{T}(t-t_s)\right],\quad t_s\leqslant t\leqslant t_s+T\tag{7.6.3}$$

图7.6.2中画出了一个OFDM信号所包含的4个子载波。图中4个子载波具有相同的幅度和相位,在实际系统中各子载波的幅度和相位往往是不相同的。但在一个OFDM的有效符号时间中都包含了每个子载波的整数个周期,而且相邻子载波在一个OFDM有效符号时间中相差1个周期。

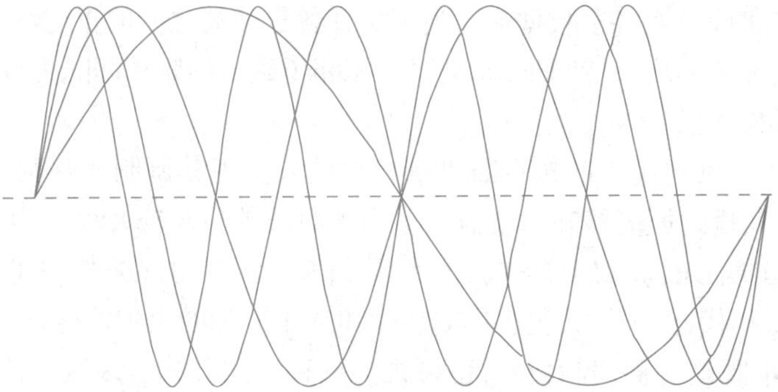

图7.6.2 一个OFDM信号中所包含的4个子载波

由于 $$\frac{1}{T}\int_0^T \exp\left[\mathrm{j}\left(\frac{2\pi nt}{T}+\varphi_n\right)\right]\exp\left[-\mathrm{j}\left(\frac{2\pi mt}{T}+\varphi_m\right)\right]\mathrm{d}t=\begin{cases}1, & m=n\\0, & m\neq n\end{cases} \tag{7.6.4}$$

所以各个子载波正交。

如果OFDM接收机要对第 k 个子载波解调，可以把 $s_{\mathrm{eq}}(t)$ 与第 k 个子载波 $\exp\left[-\mathrm{j}\frac{2\pi k}{T}(t-t_s)\right]$ 相乘，然后在 (t_s, t_s+T) 上积分，得到

$$\hat{d}_k=\frac{1}{T}\int_{t_s}^{t_s+T}\exp\left[-\mathrm{j}\frac{2\pi k}{T}(t-t_s)\right]\sum_{i=0}^{N-1}d_i\exp\left[\mathrm{j}\frac{2\pi i}{T}(t-t_s)\right]=d_k \tag{7.6.5}$$

因此可以恢复出预期的数据。对于其他的子载波，由于在积分区间中包含了差频的整数倍周期，所以积分为零，也就是说其他的子载波对于解调子载波不造成干扰。

这种正交性也可以从频率域角度来解释。由式(7.6.2)可知，OFDM符号包含了多个非零的子载波，所以OFDM的频谱可以看成周期为 T 的矩形脉冲波形的频谱与各子载波频率上的 δ 函数 $\sum_{i=0}^{N-1}\delta(f-f_i)$ 的卷积。矩形脉冲的频谱为 $\mathrm{sinc}(fT)$，所以OFDM的频谱如图7.6.3所示。在每个子载波频谱的最大值处，所有其他子载波的频谱为零。在OFDM解调过程中，正是需要计算在这些点上所对应子载波频谱的最大值。因此，从多个相互重叠的子信道符号中提取所需子信道的符号，而不会受到其他子信道的干扰。在第6章中我们知道，当时域信号脉冲波形为sinc(·)函数时，它满足奈奎斯特准则，这时数据传输无码间干扰(ISI)。在OFDM中，代替时域波形，而子载波频谱是sinc(·)，这个特点使得OFDM可以避免子载波间的串扰(ICI)。

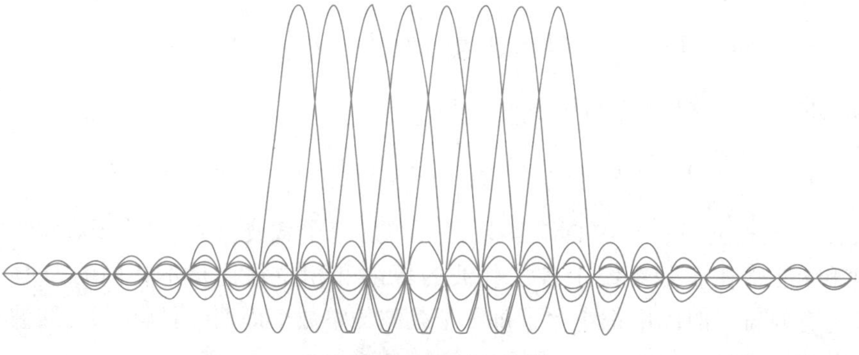

图7.6.3 OFDM的频谱

对于比较大的N,OFDM的复等效基带信号可以用离散Fourier逆变换(IDFT)实现。不失一般性可以令式(7.6.3)中的$t_s=0$,忽略矩形脉冲函数,并对$s_{\mathrm{eq}}(t)$以$\varepsilon=T/N$间隔采样,得到

$$\begin{aligned} s_k &= s_{\mathrm{eq}}(k\varepsilon)=s_{\mathrm{eq}}(kT/N) \\ &= \sum_{i=0}^{N-1} d_i \exp\left(j\frac{2\pi ik}{N}\right),\quad 0\leqslant k\leqslant N-1 \end{aligned} \tag{7.6.6}$$

式(7.6.6)正好表示$\{s_k\}$是对$\{d_i\}$进行IDFT运算的结果。在接收端为了恢复出数据d_i,可以对$\{s_i\}$进行反变换,即DFT变换。

$$d_i=\sum_{k=0}^{N-1} s_k \exp\left(-\mathrm{j}\frac{2\pi ik}{N}\right),\quad 0\leqslant i\leqslant N-1 \tag{7.6.7}$$

由上面分析可知,OFDM的调制和解调可以由IDFT和DFT来完成。通过N点IDFT运算把频域数据符号d_i变换成时域数据符号s_k,然后经过加循环前缀、并串变换和数模变换转换成时域波形,再经过频率上搬移到射频,发送出去。循环前缀的作用将在7.6.2节中介绍。在接收端进行相应的逆变换。OFDM的调制、解调系统方框图如图7.6.4所示。

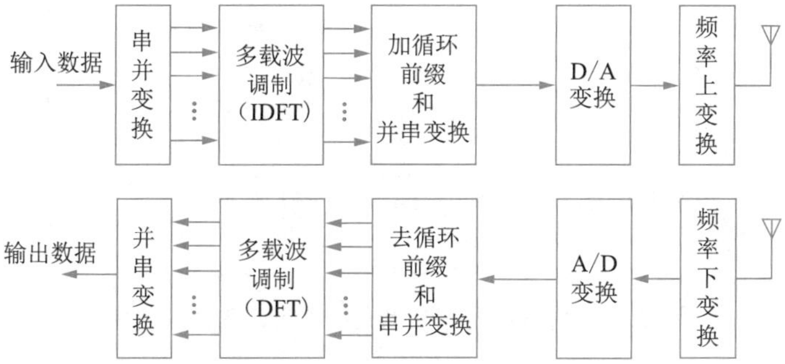

图7.6.4　OFDM的调制、解调系统方框图

在OFDM系统的实际运用中,可以采用更方便、更快捷的IFFT/FFT。N点IDFT运算需实施N^2次的复数乘法,而IFFT可以明显降低运算的复杂度。例如,对于基为2的IFFT,其乘法次数仅需要$\frac{N}{2}\log_2 N$次。

7.6.2 保护时间与循环前缀

采用OFDM的一个最主要原因,在于它可以有效地对抗信道多径时延扩展。把输入数据流分成N个子信道,使符号持续时间展宽N倍,这就降低了多径时延相对于符号持续时间的相对值,也就减小了多径时延引起的码间干扰影响。

7-14用循环前缀对抗多径

但是,为了最大限度地消除码间干扰(ISI),可以在OFDM符号之间加入保护时间。保护时间Δ的长度要大于预期的信道最大时延扩展。在保护时间内,OFDM系统完全不传输数据,它是一段空白。这样使得一个符号的多径时延分量不会干扰后继符号。加上保护时间后的OFDM符号时间长度为$T_s=T+\Delta$,其中OFDM的

积分时间(即IDFT/DFT时间,我们称之为有效符号时间)仍为T,相邻子载波频率间隔仍为$1/T$。

这种空白的保护时间虽然能够消除多径展宽引起的码间干扰,但是空白的保护时间可能使多径传输产生子载波之间的串扰,即产生信道间干扰(ICI)。这是由于加上空白保护时间后,当出现多径传输时,各子载波之间的正交性被破坏了。这一点可利用图7.6.5来说明。

图7.6.5中画出了子载波1和时延的子载波2。当接收机解调子载波1时,一个FFT时间区间所包含的子载波1与时延的子载波2差拍周期数不再是整数,因而时延的子载波2对子载波1的解调造成串扰。为了消除子信道之间的串扰,OFDM采用在原来空白保护时间中加循环前缀的方法。如图7.6.6所示,把OFDM符号的后面一段波形复制到原来空白保护时间中。由于OFDM有效时间T包含子载波的整数周期,所以这样加循环前缀不会在拼接处造成相位的突变。只要多径时延小于保护时间宽度,OFDM符号的时延复制品的子载波在DFT的积分区间内就还是保持整数个周期,所以时延小于保护时间的多径信号不会产生信道间干扰(ICI)。

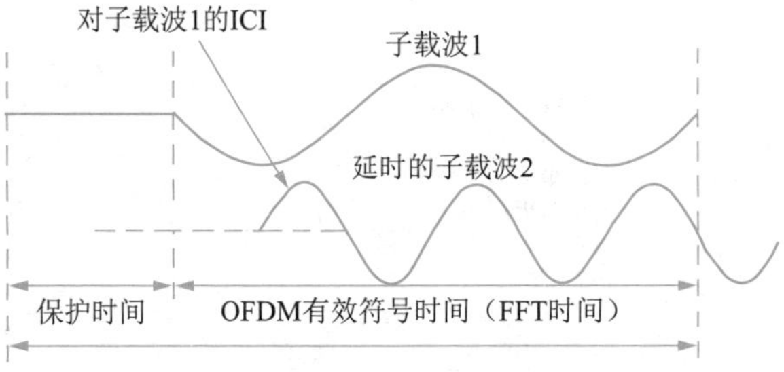

图7.6.5 保护时间使多径传输产生子载波之间的串扰

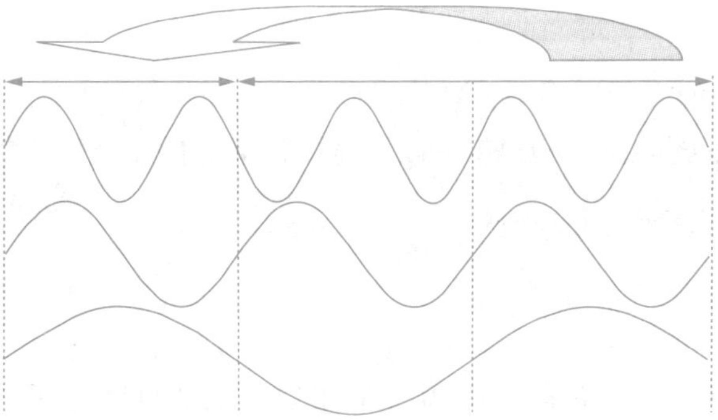

图7.6.6 OFDM符号的循环前缀构成

加循环前缀是在IDFT之后,设经过IDFT的OFDM时域数据为

$$
\begin{aligned}
s_k &= \mathrm{IDFT}\{d_i\} \\
&= \sum_{i=0}^{N-1} d_i \exp\left(\mathrm{j}\frac{2\pi ik}{N}\right), \quad 0 \leqslant k \leqslant N-1
\end{aligned}
\tag{7.6.8}
$$

则加循环前缀后的OFDM符号为

$$x_k = \begin{cases} s_{k+N}, & k = -m, -m+1, \cdots, -1 \\ s_k, & k = 0, 1, 2, \cdots, N-1 \end{cases} \tag{7.6.9}$$

其中$m = \dfrac{\Delta}{T}N$为循环前缀的长度。

图7.6.7进一步说明了多径传播对OFDM符号的影响。图中画出了二径信道上接收到的信号,虚线是实线信号的时延复制品,其中各包含3个分离的持续3个OFDM符号时间的子载波。实际上,OFDM接收机看到的是这6个子载波之和,这里画成分离的形式是为了清楚地说明多径的影响。OFDM的各子载波经过BPSK调制,在符号边界处可能发生相位跳变,对于虚线来说,这种相位跳变只能发生在实线信号的相位跳变之后。由于多径延时小于保护时间,所以可以保证在DFT的运算时间长度T中,不发生信号相位的跳变。OFDM接收机的解调器所看到的仅仅是存在某些相位偏移的多个相互正交的连续正弦波的叠加。这不影响子载波之间的正交性。如果多径时延超过保护时间,则延时子载波的相位突变将落到接收机的DFT积分区间中,子载波之间的正交性就被破坏,从而引起某种程度的子信道间串扰。

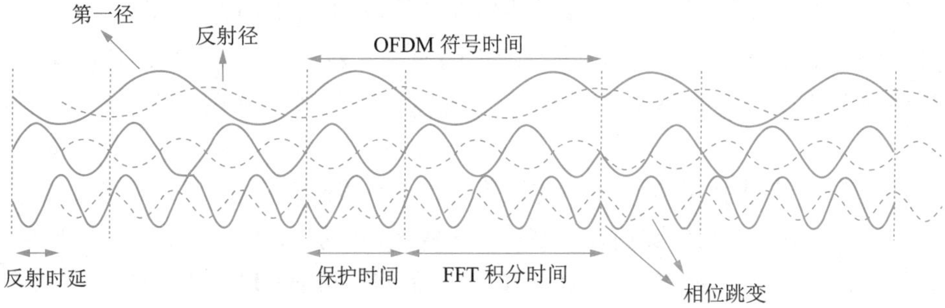

图7.6.7 多径传播对OFDM符号的影响

7.6.3 OFDM的符号检测与功率谱

假定多径传输信道的最大时延不超过保护时间长度Δ,OFDM信号有N个子载波,时间分辨率为$\varepsilon = T/N$,则可以分辨的多径数目为$m+1$,其中$m = \dfrac{\Delta}{\varepsilon} = \dfrac{\Delta}{T}N$。于是多径传输信道的脉冲响应可写成

$$h(t) = \sum_{i=0}^{m} h_i \delta(t - i\varepsilon) \tag{7.6.10}$$

其中,第i径的时延是$i\varepsilon$,增益为h_i。相应的频率传递函数为

$$H(f) = \sum_{i=0}^{m} h_i \mathrm{e}^{-\mathrm{j}2\pi i\varepsilon f} \tag{7.6.11}$$

在子载波频率$f_k = k/T$上的频率响应为

$$H_k = H\left(\frac{k}{T}\right) = \sum_{i=0}^{m} h_i \mathrm{e}^{-\mathrm{j}2\pi ik/N} \tag{7.6.12}$$

OFDM接收机接收到的等效基带信号为

$$r_{\mathrm{eq}}(t) = s_{\mathrm{eq}}(t)h(t) + n(t) \tag{7.6.13}$$

其中,$n(t)$是等效低通噪声。参考图7.6.4,接收到信号经A/D变换和除去循环前缀后,得到受扰的时域数据$\{y_k\}$,对于$\{y_k\}$进行DFT变换就得到频域数据:

$$\hat{d}_k = \mathrm{DFT}\{y_k\} = \frac{1}{N}\sum_{n=0}^{N-1} y_k \mathrm{e}^{-\mathrm{j}2\pi kn/N}, \quad k = 0, 1, \cdots, N-1 \tag{7.6.14}$$

由于循环前缀长度大于最大时延,所以不再考虑OFDM的码间干扰和子信道间干扰,于是

$$\hat{d}_k = d_k H_k + w_k \tag{7.6.15}$$

其中,w_k是高斯噪声的Fourier变换,它仍然是高斯噪声。为了从DFT运算所得的$\hat{d}_k$中恢复出d_k值,必须对信道频率响应H_k进行估计和补偿。一般通过在每个子载波信道上周期地传递已知调制序列(即训练序列)或无调制导频序列来完成对信道的估计。第k个子载波信道的信噪比(SNR)为

$$S/N_k = \frac{TP_k\left|H_k\right|^2}{\sigma_{nk}^2} \tag{7.6.16}$$

其中,T为OFDM的有效符号时间,P_k为第k个子载波的平均发送功率,$\left|H_k\right|^2$为第k个子信道频率响应的模平方,σ_{nk}^2为第k个子信道的噪声方差。对于具有较高信噪比的子信道,我们可以传递较高的码率。比如,可以在这个子信道上采用较大星座图的QAM调制。

在时延展宽信道中,单载波串行传输系统为了克服码间干扰,要采用复杂的时域均衡,而对于OFDM系统则需要估计频率传输函数H_k,并进行补偿。这相当于频域均衡的思想。根据式(7.6.15),如果接收机的目的仅是消除信道对OFDM信号所引起的失真,则接收机对第k个子载波只需乘以常数$C_k = 1/H_k$。在H_k比较小甚至为零的子信道上,这样的补偿方法会引起噪声增强。这与单载波串行系统中迫零均衡器所遇到的情况相同。因此,同样可以采用最小均方误差准则,这时接收到的第k个子载波需要乘以复常数

$$C_k = \frac{H_k^*}{\left|H_k\right|^2 + \sigma_{\mathrm{n}}^2/\sigma_{\mathrm{s}}^2} \tag{7.6.17}$$

其中,σ_{n}^2和σ_{s}^2分别是式(7.6.15)中噪声和信号的方差。

OFDM信号的功率谱密度是N个子载波上信号功率谱密度之和。所以,功率归一化的OFDM信号的功率谱为

$$P_{\mathrm{OFDM}}(f) = \frac{1}{N}\sum_{i=0}^{N-1} E\left(\left|d_i\right|^2\right)T^2\left|\frac{\sin\left[\pi(f-f_i)T\right]}{\pi(f-f_i)T}\right|^2 \tag{7.6.18}$$

当各子载波分配到相同功率时,则

$$P_{\mathrm{OFDM}}(f) = \frac{PT^2}{N}\sum_{i=0}^{N-1}\left|\frac{\sin\left[\pi(f-f_i)T\right]}{\pi(f-f_i)T}\right|^2 \tag{7.6.19}$$

图7.6.8给出了$N = 32$时的OFDM功率谱密度,其中纵坐标是归一化的功率谱密度,单位为dB。

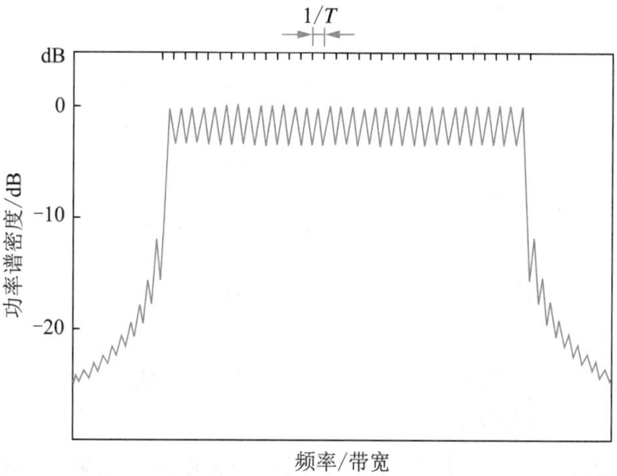

图7.6.8 N=32时的OFDM功率谱密度

由OFDM信号的功率谱密度式(7.6.19)可知,其带外功率谱密度衰减比较慢。随着子载波数目N的增大,每个子载波功率谱密度的主瓣和旁瓣变窄,使得OFDM符号的功率谱密度下降速度逐渐增加,如图7.6.9所示。要使带外功率谱密度下降得更快,可以对OFDM信号采用"加窗"技术。对OFDM符号"加窗",意味着不采用矩形脉冲加权,而采用其他形状的脉冲加权,使得OFDM符号的幅度在边界处平滑地下降到零。常用的"窗"类型有升余弦窗等。

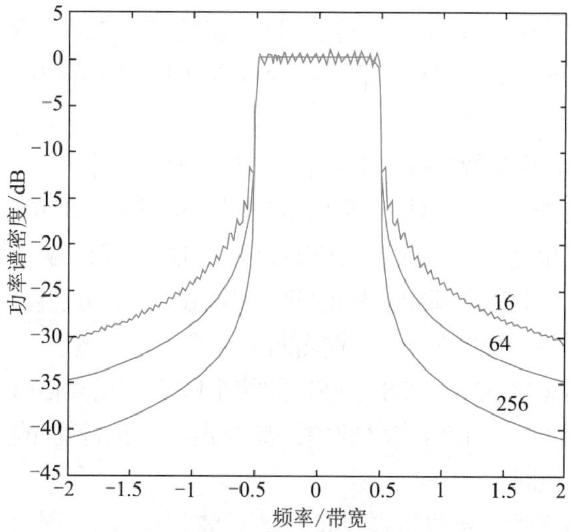

图7.6.9 OFDM功率谱密度的带外衰减随子载波数目N增加而加快

若把OFDM信号的带宽定义为功率谱零点到零点间的宽度,则OFDM信号带宽为

$$B_{\mathrm{OFDM}} = (N + 1)/T \tag{7.6.20}$$

如果OFDM的每个子载波都采用M进制调制,则它的频谱效率(即单位带宽传输的比特率)为

$$\eta_{\mathrm{OFDM}} = \frac{N\log_2 M}{TB_{\mathrm{OFDM}}} = \frac{N}{N+1}\log_2 M \quad [\mathrm{bit}/(\mathrm{Hz}\cdot\mathrm{s}^{-1})] \tag{7.6.21}$$

当N很大时，有

$$\eta_{\mathrm{OFDM}} \approx \log_2 M \quad [\mathrm{bit}/(\mathrm{Hz}\cdot\mathrm{s}^{-1})] \tag{7.6.22}$$

§7.7 小　结

7-15传输一个OFDM信号

在数字通带传输中，利用成型脉冲序列去调制正弦载波的幅度、频率和相位。本章的主要内容如下：

(1) 介绍了基本的正弦波数字调制，包括正弦波移幅键控(ASK)调制、正交载波的幅度调制(QAM)、正弦波数字移频键控(FSK)调制，以及正弦波数字移相键控(PSK)调制；介绍了它们的生成、波形、功率谱计算和对于频带的要求。

(2) 数字移相键控根据相位参考的不同分为绝对移相(PSK)和相对移相(DPSK)。PSK信号采用载波相位作为参考，所以在解调时需要从接收到的受干扰信号中提取精确的载波相位，而利用锁相环提取载波相位会产生相位模糊；DPSK信号把前一个符号的载波相位作为当前符号的相位参考，所以可以采用差分相干解调，从而不存在相位模糊。

(3) 在相位非相干情况下，两个正弦信号正交的最小频率间隔为符号持续期的倒数，而在相位相干情况下，两个正弦信号正交的最小频率间隔为符号持续期的倒数的一半。

(4) 无论是MPSK还是MQAM信号，都是二维数字调制，可以用二维信号空间中的信号点表示。所有可能的传输信号点在信号空间中构成所谓的星座图。当星座图中的信号点与代表的比特串之间的映射满足格雷码要求时，相邻信号点仅相差1比特。

(5) 讨论了二元基本数字调制信号的相干解调技术，给出了误码率(误比特率)的公式，误码率决定于信号空间中两个信号点之间的距离。

(6) 讨论了M元ASK、QAM、PSK、FSK的相干解调。在大信噪比条件下，误码率主要由信号空间中最近的一对信号点之间的距离决定。在比特能量相等的条件下，QPSK与BPSK的误比特率相同。

(7) 非相干解调不要求接收机提供精确的载波相位参考，因此其接收机结构简单，但相应的误码性能也下降。在高斯噪声下非相干解调的误码率计算比相干解调更为复杂。DPSK信号可以用差分相干解调法解调。

(8) PSK和FSK调制信号的功率谱在带外衰减比较慢，所以占有比较宽的频带。相位连续的恒包络数字调制信号有很好的功率谱带外衰减特性。我们介绍了CPFSK调制、MSK调制、GMSK调制和一般的多h连续相位调制技术。

(9) MSK调制是$h=1/2$的二进制CPFSK调制，MSK信号可以看成余弦脉冲成型的OQPSK调制。MSK信号的带宽要求明显低于QPSK，而误码性能与QPSK相同。

（10）GMSK调制是经过高斯预滤波的MSK。它是一种部分响应调制方式，它的相位轨线更平滑，所以其功率谱的带外衰减更快，但由部分响应引起的码间干扰会使误码性能下降。GMSK的带宽和误码率均与BT有关，合理地选取BT值可以使GMSK的频谱特性显著改善，而误码性能仅有微小的下降。

（11）多h连续相位调制是一种将编码与调制组合在一起的技术。它采用多种调制指数循环轮换，使得相位轨线有更多、更平滑的变化，从而提高了调制系统的频谱利用率和功率利用率。

（12）介绍了正交频分复用（OFDM）调制技术。OFDM是一种子载波彼此正交的频分复用技术。它的频谱利用率高，可以利用IDFT/DFT来实现正交频分复用调制。OFDM有利于对抗信道的时间扩展所引起的码间干扰，特别通过利用保护时隙或循环前缀可以消除此码间干扰。通过合理分配子信道上的功率或码率，可以提高信道的利用率。

Arthurs等人的早期文章[1]是从几何观点介绍基本正弦波数字调制（ASK、PSK、FSK）技术的综述论文，另外有许多相关的优秀教材，如Anderson、Aulin和Sundberg[2]，Benedetto、Biglieri和Castellani[3]，Proakis和Salehi[4]，Sklar和Murphy[5]，Viterbi[6]，Barry、Lee和Messerschmitt[7]等人的著作；连续相位调制技术可以参见Anderson、Aulin和Sundberg的书[2]，以及一些综述论文[8-10]。关于OFDM技术的比较全面的论述，可参见Bahai、Saltzberg和Ergen的书[11]以及Nee和Prasad的书[12]，关于OFDM技术的应用可参考Chow、Cioffi和Bingham的书[13,14]。

参考文献

[1] Arthurs E, Dym H. On the optimum detection of digital signals in the presence of white Gaussian noise—A geometric interpretation and a study of three basic data transmission systems. IRE Transactions on Communication Systems, 1962, 10(4): 335-372.

[2] Anderson J B, Aulin T, Sundberg C W. Digital Phase Modulation. New York: Plenum, 1986.

[3] Benedetto S, Biglieri E, Castellani V. Digital Transmission Theory. Upper Saddle River: Prentice Hill, 1987.

[4] Proakis J G, Salehi M. 数字通信（英文版）. 5版. 北京：电子工业出版社，2019.

[5] Sklar B, Murphy J. Digital Communications: Fundamentals and Applications. 3nd ed. Upper Saddle River: Prentice Hall, 2020.

[6] Viterbi A J. Principles of Coherent Communication. New York: McGraw-Hill Book Company, 1966.

[7] Barry J R, Lee E A, Messerschmitt D G. Digital Communication. 3nd ed. New York: Springer, 2003.

[8] Aulin T, Sundberg C W. Continuous phase modulation—Part 1: Full response signaling. IEEE Transactions on Communications, 1981, 29(3): 196-209.

[9] Aulin T, Rydbeck N, Sundberg C W. Continuous phase modulation—Part 2: Partial response signaling. IEEE Transactions on Communications, 1981, 29(3): 210-225.

[10] Sundberg C W. Continuous phase modulation. IEEE Communications Magazine, 1986, 34(3): 25-38.

[11] Bahai A R S, Saltzberg B R, Ergen M. Multi-Carrier Digital Communications - Theory and Applications of OFDM. New York: Springer US, 2004.

[12] Nee R V, Prasad R. OFDM for Wireless Multimedia Communications. Boston: Artech House, 2000.

[13] Chow J S, Cioffi J M, Bingham J A C. A practical discrete multitone transceiver loading algorithm for data transmission over spectrally shaped channels. IEEE Transactions on Communications, 1995, 43(5): 357-363.

[14] Bingham J A C. Multicarrier modulation for data transmission: An idea whose time has come. IEEE Communications Magazine, 1990, 28(5): 5-14.

习 题

7-1 设发送数字信息为011011100010，试分别画出2ASK、2FSK、2PSK及2DPSK信号的波形示意图。

7-2 已知某OOK系统的码元传输速率为10^3波特(Baud)，所用载波信号为$A\cos(4\pi\times10^6 t)$。

(1) 设所传送的数字信息为011001，试画出相应的OOK信号波形示意图；

(2) 求OOK信号第一零点带宽。

7-3 设某2FSK调制系统的码元传输速率为1000Baud，已调信号的载频为1000Hz或2000Hz。

(1) 若发送数字信息为011010，试画出相应的2FSK信号波形；

(2) 试讨论这时的2FSK信号应选择怎样的解调器解调；

(3) 若发送数字信息是等可能的，试画出它的功率谱密度草图。

7-4 假设在某2DPSK系统中，载波频率为2400Hz，码元速率为1200B，已知相对码序列为1100010111。

(1) 试画出2DPSK波形；

(2) 若采用差分相干解调法接收该信号，试画出解调系统的各点波形；

(3) 若发送符号“0”和“1”的概率为0.6和0.4，求2DPSK信号的功率谱。

7-5 设载频为1800Hz，码元速率为1200Baud，发送信息为011010。

(1) 若相位偏移$\Delta\varphi = 0^\circ$代表“0”，$\Delta\varphi = 180^\circ$代表“1”，试画出这时的2DPSK信号波形；

(2) 又若$\Delta\varphi = 270^\circ$代表“1”，$\Delta\varphi = 90^\circ$代表“0”，画出这时的2DPSK信号的波形。

7-6 采用OOK方式传送二进制数字信息，已知码元传输速率$R_b = 2\times10^6$ bit/s，接收端输入信号的振幅$a = 40\mu V$，信道加性噪声为高斯白噪声，且其单边功率谱密度

$N_0 = 6 \times 10^{-18}$ W/Hz,试求:

(1) 非相干接收时系统的误码率;

(2) 相干接收时系统的误码率。

7-7 若采用2ASK方式传送二进制数字信息。已知发送端发出的信号振幅为5V,输入接收端解调器的高斯噪声功率$\sigma_n^2 = 3 \times 10^{-12}$W,今要求误码率$P_e = 10^{-4}$,试求:

(1) 非相干接收时,由发送端到解调器输入端的衰减应为多少?

(2) 相干接收时,由发送端到解调器输入端的衰减应为多少?

7-8 对OOK信号进行相干接收,已知发送"1"(有信号)的概率为p,发送"0"(无信号)的概率为$1-p$,发送信号的峰值为5V,带通滤波器输出端的正态噪声功率为3×10^{-12}W。

(1) 若$p = 1/2, P_e = 10^{-4}$,则发送信号传输到解调器输入端共衰减多少分贝(dB)?这时最佳门限为多少?

(2) 说明$p > 1/2$时的最佳门限比$p = 1/2$时大还是小。

(3) 若$p = 1/2$, $\rho = 10$dB,求P_e。

7-9 在2ASK系统中,已知发送数据"1"的概率为$p(1)$,发送"0"的概率为$p(0)$,且$p(1) \neq p(0)$。采用相干检测,并已知发送"1"时,输入接收端解调器的信号振幅为a,输入的窄带高斯噪声方差为σ_n^2。试证明此时的最佳门限为

$$x^* = \frac{a}{2} + \frac{\sigma_n^2}{a}\ln\frac{p(0)}{p(1)}$$

7-10 若某2FSK系统的码元传输速率为2×10^6Baud,数字信息为"1"时的频率$f_1 = 10$MHz,数字信息为"0"时的频率$f_2 = 10.4$MHz,输入接收端解调器的信号振幅$a = 40\mu$V,信道加性噪声为高斯白噪声,且其单边功率谱密度$N_0 = 6 \times 10^{-18}$W/Hz,试求:

(1) 2FSK信号第一零点带宽;

(2) 非相干接收时,系统的误码率;

(3) 相干接收时,系统的误码率。

7-11 若采用2FSK方式传送二进制数字信息,其他条件与题7-7相同。试求:

(1) 非相干接收时,由发送端到解调器输入端的衰减为多少?

(2) 相干接收时,由发送端到解调器输入端的衰减为多少?

7-12 在二元移相键控系统中,已知解调器输入端的信噪比为$\rho = 10$dB,试分别求出相干解调2PSK、相干解调-码变换和差分相干解调2DPSK信号时的系统误码率。

7-13 若相干2PSK和差分相干2DPSK系统的输入噪声功率相同,试计算它们达到同样误码率所需的相对功率电平($k = \rho_{DPSK}/\rho_{PSK}$);若要求输入信噪比一样,则系统性能相对比值$\left[P_{PSK}(e)、P_{DPSK}(e)\right]$为多大。

7-14 已知码元传输速率$R_b = 10^3$Baud,接收机输入噪声的双边功率谱密度$N_0/2 = 10^{-10}$W/Hz,今要求误码率$P_e = 10^{-5}$。试分别计算出相干OOK、非相干2FSK、差分相干2DPSK以及2PSK等系统所要求的输入信号功率。

7-15 已知数字信息为“1”时，发送信号的功率为1kW，信道衰减为60dB，接收端解调器输入的噪声功率为10^{-4}W。试求非相干2ASK及相干2PSK的误码率。

7-16 对于码率为(a) $R_b = 9.6$kbit/s、(b) $R_b = 28.8$kbit/s 的 BPSK 调制，假定 $N_0 = 10^{-11}$ W/Hz，为了达到误比特率 $P_b = 10^{-5}$，请问信号幅度A应为多大？

7-17 一个4kHz带宽的信道，当采用如下调制方式时可以支持传输多大的比特率？

(1) BPSK；

(2) QPSK；

(3) 8PSK；

(4) 16PSK；

(5) 相干BFSK，$\Delta f = 1/(2T)$；

(6) 非相干BFSK，$\Delta f = 1/T$；

(7) 相干4FSK，$\Delta f = 1/(2T)$；

(8) 非相干4FSK，$\Delta f = 1/T$；

(9) 16QAM。

如果$N_0 = 10^{-8}$ W/Hz，为了达到误比特率 $P_b = 10^{-6}$，问以上调制方式所需的信号功率为多少？

7-18 两路数据流 $m_1(t) = d_1(t)$和$m_2(t) = d_2(t)$，通过不平衡QPSK（非正交四相调制），其中$d_1(t)$的数据率为10kbit/s，$d_2(t)$的数据率为1Mbit/s。

(1) 如果两个比特流具有相同的比特能量，请问他们相应基带波形$g_T(t)$的幅度A_1和A_2有何关系？

(2) 如果数据流$d_1(t)$，$d_2(t)$取值为$\{1, -1\}$，请问这时非正交四相调制的4个可能相位是什么？

(3) 如果两个支路上的误比特率都等于$P_b = 10^{-6}$，而且$N_0 = 10^{-10}$W/Hz，问这时幅度A_1和A_2的值为多少？

7-19 一个非相干OOK系统，为了达到误符号率为$P_e < 10^{-3}$，请问平均信噪比应为多少？

7-20 请问在信噪比等于12dB条件下，2FSK信号相干解调和非相干解调的误码率各为多少？

7-21 一个二元传输系统发送信号功率为$S_T = 200$mW，传输损耗为$L = 90$dB，噪声单边功率谱密度$N_0 = 10^{-15}$ W/Hz，要求误码率$P_e < 10^{-4}$，分别求下面3种传输方式的最大容许比特率：

(1) 非相干FSK；

(2) 差分相干DPSK；

(3) 相干BPSK。

7-22 在带宽为400kHz的无线电信道上传输比特率为$R_b = 500$kbit/s的二进制数据。

(1) 确定要求信号能量最小的基本调制解调方式，并计算为达到误比特率$P_b < 10^{-6}$所需的信噪比；

(2) 如果系统设备不能采用相干解调，再求解(1)。

7-23 在带宽为250kHz的无线电信道上传输比特率为R_b = 800kbit/s的二进制数据。

(1) 确定要求信号能量最小的基本调制解调方式,并计算为达到误比特率$P_b < 10^{-6}$所需要的信噪比(假设都采用格雷码);

(2) 若信道的非线性要求采用常包络调制,再求解(1)。

7-24 假定把$M = 16$的MQAM调制改成采用差分相干解调的$M = 16$的DPSK调制,为了保证误码率不变,则符号能量要增大多少倍?

7-25 对于比特信噪比为ρ_b = 13dB,计算如下调制方式的误符号率P_e:

(1) 2FSK(非相干);

(2) BPSK;

(3) 64PSK;

(4) 64QAM。

7-26 设发送数字信息序列为+1,-1,-1,-1,-1,-1,+1,试画出MSK信号的相位变化图形,若码元速率为1000Baud,载频为3000Hz,试画出MSK信号的波形。

7-27 画出$h = 1/2$和

$$g(t)=\begin{cases}1/(4T), & 0\leqslant t\leqslant 2T\\ 0, & \text{其他}\end{cases}$$

的部分响应CPM相位树、状态网格图和状态图。

7-28 幅度电平为±1的非归零数据流通过一低通滤波器,其冲激响应用高斯公式定义:

$$h(t) = \frac{\sqrt{\pi}}{\alpha}\exp\left(-\frac{\pi^2 t^2}{\alpha^2}\right)$$

其中α为用滤波器3dB带宽B定义的设计参量:

$$\alpha = \sqrt{\frac{\ln 2}{2}}\frac{1}{B}$$

(1) 证明该滤波器传递函数为

$$H(f) = \exp(-\alpha^2 f^2)$$

然后证明该滤波器3dB带宽确实等于B;

(2) 证明该滤波器对于幅度为1、持续时间为T的矩形脉冲的响应为式(7.5.39)。

第8章　数字通信中的同步技术

要使数字通信系统能够正常工作、运行，需要各个层次的时间同步加以保证，在这个意义上说数字通信也可以称为同步通信。我们在第4～7章介绍的模拟和数字调制系统中，相干解调具有信噪比性能好、误码率低的优点，但它要求接收机的本地振荡与接收到的信号载波保持频率、相位上的一致，也就是要求接收机载波同步。在数字通信中，不管是相干解调，还是非相干解调，都要求按码元间隔采样、判决，所以接收机必须产生一个与接收码元信号起止时间一致的时钟，按这个时钟产生采样时刻。这种时钟同步称为码元同步或位同步。

在数字通信系统中，除了载波同步、位同步之外，还需要更高层的同步。例如，在多路信号的时分复用中，每路信号占有一个时隙，若干个时隙组成一帧。为了保证多路信号有效地通信，接收机必须正确判别哪个时隙是帧的开头，哪个时隙是帧的结束，这样才能正确识别每路信号的时隙位置，所以必须建立起收、发之间帧的同步。又如，在分组纠错编码中，每个码字是由一组固定长度的码元符号序列组成的。为了保证纠错编码正确工作，译码器必须知道每个码字的起始位和结束位，否则无法正常工作，这就要求码字同步。无论是帧同步还是码字同步，都要求收发之间建立一组符号之间的同步，这种同步称为群同步。此外，在由多个用户组成的通信网中，往往要求各用户节点之间保持时间上的同步。例如，在时分多址的卫星通信网络中，每个地面站在分配给它的固定时隙中向卫星发送信息，因此各地面站必须通过卫星的反馈信道建立起全网的时钟同步，这称为网同步。

数字通信是一种有秩序的通信，这种秩序是通过保持各个层次上的时间同步实现的。同步是数字通信的灵魂和难点。本章主要介绍载波同步、位同步技术。

§8.1　锁相环

8.1.1　锁相环的组成和工作原理

锁相环(PLL)是一种关于时间的伺服系统，它是重要的一种同步技术。锁相环实现对周期信号的相位估计。锁相环由乘法器(鉴相器)、环路滤波器和压控振荡器(VCO)组成，如图8.1.1所示。

8-1 琐相环路

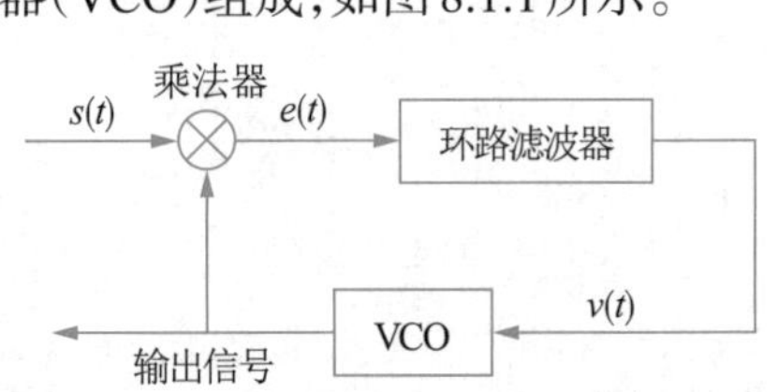

图8.1.1　锁相环(PLL)的组成

假定锁相环输入$s(t)$为

$$s(t)=\cos(2\pi f_c t+\varphi) \tag{8.1.1}$$

则压控振荡器输出为$\sin(2\pi f_c t+\hat{\varphi})$,其中$\hat{\varphi}$表示对$\varphi$的估计。鉴相器是一个乘法器,它输出的是两个输入信号的乘积:

$$\begin{aligned} e(t)&=\cos(2\pi f_c t+\varphi)\sin(2\pi f_c t+\hat{\varphi}) \\ &=\frac{1}{2}\sin(\varphi-\hat{\varphi})+\frac{1}{2}\sin(4\pi f_c t+\varphi+\hat{\varphi}) \end{aligned} \tag{8.1.2}$$

环路滤波器是一个低通滤波器,它的传递函数为$G(s)$。例如,它可以是简单的比例积分滤波器:

$$G(s)=\frac{1+\tau_2 s}{1+\tau_1 s} \tag{8.1.3}$$

其中,两个参数τ_1、τ_2($\tau_1 \gg \tau_2$)用来控制环路滤波器的带宽。环路滤波器的输出提供控制电压$v(t)$给VCO。VCO产生一个正弦信号,它的相位为

$$2\pi f_c t+\hat{\varphi}(t)=2\pi f_c t+K\int_{-\infty}^{t} v(t)\,\mathrm{d}t \tag{8.1.4}$$

其中,K是增益常数。所以

$$\hat{\varphi}(t)=K\int_{-\infty}^{t} v(t)\,\mathrm{d}t \tag{8.1.5}$$

输出相位估计与输入电压之间是积分关系。环路滤波器$G(s)$滤除式(8.1.2)中乘积的倍频分量。我们可以得到如图8.1.2所示的关于相位的简化等效闭环系统模型。

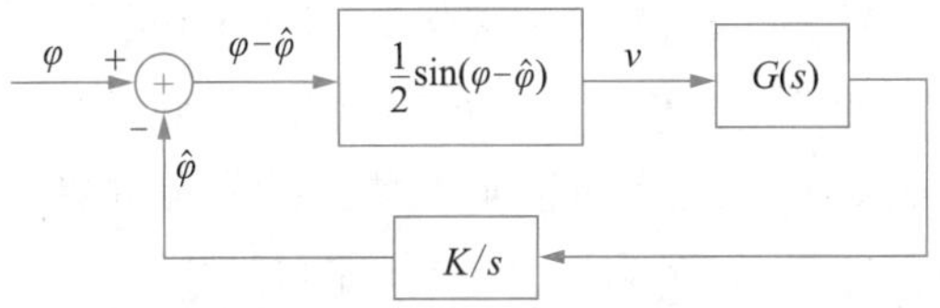

图8.1.2 锁相环的等效闭环系统方框图

鉴相特性为

$$v_d=K_d\sin(\varphi-\hat{\varphi})=K_d\sin\Delta\varphi \tag{8.1.6}$$

其中,$\Delta\varphi=\varphi-\hat{\varphi}$是相位误差。鉴相特性曲线如图8.1.3所示。

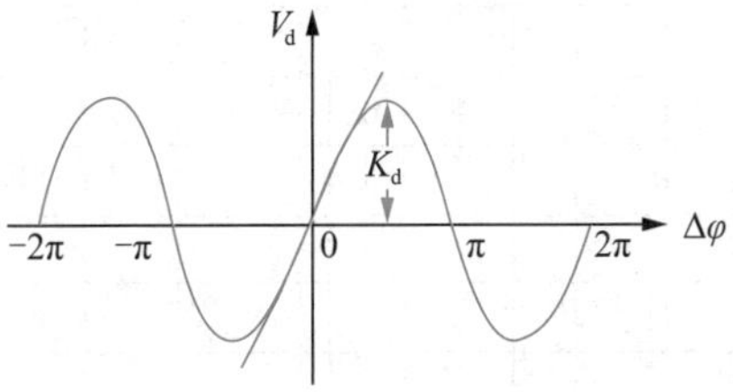

图8.1.3 锁相环的鉴相特性曲线

从鉴相特性可见:当相位误差$\Delta\varphi>0$时,产生正的误差电压v_d去控制VCO,使得$\hat{\varphi}$增加,从而相位误差减小;当$\Delta\varphi<0$时,产生负的误差电压v_d去控制VCO,使$\hat{\varphi}$减小,从而使相位误差向正的方向增大。平衡点是$\Delta\varphi=0$,这是一个稳定的平衡点。

由于闭环中存在函数$\sin(x)$,所以系统是非线性的。这使得分析麻烦。但当环路工作在跟踪模式时,相位误差很小,可以采用近似

$$\sin(\varphi-\hat{\varphi})\approx\varphi-\hat{\varphi} \tag{8.1.7}$$

从而可以得到闭环方程

$$\frac{1}{2}[\varphi(s)-\hat{\varphi}(s)]G(s)\frac{K}{s}=\hat{\varphi}(s) \tag{8.1.8}$$

闭环传递函数为

$$H(s)=\frac{\hat{\varphi}(s)}{\varphi(s)}=\frac{KG(s)/s}{1+KG(s)/s} \tag{8.1.9}$$

其中因子1/2被吸收到压控振荡器增益K中。

如果代入比例积分滤波器$G(s)$的表示式,则得到闭环传递函数

$$H(s)=\frac{1+\tau_2 s}{1+(\tau_2+1/K)s+(\tau_1/K)s^2} \tag{8.1.10}$$

因此,当采用比例积分滤波器作为环路滤波器时,闭环系统的线性化模型是一个二阶系统。τ_2控制系统的零点,K和τ_1用来控制闭环的极点位置。通过一些运算,可以把$H(s)$化成标准形式:

$$H(s)=\frac{(2\zeta\omega_n-\omega_n^2/K)s+\omega_n^2}{s^2+2\zeta\omega_n s+\omega_n^2} \tag{8.1.11}$$

其中,$\omega_n=\sqrt{K/\tau_1}$,$\zeta=\omega_n(\tau_2+1/K)/2$。可以算出闭环传递函数的等效噪声带宽(单边)

$$B_{\mathrm{eq}}=\frac{\tau_2^2(1/\tau_2^2+K/\tau_1)}{4(\tau_2+1/K)}=\frac{1+(\tau_2\omega_n)^2}{8\zeta/\omega_n} \tag{8.1.12}$$

图8.1.4画出了当$\tau_2\gg1$时,在不同阻尼系数ζ之下,幅频特性$20\lg|H(\omega)|$曲线。其中$\zeta=1$表示临界阻尼,$\zeta<1$表示欠阻尼,$\zeta>1$表示过阻尼。

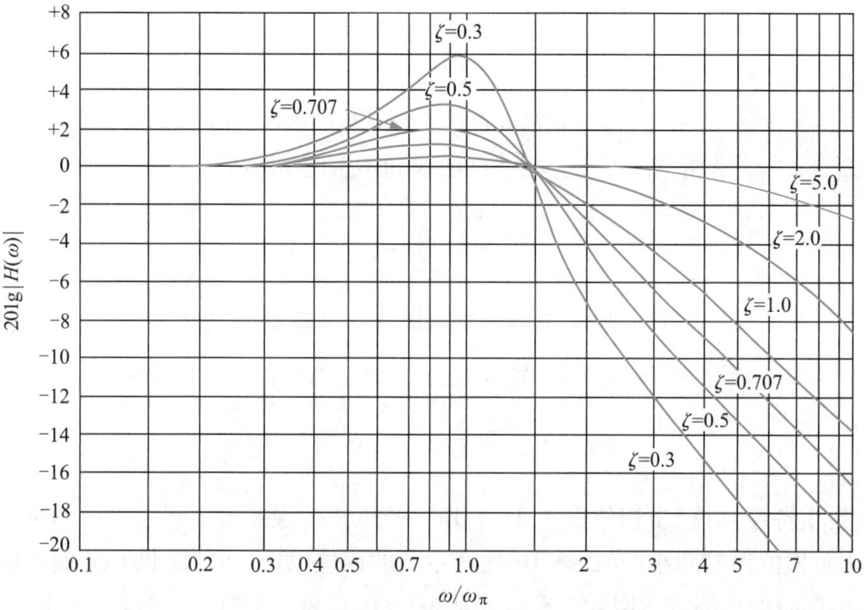

图8.1.4 不同阻尼系数ζ之下,二阶环路的幅频特性$20\lg|H(\omega)|$曲线

当环路工作在捕获模式下时，相位误差比较大，近似式(8.1.7)不成立，这时的环路方程为

$$\frac{K}{2}\frac{G(s)}{s}\sin\left[\varphi(t)-\hat{\varphi}(t)\right]=\hat{\varphi}(t) \tag{8.1.13}$$

考虑最简单的一阶环路情况，即$G(s)=1$。由于s是微分算子，故式(8.1.13)可写成

$$\frac{\mathrm{d}\Delta\varphi(t)}{\mathrm{d}t}=\frac{\mathrm{d}\varphi(t)}{\mathrm{d}t}-\frac{K}{2}\sin\Delta\varphi(t) \tag{8.1.14}$$

对于输入相位阶跃信号$\varphi(t)=\theta_0$，则方程(8.1.14)化简为

$$\frac{\mathrm{d}\Delta\varphi(t)}{\mathrm{d}t}=-\frac{K}{2}\sin\Delta\varphi(t) \tag{8.1.15}$$

一阶锁相环路的捕获特性如图8.1.5所示。从图8.1.5可见，误差相位$\Delta\varphi=2k\pi$是稳定锁定点，而$\Delta\varphi=(2k+1)\pi$是不稳定锁定点。

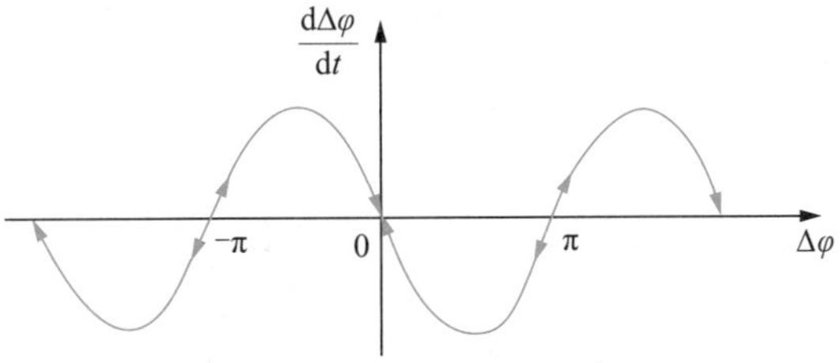

图8.1.5 一阶锁相环路的捕获特性

8.1.2 加性噪声对于锁相环相位估计的影响

锁相环的输入除了正弦波外，还要加上窄带噪声，所以我们要研究噪声的加入对于锁相环相位估计的影响。考虑到加性噪声，锁相环的输入为

$$r(t)=s(t)+n(t)=A_c\cos[2\pi f_c t+\varphi(t)]+n(t) \tag{8.1.16}$$

加性窄带噪声$n(t)$表示为

$$n(t)=x(t)\cos(2\pi f_c t)-y(t)\sin(2\pi f_c t) \tag{8.1.17}$$

其中，$x(t)$，$y(t)$分别是等效低通噪声的同相分量和正交分量，它们是零均值独立高斯过程，其双边功率谱密度为N_0(W/Hz)。通过一些代数运算，$n(t)$可以写成

$$n(t)=n_c(t)\cos\left[2\pi f_c t+\varphi(t)\right]-n_s(t)\sin\left[2\pi f_c t+\varphi(t)\right] \tag{8.1.18}$$

其中

$$n_c(t)=x(t)\cos\varphi(t)+y(t)\sin\varphi(t) \tag{8.1.19a}$$

$$n_s(t)=-x(t)\sin\varphi(t)+y(t)\sin\varphi(t) \tag{8.1.19b}$$

写成复数形式，即

$$n_c(t)+\mathrm{j}n_s(t)=\left[x(t)+\mathrm{j}y(t)\right]\mathrm{e}^{-\mathrm{j}\varphi(t)} \tag{8.1.20}$$

$n_c(t)$、$n_s(t)$和$x(t)$、$y(t)$具有相同的统计特性。

$r(t)$和VCO的输出相乘，经过低通滤波除去倍频项，得到受到噪声干扰的误差信号

$$\begin{aligned}e(t)&=A_c\sin\Delta\varphi+n_c(t)\sin\Delta\varphi-n_s(t)\cos\Delta\varphi\\&=A_c\sin\Delta\varphi+n_1(t)\end{aligned} \tag{8.1.21}$$

其中相位误差$\Delta\varphi=\varphi-\hat{\varphi}$，$n_1(t)=n_c(t)\sin\Delta\varphi-n_s(t)\cos\Delta\varphi$。

图8.1.6给出了带有加性噪声干扰的锁相环等效模型。

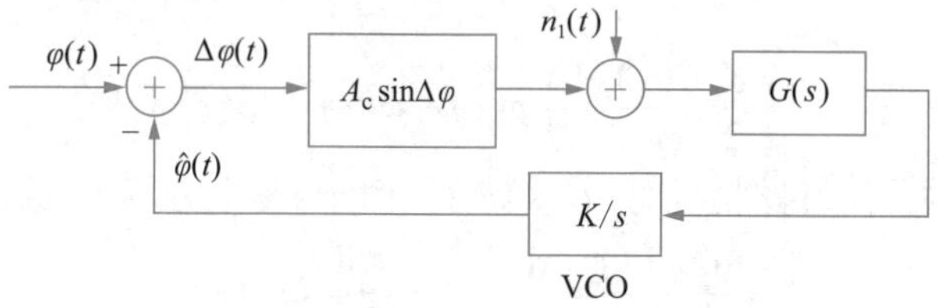

图8.1.6　带有加性噪声干扰的锁相环等效模型

当输入信号功率$P_c=\frac{1}{2}A_c^2$远大于噪声功率时,可以对跟踪模式下的锁相环进行线性化,同时我们把加性噪声移到鉴相器之前,得到如图8.1.7所示的模型。其中$n_2(t)=n_1(t)/A_c$是等效输入相位噪声,它的功率谱密度为$N_0/A_c{}^2$。于是输出相位误差的方差为

$$\begin{aligned}\sigma_{\hat{\varphi}}^2&=\frac{N_0}{A_c^2}\int_{-\infty}^{\infty}\left|H(\mathrm{j}2\pi f)\right|^2\mathrm{d}f\\&=\frac{N_0/2}{P_c}\times 2B_{\mathrm{neq}}=\frac{N_0B_{\mathrm{neq}}}{P_c}\triangleq\frac{1}{\gamma_L}\end{aligned}\tag{8.1.22}$$

其中

$$B_{\mathrm{neq}}=\frac{1}{2}\int_{-\infty}^{\infty}\left|H(\mathrm{j}2\pi f)\right|^2\mathrm{d}f\tag{8.1.23}$$

是环路等效噪声带宽(单边)。

$$\gamma_L=\frac{P_c}{N_0B_{\mathrm{neq}}}\tag{8.1.24}$$

表示环路信噪比。实际上,在线性化近似模型中,输出相位误差分布近似为高斯分布,其均值为零,方差为$\sigma_{\hat{\varphi}}^2$。

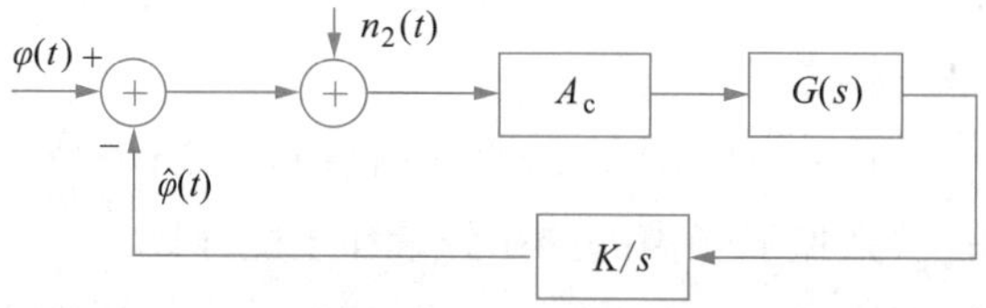

图8.1.7　跟踪模式下的锁相环线性化模型

维特比对一阶锁相环$[G(s)=1]$分析了非线性情况下相位误差$\Delta\varphi$的概率分布密度,得到

$$p(\Delta\varphi)=\frac{\exp(\gamma_L\cos\Delta\varphi)}{2\pi\mathrm{I}_0(\gamma_L)}\tag{8.1.25}$$

其中,$\mathrm{I}_0(\cdot)$是零阶修正贝塞尔函数。由式(8.1.25)可以得到一阶锁相环相位误差方差的精确值,图8.1.8中画出了相位误差$\Delta\varphi$方差的精确值和线性化近似值与$1/\gamma_L$的关系曲线。

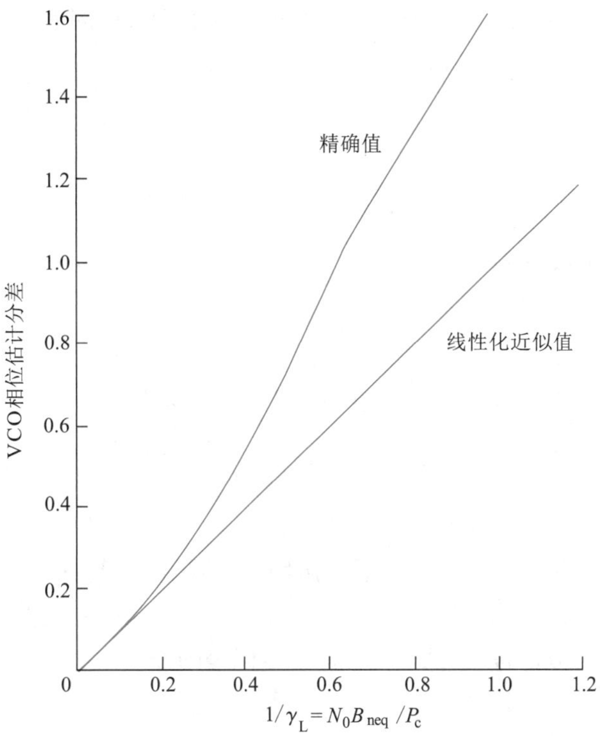

图8.1.8 相位误差$\Delta\varphi$方差的精确值和线性化近似值与$1/\gamma_L$的关系

§8.2 载波同步

在相干解调中需要从接收到的信号中提取载波频率和相位。由于在通常抑制载波双边带调幅和PSK数字调相中，输入信号功率谱中没有关于载频的离散谱线分量，所以直接采用锁相环有困难。一般有两种方法来解决载波同步问题，一种是直接法，另一种称为插入导频法。

8-2 载波同步

8.2.1 直接法

在直接法载波同步中，可采用多种方法从接收到的信号中产生载频的频率分量或它谐波的频率分量，然后用锁相环路加以提取。

1. 平方环

对于抑制载波的双边带调幅或BPSK调制，接收到的信号为

$$r(t) = A_c m(t)\cos(2\pi f_c t + \varphi_c) + n(t) \tag{8.2.1}$$

因为消息$m(t)$的平均值为零，所以$A_c m(t)\cos(2\pi f_c t + \varphi_c)$的功率谱中不含载波频率$f_c$的离散谱线。把$r(t)$通过平方律器件，输出为

$$\begin{aligned} r^2(t) &= A_c^2 m^2(t)\cos^2(2\pi f_c t + \varphi_c) + \text{噪声项} \\ &= \frac{1}{2}A_c^2 m^2(t) + \frac{1}{2}A_c^2 m^2(t)\cos(4\pi f_c t + 2\varphi_c) + \text{噪声项} \end{aligned} \tag{8.2.2}$$

因为$m^2(t) > 0$，所以在$2f_c$频率处出现离散谱线，可以用锁相环获得$2f_c$和$2\varphi_c$的估

计,然后用分频器得到f_c和φ_c的估计。平方环的工作原理方框图如图8.2.1所示。

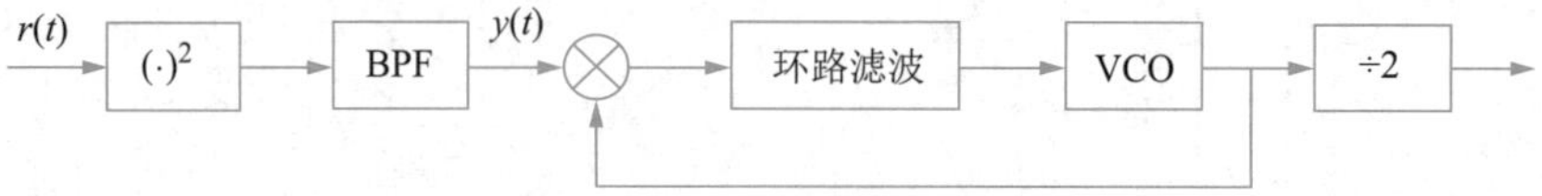

图8.2.1 平方环的工作原理方框图

这里有两个问题要注意:

1)噪声的影响

由于

$$
\begin{aligned}
y(t)=r^2(t)&=\left[A_c m(t)\cos\left(2\pi f_c t+\varphi_c\right)+n(t)\right]^2\\
&=\left[A_c m(t)\cos\left(2\pi f_c t+\varphi_c\right)\right]^2\\
&\quad+2n(t)A_c m(t)\cos\left(2\pi f_c t+\varphi_c\right)+n^2(t)
\end{aligned}
\tag{8.2.3}
$$

其中,后面两项均是噪声,因此经平方后噪声增强。同时,由于平方项的存在,噪声不再是高斯分布,噪声功率谱密度也不再是平坦的。总之,由于平方运算,环路的噪声性能恶化。通过分析和近似,可以得到平方环的相位误差的方差为

$$
\sigma_{\hat{\phi}}^2=\frac{1}{\gamma_L S_L}
\tag{8.2.4}
$$

其中,S_L称为平方损失因子,它等于

$$
S_L=\frac{1}{1+\dfrac{B_{bp}/\left(2B_{neq}\right)}{\gamma_L}}
\tag{8.2.5}
$$

B_{bp}为位于锁相环路前的带通滤波器BPF的带宽。

2)平方环的鉴相特性

对于平方环来说,它的鉴相特性为

$$
v_d=K_d\sin 2\Delta\varphi=K_d\sin 2\left(\varphi-\hat{\varphi}\right)
\tag{8.2.6}
$$

平方环的鉴相特性如图8.2.2所示。从鉴相曲线上看到稳定的平衡点有两个:$\Delta\varphi=0$和$\Delta\varphi=\pi$。锁相环可以锁定在任何一个稳定的平衡点上,所以产生锁定相位的不确定性,这称为相位模糊。

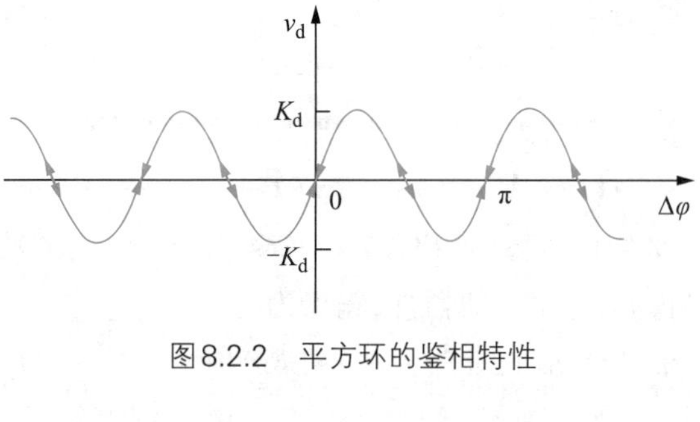

图8.2.2 平方环的鉴相特性

2. Costas环

对于抑制载波双边带调幅信号或BPSK信号来说，除了用平方环提取相干载波外，第二种提取相干载波的方法是所谓的Costas环，或称同相-正交环。Costas环的原理框图如图8.2.3所示。

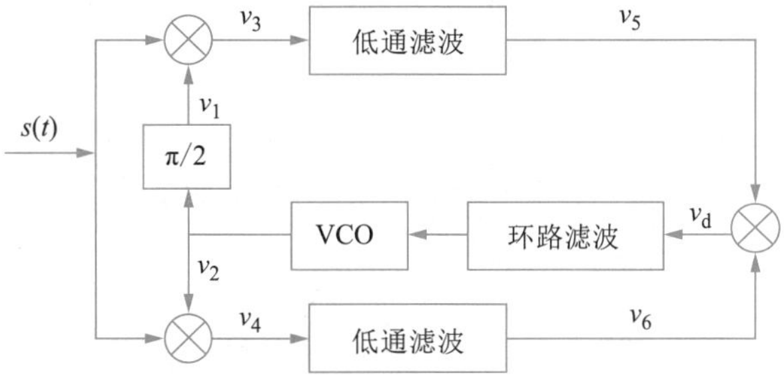

图8.2.3 Costas环的原理框图

设输入信号为

$$s(t)=A_c m(t)\cos\left(2\pi f_c t+\varphi\right) \tag{8.2.7}$$

VCO输出的两路互为正交的本地载频信号为

$$v_1(t)=\cos\left(2\pi f_c t+\hat{\varphi}\right) \tag{8.2.8a}$$

$$v_2(t)=\sin\left(2\pi f_c t+\hat{\varphi}\right) \tag{8.2.8b}$$

于是

$$v_3(t)=\frac{1}{2}A_c m(t)\left[\cos\Delta\varphi+\cos\left(4\pi f_c t+\varphi+\hat{\varphi}\right)\right] \tag{8.2.9a}$$

$$v_4(t)=\frac{1}{2}A_c m(t)\left[\sin\Delta\varphi+\sin\left(4\pi f_c t+\varphi+\hat{\varphi}\right)\right] \tag{8.2.9b}$$

经低通滤波后

$$v_5(t)=\frac{1}{2}A_c m(t)\cos\Delta\varphi \tag{8.2.10a}$$

$$v_6(t)=\frac{1}{2}A_c m(t)\sin\Delta\varphi \tag{8.2.10b}$$

其中，$\Delta\varphi=\hat{\varphi}-\varphi$。所以

$$v_d(t)=\frac{1}{8}A_c^2 m^2(t)\sin(2\Delta\varphi) \tag{8.2.11}$$

科斯塔斯环的鉴相特性与平方环的一样。$v_d(t)$经过环路滤波后去控制压振荡器。从式(8.2.11)也可以看出，科斯塔斯环同样具有相位模糊问题。当输入信号中包含噪声时，误差电压中还包含有“信号×噪声”和“噪声×噪声”项，使相位误差的方差(抖动)增加，情况与平方环相同。

3. 判决反馈环

对于BPSK信号，有

$$s(t)=A_c m(t)\cos\left(2\pi f_c t+\varphi\right) \tag{8.2.12}$$

由于$m(t)$按等概率取±1，所以$E\left[m(t)\right]=0$，因此$s(t)$信号中没有关于载频的离散谱线。如果我们对接收信号进行相干解调，然后把解调出来的信号与输入信号相乘，则可以抵消调制的影响，其原理方框图如图8.2.4所示。

VCO输出的同相和正交载波分别为

$$v_1(t)=\sin\left(2\pi f_c t+\hat{\varphi}\right) \tag{8.2.13a}$$

$$v_2(t)=\cos\left(2\pi f_c t+\hat{\varphi}\right) \tag{8.2.13b}$$

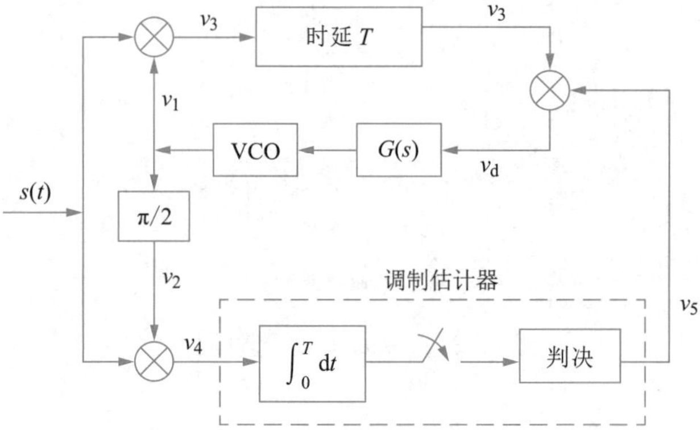

图8.2.4　判决反馈环原理方框图

乘积信号为

$$v_4(t)=s(t)v_2(t)=\frac{A_c}{2}m(t)\left[\cos\Delta\varphi+\text{倍频项}\right] \tag{8.2.14}$$

$v_4(t)$信号经过相关积分器和采样判决后，输出$v_5(t)$。$v_5(t)$是对$t-T$时刻数据的估计$\hat{m}(t-T)$。在正确判决条件下，$\hat{m}(t-T)=m(t-T)$，这时输入环路滤波器的误差信号为

$$v_d(t)=\frac{1}{2}A_c m^2(t-T)\left[\sin\Delta\varphi+\text{倍频项}\right] \tag{8.2.15}$$

由于$m^2(t-T)=1$，同时经环路滤波器滤除倍频项后，误差信号为

$$v_d(t)=\frac{1}{2}A_c\sin\Delta\varphi \tag{8.2.16}$$

这正是所需要的。从鉴相特性可见，判决反馈环不存在相位模糊。考虑到解调中可能出现的误码，它会降低鉴相增益，从而等效鉴相特性为

$$v_d(t)=\frac{1}{2}A_c\left(1-2P_e\right)\sin\Delta\varphi \tag{8.2.17}$$

其中，P_e为误码率。当相位误差为$\Delta\varphi$时，BPSK相干解调误码率为

$$P_e=\frac{1}{2}\operatorname{erfc}\left(\sqrt{\frac{E}{N_0}}\cos\Delta\varphi\right) \tag{8.2.18}$$

在环路处于跟踪状态时，$\Delta\varphi$是很小的，因此P_e远小于1。

显然，判决反馈环要求接收机提供符号同步。

4. 对于MPSK信号的载波提取

一般来说，对于MPSK信号，要经过M次幂的非线性运算后才能产生载波频率的M次谐波分量，可用锁相环提取它，然后经过M次分频获得所需的相干载频。其原理方框图如图8.2.5所示。

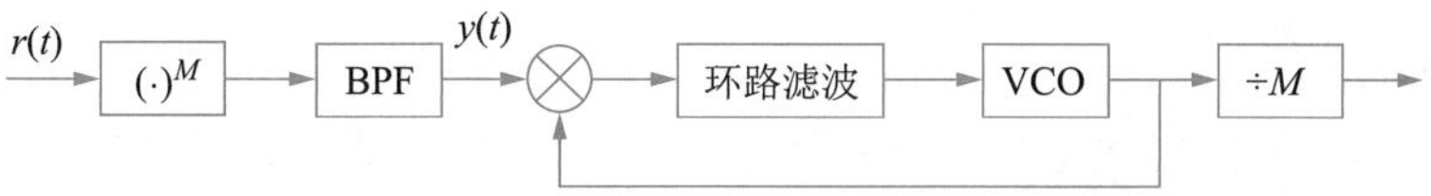

图8.2.5 M次方环的工作原理方框图

同样，可以把科斯塔斯环路推广至M相科斯塔斯环（见图8.2.6），用来提取MPSK的相干载频。

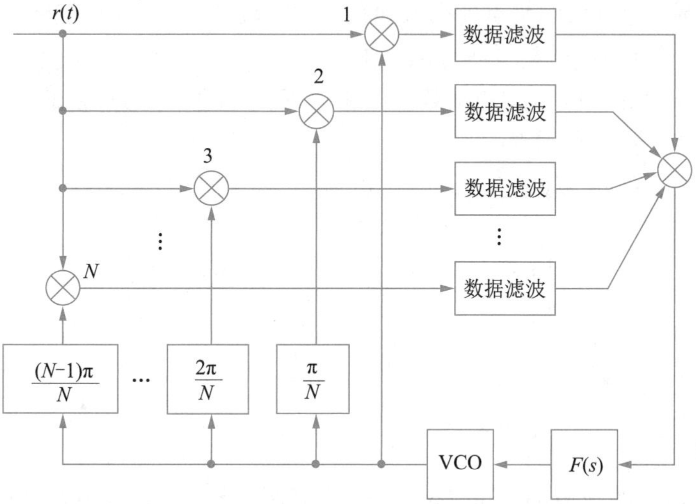

图8.2.6 M相科斯塔斯环

图8.2.7为M相判决反馈环。从图8.2.6和图8.2.7可以推导出这些环路是如何提取MPSK信号的相干载频的。

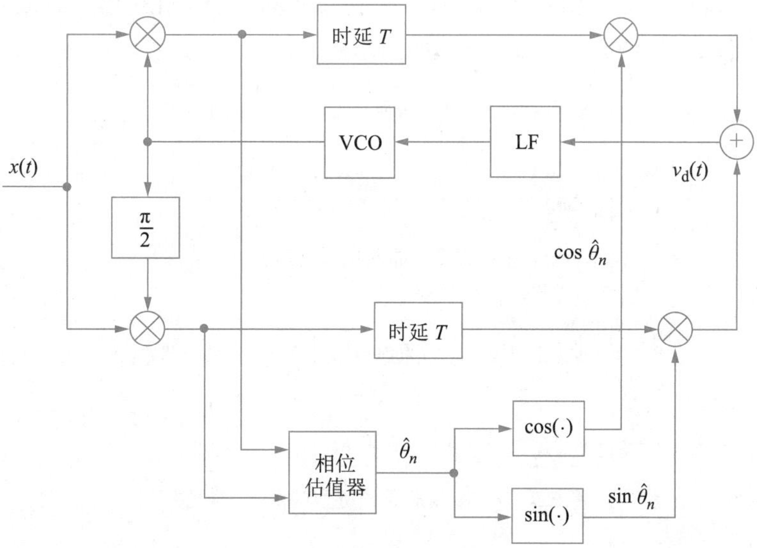

图8.2.7 M相判决反馈环

8.2.2 插入导频法

插入导频法可以用于接收信号中没有离散载频分量，而且在载频附近频谱幅度很小的情况。例如，在单边带信号中，既没有载波分量，又不能用直接法中的各种环路提取载波，只能用插入导频法。所谓插入导频，就是在已调信号频谱中额外插入一个低功率的线谱，以便接收端作为载波同步信号加以恢复。采用插入导频法要注意以下三点：

（1）插入导频的频率一般就是信号载频，或者与载频相关的频率；

（2）在已调信号频谱的零点处插入导频，且要求在插入导频附近的信号频谱分量尽量小，这样有助于在接收端把导频分离出来；

（3）插入导频的相位与原调制载波的相位正交（见图8.2.8），目的在于使接收端解调输出中不产生新的直流分量。

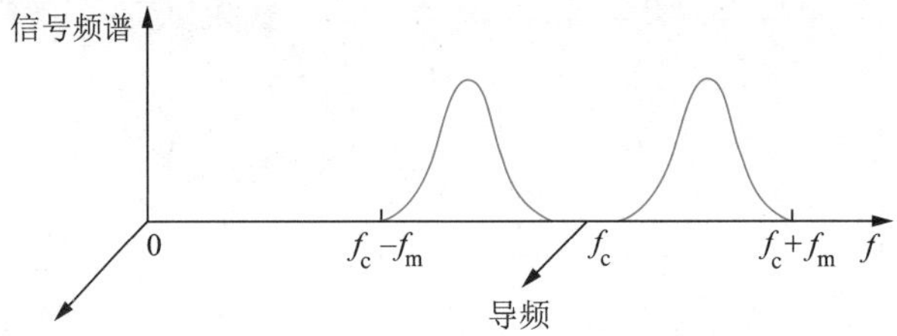

图8.2.8　插入导频的位置和相位

设被调制信号的载波为$A\sin(2\pi f_c t)$，基带调制信号为$m(t)$，$m(t)$中最高频率为f_m，插入导频为$A\cos(2\pi f_c t)$，则调制器输出信号为

$$s(t)=Am(t)\sin(2\pi f_c t)+A\cos(2\pi f_c t) \tag{8.2.19}$$

插入导频的过程如图8.2.9所示。在接收端，用一个中心频率为f_c的窄带滤波器提取导频$A\cos(2\pi f_c t)$，将它相移90°得到与调制载波同频、同相的相干载波$\sin(2\pi f_c t)$。接收端导频提取的解调方框图如图8.2.10所示。

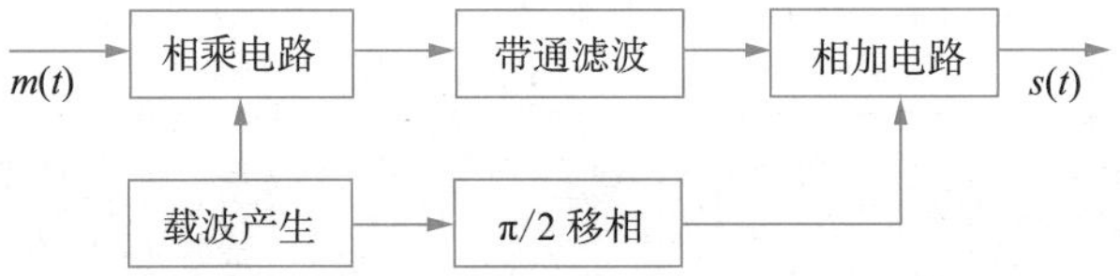

图8.2.9　插入导频的过程

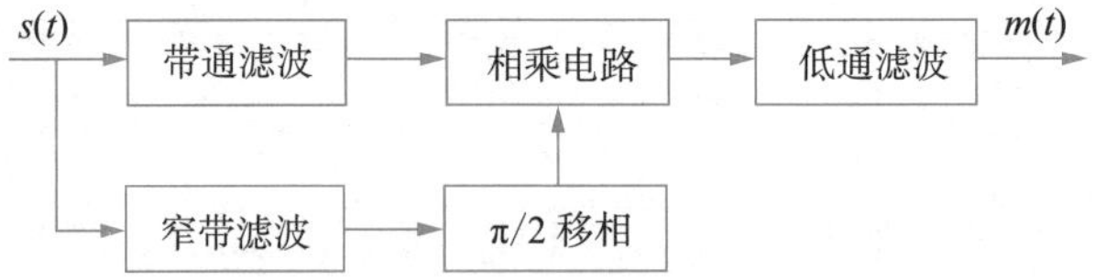

图8.2.10　接收端导频提取的解调方框图

解调输出为

$$\begin{aligned} v(t)&=s(t)\sin(2\pi f_c t)\\ &=Am(t)\sin^2(2\pi f_c t)+A\cos(2\pi f_c t)\sin(2\pi f_c t)\\ &=\frac{A}{2}m(t)-\frac{A}{2}m(t)\cos(4\pi f_c t)-\frac{A}{2}\sin(4\pi f_c t) \end{aligned} \tag{8.2.20}$$

经过低通滤波器可以恢复调制信号 $m(t)$。如果插入导频不是正交载波，而是调制载波 $A\sin(2\pi f_c t)$，则解调输出会有一项不需要的直流。这个直流通过低通滤波时会对数字信息产生影响。

8.2.3 载波跟踪相位误差对解调误码率的影响

在相干解调中，若接收到的信号载波的相位与接收机本地相位不一致，则会造成相干解调性能的下降。如果相位误差为 $\Delta\varphi$，则相关器或匹配滤波器输出中的信号幅度下降至原来的 $\cos\Delta\varphi$ 倍，相应的信噪比下降至 $\cos^2\Delta\varphi$ 倍。对于BPSK相干解调来说，由于不完善的相位参考，误码率变为

$$P_e(\Delta\varphi) = Q\left(\sqrt{2\rho\cos^2\Delta\varphi}\right) \tag{8.2.21}$$

其中，ρ 为信噪比，$\rho = E_b/N_0$。由于噪声的影响，载波跟踪相位误差 $\Delta\varphi$ 是一个随机量，设它的分布密度为 $p(\Delta\varphi)$，则平均误码率为

$$P_e = \int Q\left(\sqrt{2\rho\cos^2\Delta\varphi}\right) p\left(\Delta\varphi\right) \mathrm{d}\varphi \tag{8.2.22}$$

在锁相环线性化模型中，$p(\Delta\varphi)$ 近似为零均值、方差为 σ_φ^2 的高斯分布。在这个条件下，对于不同的 σ_φ^2，按式(8.2.22)计算所得到的平均误码率的曲线如图8.2.11所示。

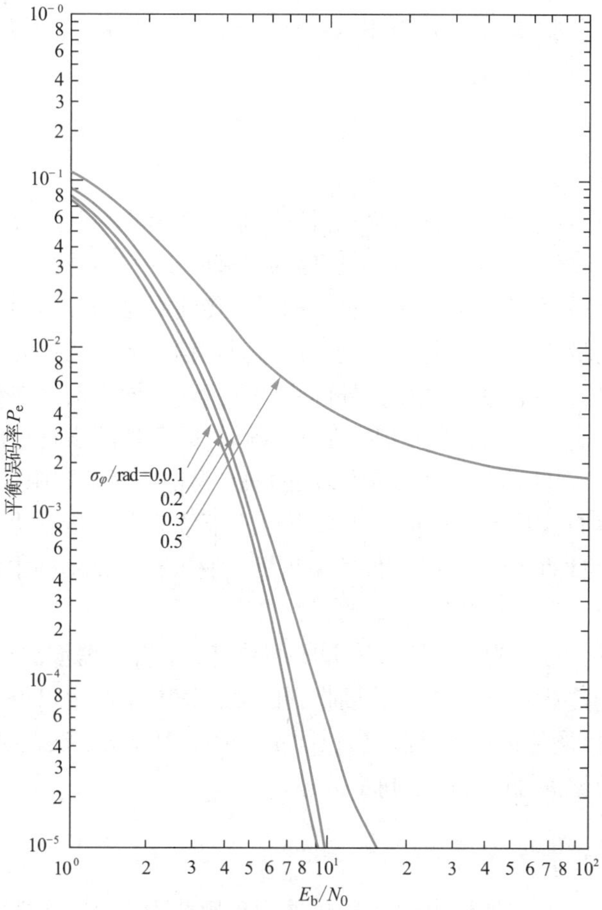

图8.2.11 相位抖动对BPSK误码性能的影响

从图8.2.11可见，对于中等信噪比，小的相位误差产生的性能退化是极小的，可以忽略。当相位误差的标准偏差大于0.3rad时性能严重退化，这时即使再无限增大信噪比ρ也无济于事。因为这时误码率主要由相位误差$|\Delta\varphi|>\pi/2$的概率所决定，与ρ无关。这时的误码率称为不可减小误码率。同时，设计良好的相位跟踪环路，当ρ增大时，环路信噪比γ_{L}也增大，$\sigma_{\hat{\varphi}}^2$会减小，所以实际上对于设计良好的环路，不可减小误码率出现的可能性不大。

对于一阶环路，根据维特比导出的精确相位误差概率分布密度，可得到平均误码率为

$$P_{\mathrm{e}}=\int_0^{2\pi}Q\left(\sqrt{2\rho\cos^2\Delta\varphi}\right)\frac{\cos\left(\gamma_{\mathrm{L}}\cos\Delta\varphi\right)}{2\pi\mathrm{I}_0\left(\gamma_{\mathrm{L}}\right)}\mathrm{d}\Delta\varphi \tag{8.2.23}$$

其中，γ_{L}由式(8.1.24)给出。

例8.2.1 对于BPSK相干解调，利用图8.2.11，在环路信噪比γ_{L}为20dB和10dB情况下，比较跟踪相位误差对误码率$P_{\mathrm{e}}=10^{-5}$的性能影响。

解 对$\gamma_{\mathrm{L}}=20\mathrm{dB}$，相当于$\sigma_{\hat{\varphi}}=0.1\mathrm{rad}$，从图8.2.11知相位误差对误码率几乎没有影响，这时$P_{\mathrm{e}}=10^{-5}$误码率要求信噪比$\rho\approx9.6\mathrm{dB}$；而对$\gamma_{\mathrm{L}}=10\mathrm{dB}$，相当于$\sigma_{\hat{\varphi}}=0.32\mathrm{rad}$，这时为了达到误码率$P_{\mathrm{e}}=10^{-5}$，要求信噪比$\rho\approx10.4\mathrm{dB}$，所以两者性能相差0.8dB。

从图8.2.11可见，如果γ_{L}小于10dB，误码性能退化迅速加剧，所以$\gamma_{\mathrm{L}}=10\mathrm{dB}$被视为跟踪环路设计的一个合理门限。

§8.3 位同步

8-3位同步

数字通信中位同步（或称码元同步）的目的，是要在接收端确定每个码元符号的正确起止时刻。位同步是数字通信的诸多同步中首要的问题，没有位同步，就无从解出所传输的数字信息。如果在传输数据信号的同时再专门传送一路位同步信号，比如直接传送位速率时钟信号或传送作为同步用的伪随机序列等，这种同步方法称为外同步法。由于位同步信号与数据信号同时在相同信道中传输，具有相同的信道延时，因而外同步是精确的；但外同步要求占用信道，占用一定的功率，所以外同步法的缺点是浪费通信资源，不经济。

数字数据信号自身功率谱中往往不含有对应于位速率的离散功率谱线，但数据信号是含有位速率信息的。换句话说，位速率信息是嵌入在数据序列中的，可以用专门设计的电路系统把位同步信息提取出来，这称为自同步。

实现自同步的方法分为开环滤波法和闭环锁定法。开环滤波法首先利用非线性变换（如平方运算、过零检测等方法），从接收到的数据信号中产生出位速率功率分量，然后用窄带滤波器（可能是锁相环）提取出位同步信号。闭环锁定法是利用各种锁相环路直接从接收到的数据信号中提取位同步信号。

8.3.1 开环滤波法位同步

由于接收机匹配滤波器输出的信号分量隐含周期为T的周期性，所以有可能从接

收信号中获得频率为$1/T$的时钟信号。一般双极性数据$a_n \in \{\pm 1\}$是等概的，即$E(a_n)=0$。接收机匹配滤波器输出为

$$y(t)=\sum_{n=-\infty}^{\infty} a_n x(t-nT-\tau_0)+n(t) \tag{8.3.1}$$

其中$x(t)=g_T(t)g_R(t)$，τ_0表示数据信号的时钟相位，从$y(t)$中不能直接提取$f=1/T$的谱线。若$y(t)$通过平方律器件，则

$$\begin{aligned} E\left[y^2(t)\right] &= E\left[\sum_n\sum_m a_n a_m x(t-mT-\tau_0)x(t-nT-\tau_0)+\text{噪声项}\right] \\ &= \sigma_a^2\sum_{n=-\infty}^{\infty} x^2(t-nT-\tau_0)+\text{噪声项} \end{aligned} \tag{8.3.2}$$

利用泊松公式，得

$$\sigma_a^2\sum_{n=-\infty}^{\infty} x^2(t-nT-\tau_0)=\frac{\sigma_a^2}{T}\sum_m c_m \mathrm{e}^{\mathrm{j}2\pi m(t-\tau_0)/T} \tag{8.3.3}$$

其中，$c_m=C\left(m/T\right)$，$C(f)$是$x^2(t)$的Fourier变换。

$$C(f)=\int_{-\infty}^{\infty} X(f')X(f-f')\mathrm{d}f' \tag{8.3.4}$$

如果基带信号$x(t)$的带宽限于$1/T$，即

$$X(f)=0,\quad |f|>1/T \tag{8.3.5}$$

则式(8.3.3)中仅有3项：$m=0,\pm 1$。因此，信号经平方运算后包含直流和频率为$1/T$的成分。于是用调谐于位速率$1/T$的窄带滤波器$B(f)$可以提取出位速率谱线。若$B(1/T)=1$，则窄带滤波器输出为

$$\frac{\sigma_a^2}{T}\mathrm{Re}\left[c_1\mathrm{e}^{\mathrm{j}2\pi(t-\tau_0)/T}\right]=\frac{\sigma_a^2}{T}c_1\cos\frac{2\pi}{T}(t-\tau_0) \tag{8.3.6}$$

如果用上述输出的间隔零交叉作为采样时钟，则式(8.3.6)给出的采样时刻为

$$\frac{2\pi}{T}(t-\tau_0)=(4k+1)\frac{\pi}{2} \tag{8.3.7a}$$

或者

$$t=kT+\tau_0+T/4 \tag{8.3.7b}$$

式(8.3.7b)给出的采样时刻与式(8.3.1)的信号时钟有一个时延$T/4$，这可通过窄带滤波后的$\pi/4$移相来进行补偿，如图8.3.1所示。

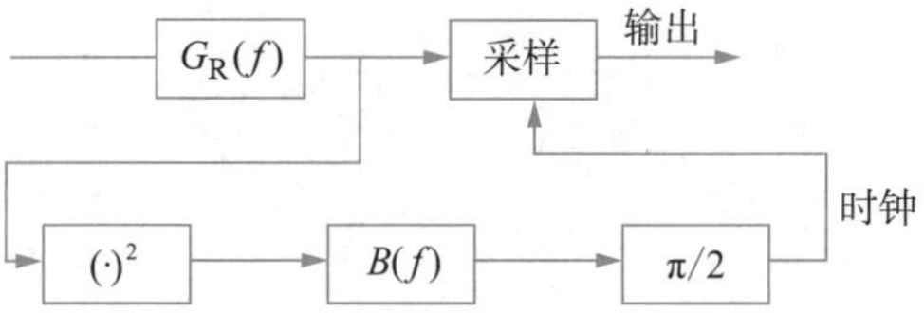

图8.3.1 基于平方变换的开环滤波法位同步

除了基于平方变换的开环滤波法外，还有几种常用的开环码元同步法，例如图8.3.2(a)中给出的延时相乘法。这种方法是利用延时相乘的方法对接收到的码型进行变换。各点波形如图8.3.2(b)所示。由图可见，延时相乘后，码元波形的后一半必定是正的，而前一半则当码元状态有转换时变为负值。因此，变换后的码元序列的频谱中含有位速率分量，当延时时间等于码元间隔的一半时，可以得到最强的位速率分量。

图8.3.3(a)给出了另一种开环滤波法提取位同步信号,称为微分整流位同步。在微分整流位同步中,将接收码元序列先经过微分,然后进行整流。从图8.3.3(b)可见,经整流后的信号已含有位速率的频谱分量,因而可以用滤波器来提取位速率频谱分量。

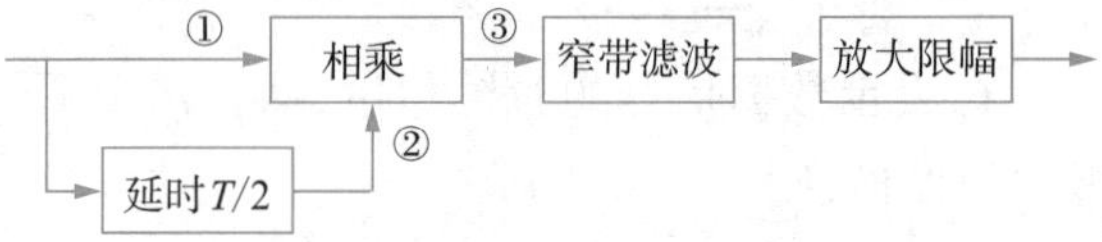

(a) 延时相乘法原理方框图

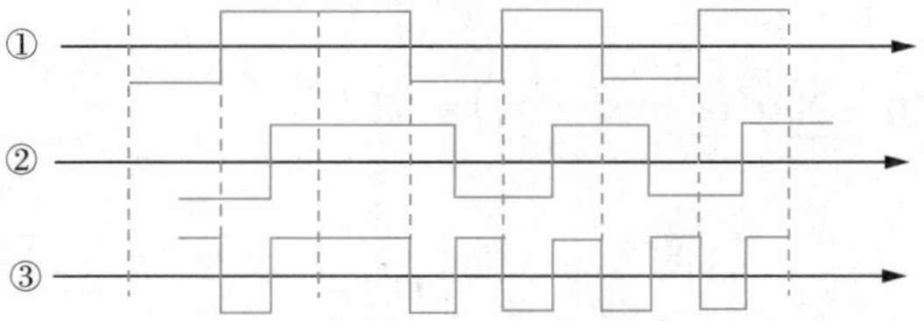

(b) 各种波形

图8.3.2 延时相乘法提取位同步信号

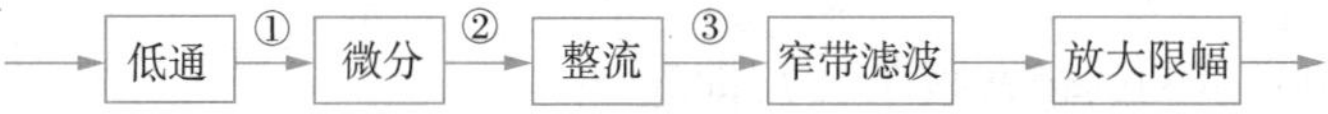

(a) 微分整流位同步原理方框图

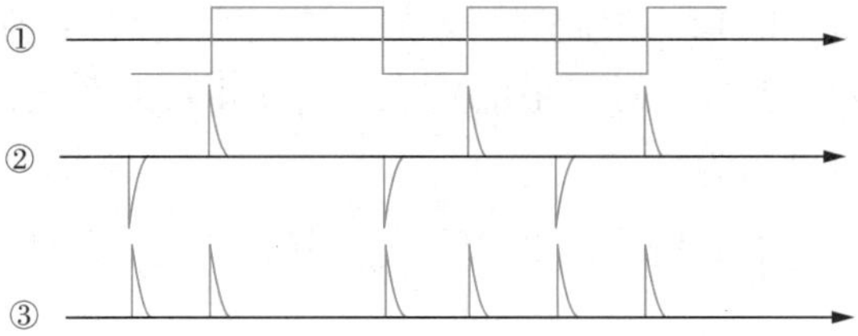

(b) 微分整流位同步各点波形

图8.3.3 微分整流位同步

由于噪声的影响,开环滤波法会引入定时误差。已经证明,利用带宽等于$1/(KT)$的窄带滤波器(可以对K位长度的输入码元序列进行平均),噪声所产生的平均定时误差$\bar{\varepsilon}$近似为

$$\frac{|\bar{\varepsilon}|}{T} \approx \frac{0.33}{\sqrt{KE_{\mathrm{b}}/N_0}} \qquad \left(\frac{E_{\mathrm{b}}}{N_0} > 5, \geqslant 18\right) \tag{8.3.8}$$

定时误差ε的方差为

$$\frac{\sigma_{\varepsilon}}{T} \approx \frac{0.411}{\sqrt{KE_{\mathrm{b}}/N_0}} \qquad \left(\frac{E_{\mathrm{b}}}{N_0} > 1\right) \tag{8.3.9}$$

所以,给定的窄带滤波器,当接收信噪比充分大时,其可以提供精确的位同步。

8.3.2 闭环锁定法位同步

开环滤波法位同步的主要缺点在于存在非零平均跟踪误差。虽然当信噪比很大时，平均误差可以非常小，但由于同步信号波形直接依赖于输入信号，所以平均位同步误差是不可避免的。闭环锁定法通过对输入信号和本地时钟信号的比较测量来使本地时钟信号与输入数据的转换时刻同步，闭环锁定法的工作方式和载波跟踪环路一样，可以消除平均跟踪误差。

1. 早-迟门同步环

早-迟门同步环是一种通用的闭环锁定位同步方法。虽然它是次最佳的，但它较容易实现。它的原理方框图如图8.3.4所示。

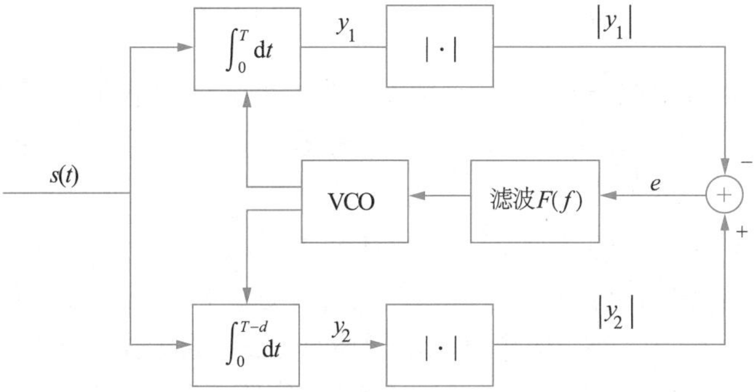

图8.3.4 早-迟门同步环原理方框图

早-迟门同步环有两个积分器，一个称为早积分器，另一个称为迟积分器。两个积分器的积分时间长度相等，都等于$T-d$，积分器的起止时刻由VCO控制。早积分器的积分起始时刻为VCO输出的符号周期的起始时刻估计（标称时间0），而迟积分器的积分终止时刻为符号周期结束时刻估计（标称时间T）。两个积分器输出的绝对值之差为接收机符号定时误差的度量，经环路滤波器$F(f)$，其输出用来控制VCO，对定时误差进行校正。

早-迟门同步环的工作原理可以用图8.3.5说明。在正确同步条件下，两个积分器的积分区间都落入同一个输入符号间隔中，两个积分器的积分值相等，所以它们绝对值之差为零。因此当正确同步时，同步是稳定的，没有偏离同步的倾向。如果接收机的早-迟门定时超前于输入数据，则早积分器的前一段积分区间落入前一个输入符号间隔内，而迟积分器的积分值与正确同步时一样。对于早积分器而言，如果前后两个符号状态是发生转换的，则它的有效积分时间仅为$(T-d)-2\Delta$，其中Δ是落入前一符号间隔的积分时间长度，于是两个积分器输出的绝对值差为$e=-2\Delta$。这个误差信号e使得VCO的输出频率降低，延迟了接收机的早-迟门定时，使得接收机时钟与输入数据定时相接近。反之，如果早-迟门定时迟于输入数据时钟，同样会产生误差信号$e=2\Delta$，使得VCO的输出频率提高，接收机早-迟门定时得到推前，也使接收机时钟与输入数据时钟的误差减小。

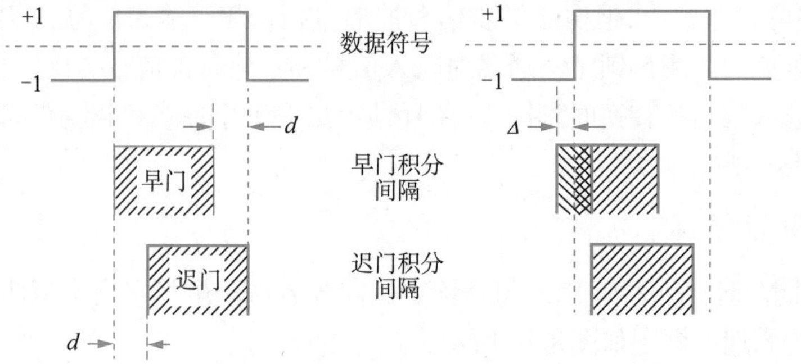

图8.3.5　早-迟门同步环的工作原理

图8.3.5所示情况对应于前、后两个数据状态发生转换的情况。如果前、后两个数据状态没有转换,则即使存在定时误差,两个积分器的积分值也是相同的。因此,当数据状态不发生转换时,误差信号为零。

由于实际上早-迟门同步环的两个支路不可能做得完全一样,因此即使没有数据状态转换,两路积分器输出也会有偏差。虽然设计良好的积分器可以使得这种偏差很小,但很长的同种数据符号序列会使环路同步漂移。因此,要限制同种数据符号的长度(也就是要限制数据序列中连"O"或连"1"的长度)。另外一种办法是修正早-迟门同步环,如采用T型抖动环路(Tau-dither),这种环路仅使用1个积分器,从而可以消除两个支路的不平衡问题。早-迟门同步环中两个积分器的积分区间长度一般大于半个符号长度,但小于1个符号长度。

2. 数据转换跟踪环(DTTL)

从参数最大似然估计原理推导出来的数据转换跟踪环(DTTL)(也称为同相-中相位同步环)是一种判决反馈位同步环。这是一种性能优良的位同步环,其工作原理如图8.3.6所示。

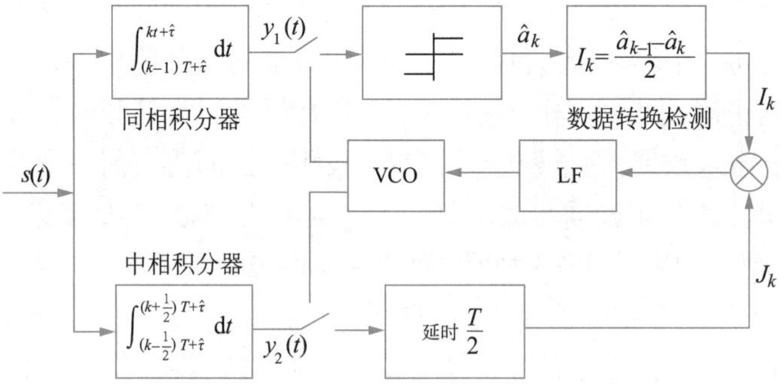

图8.3.6　数据转换跟踪环

设输入信号为

$$s(t)=\sqrt{P}\sum_{k}a_{k}p(t-kT-\tau) \tag{8.3.10}$$

其中,P为信号功率,τ为传输延时,$a_k=\pm1$,$p(t)$为不归零脉冲。VCO输出的符号同步定时估计为$\hat{\tau}$,同步误差为$\Delta\tau=\tau-\hat{\tau}$。

图8.3.6中同相积分器的输出为

$$y_1(t)=K_1\int_{(k-1)T+\hat{\tau}}^{kT+\hat{\tau}}s(t)\mathrm{d}t \tag{8.3.11}$$

当准确同步时$\Delta\tau=0$，同相积分器输出的采样值为$\pm K_1\sqrt{P}T$，其符号取决于a_k是+1还是-1。在$\Delta\tau\neq0$时，若前后符号极性转换，则同相积分器输出值等于$\pm K_1\sqrt{P}(T-2\Delta\tau)$；若前后符号不发生转换，则同相积分输出仍为$\pm K_1\sqrt{P}T$，极性均取决于符号极性。同相积分器输出经采样后去判决，判决器输出符号的估计值。数据转换检测器输出为

$$I_k=\frac{\hat{a}_{k-1}-\hat{a}_k}{2} \tag{8.3.12}$$

它表示前后数据有无极性反转以及极性反转的方向：

$$I_k=\begin{cases}0, & \text{极性不转换}\\ 1, & \text{数据从“+”转为“-”}\\ -1, & \text{数据从“-”转为“+”}\end{cases}$$

图8.3.6中中相积分器的积分区间跨在两个码元之间，其积分式子为

$$y_2(t)=K_2\int_{(k-\frac{1}{2})T+\hat{\tau}}^{(k+\frac{1}{2})T+\hat{\tau}}s(t)\mathrm{d}t \tag{8.3.13}$$

其中，K_2为中相积分增益。中相积分器的采样输出经延时$T/2$后为J_k，J_k与I_k相乘。当准确同步时，只要码元有极性转换，则无论数据是正转负，还是负转正，其积分值均为零，如图8.3.7(a)所示。当连续出现两个相同极性的码元，即无码元极性转换时，它的积分为$\pm K_2\sqrt{P}T$。由于此时转换检测器输出$I_k=0$，所以J_k被消除，对环路无作用。

当存在同步误差时，中相积分器是有输出的。如果$\Delta\tau<0$，则当对应数据由正至负码元转换时，积分结果为正，幅度为$2K_2\sqrt{P}\Delta\tau$；当对应数据由负转正时，积分结果为负，幅度同样为$2K_2\sqrt{P}\Delta\tau$。在这两种情况下，在用码元转换信号I_k对中相积分值进行符号校正后，所得的误差控制信号$v_d(t)$均为正。当$\Delta\tau>0$时，结果与$\Delta\tau<0$时的相反，所得误差控制信号$v_d(t)$为负，幅度为$2K_2\sqrt{P}\Delta\tau$。以上两种情况下的积分器输出波形如图8.3.7(b)和(c)所示。

综上所述，可以得出以下结论：

(1) 中相积分器输出的幅度与同步误差绝对值有关，而与同步误差的极性无关；

(2) 中相积分器输出的极性既和同步误差的极性有关，也和前后信号码元极性转换方向有关；

(3) 中相积分器输出不能直接作为误差信号去控制VCO的时钟相位，必须和数据转换检测器输出相结合才能得到既能反映同步误差大小，又能反映同步误差极性的误差信号。

由于中相积分器输出时刻和同相积分器输出时刻不同，时间相差$T/2$。同时数据判决、极性转换检测还需要一个符号时间延时，所以为了中相积分输出时刻与数据极性转换时刻对齐，中相积分输出要延时$T/2$。

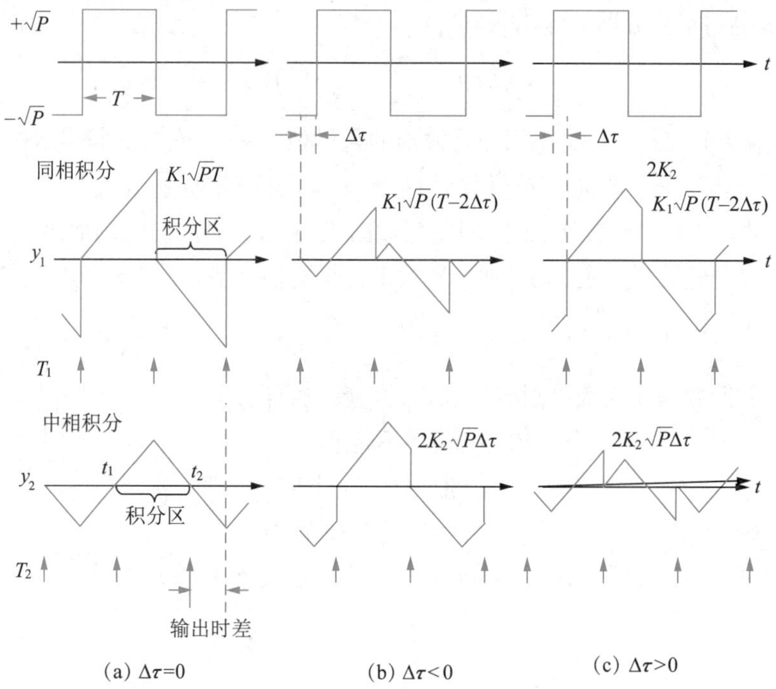

图8.3.7　数据转换跟踪环中同相和中相积分器输出波形

假设数据极性是等概率出现的，则前、后符号出现极性转换的概率为1/2。在无噪声情况下，工作在跟踪模式下的鉴相特性增益为$\frac{1}{2}\left[2K_2\sqrt{P}\Delta\tau\right]=K_2\sqrt{P}\Delta\tau$。考虑到噪声的影响，同相积分支路中符号判决可能是有差错的。设差错概率为P_e，在原来符号有极性转换条件下，则正确判决I_k（即正确判定极性转换方向）的概率为$(1-P_e)^2$，I_k被错误判反（错误判定极性转换方向）的概率为P_e^2，由于判决差错使$I_k=0$（误判为无极性转换）的概率为$2P_e(1-P_e)$，所以平均鉴相特性增益下降为

$$\begin{aligned} D(\Delta\tau) &= E\left[I_k J_k \mid \Delta\tau\right] = K_2\sqrt{P}\,\Delta\tau\left[(1-P_e)^2-P_e^2\right] \\ &= K_2\sqrt{P}\,\Delta\tau(1-2P_e) \end{aligned} \tag{8.3.14}$$

考虑到输入噪声，数据转换跟踪环的线性化等效模型如图8.3.8所示。

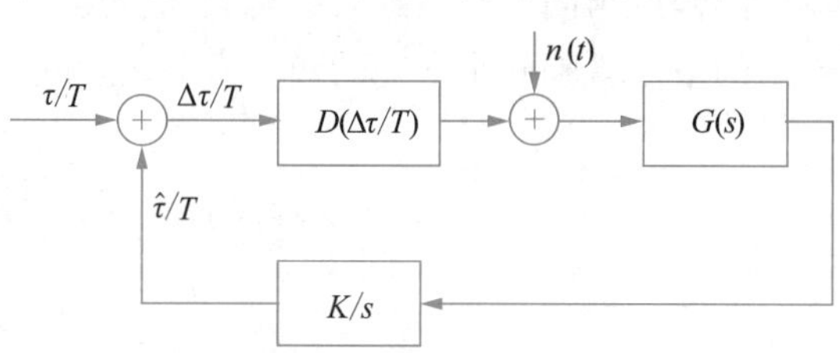

图8.3.8　数据转换跟踪环的等效模型

8.3.3　符号同步误差对误码性能的影响

在加性白高斯噪声信道下，符号同步误差对BPSK相干解调误码性能的影响如图8.3.9所示。从图可见，当位同步误差的方差$\sigma_{\Delta\tau}$（定时抖动）小于0.05T时，误码率性能退

化小于1dB。

例8.3.1(定时抖动的影响) 从图8.3.9可见,当无定时抖动时,为了达到10^{-3}误码率,要求信噪比为6.7dB;如果定时抖动是0.1T,则为了达到同样的误码率,要求信噪比为12.9dB,这时性能恶化6.2dB。

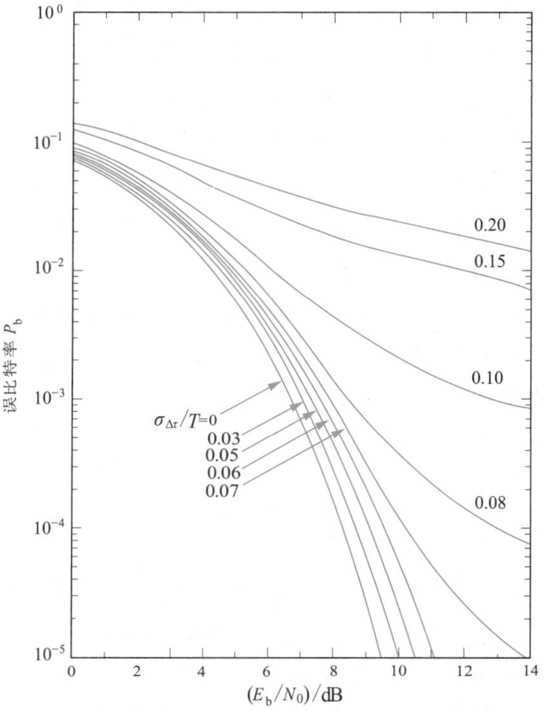

图8.3.9 加性白高斯噪声信道下,符号同步误差对BPSK相干解调误码性能的影响

§8.4 小 结

保持数字通信系统各个层次上的时间同步是数字通信系统能够正常工作的基本前提。数字通信中的同步包括载波同步、位同步、码字(或帧)同步、网同步等。本书主要介绍载波同步和位同步技术。

(1) 锁相环是一种反馈伺服系统,它可以实现对周期信号的相位估计。锁相环由相位比较器(鉴相器)、环路滤波器和压控振荡器组成。当环路工作在跟踪模式时,相位误差较小,可以采用线性化模型;当相位误差较大时,环路工作在捕捉模式,必须考虑非线性影响。

(2) 锁相环的输入噪声使环路输出正弦波的相位发生抖动(相位误差),在线性化模型下,输出相位误差的方差与环路等效噪声带宽成正比。

(3) 在相干解调中,接收机必须提供其输入信号的载波相位信息。一般有两种载波相位提取方式,即直接法和插入导频法。直接法包括平方环、科斯塔斯环、判决反馈环等方法,它们都是通过各种非线性方法从接收到的信号中产生与载波频率有关的频率分量,由锁相环提取该频率分量的。而插入导频法是在发送端发送低功率导频信号,在接收端利用窄带滤波器提取载频。

（4）由于所提取的载波相位中存在相位抖动，引起数字解调的信噪比降低，从而引起误码率的退化。

（5）任何数字通信必须要求位同步（符号同步），一般有两种位同步方式，即开环滤波法和闭环锁定法。开环滤波法使用非线性环节使信号中产生与位同步有关的频谱成分，然后用窄带滤波器提取该频谱分量。这种方法往往含有非零的平均跟踪误差。

（6）闭环锁定法利用各种环路，如早-迟门同步环路、数据转换跟踪环路和它们的各种改进型。闭环锁定法一般消除了非零的平均跟踪误差。

（7）符号同步误差同样降低了解调的有效信噪比，使误码率增大。

数字通信中同步技术具有重要的地位。除了 Proakis 和 Salehi[1]、Sklar 和 Murphy[2]、樊昌信和曹丽娜[3]等的数字通信教科书对同步技术进行较全面的介绍外，许多学者对同步技术进行了深入的研究，并写出了优秀的专著，如 Gardner[4]，Crawford[5]，Stiffler[6]，Lindsey[7]，Freeman[8]，Meyr 和 Aschaid[9]，Mengali 和 D'andrea[10]，Myer、Moeneclaey 和 Fechtel[11]等。Franks 的综述性论文[12]，Hosseini 和 Perrins 的学术论文[13]，以及国内学者郑继禹等人的著作[14-15]也值得一看。

参考文献

[1] Proakis J G，Salehi M. 数字通信（英文版）. 5版. 北京：电子工业出版社，2019.

[2] Sklar B，Murphy J. Digital Communications: Fundamentals and Applications，3nd ed. Upper Saddle River: Prentice Hall，2020.

[3] 樊昌信，曹丽娜. 通信原理. 7版. 北京：国防工业出版社，2013.

[4] Gardner F M. Phase Lock Techniques. New York: John Wiley & Sons，1979.

[5] Crawford J A. Advanced Phase-Lock Techniques. Boston: Artech House，2007.

[6] Stiffler J J. Theory of Synchronous Communication. Upper Saddle River: Prentice Hall，1971.

[7] Lindsey W C. Synchronization Systems in Communications and Control. Upper Saddle River: Prentice Hall，1972.

[8] Freeman R L. Telecommunication Systems Engineering. 3rd ed. New York: John Wiley & Sons，2004.

[9] Meyr H，Aschaid G. Synchronization in Digital Communication. New York: Wiley-Interscience，1990.

[10] Mengali U，D'andrea A. N. Synchronization Techniques for Digital Receivers. New York: Plenum，1997.

[11] Myer H，Moeneclaey M，Fechtel S A. Digital Communication Receivers: Synchronization，Channel Estimation and Signal Processing. New York: Wiley-Interscience，1997.

[12] Franks L E. Carrier and bits synchronization in data communication: A tutorial review. IEEE Transactions on Communications，1980，28(8): 1107-1121.

[13] Hosseini E，Perrins E. Timing，carrier，and frame synchronization of burst-mode CPM.

IEEE Transactions on Communications, 2013, 61(12): 5125-5138.
[14] 郑继禹,张厥盛,万心平,郑霖. 锁相技术. 2版. 西安:西安电子科技大学出版社,2012.
[15] 郑继禹,林基明. 同步理论与技术. 北京:电子工业出版社,2003.

习 题

8-1 设载波同步的相位误差 $\theta = 10^\circ$,信噪比 $\rho = 10\text{dB}$,试求此时BPSK的误码率。

8-2 设接收信号的信噪比 $\rho = 10\text{dB}$,要求平均位同步误差比例不大于5%,试问应该如何设计窄带滤波器的带宽?

8-3 试证明对QPSK信号作4次方运算可以获得关于载频4倍频的离散功率谱线,画出提取QPSK信号相干载频的4次方环路方框图。

8-4 证明利用题8-4图所示的另一种4相科斯塔斯环可以提取出QPSK的相干载频。

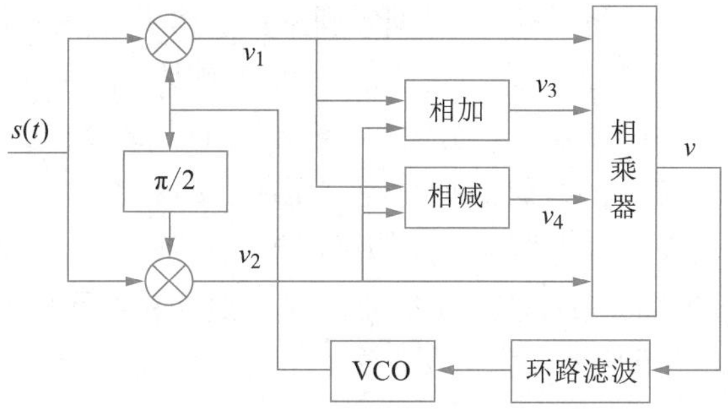

题8-4

8-5 证明带有载频分量的BPSK信号

$$s_c(t) = A\sin\left[2\pi f_0 + d(t)\cos^{-1}\alpha\right]$$

是一种插入导频的BPSK信号,其中 $d(t)$ 是取值为±1的数据序列,数据每比特持续时间为 T_b。同时,证明:

(1) 载波分量和调制分量的功率比为

$$\frac{P_c}{P_m} = \frac{\alpha^2}{1-\alpha^2}$$

(2) 载波功率 P_c 和调制分量功率 P_m 分别为

$$P_c = \alpha^2 P_T, P_m = (1-\alpha^2)P_T$$

其中, P_T 是符号总功率;

(3) 求在相位误差很小时的误码率公式。

8-6 考虑如下参数的平方环载波跟踪电路:数据率 $R_b = 1/T_b = 10\text{kbit/s}$,输入滤波器带宽 = 20kHz,环路带宽 $B_L = 500\text{Hz}$,环路信噪比 $\rho_L = 30\text{dB}$。

(1) 求平方损失;

(2) 求相位抖动方差;

(3) 对于 $\rho_L = 20\text{dB}$,重做(1)和(2),此时为了达到误码率 $P_e = 10^{-3}$,要求信噪比 E_b/N_0 为多少?

第9章　信道编码——线性分组码

现代数字通信有两个基本的理论基础，即信息论和纠错编码理论，它们几乎是同时在第二次世界大战结束后不久诞生的。前者首先由香农(Shannon)以他的不朽名著“通信的数学理论”[1]为标志建立起来的，而后者则以汉明(Hamming)的经典著作“纠错和检错编码”[2]为代表。Shannon信息论主要讨论信息的度量，以及对于信息表示和信息传输的基本限制。在第3章介绍的信道编码定理告诉我们，只要信息传输速率小于信道容量，则信息传输可以以任何小的错误概率进行。但是，Shannon信息论并没有告诉我们如何去实现这一点。Hamming提出纠错编码理论正是为了解决这个问题。

纠错编码通常也称为信道编码。在通信中，信源编码、信道编码和数据转换编码常常是同时使用的，如图9.0.1所示。信源编码器执行数据压缩功能，它把信源输出中的冗余度去除或减小；信道编码的编码器则对经过压缩后的数据加一定数量受到控制的冗余度，使得数据在传输或接收中发生的差错可以被纠正或发现，从而可以正确恢复出原始数据信息。数据转换编码(DTC)的编码器则把经过纠错编码的数据转换成满足物理信道对数据的游程长度或功率谱密度限制的波形形式。信源译码、信道译码和数据转换译码则是以上编码的逆过程。

本章介绍信道编码的基本的概念、分组线性编码与循环码。

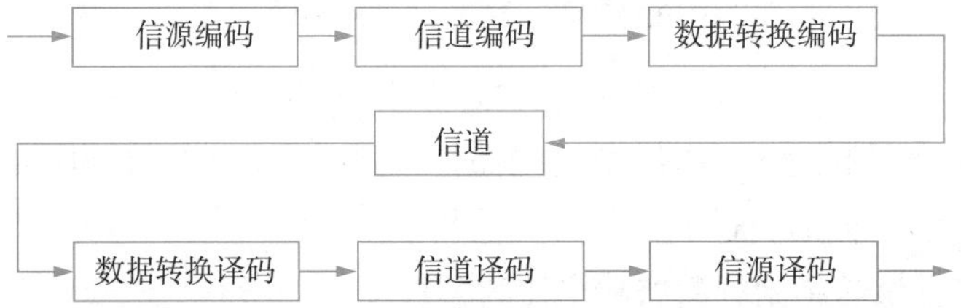

图9.0.1　通信中的信源编码、信道编码和数据转换编码

§9.1　分组纠错编码的基本概念

9.1.1　用于纠错和检错的信道编码

分组信道编码器的输入是从信源编码器输出的字符序列，其中的字符从信源字符表M中取值，字符序列的长度为k，所以输入序列记为

$$\boldsymbol{m} = (m_0, m_1, \cdots, m_{k-1}) \tag{9.1.1}$$

其中，$m_i \in M, i = 0, 1, 2, \cdots, k-1$。

我们约定信道编码器输入字符序列中m_{k-1}是首先输入编码器的高位字符，之后按下标递减次序逐个输入。信道编码器把输入消息序列$\boldsymbol{m}$映射成由n个信道字符组成的码字序列：

$$\boldsymbol{c}=(c_0,c_1,c_2,\cdots,c_{n-1}) \tag{9.1.2}$$

一般情况下我们假定信源字符集和信道字符集相同，在下面我们取$M=\{0,1\}$。这时编码称为二进制编码，或称二元编码。这时可能的消息数有2^k个，于是对应有2^k个码字$\boldsymbol{c}_i$，$i=1,2,\cdots,2^k$。这2^k个码字构成了一个分组码C。在分组纠错编码中，要求码字长度n大于信源输入分组长度k。分组编码的工作如图9.1.1所示。

图9.1.1 分组编码的工作

在分组编码中n称为码字长度，k称为信息位长度，$r=n-k$称为冗余位长度或称校验位长度，分组码的速率为$R=k/n$，R也称为码率。按照Shannon的信道编码定理，码率R必须小于信道容量，才有可能实现任意小误码率的传输。

9.1.2 二元对称信道的差错概率和差错分布

考虑图9.1.2所示的二元对称信道BSC，相应的信道转移概率矩阵为

$$\boldsymbol{P}=\begin{pmatrix}1-p & p\\ p & 1-p\end{pmatrix} \tag{9.1.3}$$

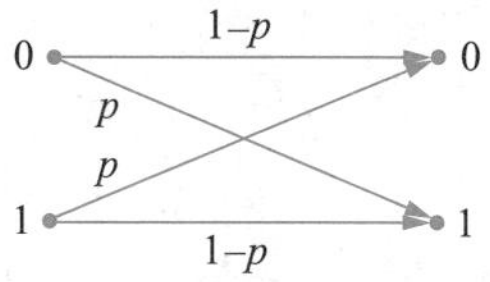

图9.1.2 二元对称信道BSC

该信道的容量为

$$\begin{aligned}C&=1-H(p)\\&=1+p\log_2 p+(1-p)\log_2(1-p)\end{aligned} \tag{9.1.4}$$

如果一个长度为n的二元分组码字$\boldsymbol{c}$在该二元对称信道上传输，则正好出现t个错误的概率为

$$P(T=t)=C_n^t p^t(1-p)^{n-t} \tag{9.1.5}$$

其中T表示错误数目，所以在一个长度为n的分组码字$\boldsymbol{c}$中出现小于t个错误的概率为

$$P(T<t)=\sum_{j=0}^{t-1}C_n^j p^j(1-p)^{n-j} \tag{9.1.6}$$

而错误数目大于或等于t的概率为

$$P(T\geqslant t)=1-P(T<t) \tag{9.1.7}$$

在一个长度为n的二元分组码字中，平均错误数目为

$$\overline{T}=\sum_{j=0}^{n}jC_n^j p^j(1-p)^{n-j}=np \tag{9.1.8}$$

错误数目的方差为

$$\begin{aligned}\sigma_t^2 &= E[(T-\overline{T})^2]\\ &= \sum_{j=0}^{n}(j-\overline{T})^2 C_n^j p^j (1-p)^{n-j}\\ &= np(1-p)\end{aligned} \tag{9.1.9}$$

从式(9.1.8)看到，信道原生差错概率p大约等于平均差错数目除以码长n。对于不同信道，原生差错概率p是不一样的。通常认为，对于通信信道来说$p = 10^{-5}$就已是相当不错的了，对于移动通信来说往往$p < 10^{-3}$。通过纠错编码，我们可以把差错概率减小好几个数量级。对于硬盘记录信道，往往原生差错概率比较小，一般优于10^{-9}，通过利用纠错编码，可以使差错概率降到$10^{-12} \sim 10^{-15}$。对于10^{-15}误码率，几乎可以认为误码率为零。这是因为，即使对于传输速率为40Mbit/s的高清晰度电视信号来说，10^{-15}误码率相当于一年中仅出现1比特的错误。

9.1.3　检错和纠错

信道编码提供了对信息传输发生差错的控制能力。这种控制能力由编码的纠错能力和检错能力来表征。检错是指当信息在信道上传输发生错误时，译码器能发现传输有误，及时告诉接收者；而纠错则是指译码器能自动纠正这个错误。下面以重复码为例说明编码的纠错和检错能力。

例9.1.1　考虑一个把1比特信息数据重复3次的重复编码，即

“0”→“0　0　0”

“1”→“1　1　1”

这时$n = 3, k = 1, r = 2$。当我们采用表9.1.1所示的方式来译码时，可以检测出最多2个错误，也就是说当码字发生1位或2位错误时，译码器可以发现该接收序列有误。

表9.1.1　可以检错的译码方式

接收序列	译出数据
0　0　0	0
0　0　1	?
0　1　0	?
1　0　0	?
0　1　1	?
1　0　1	?
1　1　0	?
1　1　1	1

表9.1.1中“?”表示接收到的3个比特序列有错。显然，1位和2位的错误都可以被发现，但译码器不知道错在什么地方。比如接收到“0　1　0”，译码器发现它既不是“0　0　0”，也不是“1　1　1”，所以它肯定传输出了错。但它不清楚这是由发“0　0　0”错1位，还是由发“1　1　1”错2位所致。

如果按表9.1.2所示的方式译码，则上述重复码可以纠正任何一位错误。

表9.1.2 可以纠错的译码方式

接收序列	译出数据
0 0 0	0
0 0 1	0
0 1 0	0
0 1 1	1
1 0 0	0
1 0 1	1
1 1 0	1
1 1 1	1

显然，表9.1.2的译码方法不能同时用于检测出2位错误。这是因为，如果发生了2位错误，则译码器按表9.1.2译码法则，会错误地把它作为发生一位错误而“纠正”了。所以$r = 2$的重复码可以发现所有2位错误，或者纠正所有1位错误，但不能两者兼得。

例9.1.2 如果用$r = 3$的重复码，即

“0”→“0 0 0 0”

“1”→“1 1 1 1”

并采用表9.1.3所示的译码表（其中“?”表示发生2位错误，但不清楚具体是哪2位出错），则这个译码方式可以纠正任何1位错误，同时可检测出任何2位错误。从表9.1.3可见，所有出2位错误的接收序列与有1位错误的接收序列是不同的，所以可以判别出2位错误。

表9.1.3 译码表

接收序列	译出数据	接收序列	译出数据
0 0 0 0	0	1 0 0 0	0
0 0 0 1	0	1 0 0 1	?
0 0 1 0	0	1 0 1 0	?
0 0 1 1	?	1 0 1 1	1
0 1 0 0	0	1 1 0 0	?
0 1 0 1	?	1 1 0 1	1
0 1 1 0	?	1 1 1 0	1
0 1 1 1	1	1 1 1 1	1

9.1.4 自动重发请求（ARQ）编码

一般在通信中，有三种工作方式，即单工、半双工和全双工方式。在单工通信方式中，传输仅能在一个方向上进行；在半双工工作方式中，信息可以双向传输，但任何时刻通信只能由一方发送，另一方接收，不能双方同时收发；在全双工通信中，双方可以同时收发，同时进行信息传输。在单工方式中，为了保证收端能正确接收到信息，发端只能采用纠错编码。于是，如果发生错误，可以在收端独立地纠正传输错误。

在半双工或全双工情况下，当一端发现接收有误时，可以通过反向信道去请求对方

重发一次，直到正确接收为止。这种通过检测错误、发现错误并自动请求重发的通信方式称为ARQ方式。图9.1.3所示是常用的三种ARQ方式，即等待式ARQ、退N步ARQ和选择性重发ARQ，其中时间进程自左到右。

图9.1.3(a)被称为等待式ARQ，它可以用于半双工通信。发送方只有等待收到接收方“肯定”应答信号(ACK)后，才发送下一个信息。在图中第2位和第5位传输信息出了错，被对方检测出来，从而对方发一个“否定”应答信号(NAK)，发送方收到这个“否定”应答信号后，把前一个码字重发一遍，直到正确接收为止。这样，如果每个码字出错概率为p，则要成功发送这个码字，发送方平均要发这个码字的次数为

$$\bar{N}=\frac{1}{1-p}$$

第二种ARQ方式如图9.1.3(b)所示，称为退N步ARQ。这种ARQ技术要求全双工工作方式，双方同时收发传输，发送端不必等待其回执，可连续发送。图中经过一个往返迟延后回执才会到达发端，在此时间间隔内另外的$N-1$个码字已被传送。当收到NAK时，发送端要退回到回执所对应的码字，重新送出此码字和$N-1$个在往返期间已送出的码字。当然，发端要有一个缓冲存储器来存放这些码字。在收端，跟在错误接收矢量后面的$N-1$个接收码字，不管其正确与否都弃之不用。接收端只要存储1个接收字就够了。退N步ARQ比等待式ARQ有效。

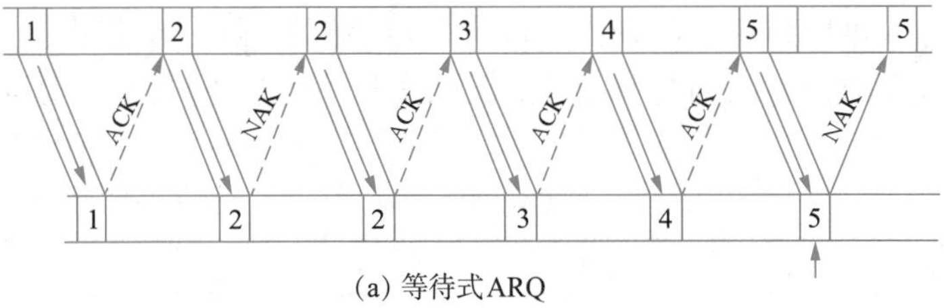

(a) 等待式ARQ

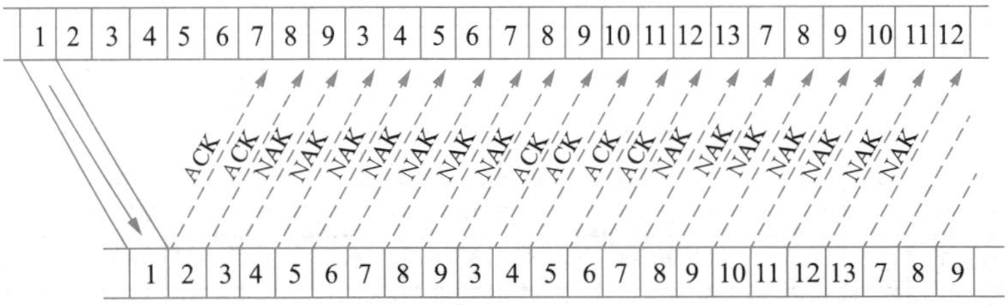

(b) 退N步ARQ，N=7

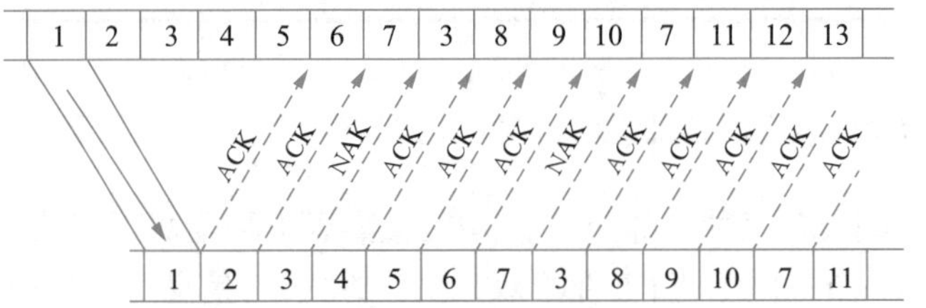

(c) 选择性重发ARQ

图9.1.3　常用的三种ARQ方式

第三种方式为“选择性重发ARQ”。这种方式也要求全双工通信。这时每个数据块均被指定有序列号，在应答信号“ACK”和“NAK”上要附加上序列号，告诉发送方哪些

数据块被正确接收,哪些数据块出了错。在这种通信方式中,仅仅重发有错误的数据块,然后发送方再按以前次序继续发送后面的数据块。显然,选择性重发ARQ最为有效。

究竟采用何种形式的ARQ,决定于设备的复杂性和资源的利用效率。ARQ相比于前向纠错编码的优点在于检错译码远比纠错译码简单。在计算机通信中ARQ获得广泛使用。

9.1.5 最大似然译码和最小Hamming距离译码

在二进分组码中,假定消息序列$\boldsymbol{m}=(m_0,m_1,\cdots,m_{k-1})$经分组编码后变成码字$\boldsymbol{c}=(c_0,c_1,\cdots,c_{n-1})$,然后码字$\boldsymbol{c}$经过二进对称信道输出$\boldsymbol{r}=(r_1,r_2,\cdots,r_n)$。我们定义错误矢量为

$$\boldsymbol{e}=\boldsymbol{r}-\boldsymbol{c}=(e_1,e_2,\cdots,e_n) \tag{9.1.10a}$$

其中

$$e_i=r_i-c_i \quad (i=1,2,\cdots,n) \tag{9.1.10b}$$

这里的减法运算是模2运算,也就是布尔(Boolean)运算,即:

$$\begin{cases}1+1=0\\1+0=1+1=1\\0+0=0\end{cases} \qquad \begin{cases}1\times 1=1\\ \\1\times 0=0\times 1=0\times 0=0\end{cases} \tag{9.1.11}$$

在二元布尔运算中,减法等同于加法,所以式(9.1.10)也可写成

$$\boldsymbol{e}=\boldsymbol{r}+\boldsymbol{c}=(e_1,e_2,\cdots,e_n)$$

$$e_i=r_i+c_i \quad (i=1,2,\cdots,n)$$

如果$e_i=1$,则表示第i位符号传输出了错误,对于二元对称信道,有

$$P(e_i=0)=1-p$$

$$P(e_i=1)=p \tag{9.1.12}$$

整个编码过程、信道传输和译码过程如图9.1.4所示。

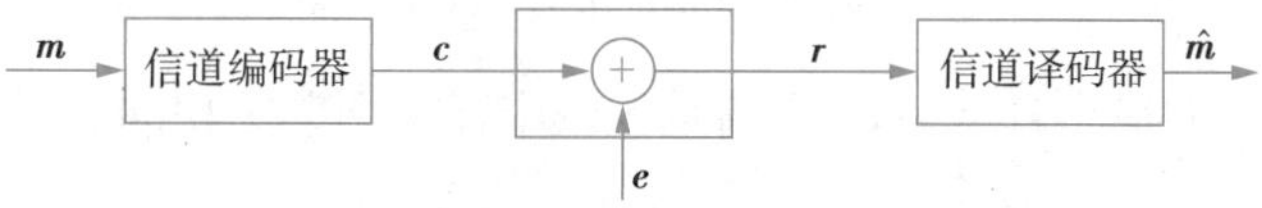

图9.1.4　编码过程、信道传输和译码过程

译码器根据接收到的符号序列来判定发送的码字,从而确定相应发送的消息$\boldsymbol{m}$是什么。如果译码器找到了错误矢量$\boldsymbol{e}$,则由于

$$\boldsymbol{c}=\boldsymbol{r}-\boldsymbol{e} \tag{9.1.13}$$

我们也就可以纠正传输错误,恢复出正确的码字。译码器不是总能找到正确的错误矢量的。一般来说译码器工作的一个合理准则是根据接收到的$\boldsymbol{r}$作出判决,哪一个码字发送的可能性最大,也就是说选使后验概率$P(\boldsymbol{c}|\boldsymbol{r})$最大的那一个码字$\hat{c}$为发送码字:

$$\hat{c}=\arg\max_{c_i\in C} P(\boldsymbol{c}_i|\boldsymbol{r}) \tag{9.1.14}$$

按式(9.1.14)进行译码的称为最大后验概率译码。因为

$$P(\boldsymbol{c}_i|\boldsymbol{r})=\frac{P(\boldsymbol{c}_i)P(\boldsymbol{r}|\boldsymbol{c}_i)}{P(\boldsymbol{r})} \tag{9.1.15}$$

如果发送消息是等可能性的，则$P(\boldsymbol{c}_i)$是常数，这时对于给定的$\boldsymbol{r}$，使后验概率$P(\boldsymbol{c}_i|\boldsymbol{r})$最大的码字，也就是使$P(\boldsymbol{r}|\boldsymbol{c}_i)$最大的码字。通常$P(\boldsymbol{r}|\boldsymbol{c}_i)$被称为码字$\boldsymbol{c}_i$的似然概率，选使似然概率最大的码字为发送码字的译码准则称为最大似然译码准则，用公式表示为

$$\boldsymbol{c} = \arg\max_{\boldsymbol{c}_i \in C} P(\boldsymbol{r}|\boldsymbol{c}_i) \tag{9.1.16}$$

当消息是等概率发生时，最大似然译码等同于最大后验概率译码。

更进一步，如果接收到的序列$\boldsymbol{r}=(r_0,r_1,\cdots,r_{n-1})$与码字$\boldsymbol{c}=(c_1,c_2,\cdots,c_n)$有$d$个分量不相同，$n-d$个分量相同，则

$$\boldsymbol{e}=\boldsymbol{r}-\boldsymbol{c}=(e_1,e_2,\cdots,e_n)$$

中有d个"1"，$n-d$个"0"。这时我们称两个序列$\boldsymbol{r}$和$\boldsymbol{c}$的Hamming距离为d。

对于二元对称信道来说，可以算出：

$$P(\boldsymbol{r}|\boldsymbol{c})=p^d(1-p)^{n-d} \tag{9.1.17a}$$

所以

$$\lg P(\boldsymbol{r}|\boldsymbol{c})=n\lg(1-p)+d\lg\frac{p}{1-p} \tag{9.1.17b}$$

由于函数$\log x$的单调性，所以使$\lg P(\boldsymbol{r}|\boldsymbol{c})$最大的$\boldsymbol{c}$与使$P(\boldsymbol{r}|\boldsymbol{c})$最大的$\boldsymbol{c}$等价。当$p<0.5$时，使$\lg P(\boldsymbol{r}|\boldsymbol{c})$最大的$\boldsymbol{c}$，也就是使得$d$最小的那个码字$\boldsymbol{c}$，所以在二元对称信道中最大似然译码等价于寻找与$\boldsymbol{r}$的Hamming距离最小的那个码字为发送的码字，也就是说按最小Hamming距离来进行译码。

9.1.6 最小Hamming距离与检错、纠错能力的关系

在9.1.5节中我们把两个长度为n的序列$\boldsymbol{u}$和$\boldsymbol{v}$之间的Hamming距离$d_{\mathrm{H}}(\boldsymbol{u},\boldsymbol{v})$定义为$\boldsymbol{u}$和$\boldsymbol{v}$之间对应分量取不同值的位数。下面我们定义分组码$C$的最小Hamming距离。

定义9.1.1 长度为n的分组码C的最小Hamming距离d为

$$d=\min_{\boldsymbol{c}_i,\boldsymbol{c}_j \in C, i\neq j} d_{\mathrm{H}}(\boldsymbol{c}_i,\boldsymbol{c}_j) \tag{9.1.18}$$

也就是说分组码C的最小Hamming距离是该码中任何两个不相同码字之间的Hamming距离的最小值。

码字长度n、信息位数目k和最小Hamming距离d构成了分组码的三个最重要参数。对于一个(n,k)分组码来说，最小Hamming距离d与纠错、检错能力有如下关系。

定理9.1.1 任何一个(n,k)分组码，若要在任何码字内：

(1)能检测e个随机错误，则要求最小Hamming距离$d \geqslant e+1$；

(2)能纠正t个随机错误，则要求$d \geqslant 2t+1$；

(3)能纠正t个随机错误，同时检测出$e(\geqslant t)$个错误，则要求$d \geqslant t+e+1$。

证明：

(1)如果发送的码字中出现e个随机错误，使得这个码字变成另一个合法的码字，则这样的错误是不可检测出的。只要错误矢量不使发送的码字变成其他码字，则这种错误总可被检测出。显然，当最小Hamming距离$d \geqslant e+1$时，任何e个错误都不可能把一个码字变成另一个码字，从而使得任何$e \leqslant d-1$个错误均可被检测出来。图9.1.5(a)表示当发送码字为$\boldsymbol{c}_i$时，只要接收到的序列落到阴影区之内，则它不可能变成另一个码

字，这样的错误都是可以被检测出来的。当然，有时也可能出现d个或更多个错误使得接收到的序列仍不是一个码字，这样的d个或更多个错误也是可被检测出的。但最小Hamming距离为d的码并不能保证所有d个或更多个错误都可被检测出。

（2）同样从图9.1.5(b)可见，如果$\boldsymbol{c}_i$被发送，而$\boldsymbol{c}_i$与任何其他码字$\boldsymbol{c}_i$的距离不小于d，若在传输中发生了t个错误，但t满足$d \geqslant 2t+1$，则接收到的序列$\boldsymbol{r}$仍然与$\boldsymbol{c}_i$的Hamming距离最近，当采用最小距离译码时，仍然是判定发送码字为$\boldsymbol{c}_i$，从而可以纠正这t个错误。

（3）这里的“同时”是指当错误个数小于或等于t时，该码能纠正这t个错误，当错误个数大于t而小于e时，可以检测出这e个错误。对于这种检错和纠错混合形式的分组码的译码是这样进行的：根据接收到的序列$\boldsymbol{r}$寻找与之最近的码字$\boldsymbol{c}_i$，如果$d_{\mathrm{H}}(\boldsymbol{r},\boldsymbol{c}_i) \leqslant t$，就认为发送的码字为$\boldsymbol{c}_i$；如果$d_{\mathrm{H}}(\boldsymbol{r},\boldsymbol{c}_i) > t$，则认为发生了$e$个错误。从图9.1.5(c)可见，当$d \geqslant t+e+1 (e>t)$时发送码字在错了$t$位后，还是与原来发送码字最近，所以能纠正$t$位错误；另外，若发送码字最多错了$e$位$(e>t)$，则接收到的序列不会落到任何以其他码字为中心、半径为t的球内，从而不会被误纠错成其他的码字。

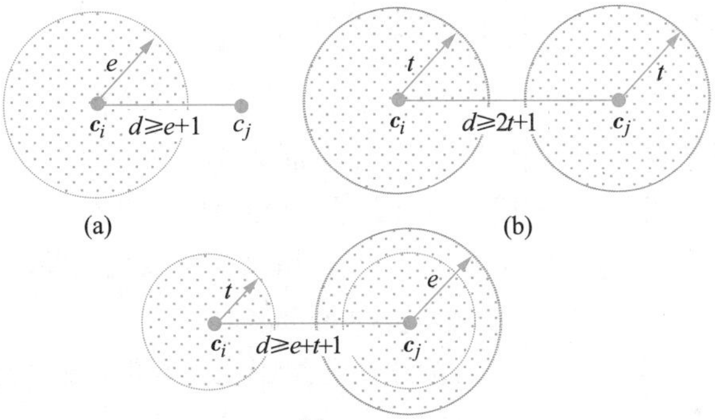

图9.1.5 Hamming距离与纠错能力关系

例9.1.3 在一个$p=0.05$的二元对称信道上，使用长度$n=5$的分组码，我们希望接收端码字错误概率小于10^{-4}，问最大可能的码率为多少？

解 假定我们采用纠错码，它能纠正t个错误，则一个错误分组不能被纠正的概率为

$$P_{\mathrm{e}} = \sum_{j=t+1}^{5} C_5^j p^j (1-p)^{5-j} < 10^{-4}$$

当$t=2$时，$P_{\mathrm{e}} \approx 1.13 \times 10^{-3}$；当$t$=3时，$P_{\mathrm{e}} \approx 3 \times 10^{-5}$，所以应该取$t=3$。由定理9.1.1，这要求分组码的最小Hamming距离$d_{\min} \geqslant 7$。这超出了分组长度，所以用纯纠错编码不能达到目的。

如果采用能纠正1位错误，同时能检测出3个错误的码，则最小码字距离至少要$d_{\min}=1+3+1=5$。显然这时唯一可能的分组码是5位重复码，它的最小Hamming距离为5，能纠正1位错误，同时最多检测出3位错误。这时分组错误概率为

$$P_{\mathrm{e}} = \sum_{j=4}^{5} C_5^j p^j (1-p)^{5-j} \approx 3 \times 10^{-5} < 10^{-4}$$

采用检错后的分组重发概率为

$$P_{re}=\sum_{j=t+1}^{e}C_5^j p^j(1-p)^{5-j}\approx 0.023$$

所以每个分组平均发送次数为

$$\bar{N}=\frac{1}{1-P_{re}}=1.024$$

于是信息传输速率为

$$R=(1/5)/\bar{N}=0.195(\text{比特/信道传输})$$

但我们知道这个二元对称信道的容量为

$$C=1+p\log_2 p+(1-p)\log_2(1-p)=0.714(\text{比特/信道传输})$$

所以传输速率和容量之间还有很大的差距，一般可以采用更长码字来提高信息传输速率。

§9.2 线性分组纠错编码

9.2.1 线性分组编码的生成矩阵和校验矩阵

线性分组编码是分组码中最重要的一类码，是以后讨论的各种编码的基础。线性分组码的基本特征是它具有“线性”的结构，从而使得我们可以利用“线性空间”的数学工具来研究线性分组码，使得编码器和译码器的实现更为简单。由于我们主要关心二元纠错码，也就是说码字的分量取值不是“0”就是“1”，所以我们关心的线性空间是二元线性空间。在二元域上定义的运算就是普通的布尔运算。

定义9.2.1 一个速率为$R=k/n$的线性分组码(n,k)，把k比特的消息矢量

$$\boldsymbol{m}=(m_0,m_1,\cdots,m_{k-1}) \tag{9.2.1}$$

线性地映射成n比特的码字

$$\boldsymbol{c}=(c_0,c_1,\cdots,c_{n-1}) \tag{9.2.2}$$

其中 $m_i\in\{0,1\},i=0,1,\cdots,k-1;c_j\in\{0,1\},j=0,1,\cdots,n-1$。

如果我们把所有可能的k比特消息全体构成消息空间M，则消息空间中消息的总数为$|M|=2^k$，由于码字与消息矢量一一对应，所以全体合法码字所构成的码字空间C是n维二元矢量空间中一个含有2^k个矢量的k维子空间，码字数目等于2^k，即

$$|C|=2^k$$

所谓线性映射是指，如果$\boldsymbol{c}_1,\boldsymbol{c}_2$是与消息$\boldsymbol{m}_1,\boldsymbol{m}_2$对应的码字，则$\boldsymbol{c}_1+\boldsymbol{c}_2$必定是与$\boldsymbol{m}_1+\boldsymbol{m}_2$对应的码字。

由于码字空间C是n维二元线性空间中的一个k维子空间，由线性代数理论知道，存在k个线性独立的二元n维矢量

$$\boldsymbol{g}_0=(g_{00},g_{01},\cdots,g_{0,n-1})$$
$$\boldsymbol{g}_1=(g_{10},g_{11},\cdots,g_{1,n-1})$$
$$\vdots$$
$$\boldsymbol{g}_{k-1}=(g_{k-1,0},g_{k-1,1},\cdots,g_{k-1,n-1})$$

使得任何一个码字$\boldsymbol{c}\in C$可表示成$\boldsymbol{g}_0,\boldsymbol{g}_1,\cdots,\boldsymbol{g}_{k-1}$的线性组合，即

$$\boldsymbol{c} = m_0\boldsymbol{g}_0 + m_1\boldsymbol{g}_1 + \cdots + m_{k-1}\boldsymbol{g}_{n-1} = \boldsymbol{m}\cdot\boldsymbol{G} \tag{9.2.3}$$

其中

$$\boldsymbol{m} = (m_0, m_1, \cdots, m_{k-1})$$

$$\boldsymbol{G} = \begin{pmatrix} \boldsymbol{g}_0 \\ \boldsymbol{g}_1 \\ \vdots \\ \boldsymbol{g}_{k-1} \end{pmatrix} \tag{9.2.4}$$

$\boldsymbol{G}$是由“0”或“1”元素组成的$k\times n$矩阵，它的k个行就是这k个线性独立矢量$\boldsymbol{g}_0,\boldsymbol{g}_1,\cdots,\boldsymbol{g}_{k-1}$。矩阵$\boldsymbol{G}$称为线性码$\boldsymbol{C}$的生成矩阵。$\boldsymbol{m}$是一个$k$维二元矢量，也称为消息矢量，所以式(9.2.3)建立了消息空间到码字空间的线性映射。显然，k个线性独立的基矢量$\boldsymbol{g}_0,\boldsymbol{g}_1,\cdots,\boldsymbol{g}_{k-1}$本身也都是码字。每个$k\times n$生成矩阵$\boldsymbol{G}$产生一个线性分组码$(n,k)$。

例9.2.1　下面是一个3×6生成矩阵：

$$\boldsymbol{G} = \begin{pmatrix} 1 & 1 & 1 & 0 & 0 & 0 \\ 1 & 0 & 0 & 1 & 0 & 1 \\ 0 & 1 & 0 & 0 & 1 & 1 \end{pmatrix} \begin{matrix} \cdots\boldsymbol{g}_0 \\ \cdots\boldsymbol{g}_1 \\ \cdots\boldsymbol{g}_2 \end{matrix}$$

$\boldsymbol{G}$生成的(6,3)线性码有8个码字：

$$\boldsymbol{c} = m_0\boldsymbol{g}_0 + m_1\boldsymbol{g}_1 + m_2\boldsymbol{g}_2,\quad m_0, m_1, m_2 = \text{“0”或“1”}$$

比如$\boldsymbol{m} = (0\ 1\ 1)$对应的码字为

$$c = \boldsymbol{g}_1 + \boldsymbol{g}_2 = (110110)$$

如果$\boldsymbol{G}$是一个(n,k)线性码的生成矩阵，它由k个线性独立行矢量组成，则经过行变换和列交换，可以使$\boldsymbol{G}$变成：

$$\boldsymbol{G} = (\boldsymbol{P}_{k\times r} \mid \boldsymbol{I}_{k\times k}) \tag{9.2.5}$$

其中下标$r = n - k$，而$\boldsymbol{I}_{k\times k}$是一个$k\times k$的单位矩阵。经过这样变换后，生成矩阵$\boldsymbol{G}$的右边变成一个单位矩阵。例如，例9.2.1中的$\boldsymbol{G}$经过这样变换后可写成：

$$\boldsymbol{G} = \left(\begin{array}{c|c} 110 & 100 \\ 101 & 010 \\ 011 & 001 \end{array}\right)$$

经过行变换和列交换后的矩阵生成的线性空间与原来矩阵生成的空间是等价的，也就是说所生成的码与原来的码是等价的。

利用式(9.2.5)所示的生成矩阵具有一些优越性，因为如果消息矢量为

$$\boldsymbol{m} = (m_0, m_1, \cdots, m_{k-1}),$$

则码字矢量可写成如下的形式

$$\boldsymbol{c} = \boldsymbol{m}\cdot\boldsymbol{G} = (c_0, c_1, \cdots c_{r-1}, m_0, m_1, \cdots, m_{k-1}),\ r = n - k$$

其中$c_0,c_1,\cdots,c_{r-1}$称为线性码的校验位，码字矢量的k个高位比特$m_0,m_1,\cdots,m_{k-1}$称为信息位。由矩阵(9.2.5)生成的线性分组码称为系统码，相应的生成矩阵称为系统生成矩阵。这时k位信息比特处于码字的高位，而$r = n - k$位校验比特处于码字的低位。

从系统生成矩阵

$$\boldsymbol{G} = (\boldsymbol{P}_{k\times r} \mid \boldsymbol{I}_{k\times k})$$

可以构造出另一个重要的$r\times n$矩阵

$$\boldsymbol{H} = (\boldsymbol{I}_{r\times r} \mid -\boldsymbol{P}^{\mathrm{T}}_{k\times r}) \tag{9.2.6}$$

其中，$\boldsymbol{P}_{k\times r}^{\mathrm{T}}$表示$\boldsymbol{P}_{k\times r}$的转置，对于二元码来说，式(9.2.6)中的负号“-”可以去掉，因为“+1”等于“-1”。

$\boldsymbol{H}$矩阵被称为线性分组码的一致校验矩阵，或简称校验矩阵。这是因为，对任何码字$\boldsymbol{c}$：

$$\boldsymbol{c} = \boldsymbol{mG}$$

它与$\boldsymbol{H}^{\mathrm{T}}$相乘都得到零矢量，即

$$\begin{aligned}\boldsymbol{c}\cdot\boldsymbol{H}^{\mathrm{T}} &= \boldsymbol{m}\cdot\boldsymbol{G}\cdot\boldsymbol{H}^{\mathrm{T}}\\ &= \boldsymbol{m}\cdot(\boldsymbol{P}_{k\times r}\quad \boldsymbol{I}_{k\times k})\cdot\begin{pmatrix}\boldsymbol{I}_{r\times r}\\ \hdashline -\boldsymbol{P}_{k\times r}\end{pmatrix}\\ &= \boldsymbol{m}\cdot(\boldsymbol{P}_{k\times r}-\boldsymbol{P}_{k\times r}) = (\underbrace{0,0,\cdots,0}_{r\text{位}})\end{aligned} \tag{9.2.7}$$

也就是说，每个码字与$\boldsymbol{H}$矩阵的每个行正交，这构成了码字中$n-k$个校验位所需满足的校验方程。实际上

$$\boldsymbol{G}\cdot\boldsymbol{H}^{\mathrm{T}} = \boldsymbol{O}_{k\times r} \tag{9.2.8}$$

$\boldsymbol{O}_{k\times r}$表示$k$行、$r$列的全零矩阵。这也表示由$\boldsymbol{G}$的行矢量所张成的$k$维子空间与由$\boldsymbol{H}$矩阵行矢量所张成的$r$维子空间是正交的。

例9.2.2　例9.2.1中的(6,3)线性码的校验矩阵为

$$\boldsymbol{H} = \left(\begin{array}{c:c}1\,0\,0 & 1\,1\,0\\ 0\,1\,0 & 1\,0\,1\\ 0\,0\,1 & 0\,1\,1\end{array}\right)$$

所以由$\boldsymbol{m}=(m_0,m_1,m_2)$所对应的码字

$$\boldsymbol{c} = (c_0,c_1,c_2,m_0,m_1,m_2)$$

满足$\boldsymbol{c}\cdot\boldsymbol{H}^{\mathrm{T}}=\boldsymbol{0}$，即

$$\begin{cases}c_0+m_0+m_1=0\\ c_1+m_0+m_2=0\\ c_2+m_1+m_2=0\end{cases} \tag{9.2.9}$$

由消息矢量$\boldsymbol{m}$和校验方程(9.2.9)可以求出校验位c_0,c_1,c_2。

9.2.2　对偶码

两个n维矢量$\boldsymbol{u}=(u_0,u_1,\cdots,u_{n-1})$和$\boldsymbol{v}=(v_0,v_1,\cdots,v_{n-1})$的内积定义为

$$\boldsymbol{u}\cdot\boldsymbol{v} = u_0v_0+u_1v_1+\cdots+u_{n-1}v_{n-1} \tag{9.2.10}$$

如果$\boldsymbol{u}\cdot\boldsymbol{v}=\boldsymbol{0}$，则称$\boldsymbol{u}$和$\boldsymbol{v}$正交。我们知道，一个$(n,k)$线性分组码$C$是$n$维空间中的一个$k$维子空间，由线性代数理论可知，与这个$k$维子空间$C$正交的所有矢量全体也构成一个$n-k$维子空间，它称为$C$的对偶空间，或称为$C$的正交补，我们用$C^{\perp}$来表示。我们知道，一个$(n,k)$线性分组码$C$可以用$k\times n$生成矩阵$\boldsymbol{G}$或用$r\times n$校验矩阵$\boldsymbol{H}$来描述。$C$由矩阵$\boldsymbol{G}$的$k$个线性独立的行矢量张成。由于$\boldsymbol{H}$矩阵和$\boldsymbol{G}$正交，即

$$\boldsymbol{G}\cdot\boldsymbol{H}^{\mathrm{T}} = \boldsymbol{0}$$

所以由$\boldsymbol{H}$的$n-k$个线性独立行矢量张成的空间与C正交，其维数为$n-k$。由$\boldsymbol{H}$的行矢量张成的空间称为C的对偶空间或称正交补$C^{\perp}$。从而引出对偶码的定义如下：

定义9.2.2　生成矩阵为$\boldsymbol{G}$、校验矩阵为$\boldsymbol{H}$的(n,k)线性分组码C，其对偶码$C^{\perp}$是一个生成矩阵为$\boldsymbol{H}$、校验矩阵为$\boldsymbol{G}$的$(n,n-k)$线性分组码。

例9.2.3 例9.2.2中所示的生成矩阵为

$$\boldsymbol{G}=\begin{pmatrix}110 & 100\\101 & 010\\011 & 001\end{pmatrix}$$

校验矩阵为

$$\boldsymbol{H}=\begin{pmatrix}100 & 110\\010 & 101\\001 & 011\end{pmatrix}$$

则该(6,3)线性分组码的对偶码是一个生成矩阵为$\boldsymbol{H}$,而校验矩阵为$\boldsymbol{G}$的线性分组码。它也是一个(6,3)线性分组码。

9.2.3 线性分组码的最小Hamming距离和最小Hamming重量

分组码的最小Hamming距离定义为该码中任意两个不相同码字之间Hamming距离的最小值,即

$$d_{\min}=\min_{\boldsymbol{c}_i\neq\boldsymbol{c}_j} d_H(\boldsymbol{c}_i,\boldsymbol{c}_j) \tag{9.2.11}$$

$$\boldsymbol{c}_i,\boldsymbol{c}_j\in C$$

分组码的最小Hamming距离$d_{\min}$是一个非常重要的参数。在这里我们引入另一个重要概念——Hamming重量。

定义9.2.3 一个n维矢量$\boldsymbol{v}$的Hamming重量$w_{\mathrm{H}}(\boldsymbol{v})$定义为该矢量中非零分量的个数,对于二元矢量,Hamming重量就是矢量中“1”分量的个数。

例9.2.4 对于码字矢量$\boldsymbol{c}=(1001101)$,它的Hamming重量为$w_{\mathrm{H}}(\boldsymbol{c})=4$。

由Hamming距离定义可知,两个长度为n的码字矢量$\boldsymbol{c}_1,\boldsymbol{c}_2$之间的Hamming距离等于码字差的重量,即

$$d_{\mathrm{H}}(\boldsymbol{c}_1,\boldsymbol{c}_2)=w_{\mathrm{H}}(\boldsymbol{c}_1-\boldsymbol{c}_2) \tag{9.2.12}$$

对于二元码来说,加法等同于减法,所以

$$d_{\mathrm{H}}(\boldsymbol{c}_1,\boldsymbol{c}_2)=w_{\mathrm{H}}(\boldsymbol{c}_1+\boldsymbol{c}_2)$$

我们知道,对于一个线性分组码C,如果$\boldsymbol{c}_1,\boldsymbol{c}_2$是码字,则$\boldsymbol{c}_1+\boldsymbol{c}_2$必然也是码字,所以对于线性分组码来说最小Hamming距离等于

$$\begin{aligned}d_{\min}&=\min_{\substack{\boldsymbol{c}_i\neq\boldsymbol{c}_j\\ \boldsymbol{c}_i,\boldsymbol{c}_j\in C}} d_{\mathrm{H}}(\boldsymbol{c}_i,\boldsymbol{c}_j)\\&=\min_{\substack{\boldsymbol{c}_i\neq\boldsymbol{c}_j\\ \boldsymbol{c}_i,\boldsymbol{c}_j\in C}} w_{\mathrm{H}}(\boldsymbol{c}_i+\boldsymbol{c}_j)\\&=\min_{\substack{\boldsymbol{c}\neq 0\\ \boldsymbol{c}\in C}} w_{\mathrm{H}}(\boldsymbol{c})\end{aligned} \tag{9.2.13}$$

也就是说线性分组码的最小Hamming距离等于该码中非零码字的最小重量。

例9.2.5 由例9.2.3中生成矩阵所生成的线性分组码总共有8个码字,它们是:

(110100),(101010),(011001),(000000),

(011110),(110011),(101101),(000111)

可见非零码字的最小Hamming重量为3,所以这个码的最小Hamming距离也是3。

如果我们定义两个n维二元矢量$\boldsymbol{u}$和$\boldsymbol{v}$的交截$\boldsymbol{u}\odot\boldsymbol{v}$为一个二元矢量:

$$\boldsymbol{u}\odot\boldsymbol{v}=(u_0\cdot v_0,u_1\cdot v_1,\cdots,u_{n-1}\cdot v_{n-1}),$$

其中二元乘法为布尔乘积,例如

$$(11001)\odot(10111)=(10001)$$

很容易看出

$$w_{\mathrm{H}}(\boldsymbol{u}+\boldsymbol{v})=w_{\mathrm{H}}(\boldsymbol{u})+w_{\mathrm{H}}(\boldsymbol{v})-2w_{\mathrm{H}}(\boldsymbol{u}\odot\boldsymbol{v}) \tag{9.2.14}$$

由式(9.2.14)可以证明:在任何一个线性二元分组码中,或者所有码字的重量都是偶数;或者正好有一半码字的重量为偶数,另一半码字重量为奇数。

关于这一点可以这样来说明,令C表示任何一个线性二元分组码,A表示所有偶数重量的码字集合,B表示所有奇数重量的码字集合,显然$C=A\cup B$。如果B为空集,则$C=A$,这时所有码字都是偶数重量。如果B不空,则至少有一个奇数重量的码字$\boldsymbol{b}$,构成

$$\boldsymbol{b}+A\triangleq\{\boldsymbol{b}+\boldsymbol{a}|\boldsymbol{a}\in A\}$$

也就是说$\boldsymbol{b}+A$表示由A中的码字与$\boldsymbol{b}$相加后所得的码字全体。由式(9.2.14)可知$\boldsymbol{b}+A$中所有码字的重量为奇数,而且$\boldsymbol{b}+A$中的码字数与A中码字数相同。

下面我们再说明B中的所有码字都在$\boldsymbol{b}+A$中。设任何$\boldsymbol{b}'\in B$,由于$\boldsymbol{b}'$和$\boldsymbol{b}$都是奇数重量,由式(9.2.14)知$\boldsymbol{b}'+\boldsymbol{b}$是偶数重量,所以存在一个$\boldsymbol{a}\in A$,使

$$\boldsymbol{b}'+\boldsymbol{b}=\boldsymbol{a}$$

从而

$$\boldsymbol{b}'=\boldsymbol{a}-\boldsymbol{b}=\boldsymbol{a}+\boldsymbol{b}\in(\boldsymbol{b}+A)$$

于是就证明了如果C中有一个奇数重码字,则C中奇数重码字数目与偶数重码字数相等。

我们定义了码字重量后,再进一步考察线性分组码的校验矩阵$\boldsymbol{H}$,可以发现它与纠错能力之间的关系。我们用$\boldsymbol{h}_j,j=0,1,\cdots,n-1$表示$\boldsymbol{H}$矩阵中$n$个列矢量,则对于每个码字

$$\boldsymbol{c}=(c_0,c_1,\cdots,c_{n-1})$$

校验方程

$$\boldsymbol{c}\cdot\boldsymbol{H}^{\mathrm{T}}=\boldsymbol{0}$$

可以写成

$$\sum_{i=0}^{n-1}c\boldsymbol{h}_i=\boldsymbol{0} \tag{9.2.15}$$

于是如果一个二元码字重量为w,则$\boldsymbol{H}$矩阵中与该码字中w个“1”分量对应的列矢量线性相关,如下式所示:

$$\boldsymbol{H}=\begin{pmatrix} h_{00} & h_{01} & h_{02} & \cdots & h_{0i} & \cdots & h_{0,n-1}\\ h_{10} & h_{11} & h_{12} & \cdots & h_{1i} & \cdots & h_{1,n-1}\\ \vdots & \vdots & \vdots & & \vdots & & \vdots\\ h_{k-1,0} & h_{k-1,1} & h_{k-1,2} & \cdots & h_{k-1,i} & \cdots & h_{k-1,n-1}\\ \uparrow & \uparrow & \uparrow & & \uparrow & & \uparrow\\ c_0 & c_1 & c_2 & & c_i & & c_{n-1}\end{pmatrix} \tag{9.2.16}$$

因此,如果一个二元线性码的最小 Hamming 距离为d,也就是说该码的最小 Hamming 重量为d,则它的校验矩阵$\boldsymbol{H}$中任意$d-1$个列矢量是线性独立的。因为若不然,就存在一个重量小于d的矢量$\boldsymbol{c}'$,使$\boldsymbol{c}'\cdot\boldsymbol{H}^{\mathrm{T}}=0$。这与码的最小重量为$d$相矛盾。由

于校验矩阵$\boldsymbol{H}$与纠错能力d有如此明确的关系，所以校验矩阵$\boldsymbol{H}$往往比生成矩阵更重要。

9.2.4 线性分组码的译码

如果发送的二元码字矢量为$\boldsymbol{c}$，由于信道差错使得接收到的二元矢量为$\boldsymbol{v}$，则称二元矢量

$$\boldsymbol{e}=\boldsymbol{v}-\boldsymbol{c}=(e_0,e_1,\cdots,e_{n-1})$$

为错误矢量。在9.1节中我们知道，最大似然译码法要求把$\boldsymbol{v}$译成与之距离最近的码字。在这里把纠错码的译码器分成两类。第一类被称为完全译码器，它把接收到的二元矢量$\boldsymbol{v}$译成与它最近码字$\boldsymbol{c}$。第二类译码器称为限定距离t译码器，该译码器选与$\boldsymbol{v}$最近的码字$\boldsymbol{c}$，当$d_{\mathrm{H}}(\boldsymbol{c},\boldsymbol{v})\leqslant t$时，则译码器就把$\boldsymbol{v}$译成$\boldsymbol{c}$；当$d_{\mathrm{H}}(\boldsymbol{c},\boldsymbol{v})>t$时，译码器声称纠错失败，这表明发生了一个错误位数超出要求t的错误，不予纠错。因此限定距离t译码器实际上组合了纠错和检错的功能。

1. 标准阵列译码法

标准阵列译码法是一种非常直观，但并不聪明的译码法，它是其他译码法的基础。首先，我们构成一个所谓的标准阵列A，该阵列有$2^{n-k}=2^r$行、2^k列，它包含了所有2^n种可能的n维二元矢量。其中A的第一行上排列着全部2^k个码字，全零码字排在第一行第一列。然后在除去码字后余下的n维二元矢量中寻找最小重量矢量，比如说为$\boldsymbol{e}_1$，把$\boldsymbol{e}_1$列在第二行第一列，再把$\boldsymbol{e}_1$与全部码字逐一相加，所得的矢量列在第二行。再在扣除第一、二行后余下二元矢量中寻找最小重量矢量，比如说为$\boldsymbol{e}_2$，再把$\boldsymbol{e}_2$与全部码字逐一相加，所得矢量列在第三行，如法炮制，得到如下结果。

$$\begin{array}{lllll}
\boldsymbol{c}_0=(0,0,\cdots,0), & \boldsymbol{c}_1, & \boldsymbol{c}_2, & \cdots & \boldsymbol{c}_{2^k-1}\\
\boldsymbol{e}_1 & \boldsymbol{e}_1+\boldsymbol{c}_1, & \boldsymbol{e}_1+\boldsymbol{c}_2, & \cdots & \boldsymbol{e}_1+\boldsymbol{c}_{2^k-1}\\
\boldsymbol{e}_2 & \boldsymbol{e}_2+\boldsymbol{c}_1, & \boldsymbol{e}_2+\boldsymbol{c}_2, & \cdots & \boldsymbol{e}_2+\boldsymbol{c}_{2^k-1}\\
\vdots & \vdots & \vdots & & \vdots\\
\boldsymbol{e}_{2^r-1} & \boldsymbol{e}_{2^r-1}+\boldsymbol{c}_1, & \boldsymbol{e}_{2^r-1}+\boldsymbol{c}_2, & \cdots & \boldsymbol{e}_{2^r-1}+\boldsymbol{c}_{2^k-1}
\end{array}$$

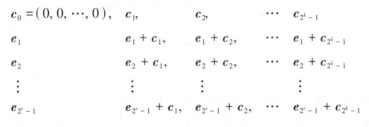

图9.2.1 线性码的标准阵列

对于一个二元(n,k)线性码C，若$\boldsymbol{a}$是任意一个非码字n维矢量，则称集合$\boldsymbol{a}+C=\{\boldsymbol{a}+\boldsymbol{c};\boldsymbol{c}\in C\}$为$C$的一个陪集，其中$\boldsymbol{a}$称为陪集首项。因此，图9.2.1中除第一行以外的各行均是一个陪集。很容易证明，任意两个陪集或者不相交或者重合。这是因为：如果$\boldsymbol{a}+C$和$\boldsymbol{b}+C$相交，即存在一个矢量$\boldsymbol{v}\in(\boldsymbol{a}+C)\cap(\boldsymbol{b}+C)$，则$\boldsymbol{v}=\boldsymbol{a}+\boldsymbol{c}_i=\boldsymbol{b}+\boldsymbol{c}_j$，从而$\boldsymbol{b}=\boldsymbol{a}+\boldsymbol{c}_i-\boldsymbol{c}_j$。由于对于线性码$C$来说，$\boldsymbol{c}_i-\boldsymbol{c}_j$也是一个码字，比如说为$\boldsymbol{c}_k$，所以$\boldsymbol{b}=\boldsymbol{a}+\boldsymbol{c}_k\in(\boldsymbol{a}+C)$，于是$\boldsymbol{b}+C\subseteq\boldsymbol{a}+C$。同样，可以证明$\boldsymbol{a}+C\subseteq\boldsymbol{b}+C$。所以$\boldsymbol{a}+C=\boldsymbol{b}+C$。同时，这也说明在一个陪集中任何一个元素都可以被选为陪集首项，生成同样的陪集。

由陪集的不相交性得到图9.2.1中各行不相交，所以陪集应该有$2^{n-k}-1$个。加上码字行，标准阵列有2^{n-k}行。假定我们接收到的矢量为$\boldsymbol{v}$，则$\boldsymbol{v}$必定落在标准阵列中的某一行，比如说$\boldsymbol{v}$落在第j行中，它可以表示为$\boldsymbol{v}=\boldsymbol{e}_j+\boldsymbol{c}_i,\boldsymbol{c}_i\in C$。那么对于$\boldsymbol{v}$来说可能的错

误形式有哪些呢？因为可能发送的码字有2^k个，于是可能的错误形式为

$$\begin{aligned} \boldsymbol{e} &= \boldsymbol{v} - \boldsymbol{c}_l & l &= 0, 1, \cdots, 2^k - 1 \\ &= \boldsymbol{e}_j + \boldsymbol{c}_i - \boldsymbol{c}_l & l &= 0, 1, \cdots, 2^k - 1 \\ &= \boldsymbol{e}_j + \boldsymbol{c}_{l'} & l' &= 0, 1, 2, \cdots, 2^k - 1 \end{aligned}$$

也就是说，当接收到的矢量$\boldsymbol{v}$落到第j个陪集时，可能的错误形式是陪集$\boldsymbol{e}_j + C$中的所有矢量。最大似然译码准则要求把与接收矢量最近的码字译为发送码字，相当于在陪集$\boldsymbol{e}_j + C$中寻找最小重量的矢量作为错误形式。由于在标准阵列构成中陪集首项是陪集中重量最小的，所以当接收到矢量落入第j个陪集时，就选其首项$\boldsymbol{e}_j$为错误形式，所以只要计算$\boldsymbol{v} - \boldsymbol{e}_j$就可以恢复出相应码字。

对于限定矩离t译码来说，我们不需要构造出完整的标准阵列，只需把重量不大于t的陪集首项所对应的陪集构造出来就行了。这时若接收到的矢量$\boldsymbol{v}$没有出现在这个不完整阵列表中，则说明这时发生了不可纠正的错误。

例9.2.5　下面列出一个具有4个码字的(6,2)线性码：

$$C = \{(000000), (010101), (101010), (111111)\}$$

这个码的最小Hamming距离为3，所以可以纠正1位错误。由于总共只有6个一位错误形式矢量，所以标准阵列的前7行构成了限制距离为1的译码表：

000000	010101	101010	111111
000001	010100	101011	111110
000010	010111	101000	111101
000100	010001	101110	111011
001000	011101	100010	110111
010000	000101	111010	101111
100000	110101	001010	011111
……	……	……	……

要完成完整的标准阵列，还需要9行。由于包含2位错误的错误形式矢量总共有$C_6^2 = 15$种，其中二位错误形式(101000)、(010100)、(001010)、(000101)、(010001)和(100010)已在标准阵列前7行中出现过，所以这6种二位错误形式是不可纠正的错误形式，余下的9种二位错误形式为：(000011)、(000110)、(001100)、(011000)、(110000)、(001001)、(010010)、(100100)、(100001)。把这些错误形式作为陪集首项，可以得到不相交的陪集，所以对应了可纠正的二位错误形式。加上这9个陪集，正好构成标准阵。

如果一个线性码的标准阵列中的陪集首项正好是所有重量不大于t的二元矢量，则该线性码称为完备码。

2. 伴随式译码

确定接收到的矢量$\boldsymbol{v}$落入哪一个陪集，其一个有效方法是通过计算所谓的伴随式矢量$\boldsymbol{s}$。接收到的矢量$\boldsymbol{v}$所对应的伴随式$\boldsymbol{s}$是一个$r = n - k$维矢量，它定义为

$$\boldsymbol{s} = \boldsymbol{v} \cdot \boldsymbol{H}^{\mathrm{T}} \tag{9.2.17}$$

伴随式矢量$\boldsymbol{s}$有如下的简单性质：

(1)与$\boldsymbol{v}$相应的伴随式$\boldsymbol{s}=\boldsymbol{v}\cdot\boldsymbol{H}^{\mathrm{T}}$为零矢量的充要条件是$\boldsymbol{v}$为一个码字。这一点根据$\boldsymbol{H}$矩阵的定义就可理解清楚。所以,如果没有错误出现,则$\boldsymbol{v}$的伴随式为零。但反之却不然,即伴随式为零不保证没有错误出现,因为当错误形式和一个码字一样时,伴随式仍然可以为零矢量。一般来说,如果$\boldsymbol{v}=\boldsymbol{c}+\boldsymbol{e}$,则伴随式

$$\begin{aligned}\boldsymbol{s}&=\boldsymbol{v}\cdot\boldsymbol{H}^{\mathrm{T}}\\&=\boldsymbol{e}\cdot\boldsymbol{H}^{\mathrm{T}}\end{aligned}\tag{9.2.18}$$

所以伴随式由错误形式决定的。

(2)对于二元码,如在第a位、b位、c位……出了错,即

$$\boldsymbol{e}=0,\cdots,0,\underset{\substack{\uparrow\\ \text{第}a\text{位}}}{1},0,\cdots,\underset{\substack{\uparrow\\ \text{第}b\text{位}}}{1},\cdots,\underset{\substack{\uparrow\\ \text{第}c\text{位}}}{1},\cdots,0 \quad \cdots$$

则
$$\boldsymbol{s}=\sum_i e_i\cdot\boldsymbol{h}_i=\boldsymbol{h}_a+\boldsymbol{h}_b+\boldsymbol{h}_c+\cdots\tag{9.2.19}$$

其中$\boldsymbol{h}_i$是$\boldsymbol{H}$的第i列。也就是说伴随式$\boldsymbol{s}$等于$\boldsymbol{H}$中与出错位对应的列矢量之和。

(3)两个矢量出现在C的同一陪集中的充要条件是它们具有相同的伴随式。这是因为如果$\boldsymbol{u}$和$\boldsymbol{v}$在同一陪集中,则$\boldsymbol{u}-\boldsymbol{v}\in C$,等价于$(\boldsymbol{u}-\boldsymbol{v})\boldsymbol{H}^{\mathrm{T}}=\boldsymbol{0}$,即

$$\boldsymbol{u}\cdot\boldsymbol{H}^{\mathrm{T}}=\boldsymbol{v}\cdot\boldsymbol{H}^{\mathrm{T}}$$

所以伴随式矢量与陪集是一一对应的。

我们没有必要存储整个标准阵列,只要存储2^r-1个伴随式以及与之对应的错误形式(陪集首项)即可。如果接收到矢量$\boldsymbol{v}$,首先计算出它的伴随式$\boldsymbol{s}$,如果$\boldsymbol{s}=\boldsymbol{0}$,则表示接收到的是码字,没有错。如果不为$\boldsymbol{0}$,则根据$\boldsymbol{s}$查出对应的错误形式。如果采用完全纠错译码器,则伴随式查找表包含了所有可能的伴随式;如果采用限定距离t译码器,则仅需要存储满足距离要求的错误形式所对应的伴随式。在这种情况下,如果得到的伴随式在表上找不到,则说明错误位数超出要求,不予纠正。

9.2.5 译码错误概率计算

1. 误码字率

在译码过程中,出现码字错误或者说出现分组错误的概率P_{eB},被定义为译码器输出码字不等于发送码字的概率。当一个含有M个码字的线性分组码的码字被等可能发送时,则码字错误概率为

$$\begin{aligned}P_{\mathrm{eB}}&=\frac{1}{M}\sum_{i=1}^{M}P\left\{\text{译码输出}\neq\boldsymbol{c}_i|\boldsymbol{c}_i\text{被发送}\right\}\\&=\frac{1}{M}\sum_{i=1}^{M}P\left\{\text{错误形式}\neq\text{陪集首项}|\boldsymbol{c}_i\text{被发送}\right\}\\&=P\left\{\text{错误形式}\neq\text{陪集首项}\right\}\end{aligned}\tag{9.2.20}$$

式(9.2.20)中最后等号成立,是由于错误形式的出现与发送是什么码字无关。令α_i表示重量为i的陪集首项的个数,则

$$P_{\mathrm{eB}}=1-\sum_{i=0}^{n}\alpha_i p^i(1-p)^{n-i}\tag{9.2.21}$$

其中,p是二元对称信道的差错概率。

例9.2.6 对于例9.2.5所示的(6,2)重复码,若采用完全标准阵列译码,这个码可以纠正全部6个一位错误和部分9种二位错误,即$\alpha_0 = 1, \alpha_1 = 6, \alpha_2 = 9$,所以

$$P_{eB} = 1 - (1-p)^6 - 6p(1-p)^5 - 9p^2(1-p)^4$$

当$p = 0.01$时,

$$P_{eB} \approx 5.9646 \times 10^{-4}$$

如果一个线性分组码的最小距离为$d = 2t+1$(或$2t+2$),则该码能够纠正所有t位错误。这表示可以保证选所有重量小于或等于t的矢量作为陪集首项,而不发生陪集相交,所以

$$\alpha_i = C_n^i \quad (0 \leqslant i \leqslant t)$$

下标大于t的系数α_i是很难计算的,因为有的重量大于t的矢量会落入其他重量小于或等于t的矢量作为首项的陪集中。由于p一般很小,可以在式(9.2.21)中略去下标大于t的项的贡献,即

$$P_{eB} \approx 1 - \sum_{i=0}^{t} C_n^i p^i (1-p)^{n-i} \tag{9.2.22}$$

对于9.3节介绍的完备码来说,Hamming限等号成立,这时式(9.2.22)变成精确表达式。

2. 误比特率

译码器的误比特率定义为译码输出中信息位出错的概率,记为P_{eb}。由于译码分组出错时,其中的每一位信息比特不一定都错,但如果分组中有一位信息位译错,则该分组必然出错,所以

$$P_{eb} \leqslant P_{eB}$$

由于一般信息位数目大于校验位数目,所以可以合理地认为在分组出错时,至少有一个信息比特出错,所以

$$\frac{P_{eB}}{k} \leqslant P_{eb}$$

于是

$$\frac{P_{eB}}{k} \leqslant P_{eb} \leqslant P_{eB} \tag{9.2.23}$$

要精确计算P_{eb}是困难的。假定一个线性系统码含有M个码字,$\boldsymbol{c}_1, \boldsymbol{c}_2, \cdots, \boldsymbol{c}_M$,第$i$个码字为

$$\boldsymbol{c}_i = (c_{i0}, c_{i1}, c_{i2}, \cdots, c_{i,n-1})$$

其中信息位为高位比特,即$(c_{i,n-k}, \cdots, c_{i,n-1})$,为$k$个信息位。

令$\hat{\boldsymbol{c}} = (\hat{c}_0, \hat{c}_1, \cdots, \hat{c}_{n-1})$为译码器输出,则

$$P_{eb} = \frac{1}{kM} \sum_{i=n-k}^{n-1} \sum_{j=1}^{M} P\left\{\hat{c}_i \neq c_{ji} | \boldsymbol{c}_j \text{被发送}\right\} \tag{9.2.24}$$

显然,式(9.2.24)中的条件概率与哪一个码字被发送无关,所以

$$P_{eb} = \frac{1}{k} \sum_{i=n-k}^{n-1} P\left\{\hat{c}_i \neq c_i\right\} \tag{9.2.25}$$

其中,$P\left\{\hat{c}_i \neq c_i\right\}$表示译码后第$i$位出错的概率。令$p(\boldsymbol{e})$表示出现错误形式$\boldsymbol{e}$的概率,$f(\boldsymbol{e})$表示出现错误形式$\boldsymbol{e}$时,译码器输出中错误信息位数目,则

$$P_{eb} = \frac{1}{k} \sum f(\boldsymbol{e}) \cdot p(\boldsymbol{e}) \tag{9.2.26}$$

9.2.6 二元Hamming码

Hamming码是一类非常重要的线性分组码，它能纠正全部一位错误，而且译码、编码都非常简单。由9.2.4节可知，接收矢量的伴随式等于校验矩阵$\boldsymbol{H}$中与出错位对应的列矢量之和。因此，与可纠正的错误形式对应的$\boldsymbol{H}$矩阵列矢量和不应为零，而且彼此可以区分。对于能纠正一位错误的线性码来说就要求它的校验矩阵中每一列矢量是非零矢量，同时要求每一列矢量彼此相异。因为，如果$\boldsymbol{H}$中有一列零矢量，则与该列位置对应的比特错误就不可能被检测出来。另外，如果$\boldsymbol{H}$中有两列矢量相同，就不可能区分与这两列矢量相对应的两个1比特错误形式。

如果校验矩阵$\boldsymbol{H}$有$r = n - k$行，则总共有$2^r - 1$个不相同的非零r维列矢量。例如$r = 3$，则存在$2^3 - 1 = 7$个不同的非零列矢量：

$$\begin{matrix} 1 & 0 & 1 & 0 & 1 & 0 & 1 \\ 0 & 1 & 1 & 0 & 0 & 1 & 1 \\ 0 & 0 & 0 & 1 & 1 & 1 & 1 \end{matrix}$$

把所有这些$2^r - 1$个不相同的非零r维列矢量组合在一起，构成一个$r \times (2^r - 1)$校验矩阵，就可得到Hamming码。

定义9.2.4 长度为$n = 2^r - 1 (r \geqslant 2)$的二元Hamming码是一个$(n = 2^r - 1, k = 2^r - 1 - r)$线性分组码，它的最小Hamming距离为3，能纠正全部一位错误。它的校验矩阵$\boldsymbol{H}$由全部$2^r - 1$个长度为r的非零、相异的二元列矢量组成。

例9.2.7 对于系统(7,4)Hamming码，它的校验矩阵为

$$\boldsymbol{H} = \left[\begin{array}{ccc:cccc} 1 & 0 & 0 & 1 & 1 & 0 & 1 \\ 0 & 1 & 0 & 1 & 0 & 1 & 1 \\ 0 & 0 & 1 & 0 & 1 & 1 & 1 \end{array}\right] \tag{9.2.27}$$

相应的生成矩阵为

$$\boldsymbol{G} = \left[\begin{array}{ccc:cccc} 1 & 1 & 0 & 1 & 0 & 0 & 0 \\ 1 & 0 & 1 & 0 & 1 & 0 & 0 \\ 0 & 1 & 1 & 0 & 0 & 1 & 0 \\ 1 & 1 & 1 & 0 & 0 & 0 & 1 \end{array}\right] \tag{9.2.28}$$

我们知道，调换$\boldsymbol{H}$矩阵的任意两列次序，可以得到一个性能与原来完全一样的等价码，所以如果把式(9.2.27)中第3和第4列对换，则可得到非系统码，它的校验矩阵为

$$\boldsymbol{H} = \begin{bmatrix} 1 & 0 & 1 & 0 & 1 & 0 & 1 \\ 0 & 1 & 1 & 0 & 0 & 1 & 1 \\ 0 & 0 & 0 & 1 & 1 & 1 & 1 \end{bmatrix}$$

生成矩阵为

$$\boldsymbol{G} = \begin{bmatrix} 1 & 1 & 1 & 0 & 0 & 0 & 0 \\ 1 & 0 & 0 & 1 & 1 & 0 & 0 \\ 0 & 1 & 0 & 1 & 0 & 1 & 0 \\ 1 & 1 & 0 & 1 & 0 & 0 & 1 \end{bmatrix}$$

这时一位错误的错误形式所对应的伴随式为

$\boldsymbol{e}$	$\boldsymbol{s}$
1 0 0 0 0 0 0	1 0 0
0 1 0 0 0 0 0	0 1 0
0 0 1 0 0 0 0	1 1 0
0 0 0 1 0 0 0	0 0 1
0 0 0 0 1 0 0	1 0 1
0 0 0 0 0 1 0	0 1 1
0 0 0 0 0 0 1	1 1 1

这时伴随式正好以二进制形式指出错误位置。

9.2.7 从一个已知线性分组码来构造一个新的线性分组码

我们往往需要从一个已知的(n,k)线性码出发来构造一个新的线性分组码，使得某些参数能符合实际需要。9.2.2节中介绍的对偶码就是其中的一种方法。下面再介绍几种简单方法。

1. 扩展码

设C是一个最小重量为d的(n,k)线性分组码，其中某些码字重量为奇数。若对每个码字$\boldsymbol{c}=(c_0,c_1,\cdots,c_{n-1})$增加一个全校验位$c_0'$，使其满足

$$c_0' + c_0 + c_1 + \cdots + c_{n-1} = 0$$

这样码C经全校验位扩展后得到一个$(n+1,k)$线性码C'。如C的最小重量为d，且d是奇数，则C'的最小重量是偶数$d+1$。若原来C的校验矩阵为$\boldsymbol{H}$，则C'的校验矩阵为

$$\boldsymbol{H}' = \left(\begin{array}{c|cccc} 1 & 1 & 1 & \cdots & 1 \\ \hline 0 & & & & \\ 0 & & & & \\ \vdots & & \boldsymbol{H} & & \\ 0 & & & & \end{array}\right) \tag{9.2.29}$$

例9.2.8 (7,4)Hamming码经全校验位扩展后，得到(7,4)线性分组码，它的校验矩阵为

$$\boldsymbol{H} = \left(\begin{array}{c|ccccccc} 1 & 1 & 1 & 1 & 1 & 1 & 1 & 1 \\ \hline 0 & 1 & 0 & 1 & 0 & 1 & 0 & 1 \\ 0 & 0 & 1 & 1 & 0 & 0 & 1 & 1 \\ 0 & 0 & 0 & 0 & 1 & 1 & 1 & 1 \end{array}\right)$$

其最小重量为4。

2. 凿孔码（puncturing code）

与扩展码(增加1位校验位)相对应的是凿孔码。它把(n,r)线性分组码C中所有码字的某一个校验位分量删除掉(称为凿孔)，得到一个新的线性码C^*，这时码字长度减1，信息位数目不变。

例9.2.9 某个(3,2)线性码的4个码字为

0 0 0

1 1 0

$$\begin{matrix} 1 & 0 & 1 \\ 0 & 1 & 1 \end{matrix}$$

删除它们的第1分量，得到(2,2)码：

$$\begin{matrix} 0 & 0 \\ 1 & 0 \\ 0 & 1 \\ 1 & 1 \end{matrix}$$

这是一个特殊的$r=0$的线性码。

一般来说，凿孔码的最小重量比原来的最多小1。

3. 除删码

把原来线性码C中的一部分码字删除掉，得到一个新的线性码C^*，该码称为是C的除删码。例如，在一个线性码中，码字重量或者都是偶数，或者一半为偶数一半为奇数。如果已知C中码字重量一半为偶数，一半为奇数，则可以把所有奇数重量的码字删除，余下偶数重量的码字构成分一个新的线性码，这个线性码和原来码的长度相同，但信息位少了1位，如果原来码字最小重量为奇数，则新的除删码的最小重量将增加1，成为偶数。

4. 增广码

与删除码相对应的是增广码。如果最小重量为d的(n,k)线性码C中不包含分量为全“1”的码字，则可以把这个全“1”矢量$\mathbf{1}$加入码C中，同时把$\mathbf{1}$与C中每个码字之和添加到原来的码中，这样就构成了一个增广码$C^{(a)}$，也就是说

$$C^{(a)}=C\cup(\mathbf{1}+C)$$

如果C的生成矩阵为$\boldsymbol{G}$，则$C^{(a)}$的生成矩阵为

$$\boldsymbol{G}^{(a)}=\begin{pmatrix} 1 & 1 & 1 & \cdots & 1 \\ \hdashline & & \boldsymbol{G} & & \end{pmatrix} \tag{9.2.30}$$

$C^{(a)}$是一个$(n,k+1)$的线性分组码，它的最小重量为

$$d^{(a)}=\min\left\{d,n-d_{\max}\right\} \tag{9.2.31}$$

其中$d_{\max}$为C中码字的最大重量。于是增广码的最小重量一般是减小的。

5. 缩短码

缩短码把原来(n,k)线性分组码C中所有第n位(最高信息位)$c_{n-1}=0$的码字选取出来，再把这位c_{n-1}删除，这样构成的是一个缩短1位的缩短码。这个码的长度为$n-1$，信息位长度为$k-1$。缩短码的最小重量不会比原来的码小。类似地可以缩短更多位。

6. 延长码

与缩短码相对应的是延长码。它是这样构成的：首先在原(n,k)线性码C的基础上通过增加一个全“1”分量码字来增广这个码C，然后再增加1个全校验位来扩展它。这

样构成一个$(n+1,k+1)$分组码。

在图9.2.2中以Hamming码$(2^r-1,2^r-1-r,3)$为例说明构成新码的6种方法。

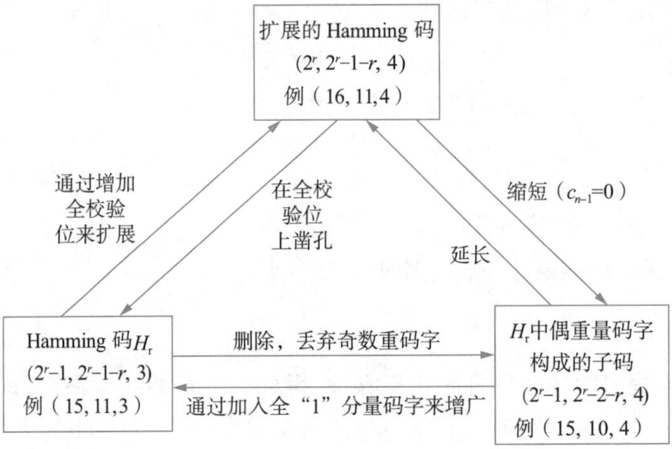

图9.2.2　构成新码的6种方法

§9.3　线性分组码的纠错能力

研究线性码的纠错能力，就是分析三个重要参数n、k和d之间的关系，从理论上指出哪些码是可以构造出的，哪些码是不存在的。所以，研究码的纠错能力有着理论上和实际上的重要性。线性码的纠错能力是由给定n、k条件下，最小距离d的上下界限来表征的。这里仅对二元线性码介绍几个简单结果。

定理9.3.1（Singleton限）　任何线性(n,k)码的最小Hamming距离d满足

$$d \leqslant n-k+1 \tag{9.3.1}$$

证明　任何一个线性码可以变换成等价的系统码，则该系统码中至少有一个码字重量不大于$n-k+1$。因为这个码中至少存在一个码字，它的信息位仅有一个“1”，校验位最多可能有$n-k$个“1”，所以这个码字的Hamming重量不大于$n-k+1$，因此任何线性码的最小Hamming距离$d \leqslant n-k+1$。

定理9.3.2（Hamming限）　长度为n、能纠正t个错误的二元分组码所含有的码字数M必须满足

$$M \leqslant \frac{2^n}{\sum_{i=0}^{t} C_n^i} \tag{9.3.2}$$

证明　假定分组码C是一个具有M个长度为n的码字的二元分组码，它能纠正t个错误。以每个码字为中心做一个半径为t的小球，由于这个码能纠正t个错误，所以码字间的最小Hamming距离至少为$2t+1$，因此这些小球彼此不相交。由于每个小球中最多包含$1+C_n^1+C_n^2+\cdots+C_n^t$个二元$n$维矢量，而这个$n$维空间中矢量总数为$2^n$，所以

$$M \cdot \left(\sum_{i=0}^{t} C_n^i\right) \leqslant 2^n$$

对于信息位为k的线性分组码，则$M=2^k$，所以式(9.3.2)可写成

$$n - k \geqslant \log_2\left(\sum_{i=0}^{t} C_n^i\right) \tag{9.3.3}$$

当式(9.3.2)中等号成立时,则称这个码是完备的。完备码是很少见的,9.2.6节中介绍的Hamming码($n = 2^r - 1, k = 2^r - 1 - r$)是完备码,因为它对应于$M = 2^k, t = 1$的情况,使不等式(9.3.2)的等号成立。另外,(23,12)Golay码也是完备的。

定理9.3.3(Plotkin限) 任何长度为n、码字数为M的分组码,它的最小Hamming距离d必须满足

$$d \leqslant \frac{nM}{2(M-1)} \tag{9.3.4}$$

证明 下面用两种方法来计算分组码的Hamming距离和

$$S = \sum_{\boldsymbol{c}_i \in C, \boldsymbol{c}_j \in C} \sum d_{\mathrm{H}}(\boldsymbol{c}_i, \boldsymbol{c}_j) \tag{9.3.5}$$

一方面,因为对任何$\boldsymbol{c}_i \neq \boldsymbol{c}_j$,有$d_{\mathrm{H}}(\boldsymbol{c}_i, \boldsymbol{c}_j) \geqslant d$,其中$d$为分组码的最小Hamming距离,所以

$$S \geqslant M(M-1)d \tag{9.3.6}$$

另一方面,可把全部码字列成一个$M \times n$矩阵$\boldsymbol{A}$,这个矩阵$\boldsymbol{A}$的每一行是一个码字:

$$\boldsymbol{A} = \begin{pmatrix} c_{00} & c_{01} & c_{02} & \cdots & c_{0,n-1} \\ c_{10} & c_{11} & c_{12} & \cdots & c_{1,n-1} \\ \vdots & \vdots & \vdots & & \vdots \\ c_{k0} & c_{k1} & c_{k2} & \cdots & c_{k,n-1} \\ \vdots & \vdots & \vdots & & \vdots \\ c_{M-1,0} & c_{M-1,1} & c_{M-1,2} & \cdots & c_{M-1,n-1} \end{pmatrix} \tag{9.3.7}$$

假定第i列有x_i个“0”、$M - x_i$个“1”,于是这列对于S贡献了$2x_i(M - x_i)$,从而

$$S = \sum_{i=1}^{n} 2x_i(M - x_i) \tag{9.3.8}$$

因为对任何实数$x \in [0, M]$,有

$$x(M - x) \leqslant \left(\frac{M}{2}\right)^2 \tag{9.3.9}$$

所以

$$S \leqslant \frac{n}{2} M^2 \tag{9.3.10}$$

把式(9.3.6)代入式(9.3.10),得到

$$\frac{n}{2} M^2 \geqslant M(M-1)d \tag{9.3.11}$$

所以

$$d \leqslant \frac{nM}{2(M-1)}$$

注意,在证明Hamming限和Plotkin限中均没有用到线性这一条件,所以这两个限界对于非线性分组码也成立。同时,要注意这两个限界均是必要条件,也就是说不管是线性还是非线性分组码,其最小Hamming距离d必须满足式(9.3.2)和式(9.3.4)。

Hamming限和Plotkin限均是编码纠错能力的上限,即任何分组码的纠错能力均不能超过这两个限界规定的值。下面的定理描述了纠错能力的下限,这是对线性码成立的充分条件。

定理9.3.4（Varsharmov-Gilbert下限）　总可以构成一个最小距离为d的(n,k)线性分组码，其中参数n,k,d满足

$$n-k>\log_2\sum_{j=0}^{d-2}C_{n-1}^{j} \tag{9.3.12}$$

证明　要构造一个最小距离为d的线性分组码(n,k)，相当于要求构造一个校验矩阵$\boldsymbol{H}$，它的任何$d-1$列线性无关。$\boldsymbol{H}$的列是从$2^{n-k}-1$个非零$n-k$维二元列矢量中选取的。$\boldsymbol{H}$中第一列可以是任何非零列，现在假定已经选了i列，使得其中没有$d-1$列是线性相关的。由于在这i列中，由取1列，取2列，取3列……直到取$d-2$列所组成的线性组合矢量数不会大于

$$C_i^1+C_i^2+\cdots+C_i^{d-2}$$

所以只要

$$2^{n-k}-1>C_i^1+C_i^2+\cdots+C_i^{d-2} \tag{9.3.13}$$

则总还可以选一个列矢量加到这i列矢量中，使得这$i+1$列矢量中没有$d-1$列是线性相关的。于是我们递归地构造，直到$i=n-1$，只要

$$2^{n-k}>\sum_{j=0}^{d-2}C_{n-1}^{j}$$

或者

$$n-k>\log_2\sum_{j=0}^{d-2}C_{n-1}^{j}$$

则总能再添加一个列矢量，使得没有$d-1$列是相关的，从而可以构造一个最小距离为d的线性码。

图9.3.1画出了二元线性分组码的Hamming限（H限）、Plotkin限（P限）和Varsharmov-Gilbert限（V-G限）。由图可见，H限和P限给出了传输率R的上限，而V-G限给出了R的下限。当n、k给定时，P限和H限给出了最小距离d的上限，而V-G限给出了d的下限。在相同条件下，一个码的最小距离越接近上限越好。

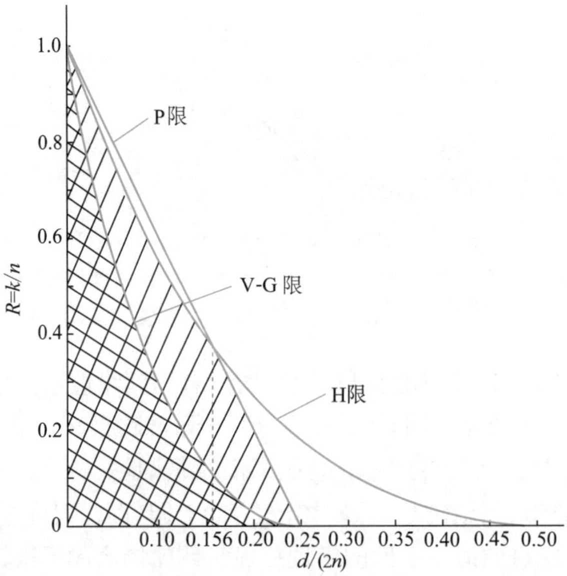

图9.3.1　分组码的Hamming限、Plotkin限和Varsharmov-Gilbert限

从图 9.3.1 中还可以看到，P 限和 H 限的交点在 $R = 0.4, \frac{d}{2n} = 0.156$ 附近；当 $\frac{d}{2n} <$ 0.156时，H限较精确；当 $\frac{d}{2n} \geqslant 0.156$ 时，P限较精确。

§9.4 循环码的定义和性质

为了寻找好的纠错编码，并找到有效的编码、译码算法，通常要求码字的集合除了线性以外还具有其他有用的构造，特别是代数和几何的结构。本节和后面所介绍的循环码是一类非常重要的线性码，它的码字具有循环特性，即循环码的码字经循环移位后仍然是一个码字。由于循环码具有更多的结构对称性，所以它的编码和译码实现的复杂性比一般线性码更低，并且有可能把编码的纠错性能与结构参数联系起来。

循环码是在 1957 年由美国空军剑桥研究中心的 Prange 首先提出的[3]，1961 年 Meggitt 为循环码提出一种译码器[4]。由于 Meggitt 译码器的复杂度随可纠错数目 t 而呈指数增长，早期的循环码只能纠一位或两位错误，大多数用于检错，因此循环码也被称为循环冗余校验（CRC）码。最重要的两类循环码是 BCH 码[5,6]和 RS 码[7]，它们都是在 1960 年前后提出来的，但是只有到 1965 年 Berlekamp 和 Forney 等人提出了有效的译码算法[8, 9]后它们才获得实际应用。

要深入研究循环码的结构和译码方法，需要代数知识，特别是限域的理论。在本书后面的附录B中我们对有限域的基本概念作了简要的介绍，关于有限域的进一步知识可以参阅文献[10] ~ [13]。

9.4.1 循环码定义与码字的多项式表示

一个二元 n 维矢量 $\boldsymbol{v} = (v_0, v_1, \cdots, v_{n-1})$，若把它的分量循环向右移1位，则得到另一个 n 维矢量

$$\boldsymbol{v}^{(1)} = (v_{n-1}, v_0, v_2, \cdots, v_{n-1})$$

我们把 $\boldsymbol{v}^{(1)}$ 称为 $\boldsymbol{v}$ 的循环移位。

定义 9.4.1 一个 (n, k) 线性码 C，若它的每个码字矢量的循环移位也是该码的码字，则我们称 C 为循环码。

循环码是一类特殊的线性码，它除了具有线性特性外，还具有循环特性。

例 9.4.1 一个由4个码字构成的(6,2)循环码如下：

$$C = \{(000000), (010101), (101010), (111111)\}$$

这是一个最小重量为3的循环码，其中每个码字循环移位后仍然是一个码字。显然它是线性的，因为任何两个码字的组合仍为一个码字。

为了深入探讨循环码的代数特性，我们把码字矢量 $\boldsymbol{v} = (v_0, v_1, \cdots, v_{n-1})$ 看成一个如下的多项式（称为码字多项式）：

$$v(x) = v_0 + v_1 x + v_2 x^2 + \cdots + v_{n-1} x^{n-1} = \sum_{j=0}^{n-1} v_j x^j \tag{9.4.1}$$

其中系数 $v_j \in \{0, 1\}$。式(9.4.1)中 $v_j x^j$ 实际上只是表示这个矢量 $\boldsymbol{v}$ 的第 $j + 1$ 位分量是 v_j，因此 x^j 也称为位置算子。每个码字矢量与一个不高于 $n - 1$ 次的多项式对应，于是与 $\boldsymbol{v}^{(1)}$

对应的多项式为

$$v^{(1)}(x)=v_{n-1}+v_0x+\cdots+v_{n-2}x^{n-1} \tag{9.4.2}$$

实际上，由于

$$\begin{aligned}xv(x)&=v_0x+v_1x^2+\cdots+v_{n-1}x^n\\&=v_{n-1}+v_0x+v_1x^2+\cdots+v_{n-1}x^{n-1}+v_{n-1}(x^n-1)\end{aligned} \tag{9.4.3}$$

在二元运算中加“1”和减“1”是等价的，所以式(9.4.3)可写成

$$xv(x)=v^{(1)}(x)+v_{n-1}(x^n+1)$$

因而

$$v^{(1)}(x)\equiv xv(x)\quad \mathrm{mod}(x^n+1) \tag{9.4.4}$$

也就是说$v^{(1)}(x)$等于$xv(x)$除以(x^n+1)以后的余式。对于循环码来说，如果$v(x)$是码字多项式，则$v^{(1)}(x)$也是码字多项式。

9.4.2　循环码的性质

下面利用码字多项式来证明循环码中的一些重要性质。

定理9.4.1　循环码C中次数最低的非零码字多项式是唯一的。

证明　令$g(x)=g_0+g_1x+\cdots+g_{r-1}x^{r-1}+x^r$是码$C$中一个次数最低的非零码字多项式。若$g(x)$不是唯一的，则必然存在另一个次数为$r$的码字多项式，例如

$$g'(x)=g_0'+g_1'x+\cdots+g_{r-1}'x^{r-1}+x^r$$

由于C是线性的，所以

$$g(x)+g'(x)=(g_0+g_0')+(g_1+g_1')x+\cdots+(g_{r-1}+g_{r-1}')x^{r-1}$$

也是一个码字多项式，显然若$g(x)+g'(x)\neq 0$，则它必是一个次数低于r的非零码字多项式。这与假设$g(x)$是次数最低非零码字多项式相矛盾，所以$g(x)+g'(x)=0$，因此

$$g(x)=g'(x)$$

从而$g(x)$唯一。

定理9.4.2　令$g(x)=g_0+g_1x+\cdots+g_{r-1}x^{r-1}+x^r$是$(n,k)$循环码$C$中最低次数非零码多项式，则常数项$g_0=1$。

证明　若$g_0=0$，则

$$\begin{aligned}g(x)&=g_1x+g_2x+\cdots+g_{r-1}x^{r-1}+x^r\\&=x(g_1+g_1x+\cdots+g_{r-1}x^{r-2}+x^{r-1})\end{aligned}$$

这表示将$g(x)$向右移$n-1$位(或向左移1位)可以得到一个非零码字多项式

$$g_1+g_2x+\cdots+g_{r-1}x^{r-2}+x^{r-1}$$

它的次数小于r，这与$g(x)$是次数最低非零码字多项式的假设矛盾，所以$g_0=1$。

由定理9.4.1和定理9.4.2可知，在(n,k)循环码中次数最低非零码字多项式必定有如下形式

$$g(x)=1+g_1x+\cdots+g_{r-1}x^{r-1}+x^r$$

考虑$xg(x),x^2g(x),\cdots,x^{n-r-1}g(x)$，它们的次数分别为$r+1,r+2,\cdots,n-1$，它们都是码字多项式$g(x)$的循环移位，因此它们都是码字多项式。由于$C$是线性码，因而$g(x),xg(x),x^2g(x),\cdots,x^{n-r-1}g(x)$的线性组合也应该是码字多项式，即

$$\begin{aligned}v(x)&=u_0g(x)+u_1xg(x)+\cdots+u_{n-r-1}x^{n-r-1}g(x)\\&=(u_0+u_1x+\cdots+u_{n-r-1}x^{n-r-1})g(x)\end{aligned}$$

也是码字多项式，其中$u_i \in \{0,1\}, i = 0,1,\cdots,n-r-1$。

定理9.4.3 令$g(x) = 1 + g_1x + \cdots + g_{r-1}x^{r-1} + x^r$是$(n,k)$循环码$C$中次数最低的非零码字多项式，则任何一个次数不大于$n-1$的二元多项式，当且仅当它是$g(x)$的倍式时，才可成为一个码字多项式。

证明 令$v(x)$是一个次数不大于$n-1$的二元多项式，设$v(x)$是$g(x)$的倍式，则

$$\begin{aligned} v(x) &= (a_0 + a_1x + \cdots + a_{n-r-1}x^{n-r-1})g(x) \\ &= a_0g(x) + a_1xg(x) + \cdots + a_{n-r-1}x^{n-r-1}g(x) \end{aligned}$$

由于$v(x)$是$g(x), xg(x), \cdots, x^{n-r-1}g(x)$的线性组合，所以$v(x)$是一个码字多项式。

下面我们来证明，如果$v(x)$是一个码字多项式，则$v(x)$必为$g(x)$的倍式。

令$v(x)$是码C中一个码字多项式，用$g(x)$除$v(x)$得到

$$v(x) = a(x)g(x) + b(x)$$

其中，$b(x)$为零或次数小于$g(x)$次数的余式。因此

$$b(x) = v(x) + a(x)g(x)$$

由于$v(x)$是码字多项式，根据本定理前面的证明$a(x)g(x)$也是一个码字多项式，所以$b(x)$也是码字多项式。若$b(x) \neq 0$，则$b(x)$是一个次数低于$g(x)$的非零码字多项式，这与$g(x)$的假定相矛盾，所以$b(x) = 0$，从而$v(x)$是$g(x)$的倍式。

所有次数不大于$n-1$，而且是$g(x)$倍式的多项式是由一切形如

$$u(x) = u_0 + u_1x + \cdots + u_{n-r-1}x^{n-r-1} \tag{9.4.5}$$

的多项式与$g(x)$相乘的结果，总共有2^{n-r}个。我们知道，二元(n,k)线性分组码总共有2^k个码字，因此对应有2^k个码字多项式。从而2^{n-r}应该等于2^k，即$r = n-k$。因此，在二元(n,k)循环码中次数最低的非零码字多项式有如下形式：

$$g(x) = 1 + g_1x + \cdots + g_{n-k-1}x^{n-k-1} + x^{n-k} \tag{9.4.6}$$

根据上面的讨论，可归纳出如下定理：

定理9.4.4 在一个二元(n,k)循环码中，存在唯一的次数为$n-k$的码字多项式$g(x)$，使得每个码字多项式都是$g(x)$的倍式；反之，每个次数不大于$n-1$而且为$g(x)$倍式的多项式均对应于一个码字多项式。

我们把$g(x)$称为这个(n,k)循环码的生成多项式，循环码完全由它的生成多项式决定。同时，我们把式(9.4.5)中的系数$u_0, u_1, \cdots, u_{k-1}$看成待编的$k$位消息数据比特，则$u(x)$被称为消息多项式，消息多项式$u(x)$和生成多项式相乘就得到码字多项式。

例9.4.2 $g(x) = 1 + x^2 + x^4$生成的$(6,2)$循环码的码字矢量和码字多项式如下：

消息矢量	码字矢量	码字多项式
(u_0, u_1)	$(v_0, v_1, v_2, v_3, v_4, v_5)$	
(0, 0)	(0 0 0 0 0 0)	$v_0(x) = 0 \times g(x) = 0$
(1, 0)	(1 0 1 0 1 0)	$v_1(x) = 1 \times g(x) = g(x)$
(0, 1)	(0 1 0 1 0 1)	$v_2(x) = xg(x) = x + x^3 + x^5$
(1, 1)	(1 1 1 1 1 1)	$v_4(x) = (1+x)g(x) = 1 + x + x^2 + x^3 + x^4 + x^5$

但是，并不是任何多项式$g(x)$都可以成为生成多项式的，必须满足一些条件。

定理9.4.5 (n,k)循环码的生成多项式$g(x)$是x^n+1的因式。

证明 用x^k乘以$g(x)$得到次数为n的多项式$x^k g(x)$，再用x^n+1除$x^k g(x)$得到

$$\begin{aligned} x^k g(x) &= x^k + g_1 x^{k+1} + g_2 x^{k+2} + \cdots + g_{n-k-1} x^{n-1} + x^n \\ &= (x^n+1) + 1 + x^k + g_1 x^{k+1} + \cdots + g_{n-k-1} x^{n-1} \\ &= (x^n+1) + b(x) \end{aligned}$$

其中$b(x)$是$g(x)$连续向右循环移位k次后所得的多项式，所以$b(x)$是一个码字多项式，从而$b(x)$可表示为

$$b(x)=u(x)g(x)$$

所以

$$\begin{aligned} x^n+1 &= x^k g(x)+u(x)g(x) \\ &= \{x^k+u(x)\}g(x) \end{aligned}$$

于是$g(x)$是x^n+1的因式。

反过来，下面的定理告诉我们，x^n+1的每个$n-k$次因式均可生成一个(n,k)循环码。

定理9.4.6 若$g(x)$是$n-k$次多项式，而且是x^n+1的因式，则$g(x)$生成一个(n,k)循环码。

证明 令$g(x)$是x^n+1的一个因式，且次数为$n-k$，则$g(x), xg(x), \cdots, x^{k-1}g(x)$都是次数不大于$n-1$的多项式。它们的线性组合

$$\begin{aligned} v(x) &= a_0 g(x) + a_1 x g(x) + \cdots + a_{k-1} x^{k-1} g(x) \\ &= \left(a_0 + a_1 x + \cdots + a_{k-1} x^{k-1}\right) g(x) \end{aligned}$$

也是一个次数小于或等于$n-1$的多项式，而且是$g(x)$的倍式。总共有2^k个这样的多项式。这些多项式组成一个(n,k)线性分组码。

下面我们证明这个线性分组码是循环的。若

$$v(x)=v_0+v_1x+\cdots+v_{n-1}x^{n-1}$$

是该线性码的一个码字多项式，也就是说$v(x)$是$g(x)$的一个倍式，则

$$\begin{aligned} xv(x) &= v_0 x + v_1 x^2 + \cdots + v_{n-1} x^n \\ &= v_{n-1}(x^n+1) + v_{n-1} + v_0 x + \cdots + v_{k-2} x^{n-1} \\ &= v_{n-1}(x^n+1) + v^{(1)}(x) \end{aligned}$$

其中，$v^{(1)}(x)$是$v(x)$的循环移位。由于$xv(x)$和x^n+1都是$g(x)$的倍式，所以$v^{(1)}(x)$也是$g(x)$的倍式，从而$v^{(1)}(x)$也是$g(x), xg(x), \cdots, x^{k-1}g(x)$的线性组合，所以$v^{(1)}(x)$也是一个码字多项式。这就证明了由$g(x)$生成的码是循环码。

一般对于大的n，x^n+1可以有许多次数为$n-k$的因式，这些因式有的可以生成性能优良的码，有的则生成差码。如何选择生成多项式得到好码，是非常困难的。在这方面，许多编码理论家进行了大量的研究。

例9.4.3 多项式可分解成

$$x^7+1=(1+x)(1+x+x^3)(1+x^2+x^3)$$

其中有两个3次因式，每一个均可生成(7,4)循环码。

下面给出由$g(x)=1+x+x^3$生成的(7,4)循环码的码字多项式。

消息矢量	码字矢量	码字多项式
(0000)	(0000000)	$v_0(x)=0\times g(x)$
(1000)	(1101000)	$v_1(x)=1\times g(x)$
(0100)	(0110100)	$v_2(x)=xg(x)=x+x^2+x^4$
(1100)	(1011100)	$v_3(x)=(1+x)g(x)=1+x^2+x^3+x^4$
(0010)	(0011010)	$v_4(x)=x^2g(x)=x^2+x^3+x^5$
(1010)	(1110010)	$v_5(x)=(1+x^2)g(x)=1+x+x^2+x^5$
(0110)	(0101110)	$v_6(x)=(x+x^2)g(x)=x+x^3+x^4+x^5$
(1110)	(1000110)	$v_7(x)=(1+x+x^2)g(x)=1+x^4+x^5$
(0001)	(0001101)	$v_8(x)=x^3g(x)=x^3+x^4+x^6$
(1001)	(1100101)	$v_9(x)=(1+x^3)g(x)=1+x+x^4+x^6$
(0101)	(0111001)	$v_{10}(x)=(x+x^3)g(x)=x+x^2+x^3+x^6$
(1101)	(1010001)	$v_{11}(x)=(1+x+x^3)g(x)=1+x^2+x^6$
(0011)	(0010111)	$v_{12}(x)=(x^2+x^3)g(x)=x^2+x^4+x^5+x^6$
(1011)	(1111111)	$v_{13}(x)=(1+x^2+x^3)g(x)=1+x+x^2+x^3+x^4+x^5+x^6$
(0111)	(0100011)	$v_{14}(x)=(x+x^2+x^3)g(x)=x+x^5+x^6$
(1111)	(1001011)	$v_{15}(x)=(1+x+x^2+x^3)g(x)=1+x^3+x^5+x^6$

§9.5 系统循环码的编码及译码

9.5.1 系统循环码的编码

由9.4节知道，如果一个(n,k)循环码的生成多项式为$g(x)$，则任何码字多项式必为$g(x)$的倍式；反之，$g(x)$的任何一个$n-1$次倍式都对应一个码字多项式。

若待编码的消息数据为$\boldsymbol{m}=(m_0,m_1,\cdots,m_{k-1})$，$m_i\in\{0,1\}$，$i=0,1,\cdots,k-1$，则相应的消息多项式为

$$m(x)=m_0+m_1x+\cdots+m_{k-1}x^{k-1} \tag{9.5.1}$$

把$m(x)$和$n-k$次生成多项式$g(x)$相乘可得到相应的码字多项式

$$c(x)=m(x)g(x) \tag{9.5.2}$$

显然，这样产生的循环码不是系统的，也就是说相应的k位消息数据不是集中在码字矢量的右侧(高位)。为了构成(n,k)系统循环码，可以按如下方式编码，先用x^{n-k}乘以消息多项式$m(x)$，得到一个$n-1$次或更低次多项式

$$x^{n-k}m(x)=m_0x^{n-k}+m_1x^{n-k+1}+\cdots+m_{k-1}x^{n-1} \tag{9.5.3}$$

然后用生成多项式$g(x)$除$x^{n-k}m(x)$得到

$$x^{n-k}m(x)=a(x)g(x)+b(x) \tag{9.5.4}$$

其中，$a(x)$和$b(x)$分别为商式和余式。由于$g(x)$是$n-k$次的，所以余式$b(x)$次数不大于$n-k-1$，即

$$b(x)=b_0+b_1x+\cdots+b_{n-k-1}x^{n-k-1} \tag{9.5.5}$$

于是
$$x^{n-k}m(x)+b(x)=a(x)g(x) \tag{9.5.6}$$
是$g(x)$的倍式，而且次数不高于$n-1$，所以
$$x^{n-k}m(x)+b(x)=b_0+b_1x+\cdots+b_{n-k-1}x^{n-k-1}+mx^{n-k}+\cdots+m_{k-1}x^{n-1} \tag{9.5.7}$$
是一个码字多项式，消息数据位于码字的高位上，这样构成一个系统码字。实际上，余式$b(x)$相当于校验位多项式。

构成系统循环码的步骤如下：

(1)用x^{n-k}乘以消息多项式$m(x)$；

(2)用生成多项式$g(x)$除$x^{n-k}m(x)$，得到余式$b(x)$(即校验位多项式)；

(3)构成码字多项式$c(x)=x^{n-k}m(x)+b(x)$。

例9.5.1 考虑由$g(x)=1+x+x^3$生成的(7,4)循环码，令$m(x)=1+x^2+x^3$是消息多项式，求相应的系统码字多项式。

第一步：$x^{n-k}m(x)=x^3m(x)=x^3+x^5+x^6$

第二步：

$$\begin{array}{r|l}
 & x^3+x^2+x+1 \quad \text{(商式)} \\ \hline
x^3+x+1 & x^6+x^5+x^3 \\
 & x^6+x^4+x^3 \\ \cline{2-2}
 & x^5+x^4 \\
 & x^5+x^3+x^2 \\ \cline{2-2}
 & x^4+x^3+x^2 \\
 & x^4+x^2+x \\ \cline{2-2}
 & x^3+x \\
 & x^3+x+1 \\ \cline{2-2}
 & 1 \quad [\text{余式}\, b(x)]
\end{array}$$

第三步：$c(x)=x^3m(x)+b(x)=1+x^3+x^5+x^6$

相应的码字矢量为
$$\boldsymbol{c}=(1001011)$$

9.5.2 多项式运算的电路实现

在9.5.1节中看到，系统循环码的编码需要进行多项式相乘、多项式相除和多项式相加，在本节中介绍这些运算的电路实现。

1. 多项式相加

设两个$n-1$次多项式
$$a(x)=a_0+a_1x+\cdots+a_{n-1}x^{n-1}$$
$$b(x)=b_0+b_1x+\cdots+b_{n-1}x^{n-1}$$
其中，$a_i,b_i\in\{0,1\}$，$i=0,1,\cdots,n-1$，于是
$$\begin{aligned}c(x)&=a(x)+b(x)\\&=(a_0+b_0)+(a_1+b_1)x+\cdots+(a_{n-1}+b_{n-1})x^{n-1}\end{aligned} \tag{9.5.8}$$

这里系数相加用模2加法器来实现，如图9.5.1所示。多项式$a(x)$,$b(x)$的系数依次从高位到低位输入模2加法器，所得到的和式$c(x)$的系数从高位到低位依次输出。

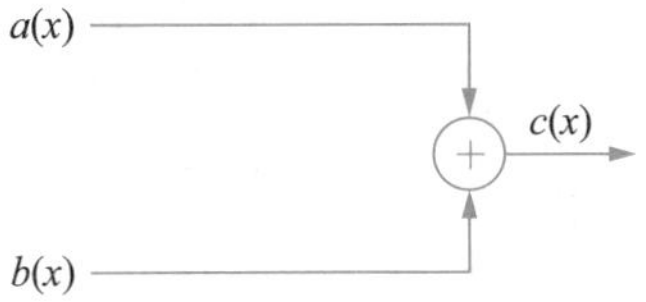

图9.5.1　多项式加法

2. 多项式相乘

两个次数分别为k和r的二元多项式$a(x)$和$b(x)$如下：

$$a(x)=a_0+a_1x+\cdots+a_kx^k$$
$$b(x)=b_0+b_1x+\cdots+b_rx^r$$

相乘得到

$$\begin{aligned}c(x)&=a(x)b(x)\\&=a_kb_rx^{k+r}+(a_kb_{r-1}+a_{k-1}b_r)x^{k+r-1}+(a_kb_{r-2}+a_{k-1}b_{r-1}+a_{k-2}a_r)x^{k+r-2}\\&\quad+\cdots+(a_kb_{r-i}+a_{k-1}b_{r-(i+1)}+a_{k-2}b_{r-(i-2)}+\cdots+a_{k-i}b_r)x^{k+r-i}+\cdots\\&\quad+(a_1b_0+a_0b_1)x+a_0b_0\end{aligned}\tag{9.5.9}$$

式(9.5.9)中系数的乘、加运算都是模2运算，可以用图9.5.2所示的移位寄存器电路来实现。

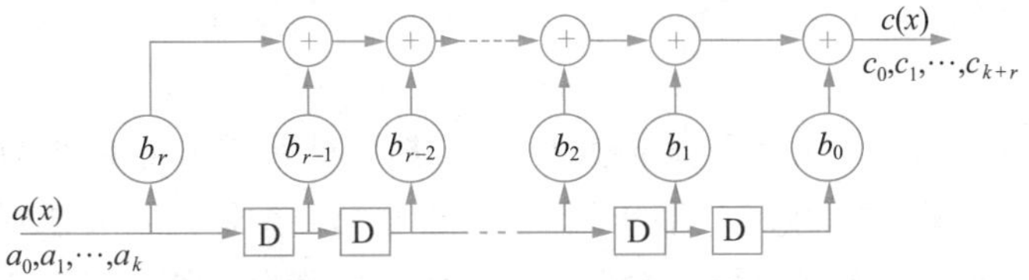

图9.5.2　多项式乘法的实现电路

图9.5.2中D表示移位寄存器，⊕为模2加法器，ⓑ表示输入乘以b_i。b_i不是“0”就是“1”，$b_i=0$相当于线路断开，$b_i=1$相当于线路接通。多项式$a(x)$系数按高次到低次依次输入。乘法器从$a(x)$输入开始工作，就输出多项式$c(x)$，系数从高次位到低次位依次输出，直到寄存器中内容全部输出为止，总共有$k+r+1$位。

例9.5.2　　$a(x)=1+x^2+x^3$，$b(x)=1+x^2$

则　　$c(x)=a(x)b(x)=1+x^3+x^4+x^5$

可用图9.5.3所示的电路实现。

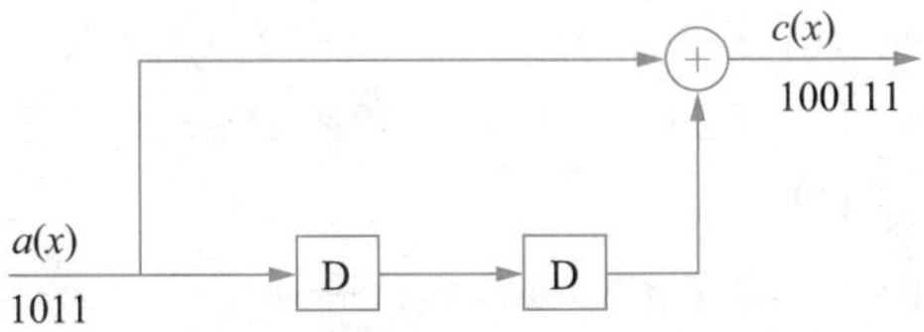

图9.5.3　多项式相乘电路示例(一)

多项式乘法也可以用另一种电路实现，如图9.5.4所示。

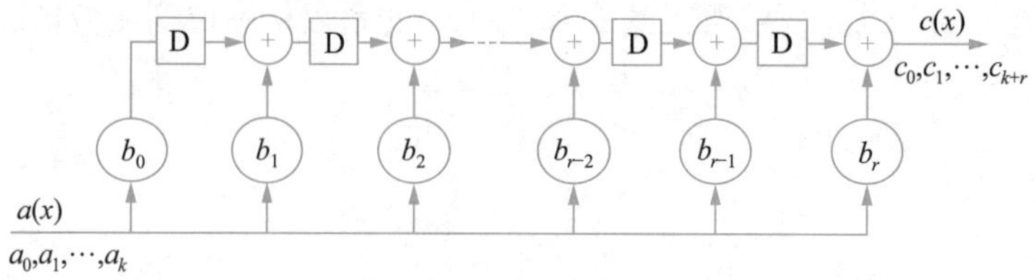

图9.5.4　多项式乘法的另一种实现电路

相应地，本例中多项式相乘可用图9.5.5所示的电路来实现。

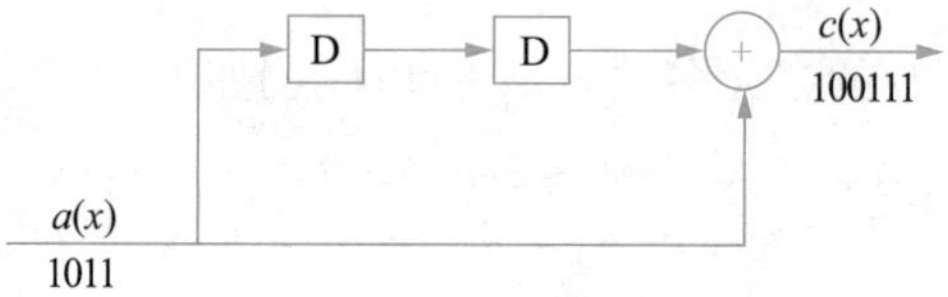

图9.5.5　多项式相乘电路示例(二)

3. 多项式除法电路

将多项式 $d(x)=d_0+d_1x+\cdots+d_nx^n$ 除以多项式 $g(x)=g_0+g_1x+\cdots+g_rx^r$ $(n\geqslant r)$。由多项式长除可得

$$d(x)=q(x)g(x)+r(x),0\leqslant\deg[r(x)]<r \tag{9.5.10}$$

其中，$q(x)$称为$d(x)$除以$g(x)$的商式，$r(x)$称为余式，$\deg[r(x)]$表示多项式$r(x)$的次数。

除法电路如图9.5.6所示。寄存器初始清零，然后被除式$d(x)$的系数从高次项到低次项逐位输入寄存器。前r次移位输出均为零，直到第一位输入符号d_n到达最右边的寄存器，才输出第一位非零符号$d_ng_r^{-1}$，它是商多项式的最高次系数。对每个商多项式系数q_i，从被除式中必须减去$q_ig(x)$。图9.5.6中反馈连接完成此减法。在总共n次移位后，整个商多项式$q(x)$已经出现在输出端，而在寄存器中保存的是余式$r(x)$。

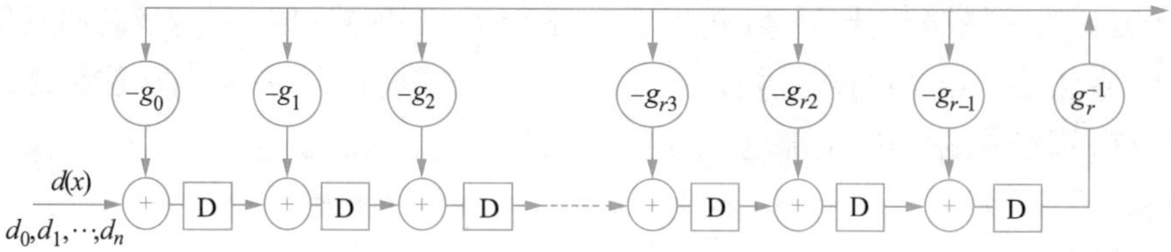

图9.5.6　多项式$d(x)=d_0+d_1x+\cdots+d_nx^n$除以$g(x)=g_0+g_1x+\cdots+g_rx^r$的电路

例9.5.3　图9.5.7所示电路是输入二元多项式$d(x)$除以

$$g(x)=x^6+x^5+x^4+x^3+1$$

的电路。现假设输入多项式为

$$d(x)=x^{13}+x^{11}+x^{10}+x^7+x^4+x^3+x+1$$

$d(x)$除以$g(x)$的长除过程如图9.5.8所示。图9.5.7中移位寄存电路工作过程如表

9.5.1所示。我们注意到，在长除算式中高次项在左边，而在移位寄存器中高次项在右边。

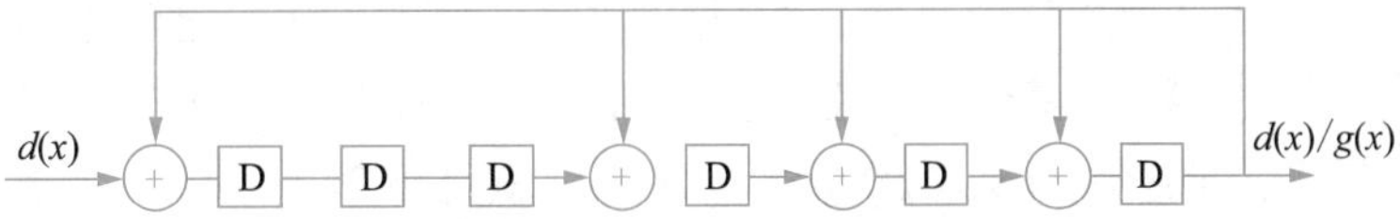

图9.5.7　一个多项式除法电路

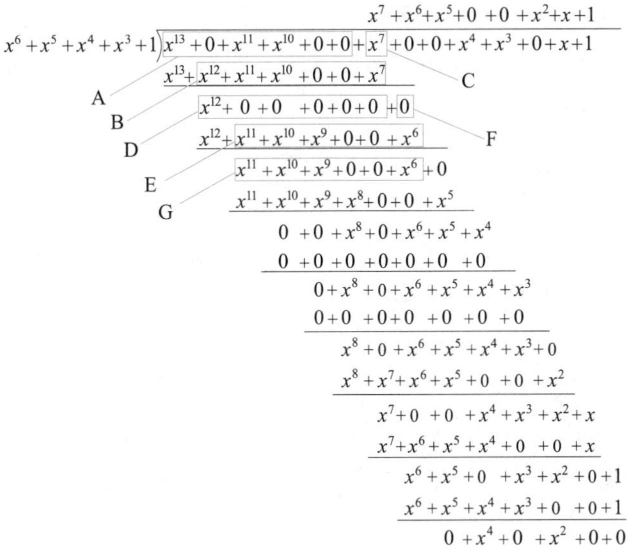

图9.5.8　$d(x)$除以$g(x)$的长除过程

表9.5.1　移位寄存电路工作过程

第j次移位	第j次移位后寄存器中内容	第j次移位后输出符号	第j次移位时反馈	第j次移位时输入符号
0	000000	0		
1	100000	0	000000	1
2	010000	0	000000	0
3	101000	0	000000	1
4	110100	0	000000	1
5	011010	0	000000	0
6	001101	1	000000	0
7	000001	1	100111	1
8	100111	1	100111	0
9	110100	0	100111	0
10	111010	0	000000	1
11	111101	1	000000	1
12	111101	1	100111	0
13	011011	1	100111	1
14	001010	0	100111	1

前面6次移位在长除上没有什么输出，在除法电路中只输出6个“0”，在第6次移位后，移位寄存器中的内容对应了图9.5.8中A所标记的多项式，最右边的那位数据对应了A中最高次系数，就是最高位商系数，它是第6次移位后的输出。这时电路反馈对应了标记为B的多项式，第7次移位输入对应于C所标记输入位。在第7次移位后，寄存器中的内容对应了D标记的多项式，D中最高次系数就是第2位商系数，它在第7次移位后输出，这时电路的反馈对应于标记为E的多项式。第8次移位时输入对应于F，第8次移位后寄存器中的内容对应于G标记的多项式。如此继续，直到14次移位后，寄存器中的内容保存着余项$r(x)$，所有的商式系数都出现在输出端。

在这个电路中，商式中x^j的系数与被除式中x^j的系数同时出现在输出和输入口上，所以输入和商式是同步的。

4. 乘以一个多项式后，再除以一个多项式的电路

设三个多项式

$$a(x)=a_kx^k+a_{k-1}x^{k-1}+\cdots+a_1x+a_0$$
$$h(x)=h_rx^r+h_{r-1}x^{r-1}+\cdots+h_1x+h_0$$
$$g(x)=g_rx^r+g_{r-1}x^{r-1}+\cdots+g_1x+g_0$$

求多项式$q(x)$和$r(x)$，使

$$a(x)h(x)=q(x)g(x)+r(x),\qquad 0\leqslant \deg[r(x)]<r \tag{9.5.11}$$

可以通过组合图9.5.4所示的乘法电路和图9.5.6所示的除法电路来实现式(9.5.11)的运算。组合电路如图9.5.9所示。

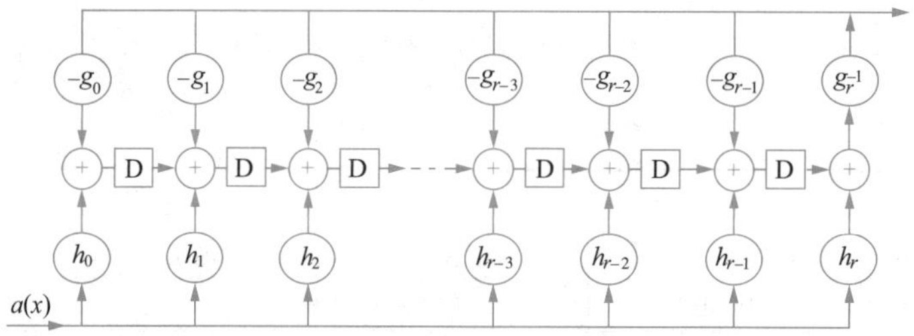

图9.5.9　乘以一个多项式后再除以一个多项式的电路

图9.5.9下半部分是多项式乘法电路，上半部分是除法电路。图9.5.9中假定$h(x)$和$g(x)$次数相同：当$\deg[h(x)]<\deg[g(x)]$时，则以零系数补足$h(x)$的高次项，使得$h(x)$和$g(x)$次数相同；当$\deg[h(x)]>\deg[g(x)]$时，在图9.5.9的左边增加寄存器，满足多项式乘法要求，除法电路不变，但要在输入多项式$a(x)$后增加“0”输入移位的次数，使得$a(x)$的常数项进入除法电路。图9.5.10所示的电路表示输入多项式乘以多项式$h(x)=x^5+x+1$再除以多项式$g(x)=x^6+x^5+x^4+x^3+1$的电路。

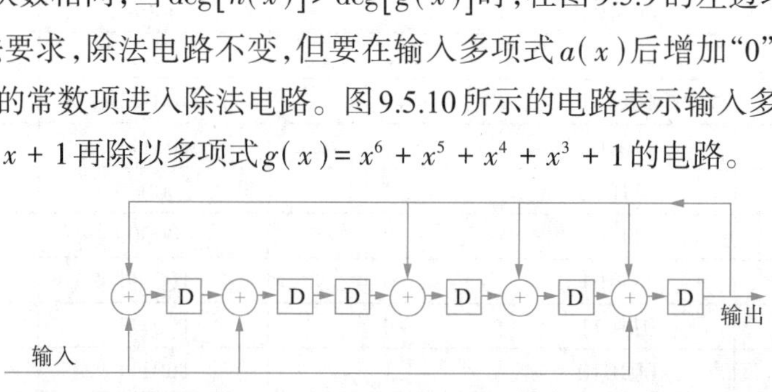

图9.5.10　乘以多项式x^5+x+1，再除以多项式$x^6+x^5+x^4+x^3+1$的电路

图9.5.11表示输入多项式乘以多项式$x^{10}+x^{9}+x^{5}+1$，再除以$x^{6}+x^{5}+x^{4}+x^{3}+1$的电路。

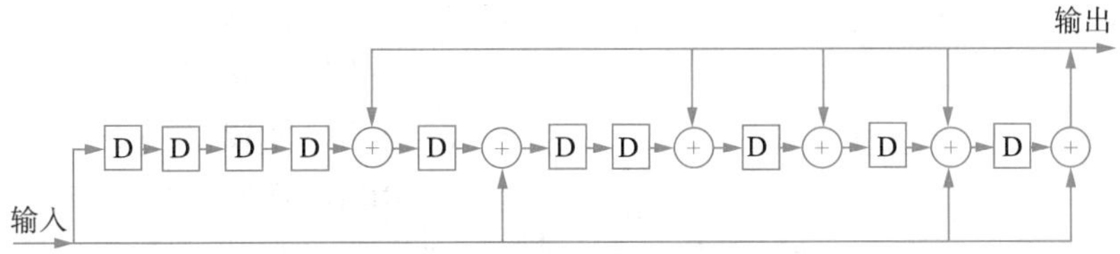

图9.5.11 乘以多项式$x^{10}+x^{9}+x^{5}+1$，再除以$x^{6}+x^{5}+x^{4}+x^{3}+1$的电路

9.5.3 循环码编码的电路实现

由9.5.1节知道，一个(n,k)系统循环码的编码过程由以下三步组成：

(1) 用x^{n-k}乘以消息多项式$m(x)$；

(2) 用$g(x)$除$x^{n-k}m(x)$得到余式$b(x)$；

(3) 码字多项式$c(x)=x^{n-k}m(x)+b(x)$。

根据9.5.2节所述多项式运算电路，我们可以用图9.5.12所示电路来完成编码运算。其工作过程如下：

(1) 寄存器清零，门1接通，旋转开关打到位置①，k位消息数据$m_{k-1},m_{k-2},\cdots,m_0$依次输入，由于输入口提前$n-k$位，在最右边寄存器之前输入，所以相当于输入多项式乘上x^{n-k}。一旦k位消息数据全部进入寄存器电路，在寄存器中的内容就是余式的系数。

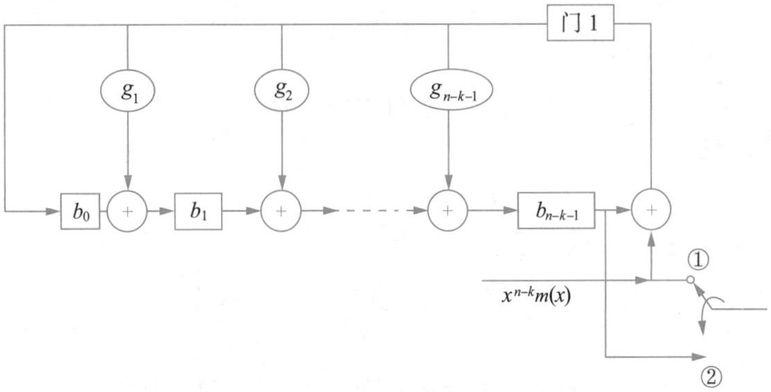

图9.5.12 系统循环码的编码器电路

(2) 门1断开，即断开反馈，旋转开关打到位置②。

(3) 输出寄存器内容到信道。这时由前面k位消息比特$m_{k-1},m_{k-2},\cdots,m_0$和后面的$n-k$位校验位$b_{n-k-1},b_{n-k-2},\cdots,b_1,b_0$一起组成一个完整的系统循环码字。

例9.5.4 考虑由$g(x)=1+x+x^3$生成的(7,4)系统循环码。基于$g(x)$的编码电路如图9.5.13所示。

设待编码的消息数据为$\boldsymbol{u}=(1011)$，当消息数据逐位移入编码电路时，移位寄存器中的内容变化如下：

输入	移位寄存器中的内容
	0　0　0(初始状态)
1	1　1　0(第1次移位)
1	1　0　1(第2次移位)
0	1　0　0(第3次移位)
1	1　0　0(第4次移位)

所以消息数据移入编码电路后,寄存器内容为(1　0　0),然后门1断开,旋转开关打到位置②,输出寄存器内容,得到完整码字(1001011)。

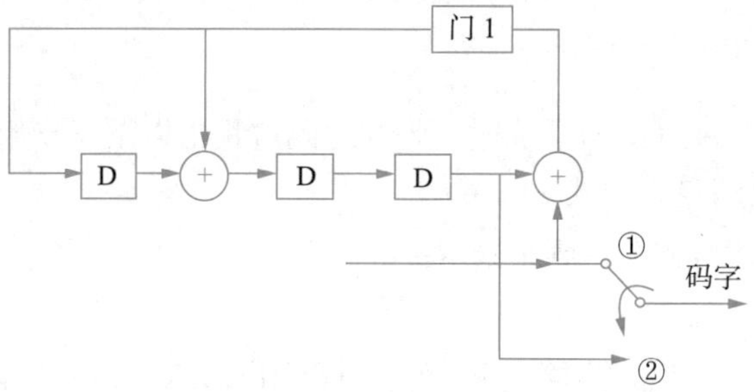

图9.5.13　一个(7,4)循环码的编码器电路

9.5.4　循环码的译码及其实现

1. 伴随式的计算

假定发送一个循环码字

$$\boldsymbol{c}=(c_0,c_1,\cdots,c_{n-1}) \tag{9.5.12}$$

在传送过程中出现形式为

$$\boldsymbol{e}=(e_0,e_1,\cdots,e_{n-1}) \tag{9.5.13}$$

的错误。用多项式表示,发送码字多项式为

$$c(x)=c_0+c_1x+\cdots+c_{n-1}x^{n-1} \tag{9.5.14}$$

错误多项式为

$$e(x)=e_0+e_1x+\cdots+e_{n-1}x^{n-1} \tag{9.5.15}$$

于是接收多项式为

$$r(x)=r_0+r_1x+\cdots+r_{n-1}x^{n-1}=c(x)+e(x) \tag{9.5.16}$$

其中,$r_i=c_i+e_i, i=0,1,2,\cdots,n-1$。

用生成多项式$g(x)$除接收多项式,得到

$$r(x)=q(x)g(x)+s(x) \tag{9.5.17}$$

其中,$q(x)$为商式,$s(x)$为余式。由于码字多项式$c(x)$是生成多项式$g(x)$的倍式,即

$$c(x)=m(x)g(x) \tag{9.5.18}$$

所以,式(9.5.17)中余式$s(x)$是由错误多项式$e(x)$决定的,和码字多项式无关。当没有错误时,$e(x)=0$,则$s(x)$等于零。$s(x)$称为校验式或伴随式。图9.5.6所示的除法电路可用来求接收多项式$r(x)$的伴随式。计算开始时各寄存器状态置零,然后把接收

多项式$r(x)$从高位到低位依次输入除法电路。当$r(x)$全部移入除法电路后，在寄存器中保存的内容就是余式，也就是伴随式。

循环码的循环结构，使得伴随式$s(x)$有如下性质：

定理9.5.1 令$s(x)$是接收多项式$r(x)=r_0+r_1x+\cdots+r_{n-1}x^{n-1}$的伴随式，则用$g(x)$除$xs(x)$所得的余式$s^{(1)}(x)$是$r(x)$向右循环位移1位后$r^{(1)}(x)$的伴随式。

证明 由9.4.1节知道$r(x)$和$r^{(1)}(x)$的关系为

$$xr(x)=r_{n-1}(x^n+1)+r^{(1)}(x)$$

所以

$$r^{(1)}(x)=r_{n-1}(x^n+1)+xr(x)$$

设$r(x)$除以$g(x)$的商式为$q(x)$，余式为$s(x)$，即

$$r(x)=q(x)g(x)+s(x)$$

利用

$$x^n+1=h(x)g(x)$$

得

$$r^{(1)}(x)=\left[r_{n-1}h(x)+xq(x)\right]g(x)+xs(x)$$

如果$xs(x)$除以$g(x)$的商式和余式分别为$a(x)$和$\rho(x)$，那么

$$r^{(1)}(x)=\left[r_{n-1}h(x)+xq(x)+a(x)\right]g(x)+\rho(x)$$

于是$r^{(1)}(x)$的伴随式是$xs(x)$除以$g(x)$的余式，我们记之为$s^{(1)}(x)$。

类似地，把$r(x)$连续循环移位i次，所得的多项式$r^{(i)}(x)$的伴随多项式$s^{(i)}(x)$是$x^is(x)$除以$g(x)$后的余式。以上性质在循环码译码中非常有用。

接收多项式$r(x)$的伴随式的计算可利用图9.5.14所示的电路进行。实际上它是一个除以$g(x)$的电路，只是对于生成多项式$g(x)$要求$g_0=g_{n-k}=1$。利用图9.5.14所示电路，当接收多项式$r(x)$全部移入伴随式计算电路后，在寄存器中存放的就是$r(x)$的伴随式$s(x)$。如果还希望计算$r^{(i)}(x)$的伴随式$s^{(i)}(x)$，则只要把门1断开，门2保持接通，继续作i次反馈移位，这时在寄存器中的内容就是$x^is(x)$除以$g(x)$的余式，也就是$r^{(i)}(x)$的伴随式$s^{(i)}(x)$。

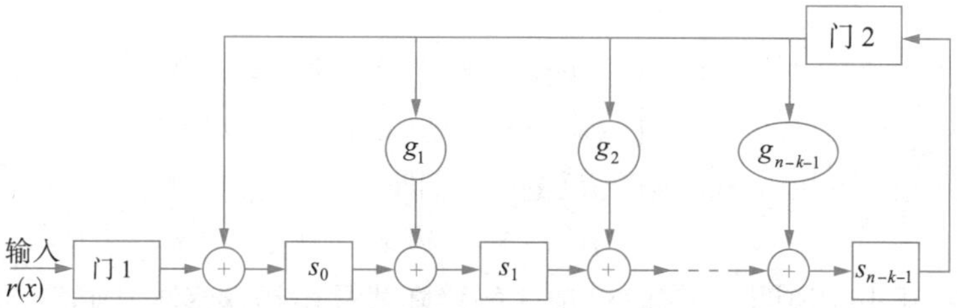

图9.5.14 计算接收多项式$r(x)$伴随式的电路

例9.5.5 由$g(x)=1+x+x^3$生成的(7,4)循环码，伴随式计算电路就是除以$g(x)$的电路，如图9.5.15所示。

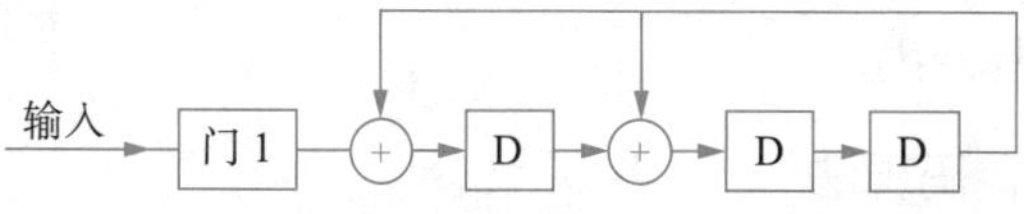

图9.5.15 一个伴随式计算电路

设接收到的矢量为$\boldsymbol{r}=(0010110)$，当$\boldsymbol{r}$通过门1从高位到低位输入除法电路后，在寄存器中存放的是$\boldsymbol{r}$的伴随式$\boldsymbol{s}=(101)$。如果这时把门1断开，反馈寄存器电路再循环右移1位，则得到$\boldsymbol{s}^{(1)}=(100)$，它是$\boldsymbol{r}^{(1)}=(0001011)$的伴随式。

除了利用图9.5.14所示电路计算伴随式外，也可以把接收矢量从伴随式计算电路的右端输入，如图9.5.16所示。

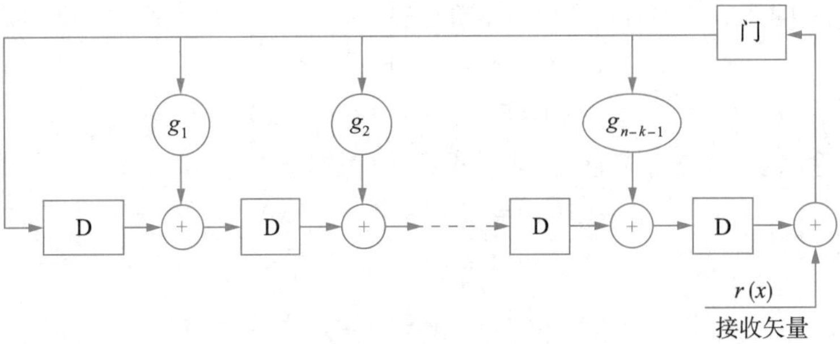

图9.5.16　另一种伴随式计算电路

当接收矢量输入后，在寄存器中保存的不是$r(x)$的伴随式，而是$x^{n-k}r(x)$的伴随式，也就是$r^{(n-k)}(x)$的伴随式。这是由于用$g(x)$除$x^{n-k}r(x)$时，商式为$a(x)$，余式为$\rho(x)$，即

$$x^{n-k}r(x)=a(x)g(x)+\rho(x)$$

因为

$$\begin{aligned}x^{n-k}r(x)&=(r_k+r_{k-1}x+\cdots+r_{n-1}x^{n-k-1}+r_0x^{n-k}+\cdots+r_{k-1}x^{n-1})\\&\quad+(1+x^n)(r_k+r_{k+1}x+\cdots+r_{n-1}x^{n-k-1})\\&=r^{(n-k)}(x)+(1+x^n)b(x)\end{aligned}$$

其中

$$b(x)=r_k+r_{k+1}x+\cdots+r_{n-1}x^{n-k-1}$$

由于

$$x^n+1=h(x)g(x)$$

所以

$$\begin{aligned}r^{(n-k)}(x)&=a(x)g(x)+\rho(x)+(1+x^n)b(x)\\&=[a(x)+b(x)h(x)]g(x)+\rho(x)\end{aligned}$$

因此，$\rho(x)$是$r^{(n-k)}(x)$除以$g(x)$后的余式，即

$$\rho(x)=s^{(n-k)}(x)$$

正如本节开头时说明的，接收多项式的伴随式是由错误多项式确定的。伴随多项式是$n-k-1$次多项式，所以总共可有2^{n-k}种不同的伴随多项式。具有相同伴随多项式的错误形式全体构成一个陪集，每个伴随多项式对应一个陪集。如果选择陪集中重量最轻的错误多项式为陪集首项，我们根据接收多项式计算出伴随式，并认定这时发生的错误形式是与伴随式相应的陪集首项。于是从接收多项式减去陪集首项对应的错误形式就达到了最大似然译码。

2. 循环码的通用译码算法

根据上面关于伴随式计算的讨论，我们得到循环码的通用译码算法如下：

(1) 计算接收多项式$r(x)$对应的伴随式$s(x)$；

(2) 根据伴随式$s(x)$,查表寻找对应的错误多项式(陪集首项);

(3) 把接收多项式和错误多项式相加就纠正了相应的错误。

相应的译码器如图9.5.17所示。

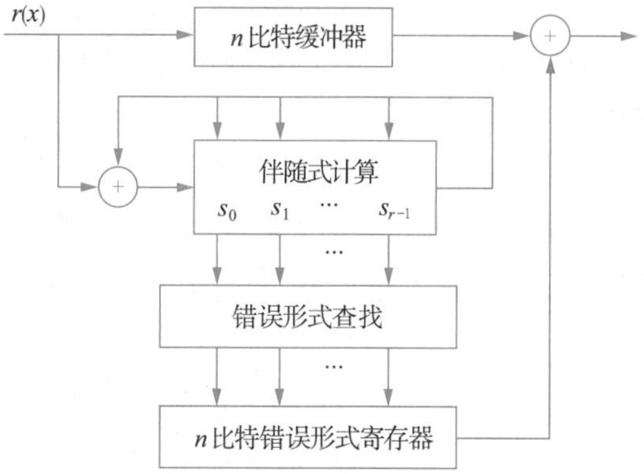

图9.5.17 循环码的通用译码器

译码之前首先把寄存器清零。接着接收多项式$r(x)$从高位到低位依次输入n比特缓冲寄存器,把接收矢量保存起来;同时,接收多项式$r(x)$输入伴随式计算电路,这是一个除法电路。当$r(x)$全部进入伴随式计算电路后,在伴随寄存器中存放的就是相应的伴随式。用$r = n - k$比特的伴随式作为地址去查找n比特的错误形式,把错误形式放在n比特错误形式寄存器中;然后n比特缓冲器中存放的接收矢量与n比特错误形式同步输出,相加,达到纠错的目的。

伴随式计算电路和缓冲寄存电路都比较容易实现,困难的是从伴随式去查找错误形式。对于一个(n,k)循环码来说,伴随式长度为$(n-k)$,地址数目为2^{n-k},当n和k很大时,无法实现这样的查表。所以,要利用循环码的代数结构来简化查表的复杂性。

3. 梅吉特 (Meggitt) 译码器

在梅吉特译码器中,我们用串行方式对接收到的矢量多项式

$$r(x) = r_0 + r_1 x + \cdots + r_{n-1} x^{n-1} \tag{9.5.19}$$

逐个数据地译出。首先译最高位r_{n-1}。我们把错误形式分为两大类:

$$E_1 = \left\{ e(x) | e_{n-1} = 1 \right\} \tag{9.5.20a}$$

$$E_0 = \left\{ e(x) | e_{n-1} = 0 \right\} \tag{9.5.20b}$$

根据$r(x)$的伴随式$s(x)$,检查$s(x)$对应的错误形式是否属于E_1。如果不属于E_1,则表明接收多项式中r_{n-1}没有错误,于是把接收缓存器循环向右移1位,输出r_{n-1},同时将伴随寄存器循环移位1次。这时缓存器中保存着矢量

$$r^{(1)}(x) = r_{n-1} + r_0 x + \cdots + r_{n-2} x^{n-1}$$

而伴随式寄存器中保存着$r^{(1)}(x)$的伴随式$s^{(1)}(x)$,再检查$s^{(1)}(x)$对应的错误形式是否属于E_1来确定r_{n-2}有没有错误。

如果$s(x)$对应的错误形式属于E_1,则表明r_{n-1}出错,必须纠正它。这可由$r_{n-1} \oplus e_{n-1}$来实现,得到修正的接收多项式为

$$\tilde{r}(x)=r_0+r_1x+\cdots+r_{n-2}x^{n-2}+(r_{n-1}\oplus e_{n-1})x^{n-1}$$

为了计算与

$$\tilde{r}^{(1)}(x)=(r_{n-1}\oplus e_{n-1})+r_0x+\cdots+r_{n-2}x^{n-1}$$

对应的伴随式$\tilde{s}^{(1)}(x)$，只需把e_{n-1}反馈到伴随寄存器的输入端，将缓冲寄存器和伴随寄存器同时循环移位1次，就得到$\tilde{r}^{(1)}(x)$和$\tilde{s}^{(1)}(x)$。然后再译数据r_{n-2}，其过程与译r_{n-1}的过程完全一样。每检测到1位错误，就纠正相应的接收数据，并清除它对伴随式的影响。这样进行n次译码后就停止。

若$e(x)$是可纠正的错误形式，则译码结束后伴随式寄存器中的内容为全零，接收矢量多项式$r(x)$被正确译码。若寄存器中内容不全为零，则表示发生一个不可纠正的错误形式。

图9.5.18画出了一个(n,k)循环码的梅吉特译码器。其译码过程由下面5步组成：

(1) 缓冲寄存器和伴随式寄存器清零，门1、门2、门4接通，门3、门5断开，接收矢量逐位移入伴随式计算与寄存电路，同时输入缓冲寄存器。当全部输入后，这时伴随寄存器中寄存的内容为$r(x)$的伴随式$s(x)$。

(2) 门1、门2断开，门3、门4、门5接通，置$i=0$，检查伴随式$s(x)$对应的错误形式是否属E_1；若是，则E_1错误形式匹配电路输出“1”；否则，输出“0”。

(3) 置$i=i+1$，缓存器输出它的最高位缓存内容，E_1错误形式匹配电路输出e_{n-i}与该位相加，纠正该位接收符号的错误。同时，把e_{n-i}反馈到伴随式计算与寄存电路的输入，以消除该位错误对于伴随式的影响。缓存器和伴随寄存器同时作一次循环位移，得到新的码字$\tilde{r}^{(i)}(x)$和它对应的伴随式$\tilde{s}^{(i)}(x)$。

(4) 利用新的伴随式$\tilde{s}^{(i)}(x)$来检查是否与E_1错误形式相匹配。若是，则E_1错误匹配电路输出“1”；否则，输出“0”。

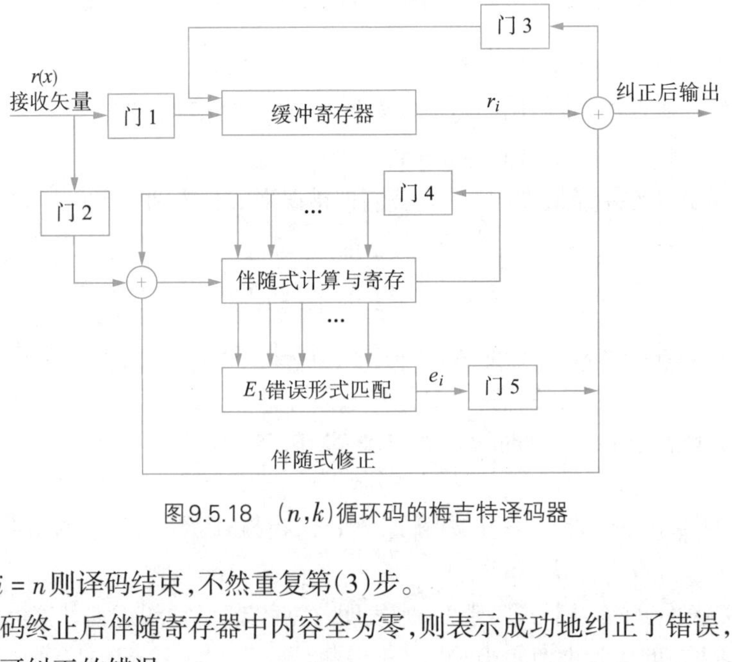

图9.5.18　(n,k)循环码的梅吉特译码器

(5) 若$i=n$则译码结束，不然重复第(3)步。

如果译码终止后伴随寄存器中内容全为零，则表示成功地纠正了错误，不然表示出现了一个不可纠正的错误。

利用梅吉特译码器使得译码比通用译码器更简单。特别在某些情况下可以用逻辑电路简单地判定伴随式对应的错误形式是否属于E_1，这时译码就更简单。

例9.5.6 由$g(x)=1+x+x^3$生成的(7,4)循环码，这个码的最小Hamming距离是3，可纠正所有7种1位错误。假设接收多项式为

$$r(x)=r_0+r_1x+r_2x^2+\cdots+r_6x^6$$

这时7种1位错误形式及其相应的伴随式如表9.5.2所示。

表9.5.2 $r(x)$的错误形式及其相应的伴随式

错误形式$e(x)$	伴随式$s(x)$	伴随式矢量(s_0,s_1,s_2)
$e_6(x)=x^6$	$s(x)=1+x^2$	1 0 1
$e_5(x)=x^5$	$s(x)=1+x+x^2$	1 1 1
$e_4(x)=x^4$	$s(x)=x+x^2$	0 1 1
$e_3(x)=x^3$	$s(x)=1+x$	1 1 0
$e_2(x)=x^2$	$s(x)=x^2$	0 0 1
$e_1(x)=x$	$s(x)=x$	0 1 0
$e_0(x)=1$	$s(x)=1$	1 0 0

所有可纠正的错误形式中仅$e_6(x)$在最高位出错，所以

$$E_1=\{e_6(x)\},\quad E_0=\{e_0(x),e_1(x),e_2(x),e_3(x),e_4(x),e_5(x)\}$$

于是E_1错误形式的匹配电路是非常简单的“与”门电路，如图9.5.19所示。

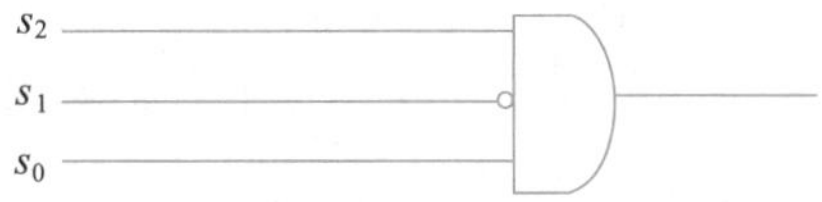

图9.5.19 “与”门电路

相应的梅吉特译码电路如图9.5.20所示。

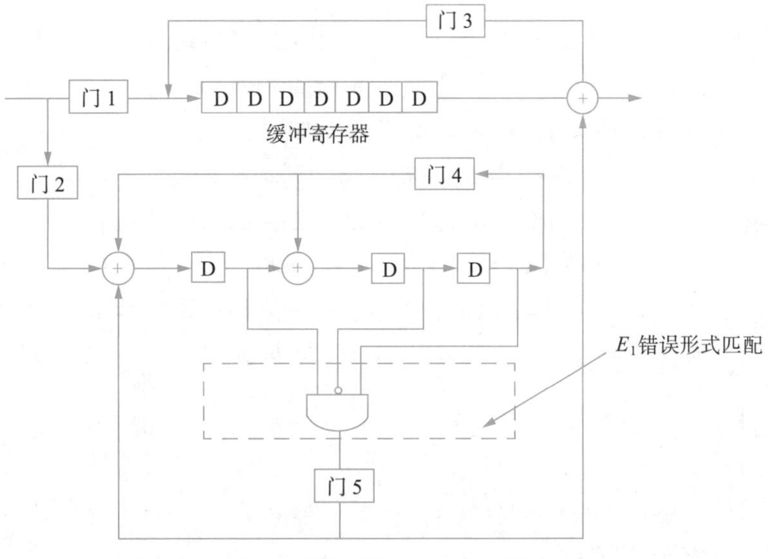

图9.5.20 (7,4)循环码的梅吉特译码器

§9.6 几个重要的循环码

下面介绍几个重要的循环码:Hamming循环码、BCH码和RS码。

9.6.1 Hamming循环码

我们已经看到,由$g(x)=1+x+x^3$生成的(7,4)循环码的最小Hamming距离为3,可以纠正所有1位错误形式。消息多项式$m_i(x)=x^i(i=0, 1, 2, 3)$,构成它的系统码字为

$$c_0(x)=1+x+x^3$$
$$c_1(x)=x+x^2+x^4$$
$$c_2(x)=1+x+x^2+x^5$$
$$c_3(x)=1+x^2+x^6$$

由这4个码字矢量构成系统生成矩阵

$$\boldsymbol{G}=\begin{pmatrix}1&1&0&1&0&0&0\\0&1&1&0&1&0&0\\1&1&1&0&0&1&0\\1&0&1&0&0&0&1\end{pmatrix}$$

相应的校验矩阵为

$$\boldsymbol{H}=\begin{pmatrix}1&0&0&1&0&1&1\\0&1&0&1&1&1&0\\0&0&1&0&1&1&1\end{pmatrix}$$

可见,$\boldsymbol{H}$矩阵中7个列矢量正好是全部$2^{n-k}-1$个非零列矢量,这满足Hamming码的定义。

下面证明一般的由m次本原多项式$g(x)$生成的长度为$2^m-1(m\geqslant 3)$的循环码是$(2^m-1,\ 2^m-1-m)$Hamming码。

首先,构造由m次本原多项式$g(x)$生成的$(2^m-1, 2^m-1-m)$码所对应的系统生成矩阵。对所有$i=0, 1, 2, \cdots, 2^m-2-m$,用生成多项式$g(x)$除$x^{m+i}$,可得

$$x^{m+i}=a_i(x)g(x)+b_i(x) \tag{9.6.1}$$

其中,$a_i(x)$是商多项式;$b_i(x)$为余式,它具有如下形式:

$$b_i(x)=b_{i,0}+b_{i,1}+b_{i,2}x^2+\cdots+b_{i,m-1}x^{m-1} \tag{9.6.2}$$

于是与消息多项式$m_i=x^i(i=0, 1, 2, \cdots, 2^m-2-m)$对应的码字为

$$c_i(x)=b_{i,0}+b_{i,1}x+\cdots+b_{i,m-1}x^{m-1}+x^{m+i} \tag{9.6.3}$$

这2^m-1-m个码字多项式是线性独立的,可用来构成系统形式的生成矩阵:

$$\boldsymbol{G}=\begin{bmatrix}b_{0,0}&b_{0,1}&b_{0,2}&\cdots&b_{0,m-1}&1&0&0&\cdots&0\\b_{1,0}&b_{1,1}&b_{1,2}&\cdots&b_{1,m-1}&0&1&0&\cdots&0\\b_{2,0}&b_{2,1}&b_{2,2}&\cdots&b_{2,m-1}&0&0&1&\cdots&0\\\vdots&\vdots&\vdots&&\vdots&\vdots&\vdots&\vdots&&\vdots\\b_{2^m-2-m,0}&b_{2^m-2-m,1}&b_{2^m-2-m,2}&\cdots&b_{2^m-2-m,m-1}&0&0&0&\cdots&1\end{bmatrix} \tag{9.6.4}$$

与$\boldsymbol{G}$对应的校验矩阵为

$$
\boldsymbol{H}=\begin{bmatrix}
1 & 0 & 0 & \cdots & 0 & b_{0,0} & b_{1,0} & \cdots & b_{2^m-2-m,0}\\
0 & 1 & 0 & \cdots & 0 & b_{0,1} & b_{1,1} & \cdots & b_{2^m-2-m,1}\\
\vdots & \vdots & \vdots & & \vdots & \vdots & \vdots & & \vdots\\
0 & 0 & 0 & \cdots & 1 & b_{0,m-1} & b_{1,m-1} & \cdots & b_{2^m-2-m,m-1}
\end{bmatrix}\tag{9.6.5}
$$

下面证明$\boldsymbol{H}$中无全零列矢量，且无两列矢量相同。

当$g(x)$是m次本原多项式时，x不可能是$g(x)$的因式，所以式(9.6.1)中x^{m+i}与$g(x)$互质，从而$b_i(x)\neq 0$。所以，校验矩阵$\boldsymbol{H}$中不可能有全零列矢量。

同时，每个$b_i(x)$中至少有两项。因为若不然，$b_i(x)$仅含有1项，比如$b_i(x)=x^j$，$0\leqslant j<m$，则

$$x^{m+i}=a_i(x)g(x)+x^j,\quad 0\leqslant i\leqslant 2^m-2-m$$

于是

$$x^j(x^{m+i-j}+1)=a_i(x)g(x)$$

因为x^j和$g(x)$互质，从而要求$x^{m+i-j}+1$能被$g(x)$除尽。这是不可能的，因为$m+i-j<2^m-1$，而由附录B知道，使m次本原多项式$g(x)$能除尽x^n+1的最小n至少为2^m-1。所以$b_i(x)$至少包含两项，这表明$\boldsymbol{H}$矩阵中后面2^m-m-1列矢量中每一列至少包含两个“1”，这与前面m列仅含1个“1”的列矢量不同。

另外，当$i\neq j$时，$b_i(x)\neq b_j(x)$。这是因为，由式(9.6.1)可知

$$b_i(x)+x^{m+i}=a_i(x)g(x)$$
$$b_j(x)+x^{m+j}=a_j(x)g(x)$$

如果$b_i(x)=b_j(x)$，$i<j$，则

$$x^{m+i}(x^{j-i}+1)=\left[a_i(x)+a_j(x)\right]g(x)$$

这意味着$g(x)$能除尽$x^{j-i}+1$，同样由于$j-i<2^m-1$，所以这是不可能的，因而$b_i(x)\neq b_j(x)$，从而$\boldsymbol{H}$矩阵中没有两列矢量相同。

综上所述，由m次本原多项式生成的$(2^m-1,2^m-1-m)$循环码是能纠正1位错误的Hamming码。

循环码由生成多项式$g(x)$确定。通常用八进制数字表示$g(x)$。例如，八进制数13的二进制表示为001011，它代表$g(x)=x^3+x+1$；八进制数23的二进制表示为010011，它代表$g(x)=x^4+x+1$(注意，二进制数中右边的数字表示$g(x)$的低次系数，左边的数字表示高次系数)；八进制数字211的二进制表示为010001001，它代表$g(x)=x^7+x^3+1$。

几种不同长度的Hamming码生成多项式如表9.6.1所示，其中t表示可纠正的错误数。

表9.6.1 Hamming码生成多项式

n	k	t	$g(x)$
7	4	1	13
15	11	1	23
31	26	1	45
63	57	1	103

续表

n	k	t	$g(x)$
127	120	1	211
255	247	1	435
511	502	1	1021
1023	1013	1	2011
2047	2036	1	4005
4095	4083	1	10123

9.6.2 BCH码

BCH码是最重要的一类循环码。它是由Hocquenghem[5]在1959年和Bose、Chaudhuri[6]在1960年分别独立提出的。1960年彼得森(Peterson)对二进制BCH码提出一个有效的译码方法。从那时起有许多编码理论家对BCH码的译码进行了深入研究。由于这些算法均需要应用许多复杂的代数理论知识,我们不准备作深入探讨,这里仅作简要介绍。

对于任何正整数m和$t(t<2^{m-1})$,存在具有如下参数的BCH码:

$$\text{码长}\quad n=2^m-1 \tag{9.6.6a}$$

$$\text{校验位数目}\quad n-k\leqslant mt \tag{9.6.6b}$$

$$\text{最小距离}\quad d\geqslant 2t+1 \tag{9.6.6c}$$

BCH码的生成多项式可以这样得到:令α是GF(2^m)的本原元,考虑α的如下幂序列

$$\alpha,\alpha^2,\alpha^3,\alpha^4,\cdots,\alpha^{2t}$$

令$m_i(t)$是α^i的最小多项式,则满足式(9.6.6)所列参数要求的BCH码生成多项式为

$$g(x)=\text{LCM}\left[m_1(x),m_2(x),m_3(x),\cdots,m_{2t}(x)\right] \tag{9.6.7a}$$

其中"LCM"表示括号中多项式的最小公倍式。显然$\alpha,\alpha^2,\alpha^3,\alpha^4,\cdots,\alpha^{2t}$都是$g(x)$的根。利用共轭元具有相同最小多项式的特点,则生成多项式可以写成

$$g(x)=\text{LCM}\left[m_1(x),m_3(x),\cdots,m_{2t-1}(x)\right] \tag{9.6.7b}$$

由于每个最小多项式次数不超过m,所以$g(t)$的次数不超过mt,也就是说校验位数目$n-k$至多等于mt。没有简单公式可以计算$n-k$的精确值,表9.6.2给出了某些具有$t\geqslant 2$的较小BCH码的参数和生成多项式,更完整的表可参考Peterson的著作[11]。

表9.6.2　某些具有$t\geqslant 2$的较小BCH码的参数和生成多项式

n	k	t	$g(x)$
15	7	2	721
15	5	3	2461
31	21	2	3551
31	16	3	107657
31	11	5	5423325
63	51	2	12471

续表

n	k	t	$g(x)$
63	45	3	1701317
63	39	4	166623567
63	30	6	157464165547
127	113	2	41567
127	106	3	11554743
255	239	2	267543
255	231	3	156720665

例如，由表9.6.2可以得到，一个长度$n=31$、信息位$k=21$、能纠正$t=2$位错误的BCH码，可以由多项式“3551”生成，“3551”的二进制表示为“011101101001”，因此生成多项式为

$$g(x)=x^{10}+x^9+x^8+x^6+x^5+x^3+1$$

例9.6.1 在GF[2^4]上构造长度为$2^4-1=15$，能纠正1位错误和2位错误的BCH码。由定义，长度为$2^4-1=15$、能纠正1位错误的BCH码，其生成多项式以α^1和α^2为根。考虑到共轭元素有相同最小多项式，所以生成多项式为

$$\begin{aligned} g(x)&=(x+\alpha^1)(x+\alpha^2)(x+\alpha^4)(x+\alpha^8)\\ &=x^4+x+1 \end{aligned}$$

该多项式的八进制表示为“23”，正是表9.6.1所列(15，11)Hamming码的生成多项式，它有4位校验位，能纠正任意1位错误。

同样，长度为$2^4-1=15$、能纠正任意2位错误的BCH码，其生成多项式以$\alpha^1,\alpha^2,\alpha^3,\alpha^4$为根。考虑到$\alpha^1,\alpha^2,\alpha^4,\alpha^8$和$\alpha^3,\alpha^6,\alpha^{12},\alpha^9$为两组共轭根，所以生成多项式为

$$\begin{aligned} g(x)&=(x+\alpha^1)(x+\alpha^2)(x+\alpha^4)(x+\alpha^8)(x+\alpha^3)(x+\alpha^6)(x+\alpha^{12})(x+\alpha^9)\\ &=(x^4+x+1)(x^4+x^3+x^2+x+1)\\ &=x^8+x^7+x^6+x^4+1 \end{aligned}$$

这个生成多项式的八进制表示为“721”，它生成一个(15，7)BCH码，有8位校验位，能纠正任意2位错误。

对于BCH码来说，生成多项式的根与校验矩阵$\boldsymbol{H}$有很好的联系。如果码字多项式$c(x)$有一个根$\boldsymbol{\beta}\in \mathrm{GF}(2^m)$，即$c(\boldsymbol{\beta})=0$，也就是

$$c_{n-1}\beta^{n-1}+c_{n-2}\beta^{n-2}+\cdots+c_1\beta+c_0=0 \tag{9.6.8a}$$

则可以把式(9.6.8a)写成

$$\boldsymbol{c}\begin{pmatrix}\boldsymbol{1}\\ \boldsymbol{\beta}\\ \vdots\\ \boldsymbol{\beta}^{n-1}\end{pmatrix}=\boldsymbol{0} \tag{9.6.8b}$$

其中，$\boldsymbol{c}=(c_0,c_1,\cdots,c_{n-1})$是码字矢量。如果$\beta_1,\beta_2,\cdots,\beta_j$都是$g(x)$的根，则

$$\boldsymbol{c}\begin{pmatrix}1 & 1 & \cdots & 1\\ \beta_1 & \beta_2 & \cdots & \beta_j\\ \vdots & \vdots & & \vdots\\ \beta_1^{n-1} & \beta_2^{n-1} & \cdots & \beta_j^{n-1}\end{pmatrix}=\boldsymbol{0} \tag{9.6.9}$$

由校验矩阵$\boldsymbol{H}$的定义,有

$$\boldsymbol{cH}^{\mathrm{T}}=\boldsymbol{0}$$

因此,校验矩阵$\boldsymbol{H}$可以认为是

$$\boldsymbol{H}=\begin{pmatrix} \boldsymbol{1}^{\mathrm{T}} & \boldsymbol{\beta}_1^{\mathrm{T}} & \cdots & (\boldsymbol{\beta}_1^{n-1})^{\mathrm{T}} \\ \boldsymbol{1}^{\mathrm{T}} & \boldsymbol{\beta}_2^{\mathrm{T}} & \cdots & (\boldsymbol{\beta}_2^{n-1})^{\mathrm{T}} \\ \vdots & \vdots & & \vdots \\ \boldsymbol{1}^{\mathrm{T}} & \boldsymbol{\beta}_j^{\mathrm{T}} & \cdots & (\boldsymbol{\beta}_j^{n-1})^{\mathrm{T}} \end{pmatrix} \tag{9.6.10}$$

由于$\boldsymbol{\beta}_i\in \mathrm{GF}(2^m)$,所以$\boldsymbol{\beta}_i$可以用$m$维二元行矢量表示,$\boldsymbol{\beta}_i^{\mathrm{T}}$表示$\boldsymbol{\beta}_i$的转置。

对于例9.6.1中的(15,11)Hamming码来说,若$\boldsymbol{\alpha}$为GF[2^4]上的本原元素,则

$$\boldsymbol{H}=\left[\boldsymbol{1}^{\mathrm{T}},(\boldsymbol{\alpha}^1)^{\mathrm{T}},(\boldsymbol{\alpha}^2)^{\mathrm{T}},\cdots,(\boldsymbol{\alpha}^{n-1})^{\mathrm{T}}\right]$$

本原元素$\boldsymbol{\alpha}$的各次幂正好是域GF[2^4]的全部非零元。由附录B中表B.3,可得相应的校验矩阵为

$$\boldsymbol{H}=\begin{pmatrix} 1&0&0&0&1&0&0&1&1&0&1&0&1&1&1 \\ 0&1&0&0&1&1&0&1&0&1&1&1&1&0&0 \\ 0&0&1&0&0&1&1&0&1&0&1&1&1&1&0 \\ 0&0&0&1&0&0&1&1&0&1&0&1&1&1&1 \end{pmatrix}$$

对于生成多项式为$g(x)=x^8+x^7+x^6+x^4+1$的(15,7)BCH码,生成多项式的根为$\boldsymbol{\alpha}^1,\boldsymbol{\alpha}^2,\boldsymbol{\alpha}^3,\boldsymbol{\alpha}^4$。但其中只有$\boldsymbol{\alpha}^1,\boldsymbol{\alpha}^3$是独立的,所以校验矩阵为

$$\boldsymbol{H}=\begin{pmatrix} \boldsymbol{1}^{\mathrm{T}},(\boldsymbol{\alpha}^1)^{\mathrm{T}},(\boldsymbol{\alpha}^2)^{\mathrm{T}},\cdots,(\boldsymbol{\alpha}^{n-1})^{\mathrm{T}} \\ \boldsymbol{1}^{\mathrm{T}},(\boldsymbol{\alpha}^3)^{\mathrm{T}},(\boldsymbol{\alpha}^6)^{\mathrm{T}},\cdots,(\boldsymbol{\alpha}^{3n-3})^{\mathrm{T}} \end{pmatrix} \tag{9.6.11}$$

在对BCH码进行译码时,如果发生t个错误,那么一般要找出这t个错误的位置,同时要求出这些错误的值(即错误大小)。在二进制码中,不是“1”错成“0”,就是“0”错成“1”,所以错误值总等于1,因此只要求出错误位置就够了。可以从伴随方程来得到错误位置多项式。例如,上面提到的(15,7)BCH码,若错误出在第i,j位,则伴随式为

$$\boldsymbol{s}=\boldsymbol{e}\cdot\boldsymbol{H}^{\mathrm{T}}$$

其中$\boldsymbol{s}$有两个分量,即

$$s_1=\alpha^i+\alpha^j \tag{9.6.12a}$$

$$s_3=\alpha^{3i}+\alpha^{3j} \tag{9.6.12b}$$

组合式(9.6.12a)和式(9.6.12b),得

$$s_1\alpha^{2i}+s_1^2\alpha^i+s_1^3+s_3=0 \tag{9.6.13a}$$

$$s_1\alpha^{2j}+s_1^2\alpha^j+s_1^3+s_3=0 \tag{9.6.13b}$$

所以α^i和α^j都是

$$s_1x^2+s_1^2x+s_1^3+s_3=0 \tag{9.6.13c}$$

的根,式(9.6.13c)被称为错误位置多项式,通过试探方法可解出根α^i和α^j。

例9.6.2 对于(15,7)BCH码,如果收到矢量

$$\boldsymbol{r}=(100010111000101)$$

则算出伴随式为

$$s_1=\alpha^5,s_3=\alpha^4$$

代入方程(9.6.13c),得

$$\alpha^5x^2 + \alpha^{10}x + \alpha^{15} + \alpha^4 = 0$$

经试探，α^{12}和α^{14}都是解，所以第12位和第14位有错。于是发送的码字为

$$\boldsymbol{c} = (100010111000000)$$

9.6.3 RS码

RS码（Reed-Solomon码，里德–所罗门码）是一类具有极强纠错能力的码，近年来在通信中获得了广泛的应用。RS码是一类非二进制的BCH码。RS码的码元符号取自有限域GF(q)，它的生成多项式的根也是GF(q)中的本原元，所以它的符号域和根域相同。能纠正t个错误的RS码具有如下参数：

$$码长 \quad n = q - 1$$

$$校验位数目 \quad n - k = 2t$$

$$最小距离 \quad d = 2t + 1$$

由于线性码的最可能的最小距离为校验位数目加1，这就是所谓的Singleton限。RS码达到了Singleton限。在这个意义上RS码是最佳、最有效的。

一般取$q = 2^m$。因此RS码的码元符号取自GF(2^m)，码字长度为$n = 2^m - 1$。一个能纠正t位符号错误的RS码的生成多项式是

$$g(x) = (x + \alpha)(x + \alpha^2)(x + \alpha^3)\cdots(x + \alpha^{2t}) \tag{9.6.14}$$

其中，α为GF(2^m)的本原元。要注意，GF(2^m)中中元素可用长度为m的二元矢量表示，所以长度为$n = 2^m - 1$的码字用二进制符号表示，则实际上长度为$m(2^m - 1)$，能纠正mt个二进制符号错误。

例9.6.3 一个符号取自GF(2^3)，长度为$n = 2^3 - 1 = 7$，能纠正2个八进制错误的RS码，其生成多项式为

$$g(x) = (x + \alpha)(x + \alpha^2)(x + \alpha^3)(x + \alpha^4) \tag{9.6.15}$$

其中，α为本原多项式$x^3 + x + 1$的根。这个RS码的信息位长度为$k = 3$，监督位长度为$n - k = 4$。

$$g(x) = \alpha^3 + \alpha x + x^2 + \alpha^3 x^3 + x^4$$

消息多项式$m_i(x) = x^i, i = 0,1,2$，所构成的相应的系统码字为

$$c_0(x) = \alpha^3 + \alpha x + x^2 + \alpha^3 x^3 + x^4$$

$$c_1(x) = \alpha^6 + \alpha^6 x + x^2 + \alpha^2 x^3 + x^5$$

$$c_2(x) = \alpha^5 + \alpha^4 x + x^2 + \alpha^4 x^3 + x^6$$

相应的系统生成矩阵为

$$\boldsymbol{G} = \begin{pmatrix} \alpha^3 & \alpha & 1 & \alpha^3 & 1 & 0 & 0 \\ \alpha^6 & \alpha^6 & 1 & \alpha^2 & 0 & 1 & 0 \\ \alpha^5 & \alpha^4 & 1 & \alpha^4 & 0 & 0 & 1 \end{pmatrix}$$

而校验矩阵为

$$\boldsymbol{H} = \begin{pmatrix} 1 & 0 & 0 & 0 & \alpha^3 & \alpha^6 & \alpha^5 \\ 0 & 1 & 0 & 0 & \alpha & \alpha^6 & \alpha^4 \\ 0 & 0 & 1 & 0 & 1 & 1 & 1 \\ 0 & 0 & 0 & 1 & \alpha^3 & \alpha^2 & \alpha^4 \end{pmatrix}$$

如果用二元矢量来表示GF(2^3)的元素，则(7,3)RS码字长度为21比特，信息位长度为9比特。例如，输入信息位为$\boldsymbol{m}=(101,111,001)$，则对应的GF($2^3$)符号(见例B.3)为

$$\boldsymbol{m}=(\alpha^6,\alpha^5,\alpha^2)$$

对应的码字为

$$\begin{aligned}\boldsymbol{c}=(\alpha^6,\alpha^5,\alpha^2)\boldsymbol{G}&=(\alpha^{10},\alpha^8,\alpha^4,0,\alpha^6,\alpha^5,\alpha^2)\\&=(\alpha^3,\alpha,\alpha^4,0,\alpha^6,\alpha^5,\alpha^2)\end{aligned}$$

用二进制表示码字为

$$\boldsymbol{c}=(110,010,011,000,101,111,001)$$

对于RS码来说，由于它是非二进制的，所以在纠错时除了要确定错误位置外，还要求出相应的错误值。设发送的码字为

$$c(x)=c_0+c_1x+c_2x^2+\cdots+c_{n-1}x^{n-1} \tag{9.6.16}$$

且传输中发生t个错误，错误位置在$i_1<i_2<\cdots<i_t$，相应错误值为$e_{i_1},e_{i_2},\cdots,e_{i_t}$，于是错误多项式为

$$e(x)=e_{i_1}x^{i_1}+e_{i_2}x^{i_2}+\cdots+e_{i_t}x^{i_t} \tag{9.6.17}$$

接收多项式为

$$r(x)=c(x)+e(x) \tag{9.6.18}$$

因为$\alpha,\alpha^2,\cdots,\alpha^{2t}$是$g(x)$的根，所以伴随式$\boldsymbol{s}=(s_1,s_2,\cdots s_{2t})$为

$$\begin{cases}s_1=r(\alpha)=e_{i_1}\alpha^{i_1}+e_{i_2}\alpha^{i_2}+\cdots+e_{i_t}\alpha^{i_t}\\s_2=r(\alpha^2)=e_{i_1}(\alpha^{i_1})^2+e_{i_2}(\alpha^{i_2})^2+\cdots+e_{i_t}(\alpha^{i_t})^2\\\cdots\cdots\\s_{2t}=r(\alpha^{2t})=e_{i_1}(\alpha^{i_1})^{2t}+e_{i_2}(\alpha^{i_2})^{2t}+\cdots+e_{i_t}(\alpha^{i_t})^{2t}\end{cases} \tag{9.6.19}$$

方程组(9.6.19)由$2t$个方程组成，包含$2t$个未知数。由于该方程组是非线性的，所以不能用常规方法解出。下面把方程(9.6.19)转换成两步求解。首先求解t个错误位置未知数，然后求解这t个错误值。

为此构造以$\alpha^{-i_1},\alpha^{-i_2},\cdots,\alpha^{-i_t}$为根的多项式$\sigma(x)$:

$$\begin{aligned}\sigma(x)&=(1+\alpha^{i_1}x)(1+\alpha^{i_2}x)\cdots(1+\alpha^{i_t}x)\\&=1+\sigma_1x+\cdots+\sigma_tx^t\end{aligned} \tag{9.6.20}$$

由于$\sigma(x)$根的负指数表示错误位置，所以$\sigma(x)$被称为错误位置多项式。通过自回归模型可以证明多项式(9.6.20)的系数可以从伴随式(9.6.19)求出：

$$\begin{pmatrix}s_1&s_2&s_3&\cdots&s_{t-1}&s_t\\s_2&s_3&s_4&\cdots&s_t&s_{t+1}\\\vdots&\vdots&\vdots&&\vdots&\vdots\\s_{t-1}&s_t&s_{t+1}&\cdots&s_{2t-3}&s_{2t-2}\\s_t&s_{t+1}&s_{t+2}&\cdots&s_{2t-2}&s_{2t-1}\end{pmatrix}\begin{pmatrix}\sigma_t\\\sigma_{t-1}\\\vdots\\\sigma_2\\\sigma_1\end{pmatrix}=\begin{pmatrix}-s_{t+1}\\-s_{t+2}\\\vdots\\-s_{2t-1}\\-s_{2t}\end{pmatrix} \tag{9.6.21}$$

由式(9.6.21)解出错误位置多项式$\sigma(x)$的系数，然后用穷举方式把有限域GF(2^m)的元素逐个代入试探。如果α^j是$\sigma(x)$的根，则第2^m-1-j位是错误位置。

在求得错误位置后，设$\beta_k=\alpha^{i_k}(k=1,2,\cdots,t)$为错误位置，相应的错误值为$e_k$，$k=1,2,\cdots,t$。通过求解线性方程组(9.6.19)前$t$个方程

$$\begin{pmatrix} \beta_1 & \beta_2 & \cdots & \beta_t \\ \beta_1^2 & \beta_2^2 & \cdots & \beta_t^2 \\ \vdots & \vdots & & \vdots \\ \beta_1^t & \beta_2^t & \cdots & \beta_t^t \end{pmatrix} \begin{pmatrix} e_1 \\ e_2 \\ \vdots \\ e_t \end{pmatrix} = \begin{pmatrix} s_1 \\ s_2 \\ \vdots \\ s_t \end{pmatrix} \tag{9.6.22}$$

解出错误值。

例9.6.4 例9.6.3中的(7,3)RS码，若在第2位出现值为α的错误，第6位出现值为α^2的错误，则错误多项式为

$$e(x) = \alpha x^2 + \alpha^2 x^6 \tag{9.6.23}$$

因此伴随矢量$\boldsymbol{s} = (s_1, s_2, s_3, s_4)$为

$$\begin{aligned} s_1 &= \alpha \cdot \alpha^2 + \alpha^2 \cdot \alpha^6 = 1 \\ s_2 &= \alpha \cdot \alpha^4 + \alpha^2 \cdot \alpha^{12} = \alpha^4 \\ s_3 &= \alpha \cdot \alpha^6 + \alpha^2 \cdot \alpha^{18} = \alpha^2 \\ s_4 &= \alpha \cdot \alpha^8 + \alpha^2 \cdot \alpha^{24} = \alpha^3 \end{aligned} \tag{9.6.24}$$

于是错误位置多项式$\sigma(x)$的系数σ_1, σ_2是下面方程组的解

$$\begin{pmatrix} 1 & \alpha^4 \\ \alpha^4 & \alpha^2 \end{pmatrix} \begin{pmatrix} \sigma_2 \\ \sigma_1 \end{pmatrix} = \begin{pmatrix} \alpha^2 \\ \alpha^3 \end{pmatrix} \tag{9.6.25}$$

解方程组(9.6.25)，得到

$$\sigma_2 = \frac{\alpha^4 + \alpha^7}{\alpha^2 + \alpha^8} = \frac{\alpha^4 + \alpha^7}{\alpha^4} = 1 + \alpha^3 = \alpha \tag{9.6.26a}$$

$$\sigma_1 = \frac{\alpha^3 + \alpha^6}{\alpha^4} = \frac{\alpha + \alpha^2}{\alpha^4} = \frac{\alpha^4}{\alpha^4} = 1 \tag{9.6.26b}$$

所以错误位置多项式为

$$\sigma(x) = 1 + \sigma_1 x + \sigma_2 x^2 = 1 + x + \alpha x^2 \tag{9.6.27}$$

用穷举方式把有限域$GF(2^3)$的元素逐个代入试探，发现仅当$x = \alpha$和$x = \alpha^5$时，错误位置多项式$\sigma(x)$为零，

$$\sigma(\alpha) = 1 + \alpha + \alpha^3 = 0$$

$$\sigma(\alpha^5) = 1 + \alpha^5 + \alpha^{11} = 1 + \alpha^5 + \alpha^4 = 1 + \alpha^2 + \alpha + 1 + \alpha^2 + \alpha = 0$$

所以错误位置为$i_1 = 7 - 5 = 2$和$i_2 = 7 - 1 = 6$，这正是所设的错误位置。

设$\beta_1 = \alpha^{i_1} = \alpha^2, \beta_2 = \alpha^{i_2} = \alpha^6$，于是错误值方程组为

$$\begin{pmatrix} \beta_1 & \beta_2 \\ \beta_1^2 & \beta_2^2 \end{pmatrix} \begin{pmatrix} e_1 \\ e_2 \end{pmatrix} = \begin{pmatrix} s_1 \\ s_2 \end{pmatrix} \tag{9.6.28}$$

解方程组(9.6.28)，得

$$e_1 = \frac{\alpha^{12} + \alpha^{10}}{\alpha^{14} + \alpha^{10}} = \frac{\alpha^5 + \alpha^3}{1 + \alpha^3} = \frac{\alpha^2}{\alpha} = \alpha$$

$$e_2 = \frac{\alpha^6 + \alpha^4}{\alpha} = \frac{\alpha^2 + 1 + \alpha^2 + \alpha}{\alpha} = \frac{\alpha^3}{\alpha} = \alpha^2$$

所以第2位出现值为α的错误，第6位出现值为α^2的错误。这正是所假设的错误值。

§9.7 小 结

本章介绍基本信道编码理论,包括线性分组码、循环码和卷积码的基本知识。

(1) 信道编码,或称信道差错控制编码,其目的在于发现或纠正数据在信道传输过程中发生的差错。差错控制编码包括检错编码和纠错编码两大类。ARQ编码是一种基于检错的信道编码。

(2) 选使似然概率最大的码字作为发送码字的译码准则称为最大似然译码准则,在码字等概率发送条件下,最大似然译码准则等价于最大后验概率译码准则。在二进制对称信道条件下最大似然译码准则等价于最小Hamming距离译码准则。分组码的最小Hamming距离与该码的检错和纠错能力有密切关系。

(3) 如果从消息矢量到码字矢量之间的映射是线性的,那么该码是线性分组码。线性分组码由它的生成矩阵或校验矩阵描述。对于线性分组码而言,最小Hamming距离等于最小Hamming重量。

(4) 线性分组码的译码可以采用标准阵列译码或伴随式译码,相应的误码率等于错误形式不等于陪集首项的概率。

(5) 二元Hamming码是一类能纠正全部一位错误的线性分组码,它是完备码。Hamming码也是一类简单的BCH码。

(6) 从一个线性分组码出发,通过扩展、凿空、除删、增广、缩短或延长等方式可以获得新的线性码。另外,线性分组码的对偶码也是一个线性分组码。

(7) 线性分组码的纠错能力是由给定n,k条件下最小Hamming距离d的上、下界来描述的。Singleton界、Hamming界和Plotkin界是纠错能力的上界,而V-G界是纠错能力的下界。上界是指所有线性分组码均不能超过的界限,而下界是指至少存在一个线性分组码可以达到的界限。

(8) 循环码是线性分组码的一个子类。循环码不仅是线性的,而且具有循环特性。通过引入码字多项式和生成多项式,可以导出循环码的一系列构造特性。

(9) 循环码的编码和译码是通过多项式的运算来进行的,而多项式的运算可以由反馈移位寄存器电路实现。

(10) 梅吉特译码器利用循环码码字移位与相应伴随式移位之间的对应关系简化了译码器的结构。

(11) BCH码是最重要的一类循环码。借助于有限域理论,可以系统地设计给定参数的BCH码,并导出有效的译码算法。BCH码的译码算法归结为求解错误位置多项式与错误值多项式。在本书附录B中简单介绍了有限域理论。

(12) RS码是一类非二进制BCH码,它具有极强的纠错能力,因为它达到了Singleton上界。

Peterson和Weldon合著的书[11]是第一本系统论述纠错编码的著作,Berlekamp深入地论述了代数编码理论[12],MacWillams和Sloane的巨著[13]全面介绍20世纪70年代以前的分组编码理论。此外,还有许多关于纠错编码的优秀教科书,如林舒和科斯特洛[14]等的著作,国内学者王新梅和肖国镇的著作[15]也非常值得一读。

参考文献

[1] Shannon E. A mathematical theory of communication. Bell System Technology Journal, 1948, 27: 379-423.

[2] Hamming R W. Error detecting and error correcting codes. Bell System Technology Journal, 1950, 29: 147-160.

[3] Prange E. Cyclic error-correcting codes in two symbols. Technical Reports, TN-57-103. Cambridge: Air Force Cambridge Research Center, 1957.

[4] Meggitt J E. Error correcting codes and their implementation. IRE Transactions on Information Theory, 1961, 7(5): 232-244.

[5] Hocquenghem A. Codes correcteurs D'erreurs. Chiffres, 1959, 2: 147-156.

[6] Bose R C, Ray-Chaudhuri D K. On a class of error correcting binary group codes. Information and Control, 1960, 3(1): 68-79.

[7] Reed I S, Solomon G. Polynomial codes over certain finite fields. SIAM Journal on Applied Mathematics, 1960, 8(2): 300-304.

[8] Berlekamp E R. On decoding binary BCH decoding. IEEE Transactions on Information Theory, 1965, 11(5): 577-580.

[9] Forney G D. On decoding BCH Codes. IEEE Transactions on Information Theory, 1965, 11(5): 549-557.

[10] 万哲先. 代数与编码. 3版. 北京:高等教育出版社,2007.

[11] Peterson W W, Weldon E J. Error-Correcting Codes. 2nd ed. Cambridge: MIT Press, 1971.

[12] Berlekamp E R. Algebraic Coding Theory. New York: McGraw-Hill, 1968.

[13] MacWillams F J, Sloane N J A. The Theory of Error-Correcting Code. Amsterdam: North-Holland Biomedical Press, 1988.

[14] 林舒,科斯特洛. 差错控制编码——基础和应用. 王育民,王新梅,译. 北京:人民邮电出版社,1986.

[15] 王新梅,肖国镇. 纠错码——原理与方法(修订版). 西安:西安电子科技大学出版社,2002.

习 题

9-1 求码长为n的q元重复码的生成矩阵。

9-2 设E_n是n维二元矢量空间中所有具备偶数重量的矢量集合。证明E_n是线性码,并确定E_n的参数(n,k,d),以及它的系统生成矩阵。

9-3 设M是一个二元(n,k)线性码,且该码任一位的分量不全为零,M_1是M中某一固定位置上取0的码字构成的子码,证明M_1是一个二元$(n,k-1)$线性码。

9-4　设二元线性码M的生成矩阵为

$$\boldsymbol{G}=\begin{bmatrix}1&0&0&1&1\\0&0&1&0&1\\0&1&1&1&1\end{bmatrix}$$

求M的最小距离。

9-5　设二元线性码M的生成矩阵为

$$\boldsymbol{G}=\begin{pmatrix}1&1&0&1&0\\0&1&0&1&0\end{pmatrix}$$

试建立码M的标准阵,并对码字11111和10000分别进行译码。

9-6　设二元线性码M的校验矩阵为$\boldsymbol{H}$,$\hat{M}$是由码M增加一个奇偶校验位得到的扩充码。证明$\hat{M}$是线性码,且它的校验矩阵为

$$\hat{\boldsymbol{H}}=\left(\begin{array}{c|cccc}1&1&1&\cdots&1\\\hline 0&&&&\\0&&&&\\\vdots&&\boldsymbol{H}&&\\0&&&&\end{array}\right)$$

9-7　设二元线性码M的生成矩阵为

$$\boldsymbol{G}=\left(\begin{array}{cccc|c}1&1&0&0&\\1&0&1&0&\\0&1&1&0&\\1&1&1&1&\boldsymbol{I}_7\\1&1&0&1&\\0&1&0&1&\\1&0&0&1&\end{array}\right)$$

试确定M的校验矩阵并求其最小距离。

9-8　建立二元(7,4)Hamming码的包含陪集首项和伴随式的伴随表,并对收到的矢量0000011,1111111,1100110,1010101进行译码。

9-9　设二元(15,11)Hamming码的校验矩阵为

$$\boldsymbol{H}=\begin{pmatrix}0&0&0&0&0&0&0&1&1&1&1&1&1&1&1\\0&0&0&1&1&1&1&0&0&0&0&1&1&1&1\\0&1&1&0&0&1&1&0&0&1&1&0&0&1&1\\1&0&1&0&1&0&1&0&1&0&1&0&1&0&1\end{pmatrix}$$

试对收到的字011011001111000和001100110011000进行译码。

9-10　设$C=\{11100, 01001, 10010, 00111\}$是一个二元码。

(1) 求码C的最小距离d;

(2) 根据最小距离译码准则,对10000,01100,00100进行译码;

(3) 计算码C的码率R。

9-11　研究系统码(8,4),其校验方程为

$$\begin{aligned}c_0&=m_1+m_2+m_3\\c_1&=m_0+m_1+m_2\\c_2&=m_0+m_1+m_3\\c_3&=m_0+m_2+m_3\end{aligned}$$

其中m_0,m_1,m_2,m_3是信息位，c_0,c_2,c_3,c_4是校验位。求此码的生成矩阵和校验矩阵，并证明此码的最小距离为4。

9-12 证明Hamming距离的三角不等式，即若$\boldsymbol{c}_1,\boldsymbol{c}_2,\boldsymbol{c}_3$是GF(2)上三个长度为$n$的矢量，则

$$d(\boldsymbol{c}_1,\boldsymbol{c}_2)+d(\boldsymbol{c}_2,\boldsymbol{c}_3)\leqslant d(\boldsymbol{c}_1,\boldsymbol{c}_3)$$

9-13 令C_1是最小距离为d_1、生成矩阵为$\boldsymbol{G}_1=(\boldsymbol{P}_1 \vdots \boldsymbol{I}_k)$的$(n_1,k)$线性码，$C_2$是最小距离为$d_2$、生成矩阵为$\boldsymbol{G}_2=(\boldsymbol{P}_2 \vdots \boldsymbol{I}_k)$的$(n_2,k)$线性码，研究具有下面的校验矩阵

$$\boldsymbol{H}=\left(\boldsymbol{I}_{n_1+n_2} \;\vdots\; \begin{matrix}\boldsymbol{P}_1^{\mathrm{T}}\\ \boldsymbol{I}_k\\ \boldsymbol{P}_2^{\mathrm{T}}\end{matrix}\right)$$

的(n_1+n_2,k)线性码，证明此码最小距离至少为d_1+d_2。

9-14 令m是一个正整数，若m不是质数，证明集合$\{1,2,\cdots,m\}$在模m乘法下不是群。

9-15 令m是正整数，若m不是质数，证明集合$\{0,1,\cdots,m-1\}$在模m加法和乘法下不是域。

9-16 证明X^5+X^3+1在GF(2)上是既约的。

9-17 根据本原多项式$P(X)=1+X+X^3$构造GF(2^3)表；列出每个元素的幂、多项式和矢量表示，决定每一元素的阶。

9-18 令S_1和S_2是矢量空间V的两个子空间，证明S_1和S_2的交也是V的一个子空间。

9-19 给定下述矩阵

$$\boldsymbol{G}=\begin{pmatrix}1&1&0&1&1&0&0\\1&1&1&0&0&1&0\\0&1&1&1&0&0&1\end{pmatrix},\quad \boldsymbol{H}=\begin{pmatrix}1&0&0&0&1&1&0\\0&1&0&0&1&1&1\\0&0&1&0&0&1&1\\0&0&0&1&1&0&1\end{pmatrix}$$

证明$\boldsymbol{G}$的行空间是$\boldsymbol{H}$的零化空间，反之也成立。

9-20 考虑由$g(X)=1+X+X^4$生成的(15,11)循环Hamming码。

(1) 确定此码的校验多项式；

(2) 确定它对偶码的生成多项式；

(3) 找出此码的系统生成矩阵和一致校验矩阵。

9-21 设计由$g(X)=1+X+X^4$生成的(15,11)循环Hamming码的编码器。

9-22 令$g(X)$是一个长为n的二元循环码的生成多项式。

(1) 若$g(X)$有$X+1$因子，证明此码不含奇数重量码字；

(2) 若n是奇数，且$X+1$不是$g(X)$的因子，证明此码含有一个全为1组成的码字；

(3) 若n是$g(X)$除尽X^n+1的最小整数，证明该码的重量至少为3。

9-23 设在$p=0.01$的二进制对称信道中，应用(15,11)循环Hamming码进行检错，计算该码不能检错的概率P_e。

9-24 设C是一个二元循环码，证明分量全为1的矢量$(1,1,\cdots,1)\in C$的充要条件是C中包含一个重量为奇数的码字。

9-25 对于由生成多项式$g(X)=1+X+X^2+X^4$所生成的(7,3)码,画出系统编码器。另外,画出由$g(X)=1+X^2+X^3$所生成的(7,4)码系统编码器。

第10章 信道编码——卷积码

在信道编码中，与分组码相对应的另一大类编码是卷积码。卷积码是由Elias在1955年首先提出来的[1]，其后不久Wozencraft和Reiffen提出了卷积码的序贯译码法[2]。1967年Viterbi提出了最大似然译码算法，也就是Viterbi算法[3]。现在，Viterbi算法已被广泛地应用到通信和信号处理的各个领域。

§10.1 卷积码的结构

卷积码与分组码的不同之处在于其编码器是有记忆的，它在任何给定时刻编码器的n个输出比特不仅和当前的一组k个输入比特数据有关，而且和以前M个时刻的输入组有关。所以，卷积码可用参数组(n, k, M)来描述，这时编码速率$R = k/n$。一般来说，卷积码的n和k都比较小。

10.1.1 卷积码的构成和代数描述

我们知道在分组编码中，消息数据被分成长度为k的分组，每个分组被编成长度为n的码字，编码速率$R = k/n$。在分组编码中，以前的分组消息数据与当前编码器输出码字没有关系，是无记忆的。在卷积码中，消息数据连续输入编码器，每次输入k比特消息数据，输出n比特的编码序列，所以编码速率也是k/n。但在卷积编码中当前输出n比特消息数据不仅与当前输入k比特消息数据有关，而且与以前输入的消息数据有关，所以卷积码编码器中必须有存储记忆单元。卷积码中n和k都比较小，码率也比较低。在分组码中95%以上的码率是常见的，但在卷积码中码率一般低于90%。由于码率比较低，所以卷积码的冗余度高，纠错能力也较强。卷积码编码器的一般结构如图10.1.1所示。消息数据经串并变换器后形成k比特一帧的并行数据送到线性逻辑单元，同时送入M级数据帧移位寄存器。M是数据帧移位寄存器的存储深度，每读入一个新的数据帧，老的数据帧就向右移一帧。编码逻辑根据当前输入数据帧和以前存放在数据帧寄存器中的消息数据进行线性逻辑运算，得到n比特的编码输出，再经过并串变换转换成卷积码编码器的串行输出。$K = M + 1$称为该卷积码的约束长度。图10.1.2所示的卷积码编码器，其编码速率为$R = 1/2$，约束长度为$K = 3$。其中$k = 1$，因此每次只输入1比特，通过线性移位寄存器生成2比特输出，所以码率为$R = 1/2$。这里$M = 2$，约束长度$K = 3$。

用$\boldsymbol{m}$表示输入消息数据序列：

$$\boldsymbol{m} = (m_0, m_1, m_2, \cdots) \tag{10.1.1}$$

两个输出数据序列为

$$\boldsymbol{v}^{(1)} = (v_0^{(1)}, v_1^{(1)}, v_2^{(1)}, \cdots) \tag{10.1.2a}$$

$$v^{(2)} = (v_0^{(2)}, v_1^{(2)}, v_2^{(2)}, \cdots) \tag{10.1.2b}$$

经并串变换的输出为

$$v = (v_0^{(1)}, v_0^{(2)}, v_1^{(1)}, v_1^{(2)}, v_2^{(1)}, v_2^{(2)}, \cdots) \tag{10.1.2c}$$

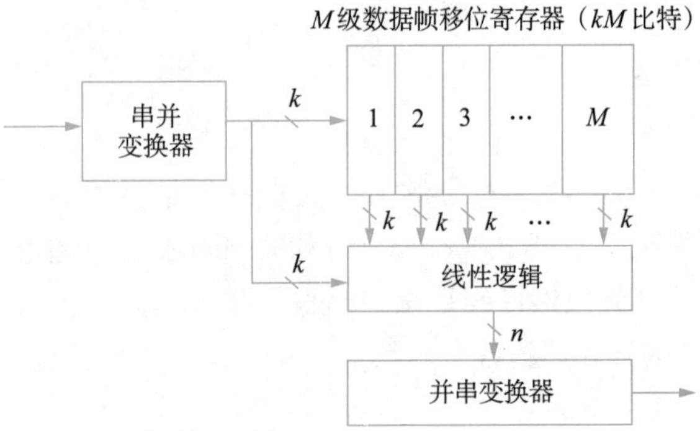

图10.1.1　卷积码编码器的一般结构

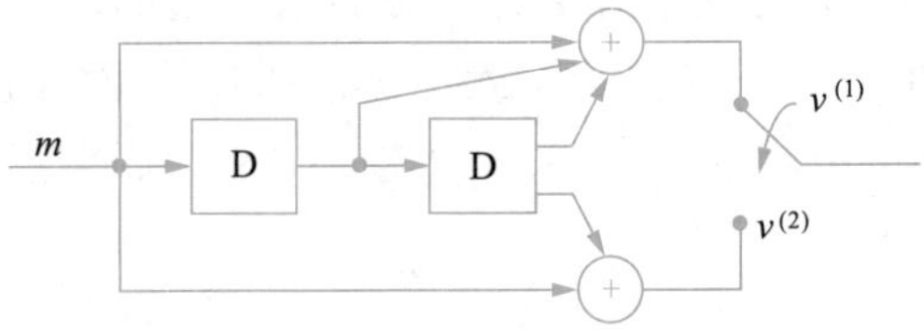

图10.1.2　一种(2,1,2)卷积码编码器

1. 卷积码编码器的冲击响应和生成矩阵

我们可以用冲激响应来描述线性系统的输入、输出关系。所谓冲激响应，是指当系统输入序列为

$$m = (1\quad 0\quad 0\quad \cdots) \tag{10.1.3}$$

时的系统输出序列。图10.1.2所示的编码器，由于仅有$M = 2$个寄存器，所以冲激响应最多持续$M + 1 = 3$个时间单位。这时系统有两个分量序列，对应的分量冲激响应为

$$g^{(1)} = (1\quad 1\quad 1) \tag{10.1.4a}$$

$$g^{(2)} = (1\quad 0\quad 1) \tag{10.1.4b}$$

冲激响应$g^{(1)}$，$g^{(2)}$也称为码的生成序列或生成矢量。由于编码逻辑是线性的，所以叠加原理应该成立。于是当输入消息序列为

$$m = (m_0, m_1, m_2, \cdots)$$

时，输出的两个编码序列为

$$v^{(1)} = m * g^{(1)} \tag{10.1.5a}$$

$$v^{(2)} = m * g^{(2)} \tag{10.1.5b}$$

其中，“*”表示模2的卷积运算，即对任何$i \geqslant 0$，有

$$v_l^{(j)} = \sum_{i=0}^{\infty} m_{l-i} g_i^{(j)} = m_l g_0^{(j)} + m_{l-1} g_1^{(j)} + \cdots + m_{l-m} g_m^{(j)} \qquad (j = 1, 2) \tag{10.1.6}$$

对于图10.1.2的情况，有

$$v_l^{(1)} = m_l + m_{l-1} + m_{l-2} \tag{10.1.7a}$$

$$v_l^{(2)} = m_l + m_{l-2} \tag{10.1.7b}$$

例10.1.1 令输入消息序列为

$$\boldsymbol{m} = (1\quad 0\quad 0\quad 1\quad 1)$$

则输出序列为

$$\boldsymbol{v}^{(1)} = (10011) * (111) = (1111001)$$

$$\boldsymbol{v}^{(2)} = (10011) * (101) = (1011111)$$

经并串变换后输出码字为

$$\boldsymbol{v} = (11, 10, 11, 11, 01, 01, 11)$$

如果将生成序列$\boldsymbol{g}^{(1)}$和$\boldsymbol{g}^{(2)}$相互交织，作为行矢量，则构成如下形式的矩阵(其中空余部分均为零)：

$$\boldsymbol{G} = \begin{pmatrix} g_0^{(1)}g_0^{(2)}, & g_1^{(1)}g_1^{(2)}, & g_2^{(1)}g_2^{(2)}, & g_3^{(1)}g_3^{(2)}, & \cdots & & \\ & g_0^{(1)},g_0^{(2)}, & g_1^{(1)}g_1^{(2)}, & g_2^{(1)}g_2^{(2)}, & g_3^{(1)}g_3^{(2)}, & \cdots & \\ & & g_0^{(1)}g_0^{(2)}, & g_1^{(1)}g_1^{(2)}, & g_2^{(1)}g_2^{(2)}, & g_3^{(1)}g_3^{(2)}, & \cdots \\ & & \ddots & \ddots & \ddots & \ddots & \end{pmatrix}$$

$$= \begin{pmatrix} 11, & 10, & 11, & \cdots & & & \\ & 11, & 10, & 11, & \cdots & & \\ & & 11, & 10, & 11, & \cdots & \\ & & & 11, & 10, & 11, & \cdots \\ & & & \ddots & \ddots & \ddots & \end{pmatrix} \tag{10.1.8}$$

编码方程可以写成

$$\boldsymbol{v} = \boldsymbol{m} \cdot \boldsymbol{G} \tag{10.1.9}$$

其中所有运算均是模2运算。我们称$\boldsymbol{G}$为卷积码的生成矩阵。$\boldsymbol{G}$的每一行都等于它上面一行向右移2位，$\boldsymbol{G}$是一个半无限矩阵。如果$\boldsymbol{m}$序列长度为L，则$\boldsymbol{G}$应取L行、$2(L+M)$列。

以上论述是对(2, 1, 2)卷积码进行的。下面考察图10.1.3所示的(3, 2, 1)码，这时$k=2$，$n=3$，所以有2个输入和3个输出。

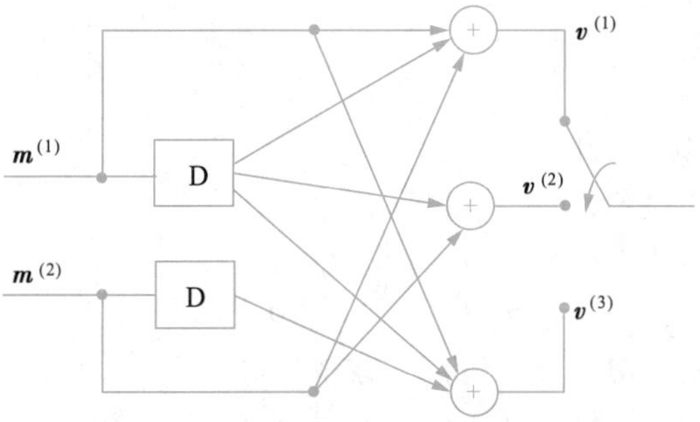

图10.1.3 一种(3,2,1)卷积码编码器

每单位时间有2个输入和3个输出的线性系统，它的脉冲响应有6个分量，我们用$\boldsymbol{g}_j^{(i)}$表示当第j个输入序列为

$$\boldsymbol{m}^{(j)} = (1\,0\,0\,0\cdots)$$

而其他输入序列均为零时,在第i个输出端的响应序列。在图10.1.3中,由于每个输出序列仅和$M=1$个寄存器帧有关,所以冲激响应长度不会超过$M+1=2$。从图10.1.3可见

$$\boldsymbol{g}_1^{(1)}=(11),\quad \boldsymbol{g}_1^{(2)}=(01),\quad \boldsymbol{g}_1^{(3)}=(11),$$
$$\boldsymbol{g}_2^{(1)}=(10),\quad \boldsymbol{g}_2^{(2)}=(10),\quad \boldsymbol{g}_2^{(3)}=(01)$$

编码方程可写成:

$$\boldsymbol{v}^{(1)}=\boldsymbol{m}^{(1)}*\boldsymbol{g}_1^{(1)}+\boldsymbol{m}^{(2)}*\boldsymbol{g}_2^{(1)} \tag{10.1.10a}$$
$$\boldsymbol{v}^{(2)}=\boldsymbol{m}^{(1)}*\boldsymbol{g}_1^{(2)}+\boldsymbol{m}^{(2)}*\boldsymbol{g}_2^{(2)} \tag{10.1.10b}$$
$$\boldsymbol{v}^{(3)}=\boldsymbol{m}^{(1)}*\boldsymbol{g}_1^{(3)}+\boldsymbol{m}^{(2)}*\boldsymbol{g}_2^{(3)} \tag{10.1.10c}$$

对于图10.1.3所示的编码器,有

$$v_l^{(1)}=m_l^{(1)}+m_{l-1}^{(1)}+m_l^{(2)}$$
$$v_l^{(2)}=m_{l-1}^{(1)}+m_l^{(2)}$$
$$v_l^{(3)}=m_l^{(1)}+m_{l-1}^{(1)}+m_{l-1}^{(2)}$$

例10.1.2 图10.1.3所示的编码器,如果

$$\boldsymbol{m}^{(1)}=(101),\quad \boldsymbol{m}^{(2)}=(110)$$

则
$$\boldsymbol{v}^{(1)}=(101)*(11)+(110)*(10)=(0011)$$
$$\boldsymbol{v}^{(2)}=(101)*(01)+(110)*(10)=(1001)$$
$$\boldsymbol{v}^{(3)}=(101)*(11)+(110)*(01)=(1001)$$

所以
$$\boldsymbol{v}=(011,000,100,111)$$

图10.1.3所示(3,2,1)卷积码的生成矩阵为

$$\boldsymbol{G}=\begin{pmatrix} g_{1,0}^{(1)},g_{1,0}^{(2)},g_{1,0}^{(3)} & g_{1,1}^{(1)},g_{1,1}^{(2)},g_{1,1}^{(3)} & g_{1,2}^{(1)},g_{1,2}^{(2)},g_{1,2}^{(3)} & \cdots & g_{1,M}^{(1)},g_{1,M}^{(2)},g_{1,M}^{(3)} & \cdots \\ g_{2,0}^{(1)},g_{2,0}^{(2)},g_{2,0}^{(3)} & g_{2,1}^{(1)},g_{2,1}^{(2)},g_{2,1}^{(3)} & g_{2,2}^{(1)},g_{2,2}^{(2)},g_{2,2}^{(3)} & \cdots & g_{2,M}^{(1)},g_{2,M}^{(2)},g_{2,M}^{(3)} & \cdots \\ & g_{1,0}^{(1)},g_{1,0}^{(2)},g_{1,0}^{(3)} & g_{1,1}^{(1)},g_{1,1}^{(2)},g_{1,1}^{(3)} & \cdots & g_{1,M-1}^{(1)},g_{1,M-1}^{(2)},g_{1,M-1}^{(3)} & \cdots \\ & g_{2,0}^{(1)},g_{2,0}^{(2)},g_{2,0}^{(3)} & g_{2,1}^{(1)},g_{2,1}^{(2)},g_{2,1}^{(3)} & \cdots & g_{2,M-1}^{(1)},g_{2,M-1}^{(2)},g_{2,M-1}^{(3)} & \cdots \\ & & \ddots & & & \end{pmatrix}$$

$$=\begin{pmatrix} 101 & 111 & \cdots & \\ 110 & 001 & \cdots & \\ & 101 & 111 & \\ & 110 & 001 & \\ & & 101 & 111 \\ & & 110 & 001 \\ & & & \ddots \end{pmatrix} \tag{10.1.11}$$

当$\boldsymbol{m}=(11,01,10)$时,则

$$\boldsymbol{v}=\boldsymbol{m}\cdot\boldsymbol{G}=(011,000,100,111)$$

在一般情况下,(n,k,M)卷积码的生成矩阵为

$$\boldsymbol{G}=\begin{pmatrix} \boldsymbol{G}_0 & \boldsymbol{G}_1 & \boldsymbol{G}_2 & \boldsymbol{G}_3 & \cdots & \cdots & \boldsymbol{G}_M & & \\ & \boldsymbol{G}_0 & \boldsymbol{G}_1 & \boldsymbol{G}_2 & \boldsymbol{G}_3 & \cdots & \boldsymbol{G}_{M-1} & \boldsymbol{G}_M & \\ & & \boldsymbol{G}_0 & \boldsymbol{G}_1 & \boldsymbol{G}_2 & \cdots & \boldsymbol{G}_{M-2} & \boldsymbol{G}_{M-1} & \boldsymbol{G}_M \\ & & & \ddots & & & & & \end{pmatrix} \tag{10.1.12}$$

每个$\boldsymbol{G}_l$是一个$k\times n$矩阵:

$$G_l=\begin{pmatrix} g_{1,l}^{(1)} & g_{1,l}^{(2)} & \cdots & g_{1,l}^{(n)} \\ g_{2,l}^{(1)} & g_{2,l}^{(2)} & \cdots & g_{2,l}^{(n)} \\ \vdots & \vdots & & \vdots \\ g_{k,l}^{(1)} & g_{k,l}^{(2)} & \cdots & g_{k,l}^{(n)} \end{pmatrix} \tag{10.1.13}$$

$\boldsymbol{G}_l$中元素$g_{j,l}^{(i)}=1$表示在编码器框图中从第j行寄存器阵列的第l节输出有连线接到第i个模2加法器。图10.1.4所示的(3, 2, 2)卷积码编码器的生成矩阵为

$$\boldsymbol{G}=\begin{pmatrix} \boldsymbol{G}_0 & \boldsymbol{G}_1 & \boldsymbol{G}_2 & & \\ & \boldsymbol{G}_0 & \boldsymbol{G}_1 & \boldsymbol{G}_2 & \\ & & \boldsymbol{G}_0 & \boldsymbol{G}_1 & \boldsymbol{G}_2 \\ & & & \ddots & \end{pmatrix} \tag{10.1.14}$$

其中$\boldsymbol{G}_0=\begin{pmatrix}1&0&0\\0&0&1\end{pmatrix}$，$\boldsymbol{G}_1=\begin{pmatrix}0&1&0\\1&1&0\end{pmatrix}$，$\boldsymbol{G}_2=\begin{pmatrix}0&0&1\\0&1&1\end{pmatrix}$。

例10.1.3 对于图10.1.4所示的卷积码编码器，若

$$\boldsymbol{m}^{(1)}=(101),\boldsymbol{m}^{(2)}=(110)$$

则输入消息序列的交织为

$$\boldsymbol{m}=(11,01,10)$$

输出编码序列为

$$\boldsymbol{v}=\boldsymbol{m}\cdot\boldsymbol{G}=(101,101,000,001,001) \tag{10.1.15}$$

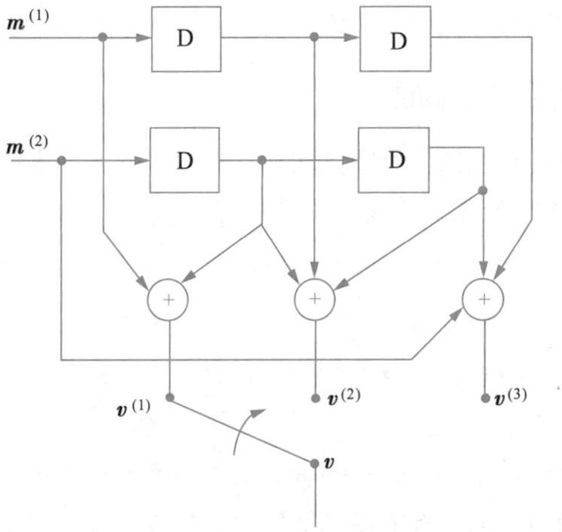

图10.1.4 一种(3,2,2)卷积码编码器

对于一个(n, k, M)卷积码来说，其编码速率$R=k/n$。但是对有限长消息输入来说，比如消息输入长度为kL，则对应的输出码字长为$n(L+M)$。这是对应于从第一个消息比特进入编码器到最后一个消息比特离开移位寄存器这段时间中，编码器的输出序列长度。换句话说，在输入kL位消息序列后还要符加kM个"0"来给移位寄存器清零。考虑到这一点，则编码器的有效码率比k/n降低一个分数倍数：

$$\left[\frac{k}{n}-\frac{kL}{n(L+M)}\right]\bigg/\frac{k}{n}=\frac{M}{L+M} \tag{10.1.16}$$

它称为速率损失系数。当L远大于M时，它趋于零。

我们知道，分组码分为系统分组码和非系统分组码。所谓系统分组码，是指消息比特经编码后集中于码字的高位。对于卷积码来说，也存在系统卷积码，在系统卷积码中每组n个比特输出中前k位是重复k个输入比特。例如，图10.1.5所示就是一个(2, 1, 3)系统卷积码编码器，其生成矩阵为

$$\boldsymbol{G}=\begin{pmatrix}11 & 01 & 00 & 01 & & & \\ & 11 & 01 & 00 & 01 & & \\ & & 11 & 01 & 00 & 01 & \\ & & & \ddots & & & \end{pmatrix}$$

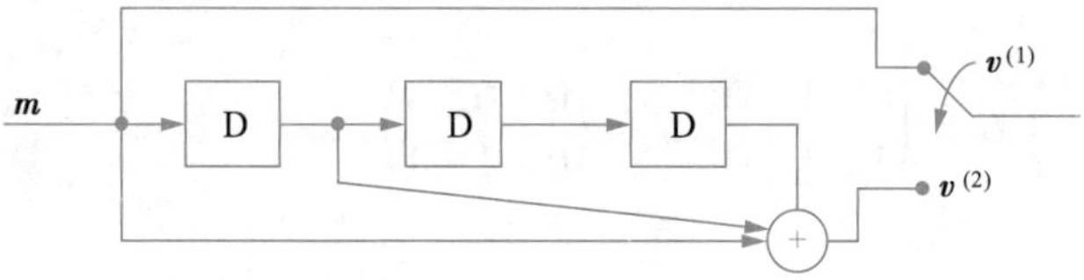

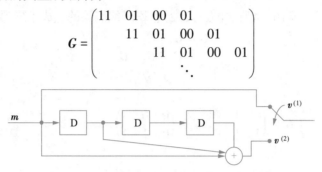

图10.1.5 一个(2,1,3)系统卷积码编码器

一般地，(n, k, M)系统卷积码编码器的生成矩阵有如下形式：

$$\boldsymbol{G}=\begin{pmatrix}I_kP_0 & O_kP_1 & O_kP_2 & \cdots & O_kP_M & & \\ & I_kP_0 & O_kP_1 & \cdots & O_kP_{M-1} & O_kP_M & \\ & & I_kP_0 & \cdots & O_kP_{M-2} & O_kP_{M-1} & OP_M \\ & & & \ddots & & & \end{pmatrix} \tag{10.1.17}$$

其中，$\boldsymbol{I}_k$为$k\times k$单位矩阵，$\boldsymbol{O}_k$为$k\times k$零矩阵，$\boldsymbol{P}_i(i=0, 1, 2, \cdots, M)$为$k\times(n-k)$矩阵。

2. 卷积码编码器的多项式描述

与线性分组码一样，可以通过利用延时算子x，把输入、输出序列用x的多项式来表示。于是，对于图10.1.3所示编码器来说，输入序列为

$$m^{(i)}(x)=m_0^{(i)}+m_1^{(i)}x+m_2^{(i)}x^2+\cdots \quad (i=1, 2) \tag{10.1.18}$$

输出序列为

$$v^{(j)}(x)=v_0^{(j)}+v_1^{(j)}x+v_2^{(j)}x^2+\cdots \quad (j=1, 2, 3) \tag{10.1.19}$$

冲激响应序列为

$$g_i^{(j)}(x)=g_{i0}^{(j)}+g_{i1}^{(j)}x+\cdots+g_{iM}^{(j)}x^M \quad (i=1, 2; j=1, 2, 3) \tag{10.1.20}$$

可更具体地把图10.1.3所示编码器的冲击响应表示为

$$\begin{aligned} &g_1^{(1)}(x)=1+x, \quad && g_2^{(1)}(x)=1 \\ &g_1^{(2)}(x)=x, && g_2^{(2)}(x)=1 \\ &g_1^{(3)}(x)=1+x, && g_2^{(3)}(x)=x \end{aligned} \tag{10.1.21}$$

编码方程为

$$\begin{aligned} v^{(1)}(x)&=m^{(1)}(x)g_1^{(1)}(x)+m^{(2)}(x)g_2^{(1)}(x) \\ v^{(2)}(x)&=m^{(1)}(x)g_1^{(2)}(x)+m^{(2)}g_2^{(2)}(x) \\ v^{(3)}(x)&=m^{(1)}(x)g_1^{(3)}(x)+m^{(2)}(x)g_2^{(3)}(x) \end{aligned} \tag{10.1.22}$$

用矩阵表示，则可写成

$$\left(v^{(1)}(x),v^{(2)}(x),v^{(3)}(x)\right)=\left(m^{(1)}(x),m^{(2)}(x)\right)\cdot \boldsymbol{G}(x) \tag{10.1.23}$$

其中

$$\boldsymbol{G}(x)=\begin{pmatrix} g_1^{(1)}(x) & g_1^{(2)}(x) & g_1^{(3)}(x) \\ g_2^{(1)}(x) & g_2^{(2)}(x) & g_1^{(3)}(x) \end{pmatrix} \tag{10.1.24}$$

很容易验证，由方程(10.1.23)产生的输出序列与由式(10.1.15)产生的结果一样。

10.1.2 卷积码的图形描述和重量计数

卷积码除了用矩阵、多项式等代数方法描述外，还可以用图形方式形象地描述，包括树图、网格图和状态转移图。在卷积码的概率译码中，图形描述是非常有用的，它帮助我们理解概率译码的算法和性能估计。

1. 卷积码的树图描述

若一个(n, k, M)卷积码编码器的输入序列是半无限长序列，它的输出序列也是半无限长序列。这种半无限的输入、输出编码过程可用半无限树图来描述。

下面以图10.1.2所示的(2, 1, 2)卷积码为例说明之。我们用寄存器中的内容来表示该时刻编码器的状态。由于本例中总共有两个寄存器，所以可能有4个状态，可以用

$$S_0=(00),S_1=(10),S_2=(01),S_3=(11)$$

标记这4个状态。假设编码器的初始状态为S_0，相继的输入序列为

$$\boldsymbol{m}=(m_0,m_1,m_2,\cdots)$$

在t时刻编码器的输出由该时刻编码器状态和输入数据所决定，同时当前时刻的状态和输入也决定了一下时刻的编码器状态。可以把整个编码过程用图10.1.6所示的编码树表示。

编码树从根节点S_0状态出发，输入$m_0=0$则树向上走一分支，若输入一个“1”则树向下走一分支，在每条分支上标有的2比特数字表示这时编码器输出的2位数据。若$m_0=0$，编码树走上面分支，输出(00)，进入状态S_0；若输入$m_0=1$，编码树相应走下面分支，输出(11)，进入S_1状态。当第二个信息数据m_1输入时编码器已处于S_0状态或S_1状态。若这时编码器处于S_0状态，则由$m_1=$“0”或“1”，编码器进入状态S_0或S_1状态，同时输出(00)或(11)；若m_1输入时编码器处于S_1状态，则由$m_1=$“0”或“1”，编码器进入S_2或S_3状态，同时输出(10)或(01)。如此继续，随着输入消息数据序列不断输入编码器，在编码树上从根节点出发，从一个节点走向下一个节点，演绎出一条路径。在组成路径的各分支上所标记的2位输出数据所组成的序列，就是编码器输出的码字序列。每一个输入消息数据序列对应唯一的一条路径，也就对应唯一的输出码字序列。例如，输入数据序列

$$\boldsymbol{m}=(1\,1\,0\,1\,0\,0\,0\cdots)$$

在图10.1.6所示的树图上对应一条用粗黑线画出的路径，相应的输出码序列为

$$\boldsymbol{v}=(11,01,01,00,10,11,00,\cdots)$$

一般地，对于(n, k, M)卷积码来说，从每个节点发出2^k条分支，每条分支上标有n比特编码输出数据，最多可能有2^{kM}种不同状态。

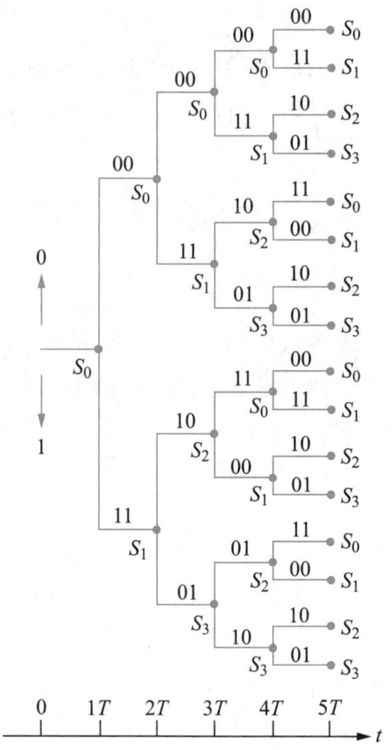

图 10.1.6　描述(2,1,2)卷积码的树图

2. 卷积码的网格图描述

对于树图来说,随着路径长度L的增加,终端分支数呈指数增长,所以对于大的L不可能画出编码树。同时,从图10.1.6看出,从树的每一层上,同类节点(也就是从同一状态生长出的子树)结构完全相同,因此可以把树的每一层上的同类节点归并压缩,例如图10.1.6所示的树图经压缩后,得到图10.1.7所示的网格图,它也是描述卷积编码的重要工具。图10.1.7所示的网格图在$t \geqslant 2T$后,只保留4个状态,每个状态根据输入数据为"0"或"1",转移到新的状态,同时输出2位输出码字比特。我们用实线和虚线分别表示相应输入数据为"0"和"1",在状态转移分支上所标的2比特数据为相应的输出码字比特。

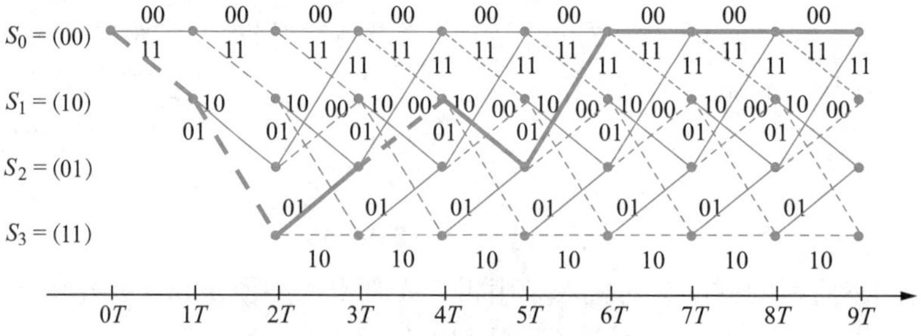

图 10.1.7　与(2,1,2)卷积码对应的网格图

若从$t=0$,状态S_0出发,输入序列为

$$\boldsymbol{m}=(11010000\cdots)$$

则在网格图中对应一条路径，用粗黑线标出，对应的状态转移序列为

$$S_0 \to S_1 \to S_3 \to S_2 \to S_1 \to S_2 \to S_0 \to S_0$$

输出码字序列为

$$\boldsymbol{v} = (11,01,01,00,10,11,00,00,00,\cdots)$$

因此，用网格图来描述卷积码与用树图来描述是等价的。

显然在 $t=0$ 时刻，从 S_0 出发可能有许多路径，但只有一条与输入序列 $\boldsymbol{m}$ 对应。这条路径称为正确路径，而所有其他路线称为错误路径。

对于一般的 (n, k, M) 卷积码编码器来说，它对应的网格图最多有 2^{kM} 个不同状态，从每个状态发出 2^k 条分支，每条分支上标有 n 比特输出码字。

3. 卷积码的状态图描述

实际上，卷积码编码器是一个有限状态机，因此可以用状态转移图来描述。同时，从网格图上也可以看到，网格图在时间上完全是重复的，如果把网格图在时间轴上进行归并和压缩，则可以得到状态转移图。例如，图10.1.8表示与图10.1.2所示(2, 1, 2)卷积码对应的状态转移图。图中4个状态分别用 S_0, S_1, S_2, S_3 表示。输入数据0所引起的状态转移用实线表示，输入数据"1"所引起的状态转移用虚线表示。状态转移线上标有的2比特数据，表示状态转移时所对应的输出码字比特。

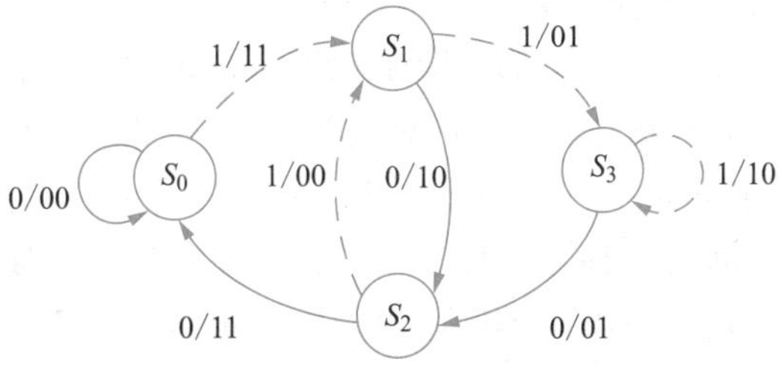

图10.1.8 与(2,1,2)卷积码对应的状态转移图

从 S_0 出发，由输入数据序列的 $\boldsymbol{m}$ 确定一个状态转移序列，得到一个相应的输出码字序列。对于 (n, k, M) 卷积码，最多可能有 2^{kM} 个状态，从每个状态出发，有 2^k 条分支转移到相应的下一个状态，每个转移分支上标有 n 比特输出码字数据。

例如，图10.1.3所示的(3, 2, 1)卷积码，其对应的状态转移图如图10.1.9所示。由于只有2只寄存器，所以状态数为 $2^2=4$，用 (D_1, D_2) 来标识状态，其中 D_1 是图10.1.3中上面那只寄存器存储的内容，D_2 为下面那只寄存器内容。从每个状态发出4条转移分支，每条转移分支上标有 $x_1x_2/y_1y_2y_3$，其中 x_1x_2 为输入的2位数据比特，$y_1y_2y_3$ 表示相应的3位输出比特。

假定编码器始于状态 S_0，则任何给定信息序列的码字都可以这样得到：沿着由信息序列所决定的状态图状态转移路径，记下每条转移分支上的输出数据，就可得到与输入消息序列对应的码字序列。如果给输入消息序列后面添加 M 个全零序列，就可使编码器返回到 S_0 状态。例如，图10.1.9所示的状态转移图，与输入序列

$$\boldsymbol{m} = (01,11,10,00,10,10)$$

其对应的输出为

$$\boldsymbol{v} = (110,010,011,111,101,010)$$

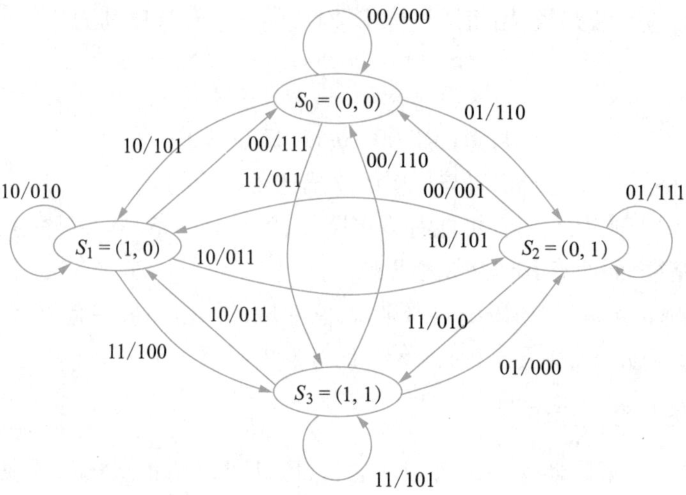

图10.1.9　与(3.2.1)卷积码对应的状态转移图

10.1.3　卷积码的重量计数

在线性分组码中，码字的重量分布对于分组码的性能有重要的影响；对于卷积码来说，输出码字的重量分布也有重要意义。码字的Hamming重量是指码字中“1”的个数。本节中我们利用修正的状态图对所有非零码字的Hamming重量分布作完整的描述。我们以图10.1.2所示的卷积码编码器为例，对它的状态图描述参见图10.1.8。我们把图10.1.8中的状态S_0分拆成起始状态S_0和终止状态e，同时把S_0状态上的自环删除，这样得到图10.1.10所示的修正状态转移图。在每个分支上标有分支增益D^i，i表示此分支上长度为n的输出序列的重量，即输出n个编码比特中“1”的数目。连接S_0和e的每一条路径都是从S_0状态出发离开S_0状态后，又首次回到S_0状态的路径，它代表一个非零码字。每条路径的总增益等于沿此路径的各分支增益之积，相应的码字重量等于路径增益中D的幂次。

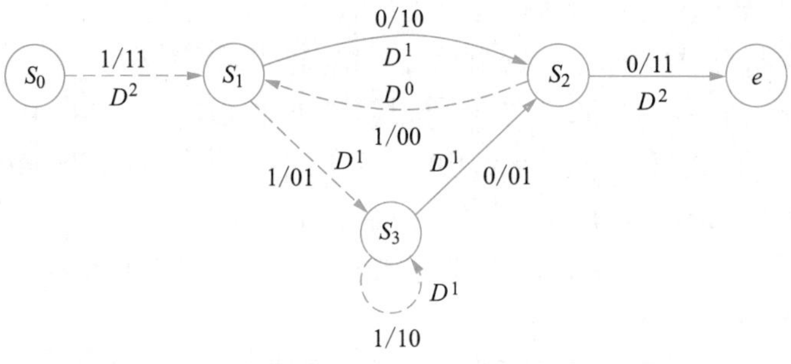

图10.1.10　修正状态转移图

例如，路径$S_0 \to S_1 \to S_3 \to S_3 \to S_2 \to e$的总增益为$D^2D^1D^1DD^2 = D^7$，说明相应的非零码字重量为7；又如，路径$S_0 \to S_1 \to S_2 \to S_1 \to S_3 \to S_3 \to S_2 \to e$的总增益为$D^2D^1D^0D^1D^1D^2 = D^8$，说明相应码字总重量为8。我们用状态变量$Z_0, Z_1, Z_2, Z_3, Z_e$分别表示从$S_0$出发，终止于$S_0, S_1, S_2, S_3$和$e$的所有路径增益和，则我们可以列出下面的状态变量方程：

$$Z_1 = D^2 Z_0 + Z_2 \quad (10.1.25a)$$

$$Z_2 = DZ_1 + DZ_3 \quad (10.1.25b)$$

$$Z_3 = DZ_1 + DZ_3 \quad (10.1.25c)$$

$$Z_e = D^2 Z_2 \quad (10.1.25d)$$

从状态变量方程可以解出生成函数 $T(D)$：

$$\begin{aligned} T(D) &= \frac{Z_e}{Z_0} = \frac{D^5}{1-D} \\ &= D^5(1 + 2D + 4D^2 + 8D^3 + \cdots + 2^l D^l + \cdots) \\ &= 1D^5 + 2D^6 + 4D^7 + 8D^8 + \cdots + 2^l D^{l+5} + \cdots \end{aligned} \quad (10.1.26)$$

生成函数 $T(D)$ 完全描述了所有始于 S_0，最后终于 S_0 而且中间不经过 S_0 的所有非零码字的重量分布，$T(D)$ 有时也称为重量计数生成函数。例如在本例中，所有始于 S_0，最后终于 S_0 而且中间不经过 S_0 的所有非零码字中，重量为5的码字有一个，重量为6的码字有2个，一般重量为 $l+5$ 的码字有 2^l 个。

如果在分支增益上添加其他的因子，还能获得非零码字的其他结构信息。例如在图10.1.11中，分支增益中因子 N^j 的指数 j 表示相应输入 k 比特消息的重量(输入数据中"1"的个数)，另外每个分支增益中增加一个因子 L，它表示1个分支长度。

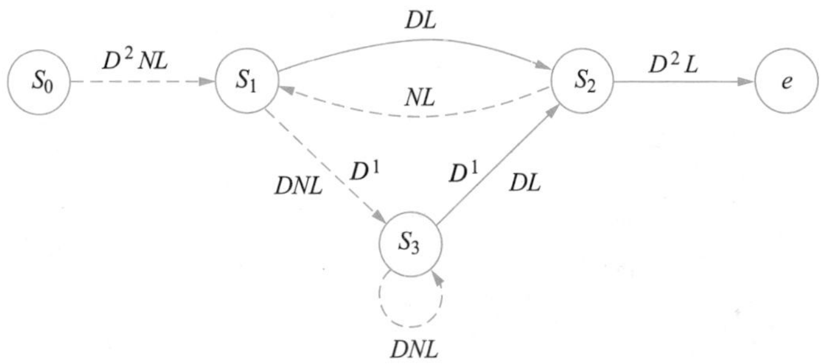

图10.1.11 含有输入消息重量、输出码字重量和分支长度信息的修正状态转移图

同样，可以列出方程

$$Z_1 = D^2 NLZ_0 + NLZ_2 \quad (10.1.27a)$$

$$Z_2 = DLZ_1 + DLZ_3 \quad (10.1.27b)$$

$$Z_3 = DNLZ_1 + DNLZ_3 \quad (10.1.27c)$$

$$Z_e = D^2 LZ_2 \quad (10.1.27d)$$

可以解出多元生成函数：

$$\begin{aligned} T(D,L,N) &= \frac{Z_e}{Z_1} = \frac{D^5 L^3 N}{1 - DL(1+L)N} \\ &= D^5 L^3 N + D^6 L^4 (1+L) N^2 + D^7 L^5 (1+L)^2 N^3 + \cdots \\ &\quad + D^{l+5} L^{l+3} (1+L)^l N^{l+1} + \cdots \end{aligned} \quad (10.1.28)$$

生成函数式(10.1.28)表明：只有一条路径重量为5，长度为3个分支，与全零消息序列有1比特不同；有2条重量为6的码字，长度分别为4和5个分支，与全零消息序列有2比特不同；等等。

10.1.4 恶性码

至今我们考虑过的卷积码，它们的码字重量生成函数可以写成如下形式：

$$T(D)=\sum_{i=d_{\text{free}}}^{\infty}a(i)D^{i} \tag{10.1.29}$$

其中，$a(i)$表示重量为i的码字数；d_{free}表示非零码字的最小重量，也称为卷积码的自由距离。对于正常的卷积码来说，对任何i，$a(i)$是有限数，表示只有有限个重量为i的码字。但也可能发生例外，像图10.1.12(a)所示的(2, 1, 2)卷积码编码器，其相应的修正状态转移图如图10.1.12(b)所示。从图10.1.12(b)可见，在状态S_3中有个自环，输出码字重量为零。所以路径$S_0 \to S_1 \to S_3 \to S_3 \to S_3 \to \cdots \to S_3 \to S_3 \to S_2 \to e$，不管在状态$S_3$上转了多少圈，所得码字序列重量总是6，也就是说重量为6的码字个数为无穷大。这时输入消息数据为111111…1100。因此，若对应的输出码字序列在信道上传输，如果恰巧在码字序列中6个“1”分量位置上出现了传输错误，则接收到的序列就是全零序列，显然这时译码器所恢复的消息序列为全零序列，于是就可能发生无穷多个比特错误。这是由该卷积码恶性差错传播所致。具有恶性码差错传播的卷积码称为恶性码。

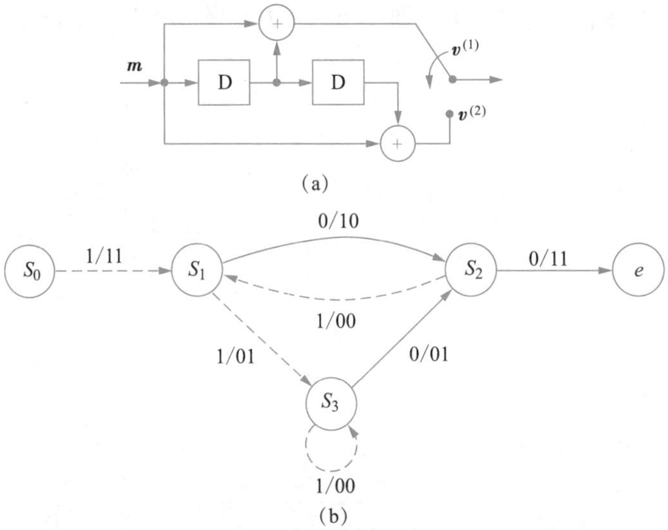

图10.1.12　恶性码的编码器和其修正状态转移图

从上面的例子清楚地看到，一个卷积码是恶性码的充要条件是状态图中存在一个重量为零的回路，但是S_0上的自环除外。对于速率为$1/n$的卷积码，马西(Massy)和塞恩(Sain)已证明一个码为非恶性码的充要条件是：存在某个$l \geqslant 0$，使

$$\text{GCD}\left[g^{(1)}(x),g^{(2)}(x),\cdots,g^{(n)}(x)\right]=x^{l} \tag{10.1.30}$$

其中，“GCD”表示后面方括号中多项式的最大公因式，$g^{(i)}(D)$是速率$1/n$卷积码编码器的冲击响应多项式。

例如，对于图10.1.2所示(2, 1, 2)卷积码，有

$$g^{(1)}(x)=1+x+x^{2} \tag{10.1.31a}$$

$$g^{(2)}(x)=1+x^{3} \tag{10.1.31b}$$

因为

$$\mathrm{GCD}\left[g^{(1)}(x),g^{(2)}(x)\right]=\mathrm{GCD}\left[1+x+x^2,1+x^2\right]=x^0 \tag{10.1.32}$$

所以图10.1.2所示(2, 1, 2)卷积码是非恶性码。而对于图10.1.12(a)所示卷积码,有

$$g^{(1)}(x)=1+x \tag{10.1.33a}$$

$$g^{(2)}(x)=1+x^2 \tag{10.1.33b}$$

由于

$$\mathrm{GCD}\left[1+x,1+x^2\right]=1+x \tag{10.1.34}$$

所以它对应的是一个恶性码。从这个充要条件也可知任何系统卷积码一定是非恶性的。

§10.2 卷积码的Viterbi译码算法

自从伊莱亚斯(Elias)提出卷积码概念后,已发展了多种译码算法。译码算法可以分成两大类,即代数译码和概率译码,但目前使用最广泛的是概率译码,其中的Viterbi译码算法最为著名。1967年Viterbi引入了一种卷积码的译码算法[3],后来在1969年Omura证明Viterbi算法实际上等价于在加权图上求最短路径的正向动态规划解[4]。1973年Forney认识到Viterbi算法就是卷积码的最大似然译码算法,也就是一种最佳的译码算法[5]。

由于Viterbi算法是一种在某种意义上跟踪离散马尔可夫(Markov)过程状态的算法,因此Viterbi算法除了在卷积码译码以外还有许多其他的应用。例如,在码间干扰信道上最佳解调、多用户干扰检测、部分响应CPFSK最佳解调等方面有应用。

在Viterbi算法刚提出不久,许多人对于该算法的实用性提出怀疑。在当时电子技术条件下要实现有实用价值的Viterbi译码算法是困难的,但随着微电子技术的突飞猛进,Viterbi译码的复杂性已不是一个困难问题了,现在许多电子设备中已采用了Viterbi译码算法。

10.2.1 分支度量、路径度量和最大似然译码

考虑图10.1.2所示的(2, 1, 2)卷积码,它的生成多项式矩阵为

$$\boldsymbol{G}(x)=(1+x+x^2,1+x^2)$$

相应的网格图如图10.2.1所示。

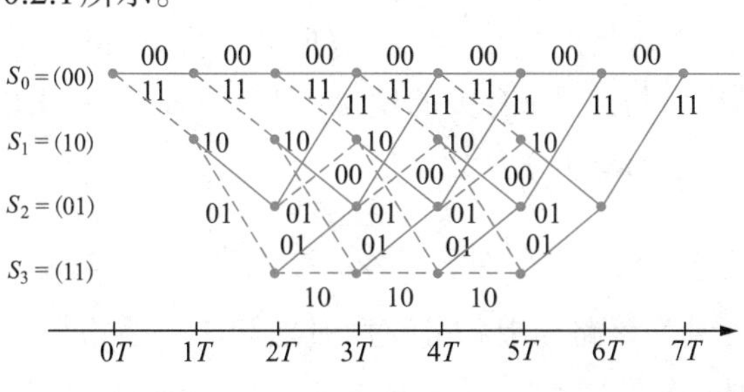

图10.2.1 (2,1,2)卷积码对应的部分网格图

在图10.2.1中信息序列长度$L=5$,在网格图上有$L+M+1=8$个时间点。假定编码器状态从S_0起始,并回到S_0。前面M个时刻,对应于起始阶段,而最后M个时刻相对

于译码器返回S_0状态。在起始M个时刻和结束M个时刻中，不是每个状态都是可达到的。在网格图其余（中间）部分，每个状态都能成为起始态，也能成为终止态，所以在这个阶段每个状态发出2条分支，同时有2条分支终止于每个状态。对于一般的(n,k,M)卷积码，则有2^k条分支从每个状态发出，也有2^k条分子终止于每个状态。

现假定长度为kL的消息序列

$$\boldsymbol{m}=(\boldsymbol{m}_0,\boldsymbol{m}_1,\cdots,\boldsymbol{m}_{L-1}) \tag{10.2.1}$$

其中，$\boldsymbol{m}_i\in\{0,1\}^k(i=0,1,\cdots,L-1)$是长度为$k$的二元序列，相应地编成长度为$N=n(L+M)$比特的码字

$$\boldsymbol{v}=(\boldsymbol{v}_0,\boldsymbol{v}_1,\cdots,\boldsymbol{v}_{L+M-1}) \tag{10.2.2}$$

其中，$\boldsymbol{v}_j\in\{0,1\}^n,j=0,1,\cdots,L+M-1$。

这个二元码字序列$\boldsymbol{v}$经过信道传输，接收到的序列为

$$\boldsymbol{r}=(\boldsymbol{r}_0,\boldsymbol{r}_1,\cdots,\boldsymbol{r}_{L+M-1}) \tag{10.2.3}$$

其中，$\boldsymbol{r}_j\in\mathcal{Y}\mathcal{Y}^n$，$\mathcal{Y}$为接收字符表，对于二元硬判决信道，有

$$\mathcal{Y}=Y\{0,1\}$$

对于软判决信道，如用$|\mathcal{Y}|$表示集合$\mathcal{Y}$的元素数，则

$$|\mathcal{Y}|>2$$

也就是说，信道输出字符表的字符数大于输入字符表字符数。若是无量化的高斯信道，则$\mathcal{Y}=\mathbf{R}$，$\mathbf{R}$为实数集合。

对于离散无记忆信道来说，在接收到$\boldsymbol{r}$时，发送序列$\boldsymbol{v}$的似然函数为

$$P(\boldsymbol{r}|\boldsymbol{v})=\prod_{i=0}^{L+M-1}P(\boldsymbol{r}_i|\boldsymbol{v}_i) \tag{10.2.4}$$

相应的对数似然函数为

$$\lg P(\boldsymbol{r}|\boldsymbol{v})=\sum_{i=0}^{L+M-1}\lg P(\boldsymbol{r}_i|\boldsymbol{v}_i) \tag{10.2.5}$$

采用最大似然译码算法，要求在所有可能的码字序列中选取一条使似然函数式(10.2.5)极大的码字序列作为发送码字序列的估计，如果记这最大似然估计码字序列为$\hat{\boldsymbol{v}}$，则

$$\hat{\boldsymbol{v}}=\arg\max_{v\in\mathcal{V}}\lg P(\boldsymbol{r}|\boldsymbol{v}) \tag{10.2.6}$$

其中，$\mathcal{V}$表示从S_0出发、所有长度为$L+M$、最终回到S_0状态的码字序列集合。

我们把$\lg P(\boldsymbol{r}|\boldsymbol{v})$称为与路径$\boldsymbol{v}$有关的度量，记为$\lambda(\boldsymbol{r}|\boldsymbol{v})$，称和式(10.2.5)中每一分量$\lg P(\boldsymbol{r}_i|\boldsymbol{v}_i)$为分支度量，记为$\lambda(\boldsymbol{r}_i|\boldsymbol{v}_i)$，所以

$$\lambda(\boldsymbol{r}|\boldsymbol{v})=\sum_{i=0}^{L+M-1}\lambda(\boldsymbol{r}_i|\boldsymbol{v}_i) \tag{10.2.7}$$

表示一条路径上的度量为该路径上各分支度量之和。一条路径前l个分支所构成的部分路径度量可表示为

$$\lambda\left[(\boldsymbol{r}|\boldsymbol{v})_0^{l-1}\right]=\sum_{i=0}^{l-1}\lambda(\boldsymbol{r}_i|\boldsymbol{v}_i) \tag{10.2.8}$$

不同的传输信道，其分支度量和路径度量的含义不同。

1. 硬判决信道

对于硬判决信道而言,其接收序列也是二元序列。对图10.2.2所示的二元对称信道,有

$$P(\boldsymbol{r}_i|\boldsymbol{v}_i)=p^{d_i}(1-p)^{n-d_i} \tag{10.2.9}$$

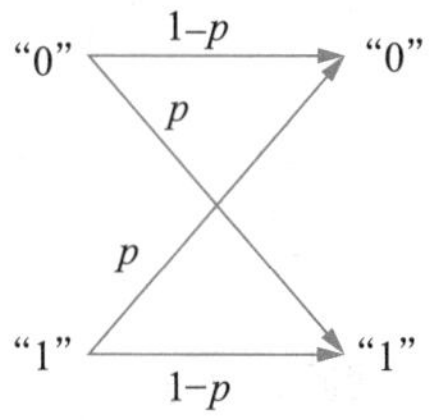

图10.2.2 二元对称信道

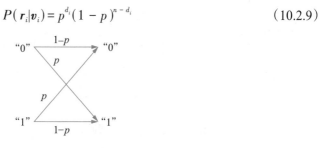

其中,d_i表示$\boldsymbol{r}_i$和$\boldsymbol{v}_i$之间的Hamming距离,也就是分支上码字分组与$\boldsymbol{r}_j$的Hamming距离。这时分支度量为

$$\lambda(\boldsymbol{r}_i|\boldsymbol{v}_i)=d_i\lg\frac{p}{1-p}+n\lg(1-p) \tag{10.2.10}$$

由于$\lg\dfrac{p}{1-p}$和$n\lg(1-p)$都是和$\boldsymbol{v}_i$无关的常数,可以分别记为α和β,所以

$$\lambda(\boldsymbol{r}_i|\boldsymbol{v}_i)=\alpha d_i+\beta \tag{10.2.11}$$

注意,一般$p<1/2$,所以α为负数,因此路径度量为

$$\lambda(\boldsymbol{r}|\boldsymbol{v})=\sum_{i=0}^{L+M-1}\lambda(\boldsymbol{r}_i|\boldsymbol{v}_i)=\alpha\sum_{i=0}^{L+M-1}d_i+\beta(L+M) \tag{10.2.12}$$

这时最大似然译码要求在所有可能的路径中选取一条与接收序列Hamming总距离$\sum\limits_{i=0}^{L+M-1}d_i$最小的路径为发送序列。

2. 软判决信道

对于如图10.2.3所示的二元输入加性白高斯噪声(AWGN)信道,电平转换器的功能是:

$$\text{“0”}\rightarrow\sqrt{E},\quad \text{“1”}\rightarrow-\sqrt{E}$$

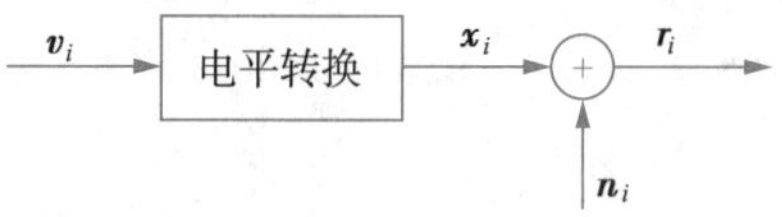

图10.2.3 二元输入AWGN信道

经过电平转换后,卷积码编码器输出分支序列转换成

$$\boldsymbol{v}_i=(v_{i1},v_{i2},\cdots,v_{in})\rightarrow\boldsymbol{x}_i=(x_{i1},x_{i2},\cdots,x_{in})\sqrt{E} \tag{10.2.13}$$

其中,$x_{ij}=\pm1,\ j=1,2,\cdots,n$。

接收序列为

$$\boldsymbol{r}_i=\boldsymbol{x}_i+\boldsymbol{n}_i=(x_{i1}+n_{i1},x_{i2}+n_{i2},\cdots,x_{in}+n_{in}) \tag{10.2.14}$$

其中，$\boldsymbol{n}_i=(n_{i1},n_{i2},\cdots,n_{in})$是分量为独立、同分布高斯变量$N(0,\sigma_n^2)$的$n$维矢量，所以

$$P(\boldsymbol{r}_i|\boldsymbol{v}_i)=P(\boldsymbol{r}_i|\boldsymbol{x}_i)=\prod_{j=1}^{n}\frac{1}{\sqrt{2\pi}\,\sigma_n}\exp\left[-\frac{(r_{ij}-x_{ij}\sqrt{E})^2}{2\sigma_n^2}\right] \tag{10.2.15}$$

$$\lambda(\boldsymbol{r}_i|\boldsymbol{v}_i)=\lg P(\boldsymbol{r}_i|\boldsymbol{v}_i)=\sum_{j=1}^{n}\left[-\frac{(r_{ij}-x_{ij}\sqrt{E})^2}{2\sigma_n^2}+\lg\frac{1}{\sqrt{2\pi}\,\sigma_n}\right]=C\sum_{j=1}^{n}r_{ij}x_{ij}+D \tag{10.2.16}$$

其中，C和D是与$\boldsymbol{v}_j$无关的常数，$C>0$。这时路径度量为

$$\lambda(\boldsymbol{r}|\boldsymbol{v})=C\sum_{i=0}^{L+M-1}\sum_{j=1}^{n}r_{ij}x_{ij}+D(L+M) \tag{10.2.17}$$

最大似然译码要求选择一条与接收序列互相关最大的路径作为发送路径。

10.2.2 Viterbi译码算法

从10.2.1节可知，最大似然译码要求在网格图上所有可能的路径中选一条具有最大路径度量的路，当消息序列长度为L时，可能的路径数目有2^L条，于是随着路径长度L的增加，可能的路径数以指数增加。若对每条可能路径计算相应的路径度量，然后比较它的大小，选取其中最大者，显然是不实用的。考察图10.2.1所示的网格图，可以看到，如果从S_0状态出发的2条路径，在某一状态汇合，而且以后这2条路径一直合在一起，由于复合部分分支对于路径度量的贡献是相同的，所以在汇合点上就可以删除这2条路径中前面部分路径度量较小的那一条。因而在任何时刻，对进入每一状态的所有路径只需保留其中一条具有最大部分路径度量的路径，这条被保留的路径称为幸存路径。由于卷积码的状态数为2^M，所以在任何时刻，译码器最多仅需保存2^M条幸存路径，同时保存这2^M条幸存路径所对应的路径度量。

例10.2.1 对于图10.2.1网格图所描述的(2,1,2)卷积码，若接收到的二元对称信道输出序列为$\boldsymbol{r}=(00,01,10,00,00,00,00)$，则从网格图中选一条最大似然路径。

重新画出网格图，如图10.2.4所示。现在分支上所标的数字是接收序列与编码器输出分支序列之间的Hamming距离，网格图上节点圆中的数字表示到达该状态幸存路径的部分路径度量。

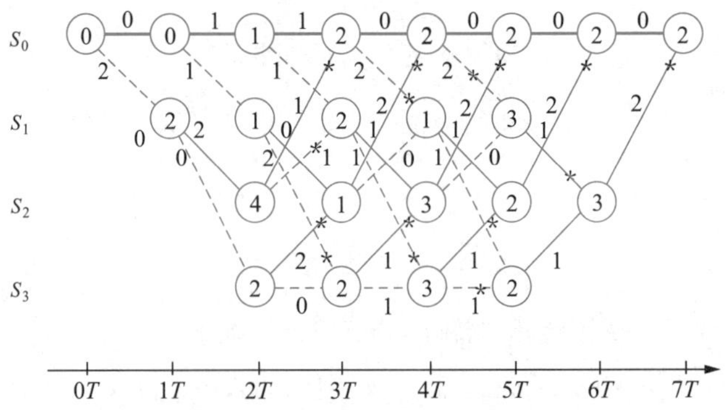

图10.2.4 Viterbi算法的示意说明

在2T时刻以后，每个状态都有2条路径进入，每条路径的部分路径度量都等于前一时刻出发状态的幸存路径度量与相应分支度量之和，比较这两个和，取其中较小的为幸

存路径值，对应的路径为幸存路径，并把幸存路径值和幸存路径存储在相应的寄存器中。例如，在$t=4T$时刻进入S_0状态的路径有两条，一条是从$t=3T$时刻状态S_0通过一条分支度量为0的分支进入，另一条是从$t=3T$时刻状态S_2通过一条分支度量为2的分支进入。这两条路径的部分路径度量分别为2和3，取其中较小者对应的路径为幸存路径，同时记下该时刻到达S_0状态的幸存路径值2（如果两条路径的部分路径度量相等，则任意保留其中一条）。对于$t=4T$时刻的其他状态S_1,S_2,S_3也如法炮制，然后把时刻推进到$t=5T$。最后到$t=7T$时刻，选出一条幸存路径为

$$S_0\to S_0\to S_0\to S_0\to S_0\to S_0\to S_0$$

也就是说判定发送的是全零序列：

$$\boldsymbol{m}=(0,0,0,0,0,0,0)$$

例10.2.2 一个(3,1,2)卷积码的生成多项式矩阵为

$$\boldsymbol{G}(x)=(1+x,1+x^2,1+x+x^2)$$

它的网格图如图10.2.5所示，消息序列的长度为$L=5$，假定接收到的序列为

$$\boldsymbol{r}=(110,110,110,111,010,101,101)$$

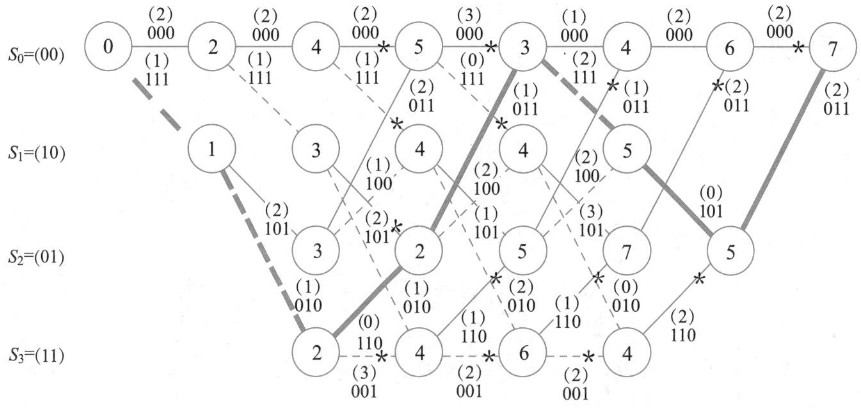

图10.2.5 (3,1,2)卷积码的Viterbi译码过程

在每条分支上括号中的数字表示接收序列与编码器分支输出序列之间的Hamming距离，最终幸存路径为

$$\hat{\boldsymbol{v}}=(111,010,110,011,111,101,011)$$

相应的消息序列为

$$\hat{\boldsymbol{m}}=(1,1,0,0,1,0,0)$$

10.2.3 作为前向动态规划解的Viterbi算法

在本节中以$(n,1,M)$卷积码为例，说明Viterbi算法正是在加权网格图上寻找最短路径的前向动态规划解。

令卷积码编码器输入序列为

$$\boldsymbol{m}=(m_0,m_1,m_2,\cdots) \tag{10.2.18}$$

其中，$m_i\in\{0,1\}$。编码器具有M个寄存器，在$t=kT$时刻编码器状态为

$$\boldsymbol{\sigma}_k=(m_{k-1},m_{k-2},\cdots,m_{k-M}),m_i\in\{0,1\}^M \tag{10.2.19}$$

所以可能状态数为2^M。在kT时刻编码器输出n比特的码字与该时刻编码器的状态$\boldsymbol{\sigma}_k$和输入数据m_k有关，所以可写为

$$\boldsymbol{v}_k = f(m_k, \boldsymbol{\sigma}_k) = f(m_k, m_{k-1}, \cdots, m_{k-M}) \tag{10.2.20}$$

同时在输入数据m_k后，编码器状态从$\boldsymbol{\sigma}_k$转移到$\boldsymbol{\sigma}_{k+1}$。

我们知道路径度量和分支度量的关系为

$$\begin{aligned}\lambda(\boldsymbol{r}|\boldsymbol{v}) &= \sum_{i=0}^{L+M-1} \lambda(\boldsymbol{r}_i|\boldsymbol{v}_i) \\ &= \sum_{i=0}^{L+M-1} \lambda\left[\boldsymbol{r}_i | f(m_i, m_{i-1}, \cdots, m_{i-M})\right]\end{aligned} \tag{10.2.21}$$

如果限定路径起始于全零状态，最后终止于全零状态，这相当于给定了输入消息序列的初始条件和终止条件：

$$\begin{gathered} m_{-M} = m_{-M+1} = \cdots = m_{-1} = 0 \\ m_L = m_{L+1} = \cdots = m_{L+M-1} = 0 \end{gathered}$$

于是最大似然译码问题，就是在网格图上寻找一条满足初始和终止条件的路径：

$$(\underbrace{0,0,\cdots,0}_{M}, \underbrace{m_0, m_1, \cdots, m_{L-1}}_{L}, \underbrace{0,\cdots,0}_{M})$$

使得路径度量值最大：

$$J = \max_{\{m_j\}_0^{L-1}} \sum_{i=0}^{L+M-1} \lambda\left[\boldsymbol{r}_i | f(m_i, m_{i-1}, \cdots, m_{i-M})\right] \tag{10.2.22}$$

定义

$$\begin{aligned} J_k(\sigma_k) &= J_k(m_{k-1}, m_{k-2}, \cdots, m_{k-M}) \\ &= \max_{\{m_j\}_0^{k-M-1}} \left\{\sum_{i=0}^{k-1} \lambda\left[\boldsymbol{r}_i | f(m_i, m_{i-1}, \cdots, m_{i-M})\right]\right\} \end{aligned} \tag{10.2.23}$$

表示零时刻从全零状态出发，在第k时刻到达状态$\sigma_k = (m_{k-1}, m_{k-2}, \cdots, m_{k-M})$的幸存路径所对应的部分路径度量值。递归计算步骤如下：

$$\begin{aligned} J_{k+1}(\sigma_{k+1}) &= J_{k+1}(m_k, m_{k-1}, \cdots, m_{k-M+1}) \\ &= \max_{\{m_j\}_0^{k-M}} \left\{\sum_{i=0}^{k} \lambda\left[\boldsymbol{r}_i | f(m_i, m_{i-1}, \cdots, m_{i-M})\right]\right\} \\ &= \max_{m_{k-M}} \max_{\{m_j\}_0^{k-M-1}} \left\{\sum_{i=0}^{k-1} \lambda\left[\boldsymbol{r}_i | f(m_i, m_{i-1}, \cdots, m_{i-M})\right] + \lambda\left[\boldsymbol{r}_k | f(m_k, m_{k-1}, \cdots, m_{k-M})\right]\right\} \\ &= \max_{m_{k-M}} \left\{J_k(m_{k-1}, m_{k-2}, \cdots, m_{k-M}) + \lambda\left[\boldsymbol{r}_k | f(m_k, m_{k-1}, \cdots, m_{k-M})\right]\right\} \\ &= \max\left\{J_k(m_{k-1}, m_{k-2}, \cdots, m_{k-M+1}, 0) + \lambda\left[\boldsymbol{r}_k | f(m_k, m_{k-1}, \cdots, m_{k-M+1}, 0)\right],\right. \\ &\qquad \left. J_k(m_{k-1}, m_{k-2}, \cdots, m_{k-M+1}, 1) + \lambda\left[\boldsymbol{r}_k | f(m_k, m_{k-1}, \cdots, m_{k-M+1}, 1)\right]\right\} \end{aligned} \tag{10.2.24}$$

初始条件为

$$J_0(\sigma_0 = 0) = J_0\left[\sigma_0 = (0, 0, \cdots, 0)\right] = 0 \tag{10.2.25a}$$

$$J_0(\sigma_0 \neq 0) = -\infty \tag{10.2.25b}$$

于是对式(10.2.24)进行递归计算，从$k = 0$计算到$k = L + M - 1$。

例10.2.3 利用动态规划算法计算例10.2.2的最大似然译码。对于二进制对称信道来说最大似然译码等效于最小Hamming距离译码，所以应该把式(10.2.22)、式(10.2.23)和式(10.2.24)的极大值(max)改为极小值(min)，同时$\lambda(\boldsymbol{r}_i,\boldsymbol{v}_i)=d_{\mathrm{H}}(\boldsymbol{r}_i,\boldsymbol{v}_i)$，初始条件改成$J_0(\sigma_0\neq 0)=\infty$。在本例中$M=2$，所以可能状态数为4，分别记为(00)，(10)，(01)，(11)。在时刻k，编码器状态$\sigma_k\in\{(00),(10),(01),(11)\}$，在译码过程中每个状态设置两只存储器，分别存储在时刻k到达该状态的幸存路径和它对应的路径值。初始条件为

$$J_0(00)=0,\ J_0(10)=\infty,\ J_0(01)=\infty,\ J_0(11)=\infty$$

在时刻k的计算结果如下：

时刻k $\qquad J_{k+1}(\sigma_{k+1}) \qquad \sigma_k^*$

$k=0$：

$$J_1(00)=\min\begin{cases}J_0(00)+\lambda\left[\boldsymbol{r}_0|f(000)\right]=2\\J_0(01)+\lambda\left[\boldsymbol{r}_0|f(001)\right]=\infty\end{cases}=2 \qquad (00)$$

$$J_1(10)=\min\begin{cases}J_0(00)+\lambda\left[\boldsymbol{r}_0|f(100)\right]=1\\J_0(01)+\lambda\left[\boldsymbol{r}_0|f(101)\right]=\infty\end{cases}=1 \qquad (00)$$

$$J_1(01)=\min\begin{cases}J_0(10)+\lambda\left[\boldsymbol{r}_0|f(010)\right]=\infty\\J_0(11)+\lambda\left[\boldsymbol{r}_0|f(011)\right]=\infty\end{cases}=\infty$$

$$J_1(11)=\min\begin{cases}J_0(10)+\lambda\left[\boldsymbol{r}_0|f(110)\right]=\infty\\J_0(11)+\lambda\left[\boldsymbol{r}_0|f(111)\right]=\infty\end{cases}=\infty$$

$k=1$： $\qquad \sigma_k^*$

$$J_2(00)=\min\begin{cases}J_1(00)+\lambda\left[\boldsymbol{r}_1|f(000)\right]=4\\J_1(01)+\lambda\left[\boldsymbol{r}_1|f(001)\right]=\infty\end{cases}=4 \qquad (00)$$

$$J_2(10)=\min\begin{cases}J_1(00)+\lambda\left[\boldsymbol{r}_1|f(100)\right]=3\\J_1(01)+\lambda\left[\boldsymbol{r}_1|f(101)\right]=\infty\end{cases}=3 \qquad (00)$$

$$J_2(01)=\min\begin{cases}J_1(10)+\lambda\left[\boldsymbol{r}_1|f(010)\right]=3\\J_1(11)+\lambda\left[\boldsymbol{r}_1|f(011)\right]=\infty\end{cases}=3 \qquad (10)$$

$$J_2(11)=\min\begin{cases}J_1(10)+\lambda\left[\boldsymbol{r}_1|f(110)\right]=2\\J_1(11)+\lambda\left[\boldsymbol{r}_1|f(111)\right]=\infty\end{cases}=2 \qquad (10)$$

$k=2$：

$$J_3(00)=\min\begin{cases}J_2(00)+\lambda\left[\boldsymbol{r}_2|f(000)\right]=6\\J_2(01)+\lambda\left[\boldsymbol{r}_2|f(001)\right]=5\end{cases}=5 \qquad (01)$$

$$J_3(10)=\min\begin{cases}J_2(00)+\lambda\left[\boldsymbol{r}_2|f(100)\right]=5\\J_2(01)+\lambda\left[\boldsymbol{r}_2|f(101)\right]=4\end{cases}=4\qquad(01)$$

$$J_3(01)=\min\begin{cases}J_2(10)+\lambda\left[\boldsymbol{r}_2|f(010)\right]=5\\J_2(11)+\lambda\left[\boldsymbol{r}_2|f(011)\right]=2\end{cases}=2\qquad(11)$$

$$J_3(11)=\min\begin{cases}J_2(10)+\lambda\left[\boldsymbol{r}_2|f(110)\right]=4\\J_2(11)+\lambda\left[\boldsymbol{r}_2|f(111)\right]=5\end{cases}=4\qquad(10)$$

$k=3$：

$$J_4(00)=\min\begin{cases}J_3(00)+\lambda\left[\boldsymbol{r}_3|f(000)\right]=8\\J_3(01)+\lambda\left[\boldsymbol{r}_3|f(001)\right]=3\end{cases}=3\qquad(01)$$

$$J_4(10)=\min\begin{cases}J_3(00)+\lambda\left[\boldsymbol{r}_3|f(100)\right]=5\\J_3(01)+\lambda\left[\boldsymbol{r}_3|f(101)\right]=4\end{cases}=4\qquad(01)$$

$$J_4(01)=\min\begin{cases}J_3(10)+\lambda\left[\boldsymbol{r}_3|f(010)\right]=5\\J_3(11)+\lambda\left[\boldsymbol{r}_3|f(011)\right]=5\end{cases}=5\qquad(10)$$

$$J_4(11)=\min\begin{cases}J_3(10)+\lambda\left[\boldsymbol{r}_3|f(110)\right]=6\\J_3(11)+\lambda\left[\boldsymbol{r}_3|f(111)\right]=6\end{cases}=6\qquad(10)$$

$k=4$：

$$J_5(00)=\min\begin{cases}J_4(00)+\lambda\left[\boldsymbol{r}_4|f(000)\right]=4\\J_4(01)+\lambda\left[\boldsymbol{r}_4|f(001)\right]=6\end{cases}=4\qquad(00)$$

$$J_5(10)=\min\begin{cases}J_4(00)+\lambda\left[\boldsymbol{r}_4|f(100)\right]=5\\J_4(01)+\lambda\left[\boldsymbol{r}_4|f(101)\right]=7\end{cases}=5\qquad(00)$$

$$J_5(01)=\min\begin{cases}J_4(10)+\lambda\left[\boldsymbol{r}_4|f(010)\right]=7\\J_4(11)+\lambda\left[\boldsymbol{r}_4|f(011)\right]=7\end{cases}=7\qquad(10)$$

$$J_5(11)=\min\begin{cases}J_4(10)+\lambda\left[\boldsymbol{r}_4|f(110)\right]=4\\J_4(11)+\lambda\left[\boldsymbol{r}_4|f(111)\right]=8\end{cases}=4\qquad(10)$$

$k=5$，由终止条件$m_5=m_6=0,\sigma_6=(m_5,m_4)$仅可取$(0,0)$和$(0,1)$：

$$J_6(00)=\min\begin{cases}J_5(00)+\lambda\left[\boldsymbol{r}_5|f(000)\right]=6\\J_5(01)+\lambda\left[\boldsymbol{r}_5|f(001)\right]=9\end{cases}=6\qquad(00)$$

$$J_6(01)=\min\begin{cases}J_5(10)+\lambda\left[\boldsymbol{r}_5|f(010)\right]=5\\J_5(11)+\lambda\left[\boldsymbol{r}_5|f(011)\right]=6\end{cases}=5\qquad(10)$$

$k=6$，由终止条件，σ_6 仅可取(00)：

$$J_7(00)=\min\begin{cases}J_6(00)+\lambda\left[\boldsymbol{r}_6|f(000)\right]=8\\J_6(01)+\lambda\left[\boldsymbol{r}_6|f(001)\right]=7\end{cases}\qquad(01)$$

通过回溯，求得最优路径为

$$(00)\xrightarrow{1}(10)\xrightarrow{1}(11)\xrightarrow{0}(01)\xrightarrow{0}(00)\xrightarrow{1}(10)\xrightarrow{0}(01)\xrightarrow{0}(00)$$

10.2.4 实现Viterbi译码算法的一些具体考虑

在10.2.2节和10.2.3节中已经介绍了Viterbi译码算法的基本原理，但在实现Viterbi算法中还存在一些具体问题，如译码器存储问题、路径存储的截断问题、分支度量的量化精度问题和译码器的同步问题等。

1. 译码器存储

由于编码器状态图中有 2^M 个状态，对每个状态必须提供存储器来寄存幸存路径及其度量。由于状态数随 M 指数增长，所以一般当 M 取10左右时，被认为是相当大了，再大的 M 被认为是不合适的。由于卷积码中的 M 相当于分组码中的码长，由信道编码定理知道当码速小于信道容量时，可以让码长增大而使误码率趋于零，在卷积码中增大 M 也可使误码率降低。由于 M 不能取得很大，所以Viterbi算法不可能做得使错误概率任意小。大多数情况下，大约7dB的编码增益和 10^{-6} 错误概率被认为是实际的极限。当然错误概率的精确值取决于码的速率、自由距离、信道信噪比和解调器输出量化电平数。

2. 路径存储的截断

正如前面介绍的，标准的算法要求路径都回到初始零状态，才能最后判决出最优路径，这要求在传输中最后添加 M 个“0”。于是使得传输速率损失了 $M/(L+M)$。这是一种浪费。虽然增加 L 值可以减小这种资源的损失，但采用较大 L 的困难在于每个状态用于寄存幸存路径和其度量的存储器大小随着 L 正比增大，对于很大的 L，这显然是不实际的。另外 L 增大也使译码延时增大，所以必须采用办法，作一些折中处理。

通常的办法是截短译码器的路径存储，即对每条幸存路径只寄存其最近的 τ 个消息数据，其中 $\tau\ll L$。译码器处理了接收序列的前 τ 组数据后，译码存储器就满了。这时就必须作出强制性判决，确定第一个消息数据比特，并作为译码器最终判决输出，然后从存储器中删除第一个消息数据比特，腾出空间以暂存新来到的幸存数据比特。如此过程重复进行。

在任何 k 时刻($k\geqslant\tau$)，强制性判决可以有下面3种可能的方式：

(1) 在 2^M 条幸存路径中，任选一条，并认为该条路径中第 $k-\tau$ 时刻(即回退 τ 时刻)的消息数据为译码输出比特；

(2) 在 2^M 个可能的第 $k-\tau$ 时刻消息数据中选一个出现次数最多的数据为译码比特；

(3) 在 k 时刻的 2^M 条幸存路径中，具有最大部分路径度量的那一条的第 $k-\tau$ 时刻消息数据作为译码比特。

若采用以上3种强制截短的方式来译码，显然已不再是最大似然译码了，它们的性能要差于最大似然译码。但很容易想到，一般来说一条路径与正确路径分离的跨度越大，则这条路径在分离跨度上积累的路径度量会越小，于是一旦该路径与正确路径复合，则以很高概率被淘汰。也就是说，在译码过程中与正确路径分离跨度很大的不正确路径作为幸存路径的概率很小。经验和分析表明，若τ是编码器存储器数目M的5倍或更多，则在k时刻的所有2^M条幸存路径，实际上至迟在第$k-\tau$时刻，就已经合并成一条。所以对于这3种强制性判决方法，性能没有多少差异，与最大似然译码差别也不大。每个状态用于寄存幸存路径的存储器容量需要为$k\tau$比特。

3. 译码器的同步

在前面介绍的Viterbi算法中，总是假定译码器开始工作时编码器的工作状态处于S_0，因而译码器把S_0对应的寄存器初始化为零，而其他状态寄存器初始化为∞。事实上，译码器不是总能和编码器同步工作的，开始工作时译码器不知道编码器当时所处的状态。译码器可能从一个未知的编码状态开始工作，或者说译码器在某时刻开始工作时，编码状态可能是2^M状态中的任何一个。这时译码器的所有状态寄存器，必须都初始化为零。因而每个状态下的幸存路径不是起始于同一个起始状态，而是起始于2^M个不同初态。Forney证明，大约经过$5M$个分支后这些幸存路径就会汇合。在采用截断路径存储译码器中，开始的$5M$个判决是不可靠的，通常可以丢弃，大约$5M$个分支后，初始状态失步的影响可以忽略不计，以后的判决可认为是正确的。

Viterbi译码还要求位同步，也就是说译码器必须知道相继收到的n个接收符号中，哪一个是分支上第一个符号。一般在正确的位同步条件下，正确路径的度量明显比其他幸存路径大，如果位同步不正确，则所有的幸存路径的度量没有明显差别，所以如果译码工作一段时刻后，发现幸存路径的度量没有明显差别，就及时改变位同步假定，重新译码，直到获得正确位同步为止。

4. 分支度量的量化精度

我们知道在二元对称信道上，分支度量就是Hamming距离，这是整数度量，在无量化的AWGN信道上分支度量由式(10.2.16)确定，是一个实数值。这对应一个无量化纯软判决译码。如果我们把接收数据$\boldsymbol{r}_i$量化成Q电平，则量化后的$\boldsymbol{r}_i$可用Q进制整数矢量$\hat{\boldsymbol{r}}_i$来表示，这时分支度量

$$\lambda(\hat{\boldsymbol{r}}_i|\boldsymbol{v}_i)=\sum_{j=1}^{n}\hat{r}_{ij}x_{ij} \tag{10.2.26}$$

其中，$x_{ij}\in\{-1,+1\}$，$\hat{r}_{ij}\in\{0,1,\cdots,Q-1\}$。

仿真研究表明，8电平($Q=8$)量化所得的性能和无量化理想情况下的性能仅相差0.25dB。而8电平量化的软判决比$Q=2$(即二元对称信道情况)硬判决，性能要好2dB。

图10.2.6给出了$R=1/2$，编码存储$M=2\sim7$时6个不同码，在软判决$Q=8$和硬判决$Q=2$条件下误码率和信噪比E_b/N_0的关系。在这两种情况下译码器的路径记忆长度为$\tau=32$。

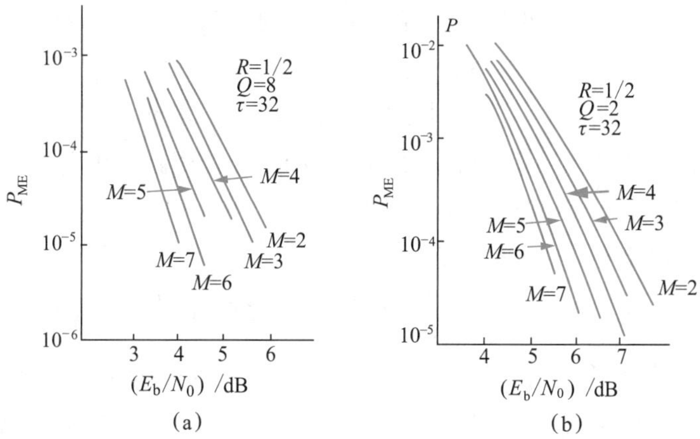

图 10.2.6　Viterbi 算法的仿真性能

10.2.5　卷积码 Viterbi 译码算法的性能界

我们已经介绍了卷积码的Viterbi译码算法，证明了Viterbi算法是最大似然译码，在10.1节中我们也介绍了卷积码的距离结构。在本节中我们来推导Viterbi译码算法的错误概率界限。若把卷积码看成分组码，特别当分支数L很大时，把从全零状态出发，又终止于全零状态的长度为$(L+M)n$比特的序列作为一个分组码字，再来考察它的误码字率，则显然是不合适的。因为此时一个码字载有许多信息，当$L\to\infty$时，几乎对任何信道，码字错误概率趋于1。所以对于卷积码来说，衡量译码性能的一个合理指标是误比特率P_b：

$$P_b=\frac{\text{译码输出序列中平均错误比特数}}{\text{总的传输比特数}} \tag{10.2.27}$$

1. 节点错误概率

在导出误比特P_b的上界之前，首先来考虑节点错误概率P_e，然后从节点错误概率导出比特错误概率。假定发送序列是全零序列（由于卷积码是线性的，这个假定不失一般性）。图10.2.7画出了两条路径：上面一条是网格图中横贯全零状态的全零路，代表正确路；下面实线通路是由Viterbi算法所选择的、译码器输出的路径，它和正确路有不重合的地方，这说明有一些错误。按Viterbi算法，在这些不重合的路径片段上正确路径所积累的路径度量小于不正确路径的路径度量积累。我们把这种错误称为发生在节点i、j和k上的节点错误。

在节点j'、k'上与正确路径分离的那些虚线路径也可能积累比正确路径更高的路径值，但最后没有被Viterbi算法选上，这是因为它们积累的路径度量小于下面的实线路径对应的路径度量。因此，在节点j出现节点错误的必要但并非充分的条件，是从该节点起有一条与正确路开始分离的不正确路径在分离跨度上积累了更大的路径度量。

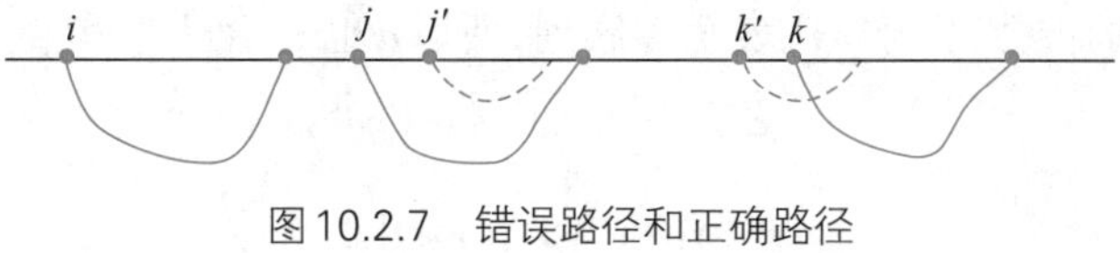

图 10.2.7　错误路径和正确路径

如果用$P_e(j)$表示节点j上的节点错误概率，则必定有

$$P_e(j)\leqslant P_r\left\{\bigcup_{\boldsymbol{v}'\in\mathcal{V}'(j)}\left[\lambda(\boldsymbol{r}|\boldsymbol{v}')>\lambda(\boldsymbol{r}|\boldsymbol{v})\right]\right\} \tag{10.2.28a}$$

其中，$\mathcal{V}'(j)$表示在j节点与正确路径开始分离，而后与正确路径汇合的全部不正确路径的集合，$\boldsymbol{v}$表示与$\boldsymbol{v}'$相分离的那段正确路径，$\lambda(\boldsymbol{r}|\boldsymbol{v}')$和$\lambda(\boldsymbol{r}|\boldsymbol{v})$分别表示在接收数据为$\boldsymbol{r}$时，在$\boldsymbol{v}'$和$\boldsymbol{v}$上的路径度量。显然，有联合界

$$P_e(j)=\sum_{\boldsymbol{v}'\in\mathcal{V}'(j)}P_r\{\lambda(\boldsymbol{r}|\boldsymbol{v}')>\lambda(\boldsymbol{r}|\boldsymbol{v})\} \tag{10.2.28b}$$

因为$P_r\{\lambda(\boldsymbol{r}|\boldsymbol{v}')>\lambda(\boldsymbol{r}|\boldsymbol{v})\}$就相当于在接收到$\boldsymbol{r}$后，译码器把$\boldsymbol{v}$错译成$\boldsymbol{v}'$的概率，所以也被称为成对码字错误概率。下面来估计$P_r\{\lambda(\boldsymbol{r}|\boldsymbol{v}')>\lambda(\boldsymbol{r}|\boldsymbol{v})\}$，假定$\boldsymbol{v}'$和$\boldsymbol{v}$的分离跨度为$l$比特，则$\boldsymbol{v}'$、$\boldsymbol{v}$和$\boldsymbol{r}$可表示为

$$\boldsymbol{v}'=(v_1',v_2',\cdots,v_l') \tag{10.2.29a}$$

$$\boldsymbol{v}=(v_1,v_2,\cdots,v_l) \tag{10.2.29b}$$

$$\boldsymbol{r}=(r_1,r_2,\cdots,r_l) \tag{10.2.29c}$$

记

$$\mathcal{D}=\left\{\boldsymbol{r}:\frac{P(\boldsymbol{r}|\boldsymbol{v}')}{P(\boldsymbol{r}|\boldsymbol{v})}>1\right\} \tag{10.2.30}$$

则

$$P_r\{\lambda(\boldsymbol{r}|\boldsymbol{v}')>\lambda(\boldsymbol{r}|\boldsymbol{v})\}=P_r\{\boldsymbol{r}\in\mathcal{D}|\boldsymbol{v}\} \tag{10.2.31}$$

记

$$f(\boldsymbol{r})=\begin{cases}1, & \boldsymbol{r}\in\mathcal{D}\\0, & \boldsymbol{r}\in\mathcal{D}\end{cases} \tag{10.2.32}$$

则式(10.2.31)可写成

$$\begin{aligned}P_r\{\lambda(\boldsymbol{r}|\boldsymbol{v}')>\lambda(\boldsymbol{r}|\boldsymbol{v})\}&=\sum_{r}f(\boldsymbol{r})P(\boldsymbol{r}|\boldsymbol{v})\\&\leqslant\sum_{r}\sqrt{P(\boldsymbol{r}|\boldsymbol{v})P(\boldsymbol{r}|\boldsymbol{v}')}\\&=\sum_{r_1}\sum_{r_2}\cdots\sum_{r_l}\prod_{i=1}^{l}\sqrt{P(r_i|v_i)P(r_i|v_i')}\\&=\prod_{i=1}^{l}\sum_{r_i}\sqrt{P(r_i|v_i)P(r_i|v_i')}\\&=\prod_{i:v_i\neq v_i'}\prod_{i:v_i\neq v_i'}\sum_{r_i}\sqrt{P(r_i|v_i)P(r_i|v_i')}\\&=\prod_{i:v_i\neq v_i'}\sum_{r_i}\sqrt{P(r_i|v_i)P(r_i|v_i')}\\&=\exp\left[d\ln\sum_{r}\sqrt{p_0(r)p_1(r)}\right]=\left[\sum_{r}\sqrt{p_0(r)p_1(r)}\right]^d\end{aligned} \tag{10.2.33}$$

由于接收到的数据r_i的取值范围都是一样的，和下标i无关，所以求和中可以把r_i的下标i略去。在式(10.2.33)中$p_0(r)$和$p_1(r)$分别代表$P(r_i|v=0)$和$P(r_i|v=1)$；d表示$\boldsymbol{v}$和$\boldsymbol{v}_i'$中对应位符号不同的位数，由于$\boldsymbol{v}$代表全零序列，所以d也表示$\boldsymbol{v}'$的重量。如果记

$$Z=\sum_{r}\sqrt{p_0(r)p_1(r)} \tag{10.2.34}$$

则

$$P_r\{\lambda(\boldsymbol{r}|\boldsymbol{v}')>\lambda(\boldsymbol{r}|\boldsymbol{v})\}\leqslant Z^d \tag{10.2.35}$$

如果令$B_d(j)$表示$\mathcal{V}'(j)$中与正确路径距离为d的错误路径所组成的子集合，也就是$\mathcal{V}'(j)$中重量为d的不正确路径组成的子集，则

$$\begin{aligned} P_e(j) &= \sum_{\boldsymbol{v}' \in \mathcal{V}'(j)} P_r\{\lambda(\boldsymbol{r}|\boldsymbol{v}') > \lambda(\boldsymbol{r}|\boldsymbol{v})\} \\ &= \sum_{d=d_{\text{free}}}^{\infty} \sum_{\boldsymbol{v}' \in B_d(j)} P_r\{\lambda(\boldsymbol{r}|\boldsymbol{v}') > \lambda(\boldsymbol{r}|\boldsymbol{v})\} \\ &\leqslant \sum_{d=d_{\text{free}}}^{\infty} A(d) Z^d \end{aligned} \tag{10.2.36}$$

其中，$A(d)$表示$B_d(j)$中元素数目；d_{free}称为自由距离，它表示从全零状态出发又首次回到全零状态的所有路径中的最小重量。$A(d)$是卷积码重量谱系数，也就是卷积码中从全零状态出发，又首次回到全零状态的全部路径中重量为d的路径条数。如果卷积码的重量计数生成函数为$T(D)$，则

$$P_e(j) \leqslant \sum_{d=d_{\text{free}}} A(d) Z^d = T(D)\Big|_{D=Z} \tag{10.2.37}$$

由于式(10.2.36)和j无关，所以节点错误概率可写成

$$P_e \leqslant T(D)\Big|_{D=Z} \tag{10.2.38}$$

式(10.2.38)表示在任何时刻，译码器最终选择一条从该时刻起与正确路径相分离的路径，而排除正确路径的概率的上界。显然P_e的一个下界为

$$P_e > A(d_{\text{free}}) Z^{d_{\text{free}}} \tag{10.2.39}$$

例10.2.4 图10.1.2所示(2,1,2)卷积码编码器，其重量计数生成函数为

$$T(D) = \frac{D^5}{1-D} = D^5 + 2D^6 + 4D^7 + \cdots + 2^l D^{l+5} + \cdots$$

且$d_{\text{free}} = 5$，所以节点错误概率为

$$P_e \leqslant \frac{D^5}{1-D}\bigg|_{D=Z}, P_e > Z^5$$

2. 比特错误概率

下面我们来考虑卷积码的误比特率P_b。首先研究如果在节点j发生节点错误，则平均错误比特数是多少。令$B_d(j,i)$表示$B_d(j)$中由重量为i的输入消息序列所引起的不正确路径所组成的子集。因为正确路径是全零路径，所以由这种不正确路径引起的节点错误可导致i个比特错误。由于

$$B_d(j) = \bigcup_{i=1}^{\infty} B_d(j,i) \tag{10.2.40}$$

所以在每个节点，由节点错误引起的平均错误比特数为

$$\begin{aligned} E\left[n_b(j)\right] &\leqslant \sum_{i=1}^{\infty} \sum_{d=d_{\text{free}}}^{\infty} \sum_{\boldsymbol{v}' \in B_d(j,i)} i P_r\{\lambda(\boldsymbol{r}|\boldsymbol{v}') > \lambda(\boldsymbol{r}|\boldsymbol{v})\} \\ &\leqslant \sum_{i=1}^{\infty} \sum_{d=d_{\text{free}}}^{\infty} i A(d,i) Z^d \end{aligned} \tag{10.2.41}$$

其中，$A(d,i)$表示$B_d(j,i)$中元素数目；$A(d,i)$是卷积码多元生成函数$T(D,N)=T(D,L,N)\big|_{L=1}$中$D^d N^i$的系数，所以

$$E\left[n_b(j)\right] \leqslant \left.\frac{\partial T(D,N)}{\partial N}\right|_{N=1,D=Z} \tag{10.2.42}$$

当$R=k/n$时，由于每个不发生错误的节点传送k个信息比特，而节点错误情况下，每个节点平均发送的信息比特数必定大于k个，所以每个节点平均传输比特数不小于k，因此由式(10.2.26)可得

$$P_b \leqslant \frac{E\left[n_b(j)\right]}{k} \leqslant \frac{1}{k}\cdot\left.\frac{\partial T(D,N)}{\partial N}\right|_{N=1,D=Z} \tag{10.2.43}$$

例10.2.5　例10.2.4考虑的(2,1,2)卷积码编码器，其多元生成函数由式(10.1.28)给出

$$T(D,N)=T(D,L,N)\big|_{L=1}=\frac{D^5 N}{1-2DN}$$

所以

$$\left.\frac{\partial T(D,N)}{\partial N}\right|_{N=1}=D^5+2\cdot 2D^6+\cdots+(k+1)\cdot 2^k D^{k+5}+\cdots$$

$$P_b \leqslant 1\times Z^5+2\times 2Z^6+3\times 4Z^7+\cdots+(k+1)2^k Z^{k+5}+\cdots$$

（↑1比特错　↑2比特错　↑3比特错　↑k比特错）

10.2.6　卷积码在BSC和AWGN信道上的性能

1. 卷积码在BSC信道上的性能

对于二进制对称信道(BSC)，信道输出取值为“0”和“1”，其转移概率(见图10.2.8)如下：

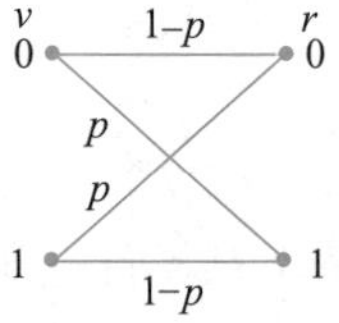

图10.2.8　二进制对称信道

$$p_0(r=0)=1-p,p_0(r=1)=p,$$
$$p_1(r=0)=p,p_1(r=1)=1-p$$

这时$Z=\sum_r\sqrt{p_0(r)p_1(r)}=2\sqrt{p(1-p)}$。

二元符号V在实际AWGN(加性白高斯噪声)信道中传输时，一般先经过电平映射，假定当$v=0$时发送电平为$+\sqrt{E}$，当$v=1$时发送电平为$-\sqrt{E}$，E为符号能量。设加性高斯噪声概率分布为$\mathcal{N}(0,N_0/2)$，则当判决门限电平为0时，硬判决转移概率p为

$$p = Q\left(\sqrt{\frac{2E}{N_0}}\right) \leqslant \frac{1}{2}\mathrm{e}^{-\frac{E}{N_0}} \tag{10.2.44}$$

为了便于比较,用E_b表示发送每信息比特的能量,则对于码率为$R = k/n$的卷积码有$kE_b = nE$,所以$E = RE_b$,于是

$$p \leqslant \frac{1}{2}\mathrm{e}^{-RE_b/N_0} \tag{10.2.45}$$

当E_b/N_0较大时,p是很小的,它随E_b/N_0的增大而呈指数减小,所以

$$Z \leqslant \sqrt{2}\,\mathrm{e}^{-RE_b/(2N_0)} \tag{10.2.46}$$

因而

$$P_{b,BSC} = \frac{1}{k}\frac{\partial T(D,N)}{\partial N}\bigg|_{N=1,D=\sqrt{2}\,\mathrm{e}^{-RE_b/(2N_0)}} \tag{10.2.47}$$

当E_b/N_0很大时,式(10.2.47)很快收敛,往往只需用其中第一项($d = d_{free}$)就可以作为良好的估计,所以对二元对称信道,误比特率为

$$P_{b,BSC} \approx \frac{1}{k}B_{free} \times 2^{d_{free}/2}\mathrm{e}^{-Rd_{free}E_b/(2N_0)} \tag{10.2.48}$$

其中,B_{free}表示重量为d_{free}的路径上非零信息位的总数。

2. 卷积码在AWGN信道上的性能

和BSC信道不一样,接收数据不经过量化直接进入Viterbi译码,这时进入译码的接收数据为

$$r = \begin{cases} \sqrt{E} + n, & \text{发送码字符号 } v = \text{“0”} \\ -\sqrt{E} + n, & \text{发送码字符号 } v = \text{“1”} \end{cases} \tag{10.2.49}$$

其中,n是分布为$N(0, N_0/2)$的高斯噪声。所以

$$p_0(r) \sim \mathcal{N}(\sqrt{E}, N_0/2),\ p_1(r) \sim \mathcal{N}(-\sqrt{E}, N_0/2)$$

因而

$$Z = \sum_r \sqrt{p_0(r)p_1(r)} = \int_{-\infty}^{\infty}\sqrt{\frac{1}{2\pi N_0}\exp\left(-\frac{2r^2 + 2E}{N_0}\right)}\mathrm{d}r = \mathrm{e}^{-\frac{E}{N_0}} \tag{10.2.50}$$

同样,考虑到码率$R = k/n$,每信息比特能量和编码符号能量之间的关系为$E = RE_b$,所以

$$Z = \mathrm{e}^{-RE_b/N_0} \tag{10.2.51}$$

把它代入式(10.2.43),得到AWGN信道上无量化软判决时误比特率为

$$P_{b,AWGN} \leqslant \frac{1}{k}\frac{\partial T(D,N)}{\partial N}\bigg|_{N=1,D=\mathrm{e}^{-RE_b/N_0}} \tag{10.2.52}$$

当E_b/N_0很大时,同样有

$$P_{b,AWGN} \approx \frac{1}{k}B_{d_{free}}\mathrm{e}^{-Rd_{free}E_b/N_0} \tag{10.2.53}$$

3. 卷积码编码增益估计

现在我们来比较在同样信噪比下,卷积码的误码性能和无编码直接传输时的误码性能。无编码时的误比特率是当$R = 1$时的公式(10.2.45),即

$$P_{\mathrm{b},无编码} = Q\left(\sqrt{\frac{2E_{\mathrm{b}}}{N_0}}\right) \leqslant \frac{1}{2}\mathrm{e}^{-E_{\mathrm{b}}/N_0} \tag{10.2.54}$$

因为当信噪比E_{b}/N充分大时，误比特率式(10.2.48)和式(10.2.53)主要由指数项决定，所以和无编码情况相比，在相同误码率下，所需信噪比之比(称为编码增益)为

$$\Delta\left(\frac{E_{\mathrm{b}}}{N_0}\right) = \frac{(E_{\mathrm{b}}/N_0)_{编码}}{(E_{\mathrm{b}}/N_0)_{编码}} = \begin{cases} Rd_{\mathrm{free}}/2, & 对\mathrm{BSC}硬判决 \\ Rd_{\mathrm{free}}, & 对\mathrm{AWGN}软判决 \end{cases} \tag{10.2.55}$$

因此对于卷积码，编码增益范围为

$$\frac{Rd_{\mathrm{free}}}{2} \leqslant (码率为R、自由距离为d_{\mathrm{free}}的卷积码编码增益) \leqslant Rd_{\mathrm{free}} \tag{10.2.56}$$

一个良好的卷积码应该具有较高的码率R和较大的自由距离d_{free}。表10.2.1给出了一些卷积码的编码增益上限Rd_{free}。

表10.2.1 编码增益上限

码率为$R = 1/2$的码			码率为$R = 1/3$的码		
K	d_{free}	编码增益上限/dB	K	d_{free}	编码增益上限/dB
3	5	3.97	3	8	4.26
4	6	4.76	4	10	5.23
5	7	5.43	5	12	6.02
6	8	6.00	6	13	6.37
7	10	6.99	7	15	6.99
8	10	6.99	8	16	7.27
9	12	7.78	9	18	7.78

对于各种码率R和约束长度K，许多研究者找到了一些好码(具有最大自由距离)，表10.2.2和表10.2.3列出了一些结果。

表10.2.2 码率为1/2的二进制卷积码的自由距离(d_{free})

K	八进制表示的生成矢量		d_{free}
3	5	7	5
4	15	17	6
5	13	35	7
6	53	75	8
7	133	171	10
8	247	373	10
9	561	753	12
10	1167	1545	12
11	2335	3663	14
12	4335	5723	15
13	10533	17661	16
14	21765	27123	16

表10.2.3 码率为1/3的二进制卷积码的自由距离(d_{free})

K	八进制表示的生成矢量			d_{free}
3	5	7	7	8
4	13	15	17	10
5	25	33	37	12
6	47	53	75	13
7	133	145	175	15
8	225	331	367	16
9	557	663	711	18
10	1117	1365	1633	20
11	2355	2671	3175	22
12	4767	5723	6265	24
13	10533	10625	17661	24
14	21645	35661	37133	26

§10.3 凿孔卷积码

在10.1节中我们知道,为了产生码率为$R = k/n$的卷积码,要求每次输入k比特数据到M帧移位寄存器,同时从线性逻辑电路每次输出n比特码字。这时系统的状态数为2^{Mk},在相应的网格图上每个状态要发出2^k个分支,也有2^k个分支进入每个状态。所以,当$k > 1$时卷积码的Viterbi译码算法是非常复杂的。一般情况下采用$k = 1$,于是卷积码的码率是比较低的,为$R = 1/n$。

Cain、Clark和Geist首先提出用凿孔的方法提高卷积码的码率[6],而且凿孔后的卷积码仍可以用Viterbi算法译码。

首先考虑码率为$R = 2/3$,记忆$M = 1$,生成矩阵为

$$\boldsymbol{G}(X) = \begin{pmatrix} 1 + X & 1 + X & 1 \\ X & 0 & 1 + X \end{pmatrix} \tag{10.3.1}$$

的卷积码。图10.3.1表示该卷积码的编码器电路,图10.3.2是相应网格图中的一节。

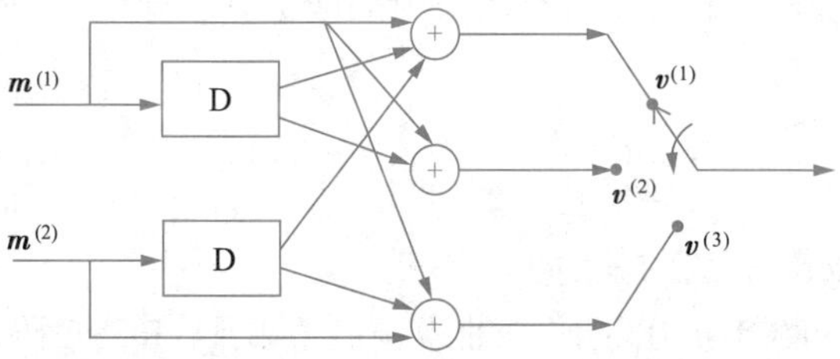

图10.3.1 R=2/3、M=1的卷积码编码器

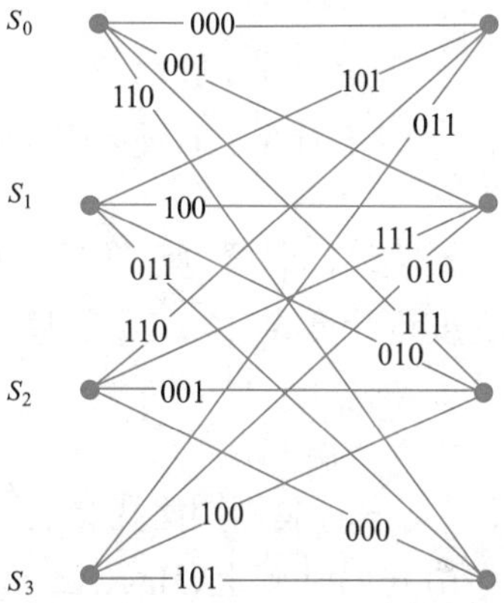

图10.3.2 R=2/3、M=1卷积码的网格图

显然利用Viterbi算法在图10.3.2所示的网格图上寻找最优通路是非常复杂的。

考虑图10.3.3所示的码率$R=1/2$、$M=2$的卷积码编码器，它的生成多项式矩阵为

$$\boldsymbol{G}(X)=(1+X+X^2,1+X^2) \tag{10.3.2}$$

如果把图10.3.3所示卷积码编码器输出中每4位输出比特周期性地删除1位（即凿掉1位），比如对上面输出支路不删除，对下面支路中偶数位凿孔，则在$2T$时间中输入2比特，输出3比特，于是码率上升到$R=2/3$。这时相应的网格图如图10.3.4所示，其中分支线上的两个符号是每时刻编码器输出，“×”表示该比特被凿孔（删除）。

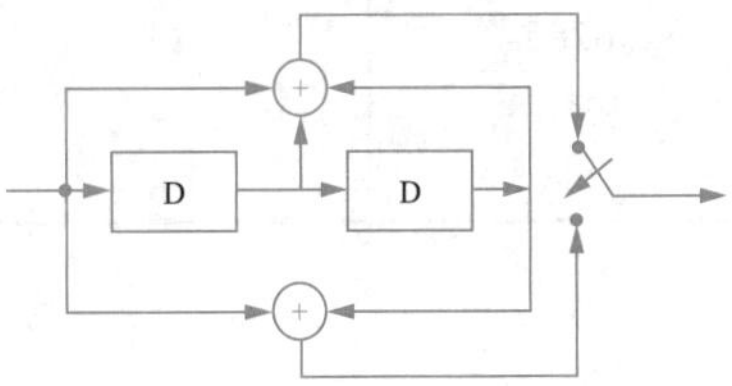

图10.3.3 $R=1/2$、$M=2$的卷积码编码器

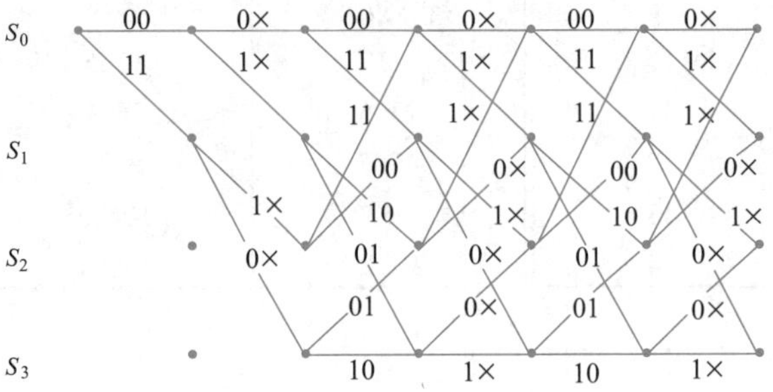

图10.3.4 从$R=1/2$卷积码中每4位删除1位所得的$R=2/3$网格图

凿孔后的卷积码的自由距离减小了。对于图10.3.4所示情况自由距离从5降到3，但是这个自由距离与任何其他$R=2/3$、状态数为4的卷积码相比并没有降低，因而它们的性能也差不多，但译码显然容易多了。

对$R=1/n$卷积码进行周期为P的凿孔由矩阵$\boldsymbol{A}$确定。$\boldsymbol{A}$是一个n行P列的阵列，即

$$\boldsymbol{A}=\begin{pmatrix} a_{11} & a_{12} & \cdots & a_{1P} \\ a_{21} & a_{22} & \cdots & a_{2P} \\ \vdots & \vdots & & \vdots \\ a_{n1} & a_{n2} & \cdots & a_{nP} \end{pmatrix} \tag{10.3.3}$$

其中，$a_{ji}\in\{0,1\}$。$a_{ji}=0$表示卷积码第j路输出在时刻$(kP+i)T\ (k=0,1,2,\cdots)$周期性地被删除；$a_{ji}=1$表示相应输出被保留。对于图10.3.4所示的情况，其凿孔矩阵为

$$\boldsymbol{A}=\begin{pmatrix} 1 & 1 \\ 1 & 0 \end{pmatrix}$$

于是，如果$\boldsymbol{A}$中有N个1$(N\geqslant P)$，则凿孔卷积码的码率为

$$R=P/N$$

在接收端译码器也已知道凿孔矩阵$\boldsymbol{A}$，于是译码器在采用Viterbi算法译码时，相应的分支度量计算式(10.2.16)被修正为

$$\lambda(\boldsymbol{r}_i|\boldsymbol{u}_i)=\sum_{j=1}^{n} r_{ij}x_{ij}a_{ji} \tag{10.3.4}$$

其中，$a_{j,i+P}=a_{j,i}$是周期凿孔参数。Viterbi算法的其他步骤不变。

在凿孔码基础上，Hagenauer在1988年提出了码率兼容凿孔卷积码（RCPC码）技术[7]。他的思想是从码率$R=1/n$的母卷积码出发，生成一系列码率不同的凿孔卷积码，使这些卷积码在码率上可以兼容，也就是说使高码率的凿孔卷积码的所有输出编码比

特(未被凿孔的比特)都包含在低码率凿孔卷积码输出中,即高码率凿孔卷积码嵌入在低码率凿孔卷积码中。这在实际应用中非常有意义。因为高码率的凿孔卷积码被凿掉的比特较多,其性能退化也较严重,如果这时传输性能达不到所要求水平,则可以补充传输那些被凿孔掉的比特,使码率适当降低,从而达到所要求的性能水平。这种技术在自适应通信、多码率传输和不均匀保护方面有重要应用价值。

例如,对于图10.3.3所示$R = 1/2$的卷积码,采用不同的凿孔矩阵可以得到不同速率的凿孔卷积码。下面4种周期$P = 4$的凿孔矩阵

$$\boldsymbol{A}(1)=\begin{pmatrix}1 & 1 & 1 & 0\\ 1 & 0 & 0 & 1\end{pmatrix}$$

$$\boldsymbol{A}(2)=\begin{pmatrix}1 & 1 & 1 & 0\\ 1 & 1 & 0 & 1\end{pmatrix}$$

$$\boldsymbol{A}(3)=\begin{pmatrix}1 & 1 & 1 & 1\\ 1 & 1 & 0 & 1\end{pmatrix}$$

$$\boldsymbol{A}(4)=\begin{pmatrix}1 & 1 & 1 & 1\\ 1 & 1 & 1 & 1\end{pmatrix}$$

分别得到码率为4/5、4/6、4/7和4/8的凿孔卷积码。这些凿孔卷积码在码率上兼容,即高码率凿孔卷积码的输出比特嵌在低码率凿孔卷积码的输出比特中。

对一般码率为$R = 1/n$的母卷积码,通过周期为P的凿孔可以构成码率为$R = P/(P + l)$ $\left[其中 l = 1,2,\cdots,(n-1)P\right]$的码率兼容凿孔卷积码,相应的凿孔表为

$$\boldsymbol{A}(l)=\left[a_{ji}(l)\right]_{n\times p} \tag{10.3.5}$$

其中,$a_{ji}(l)\in\{0,1\}$。

码率兼容性要求是:

$$若\ a_{ji}(l_1)=1,则\ a_{ji}(l_2)=1,其中\ l_2\geqslant l_1\geqslant 1 \tag{10.3.6a}$$

或者(等价的要求):

$$若\ a_{ji}(l_1)=0,则\ a_{ji}(l_2)=0,其中\ l_2\leqslant l_1\leqslant (n-1)P-1 \tag{10.3.6b}$$

§10.4 编码调制

我们知道,纠错编码通过增加冗余校验位来获得信息传输可靠性的提高,但是传输额外的冗余校验位必然增加传输带宽,所以纠错编码是以牺牲频带来换取传输可靠性提高的。通信系统的设计者可以通过选择不同的编码器来对带宽和信噪比门限进行折中。

网格编码调制(trellis coded modulation,TCM)是一种编码和调制相结合的技术,其主要优越性在于它能在不增加带宽的条件下有效地提高编码增益。第一个TCM方案是在1976年提出的,1982年Ungerboeck提出了更详尽的方案[8]。

TCM采用扩展的多进制调制与有限状态机编码器相结合的编码调制技术。有限状态机编码器是一种有记忆的编码器,前文所介绍的卷积编码器就是一种有限状态机编码器。在每一个符号间隔中,TCM的有限状态机编码器根据当前状态和输入数据信息比特从波形集合中选取一个波形传输。因而TCM是一种波形编码器,它产生一个波

形序列送入信道传输。在接收端检测出受扰波形序列,通过软判决最大似然检测/译码器恢复出所传的数据比特序列。相对于未编码的调制而言,一个简单的4状态TCM方案就能在不增加传输带宽条件下增加3dB的抗噪声性能。如果使用更复杂的TCM方案,编码的增益可达6dB,甚至更多。Shannon的信息论在40年前就预见了这样的编码调制增益的存在性,现在的TCM技术和信号处理技术为我们实现这样的编码增益提供了可能性。目前TCM技术已经成熟,它已被广泛应用到卫星通信、微波通信、移动通信中。今天的话音频带Modem(14.4kbit/s,28.8kbit/s,57.6kbit/s)无一例外地采用了TCM技术,若不使用TCM技术,在话音频带中传输9600bit/s被认为是实用极限。

10.4.1 多电平调制信道的信道容量

在深入介绍网格编码调制技术之前,首先考察多电平调制信道的容量问题。由于TCM系统中接收机都采用ML软判决译码,所以我们把多电平调制信道模型看成离散多电平输入,而输出是连续值的半连续信道。考虑一维和二维调制方式,并假定在带限AWGN信道上无码间干扰传输。于是信道输入、输出关系为

$$z(n) = a(n) + w(n) \tag{10.4.1}$$

其中,$a(n)$表示在第nT时刻所发送的离散信号点,$a(n) \in A = \{A_1, A_2, \cdots, A_M\}$,$A$是信号集合,$w(n)$是零均值、每维方差为$\sigma^2$的高斯噪声。图10.4.1画出了某些一维调制和二维调制信号星座图(信号集合)。

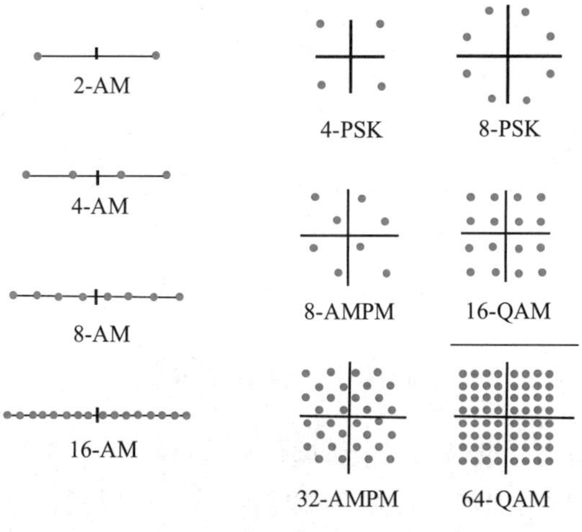

图10.4.1 某些一维调制和二维调制信号星座图

对于一维和二维调制,平均信噪比(SNR)为

$$S/N = \frac{E\left[|a(n)|^2\right]}{E\left[|w(n)|^2\right]} = \begin{cases} E\left[|a(n)|^2\right]/\sigma^2, & \text{一维调制} \\ E\left[|a(n)|^2\right]/(2\sigma^2), & \text{二维调制} \end{cases} \tag{10.4.2}$$

半连续信道(输入离散、输出连续)的容量计算公式为

$$C = \max_{Q(0),Q(1),\cdots,Q(M-1)} \sum_{k=0}^{M-1} Q(k) \int_{-\infty}^{\infty} p(z|A_k) \ln \left[\frac{p(z|A_k)}{\sum_{i=0}^{M-1} Q(i)\, p(z|A_i)} \right] dz \tag{10.4.3}$$

由于
$$p(z|A_k) = \exp\left[-\left| z - A_k \right|^2 / \left(2\sigma^2\right) \right] \cdot \begin{cases} (2\pi\sigma^2)^{-1/2}, & 一维调制 \\ (2\pi\sigma^2)^{-1}, & 二维调制 \end{cases} \tag{10.4.4}$$

以及当$Q(0)=Q(1)=\cdots=Q(M-1)=1/M$时,式(10.4.3)达到极大值,因此可以利用数值计算得到不同信噪比下各种调制信道的容量。相应于图10.4.1所示的各种调制信道容量曲线示于图10.4.2(a)和(b)。为了比较,在图中用小圈标注各种无编码调制方式在误码率为$P_e = 10^{-5}$时所需的信噪比。

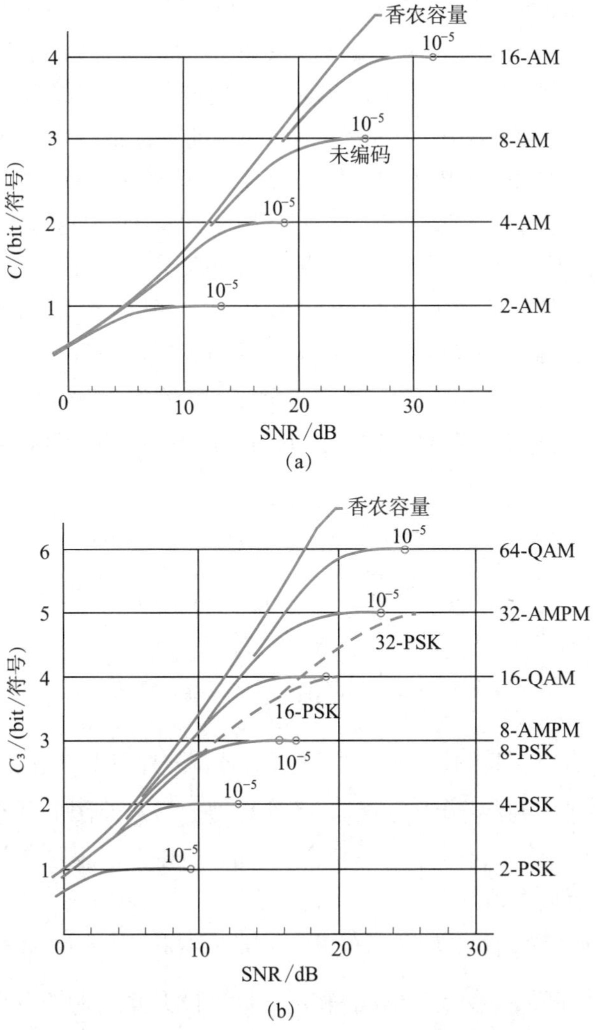

图10.4.2 各种调制信道容量曲线

我们看到,对于无编码4-PSK调制,误码率为$P_e = 10^{-5}$时信噪比为12.9dB。另外,从图10.4.2上也可看到当信道信号数加倍时,对于8-PSK调制,从理论上说存在一种编

码方式使得当信噪比为5.9dB时,可以达到无错传输码率$R = 2$bit/符号。因此信息论告诉我们,通过扩大信道传输符号一倍以及利用适当的编码,可以比无编码4-PSK节省功率7dB。从图10.4.2上也可看到,其他多电平调制有类似的结果。

10.4.2 网格编码调制(TCM)的编码

从信息理论可以得到启发,通过扩大信道传输符号集以及利用适当的编码可以提高传输码率,这也是一个显然的结论。很自然地我们希望通过纠错编码降低误码率,提高可靠性;而通过扩大信号集合来抵消纠错编码所引起的频带扩展。但下面的例子表明,简单地把两种方法结合不能达到这样的目的。比如,一个无纠错编码的4-PSK系统和一个带有码率为2/3卷积码的简单级联8-PSK系统,两个系统具有相同的频谱利用效率(2bit/符号)。如果4-PSK系统工作在10^{-3}误码率,则在相同的信噪比条件下无编码8-PSK系统的解调器的误码率大致为10^{-2},为了使8-PSK系统的误码率和4-PSK一样为10^{-3},要求8-PSK系统采用编码速率为2/3、约束长度为6的卷积码(其$d_{\min}^{H} = 7$)。这时在译码端需要一个相当复杂的64状态的Viterbi译码器。因此,尽管投入了这么大的代价,我们却只获得一个和无编码4-PSK差不多的性能。造成这种情况的一个直接的原因是在相同的功率条件下,信号集合中信号数越多,信号之间就越密集,所以信号之间的欧氏距离越小,因而越容易受噪声干扰。显然,把纠错编码与扩展信号集简单地相结合,往往使得它们的优点和缺点相抵消,不能得出令人满意的结果。

因此,必须采用有效的方法把纠错编码与扩展信道信号集合相组合。在Ungerboeck所提出的网格编码调制技术中采用网格编码(卷积码是一种网格编码)和把信号集合扩大1倍有机结合起来的方法。一个在一个符号间隔T时间内传送m比特的TCM编码调制器具有一个由2^{m+1}个信号构成的的扩展信号集,图10.4.3表示该TCM编码器的原理方框图。

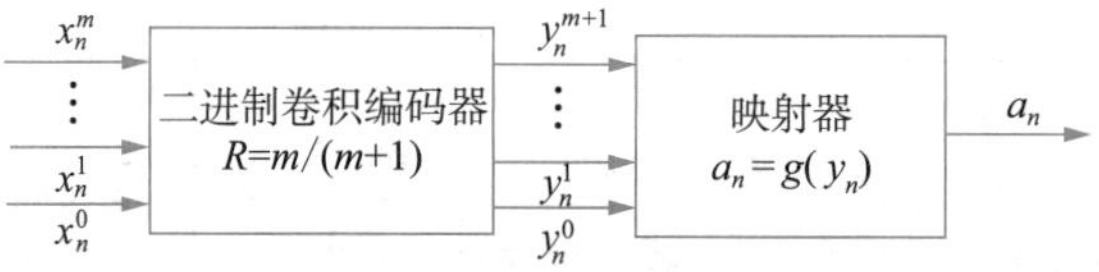

图10.4.3 TCM编码器的原理方框图

卷积编码器具有记忆性,使得映射器输出信号符号序列$\{a_n\}$也具有记忆性,也就是说不是任何信号符号序列都是被许可的。虽然扩展信号星座图的最小信号点之间的距离减小了,但由于输出信号符号序列是受到限制的,所以输出信号符号序列之间的最小欧几里得距离可能反而会增加。

对于图10.4.3所示的TCM编码器结构,令$\{a_n\}$和$\{a_n'\}$表示TCM编码器的两个可能的输出符号序列,$d(a_n,a_n')$表示信号点a_n和a_n'之间的欧几里得距离,则TCM的自由距离定义为可能输出符号序列之间的最小欧几里得距离,即

$$d_{\text{free}} = \min_{\{a_n\}\neq\{a_n'\}}\left[\sum_n d^2(a_n,a_n')\right]^{1/2} \tag{10.4.5}$$

如果译码器采用软判决ML译码，则在高信噪比条件下，误码率近似为[8]

$$P_e = N(d_{free})Q\left[d_{free}/(2\sigma)\right] \tag{10.4.6}$$

其中，$N(d_{free})$表示自由距离的重数，也就是与$\{a_n\}$最小距离等于d_{free}的其他序列个数。由此可见在TCM中，扩展信号星座图的最小信号点距离不是决定系统性能的最关键因素，取而代之的是符号序列之间的自由欧几里得距离。设计一个性能良好的TCM系统的关键是尽量增大自由欧几里得距离。由表10.2.1和表10.2.2知道，增加卷积编码器的状态数可以增大卷积码的自由Hamming距离，这也使得TCM有增大自由欧几里得距离的可能，但是状态数的增加使Viterbi译码算法的复杂度以指数增加，所以状态数不宜过大。另一个办法是设计一个良好的映射器，也就是对于卷积码网格图上的状态转移指定适当的调制信号点，使得自由欧几里得距离增大。为此，Ungerboeck提出了基于信号集分割的映射器设计方法。

1. 信号集分割

为了得到一种使自由欧几里得距离增大的系统映射方法，Ungerboeck首先引入了信号集合分割方法。他把扩展信号集合逐次分割成小的子集，使得每次分割后所得的子集的最小信号点距离呈递增趋势，即$d_0 < d_1 < d_2 < \cdots$。在图10.4.4中，最初的8-PSK信号集合用A_0表示，其中的信号点依次标以0~7。如果平均信号功率为1，则A_0中邻近的信号点之间距离$d_0 = 2\sin(\pi/8) = 0.765$。第一层次的分割把$A_0$分成2个各有4个信号点的子集$B_0$和$B_1$，每个子集中邻近的信号点之间距离都等于$d_1 = \sqrt{2}$。下一层次的分割得到信号子集$C_0, C_1, C_2$和$C_3$，这些子集中相邻信号点之间距离为$d_2 = 2$。这样的分割满足子集最小信号点距离递增的要求。类似的分割过程可以施加到16-QAM，如图10.4.5所示。

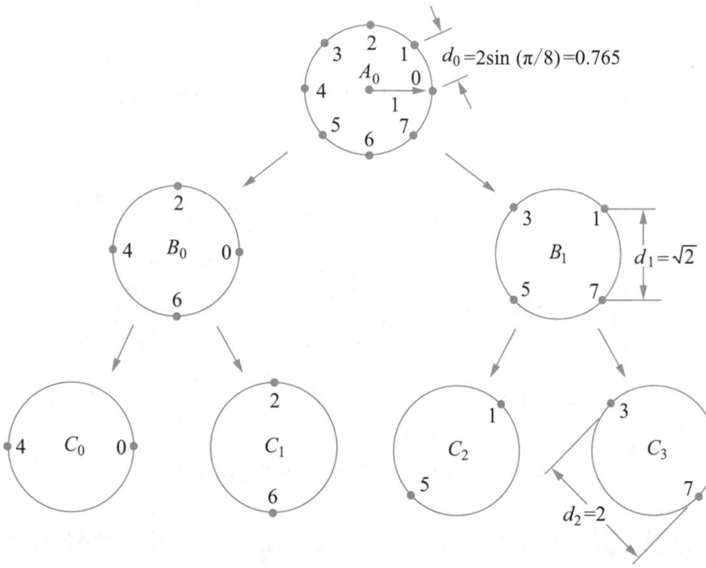

图10.4.4 8-PSK信号集合分割

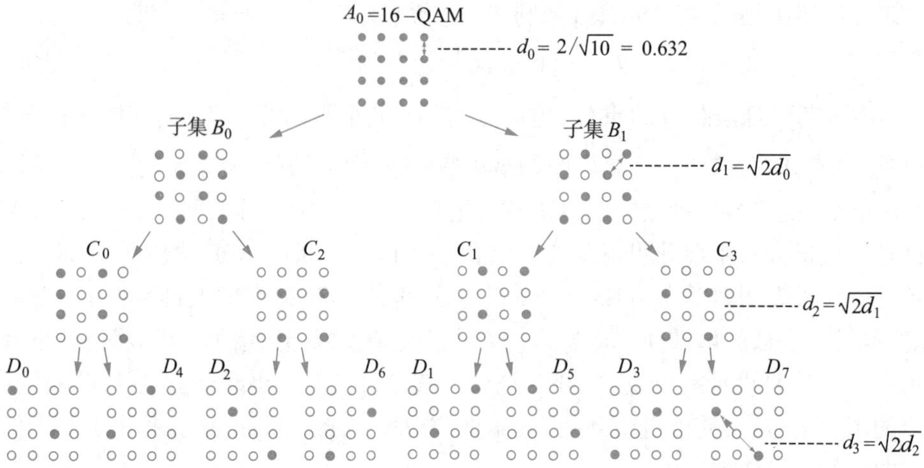

图 10.4.5　16-QAM 信号集合分割

2. 信号映射

下面通过例子说明基于信号集合分割的映射器设计原则。首先选择一个合适的网格结构（卷积编码器），比如一个码率为 $R = 2/3$ 的 4 状态卷积编码器（见图 10.4.6），相应地有一个网格状态转移图（见图 10.4.7），同时采用扩展信号集为 8-PSK 信号集。

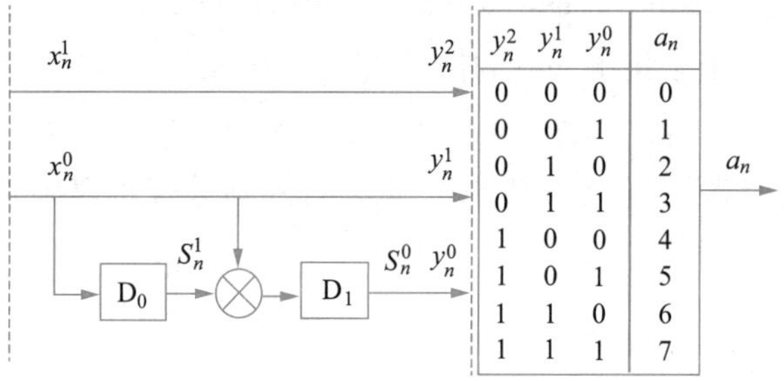

图 10.4.6　码率为 R=2/3 的 4 状态卷积编码器及 8-PSK 映射

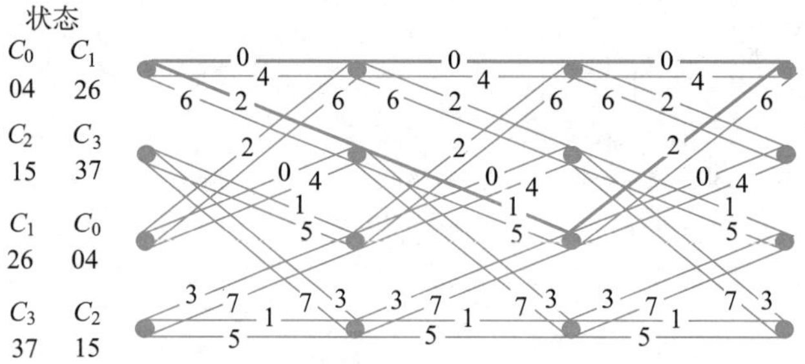

图 10.4.7　具有平行转移的 4 状态网格图

对于信号点到状态转移的映射，Ungerboeck 提出了一组基于信号集合分割的启发性法则。这组法则摘要如下：

（1）如果每个调制时刻 TCM 输入 k 比特，则从每个状态发出的状态转移有 2^k 条；

（2）每对状态之间容许有多于 1 条的平行转移；

(3) 所有信号点以等概率出现,以保证规则性和对称性;

(4) 对于从同一个状态发出的所有转移所指定的信号点取自同一个B_0或B_1,绝不容许混取;

(5) 同样汇聚于同一状态的所有转移所指定的信号点取自同一个B_0或B_1,绝不容许混取;

(6) 对两个状态之间的平行转移所指定的信号点取自同一个C_0,C_1,C_2或C_3,绝不容许混取。

基于图10.4.4所示的8-PSK信号集合分割,图10.4.7给出了一种的满足上面6条法则的信号点到状态转移的映射,其中状态转移线上所标的数字为图10.4.4中信号点号码。在这里,有$k = 2$个信息数据比特,$k + 1 = 3$个编码比特,以及$2^2 = 4$个编码器状态。从每个状态发出的转移和汇聚到每个状态的转移都等于4。因此由法则(6),每对状态之间有两条平行转移,每对平行转移上所指定的信号点都取自同一个C_0,C_1,C_2或C_3,绝不混取;同样根据法则(4)和(5),对从每个状态发出的4个转移和汇聚到每个状态的4个转移所指定的信号点取自同一个B_0或B_1,绝不混取。通常TCM编码器的状态用卷积编码中的存储器内容表示。图10.4.7左边所标的信号子集C_0C_1,C_2C_3,C_1C_0和C_3C_2表示从相应状态发出转移所指定的信号类型,也可以用它们来标记相应的状态,有时直接用信号点号码,例如用0426,1537,2604,3715来标记状态。

对于图10.4.7所示的4状态8-PSK网格编码调制系统来说,每次输入2比特数据,每个状态发出4条状态转移,同时有4条转移进入每个状态。虽然也可以构成一个没有平行转移的网格图,但是信号点的指定不能满足法则(4)和(5)。

显然,按照图10.4.6所示的信号映射所得的波形编码是规则的、对称的。在图10.4.7中用粗黑线标出的两条从状态$(S^0,S^1)=(0,0)$开始分离,后又汇聚到状态$(S^0,S^1)=(0,0)$的路径0-0-0和2-1-2之间的欧几里得距离为

$$d^2 = d_1^2 + d_0^2 + d_1^2 = 4.585$$

但是通过验算,图10.4.6所示的4状态8-PSK网格编码调制系统的最小自由欧几里得距离等于两个状态之间平行转移间欧几里得距离,即$d_{\text{free}}^2 = 4$。为了比较说明,我们在图10.4.8中画上4-PSK信号集以及无编码4-PSK调制的状态转移。无编码4-PSK调制对应一个平凡的只有一个状态的网格图,在每个时刻它可以发送4个信号点中的任何一个,所以在每个状态它发出4条平行转移,同时汇聚到下一时刻的唯一状态。显然它的自由欧几里得距离$d_{\text{free}}^2 = 2$。

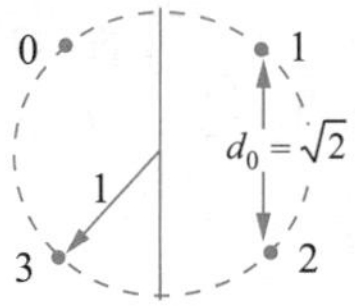

(a) 4-PSK信号集合

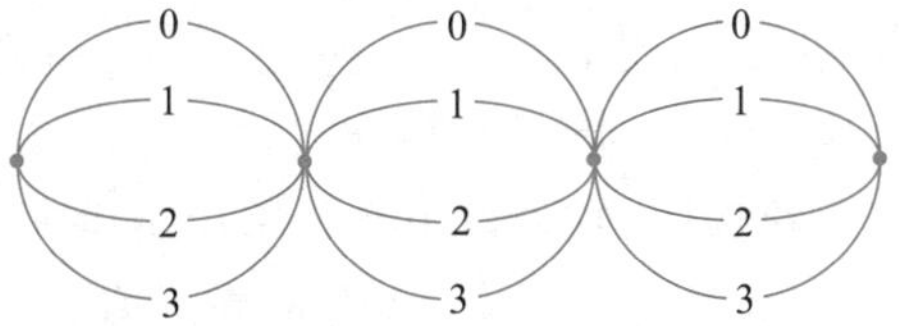

(b) 状态转移图

图10.4.8 4-PSK无编码系统

10.4.3 网格编码调制（TCM）的译码

我们知道，在二元对称信道上卷积码的最大似然译码法（即Viterbi算法），是在网格图上寻找一条与接收到序列的Hamming距离最近的路径作为发送序列；在高斯信道上，Viterbi算法同样是在网格图上寻找一条与接收到序列的欧氏距离最近的路径作为发送序列。在TCM中发送的是由信息数据所决定的穿越编码网格图的一条路径上的信号点序列，通过AWGN信道传输，设接收到的是序列z。接收机中TCM采用软判决译码，所以网格编码调制的Viterbi译码器是在网格图中寻找一条与z的欧氏距离最近的信号点序列。具体的译码过程与卷积码中介绍的一样。包括编码器和译码器在内的完整TCM系统如图10.4.9所示。

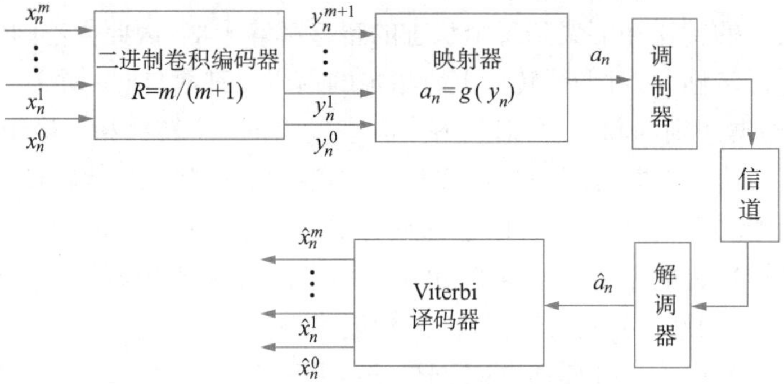

图10.4.9 TCM系统的编码器和译码器

应用软判决最大似然译码，在平均信号功率为1、每维高斯噪声为σ^2的条件下，节点错误概率为

$$P_e = N(d_{free})Q\left[d_{free}/(2\sigma)\right]$$

在大信噪比下，错误概率主要由$Q\left[d_{free}/(2\sigma)\right]$决定。与具有相同信号功率和噪声方差的某个无编码系统相比，编码增益可以表示为距离之比或距离平方之比：

$$G(\mathrm{dB}) = 20\lg(d_{free}/d_{ref})\text{或者}G(\mathrm{dB}) = 10\lg(d_{free}^2/d_{ref}^2) \tag{10.4.7}$$

其中，d_{free}表示编码系统的欧几里得距离，d_{ref}表示无编码系统的欧几里得距离。

利用公式(10.4.7)，可以算出4状态8-PSK网格编码调制系统相对于无编码4-PSK系统的编码增益

$$G(\mathrm{dB}) = 10\lg(d_{free}^2/d_{ref}^2) = 10\lg(4/2) = 3\mathrm{dB} \tag{10.4.8}$$

如果增加网格编码器的状态，比如把四状态8-PSK网格编码器增加到8状态或16状态，则可以构成无平行转移的网格图，增加自由欧几里得距离。例如，图10.4.10所示的8状态8-PSK网格编码，它的自由欧几里得距离为

$$d_{free}^2 = d_1^2 + d_0^2 + d_1^2 = 4.585$$

相对于无编码4-PSK的编码增益为

$$G(\mathrm{dB}) = 10\lg(4.585/2) = 3.6(\mathrm{dB})$$

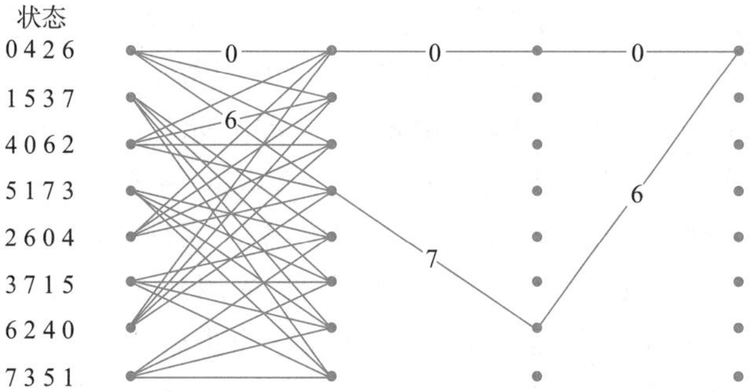

图10.4.10 8状态8-PSK网格编码网格图

图10.4.11表示16状态8-PSK网格编码,它的自由欧几里得距离和编码增益分别为

$$d_{\text{free}}^2 = d_1^2 + d_0^2 + d_0^2 + d_1^2 = 5.171$$

$$G(\text{dB}) = 10\lg(5.171/2) = 4.12(\text{dB})$$

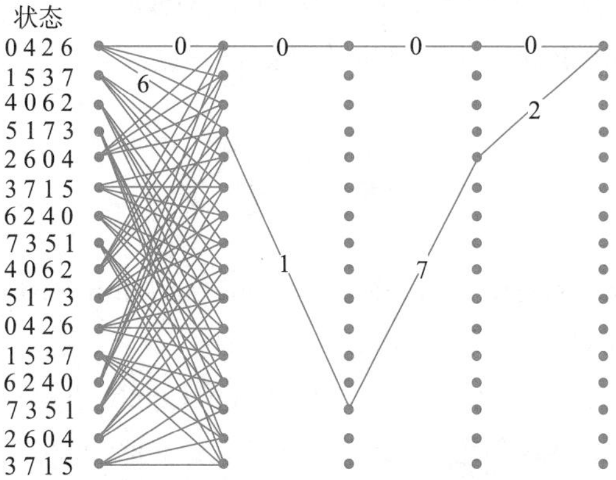

图10.4.11 16状态8-PSK网格编码网格图

§10.5 小 结

本章介绍卷积码的基本知识,包括卷积码的结构、Viterbi译码算法、凿孔卷积码和编码调制技术。

(1) 线性卷积码是与线性分组码相对应的另一大类线性码,它的编码器具有记忆性。线性卷积码编码器可以用冲激响应、生成矩阵和生成多项式等代数方式描述。

(2) 线性卷积码的结构可以用树图、网格图和状态图进行描述。卷积码的重量计数技术在卷积码性能分析中具有重要的应用。线性卷积码的自由距离 d_{free} 代表非零卷积码字的最小重量,它与线性分组码中的最小Hamming距离具有同样意义。

(3) 介绍了卷积码的Viterbi译码算法。Viterbi算法等价于在加权图上寻求最短路径的正向动态规划解。对于硬判决信道,Viterbi算法中的分支度量正比于Hamming距离;对于软判决高斯信道,其分支度量正比于对数似然函数。

(4) 在实现Viterbi算法过程中,还必须考虑到一些具体问题,如译码器存储问题、路径存储的截断问题、译码器的同步问题和分支度量的量化精度问题等。

（5）在评估Viterbi译码算法性能时，首先定义节点错误，利用联合界技术和卷积码重量计数技术求出节点错误界，然后求出误比特率的上界。在大信噪比条件下，性能界主要由它的首项决定，它与卷积码的自由距离d_{free}密切相关。无论对于硬判决信道还是软判决信道，编码增益均正比于自由距离d_{free}与码率R的乘积。

（6）通过对于卷积码凿空可以提高卷积码的码率，实现各种码率的兼容，但是一般凿空会降低卷积码的自由距离。凿空卷积码仍可以采用Viterbi算法译码。

（7）TCM是一种编码与调制相结合的技术，它能在不增加带宽条件下获得编码增益。TCM利用扩展的信号星座图与有限状态编码器，设计有效的从编码器状态转移到扩展星座图信号点之间的映射，达到增大自由欧几里得距离的目的。Ungerboeck所提出的基于信号集分割的映射方法是一种有效的方法。

（8）TCM的译码采用Viterbi算法。

许多优秀著作介绍了卷积码，如林舒和科斯特洛[9]、Viterbi和Ommura[10]和Schalkwijk[11]等，编码调制可参考Biglieri、Divsalar、Mclane[12]。另外像IEEE通信杂志专刊[13]、Ungerboeck[8]、Hagenauer[7]的原著也非常值得一读。

参考文献

[1] Elias P. Coding for Noisy Channels. Entropy and Information Theory. New York: Springer-Verlag, 2011.

[2] Wozencraft J M, Reiffen B. Sequential Decoding. Cambridge: MIT Press, 1961.

[3] Viterbi A J. Error bounds for convolutional codes an asymptotically optimum decoding algorithm. IEEE Transactions on Information Theory, 1967, 13(2): 260-269.

[4] Omura J K. On the Viterbi decoding algorithms. IEEE Transactions on Information Theory, 15(1): 177-179.

[5] Forney G D. The Viterbi algorithm. Proceedings of the IEEE, 1973, 61(3): 268-278.

[6] Cain J B, Clark G C, Geist J M. Punctured convolutional codes of rate (n-1)/n and simplified maximum likelihood decoding. IEEE Transactions on Information Theory, 1979, 25(1): 97-100.

[7] Hagenauer J. Rate compatible punctured convolutional codes (RCPC codes) and their applications. IEEE Transactions on Communications, 1988, 36(4): 386-399.

[8] Ungerboeck G. Channel coding with multilevel/phase signals. IEEE Transactions on Information Theory, 1982, 28(1): 55-67.

[9] 林舒，科斯特洛. 差错控制编码——基础和应用. 王育民，王新梅，译. 北京：人民邮电出版社，1986.

[10] Viterbi A J, Ommura J K. Principles of Digital Communication and Coding. London: Dover Publications, 2009.

[11] Schalkwijk J P M. Convolutional Codes: A State-Space Approach. The Information Theory Approach to Communication. New York: Springer-Verlag, 1977.

[12] Biglieri E, Divsalar D, Mclane P J, Simon M K. Introduction to Trellis-Coded Modulation with Application. New York: MacMillan, 1991.

[13] Special issue on coded modulation. IEEE Communications Magazine, 1991, 29(12).

习 题

10-1 考虑由$g^{(1)}=(110)$,$g^{(2)}=(101)$,$g^{(3)}=(111)$生成的(3,1,2)卷积码。

(1) 画出编码器框图;

(2) 求生成矩阵$\boldsymbol{G}$;

(3) 求与信息序列$\boldsymbol{u}=(11101)$相应的码字$\boldsymbol{c}$。

10-2 对于10-1题中的(3,1,2)卷积码:

(1) 求转移函数矩阵$\boldsymbol{G}(D)$;

(2) 求与信息序列$u(D)=1+D^2+D^3+D^4$相应的码字。

10-3 考虑10-1题中的(3,1,2)卷积码:

(1) 画出编码器的状态图;

(2) 画出编码器的修正状态图;

(3) 求码的重量计数生成函数$T(X)$;

(4) 求多元生成函数$T(X,Y,Z)$。

10-4 考虑由$g_1^{(3)}(D)=1+D^2+D^3$,$g_2^{(3)}(D)=1+D+D^3$生成的(3,2,3)系统码。

(1) 画出编码器的直接实现电路;

(2) 画出仅要求3个移位寄存器的较简单实现电路。

10-5 求出由$g_0(X)=1+X$,$g_1(X)=1+X^2$所生成的卷积码的生成函数。

10-6 假定卷积码由如下生成多项式生成:$g_0(X)=1+X+X^2$,$g_1(X)=1+X+X^2$,$g_2(X)=1+X$。

(1) 画出这个码的网格图;

(2) 有一个6bit信息外加两位“0”结尾的序列通过编码器编码后传输,现收到$\boldsymbol{r}=101100001011111101111110$,用最大似然准则对它进行译码。

10-7 画出图10.1.3所示的(3,2,1)卷积码和长度$L=3$段的信息序列的网格图,并求相应信息序列$\boldsymbol{u}=(11,01,10)$对应的码字。

10-8 对于图10.4.1中的8-AM星座图构造一种Ungerboeck集合分解,利用图10.4.6所示码率为$R=2/3$的4状态卷积编码器构造TCM编码调制器,计算相应的编码增益。

附录A　正态积分曲线与正态积分表

A.1　正态积分曲线

$$Q(x)=\frac{1}{\sqrt{2\pi}}\int_x^{\infty}e^{-\frac{t^2}{2}}\mathrm{d}t$$

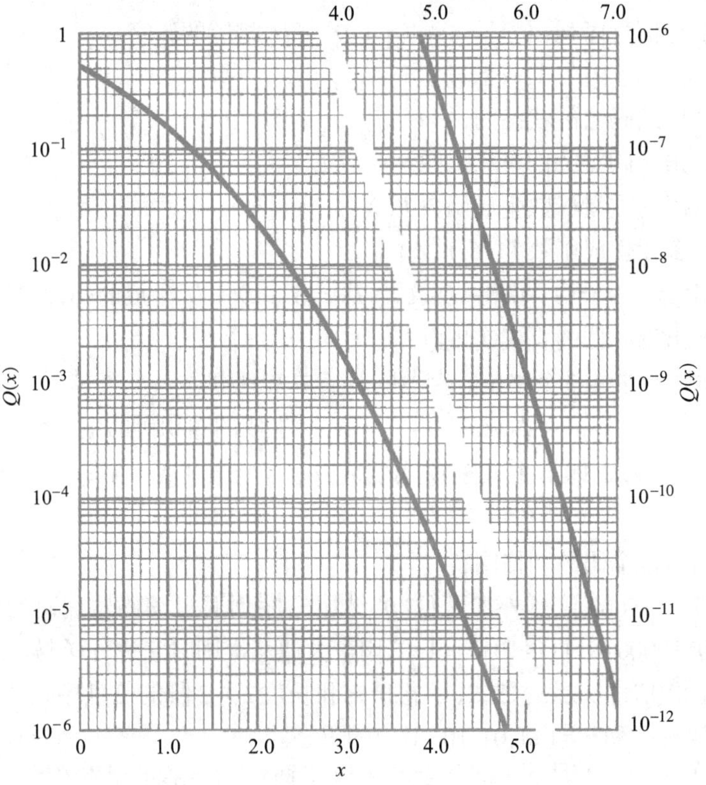

A.2 正态积分表 $Q(x)$

x	0.00	0.01	0.02	0.03	0.04	0.05	0.06	0.07	0.08	0.09
0.0	0.5000	0.4960	0.4920	0.4880	0.4840	0.4801	0.4761	0.4721	0.4681	0.4641
0.1	0.4602	0.4562	0.4522	0.4483	0.4443	0.4404	0.4364	0.4325	0.4286	0.4247
0.2	0.4207	0.4168	0.4129	0.4990	0.4052	0.4013	0.3974	0.3936	0.3897	0.3859
0.3	0.3812	0.3783	0.3745	0.3707	0.3669	0.3632	0.3594	0.3557	0.3520	0.3483
0.4	0.3446	0.3409	0.3372	0.3336	0.3300	0.3264	0.3228	0.3192	0.3156	0.3121
0.5	0.3085	0.3050	0.3015	0.2981	0.2946	0.2912	0.2877	0.2843	0.2810	0.2776
0.6	0.2743	0.2709	0.2676	0.2643	0.2611	0.2578	0.2546	0.2541	0.2483	0.2451
0.7	0.2420	0.2389	0.2358	0.2327	0.2296	0.2266	0.2236	0.2206	0.2168	0.2148
0.8	0.2169	0.2090	0.2061	0.2033	0.2005	0.1977	0.1949	0.1922	0.1894	0.1867
0.9	0.1841	0.1814	0.1788	0.1762	0.1736	0.1711	0.1685	0.1660	0.1635	0.1611
1.0	0.1587	0.1562	0.1539	0.1515	0.1492	0.1469	0.1446	0.1423	0.1401	0.1379
1.1	0.1357	0.1335	0.1314	0.1292	0.1271	0.1251	0.1230	0.1210	0.1190	0.1170
1.2	0.1151	0.1131	0.1112	0.1093	0.1075	0.1056	0.1038	0.1020	0.1003	0.0985
1.3	0.0968	0.0951	0.0934	0.0918	0.0901	0.0885	0.0869	0.0853	0.0838	0.0823
1.4	0.0808	0.0793	0.0778	0.0764	0.0749	0.0735	0.0721	0.0708	0.0694	0.0681
1.5	0.0668	0.0655	0.0643	0.0630	0.0618	0.0606	0.0594	0.0582	0.0571	0.0559
1.6	0.0548	0.0537	0.0526	0.0516	0.0505	0.0495	0.0485	0.0475	0.0465	0.0455
1.7	0.0446	0.0436	0.0427	0.0418	0.0409	0.0401	0.0392	0.0384	0.0375	0.0367
1.8	0.0359	0.0351	0.0344	0.0336	0.0329	0.0322	0.0314	0.0307	0.0301	0.0294
1.9	0.0287	0.0281	0.0274	0.0268	0.0262	0.0256	0.0250	0.0244	0.0239	0.0233
2.0	0.0228	0.0222	0.0217	0.0212	0.0207	0.0202	0.0197	0.0192	0.0188	0.0183
2.1	0.0179	0.0174	0.0170	0.0166	0.0162	0.0158	0.0154	0.0150	0.0146	0.0143
2.2	0.0139	0.0136	0.0132	0.0129	0.0125	0.0122	0.0119	0.0116	0.0113	0.0110
2.3	0.0107	0.0104	0.0102	0.0099	0.0096	0.0094	0.0091	0.0089	0.0087	0.0084
2.4	0.0082	0.0080	0.0078	0.0075	0.0073	0.0071	0.0069	0.0068	0.0066	0.0064
2.5	0.0062	0.0060	0.0059	0.0057	0.0055	0.0054	0.0052	0.0051	0.0049	0.0048
2.6	0.0047	0.0045	0.0044	0.0043	0.0041	0.0040	0.0039	0.0038	0.0037	0.0036
2.7	0.0035	0.0034	0.0033	0.0032	0.0031	0.0030	0.0029	0.0028	0.0027	0.0026
2.8	0.0026	0.0025	0.0024	0.0023	0.0023	0.0022	0.0021	0.0021	0.0020	0.0019
2.9	0.0019	0.0018	0.0018	0.0017	0.0016	0.0016	0.0015	0.0015	0.0014	0.0014
3.0	0.0013	0.0013	0.0013	0.0012	0.0012	0.0011	0.0011	0.0011	0.0010	0.0010
3.1	0.0010	0.0009	0.0009	0.0009	0.0008	0.0008	0.0008	0.0008	0.0007	0.0007
3.2	0.0007	0.0007	0.0006	0.0006	0.0006	0.0006	0.0006	0.0006	0.0005	0.0005
3.3	0.0005	0.0005	0.0005	0.0004	0.0004	0.0004	0.0004	0.0004	0.0094	0.0003
3.4	0.0003	0.0003	0.0003	0.0003	0.0003	0.0003	0.0003	0.0003	0.0003	0.0002

A.3 对于大 x 的 $Q(x)$ 表

	0.0	0.1	0.2	0.3	0.4	0.5	0.6	0.7	0.8	0.9
3	.00135	$.0^{3}968$	$.0^{3}687$	$.0^{3}483$	$.0^{3}337$	$.0^{3}233$	$.0^{3}159$	$.0^{3}108$	$.0^{4}723$	$.0^{4}481$
4	$.0^{4}317$	$.0^{4}207$	$.0^{4}133$	$.0^{5}854$	$.0^{5}541$	$.0^{5}340$	$.0^{5}211$	$.0^{5}130$	$.0^{5}793$	$.0^{6}497$
5	$.0^{6}287$	$.0^{6}170$	$.0^{7}996$	$.0^{7}579$	$.0^{7}333$	$.0^{7}190$	$.0^{7}107$	$.0^{8}599$	$.0^{8}332$	$.0^{8}182$
6	$.0^{9}87$	$.0^{9}530$	$.0^{9}282$	$.0^{9}149$	$.0^{10}777$	$.0^{10}402$	$.0^{10}206$	$.0^{10}104$	$.0^{11}523$	$.0^{11}260$

附录B　有限域代数的基本知识

B.1　有限域的定义

定义B.1　域F是一个由元素组成的集合，在这个集合上定义两种运算，即加法“+”和乘法“·”。这两种运算满足交换律、结合律和分配律，即对于任何$\alpha,\beta,\gamma\in F$，有

$$
\begin{aligned}
&(\alpha+\beta)\in F\\
&\alpha+(\beta+\gamma)=(\alpha+\beta)+\gamma\\
&\alpha+\beta=\beta+\alpha\\
&\alpha\cdot\beta\in F\\
&\alpha\cdot\beta=\beta\cdot\alpha\\
&\alpha\cdot\beta(\beta\cdot\gamma)=(\alpha\cdot\beta)\cdot\gamma\\
&\alpha\cdot(\beta+\gamma)=\alpha\cdot\beta+\alpha\cdot\gamma
\end{aligned}
\tag{B.1}
$$

对于加法，存在唯一的零元素“0”，使$\alpha+0=\alpha$；对于乘法，存在唯一单位元“1”，使$\alpha\cdot 1=\alpha$；对每一个元$\alpha\in F$，存在唯一的加法逆元，即存在唯一的$(-\alpha)\in F$使得

$$\alpha+(-\alpha)=0 \tag{B.2}$$

对每个非零元α，存在唯一的乘法逆元$\alpha^{-1}\in F$，使

$$\alpha\cdot\alpha^{-1}=1 \tag{B.3}$$

根据以上关于域的定义，显然全体实数**R**，在通常加法和乘法意义下构成一个域，称为实数域。复数全体**C**在复数加法和乘法下也构成一个复数域。如果一个域F仅具有有限多个元素，比如仅有q个元素，则这样的域称为有限域，或称为伽罗瓦(Galois)域，记为GF(q)。

例B.1　最简单的有限域是二元域：

$$\mathrm{GF}(2)=\{0,1\}$$

其上的加法、乘法分别是布尔加法和布尔乘法，即

+	0	1
0	0	1
1	1	0

*	0	1
0	0	0
1	0	1

对任何质数p，可以构成具有p个元素的伽罗瓦域

$$\mathrm{GF}(p)=\{0,1,2,\cdots,p-1\}$$

在GF(p)上的加法和乘法分别为模p加法和模p乘法。很容易验证，这两种运算满足交换律、结合律和分配律。同时“0”和“1”分别为加法零元和乘法单位元。

对任何$i(0\leqslant i\leqslant p-1)$，它的加法逆元显然为$p-i$。而对$i\neq 0$，乘法逆元可以由欧几里得算法求得。因为$0<i\leqslant p-1$，$p$为质数，所以$i$和$p$互质。由欧几里得算法知道，

存在整数a和b，使得

$$a \cdot i + b \cdot p = (i,p) = 1 \tag{B.4}$$

其中(i,p)表示i和p的最大公约数，所以

$$a \cdot i = 1 - b \cdot p$$

$$a \cdot i \equiv 1 \bmod p \tag{B.5}$$

即

$$a = i^{-1}$$

因此，对于任何质数p，总存在有p个元素的有限域GF(p)。

例B.2　GF(5) = {0, 1, 2, 3, 4}是一个有5个元素的有限域，域上的加法和乘法定义如下：

+	0	1	2	3	4
0	0	1	2	3	4
1	1	2	3	4	0
2	2	3	4	0	1
3	3	4	0	1	2
4	4	0	1	2	3

·	0	1	2	3	4
0	0	0	0	0	0
1	0	1	2	3	4
2	0	2	4	1	3
3	0	3	1	4	2
4	0	4	3	2	1

可以证明，仅当q等于质数幂，即$q = p^m$时，才存在有限域GF(q)。我们可以从GF(p)出发来构造GF(p^m)。我们称GF(p)为基域，GF(p^m)为GF(p)的扩域。

B.2　GF (2^m)的构成

考虑系数取自GF(2)上的$m-1$次多项式：

$$a(\alpha) = a_0 + a_1\alpha + \cdots + a_{m-1}\alpha^{m-1} \tag{B.6}$$

其中$a_i \in$ GF(2)，$i = 0, 1, \cdots, m-1$。这些多项式的总数正好等于2^m。我们希望把它们作为GF(2^m)上的元素。这些元素可以用两种方式表示，一种用多项式，另一种用m维二元矢量。例如对于$m = 4$，GF(2^4)的16个元素的表示如表B.1所示。

表B.1　GF(2^4)的16个元素

二元矢量	多项式	二元矢量	多项式
(0　0　0　0)	0	(0　0　0　1)	α^3
(1　0　0　0)	1	(1　0　0　1)	$1+\alpha^3$
(0　1　0　0)	α	(0　1　0　1)	$\alpha+\alpha^3$
(1　1　0　0)	$1+\alpha$	(1　1　0　1)	$1+\alpha+\alpha^3$
(0　0　1　0)	α^2	(0　0　1　1)	$\alpha^2+\alpha^3$
(1　0　1　0)	$1+\alpha^2$	(1　0　1　1)	$1+\alpha^2+\alpha^3$
(0　1　1　0)	$\alpha+\alpha^2$	(0　1　1　1)	$\alpha+\alpha^2+\alpha^3$
(1　1　1　0)	$1+\alpha+\alpha^2$	(1　1　1　1)	$1+\alpha+\alpha+\alpha^3$

下面引入GF(2^m)中元素间的加法和乘法运算。对于GF(2^m)中的加法和乘法，我们采用普通多项式的加法和乘法，当然系数之间的运算是采用模2运算。

例如在GF(2^4)中，

$$a(\alpha) = 1 + \alpha + \alpha^3 \leftrightarrow (1\quad 1\quad 0\quad 1)$$

$$b(\alpha)=1+\alpha^2\leftrightarrow(1\quad 0\quad 1\quad 0)$$

则
$$a(\alpha)+b(\alpha)=(1+\alpha+\alpha^3)+(1+\alpha^2)$$
$$=\alpha+\alpha^2+\alpha^3\quad\leftrightarrow\quad(0\quad 1\quad 1\quad 1)$$

然而在定义乘法时,遇到了困难,因为按通常乘法有

$$a(\alpha)\cdot b(\alpha)=(1+\alpha+\alpha^3)\cdot(1+\alpha^2)$$
$$=1+\alpha+\alpha^2+\alpha^5$$

这时得到了超过3次的多项式,我们必须设法把它化简到小于或等于3次的多项式。为此选α是某个4次多项式$\pi(x)$的根,比如α是$\pi(x)=1+x+x^4$的根,即

$$\pi(\alpha)=1+\alpha+\alpha^4=0$$

或者说
$$\alpha^4=1+\alpha$$

从而

$$a(\alpha)\cdot b(\alpha)=1+\alpha+\alpha^2+\alpha^5$$
$$=1+\alpha+\alpha^2+\alpha\cdot\alpha^4$$
$$=1+\alpha+\alpha^2+\alpha\cdot(1+\alpha)$$
$$=1$$

也就是说$(1\quad 1\quad 0\quad 1)\cdot(1\quad 0\quad 1\quad 0)=(1\quad 0\quad 0\quad 0)$。这样用多项式表示的$GF(2^4)$元素对于多项式乘法是封闭的。

如果需要生成有限域$GF(2^m)$,则$\pi(x)$必须是m次多项式。然而$\pi(x)$并不是随便取的,它必须是$GF(2)$上的既约多项式,即$\pi(x)$在$GF(2)$上不能进一步因式分解,或者说$\pi(x)$没有次数小于$m-1$、系数在$GF(2)$上的多项式作为因式。$GF(2)$上的既约多项式就像质数在整数中的地位一样,它们没有非平凡因子。通过简单的验证可知,$\pi(x)=1+x+x^4$确实是$GF(2)$上的既约多项式。

定理B.1 如果$\pi(x)$是$GF(2)$上次数等于m的不可约多项式,则对$GF(2)$上每个次数小于m的多项式$c(\alpha)$,均存在唯一的逆元:

$$c^{-1}(\alpha)\in GF(2^m)$$

证明 由于$\pi(x)$和$c(x)$互质,所以由欧几里得算法,存在二元多项式$a(x)$和$b(x)$,使得

$$c(x)\cdot a(x)+\pi(x)\cdot b(x)=(c(x),\pi(x))=1 \tag{B.7}$$

其中$(c(x),\pi(x))$表示$b(x)$和$\pi(x)$的最大公因式。所以

$$c(x)\cdot a(x)=1-b(x)\cdot\pi(x)$$

从而
$$c(x)\cdot a(x)\equiv 1\ \mathrm{mod}\pi(x)$$

即
$$a(\alpha)=c^{-1}(\alpha)$$

因此,当α是$GF(p)$上某m次既约多项式的根时,α的所有次数小于m的多项式构成一个有限域$GF(2^m)$。一般地,设p是一个质数,α是$GF(p)$上某m次既约多项式的根时,α的所有次数小于m的多项式构成一个有限域$GF(p^m)$。

B.3 有限域的特征和元素的阶数

考虑有q个元素的有限域$GF(q)$。我们构成$GF(q)$中单位元素“1”的连续和序列

$$\sum_{i=1}^{1}1=1,\sum_{i=1}^{2}1=1+1,\cdots,\sum_{i=1}^{k}1=\underbrace{1+1+\cdots+1}_{k}$$

由于GF(q)是有限域，所以随着k的增加，总可能出现重复，比如说存在m和n($m<n$)，使

$$\sum_{i=1}^{m}1=\sum_{i=1}^{n}1$$

所以
$$\sum_{i=1}^{n-m}1=0$$

令λ为使

$$\sum_{i=1}^{t}1=0$$

成立的最小整数t，这个λ称为有限域GF(q)的特征。GF(2)的特征为2。

定理B.2 有限域GF(q)的特征λ一定是质数。

证明 若λ不是质数，可以把λ写成

$$\lambda=mn$$

因为
$$\left(\sum_{i=1}^{n}1\right)\left(\sum_{i=1}^{m}1\right)=\sum_{i=1}^{nm}1=\sum_{i=1}^{\lambda}1=0$$

则必有
$$\sum_{i=1}^{n}1=0\text{或}\sum_{i=1}^{m}1=0\quad\text{成立。}$$

这与λ是使$\sum_{i=1}^{t}1=0$成立的最小整数t矛盾，从而本定理成立。

特征为p的有限域中，任何元素连加p次就得到"0"元素。GF(p^m)的特征为p。

对于有限域中任何非零元β，构造如下的幂序列：

$$\beta^1=\beta,\quad\beta^2=\beta\cdot\beta,\quad\beta^3=\beta\cdot\beta\cdot\beta,\cdots$$

由于GF(q)是有限的，则必定有整数m和n($m<n$)，使

$$\beta^m=\beta^n$$

或
$$\beta^{n-m}=1$$

所以对每个非零元β，存在最小正整数k使得$\beta^k=1$，这时我们称β为k阶元素。

定理B.3 GF(q)上任何非零元素β，必有

$$\beta^{q-1}=1 \tag{B.8}$$

证明 令$a_1,a_2,\cdots,a_{q-1}$是GF(q)的$q-1$个非零元，β为GF(q)上任何非零元素，显然$\beta\cdot a_1,\beta\cdot a_1,\cdots,\beta\cdot a_{q-1}$是非零，而且彼此不同。因此

$$(\beta\cdot a_1)\cdot(\beta\cdot a_2)\cdots(\beta\cdot a_{q-1})=a_1a_2\cdots a_{q-1}$$

因为$\beta\neq0,a_1a_2\cdots a_{q-1}\neq0$，从$\beta^{q-1}a_1a_2\cdots a_{q-1}=a_1\cdots a_{q-1}$，得到$\beta^{q-1}=1$。

定理B.4 令β是GF(q)中的非零元，β的阶数为k，则$q-1$能被k除尽。

证明 若不然，$q-1$被k除后余r，$r<k$，则

$$q-1=kn+r$$

于是
$$\beta^{q-1}=\beta^{kn+r}=1$$

所以
$$\beta^r=1$$

这与β是k阶元相矛盾。

由定理B.4可知，GF(16)中非零元素可能的阶数是1,3,5,15；在GF(256)中非零元可能阶数为1,3,5,15,17,51,85,255。

定义B.2 如果GF(q)的一个元素α的阶数为$q-1$，则α被称为是本原元素。

可以证明，每个有限域GF(q)至少有一个本原元素。这意味着至少存在一个本原元素α，它的逐次幂构成GF(q)的全部非零元，即

$$\alpha^1,\alpha^2,\cdots,\alpha^{q-1}=1=\alpha^0$$

是GF(q)的全部非零元。由于GF(q)的每个非零元是本原元的幂，所以形式上可以对每个非零元取以α为底的对数，用对数来表记此非零元。同时如果我们把零元素“0”的对数记为$-\infty$，则GF(q)中元素可用它们的对数表记，即

$$-\infty,1,2,\cdots,q-1$$

例B.3 令α是GF(2)上既约多项式$1+x+x^3$的根，即$1+\alpha+\alpha^3=0$，α的逐次幂列于表B.2。

表B.2 GF(2^3)的非零元

多项式	二元矢量	多项式	二元矢量
$\alpha^1=\alpha$	(0 1 0)	$\alpha^5=1+\alpha+\alpha^2$	(1 1 1)
$\alpha^2=\alpha^2$	(0 0 1)	$\alpha^6=1+\alpha^2$	(1 0 1)
$\alpha^3=1+\alpha$	(1 1 0)	$\alpha^7=1$	(1 0 0)
$\alpha^4=\alpha+\alpha^2$	(0 1 1)		

α的各次幂构成了GF(2^3)的全部7个非零元，所以α是GF(2^3)的本原元。

同样，令α是GF(2)上既约多项式$1+x+x^4$的根，即$1+\alpha+\alpha^4=0$，α的逐次幂列于表B.3。

表B.3 GF(2^4)的非零元

多项式	二元矢量	多项式	二元矢量
$\alpha^1=\alpha$	(0 1 0 0)	$\alpha^9=\alpha+\alpha^3$	(0 1 0 1)
$\alpha^2=\alpha^2$	(0 0 1 0)	$\alpha^{10}=1+\alpha+\alpha^2$	(1 1 1 0)
$\alpha^3=\alpha^3$	(0 0 0 1)	$\alpha^{11}=\alpha+\alpha^2+\alpha^3$	(0 1 1 1)
$\alpha^4=1+\alpha$	(1 1 0 0)	$\alpha^{12}=1+\alpha+\alpha^2+\alpha^3$	(1 1 1 1)
$\alpha^5=\alpha+\alpha^2$	(0 1 1 0)	$\alpha^{13}=1+\alpha^2+\alpha^3$	(1 0 1 1)
$\alpha^6=\alpha^2+\alpha^3$	(0 0 1 1)	$\alpha^{14}=1+\alpha^3$	(1 0 0 1)
$\alpha^7=1+\alpha+\alpha^3$	(1 1 0 1)	$\alpha^{15}=1$	(1 0 0 0)
$\alpha^8=1+\alpha^2$	(1 0 1 0)		

α的各次幂构成了GF(2^4)的全部15个非零元，所以α是GF(2^4)的本原元。

定义B.3 GF(2)上一个m次多项$\pi(x)$，如果它的所有根均是GF(2^m)中的本原元，则$\pi(x)$是m次本原多项式。

例如，很容易验证例B.3中$\alpha,\alpha^2,\alpha^4,\alpha^8$均是GF($2^4$)的本原元，而

$$\pi(x)=1+x+x^4=(x-\alpha)(x-\alpha^2)(x-\alpha^4)(x-\alpha^8)$$

所以$\pi(x)=1+x+x^4$是本原多项式。

必须指出，m次既约多项式不一定是本原多项式，例如

$$f(x)=1+x+x^2+x^3+x^4$$

是既约多项式，但不是本原多项式，它的根不能生成GF(2^4)的所有非零元。但是本原多项式却一定是既约的。

由于GF(2^m)中每个非零元的阶次是2^m-1的因子，所以GF(2^m)中每个非零元β满足$\beta^{2^m-1}+1=0$，或者说GF(2^m)中每个非零元β是方程

$$x^{2^m-1}+1=0$$

的根。于是GF(2^m)中的全部元素构成了方程

$$x^{2^m}+x=0$$

的全部根。因为任何m次本原多项式的根都是GF(2^m)中的本原元，所以每个m次本原多项式$\pi(x)$能够除尽$X^{2^m-1}+1$，但是可以证明，$\pi(x)$不能除尽任何其他X^n+1，其中$n<2^m-1$。

第9章参考文献[11]已把GF(2)上的本原多项式用表的形式给出。表B.4中我们仅列出3~24次的本原多项式，而且对每个次数m仅给出项数最少的那个本原多项式作为代表。

表B.4 本原多项式

m	本原多项式	m	本原多项式
3	$1+x+x^3$	14	$1+x+x^6+x^{10}+x^{14}$
4	$1+x+x^4$	15	$1+x+x^{15}$
5	$1+x^2+x^5$	16	$1+x+x^3+x^{12}+x^{16}$
6	$1+x+x^6$	17	$1+x^3+x^{17}$
7	$1+x^3+x^7$	18	$1+x^7+x^{18}$
8	$1+x^2+x^3+x^4+x^8$	19	$1+x+x^2+x^5+x^{19}$
9	$1+x^4+x^9$	20	$1+x^3+x^{20}$
10	$1+x^2+x^{11}$	21	$1+x^2+x^{21}$
11	$1+x^2+x^{11}$	22	$1+x+x^{22}$
12	$1+x+x^4+x^6+x^{12}$	23	$1+x^5+x^{23}$
13	$1+x+x^3+x^4+x^{13}$	24	$1+x+x^2+x^7+x^{24}$

B.4 最小多项式

设β为GF(2^m)中任一元素，$m(x)$是GF(2)上使$m(\beta)=0$的最低次多项式，则称$m(x)$为β的最小多项式。例如，在GF(2^m)中"0"的最小多项式为x，"1"的最小多项式是$1+x$。显然，最小多项式$m(x)$必定是既约的。

因为在特征为p的有限域GF(p^m)中，若β是系数在GF(p)上的多项式$f(x)$的根，则β^p也是$f(x)$的根。这是由于，如果

$$f(\beta)=\sum_{i=0}^{n}a_i\beta^i=0$$

其中$a_i \in GF(p)\ (i = 0, 1, 2, \cdots, n)$，则

$$\left(f(\beta)\right)^p = \left(\sum_{i=0}^{n} a_i \beta^i\right)^p = \sum_{i=0}^{n} a_i^p (\beta^i)^p$$

因为$a_i \in GF(p)$，$a_i^p = a_i$，所以

$$\left(f(\beta)\right)^p = \sum_{i=0}^{n} a_i (\beta^p)^i$$

即
$$f(\beta^p) = \left[f(\beta)\right]^p = 0$$

在特征为2的$GF(2^m)$中，$\beta, \beta^2, \beta^4, \cdots$具有相同的最小多项式，这些元素构成共轭系，就像实系数多项式的根总是共轭成对出现一样。同样，$\beta^3, \beta^6, \beta^{12}, \cdots$也具有相同的最小多项式，组成另一个共轭系。有限域的元素可以分解成若干个共轭系。

由此可以得出，若$GF(2^m)$中本原元α是本原多项式$\pi(x)$的根，则$\alpha^2, \alpha^{2^2}, \cdots, \alpha^{2^{m-1}}$均是$\pi(x)$的根，它们都是本原元素。

可以证明，如果β的最小多项式$m_\beta(x)$是m次的，则β的共轭系是$\left\{\beta, \beta^2, \cdots, \beta^{2^{m-1}}\right\}$，所以$\beta$的$m$次最小多项式可写成$m_\beta(x) = \prod_{i=1}^{m}(x - \beta^{2^{i-1}})$。

例如，$GF(2^6)$上元素的共轭系分解和相应的最小多项式如表B.5所示。

表B.5 $GF(2^6)$上元素的共轭系分解和相应的最小多项式

α的指数	最小多项式
0	$x + 1$
1,2,4,8,16,32	$x^6 + x + 1$
3,6,12,24,48,33	$x^6 + x^4 + x^2 + x + 1$
5,10,20,40,17,34	$x^6 + x^5 + x^2 + x + 1$
7,14,28,56,49,35	$x^6 + x^3 + 1$
9,18,36	$x^3 + x^2 + 1$
11,22,44,25,50,37	$x^6 + x^5 + x^3 + x^2 + 1$
13,26,52,41,19,38	$x^6 + x^4 + x^3 + x + 1$
15,30,60,57,51,39	$x^6 + x^5 + x^4 + x^2 + 1$
21,42	$x^2 + x + 1$
23,46,29,58,53,43	$x^6 + x^5 + x^4 + x + 1$
31,62,61,59,55,47	$x^6 + x^5 + 1$
45,27,54	$x^3 + x + 1$

附录C 缩略语

A

ACK	acknowledgement	应答
A/D	analog/digital	模拟/数字
ADPCM	adaptive differential pulse code modulation	自适应差分脉码调制
AM	amplitude modulation	调幅
AMI	alternate mark inversion	交替传号反转码
AMPS	advanced mobile phone system	高级移动电话系统
ARQ	automatic repeat request	自动重发请求
ASK	amplitude shift keying	移幅键控
AWGN	additive white Gaussian noise	加性白高斯噪声

B

BCH	Bose-Chaudhuri Hocquenghem	(一种以名字命名的常用循环码)
BER	bit error rate	误比特率
BPSK	binary phase shift keying	二元移相键控
BSC	binary symmetric channel	二元对称信道

C

CDF	cumulative distribution function	概率(积累)分布函数
CDMA	code division multiple access	码分多址接入
CF	characteristic function	特征函数
CIR	carrier to interference ratio	载波干扰比
CMI	code mark inversion	编码传号反转
CNR	carrier to noise ratio	载波噪声比
CPFSK	continuous phase frequency shift keying	连续相位移频键控
CPM	continuous phase modulation	连续相位调制
CRC	cyclic redundancy check	循环冗余效验
CSI	channel state information	信道状态信息
CSMA	carrier sense multiple access	载波侦听多址接入

D

DCT	discrete cosine transform	离散余弦变换
DFT	discrete Fourier transform	离散傅里叶变换
DLL	delay locked loop	延迟锁定环

DM(ΔM)	delta modulation	增量调制
DMC	discrete memoryless channel	离散无记忆信道
DMT	discrete multitone	离散多音调
DPCM	differential pulse code modulation	差分脉冲编码调制
DPSK	differential phase shift keying	差分移相键控
DS-CDMA	direct-sequence code-division multiple access	直接序列码分多址
DS/SS	direct sequence / spread spectrum	直接序列/扩谱
DS	direct sequence spread spectrum signal	直接序列扩谱信号
DSB	double sideband	双边带
DSB-SC	double sideband suppressed carrier	双边带抑制载波
DSP	digital signal processor	数字信号处理器
DTC	data transform coding	数据转换编码

F

FDM	frequency division multiplexing	频分复用
FDMA	frequency division multiple accessing	频分多址
FEC	forward error correction	前向纠错
FFT	fast Fourier transform	快速傅里叶变换
FH	frequency hopped	跳频
FFH-SS	fast frequency hopped spread spectrum	快跳频扩谱
FH-SS	frequency hopped spread spectrum	跳频扩谱
FM	frequency modulation	调频
FSK	frequency shift keying	移频键控
FIR	finite impulse response	有限脉冲响应

G

GMSK	Gaussian minimum shift keying	高斯最小偏移键控
GPRS	general packet radio service	综合数据包无线业务
GPS	global positioning system	全球定位系统
GSM	global system for mobile communication	全球移动通信系统

H

HDB_3	high density bipolar code of three order	3阶高密度双极性码
HDLC	high level data link control	高级数据链路控制
HDTV	high definition television	高清晰度电视
HPF	higher pass filter	高通滤波器

I

IID	independent identically distributed	独立同分布
IIR	infinite duration impulse response	无限脉冲响应
IP	internet protocols	互联网协议
ISI	intersymbol interference	码间干扰

ISO	International Standards Organization	国际标准化组织
ITU	International Telecommunication Union	国际电信联盟
	J	
JPEG	Joint Photographic Experts Groups	图片联合专家组
	L	
LDPC	low density parity check codes	低密度奇偶校验码
LMS	least mean square	最小均方
LOS	line of sight	视距
LPC	linear predictive coding	线性预测编码
LPF	lower pass filter	低通滤波器
LPI	low probability of intercept	低截获概率
	M	
MAI	multiple access interference	多址干扰
MAP	maximum a posterior probability	最大后验概率
MASK	m-ary amplitude shift keying	*M*元移幅键控
MDPSK	m-ary differential phase shift keying	*M*元差分移相键控
MFSK	m-ary frequency shift keying	*M*元移频键控
MIMO	multiple input multiple output	多输入多输出
MISO	multiple input single output	多输入单输出
ML	maximum likelihood	最大似然
MLSE	maximum likelihood sequence estimation	最大似然序列估计
MMSE	minimum mean square error	最小均方误差
MPEG	moving picture experts group	活动图像专家组
MPSK	m-ary phase shift keying	*M*元移相键控
MQAM	m-ary quadrature amplitude modulation	*M*元正交幅度调制
MRC	maximal ratio combining	最大比合并
MS	mobile station	移动站
MSC	mobile switching center	移动交换中心
MSK	minimum (frequency) shift keying	最小(频率)偏移键控
	N	
NAK	negative acknowledgement	否定应答
NBFM	narrow band frequency modulation	窄带调频
NGN	next generation network	下一代网络
NRZ	non-return zero code	不归零码
	O	
OFDM	orthogonal frequency division multiplexing	正交频分复用
OOK	on-off keying	通-断键控
OQPSK	offset quadrature phase shift keying	偏移正交移相键控

P

PAM	pulse amplitude modulation	脉冲幅度调制
PBI	partial band interference	部分频带干扰
PCM	pulse code modulation	脉冲编码调制
PCN	personal communication network	个人通信网络
PDF	probability density function	概率密度函数
PLL	phase locked loop	锁相环
PM	phase modulation	调相
PMF	probability mass function	概率分布函数
PN	pseudo noise	伪噪声
PPM	pulse phase modulation	脉冲相位调制
PWM	pulse wide modulation	脉冲宽度调制
PRS	partial response signal	部分响应信号
PSK	phase shift keying	移相键控

Q

QAM	quadrature amplitude modulation	正交幅度调制
QASK	quadrature amplitude shift keying	正交幅度偏移键控
QOS	quality of services	服务质量
QPSK	quadrature phase shift keing	正交移相键控

R

RCPC codes	rate compatible punctured convolutional codes	PCRC码
RZ	return zero code	归零码

S

SDMA	space division multiple access	空分多址
SDR	software-defined radio	软件无线电
SEP	symbol error probability	符号差错概率
SIR	signal to interference ratio	信干比
SISO	soft input soft output	软输入软输出
SNR	signal to noise ratio	信噪比
SS	spread spectrum	扩谱
SSB	single side band	单边带
SSB-LSB	single sideband-low sideband	单边带-下边带
SSB-USB	single sideband-upper sideband	单边带-上边带
STBC	space-time block code	空时分组码
STTC	space-time trellis code	空时网格编码
STTD	space time transmit diversity	空时发射分集

T

TCM	trellis coded modulation	网格编码调制
TDD	time division duplex	时分双工

TDL	Tau-dither loop	T型抖动环路
TDM	time division multiplexing	时分复用
TDMA	time division multiple access	时分多址
TH	time hopped	跳时
TMRC	transmit maximal ratio combining	发送最大比组合
TPC	transmit power control	发射功率控制
	U	
UWB	ultra-wide band	超宽带
	V	
VA	Viterbi algorithm	Viterbi算法
VCO	voltage controlled oscillator	压控振荡器
VQ	vector quantization	矢量量化
VSB	vestigial sideband	残留边带
	Z	
ZF	zero forcing	迫零
ZMCSCG	zero-mean cycle-symmetrical complex Gaussian	零均值、圆对称复高斯

部分习题答案

第1章

1-1　$H(X)=1.75\text{bit}$。

1-2　1bit/符号,200bit/s。

1-3　0.3113bit。

1-4　0.03bit。

1-5　8×10^3Baud,16×10^3bit/s。

第2章

2-2　(1) $y_n=\mathrm{e}^{-\mathrm{j}2\pi\frac{n}{T_0}t_0}x_n$;(2) $y_n=x_{n-1}$;(3) $y_n=x_n$;(4) $y_n=\dfrac{\mathrm{j}2\pi n}{T_0}x_n$。

2-3　(1) $x(0.005)=0.566$;(2) 能量型,$E=8$。

2-9　$\hat{y}(t)=x(t)\sin(2\pi f_0 t)$。

2-10　(1) $\hat{s}(t)=-\cos(2\pi f_0 t)$;$s_1(t)=\mathrm{e}^{-\mathrm{j}\pi/2}$;

(2) $\hat{s}(t)=\sin(2\pi f_0 t)$,$s_1(t)=1$;

(3) $\hat{s}(t)=A\mathrm{e}^{-at}\sin\left[2\pi f_0 t+\varphi(t)\right]$,$s_1(t)=A\mathrm{e}^{-at}\mathrm{e}^{\mathrm{j}\varphi(t)}$;

(4) $\hat{s}(t)=(1+A\cos2\pi ft)\sin(2\pi f_0 t)$,$s_1(t)=1+A\cos(2\pi ft)$;

(5) $\hat{s}(t)=A\sin(2\pi f_0 t+bt^2/2)$,$s_1(t)=A\mathrm{e}^{\mathrm{j}bt^2/2}$。

2-11　$y_1(t)=-\dfrac{\mathrm{j}}{4\pi t}\left\{\sin(\pi t)+\dfrac{1}{\pi t}[1-\cos(\pi t)]\right\}$,

$$y(t)=\frac{1}{4\pi t}\left\{\sin(\pi t)+\frac{1}{\pi t}[1-\cos(\pi t)]\right\}\sin(2\pi f_0 t)。$$

2-12　(1) $P(X=Y=2)=81/1024$;(2) $P(X=Y)=886/4096$;

(3) $P(X>Y)=535/4096$;(4) $P(X+Y<5)=125/4096$。

2-13　(1) $K=1$;(3) $P(\frac{1}{2}<X\leqslant1)=0.75$;(4) $P(\frac{1}{2}<X<1)=0.25$;

(5) $P(X>2)=0$。

2-14　(1) $f_Y(y)=\dfrac{1}{\sqrt{2\pi\sigma^2}}\cdot\dfrac{1}{\sqrt{ay}}\exp\left(-\dfrac{y}{2a\sigma^2}\right)$, $y>0,a>0$,

$$f_Y(y)=\frac{1}{\sqrt{2\pi\sigma^2}}\cdot\frac{1}{\sqrt{|a|y}}\exp\left(-\frac{y}{2|a|\sigma^2}\right),\ y<0,a<0;$$

$$(2) f_Y(y)=\begin{cases} A\delta(y+b), & y \leqslant b \\ \dfrac{1}{\sqrt{2\pi\sigma^2}}\exp\left(-\dfrac{y^2}{2\sigma^2}\right), & |y|<b, \\ A\delta(y-b), & y \geqslant b \end{cases}$$

$$A=\int_b^{\infty}\frac{1}{\sqrt{2\pi\sigma^2}}\exp\left(-\frac{x^2}{2\sigma^2}\right)\mathrm{d}x。$$

2-15 $f_X(x)=\dfrac{1}{\pi(1+x^2)}$, $E(X)=0$, $\mathrm{Var}(X)=\infty$。

2-18 $(1) f_{Z,W}(z,w)=\dfrac{1}{2\pi\sqrt{1-\rho^2}\,\sigma^2}\mathrm{e}^{-\frac{\left[(1-\rho\sin 2\theta)z^2-2\rho(\cos 2\theta)zw+(1+\rho\sin 2\theta)w^2\right]}{2(1-\rho^2)\sigma^2}}$;(2) $\theta=\pm\dfrac{\pi}{4}+2k\pi$。

2-19 $E[\xi(t)]=\cos(2\pi t)-\sin(2\pi t), R_\xi(0,1)=2$。

2-20 (1) $E[z(t)]=0, E[z^2(t)]=\sigma^2$;(2) $f(z)=\dfrac{1}{\sqrt{2\pi}\,\sigma}\mathrm{e}^{-\frac{z^2}{2\sigma^2}}$;

(3) $B(t_1,t_2)=R(t_1,t_2)=\sigma^2\cos 2\pi f_0(t_1-t_2)$。

2-21 $E[Z(t_1)Z(t_2)]=R_X(\tau)R_Y(\tau)$。

2-23 (1) $P_n(f)=\dfrac{a^2}{a^2+(2\pi f)^2}$, $P=R_n(0)=0.5a$。

2-24 $P_\xi(f)=\dfrac{1}{2}\displaystyle\sum_{k=-\infty}^{\infty}\left[\mathrm{sinc}\left(\frac{k}{2}\right)\right]^2\delta(f-\frac{k}{2})$。

2-25 (1) $R_N(\tau)=N_0B\,\mathrm{sinc}(B\tau)\cos(2\pi f_c t)$;

(2) $f_N(n)=\dfrac{1}{\sqrt{2\pi\sigma^2}}\exp\left(-\dfrac{n^2}{2\sigma^2}\right)$, $\sigma^2=N_0B$。

2-26 $P_Y(f)=\dfrac{N_0}{2}\cdot\dfrac{1}{\left[1+(2\pi RCf)^2\right]}, R_Y(\tau)=\dfrac{N_0}{4RC}\mathrm{e}^{-\frac{|\tau|}{RC}}$。

2-27 $R_N(\tau)=\dfrac{N_0a}{4}\mathrm{e}^{-a|\tau|}$, $a=\dfrac{R}{L}, \sigma^2=R_N(0)=\dfrac{aN_0}{4}$。

2-29 $P_{\xi_1\xi_2}(f)=P_\eta(f)\cdot H_1^*(f)\cdot H_2(f)$。

2-30 $R_Y(\tau)=2R_\xi(\tau)+R_\xi(\tau-T)+R_\xi(\tau+T)$,

$P_Y(f)=2P_\xi(f)(1+\cos 2\pi fT)$。

2-33 $f_Y(y)=\dfrac{1}{\sqrt{2\pi\sigma^2}}\exp\left(-\dfrac{y^2}{2\sigma^2}\right)$, $\sigma^2=\dfrac{N_0}{2\alpha}(1-\mathrm{e}^{-|aT|})$。

2-34 $R_X(\tau)=\dfrac{2N_0\cos(2\pi f_c\tau)\sin(2\pi B\tau)}{\pi\tau}, R_{X_c}(\tau)=R_{X_s}(\tau)=\dfrac{2N_0\sin(2\pi B\tau)}{\pi\tau}$。

2-35 $P_Y(f)=\begin{cases} P_X(f-f_0)+P_X(f+f_0), & |f|\leqslant f_0 \\ 0, & |f|>f_0 \end{cases}$。

2-37 $m_X(t)=0, R_X(t_1,t_2)=(1+t_1t_2)/3$。

2-38 (1) $m_X(t)=0$;(2) $R_X(t+\tau,t)=\sigma^2\cos 2\pi f_0\tau$;

(3) $P_X(f)=\dfrac{\sigma^2}{2}\left[\delta(f-f_0)+\delta(f+f_0)\right]$。

2-41 (1) $P_Y(f)=2P_X(f)\left[1-\cos(2\pi fT)\right]$;(2) $P_Z(f)=P_X(f)\left[1+4\pi^2 f^2\right]$;

(3) $P_W(f)=P_X(f)\left\{1+4\pi f\left[\pi f+\sin(2\pi fT)\right]\right\}$。

2-42 (1) $P_X(f)=\dfrac{A^2}{4}\left[\delta(f-f_0)+\delta(f+f_0)\right]$;(2) $P_X(f)=\dfrac{2}{3}\delta(f)$。

2-44 (1) $P_N(f)=\begin{cases}10^{-8}\left(1-\dfrac{|f|}{10^8}\right), & |f-f_0|<10^6\\ 10^{-8}\left(1-\dfrac{|f|}{10^8}\right), & |f+f_0|<10^6\\ 0, & \text{其他}\end{cases}$;

(2) $P_{X_c}(f)=P_{X_s}(f)=\begin{cases}10^{-8}, & |f|<10^6\\ 0, & |f|>10^6\end{cases}$;

(3) $P_{X_c}=P_{X_s}=2\times10^{-2}(\mathrm{W})$。

第3章

3-1 $y(t)=K_0 s(t-t_d)$。

3-2 $s_0(t)=s(t-t_d)+\dfrac{1}{2}s(t-t_d+T_0)+\dfrac{1}{2}s(t-t_d-T_0)$。

3-3 $|H(f)|=\dfrac{1}{\sqrt{1+\left(\dfrac{1}{2\pi fRC}\right)^2}}$, $\arg H(f)=\arctan\dfrac{1}{2\pi fRC}$。

3-4 (a) $\tau_1(f)=0$;(b) $\tau_2(f)=-\dfrac{2\pi RC}{1+(2\pi fRC)^2}$。

3-6 $V=\sigma$。

3-7 $E(V)=\sqrt{\dfrac{\pi}{2}}\sigma$, $\mathrm{Var}[V]=(2-\dfrac{\pi}{2})\sigma^2$。

3-8 最不利传输频率$f_n=(n+\dfrac{1}{2})\mathrm{kHz}$, $n=0,1,2,\cdots$,最有利传输频率$f_n=n\mathrm{kHz}$, $n=0,1,2,\cdots$。

3-10 $T_s\approx(3-5)\tau_m=9\sim15\mathrm{ms}$。

3-12 $P(f)=1.9327\times10^{-17}\mathrm{V^2/Hz}$。

3-13 $C=19.5\mathrm{Mbit/s}$。

3-14 $C=24000\mathrm{bit/s}$。

3-15 $B\approx4.48\times10^3\mathrm{Hz}$。

第4章

4-3 $s_2(t)=\frac{1}{2}[\cos(8000\pi t)+\cos(6000\pi t)]$。

4-4 $S_{\text{out}}(t)=\frac{m_0}{2}\cos(20000\pi t)+\frac{A}{2}[0.55\sin(20100\pi t)-0.45\sin(19900\pi t)+\sin(26000\pi t)]$。

4-5 $s(t)=\frac{1}{2}m(t)\cos[2\pi(f_2-f_1)t]-\frac{1}{2}\hat{m}(t)\sin[2\pi(f_2-f_1)t]$。

4-6 $c_1(t)=\cos(2\pi f_0t),c_2(t)=\sin(2\pi f_0t)$。

4-7 (1)中心频率为100kHz;(2)$(S/N)_{\text{i}}=1000$;(3)$(S/N)_{\text{o}}=2000$;

(4)$P_{n_0}(f)=\begin{cases}0.25\times10^{-3}, & |f|\geqslant 5\text{kHz}\\ 0, & |f|<5\text{kHz}\end{cases}$。

4-8 (1)$P_{\text{in}}=\frac{1}{4}n_mf_m$;(2)$P_{\text{out}}=\frac{1}{8}n_mf_m$;(3)$(S/N)_{\text{out}}=\frac{1}{4}\frac{n_m}{n_0}$。

4-9 (1)中心频率为100kHz;(2)$(S/N)_{\text{i}}=1000$;(3)$(S/N)_{\text{o}}=1000$。

4-10 (1)$P_{\text{o}}=2\times10^3\text{W}$;(2)$P_{\text{o}}=4\times10^3\text{W}$。

4-11 (1)$P_{S_{\text{i}}}=\frac{1}{8}n_mf_m,P_{N_{\text{i}}}=n_{\text{o}}f_m$;

(2)$P_{S_{\text{o}}}=\frac{1}{32}n_mf_m,P_{N_{\text{o}}}=\frac{n_0f_m}{4}$;(3)$(S/N)_{\text{o}}=\frac{n_m}{8n_0}$;(4)$G=1$。

4-12 (1)$(S/N)_{\text{i}}=5000$;(2)$(S/N)_{\text{o}}=2000$;(3)$G=\frac{2}{5}$。

4-13 $(S/N)_{\text{out}}=\frac{A^2n_m}{4n_0}$。

4-14 (1)$H(f)=\begin{cases}1, & 99.92\text{MHz}\leqslant f\leqslant 100.08\text{MHz}\\ 0, & \text{其他}\end{cases}$;(2)$(S/N)_{\text{in}}=31.25$;

(3)$(S/N)_{\text{out}}=37.5\times10^3$;(4)$\frac{(S/N)_{\text{FM}}}{(S/N)_{\text{AM}}}=75,\frac{B_{\text{FM}}}{B_{\text{AM}}}=16$。

4-15 (1)$B=2080\text{kHz}$;(2)10621倍。

4-16 (1)$s_{\text{USB}}(t)=50\{\cos[2\pi(f_c+1000)t]+2\cos[2\pi(f_c+2000)t]\}$。

4-17 (1)$\hat{m}(t)=\sin2000(\pi t)-2\cos2000(\pi t)$;

(2)$u(t)=100[\cos1598000(\pi t)+2\sin1598000(\pi t)]$;

(3)$U(f)=50[\delta(f+799\times10^3)+\delta(f-799\times10^3)]$
$-\text{j}100[\delta(f+799\times10^3)-\delta(f-799\times10^3)]$。

4-18 (1)$h_1(t)=\frac{\text{j}}{\pi t}[\text{sinc}(Wt)-\text{e}^{\text{j}2\pi Wt}]$;

(2)$u(t)=m(t)\cos(2\pi f_ct)-\left[m(t)\frac{1}{\pi t}\text{sinc}(Wt)\right]\sin(2\pi f_ct)$。

第5章

5-2 (1) $T_s = 0.25(\mathrm{s})$。

5-3 $m_s(t) = \sum_{n=-\infty}^{\infty} m(nT_s)h(t-nT_s), T_s = 0.25(\mathrm{s}), h(t) = \begin{cases} A, & |t| \leqslant \tau \\ 0, & |t| > \tau \end{cases}$

$M_s(f) = \dfrac{H(f)}{T_s} \sum_{n=-\infty}^{\infty} M(f-nf_s), H(f) = A\tau\mathrm{sinc}(\tau f)$。

5-4 (1) 抽样速率$f_s > 2f_1$;(3) $H_2(f) = \begin{cases} 1/H_1(f), & |f| \leqslant f_1 \\ 0, & |f| > f_1 \end{cases}$;

5-5 $m_s(t) = m(t) \sum_{n=-\infty}^{\infty} q_\tau(t-nT), q_\tau(t) = \begin{cases} 1 - \dfrac{|t|}{\tau}, & |t| \leqslant \tau \\ 0, & |t| > \tau \end{cases}$,

$M_s(f) = \dfrac{1}{T} \sum_{n=-\infty}^{\infty} Q_\tau\left(\dfrac{n}{T}\right) M\left(f - \dfrac{n}{T}\right), Q_\tau(f) = \tau \cdot \mathrm{sinc}^2(\pi f\tau)$。

5-6 $m_s(t) = \left[m(t) \cdot \sum_{k=-\infty}^{\infty} \delta(t-kT_s)\right] h(t), h(t) = \begin{cases} 1, & |t| < \tau \\ 0, & \text{其他} \end{cases}$,

$M_s(f) = \dfrac{2\tau}{T_s} \sum_{k=-\infty}^{\infty} \left[\dfrac{\sin(2\pi f\tau)}{2\pi f\tau}\right] \cdot M(f-kf_s)$。

5-7 $f_s = 2f_{10} = 1000\mathrm{Hz}$。

5-8 $\Delta = 0.5\mathrm{V}, N = 6\mathrm{bit}$。

5-9 $\dfrac{S_q}{N_q} = 9$。

5-10 (1) $C_1C_2C_3C_4C_5C_6C_7C_8 = 1\,1\,1\,0\,0\,0\,1\,1$,量化误差$|m - \hat{m}| = 11$。

5-11 (1) 量化误差:$|m - \hat{m}| = 1$;(2) 对应11位均匀量化码:00001011110。

5-13 $P_e = 10^{-2}, 10^{-3}, 10^{-4}, 10^{-6}; S/N = 24, 201, 726, 1024$;
第一零点带宽为:$B = 240\mathrm{kHz}$。

5-16 (1) $f_b = 24\mathrm{kHz}$;(2) $f_b = 56\mathrm{kHz}$。

5-17 $f_b = 17\mathrm{kHz}$。

第6章

6-2 (1) $P_s(f) = 4f_s p(1-p)|G(f)|^2 + \sum_{m=-\infty}^{\infty} |f_s \cdot (2p-1) \cdot G(mf_s)|^2 \cdot \delta(f - mf_s)$,

$P = 4f_s p(1-p) \int_{-\infty}^{\infty} |G(f)|^2 \mathrm{d}f + \sum_{m=-\infty}^{\infty} |f_s \cdot (2p-1) G(mf_s)|^2$;

6-3 (1) $P_s(f) = \dfrac{A^2 T_s}{16} \mathrm{sinc}^4\left(\dfrac{fT_s}{2}\right) + \dfrac{A^2}{16} \sum_{m=-\infty}^{\infty} \mathrm{sinc}^4\left(\dfrac{m}{2}\right) \delta(f - mf_s)$;(2) $P_s(f_s) = \dfrac{2A^2}{\pi^4}$。

6-4 (1) $P_s(f)=\begin{cases}\dfrac{1}{16f_s}\left(1+\cos\left(\dfrac{\pi f}{f_s}\right)\right)^2, & |f|<f_s \\ 0, & |f|>f_s\end{cases}$;(2) 不能提取；

(3) $R=1000\text{Baud}, B=1000\text{Hz}$。

6-5 (1) $P_s(f)=\dfrac{T_s}{12}\text{sinc}^2\left(\dfrac{fT_s}{3}\right)+\dfrac{1}{36}\sum_{m=-\infty}^{\infty}\text{sinc}^2\left(\dfrac{m}{3}\right)\delta(f-mf_s)$;

(2) 可以，$P_s(f_s)=\dfrac{3}{8\pi^2}$。

6-8 $E_{av}=(M^2-1)d^2/12$。

6-9 (2) $x(t)$与$\{\varphi_i(t),\ i=1,2,3\}$正交。

6-10 (1) $\varphi_1(t)=(2,-1,-1,-1)/\sqrt{7}, \varphi_2(t)=(-2,1,1,-6)/\sqrt{42}$,

$\varphi_3(t)=(1,-2,4,0)/\sqrt{21}, \varphi_4(t)=(-2,-3,-1,0)/\sqrt{14}$;

(3) $d_{12}=5, d_{13}=\sqrt{5}, d_{14}=\sqrt{12}, d_{23}=\sqrt{14}, d_{24}=\sqrt{31}, d_{34}=\sqrt{19}$。

6-13 (1) $\lambda_o=\dfrac{N_0\ln 2}{4\sqrt{E_b}}$;(2) $\bar{P}_e=\dfrac{1}{3}Q\left(\dfrac{\sqrt{E_b}-\lambda_o}{\sqrt{N_0/2}}\right)+\dfrac{2}{3}Q\left(\dfrac{\lambda_o+\sqrt{E_b}}{\sqrt{N_0/2}}\right)$。

6-14 (3) $E\left[y_n^2(t=3)\right]=A^2N_0$;(4) $P_e=Q\left(\sqrt{\dfrac{4A^2}{N_0}}\right)$。

6-15 $P_e=Q\left(\sqrt{\dfrac{2A^2T}{N_0}}\right)$。

6-16 (1) $h(t)=\begin{cases}0, & t\geqslant T \\ 1, & 0<t<T \\ 0, & t\leqslant 0\end{cases}$; (2) $s(t)=ch(T-t), 0\leqslant t\leqslant T$。

6-18 (1) 选择$t_0=T$;

(2) $h(t)=\begin{cases}-A, & 0\leqslant t\leqslant \dfrac{T}{2} \\ A, & \dfrac{T}{2}<t\leqslant T \\ 0, & \text{其他}\end{cases}$, $f_o(t)=\begin{cases}-A^2t, & 0\leqslant t\leqslant\dfrac{T}{2} \\ A^2(3t-2T), & \dfrac{T}{2}<t\leqslant T \\ A^2(4T-2t), & T<t\leqslant\dfrac{3T}{2} \\ A^2(t-2T), & \dfrac{3T}{2}<t\leqslant 2T \\ 0, & \text{其他}\end{cases}$;

(3) $r_{o,\max}=\dfrac{2A^2T}{n_0}$。

6-19 (2) $P_e=Q\left(\sqrt{\dfrac{E_b}{2N_0}}\right)$。

6-20 $P_e(M)=\frac{4}{3}Q\left(\sqrt{\frac{A^2}{2N_0}}\right)$。

6-21 单极性时，$E_b/N_0=19.2$，同样信噪比下双极性信号，$P_e=8\times10^{-10}$。

6-22 (3) $P_e=Q\left(\sqrt{\frac{A_0^2T}{2N_0}}\right)$。

6-24 (1) PAM的电平数 = 4；(2) $\alpha=1/4$。

6-25 (1) $H(f)=\frac{T_s}{2}\left[\text{sinc}(T_sf/2)\right]^2$；(2) $G_T(f)=G_R(f)=\sqrt{H(f)}$。

6-26 (1) $h(t)=\frac{1}{T_0}\text{sinc}^2\left(f_0t\right)$；(2) 不能实现无码间干扰传输。

6-27 仅(c)满足无码间干扰传输条件。

6-28 (2) 最大码元传输速率为 $2f_0$，$\eta=\frac{2}{1+\alpha}$。

6-29 (1) $R=2B=2400\text{Baud}$；(2) $E_b/N_0=13.52$；(3) $P_T=1.33\times10^{-11}\text{W}$。

6-30 $g(t)=\text{sinc}(t/T_s)-\text{sinc}\left[(t-2T_s)/T_s\right]$，

$$G(f)=\begin{cases}T_s(1-e^{-j4\pi fT_s}), & |f|\leqslant\frac{1}{2T_s}\\ 0, & |f|>\frac{1}{2T_s}\end{cases}$$。

6-32 (1) $P_{N_0}=N_0$；(2) $P_{\text{emin}}=\frac{1}{2}e^{-\frac{A}{2\lambda}}$。

6-35 $\left|G_R(f)\right|=\begin{cases}1, & |f|\leqslant2400\text{Hz}\\ 0, & |f|>2400\text{Hz}\end{cases}$，$\left|G_T(f)\right|=\begin{cases}1/\left|C(f)\right|, & |f|\leqslant2400\text{Hz}\\ 0, & |f|>2400\text{Hz}\end{cases}$。

6-37 $\boldsymbol{c}=(-0.3409,1.1346,-0.2273)^T$，$q(2T)=-0.0455$，$q(T)=0$，$q(0)=0$，$q(-T)=0$，$q(-2T)=-0.1023$。

6-38 (1) $\boldsymbol{c}=(-0.476,1.429,-0.476)^T$，$q_3=q_{-3}=0$，$q_2=q_{-2}=-0.143$。

第7章

7-2 (2) 第一零点带宽 $B=2000\text{Hz}$。

7-6 (1) $P_e\approx3\times10^{-8}$；(2) $P_e\approx3\times10^{-9}$。

7-7 (1) $\eta=110.8\text{dB}$；(2) $\eta=111.8\text{dB}$。

7-8 (1) $\eta=114.5\text{dB}$，$\gamma=\sqrt{E}/2$；(2) $P_e=7\times10^{-4}$。

7-10 (1) 第一零点带宽 $B=4.4\text{MHz}$；(2) $P_e=0.9\times10^{-14}$；(3) $P_e=0.9\times10^{-15}$。

7-11 (1) $\eta=114\text{dB}$；(2) $\eta=115\text{dB}$。

7-12 相干解调 $P_e=3.5\times10^{-6}$，相干解调-码变换 $P_e\approx7\times10^{-6}$，差分相干 $P_e=2.3\times10^{-5}$。

7-13 (1) $k=\dfrac{\ln(\pi\rho_{\mathrm{PSK}})}{2\rho_{\mathrm{PSK}}}+1$;(2) $\dfrac{P_{\mathrm{e,PSK}}}{P_{\mathrm{e,DPSK}}}=\dfrac{1}{\sqrt{\pi\rho}}$。

7-14 $P_{\mathrm{OOK}}=37\times10^{-7}\mathrm{W}$,$P_{\mathrm{NCFSK}}=43.2\times10^{-7}\mathrm{W}$;
$P_{\mathrm{DPSK}}=21.6\times10^{-7}\mathrm{W}$,$P_{\mathrm{PSK}}=18.5\times10^{-7}\mathrm{W}$。

7-15 $P_{\mathrm{ASK}}=0.04$,$P_{\mathrm{PSK}}=3.5\times10^{-6}$。

7-16 (a) $A=13.3\times10^{-4}\mathrm{V}$;(b) $A=23\times10^{-4}\mathrm{V}$。

7-17 $R_{\mathrm{BPSK}}=2\mathrm{kbit/s}$,$R_{\mathrm{QPSK}}=4\mathrm{kbit/s}$,$R_{\mathrm{8PSK}}=6\mathrm{kbit/s}$,$R_{\mathrm{16PSK}}=8\mathrm{kbit/s}$,
$R_{\mathrm{CBFSK}}=1.6\mathrm{kbit/s}$,$R_{\mathrm{C4FSK}}=2.3\mathrm{kbit/s}$,$R_{\mathrm{NCBFSK}}=1.33\mathrm{kbit/s}$,
$R_{\mathrm{NC4FSK}}=1.6\mathrm{kbit/s}$,$R_{\mathrm{16QAM}}=8\mathrm{kbit/s}$;
$P_{\mathrm{avBPSK}}=2.26\times10^{-4}\mathrm{W}$,$P_{\mathrm{avQPSK}}=4.52\times10^{-4}\mathrm{W}$,$P_{\mathrm{av8PSK}}=1.49\times10^{-3}\mathrm{W}$,
$P_{\mathrm{av16PSK}}=0.56\times10^{-2}\mathrm{W}$,$P_{\mathrm{avCBPSK}}=3.7\times10^{-4}\mathrm{W}$,$P_{\mathrm{avC4FSK}}=2.9\times10^{-4}\mathrm{W}$,
$P_{\mathrm{avNCBFSK}}=3.5\times10^{-4}\mathrm{W}$,$P_{\mathrm{avNC4FSK}}\approx2\times10^{-4}\mathrm{W}$,$P_{\mathrm{av16QAM}}\approx2.5\times10^{-3}\mathrm{W}$。

7-18 (1) $A_2=10A_1$;(2) $\theta=\pm84.3^\circ$,$\theta=\pm75.7^\circ$;
(3) $A_1=4.76\mathrm{mV}$,$A_2=47.6\mathrm{mV}$。

7-19 $\rho=13$。

7-20 相干解调 $P_{\mathrm{e}}=3\times10^{-5}$,非相干解调 $P_{\mathrm{e}}=1.9\times10^{-4}$。

7-21 (1) $R_{\mathrm{NCFSK}}\leqslant11.8k\mathrm{bit/s}$;(2) $R_{\mathrm{DPSK}}\leqslant23.6k\mathrm{bit/s}$;(3) $R_{\mathrm{BPSK}}\leqslant29k\mathrm{bit/s}$。

7-22 (1) 采用8PSK调制,$\rho\geqslant77$;(2) 采用D8PSK,$\rho\geqslant154$。

7-23 (1) 采用256QAM,$\rho\geqslant1799$;(2) 采用128PSK,$\rho\geqslant11520$。

7-24 2.6倍。

7-25 $P_{\mathrm{eNCBFSK}}=2.3\times10^{-5}$,$P_{\mathrm{eBPSK}}=2\times10^{-10}$,$P_{\mathrm{e64PSK}}=0.4$,$P_{\mathrm{e64QAM}}=2.8\times10^{-2}$。

第8章

8-1 $P_{\mathrm{e}}(\theta=10^\circ)=5\times10^{-6}$。

8-2 $B<0.23/T$。

8-5 (3) $P_{\mathrm{e}}=Q\left(\sqrt{\dfrac{2(1-\alpha^2)P_{\mathrm{T}}T}{N_0}}\right)$。

8-6 (1) $S_{\mathrm{L}}=\dfrac{1}{1.02}$;(2) $\sigma_{\hat{\varphi}}^2\approx1.02\times10^{-3}$;(3) $E_{\mathrm{b}}/N_0\approx5$。

第9章

9-1 $\boldsymbol{G}=(1,1,1\cdots,1)$。

9-2 $(n,k,d)=(n,n-1,2)$,$\boldsymbol{G}=\begin{bmatrix}1&1&0&\cdots&0\\1&0&1&\cdots&0\\\vdots&\vdots&\vdots&&\vdots\\1&0&0&\cdots&1\end{bmatrix}$。

9-4 $d_{\min}=2$。

9-5 $\boldsymbol{c}=(11010)$,$\boldsymbol{c}=(10000)$。

9-7 $\boldsymbol{H}=\left(\boldsymbol{I}_{4\times4}\ \vdots\ \begin{matrix}1&1&0&1&1&0&1\\1&0&1&1&1&1&0\\0&1&1&1&0&0&0\\0&0&0&1&1&1&1\end{matrix}\right), d_{\min}=3$。

9-8 $\boldsymbol{s}=(100)\Rightarrow\boldsymbol{c}=(1000011), \boldsymbol{s}=(000)\Rightarrow\boldsymbol{c}=(1111111)$,

$\boldsymbol{s}=(000)\Rightarrow\boldsymbol{c}=(1100110), \boldsymbol{s}=(000)\Rightarrow\boldsymbol{c}=(1010101)$。

9-9 $\boldsymbol{c}=(011010001111000), \boldsymbol{c}=(001100110011001)$。

9-10 (1) $d_{\min}=3$;(2) $\boldsymbol{c}=(10010), \boldsymbol{c}=(11100), \boldsymbol{c}=(11100)$或$\boldsymbol{c}=(00111)$;

(3) $R=2/5$。

9-11 $\boldsymbol{H}=\left(\begin{array}{cccc:cccc}1&0&0&0&0&1&1&1\\0&1&0&0&1&1&1&0\\0&0&1&0&1&1&0&1\\0&0&0&1&1&0&1&1\end{array}\right), \boldsymbol{G}=\left(\begin{array}{cccc:cccc}0&1&1&1&1&0&0&0\\1&1&1&0&0&1&0&0\\1&1&0&1&0&0&1&0\\1&0&1&1&0&0&0&1\end{array}\right)$。

9-20 (1) $h(x)=X^{11}+X^{8}+X^{7}+X^{5}+X^{3}+X^{2}+X+1$;

(2) $G^{\perp}(x)=1+X^{3}+X^{4}+X^{6}+X^{8}+X^{9}+X^{10}+X^{11}$;

(3) $\boldsymbol{G}=\left(\begin{matrix}1&1&0&0\\0&1&1&0\\0&0&1&1\\1&1&0&1\\1&0&1&0\\0&1&0&1\\1&1&1&0\\0&1&1&1\\1&1&1&1\\1&0&1&1\\1&0&0&1\end{matrix}\ \vdots\ \boldsymbol{I}_{11\times11}\right)$,

$\boldsymbol{H}=\left(\boldsymbol{I}_{4\times4}\ \vdots\ \begin{matrix}1&0&0&1&1&0&1&0&1&1&1\\1&1&0&1&0&1&1&1&1&0&0\\0&1&1&0&1&0&1&1&1&1&0\\0&0&1&1&0&1&0&1&1&1&1\end{matrix}\right)$。

9-23 $P_{\mathrm{e}}=4\times10^{-4}$。

第10章

10-1 (2) $\boldsymbol{G}=\left[\begin{matrix}111&101&011&000&000&\cdots\\000&111&101&011&000&\cdots\\000&000&111&101&011&000\\000&000&000&111&101&0111\\&&&000&111&101\\\vdots&\vdots&\vdots&\vdots&\vdots&\vdots\end{matrix}\right]$;

(3) $\boldsymbol{c}=(111,010,001,110,100,\cdots)$。

10-2 (1) $\boldsymbol{G}(D)=\left(1+D, 1+D^{2}, 1+D+D^{2}\right)$;

(2) $v_1(D)=1+D+D^2+D^5, v_2(D)=1+D^3+D^5+D^6$,

$v_3(D)=1+D+D^4+D^6$。

10-3 (3) $T(D)=\dfrac{D^7}{1-D-D^3}$;(4) $T(D,L,N)=\dfrac{D^7NL^3}{1-DNL-D^3L^2N}$。

10-6 $\boldsymbol{u}=(11010100)$。

10-7 $\boldsymbol{c}=(011,000,101)$。

10-8 15/7(3.31dB)。